60天 金榜讀書計畫表

按部就班，榮登金榜

初次研讀	完成日期	再次複習	完成日期	章節範圍	重要性
第 1 ～ 3 天 __月__日	__月__日	第 46 天 __月__日	__月__日	第一章 元件與基本定律	★★
第 4 ～ 7 天 __月__日	__月__日	第 47 天 __月__日	__月__日	第二章 電路分析方法	★★★★
第 8 ～ 12 天 __月__日	__月__日	第 48 ～ 49 天 __月__日	__月__日	第三章 網路定理	★★★★★
第 13 ～ 15 天 __月__日	__月__日	第 50 天 __月__日	__月__日	第四章 電容器與電感器	★★★
第 16 ～ 20 天 __月__日	__月__日	第 51 ～ 52 天 __月__日	__月__日	第五章 交流電路	★★★★★
第 21 天 __月__日	__月__日	第 53 天 __月__日	__月__日	第六章 多相電路分析	★
第 22 ～ 23 天 __月__日	__月__日			第七章 電磁感應	★★
第 24 ～ 45 天 __月__日	__月__日	第 54 ～ 60 天 __月__日	__月__日	第八章 歷屆試題	★★★★★

千錘百鍊，業精於勤　華志高昇，有志竟成

20天 金榜讀書計畫表

按部就班，榮登金榜

複習進度	完成日期	章節範圍	重要性
第 1 天 __月__日	__月__日	第一章　元件與基本定律	★★
第 2 ～ 3 天 __月__日	__月__日	第二章　電路分析方法	★★★★
第 4 ～ 6 天 __月__日	__月__日	第三章　網路定理	★★★★★
第 7 天 __月__日	__月__日	第四章　電容器與電感器	★★★
第 8 ～ 10 天 __月__日	__月__日	第五章　交流電路	★★★★★
第 11 天 __月__日	__月__日	第六章　多相電路分析	★
		第七章　電磁感應	★★
第 12 ～ 20 天 __月__日	__月__日	第八章　歷屆試題	★★★★★

新北市中和區中山路三段136巷10弄17號
TEL: 02-22289070　FAX: 02-22289076
千華公職資訊網 http://www.chienhua.com.tw

經濟部所屬事業機構 新進職員甄試

一、報名方式：一律採「網路報名」。

二、學歷資格：教育部認可之國內外公私立專科以上學校畢業，並符合各甄試類別所訂之學歷科系者，學歷證書載有輔系者得依輔系報考。

三、應試資訊：

完整考試資訊

https://reurl.cc/bX0Qz6

(一)甄試類別：各類別考試科目：

類別	專業科目A(30%)	專業科目B(50%)
企管	企業概論 法學緒論	管理學 經濟學
人資	企業概論 法學緒論	人力資源管理 勞工法令
財會	政府採購法規 會計審計法規	中級會計學 財務管理
資訊	計算機原理 網路概論	資訊管理 程式設計
統計資訊	統計學 巨量資料概論	資料庫及資料探勘 程式設計
政風	政府採購法規 民法	刑法 刑事訴訟法
法務	商事法 行政法	民法 民事訴訟法
地政	政府採購法規 民法	土地法規與土地登記 土地利用
土地開發	政府採購法規 環境規劃與都市設計	土地使用計畫及管制 土地開發及利用

類別	專業科目A(30%)	專業科目B(50%)
土木	應用力學 材料力學	大地工程學 結構設計
建築	建築結構、構造與施工 建築環境控制	營建法規與實務 建築計畫與設計
機械	應用力學 材料力學	熱力學與熱機學 流體力學與流體機械
電機(一)	電路學 電子學	電力系統與電機機械 電磁學
電機(二)	電路學 電子學	電力系統 電機機械
儀電	電路學 電子學	計算機概論 自動控制
環工	環化及環微 廢棄物清理工程	環境管理與空污防制 水處理技術
職業安全衛生	職業安全衛生法規 職業安全衛生管理	風險評估與管理 人因工程
畜牧獸醫	家畜各論(豬學) 豬病學	家畜解剖生理學 免疫學
農業	民法概要 作物學	農場經營管理學 土壤學
化學	普通化學 無機化學	分析化學 儀器分析
化工製程	化工熱力學 化學反應工程學	單元操作 輸送現象
地質	普通地質學 地球物理概論	石油地質學 沉積學

(二)初(筆)試科目：

1.共同科目：分國文、英文2科(合併1節考試)，國文為論文寫作，英文採測驗式試題，各占初(筆)試成績10%，合計20%。

2.專業科目：占初(筆)試成績80%。除法務類之專業科目A及專業科目B均採非測驗式試題外，其餘各類別之專業科目A採測驗式試題，專業科目B採非測驗式試題。

3.測驗式試題均為選擇題（單選題，答錯不倒扣）；非測驗式試題可為問答、計算、申論或其他非屬選擇題或是非題之試題。

(三)複試(含查驗證件、複評測試、現場測試、口試)。

四、待遇：人員到職後起薪及晉薪依各所用人之機構規定辦理，目前各機構起薪約為新臺幣4萬2仟元至4萬5仟元間。本甄試進用人員如有兼任車輛駕駛及初級保養者，屬業務上、職務上之所需，不另支給兼任司機加給。

※詳細資訊請以正式簡章為準！

台灣電力(股)公司新進僱用人員甄試

壹、報名資訊

一、報名日期：2025年1月（正確日期以正式公告為準。）

二、報名學歷資格：公立或立案之私立高中（職）畢業

完整考試資訊

http://goo.gl/GFbwSu

貳、考試資訊

一、筆試日期：2025年5月（正確日期以正式公告為準。）

二、考試科目：

(一) 共同科目：國文為測驗式試題及寫作一篇，英文採測驗式試題。

(二) 專業科目：專業科目A 採測驗式試題；專業科目B 採非測驗式試題。

<table>
<tr><th>類別</th><th colspan="2">專業科目</th></tr>
<tr><td>1.配電線路維護</td><td rowspan="17">國文(10%)
英文(10%)</td><td>A：物理(30%)、B：基本電學(50%)</td></tr>
<tr><td>2.輸電線路維護</td><td rowspan="4">A：輸配電學(30%)
B：基本電學(50%)</td></tr>
<tr><td>3.輸電線路工程</td></tr>
<tr><td>4.變電設備維護</td></tr>
<tr><td>5.變電工程</td></tr>
<tr><td>6.電機運轉維護</td><td rowspan="2">A：電工機械(40%)
B：基本電學(40%)</td></tr>
<tr><td>7.電機修護</td></tr>
<tr><td>8.儀電運轉維護</td><td>A：電子學(40%)、B：基本電學(40%)</td></tr>
<tr><td>9.機械運轉維護</td><td rowspan="2">A：物理(30%)、
B：機械原理(50%)</td></tr>
<tr><td>10.機械修護</td></tr>
<tr><td>11.土木工程</td><td rowspan="3">A：工程力學概要(30%)
B：測量、土木、建築工程概要(50%)</td></tr>
<tr><td>12.輸電土建工程</td></tr>
<tr><td>13.輸電土建勘測</td></tr>
<tr><td>14.起重技術</td><td>A：物理(30%)、B：機械及起重常識(50%)</td></tr>
<tr><td>15.電銲技術</td><td>A：物理(30%)、B：機械及電銲常識(50%)</td></tr>
<tr><td>16.化學</td><td>A：環境科學概論(30%)
B：化學(50%)</td></tr>
<tr><td>17.保健物理</td><td>A：物理(30%)、B：化學(50%)</td></tr>
<tr><td>18.綜合行政類</td><td>國文(20%)
英文(20%)</td><td>A：行政學概要、法律常識(30%)、
B：企業管理概論(30%)</td></tr>
<tr><td>19.會計類</td><td>國文(10%)
英文(10%)</td><td>A：會計審計法規(含預算法、會計法、決算法與審計法)、採購法概要(30%)、
B：會計學概要(50%)</td></tr>
</table>

詳細資訊以正式簡章為準

台灣中油雇用人員甄選

壹 報名資訊

一、報名期間：114年（正確日期以簡章公告為準）。

二、測驗日期：第一試（筆試）：114年（正確日期以簡章公告為準）。

　　第二試（口試\現場測試）：114年（正確日期以簡章公告為準）。

三、資格條件：

(一)國籍：具有中華民國國籍者，且不得兼具外國國籍。

(二)年齡、性別、兵役：不限。

(三)學歷：具有下列資格之一者：

1. 公立或立案之私立高中（職）畢業。
2. 高中（職）補習學校結業並經資格考試及格。
3. 士官學校結業比敘高中、高級職業學校或高級中學以上畢業程度之學力鑑定考試及格。
4. 五年制專科學校四年級肄業或二專以上學校肄業。
5. 具有大專畢業以上學歷均准予報考。

貳 甄選類別及甄選方式

所有類別均分筆試及口試/現場測試。（除「事務類」僅考口試外，其餘類組均須參加口試及現場測試。）

一、共同科目佔第一試（筆試）成績30%，專業科目佔第一試（筆試）成績70%。

二、共同科目：國文、英文。

三、以下分別為甄試類別及應試專業科目

類別	考試科目
煉製類	理化、化工裝置
機械類	機械常識、機械力學
儀電類	1.電工原理、2.電子概論
電氣類	1.電工原理、2.電機機械
電機類	1.電工原理、2.電機機械
土木類	土木施工學、測量概要
安環類	理化、化工裝置
公用事業輸氣類	1.電腦常識、2.機械常識、3.電機常識
油料操作類	1.電腦常識、2.機械常識、3.電機常識
天然氣操作類	1.電腦常識、2.機械常識、3.電機常識
航空加油類	1.汽車學概論、2.機械常識
油罐汽車駕駛員	1.汽車學概論、2.機械常識
探採鑽井類	1.電工原理、2.機械常識
車輛修護類	1.汽車學概論、2.電子概論、3.機械常識
事務類（1、2）	1.會計學概要、2.企管概論
消防類	1.火災學概要、2.消防法規【消防法及其施行細則、各類場所消防安全設備設置標準〈第一篇至第五篇〉】
加油站儲備幹部類	1.電腦常識、2.電機機械、3.工安環保法規及加油站設置相關法規【職業安全衛生法、土壤及地下水污染整治法及施行細則、地下儲槽系統防止污染地下水體設施及監測設備設置管理辦法、石油管理法、加油站設置管理規則、加油站油氣回收設施管理辦法】
護理類	1.職業衛生護理、2.急診醫學、3.重症醫學

⊙詳細資訊請參照正式簡章

千華數位文化股份有限公司
新北市中和區中山路三段136巷10弄17號
TEL: 02-22289070　FAX: 02-22289076

目次

第三章 網路定理

第四章 電容器與電感器

第五章 交流電路

第八章 歷屆試題及解析

本書緣起

電工原理此一考試科目包含的範圍相當廣泛，乍看之下不易準備，但反因課程範圍廣泛，可供命題的重點多，使得考試難易度並不如想像中的困難。此科目在國營事業裡出題的年代相當久遠，無論是在新進人員選用或職員升等晉級均有採用，自然已經考出固定的命題趨勢，只要將歷屆試題多予演練加以分析，很容易找出考題的範圍。

本書去蕪存菁，以薄薄的篇幅包含考試的所有重點，一來不希望各位讀者埋首案中卻難尋重點，二來希望各位讀者能多次熟讀，必定勝過一般但求能夠讀完一遍以厚取勝的案頭書。

整體而言，此科目要考滿分並不困難，但是天下事沒有不勞而獲的，正所謂一分耕耘，一分收穫，各位讀者除藉由本書掌握重點外，建立正確的讀書方法，充分且有效規劃您的複習計畫，努力不懈，才能事半功倍，邁向成功。

陸冠奇

高分準備方法

對於有電機或電子等相關科系背景的考生來說，準備此科目較佔便宜，若已瞭解各項基本公式及定理時，可將重點放在釐清觀念，分辨清楚各精選試題中所希望考出的重點，加強演算答題速度，力求滿分。

至於非本科系的考生，無需灰心，因考題中仍包含許多記憶性試題以及相當簡易的固定計算。此時考生應先著重在基本觀念的建立，因為電工原理所用的各項基本公式及定理均為前人經年累月實驗或推導的結晶，有其固定的來源及應用。接著則從各精選試題中，演練熟悉觀念，將書本中的知識，深刻的記憶在腦海裏，如此必能獲得高分。

以本人考取技師以及高考及格的經驗來看，考試獲得高分的重點並非在於建立完整的知識或廣博的學問，而是如何在短時間內將考試範圍內所要的答案完整快速的正確回答。欲達成此目標，不外乎是多看及多寫。

多看：多看並非是眾覽群書，因為準備考試並非如同學者作學問，求廣又求精。相反的，是要挑到一本好書，而且最好是薄薄的一本好書，然後精讀、熟讀、反覆地多次讀之，如此才能將考試內容深刻的記憶在腦中。

多寫：考試要拿高分，不只是讀懂讀會而已，還要知道如何在有限的時間內快速的作答，此唯有靠平日多加演練才能完成。因此，各位讀者在研讀此書時，除先將各章重點精要熟讀之外，應一面拿著紙筆計算演練歷年試題，方能得知學習的效果。

只要各位讀者能秉持上述方法多加練習，此科目並不難準備，只要平日準備充分，以平常心應考，即使要拿到接近滿分的高分亦不困難。最後，期勉諸君能更上一層樓，順利上榜。

近年命題分析

綜觀這十幾年來的考題趨勢及命題難易度，除十餘年前較易出現艱深之考題外，近幾年的考題可謂較為簡易。對一般考生而言，相對於國文及英文之共同科目，電工原理此專業科目反而更容易拿到確定的高分。

基本上來說，此科目的考題內容在這幾年並無太大變化，簡單的電工學知識，基本的原理原則以及交直流電的電路計算均有之，然在命題數量方面則稍有改變。以台電養成班的考試為例，考題並不困難，除典型記憶性的基本原理類題目，計算性題目也算容易。或許正因容易準備，易得高分，曾出現複選題。對於記憶性題目而言，複選題並不造成困擾，且多為過去數年的考古題加以演化（例如，先前出題為四選一錯的，此時則同樣題目改成選對的），因此，熟練考古題仍為不二法門。但對於計算性題目而言，複選題的出現則大幅增加計算量。再以近幾年的中油雇員甄選試題為例，其題目多到每題僅能得 1.25 分，此時會不會不是重點，能不能正確且快速的答題才重要。可見，透過平時的演練加強演算速度及正確性反成準備考試時所需加強的項目。

第一章

元件與基本定律

在本章中，計算問題較為簡單，對於電力、電荷、電流、電壓、功率等等基本定義常為出題重點，公式應加以讀熟活用。導線電阻之大小受材料電阻係數，長度、溫度面積等因素影響，幾乎為每年必考重點，歷屆考題形式須熟讀。

此外，在公式方面需注意的尚有庫侖定律及歐姆定律等。

1-1 定義與單位

電路是由電路元件連接組成的，且其中至少須有一個封閉迴路。

電路元件是指實驗室或工廠中常見之實際元件，如：電阻、電感器、電容器、二極體、電晶體、以及電源（電池、電動機、發電機）等。

分析電路時，必須採用標準單位系統，以使所求得的數據，例如電流、電壓、功率、能量等符合量測的意義，通常採國際單位系統，簡稱SI制。

表 1-1 單位

	單位	符號
電荷	庫侖	C
電流	安培	A
電壓	伏特	V
電阻	歐姆	Ω
電能	焦耳	J
電功率	瓦特	W
電感	亨利	H
電容	法拉	F
磁通	韋伯	Wb

表 1-2 常用冪次代號

乘積	字首	符號
10^{12}	萬億（Tera）	T
10^{9}	十億（Giga）	G
10^{6}	百萬（Mega）	M
10^{3}	仟（Kilo）	K
10^{-3}	毫（milli）	m
10^{-6}	微（micro）	μ
10^{-9}	奈（nano）	n
10^{-12}	微微（pico）	p

1-2 電荷與電流

一切物質均由原子所構成，而原子又分別由質子（正電荷），電子（負電荷）及中子（中性，不帶電）所組成。一個正電荷或負電荷的帶電量約爲1.6×10^{-19}庫侖(C)，1庫侖相當於6.25×10^{18}個正電荷的帶電量。

電荷之間的電力大小可由庫侖定律求得：

$$F=\frac{Q_1Q_2}{4\pi\in R^2}=k\frac{Q_1Q_2}{R^2}=9\times10^9\frac{Q_1Q_2}{R^2}\quad 牛頓\ (nt)$$

電荷的移動形成電流，電流爲每單位時間（秒）內通過某一截面積的電荷量 (C) 即

$$i=\frac{dq}{dt}\quad 安培\ (A)$$

在時間 t_o 和 t 之間進入某一元件的全部電荷爲：

$$q_T=q(t)-q(t_o)=\int_{t_0}^{t} i\,dt\quad 庫侖\ (C)$$

1-3 電壓、能量和功率

電壓爲移動 1 庫侖電荷，從元件之一端點移至另一端點所作的功，其單位爲伏特（V）。在元件上移動 1 庫侖電荷若須作功 1 焦耳則代表此元件上有 1V 之電壓，亦即 1V = 1 J/C，電壓又稱爲電位差或電壓降。

若正電流進入元件電壓正端點，則外力必須推動電流，供給能量給元件，或視作元件吸收能量；若正電流從元件電壓正端點流出（進入負端點），則元件釋放能量給外接電路。

元件吸收能量：

$$\Delta w=v\Delta q\quad 焦耳\ (J)$$

能量消耗率即爲功率（p）的定義：

$$p=\frac{dw}{dt}=vi\quad 瓦特\ (W)$$

功率的單位爲 J/S，通常稱爲瓦特（W），另一常用之單位爲馬力，1 馬力等於 745.7 瓦特。

能量與功率亦可透過下式換算：

$$w(t)-w(t_0)=\int_{t_0}^{t} vi\,dt\quad 焦耳\ (J)$$

1-4 電路元件

(一)電壓源：電壓源可提供電路元件兩端點間的電壓，理想的電壓源可在兩端點間提供恆定 v 伏特的電壓，其電壓調整率爲零。

依電源之極性變化可分爲：

1. **直流電壓源**：電源電壓的正負極性不隨時間而改變。
2. **交流電壓源**：電源電壓的正負極性隨時間而改變。

依電源之電壓值與電路元件之關係可分爲：

1. **獨立電壓源**：其端點間維持一特定電壓。
2. **相依電壓源**：其端電壓與電路上某些元件的電壓或電流有關，又分被電壓控制的壓控電壓源（VCVS）以及被電流控制的流控電壓源（CCVS）。

(二)電流源：電流源可提供通過電路元件之電流，理想的電流源可提供恆定 i 安培的電流，其電流調整率爲零。

依電流源所提供之電流方向變化可分爲：

1. **直流電流源**：電流之方向不隨時間而改變。
2. **交流電流源**：電流之方向隨時間而改變。

依電源之電流值與電路元件之關係可分爲：

1. **獨立電流源**：可提供特定電流。
2. **相依電流源**：所提供的電流與電路上某些元件的電壓或電流有關，又分被電壓控制的壓控電流源（VCCS）以及被電流控制的流控電流源（CCCS）。

(三)電阻器：電阻器上的電壓與電流之間的比例常數爲電阻，

$$R = \frac{v}{i} \quad \text{歐姆 } (\Omega)$$

電阻的單位（V/A）稱爲歐姆（Ohm），以希臘字母 Ω 表示。通常金屬的電阻值隨溫度上升而增加，然而半導體的電阻值則隨溫度上升而減少。常見金屬的導電率，依高低順序排列爲：銀＞銅＞金＞鋁＞鎢＞鐵＞鉑(白金)＞錫＞鋼。

表 1-3　常見金屬導電率

金屬	導電率
銀	6.3×10^{7}
銅	5.85×10^{7}
金	4.25×10^{7}
鋁	3.5×10^{7}
鎢	1.82×10^{7}
鐵	1.07×10^{7}
鉑	0.94×10^{7}
鋼	0.7×10^{7}

此外，分析電路時也常使用電導表示電流與電壓之間的關係，電導的定義爲電阻的倒數，即

$$G=\frac{1}{R}\quad 姆歐$$

電導單位爲（A/V）稱爲姆歐（Mho）或西門子（簡寫 S）。

(四)電容器：電容器上所儲存的電荷q與其端電壓v成正比，其比例常數C稱爲電容器的電容值，

$$C=\frac{q}{v}\quad 法拉\ (F)$$

電容的單位是庫侖／伏特（C/V）或稱爲法拉（F）。

在電容器中，電流與電壓的時間變化率成正比，其關係爲

$$i=C\frac{dv}{dt}$$

(五)電感器：電感器上的磁通量與其電流i成正比，其比例常數L稱爲電感器的電感量

$$L=\frac{N\phi}{i}\quad 亨利\ (H)$$

其中，N 爲線圈匝數，電感的單位爲韋伯／安培（Wb/A）或稱爲亨

利（H）。

由法拉第定律可得知磁通量隨時間變化時會在線圈兩端產生電壓 v：

$$v = N\frac{d\phi}{dt}$$

利用上述兩公式可求得電感器中電壓與電流的關係

$$v = L\frac{di}{dt}$$

1-5 被動元件與主動元件

一個元件若是無法供給能量，稱爲被動元件，否則爲主動元件。被動元件所消耗的能量符合下式：

$$w(t) = \int_{-\infty}^{t} p(t)dt = \int_{-\infty}^{t} vi\,dt \geq 0$$

電阻、電容及電感皆爲被動元件。

電容器上儲存的能量爲：$w_c(t) = \frac{1}{2}Cv^2(t) \geq 0$

電感器上儲存的能量爲：$w_L(t) = \frac{1}{2}Li^2(t) \geq 0$

而在電阻器上能量消耗的功率爲：$p(t) = v(t)i(t) = \frac{v^2(t)}{R} = i^2(t)R \geq 0$

1-6 歐姆定律

若電壓 v(t)加在一電阻器 R 兩端，並有電流 i(t)流過 R，則由歐姆定律可得

$$v(t) = Ri(t) \quad 或 \quad R = \frac{i(t)}{v(t)} \quad 或 \quad i(t) = \frac{v(t)}{R}$$

是非題

(○) 1.電流之速率與光速相等，而電子在導體中實際移動之速率非常低。〔90台電〕

【解析】電流之速率即為電磁波之速率，而光波亦屬電磁波，故電流之速率同光速。
而電子的實際移動速率相當低。

(×) 2.帶電導體外之電場強度與距離無關，所以只要不直接接觸就不會感電。〔90台電〕

【解析】帶電導體外電場強度與距離相關距離越近則電場越強，即使不直接接觸仍會感電。

(×) 3.電池的容量以伏安（VA）來表示。〔90台電〕

【解析】以安培小時表示。

(×) 4.所有物質的電阻均隨溫度增加而增大。〔90台電〕

【解析】半導體電阻隨溫度增加而減小。

選擇題

(C) 1.金(a)、銀(b)、銅(c)、鋁(d)四種導體之導電率大小依次為　(A)a＞b＞c＞d　(B)b＞a＞c＞d　(C)b＞c＞a＞d　(D)a＞c＞b＞d。〔90台電〕

【解析】常見金屬的導電率，依高低順序排列：
銀＞銅＞金＞鋁＞鎢＞鐵＞鉑（白金）＞錫＞鋼
銀 6.3×10^7
銅 5.85×10^7
金 4.25×10^7
鋁 3.5×10^7

鎢 1.82×10^7

鐵 1.07×10^7

白金 0.94×10^7

鋼 0.7×10^7

(E) 2.蓄電池容量一般以何者表示？ (A)伏特 (B)瓦特 (C)安培 (D)伏安 (E)安培小時。〔92台電〕

(A) 3.有關電位之敘述，下列何者不正確？ (A)具有方向性 (B)愈靠近正電荷處電位愈高 (C)距電場無窮遠處之電位為零 (D)具有大小 (E)在電場中，電位相同之點所形成的面稱為等位面。〔92台電〕

【解析】(A)電位為一純量場，不具方向性。

(B)(C)(D)(E)正確。

(C) 4.有一根圓柱形導體，其電阻為10歐姆，將其拉長使其長度為原來的兩倍，假設導體維持圓柱形狀且原有的體積並未改變，則拉長後之電阻為多少歐姆？ (A)10 (B)20 (C)40 (D)80 (E)100。〔92台電〕

【解析】$R = \rho\dfrac{\ell}{A}$

若長度拉長兩倍使 $\ell' = 2\ell$ 且體積不變則面積 $A' = \dfrac{1}{2}A$

$$\frac{R'}{R} = \frac{\rho\dfrac{\ell'}{A'}}{\rho\dfrac{\ell}{A}} = \frac{\dfrac{2\ell}{\frac{1}{2}A}}{\dfrac{\ell}{A}} = 4$$

$R' = 4R = 4 \times 10 = 40\Omega$

(D) 5.如果將電線之直徑及長度均增加為原來的2倍，當電流大小不變時，跨越電線兩端之電壓為原來的多少倍？ (A)不變 (B)4倍 (C)2倍 (D)1/2倍 (E)1/4倍。〔92台電〕

【解析】直徑 2 倍則面積為 $2^2 = 4$ 倍

$$\frac{R'}{R}=\frac{\rho\frac{\ell'}{A'}}{\rho\frac{\ell}{A}}=\frac{\frac{2\ell}{4A}}{\frac{\ell}{A}}=\frac{1}{2}\ \Rightarrow\ R'=\frac{1}{2}R$$

$$\frac{V'}{V}=\frac{IR'}{IR}=\frac{\frac{1}{2}R}{R}=\frac{1}{2}\ \Rightarrow\ V'=\frac{1}{2}V$$

（D）6.針對 60W 、 120V 的燈泡，下列敘述何者有誤？　(A)電阻為 240Ω　(B)若接於 120V 之電壓時，則功率為 60W　(C)若接於 60V 之電壓時，則電流為 0.25A　(D)若接於 60V 之電壓時，則功率為 30W　(E)接於 120V 時之功率為接於 60V 時之功率的 4 倍。〔92 台電〕

【解析】(A) $P=\frac{V^2}{R}$

$$R=\frac{V^2}{P}=\frac{120^2}{60}=240\Omega$$

(B)依題意 V = 120V 時，$P_{120V} = 60W$

(C) $I=\frac{V}{R}=\frac{60}{240}=0.25A$

(D) $P_{60V}=\frac{V^2}{R}=\frac{60^2}{240}=15W$

(E)由(B)(D)小題得

$$P_{120V} = 4P_{60V}$$

（A）7.一個理想的電壓源供應器，其電壓調整率為何？　(A)0%　(B) 50%　(C)100%　(D)150%　(E)無限大。〔92 台電〕

（D）8.波傳遞時不須依賴介質的是　(A)繩波　(B)彈簧波　(C)水波 (D)電磁波　(E)聲波。〔94 台電〕

【解析】傳遞時須依賴介質者稱為介質波，繩波、彈簧波、水波聲波均屬之。

電磁波及重力波則不須介質即可傳遞。

（B） 9.若兩帶電體間之距離加倍，則互相作用力 (A)減為 1/2 倍 (B)減為 1/4 倍 (C)增為 2 倍 (D)增為 4 倍 (E)增為 8 倍。〔94 台電〕

【解析】$F = k\dfrac{Q_1Q_2}{R^2}$

設 $R' = 2R$

$$\frac{F'}{F} = \frac{\frac{1}{R'^2}}{\frac{1}{R^2}} = \frac{\frac{1}{4R^2}}{\frac{1}{R^2}} = \frac{1}{4}$$

（A） 10.一導線上通有電流 0.4 安培，則在 5 分鐘內通過之電量為多少庫侖？ (A)120 (B)100 (C)80 (D)60 (E)40。〔94 台電〕

【解析】$Q = IT$，其中 T 的單位為秒

$Q = 0.4 \times 5 \times 60 = 120$ 庫侖

（C） 11.某電鍋標示為 720W，120V，其電阻為多少？ (A)10Ω (B)6Ω (C)20Ω (D)1/6Ω (E)15Ω。〔94 台電〕

【解析】$P = \dfrac{V^2}{R}$

$$R = \frac{V^2}{P} = \frac{120^2}{720} = 20\Omega$$

（A） 12.將一個 4 庫侖之帶電體由 A 點移至 B 點需作功 12 焦耳，則電位差 V_{AB} 為多少？ (A)3 伏特 (B)4 伏特 (C)8 伏特 (D)10 伏特。〔94 中油〕

【解析】$W = QV$

$$V_{AB} = \frac{W}{Q} = \frac{12}{4} = 3V$$

（C） 13.某一硬碟之容量標示為 120GB，其中“G”所代表的數值為何？ (A)10^3 (B)10^6 (C)10^9 (D)10^{12}。〔94 中油〕

【解析】$K = 10^3$

$M = 10^6$

$G = 10^9$

$T = 10^{12}$

（C）14. 有一銅導線，其截面積爲0.2平方公分，電子密度爲10^{29}個自由電子數／m^3，線路內電流爲16安培，試求電子在銅導線內之平均速率爲多少？ (A)5×10^{-3}公尺／秒 (B)5×10^{-4}公尺／秒 (C)5×10^{-5}公尺／秒 (D)5×10^{-6}公尺／秒。〔94中油〕

【解析】$I=\dfrac{Q}{t}=vAdq$

$16=v\times0.2\times10^{-4}\times10^{29}\times1.6\times10^{-19}$

$v=5\times10^{-5}$m/sec

（D）15. 蓄電池的容量通常以下列何者表示？ (A)瓦特 (B)伏特 (C)安培 (D)安培小時。〔94中油〕

（C）16. 如下圖爲四色帶之色碼電阻器，其色碼如圖標示時，請問其所表示之電阻值爲何？ (A)63 ± 20%Ω (B)0.63 ± 10%Ω (C)6.3 ± 5%Ω (D)630 ± 5%Ω。〔94中油〕

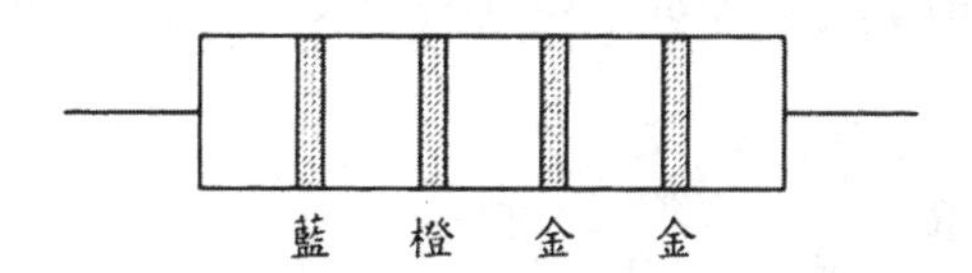

【解析】前三碼表示電阻值

藍：6

橙：3

金：10^{-1}

故電阻$63\times10^{-1}=6.3\Omega$

第四碼表誤差率

金：5%

（B）17. 下列材料中，何者不屬導體？ (A)銀 (B)電木 (C)碳 (D)汞。〔94中油〕

【解析】銀為金屬，為導體。

碳為非金屬，但可導電。

汞為室溫下唯一的液態金屬，為導體。

（D）18.有一導線，若將其均勻拉長至原來長度的二倍，如果導線體積不變，試問其電阻有何改變？ (A)電阻變爲原來的四分之一倍 (B)電阻變爲原來的二分之一倍 (C)電阻變爲原來的二倍 (D)電阻變爲原來的四倍。〔94中油〕

【解析】體積不變時

$$\ell' = 2\ell \text{，則 } A' = \frac{1}{2}A$$

$$\frac{R'}{R} = \frac{\rho\frac{\ell'}{A'}}{\rho\frac{\ell}{A}} = \frac{\frac{2\ell}{\frac{1}{2}A}}{\frac{\ell}{A}} = 4$$

$R' = 4R$

（C）19.若將一額定爲100V、1000W電熱器長度剪去五分之一，則其輸出功率變爲： (A)800W (B)1000W (C)1250W (D)1500W。〔94中油〕

【解析】$R = \frac{V^2}{P} = \frac{100^2}{1000} = 10\Omega$

$$R' = R \times \left(1 - \frac{1}{5}\right) = 10 \times \frac{4}{5} = 8\Omega$$

$$P' = \frac{V^2}{R'} = \frac{100^2}{8} = 1250W$$

（C）20.某化工廠內之電熱爐電阻值爲20歐姆，若將該電熱爐接上電壓，通有1安培之電流，則該電熱爐於1分鐘內，由電能轉換爲多少熱能？ (A)200焦耳 (B)400焦耳 (C)1200焦耳 (D)2400焦耳。〔94中油〕

【解析】$P = I^2R = 1^2 \times 20 = 20$

$W = Pt = 20 \times 60 = 1200$ 焦耳

（C）21.有一電熱器的電阻爲10Ω，通以10A之電流，求此電熱器每分鐘所產生的熱量爲多少？ (A)60000卡 (B)14400焦耳 (C)14400卡 (D)6000焦耳。〔94中油〕

【解析】功率 $P = I^2R = 10^2 \cdot 10 = 1000W$
電熱器的功率消耗轉成熱能每分鐘有
$W = Pt = 1000 \times 60 = 60000$ 焦耳
1 焦耳 = 0.24 卡或 1 卡 ≃ 4.18 焦耳
故 $W = 60000$ 焦耳 $\simeq 60000 \times 0.24 = 14400$ 卡

(B) 22. 有一學校教室40間，每間有110V／40W日光燈15盞，每天開燈5小時，求此學校每天使用多少度電？ (A)100度 (B)120度 (C)140度 (D)160度。〔94中油〕

【解析】每間使用：40W × 5小時 × 15盞 = 3000瓦小時 = 3度
全校使用：40間 × 3度 = 120度

(D) 23. 某一系統的效率爲80%，若其功率損失爲300瓦特，則該系統的輸出功率爲多少？ (A)500瓦特 (B)800瓦特 (C)1000瓦特 (D)1200瓦特。〔94中油雇員〕

【解析】功率損失佔原總功率：100 − 80 = 20%
原總功率：300 ÷ 20% = 1500W
輸出功率：1500 × 80% = 1200W

(D) 24. 有關電壓源與電流源的敘述，下列何者錯誤？ (A)理想電流源的內電阻爲無窮大 (B)理想電壓源的內電阻爲零 (C)電壓源的電壓調整率愈小愈好 (D)電壓源的電壓調整率越大越好。〔94中油雇員〕

【解析】電壓調整率表示在接上不同阻抗負載後，電壓的變化情形，應越小越好。

(A) 25. 電器檢驗設備中常見之高阻計，是用以測量下列何者？ (A)絕緣電阻 (B)接地電阻 (C)漏電電流 (D)線圈電阻。〔94中油雇員〕

【解析】接地電阻與線圈電阻為低阻抗，絕緣電阻為高阻抗。

(B) 26. 一粗細均勻的銅線被剪成長1：2的兩段，再將此兩段拉成長度比爲2：1，則此兩段之電阻比爲何？ (A)1：8 (B)8：1 (C)4：1 (D)1：4。〔94中油雇員〕

【解析】原先銅線剪成1：2

此時長度 $\ell_1 : \ell_2 = 1 : 2$

面積 $A_1 : A_2 = 1 : 1$

接著將銅線拉長成 $\ell_1' : \ell_2' = 2 : 1$

面積比 $A_1' : A_2' = 1 : 4$

$$\frac{R_1'}{R_2'} = \frac{\rho\frac{\ell_1'}{A_1'}}{\rho\frac{\ell_2'}{A_2'}} = \frac{\ell_1'}{\ell_2'} \cdot \frac{A_2'}{A_1'} = \frac{2}{1} \cdot \frac{4}{1} = 8$$

（B） 27. 兩電荷 $Q_1 = 6 \times 10^{-6}$ 庫侖，$Q_2 = -8 \times 10^{-6}$ 庫侖，相距30公分，則在空氣中之作用力爲： (A)3.6牛頓 (B)−4.8牛頓 (C)−3.6牛頓 (D)4.8牛頓 (E)−2牛頓。 〔95台電養成班〕

【解析】$F = \frac{Q_1 Q_2}{4\pi \in R^2}$

$$= \frac{6\times10^{-6}\times(-8\times10^{-6})}{4\pi\times\frac{1}{36\pi}\times10^{-9}\times(0.3)^2}$$

$$= 9\times10^9\times\frac{-48\times10^{-12}}{0.09}$$

$= -4.8$ 牛頓

（E） 28. 某蓄電池原蓄有100庫侖之電量，在10分鐘內充電至700庫侖，則每秒之平均電流爲： (A)4A (B)5A (C)2A (D)3A (E)1A。 〔95台電養成班〕

【解析】$I = \frac{Q}{t} = \frac{700-100}{10\times60} = 1A$

（B） 29. 有 4×10^{-3} 庫侖之正電荷由B點移向A點需作功0.24焦耳，若 $V_A = 100V$，則 V_B 爲： (A)30V (B)40V (C)50V (D)60V (E)70V。 〔95台電養成班〕

【解析】電荷移動作功

$W = QV = Q(V_A - V_B)$

$0.24 = 4 \times 10^{-3} \times (100 - V_B)$

$60 = 100 - V_B$

$V_B = 40V$

（D）30.電阻絲於溫度25℃時$R_{25} = 15\Omega$，30℃時$R_{30} = 16\Omega$，求100℃時R_{100}之電阻爲：(A)20Ω (B)21Ω (C)25Ω (D)30Ω (E)50Ω。〔95台電養成班〕

【解析】假設電阻與溫度成一次方線性，從25℃至30℃電阻增加$16 - 15 = 1\Omega$，表示每上升一度，電阻增加0.2Ω，故可表為

$$R(T) = 15 + 0.2(T - 25)$$

$$R(100) = 15 + 0.2(100 - 25) = 30\Omega$$

（A）31.將材質與特性相同之額定100W/100V，與10W/100V之兩個燈泡串聯後，兩端接上99V電壓，試問那個燈泡較亮？ (A)10W (B)100W (C)兩者亮度相同 (D)10W燈泡燒燬 (E)兩者均不亮。〔95台電養成班〕

【解析】兩燈泡的電阻

$$R_{100W} = \frac{V^2}{P_{100W}} = \frac{100^2}{100} = 100\Omega$$

$$R_{10W} = \frac{V^2}{P_{10W}} = \frac{100^2}{10} = 1000\Omega$$

故串聯後的分壓

$$V_{100W} = V \times \frac{R_{100W}}{R_{10W} + R_{100W}} = 99 \times \frac{100}{1000 + 100} = 9V$$

$$V_{10W} = V \times \frac{R_{10W}}{R_{10W} + R_{100W}} = 99 \times \frac{1000}{1000 + 100} = 90V$$

消耗功率

$$P'_{100W} = \frac{V^2}{R_{100W}} = \frac{9^2}{100} = 0.81W$$

$$P'_{10W} = \frac{V^2}{R_{10W}} = \frac{90^2}{1000} = 8.1W$$

故10W燈泡較亮，且不會燒毀。

(ACD) 32.有關電位之敘述，何者爲正確？ (A)愈靠近正電荷處電位愈高 (B)具有方向 (C)具有大小 (D)距電場無窮遠處之電位爲零 (E)與溫度成正比。〔95台電養成班〕

【解析】電位為在電場中移動單位電荷所作的功，通常假設距電場無窮遠處電位為零，而靠近正電荷處的電位較高。電位為一純量，有大小值而無方向，可表示為

$$V=\frac{Q}{4\pi\in R}$$

故(A)(C)(D)正確。

(ACDE) 33.下列關於電磁輻射敘述，何者正確？ (A)靜止的電荷不發射電磁波 (B)電磁波在空氣中是以空氣爲傳播介質 (C)電磁波在真空中速率一定 (D)電磁波中做大小變動的是電場及磁場 (E)電磁波是橫波。〔95台電養成班〕

【解析】(A)電磁波係由電荷加速或減速時產生，故靜止電荷不發射電磁波。

(B)電磁波的傳播無需介質。

(C)各種電磁波在真空中速率均一定，即光速。

(D)電磁波中，電場及磁場的振幅皆會改變。

(E)電磁波中，電場及磁場的振動方向與傳播方向垂直，故為橫波。

一、有一條20米長之導線，其截面積為0.02平方米，電阻係數為2×10^{-5}歐姆－米。試求此導線之總電阻值。〔85鐵路佐級〕

答：電阻正比電阻係數與長度，與截面積成反比

$$R=\frac{\rho\ell}{S}=\frac{2\times10^{-5}\times20}{0.02}=0.02\Omega$$

二、如有A、B、C三個帶正電荷之帶電體，其所帶電荷量之比為1：4：7。A、B、C三帶電體在一直線上，相互間之距離如圖三所示。設A、B兩者之間的靜電力 F_{AB} = 20牛頓。試求(一)A、C間之靜電力 F_{AC} 及B、C間之靜電力 F_{BC}，(二)帶電體B所受之靜電合力 F_B 及帶電體C所受之靜電合力 F_C。〔85鐵路佐級〕

A　B　C

1米　2米

答：使用靜電力之基本公式

(一)靜電力　$F_{12}=\dfrac{KQ_1Q_2}{r_{12}}$

假設A、B、C三物帶電量Q、4Q、7Q

$$\frac{F_{AC}}{F_{AB}}=\frac{\dfrac{K\cdot Q\cdot 7Q}{(1+2)^2}}{\dfrac{K\cdot Q\cdot 4Q}{1^2}}\Rightarrow F_{AC}=\frac{7}{9}\times\frac{1}{4}\times 20=\frac{35}{9}\text{nt}$$

$$\frac{F_{BC}}{F_{AB}}=\frac{\dfrac{K\cdot 4Q\cdot 7Q}{2^2}}{\dfrac{K\cdot Q\cdot 4Q}{1^2}}\Rightarrow F_{BC}=\frac{28}{4}\times\frac{1}{4}\times 20=35\text{nt}$$

(二)物B受 F_{AB} 與 F_{BC} 兩力，且兩力異向 $F_B=F_{BC}-F_{AB}=35-20=$ 15nt向左。

物C受 F_{AC} 與 F_{BC} 兩力，而兩力同向 $F_C=F_{AC}+F_{BC}=\dfrac{35}{9}+35=\dfrac{350}{9}$ nt向右。

三、某戶有30瓦特電燈8盞，平均每天各用四小時；800瓦特電鍋一個，每天平均用二小時；600瓦特電磁爐一個，每天平均用二小時。試問該戶每月共用電多少度？設每月以卅天計。〔85鐵路佐級〕

答：每度電爲千瓦小時

每日用電　電燈：30 × 4 × 8 = 960W · hr

電鍋：800 × 2 × 1 = 1600W · hr

電磁爐：$600 \times 2 \times 1 = 1200\text{W} \cdot \text{hr}$

每日共用電 $960 + 1600 + 1200 = 3760\text{W} \cdot \text{hr}$

每月用電 $3760 \times 30 = 112800\text{W} \cdot \text{hr} = 112.8\text{kW} \cdot \text{hr} = 112.8$ 度

四、若電鍋在110伏的線路中消耗500瓦的功率，試求：

(一)熱電阻的電阻值為何？

(二)若電壓降低10%，則電鍋的溫度降低多少%？ 〔85公路員級〕

答：假設爲110V有效電壓的交流電

(一) $P = \dfrac{V^2}{R}$

$$R = \frac{V^2}{P} = \frac{110^2}{500} = \frac{12100}{500} = 24.2\Omega$$

(二)溫度T正比功率消耗，正比電壓平方，故電壓降低10%，成爲90%，則溫度變爲 $(0.9)^2 = 0.81$

降低 $1 - 0.81 = 0.19 = 19\%$

五、某家庭每日平均用電如下：(一)8個60W燈泡使用5小時；(二)700W微波爐使用2小時；(三)1200W電鍋使用30分鐘；(四)300W電視每日觀賞3小時；(五)400W冰箱，全天候使用，若每度電費2元，求此家庭每月（以30日計）應付電費若干元？ 〔86鐵路佐級〕

答：燈泡：$60 \times 5 \times 8 = 2400$ 瓦小時

微波爐：$700 \times 2 = 1400$ 瓦小時

電鍋：$1200 \times 0.5 = 600$ 瓦小時

電視：$300 \times 3 = 900$ 瓦小時

冰箱：$400 \times 24 = 9600$ 瓦小時

每日共用 $2400 + 1400 + 600 + 900 + 9600$

$= 14900$ 瓦小時

$= 14.9$ 千瓦小時

$= 14.9$ 度

每月用電 $14.9 \times 30 = 447$ 度

每月電費 $447 \times 2 = 894$ 元

六、圖(1)、(2)、(3)中，計算每個電路元件吸收功率。（須註明＋，－）

〔87郵政公路佐級、87鐵路佐級〕

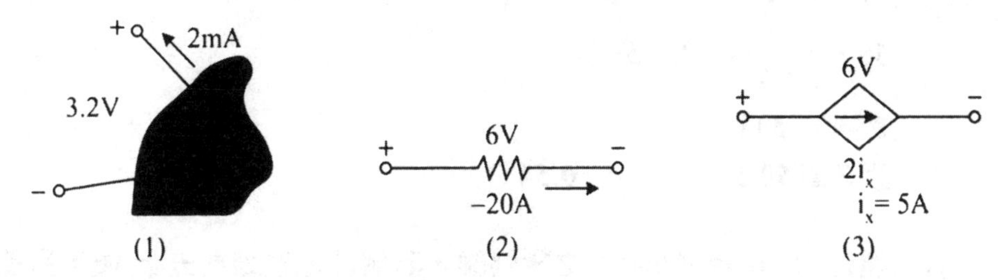

答：圖(1) $P_1 = 3.2(-2) = -6.4mW$

圖(2) $P_2 = 6 \times (-20) = -120W$

圖(3) $P_3 = 6 \times 2 \times 5 = 60W$

七、某用戶有40瓦電燈5盞，60瓦電燈6盞，100瓦電燈3盞，若每燈每晚平均用電5小時，如每月以30日計，電費每度為2元，試求每月應付電費為多少？〔87鐵路員級〕

答：每小時用電〔$40 \times 5+60 \times 6+100 \times 3$〕$\times 1 = 860W \cdot hr = 0.86$度

每日用電　$0.86 \times 5 = 4.3$度

每月用電　$4.3 \times 30 = 129$度

每月電費　$129 \times 2 = 258$度

八、有一電機在使用前，於室溫下可測得其銅線圈直流電阻為50歐姆，如已知此線圈內流過0.5安培之直流電流，在運轉3小時後，可量得電位差為28伏特，若已知室溫為20℃，且此銅線圈之零電阻溫度為–234.5℃，試求此電機內之銅線圈經運轉3小時後之溫升為若干？

〔88電信員級〕

答：(一)假設銅線電阻隨溫度成一次方線性增加

$$\frac{50-0}{20-(-234.5)} = \frac{R-0}{T-(-234.5)}$$

$$R = \frac{50}{254.5}(T+234.5)$$

(二)運轉3小時後阻抗

$$R=\frac{28}{0.5}=56\Omega$$

代入上式

$$56=\frac{50}{254.5}(T+234.5)$$

$T = 50.54$℃

故升高 $50.54-20=30.54$℃

九、有一額定110伏特／550瓦之電熱線，若將此電熱線剪去$\frac{4}{11}$後，另接於70伏特之電源，則此時之功率消耗應為多少？〔88鐵路員級〕

答：功率 $P=\frac{V^2}{R}$

原電阻 $R=\frac{V^2}{P}=\frac{110^2}{550}=22\Omega$

剪去$\frac{4}{11}$後，電阻 $R'=\left(1-\frac{4}{11}\right)R=\frac{7}{11}R$

$$R'=\frac{7}{11}\times 22=14\Omega$$

接70V時功率為 $P'=\frac{V'^2}{R'}=\frac{70^2}{14}=350W$

十、如下圖所示之正六邊形ABCDEF，每邊長a公尺，在B、D、E三點各有帶＋q庫侖之電荷，在A、C、F三點各有帶－q庫侖之電荷，試求中心點O之電場強度為若干？〔88電信員級〕

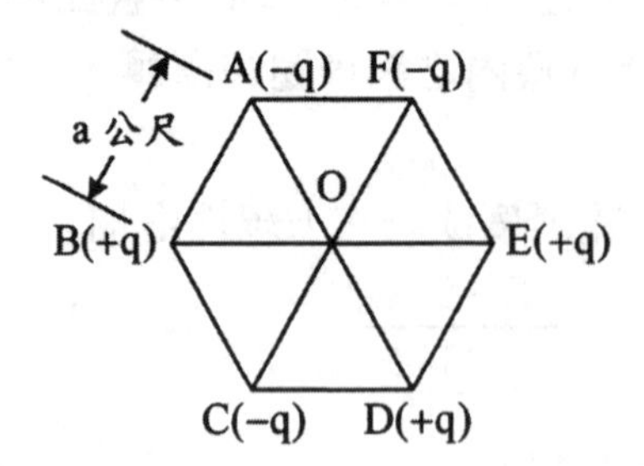

答：B點與E點同帶正電，兩者電場大小相等方向相反，故相互抵銷，同理，C點與F點所產生之電場抵銷僅餘A點與D點，電場方向均朝$\overrightarrow{OA}$

A(−q)

O

D(+q)

$$\vec{E}=\overrightarrow{a_{OA}}\left(\frac{q}{4\pi\in a^2}+\frac{q}{4\pi\in a^2}\right)=\overrightarrow{a_{OA}}\frac{q}{2\pi\in a^2}$$

十一、有一色碼電阻之四個色帶依序為紅、綠、橙、金，則此電阻之誤差範圍為±____kW 。〔90 台電〕

答：紅：2

綠：5

橙：10^3

金：誤差率± 5%

故此電阻值

$25\times 10^3=25000\Omega=25K\Omega$

$25K\times\pm 5\%=\pm 1.25K\Omega$

十二、有甲、乙兩條材料相同的導線，如果甲的長度是乙的四倍，甲的直徑也是乙的四倍，則甲的電阻是乙的多少倍？〔90 郵政公路佐級〕

答：$R=\rho\frac{\ell}{S}$

直徑四倍，則面積爲 4^2 倍，材料相同，故 ρ 相同

$$\frac{R}{R_A}=\frac{\rho\frac{\ell}{S}}{\rho_A\frac{\ell_A}{S_A}}=\frac{\frac{4}{4^2}}{\frac{1}{1}}=\frac{1}{4}\text{（倍）}$$

十三、如下圖之直角三角形 ABC，$\overline{AC}$ 之長度為 30 公分，$\overline{BC}$ 之長度為 40 公分，今若有兩電荷 $Q_1=4\times10^{-7}$ 庫侖，$Q_2=5\times10^{-7}$ 庫侖，分置於 A 點及 B 點，且此二電荷間之介質為水，並已知其介質常數

(ε_r)為80，試求電荷間之作用力為多少牛頓？

〔90 郵政公路員級〕

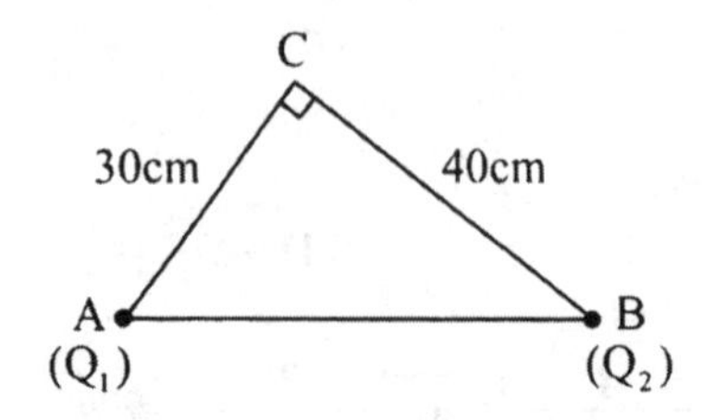

答：$\overline{AB}$ 長度 $=\sqrt{30^2+40^2}=50cm=0.5m$

作用力 $F=\dfrac{Q_1Q_2}{4\pi\epsilon_r\epsilon_o R^2}=\dfrac{4\times10^{-7}\times5\times10^{-7}}{4\pi\times80\times\dfrac{1}{36\pi}\times10^{-9}\times(0.5)^2}=\dfrac{20\times10^{-14}}{80\times\dfrac{1}{36}\times10^{-9}}$

$=\dfrac{10^{-14}}{\dfrac{1}{9}\times10^{-9}}=9\times10^{-5}$ 牛頓

十四、電熱器電阻50Ω，在100V之電壓下，若使用10小時且一度電為3元則：(一)此電熱器所消耗之功率為何？(二)需電費多少？

〔91 鐵路佐級〕

答：(一) $P=\dfrac{V^2}{R}=\dfrac{100^2}{50}=200W$

(二) $W=Pt=200\times10=2000$ 瓦・小時＝2 瓩・小時＝2 度

電費 2・3＝6元

十五、兩個大小相同的金屬小球，分別帶有電荷Q_1、Q_2，當相距10公分時，其斥力為2.4×10^{-3}牛頓，將兩球接觸後再置回原處，其斥力為2.5×10^{-3}牛頓，求兩球未接觸時，兩者電量比為何？

〔93 郵政員級〕

答：接觸前，帶電量 Q_1 、 Q_2

接觸後，帶電量 $Q_1'=Q_2'=\dfrac{Q_1+Q_2}{2}$

電力

$$\frac{F'}{F}=\frac{k\frac{Q_1'Q_2'}{R^2}}{k\frac{Q_1Q_2}{R^2}}=\frac{(Q_1+Q_2)^2}{4Q_1Q_2}=\frac{2.5\times10^{-3}}{2.4\times10^{-3}}$$

$$\Rightarrow\begin{cases}(Q_1+Q_2)^2=25q^2\\4Q_1Q_2=24q^2\end{cases}\Rightarrow\begin{cases}Q_1+Q_2=5q\\Q_1Q_2=6q^2\end{cases}\Rightarrow\begin{cases}Q_1=6q\\Q_2=4q\end{cases}\quad\Rightarrow\begin{cases}Q_1=4q\\Q_2=6q\end{cases}$$

$Q_1：Q_2=3：2$　或　$Q_1：Q_2=2：3$

十六、(一)常見的功率單位馬力及瓦特其定義各為何？

(二)一直流馬達之輸入電壓為100V，電流10A，若其效率為0.85，試求其輸出功率為若干瓦特？若干馬力？

〔94鐵公路員級〕

答：(一)瓦特定義爲焦耳／秒，亦即每秒作功一焦耳即爲一瓦特。

馬力爲每秒作功550磅／呎。

1馬力等於746瓦特。

(二)$P=VI$

輸出功率$P_{出}=100\times10\times0.85=850$瓦特$=1.14$馬力

第二章

電路分析方法

本章雖包含分壓定理、分流定理、克希荷夫定律以及分析電路用的節點電壓法及網目電流法等，但重點卻是放在如何將這些定理及分析方法應用在解題上。但兩電阻並聯時的等效電阻及電阻上分流的快速計算公式則需熟記。

2-1 克希荷夫定律（Kirchhoff's Laws）

(一)**集中參數電路**：在此種電路中，假設連接電路元件的導線電阻為零，允許電流自由流過且不累積電荷和能量。

(二)**節點**：兩個或更多個電路元件接在一起的接點。

(三)**環路**：由元件所組成的封閉路徑。

(一)克希荷夫電流定律（KCL）

克希荷夫電流定律係用來描述節點上電流之間的關係，其定義為：進入任一節點的電流代數和為零；或進入任一節點的電流和，等於離開這節點的電流和。

此外，克希荷夫電流定律可推廣至：進入任何封閉面的電流代數和為零。

(二)克希荷夫電壓定律（KCL）

克希荷夫電壓定律係用來描述環路上電壓之間的關係，其定義爲：環繞任一環路的電壓代數和等於零；或環繞任一環路上電壓升之和等於電壓降之和。

2-2 電阻串聯電路與分壓定理

若電路中所有元件均流過同一電流，則此電路稱爲串聯電路。當兩個電阻 R_1 及 R_2 串聯時，分配至元件 R_1 和 R_2 的電壓正比於其電阻值，跨於 R_1 和 R_2 上的電壓是電源電壓的分數，而此分數爲該電阻與總電阻的比值，此即分壓定理。

兩電路等效是指它們在端點具有相同的電壓電流關係，N個串聯電阻的等效電阻等於個別電阻的總和，可表示爲

$$R_s = R_1 + R_2 + ... + R_N = \sum_{n=1}^{N} R_n$$

2-3 電阻並聯電路與分流定理

當電路中所有元件均跨接於同一電壓時，稱爲並聯電路。當電阻 R_1 及 R_2 並聯時，分配至電阻上的電流正比於其電導值，此即分流定理

$$i_1 = \frac{G_1}{G_P} i, \cdots\cdots, i_N = \frac{G_N}{G_P} i$$

其等效電阻爲

$$\frac{1}{R_p} = \frac{1}{R_1} + \frac{1}{R_2} + \cdots\cdots + \frac{1}{R_N} = \sum_{n=1}^{N} \frac{1}{R_n}$$

當只有兩電阻並聯時，電阻上的分流及等效電阻，可利用下列公式快速計算之：

$$i_1 = \frac{R_2}{R_1 + R_2} i \;;\; i_2 = \frac{R_1}{R_1 + R_2} i$$

$$R_p = \frac{R_1 R_2}{R_1 + R_2}$$

2-4 節點電壓分析法

節點電壓分析法簡稱爲節點分析法，此法應用KCL於節點上，以節點電壓寫出方程式。

使用節點分析法時，須先選擇一節點爲參考節點，通常挑選接地點，並定義其電位爲零。除了接地節點以外，均稱爲非參考節點，並在其上定義出節點電壓。

若某一節點連接至獨立電壓源時，則須利用超節點的觀念求解。

2-5 網目電流分析法

網目電流分析法簡稱爲網目分析法。

由電路元件相連而成的封閉路徑稱爲迴路。而網目亦爲迴路的一種，但剛迴路內並不包含任何的元件或其它迴路者，亦即爲一種最基本的迴路。

使用節點分析法時，先找出網目，再利用網目電流及KVL建立迴路方程式。通常網目電流取順時針方向，但逆時針方向亦可。

若某一網目中包含獨立電流源時，則須利用超網目的觀念求解。

（×） 1.將一條50Ω的電阻線分成五等分後再將其並聯，則其合成電阻變為10Ω。 〔90台電〕

【解析】分成五等分

$$R'=\frac{1}{5}R=\frac{1}{5}\cdot 50=10\Omega$$

五根電阻並聯

$$R''=\frac{R'}{5}=\frac{10}{5}=2\Omega$$

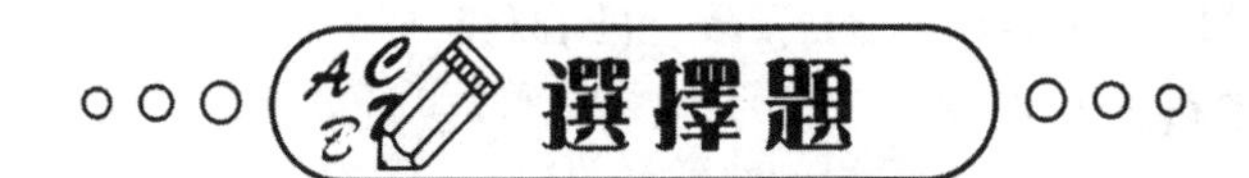

（B） 1.一內阻10KΩ、150V的直流伏特計與另一內阻12KΩ、240V的直流伏特計串聯擴大其測定電壓範圍時，可測定最高電壓為
(A)240V　(B)330V　(C)390V　(D)440V。　〔90台電〕

【解析】直流伏特計內部有一線圈，其可通過之最大電流分別為

$$150V：I=\frac{V}{R}=\frac{150}{10K}=15mA$$

$$240V：I=\frac{V}{R}=\frac{240}{12K}=20mA$$

串聯後，最大電流為15mA

$$V=IR=15mA\times(10K+12K)=330V$$

（B） 2.某電池的電動勢為1.5伏特，以電阻為4歐姆之導線接通後，測得正負極間端電壓為1.0伏特，則電池的內電阻為多少歐姆？
(A)1Ω　(B)2Ω　(C)0.5Ω　(D)6Ω　(E)4Ω。　〔92台電〕

【解析】如圖

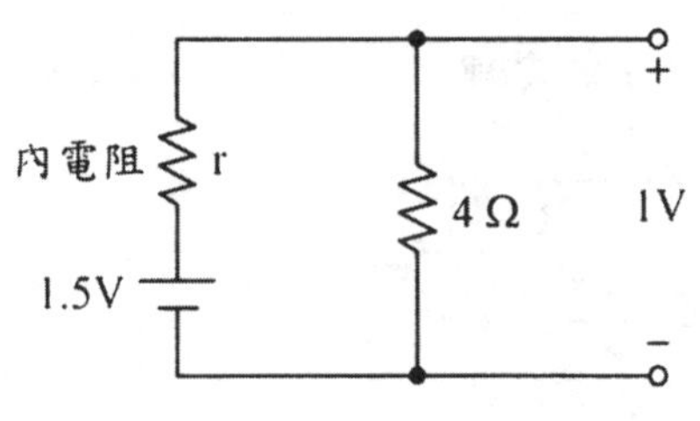

利用分壓定理

$$1 = 1.5 \times \frac{4}{r+4}$$

$$r + 4 = 6$$

$$r = 2\Omega$$

(E) 3.有一均勻導線，其電阻值爲R，將其截成長度比爲3：1的A、B兩段，若將A、B兩段並聯，則電阻值變爲多少R？ (A)1/4 (B)1/2 (C)1/3 (D)2/9 (E)3/16。 〔92台電〕

【解析】 分開後

$$R_A = \frac{3}{4}R \text{，} R_B = \frac{1}{4}R$$

並聯

$$R_A // R_B = \frac{\frac{3}{4}R \cdot \frac{1}{4}R}{\frac{3}{4}R + \frac{1}{4}R} = \frac{3}{16}R$$

(A) 4.內阻爲R歐姆之電流表，並聯一分流電阻r歐姆後，其電流之測定範圍可擴大爲多少倍？ (A)(R＋r)/r (B)(R＋r)/R (C)R/(R＋r) (D)R/r (E)r/R。 〔92台電〕

【解析】 如圖，假設原可測定最大電流為I，並聯分流電阻後為I'

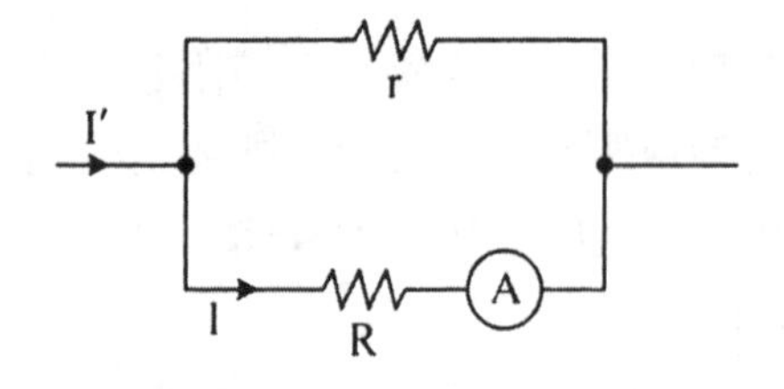

利用分流定理

$$I = I' \cdot \frac{r}{r+R}$$

$$\frac{I'}{I} = \frac{R+r}{r}$$

(B) 5.電阻器R_1與R_2並聯接於某電源時，已知各消耗100瓦特及400瓦特之電功率，其中R_1＝100歐姆，則R_2爲 (A)10歐姆 (B)25

歐姆　(C)30歐姆　(D)50歐姆　(E)60歐姆。　〔92台電〕

【解析】$P=\frac{V^2}{R}$

$PR=V^2=$定值

$P_1R_1=P_2R_2$

$100\cdot 100=400R_2$

$R_2=25\Omega$

（B）6.如下圖所示，求a、b兩點之等效電阻值爲多少？　(A)1Ω　(B)2Ω　(C)6Ω　(D)7Ω　(E)3Ω。　〔94台電〕

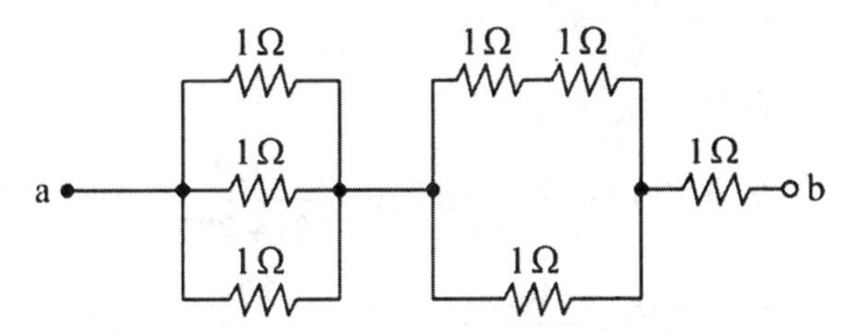

【解析】$R_{ab}=(1//1//1)+[(1+1)//1]+1$

$$=\frac{1}{\frac{1}{1}+\frac{1}{1}+\frac{1}{1}}+\frac{2\cdot 1}{2+1}+1$$

$$=\frac{1}{3}+\frac{2}{3}+1$$

$$=2\Omega$$

（D）7.將兩個相同材質，規格均爲110V/60W的電燈泡，串聯接於110V電源，請問每個電燈泡所消耗的電功率爲多少？　(A)120W　(B)60W　(C)30W　(D)15W。　〔94中油〕

【解析】兩個串聯接於110V，相當於每個分壓55V

$$\frac{P'}{P}=\frac{\frac{V'^2}{R}}{\frac{V^2}{R}}=\frac{55^2}{110^2}=\frac{1}{4}$$

$$P'=\frac{1}{4}P=\frac{1}{4}\times 60=15W$$

（D） 8.甲、乙兩個燈泡，設燈泡甲額定為110伏特、100瓦，燈泡乙額定為110伏特、60瓦，若兩個燈泡串聯後接於220伏特之電源，試問其結果有可能會如何？ (A)兩燈泡一樣亮 (B)兩燈泡各有相同之電壓降 (C)甲燈泡比乙燈泡亮 (D)乙燈泡可能因大於額定電壓而燒毀。〔94中油〕

【解析】$R=\dfrac{V^2}{P}$

$$R_1=\frac{110^2}{100}=121\Omega$$

$$R_2=\frac{110^2}{60}=201.7\Omega$$

串聯之後，分壓

$$V_1=220\times\frac{R_1}{R_1+R_2}=220\times\frac{121}{121+201.7}=82.5V$$

$$V_2=220\times\frac{R_2}{R_1+R_2}=220\times\frac{201.7}{121+201.7}=137.5V$$

消耗功率

$$P_1=\frac{V_1^2}{R_1}=\frac{82.5^2}{121}=56.25W$$

$$P_2=\frac{V_2^2}{R_2}=\frac{137.5^2}{201.7}=93.73W$$

(A)乙燈泡較亮。

(B)$V_1\neq V_2$，壓降不同。

(C)$P_2>P_1$，乙燈泡較亮。

(D)$V_2>110V$，可能會燒毀。

（A） 9.電源插座中插有電熱器，若插頭已經生鏽，會產生哪一種影響？ (A)插頭溫度升高易引起火災 (B)接觸電阻變小 (C)導線溫度降低 (D)電熱器易生鏽。〔94中油雇員〕

【解析】插頭生鏽時，電阻變大，分壓增加，消耗在其上頭的功率增加溫度升高易引起火災。

（D）10.若將一個 1KΩ 電阻器和電池及電流表串聯連接後，該電流表指示為6mA電流，現將該電路1KΩ移除，改為600Ω電阻器連接，則此電流表指示約為多少？ (A)60mA (B)40mA (C)20mA (D)10mA。〔94 中油雇員〕

【解析】 接 1KΩ 時

$V = IR = 6mA \times 1K\Omega = 6V$

接 600Ω 時

$$I = \frac{V}{R} = \frac{6V}{0.6K\Omega} = 10mA$$

（C）11.如下圖所示，AB 間的總電阻為多少歐姆（Ω）？ (A)3 (B)6 (C)9 (D)12。〔94 中油雇員〕

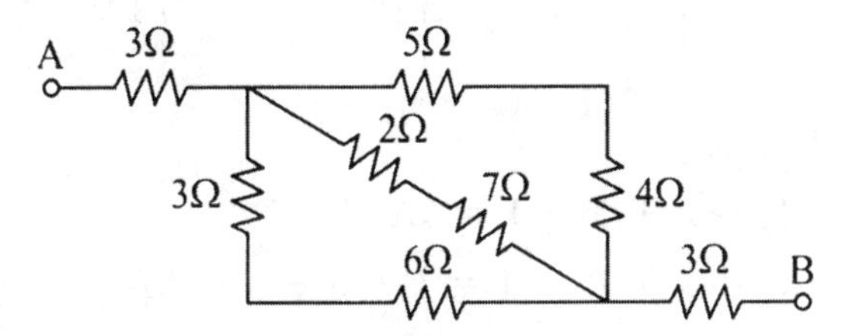

【解析】 $R_{AB} = 3 + (5 + 4)//(2 + 7)//(3 + 6) + 3$

$= 3 + 9//9//9 + 3$

$= 3 + 3 + 3$

$= 9\Omega$

（D）12.使用「家庭電器」時，下列敘述何者正確？ (A)保險絲可用銅線替代 (B)使用電線愈粗愈安全 (C)把兩個電熱器並聯使用，比串聯使用時電力用的少 (D)把電熱器並聯使用時，若把電熱器數量繼續增加，則保險絲最終會熔斷。〔94 中油雇員〕

【解析】 (A)銅線熔點較高，無法在超過額定電流時瞬間燒斷，較危險。

(B)電線愈粗，通過電流愈大，較危險。

(C)並聯時，等效電阻變小，功率 $P = \frac{V^2}{R}$ 增加。

(D)正確。

（A） 13.有一串並聯電路，其電流路徑如下圖所示，其中A_1及A_2為電流表，此時A_1及A_2之指示值各為下列何者？ (A)$A_1 = 6A$，$A_2 = 9A$ (B)$A_1 = 0A$，$A_2 = 9A$ (C)$A_1 = 2A$，$A_2 = 2A$ (D)$A_1 = 1A$，$A_2 = 3A$。〔94中油雇員〕

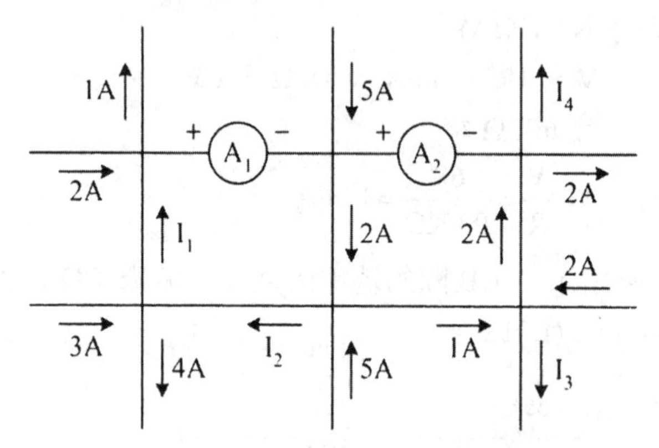

【解析】由圖

$I_2 = 2 + 5 - 1 = 6A$

$I_1 = 3 + I_2 - 4 = 3 + 6 - 4 = 5A$

$A_1 = I_1 + 2 - 1 = 5 + 2 - 1 = 6A$

$A_2 = I_{A1} + 5 - 2 = 6 + 5 - 2 = 9A$

（C） 14.如下圖所示，有一電阻器燒燬，若a、b二端量測總電阻為74歐姆，試問何處發生故障？ (A)R_1斷路 (B)R_2斷路 (C)R_3斷路 (D)R_4斷路 (E)R_5斷路。〔95台電養成班〕

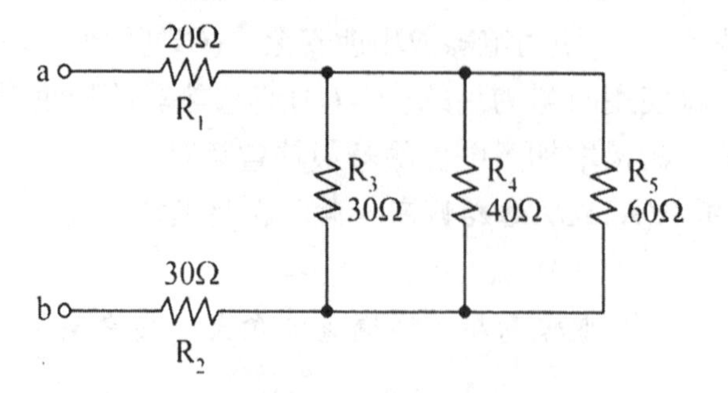

【解析】總電阻 $R_{ab} = R_1 + R_3//R_4//R_5 + R_2$

其中，R_1 及 R_2 不可能斷路，否則 R_{ab} 即會趨近無窮大

故 $R_{ab} = 20 + 30 + R_3//R_4//R_5$

$74 = 50 + R_3//R_4//R_5$

即 $R_3//R_4//R_5 = 24\Omega$

(1) 設 R_3 斷路

$$R_4 // R_5 = 40 // 60 = \frac{40 \cdot 60}{40+60} = 24\Omega$$

(2) 設 R_4 斷路

$$R_3 // R_5 = 30 // 60 = \frac{30 \cdot 60}{30+60} = 20\Omega$$

(3) 設 R_5 斷路

$$R_3 // R_4 = 30 // 40 = \frac{30 \cdot 40}{30+40} = \frac{120}{7}\Omega$$

故 R_3 斷路。

(D) 15. 當 300V，900kΩ 和 150V，600kΩ 之伏特計串聯後，最高可量得多少伏特？ (A)150V (B)250V (C)300V (D)375V (E)450V。〔95 台電養成班〕

【解析】 兩伏特計可通過的電流分別為

$$I_1 = \frac{V_1}{R_1} = \frac{300V}{900k\Omega} = \frac{1}{3}mA$$

$$I_2 = \frac{V_2}{R_2} = \frac{150V}{600k\Omega} = \frac{1}{4}mA$$

兩伏特計串聯時，為免燒毀，最高可通過 $\frac{1}{4}$ mA

則第一個伏特計可量得

$$V_1' = I_1'R_1 = I_2R_1 = \frac{1}{4}mA \times 900k\Omega = 225V$$

第二個伏特計可量得

$$V_2' = I_2'R_2 = I_2R_2 = \frac{1}{4}mA \times 600k\Omega = 150V$$

最高可量得 $V_1' + V_2' = 225 + 150 = 375V$

（C） 16. 如下圖所示，b點之電位爲： (A)10伏特 (B)20伏特 (C)30伏特 (D)40伏特 (E)50伏特。 〔95台電養成班〕

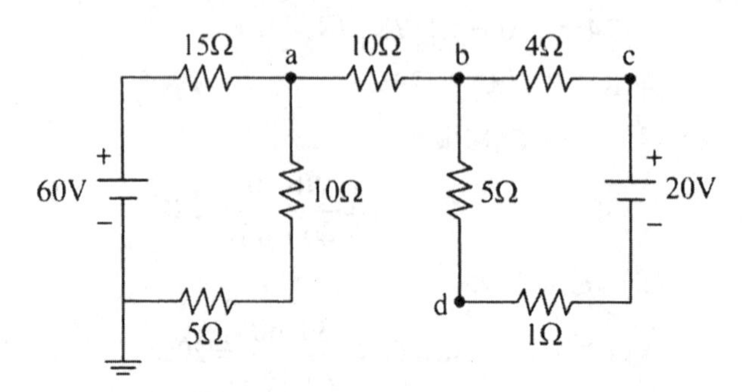

【解析】 如圖，此電路構成兩迴路，ab間無電流通過，故a、b點等電位

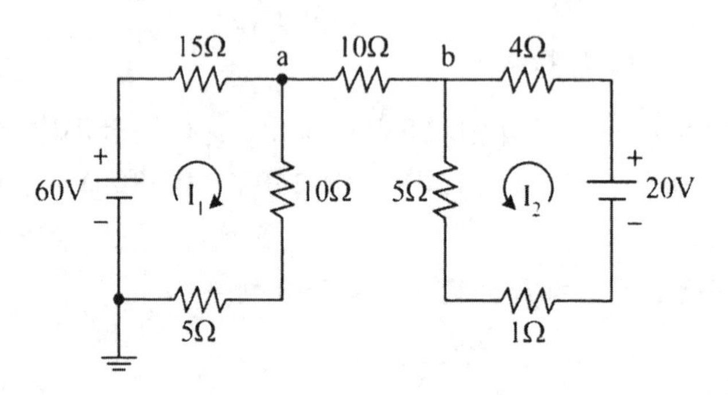

因參考點（接地點）在左側，故僅能利用a點電位求得b點電位，利用分壓定理可得

$$V_b = V_a = 60 \times \frac{10+5}{15+10+5} = 30V$$

一、如圖所示電路之 $R_1 = 1$ 歐姆，$R_2 = 2$ 歐姆，$R_3 = 8$ 歐姆以及 $I_3 = 1$ 安培。試求(一)電流 I_1 及 I_2 之值，(二)電源E之電壓以及電阻 R_2 所耗之功率。 〔85鐵路佐級〕

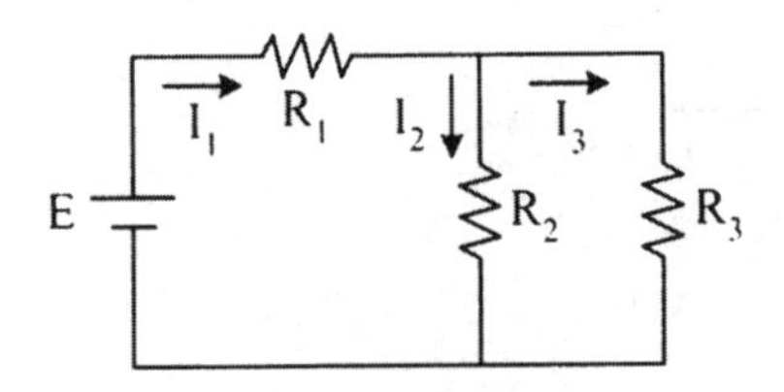

答：(一)利用 R_3 與 I_3，可得 R_3 上壓降

$V_3 = I_3R_3 = 1 \times 8 = 8V$

R_2 上壓降 $V_2 = V_3 = 8V$

$$I_2 = \frac{V_2}{R_2} = \frac{8}{2} = 4A$$

$I_1 = I_2 + I_3 = 4 + 1 = 5A$

(二) R_1 上壓降 $V_1 = I_1R_1 = 5 \cdot 1 = 5V$

$E = V_1 + V_2 = 5 + 8 = 13V$

R_2 所耗之功率

$P_2 = I_2^2R_2 = 4^2 \times 2 = 32W$

二、圖中所示電路之 $R_1 = 2$ 歐姆，$R_2 = 12$ 歐姆，$R_3 = 3$ 歐姆，$R_4 = 8$ 歐姆，$R_5 = 7$ 歐姆，$R_6 = 10$ 歐姆，$R_7 = 5$ 歐姆，以及 $R_8 = 4$ 歐姆。試求 AB 兩點間之總電阻 R_T。〔85 鐵路佐級〕

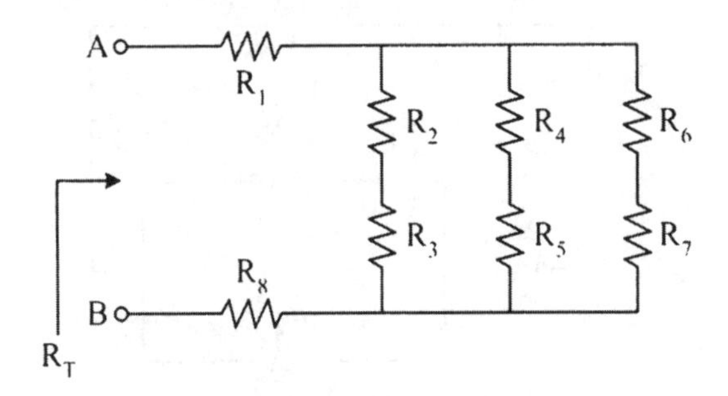

答：電阻串並聯之應用

$R_T = R_1 + (R_2 + R_3)//(R_4 + R_5)//(R_6 + R_7) + R_8$

$= 2 + (12 + 3)//(8 + 7)//(10 + 5) + 4$

$= 2 + 15//15//15 + 4$

$$= 6 + \frac{1}{\frac{1}{15}+\frac{1}{15}+\frac{1}{15}}$$

$$= 6 + 5$$

$$= 11\Omega$$

三、計算圖中 DB 間的電流。 〔85 鐵路員級〕

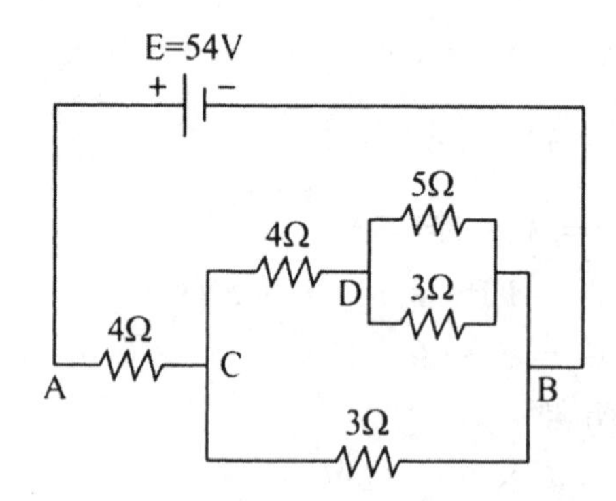

答：$R_{CDB} = 4 + 5//3 = 4+\frac{5\times 3}{5+3}=4+\frac{15}{8}=\frac{47}{8}\Omega$

化簡

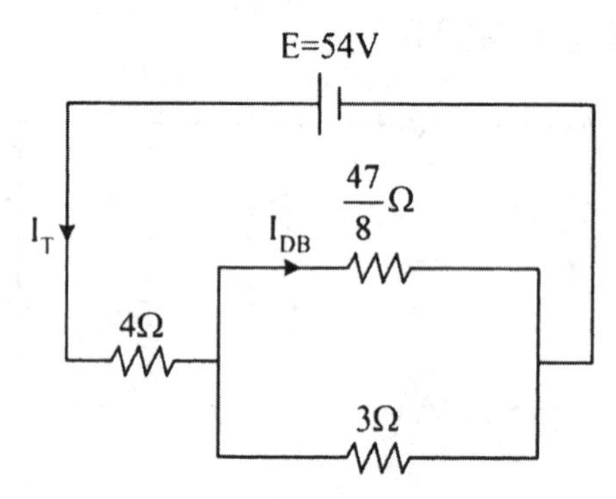

$$R_T = 4+\frac{47}{8}//3 = 4+\frac{\frac{47}{8}\times 3}{\frac{47}{8}+3} = 4+\frac{141}{71}=\frac{425}{71}\Omega$$

$$I_T = \frac{E}{R_T} = \frac{54}{\frac{425}{71}} = \frac{3834}{425}A$$

$$I_{DB}=I_T\times\frac{3}{\frac{47}{8}+3}=\frac{3834}{425}\times\frac{24}{71}=\frac{1296}{425}A$$

四、如圖電路中，兩段導線（A，B）各有1歐姆電阻。

(一)求電路之電流。　　(二)求負載壓降。

(三)求導線之損失（瓦）。　　(四)求此電路的效率。〔85公路佐級〕

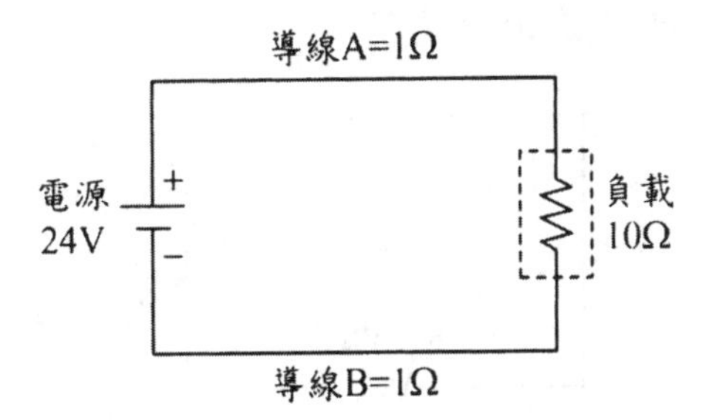

答：(一) $I=\frac{V}{R}=\frac{24}{1+10+1}=2A$

(二) $V=IR=2\times10=20V$

(三) $P=I^2R=2^2\times(1+1)=8W$

(四)負載消耗 $P_L=IV_L=2\times20=40W$

電源供應 $P_S=IV_S=2\times24=48W$

效率 $\frac{P_L}{P_S}=\frac{40}{48}=83.33\%$

五、為測量一高電阻，以一內電阻為20,000歐姆之150伏的伏特計與之串聯而接於220伏的電源。若伏特計的讀數是50伏，則該電阻值為何？

〔85公路員級〕

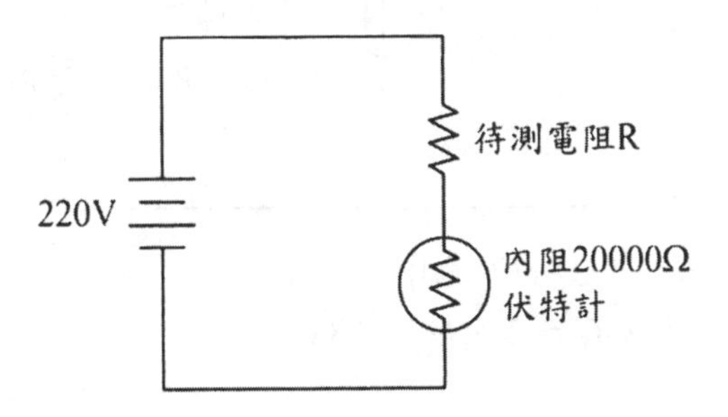

答：伏特計分壓 $220\times\frac{20000}{R+20000}=50V$

$4,400,000 = 50R + 1,000,000$

$50R = 3,400,000$

$R = 68,000\Omega = 68K\Omega$

六、如圖所示電路，試求：(一)總電阻；(二)流過 R_3 之電流值；(三)R_3 兩端之電壓；(四)R_3 上之消耗功率。 〔86 鐵路佐級〕

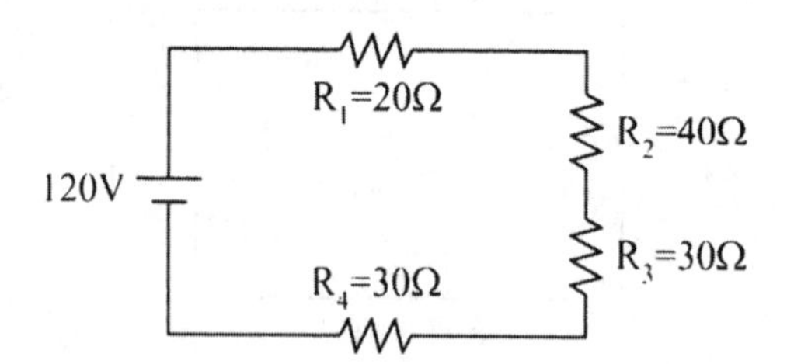

答：(一)總電阻

$R_T = R_1 + R_2 + R_3 + R_4 = 20 + 40 + 30 + 30 = 120\Omega$

(二)流過 R_3 的電流等於整個迴路的電流

$I_{R3}=\frac{V}{R_T}=\frac{120}{120}=1A$

(三)$V_{R3} = I_{R3}R_3 = 1 \times 30 = 30V$

(四)$P_{R3} = I_{R3}V_{R3} = 1 \times 30 = 30W$

七、如圖所示電路，試求：(一)電源電壓 V 之值；(二)電阻 R 之值。

〔86 鐵路佐級〕

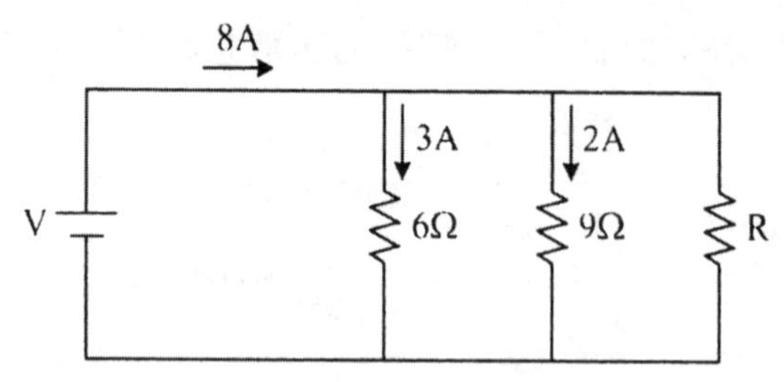

答：(一)由 6Ω 或 9Ω 電阻可得電壓 V

$V = IR = 3 \times 6 = 2 \times 9 = 18V$

(二)流過 R 的電流 I

$I = 8 - 3 - 2 = 3A$

$R = \frac{V}{I} = \frac{18}{3} = 6\Omega$

八、試求圖中，電源兩端之等效電阻 R_T。　〔86 鐵路佐級〕

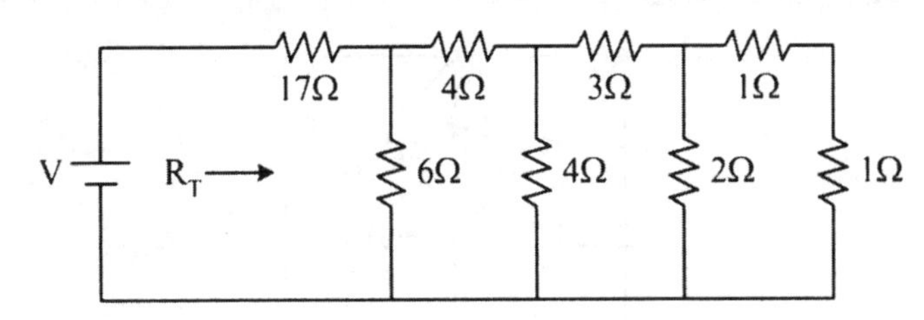

答：(一)依序化簡

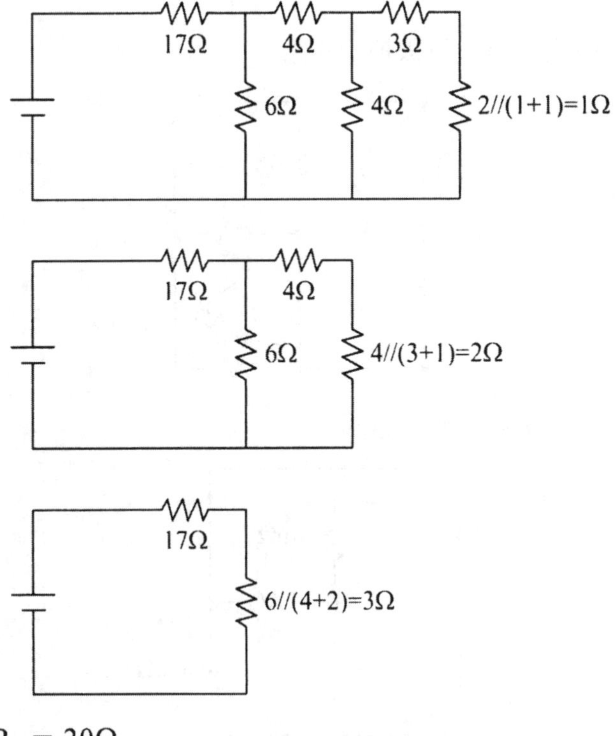

$\Rightarrow R_T = 20\Omega$

或(二)直接列式

$R_T = \{[(1 + 1)//2 + 3]//4 + 4\}//6 + 17$

$=[(1+3)//4+4]//6+17$
$=(2+4)//6+17$
$=3+17$
$=20\Omega$

九、試求下圖中電流I之值。〔87鐵路員級〕

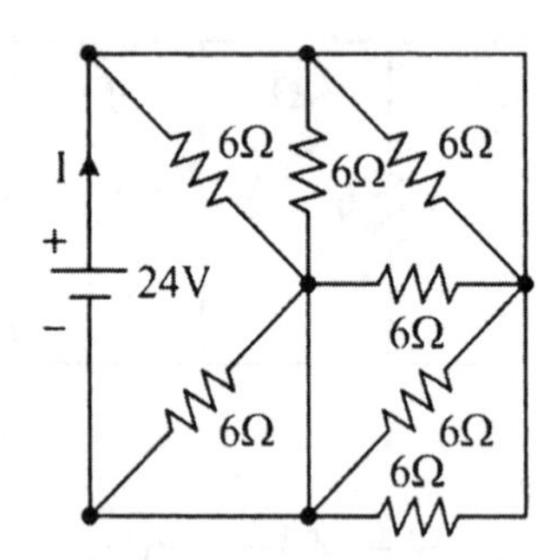

答：此電路有兩處短路，可去掉兩電阻

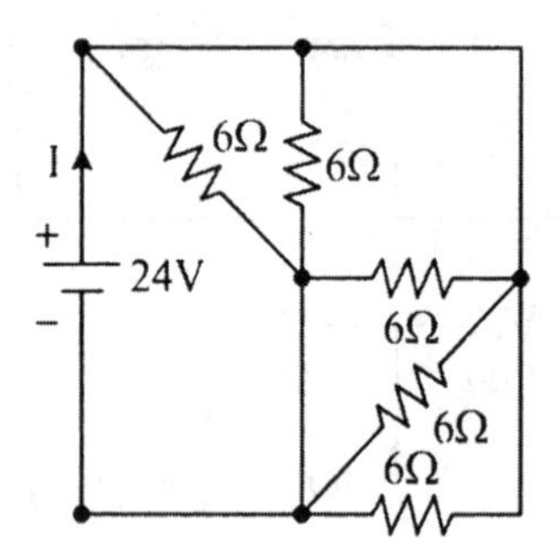

接著並聯左上、右下兩組電阻

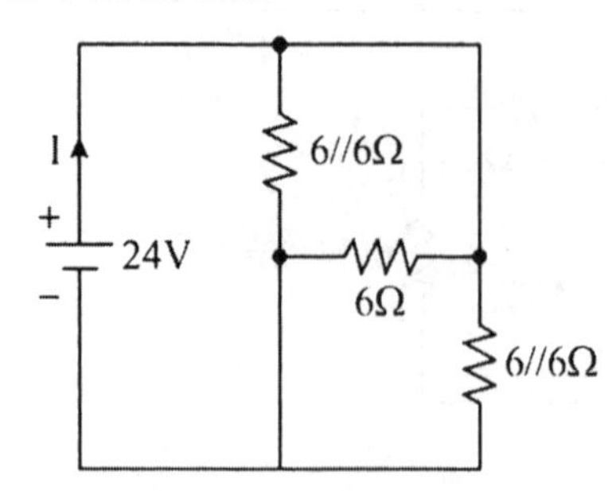

重排

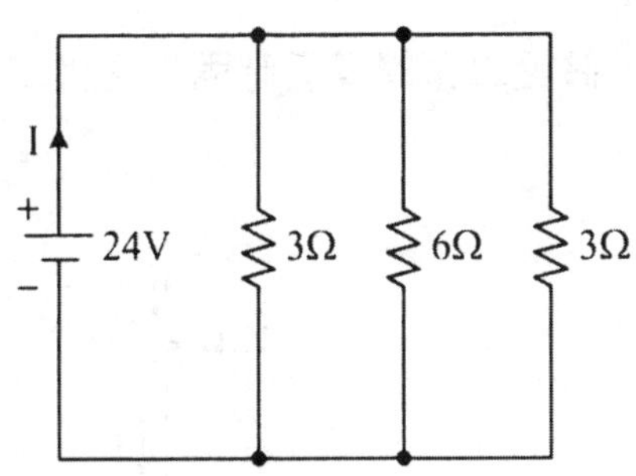

$R_T = 3 // 6 // 3 = \frac{6}{5}\Omega$

$I = \frac{24}{\frac{6}{5}} = 20A$

十、有三只電阻器，分別為 10 歐姆、20 歐姆、25 歐姆，經串聯後接於 110 伏特電源，則電阻器總共消耗多少瓦特之電功率？如果使用 100 天，則電阻器總共消耗多少度之電力？〔88 電信佐級〕

答：(一) 串聯電阻 $R_{串} = 10 + 20 + 25 = 55\Omega$

電功率 $P_{串} = \frac{V^2}{R} = \frac{110^2}{55} = 220W$

(二) 消耗電力 $W = P \cdot t$

$= 220 \times 100（天）\times 24（小時）$

$= 528{,}000W \cdot hr$

$= 528KW \cdot Hr$

$= 528$ 度

十一、如下圖之電路，假設二極體導通時兩端之壓降為 0.7 伏特，請計算 I 與 V 之值。〔88 電信佐級〕

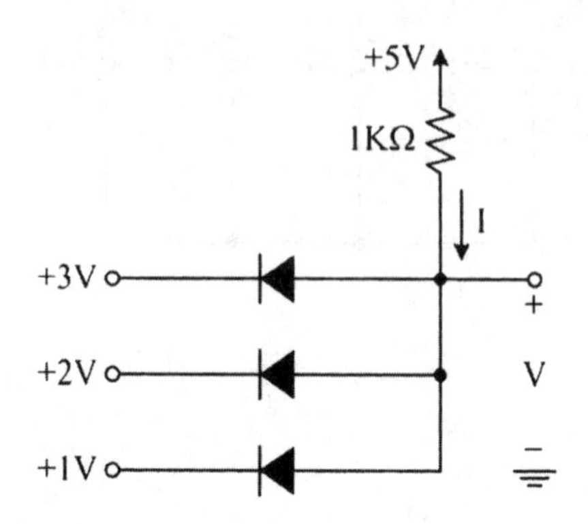

答：假設最下方之二極體導通

$V = 1 + 0.7 = 1.7V$

$I = \dfrac{5-1.7}{1K} = 3.3mA$

十二、圖中所示電路中的電壓 v_1、v_2 及 v_3 各是多少？〔90 郵政公路佐級、92 公路佐級〕

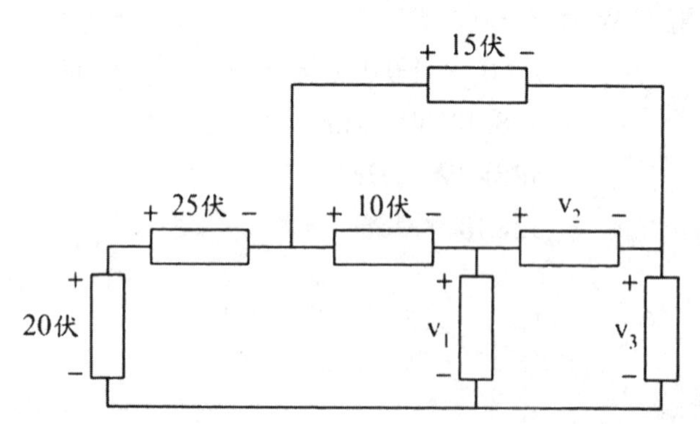

答：$V_1 = 20 + 25 - 10 = 35V$

$V_3 = 20 + 25 - 15 = 30V$

$V_2 = V_1 - V_3 = 35 - 30 = 5V$

十三、在圖中所示電阻陣列圖中，試求：

(一)1 號端子與 2 號端子之間的等效電阻值。

(二)1 號端子與 3 號端子之間的等效電阻值。

(三)1 號端子與 4 號端子之間的等效電阻值。

〔90 郵政公路佐級〕

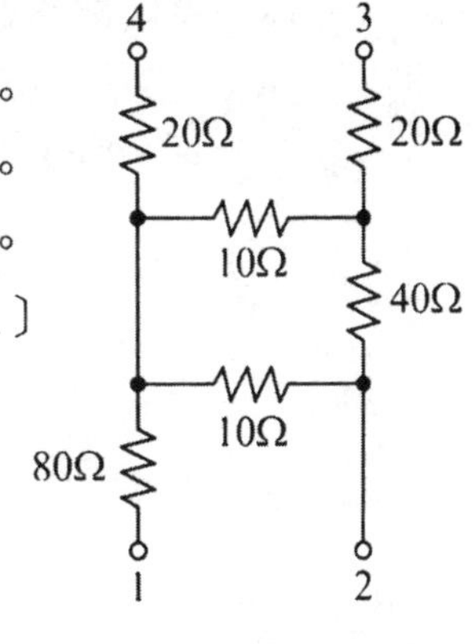

答：(一) R_{12} 等效電路如圖

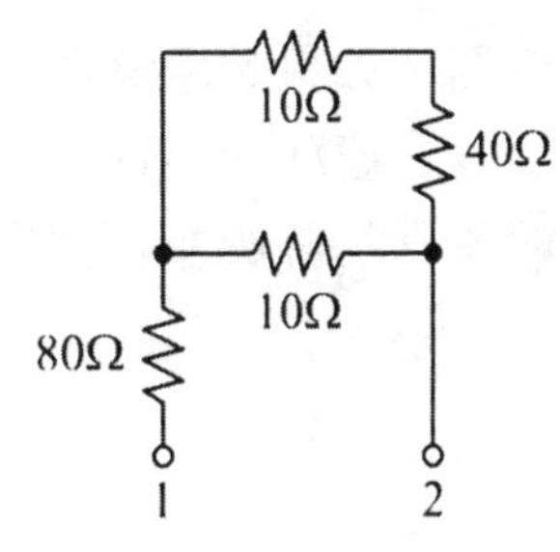

$$R_{12} = 80 + (10 + 40)//10$$
$$= 80 + 50//10$$
$$= 80 + \frac{25}{3}$$
$$= \frac{265}{3}\Omega$$

(二) R_{13} 等效電路如圖

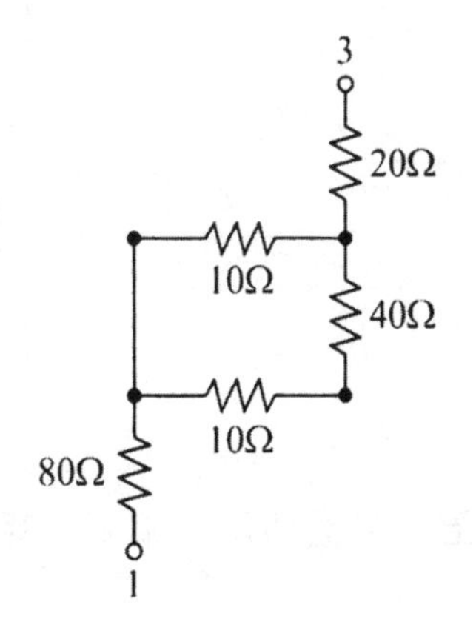

$$R_{13} = 80 + 10//(10 + 40) + 20$$
$$= 100 + 10//50$$
$$= 100 + \frac{25}{3}$$
$$= \frac{325}{3}\Omega$$

(三) R_{14} 等效電路如圖

$$R_{14}=20+0//(10+40+10)+80$$
$$=100\Omega$$

十四、如果想用電池、伏特計、安培計各一只來量測某電阻器的電阻值，應如何接線？〔90 郵政公路佐級〕

答：伏特計應並聯使用，安培計應串聯使用。故量測時可接線如下

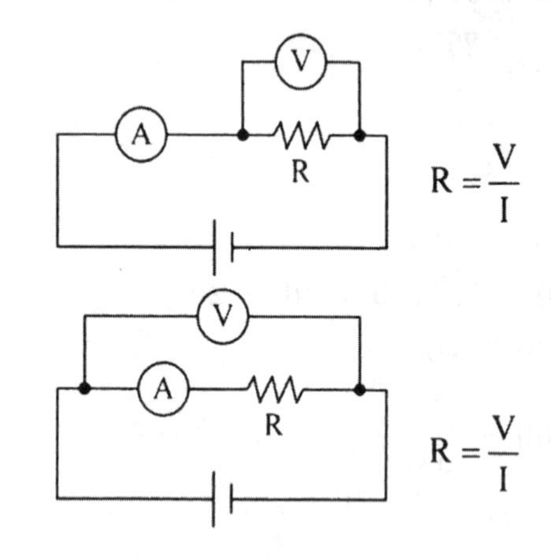

或是

十五、如圖所示，電源消耗 6W，求 R_1、R_2？〔91 鐵路佐級〕

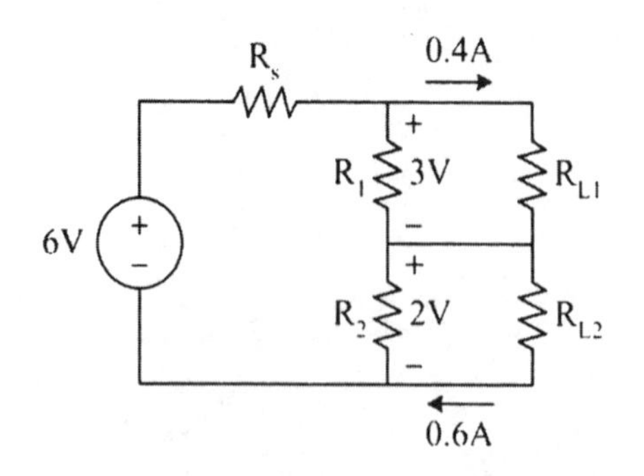

答：由電源消耗 6W，可得電源電流

$$I_S = \frac{P}{V} = \frac{6}{6} = 1A$$

由圖

$$I_{R1} = 1 - 0.4 = 0.6A$$

$$R_1 = \frac{V_1}{I_{R1}} = \frac{3}{0.6} = 5\Omega$$

$$I_{R2} = 1 - 0.6 = 0.4A$$

$$R_2 = \frac{V_2}{I_{R2}} = \frac{2}{0.4} = 5\Omega$$

十六、如圖所示，求(一)電源兩端之等效電阻R_T；(二)8Ω電阻器兩端的電壓V？〔91 鐵路佐級〕

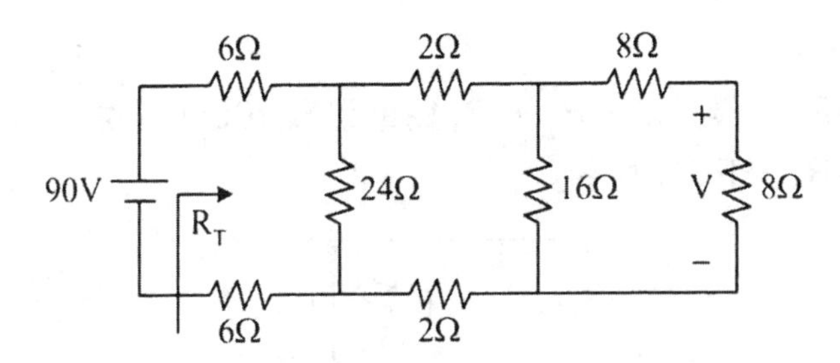

答：(一)由右至左看

$$\begin{aligned}R_T &= [(8+8)//16+2+2]//24+6+6\\ &= (16//16+4)//24+12\\ &= (8+4)//24+12\\ &= (12)//24+12\\ &= 8+12\\ &= 20\Omega\end{aligned}$$

(二)利用上述計算，可得各級等效電阻

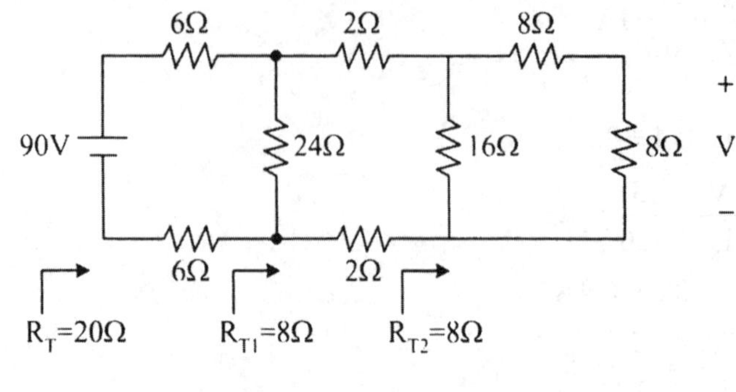

$$V = 90 \times \frac{8}{6+8+6} \times \frac{8}{2+8+2} \times \frac{8}{8+8}$$
$$= 90 \times \frac{8}{20} \times \frac{8}{12} \times \frac{8}{16}$$
$$= 12V$$

十七、如圖所示，若 $R_1 + R_2 + R_3$ 總電阻為 200Ω，求 (一) 電流 I；(二) R_1、R_2、R_3 各為多少？ 〔91 鐵路佐級〕

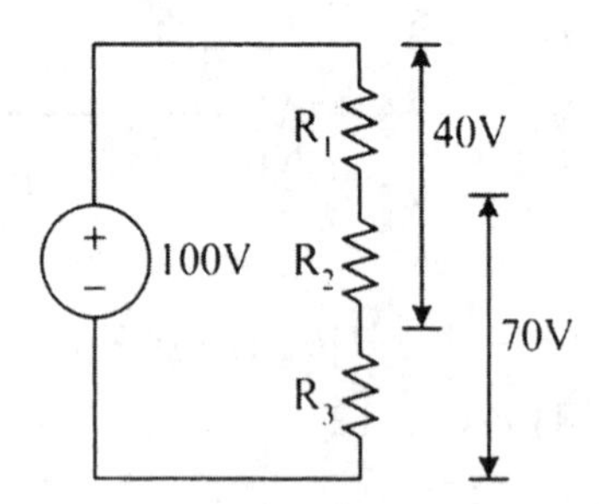

答：(一) $I = \frac{V}{R} = \frac{V}{R_1 + R_2 + R_3} = \frac{100}{200} = 0.5A$

(二) $\begin{cases} I(R_1 + R_2) = 40 \\ I(R_2 + R_3) = 70 \end{cases}$

$\begin{cases} 0.5(R_1 + R_2) = 40 \\ 0.5(R_2 + R_3) = 70 \end{cases}$

$\begin{cases} R_1 + R_2 = 80 \\ R_2 + R_3 = 140 \\ \text{另 } R_1 + R_2 + R_3 = 200 \end{cases}$

$$\Rightarrow \begin{cases} R_1 = 60\Omega \\ R_2 = 20\Omega \\ R_3 = 120\Omega \end{cases}$$

十八、如圖所示，若 V_A 為－30V，求 (一) V_E 電壓？(二) 在 60Ω 電阻器上消耗之功率？〔91 鐵路佐級〕

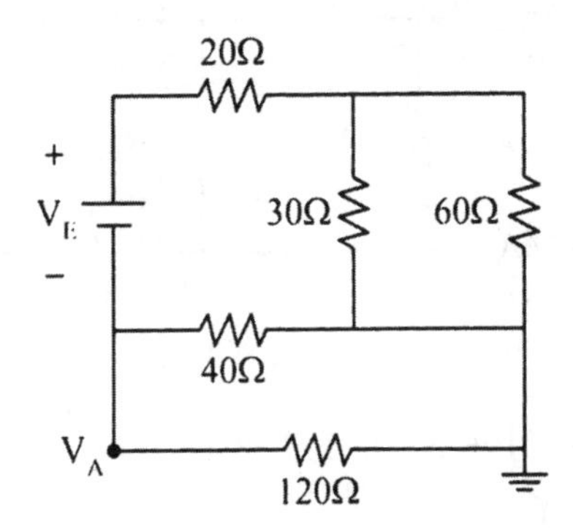

答：(一) $30//60 = 20\Omega$

$40//120 = 30\Omega$

重畫等效電路如下

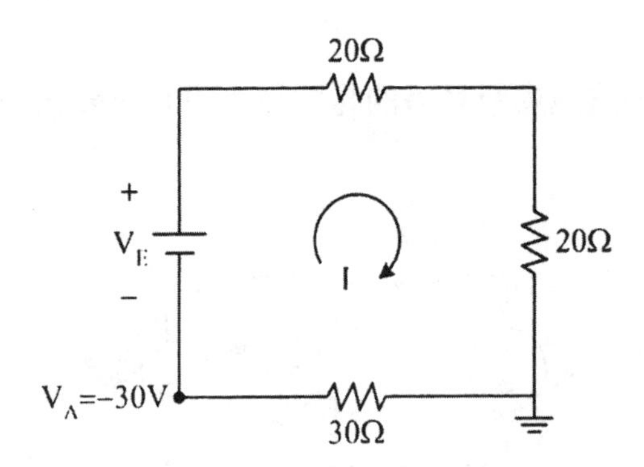

$$I = \frac{0-(-30)}{30} = 1A$$

$$V_E = I(20 + 20 + 30) = 1 \cdot (20 + 20 + 30) = 70V$$

(二) $I_{60\Omega} = I \times \dfrac{30}{30+60} = 1 \times \dfrac{30}{30+60} = \dfrac{1}{3}A$

$$P_{60\Omega}=I^2R=\left(\frac{1}{3}\right)^2\cdot 60=\frac{20}{3}\text{W}$$

十九、在下圖電路中，求由左端看入之總電阻 R_{eq} 多少歐姆（ohm）？

〔92 鐵路佐級〕

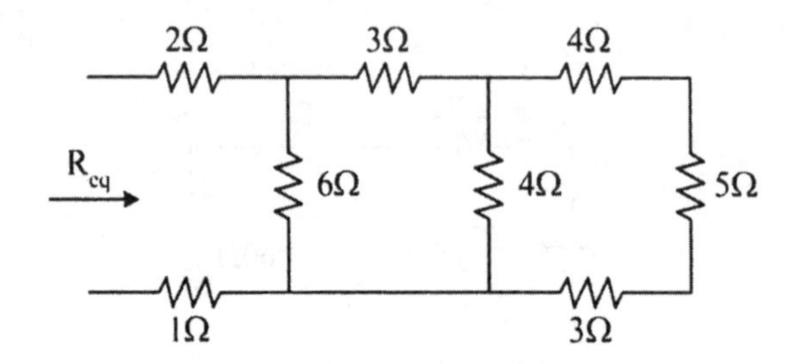

答：由右至左看

$$\begin{aligned}R_{eq}&=[(4+5+3)//4+3]//6+2+1\\&=(12//4+3)//6+3\\&=(3+3)//6+3\\&=6//6+3\\&=3+3\\&=6\Omega\end{aligned}$$

二十、假定由圖中燈泡處所量得的電壓為 120 伏、電流為 0.75 安，求 V_s 應為多少？

〔92 公路佐級〕

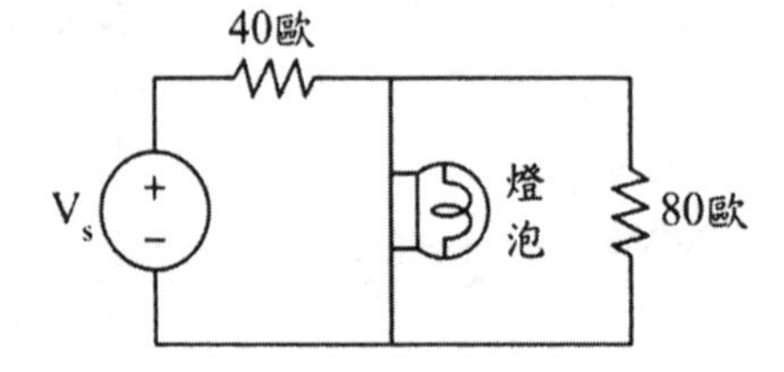

答：80Ω 電阻上的電流

$$I_{80\Omega}=\frac{V_{燈泡}}{R_{80\Omega}}=\frac{120}{80}=1.5\text{A}$$

40Ω 電阻上的電流

$$I_{40\Omega}=I_{燈泡}+I_{80\Omega}=0.75+1.5=2.25\text{A}$$

$V_{40\Omega} = I_{40\Omega} \cdot R_{40\Omega} = 2.25 \times 40 = 90V$

$V_S = V_{40\Omega} + V_{燈泡} = 90 + 120 = 210V$

二一、(一)圖中(1)所示電路中，a-b 兩端之間的等效電阻值是多少？

(二)圖中(2)所示電路中，a-b 兩端之間的等效電阻值是多少？

〔92 公路佐級〕

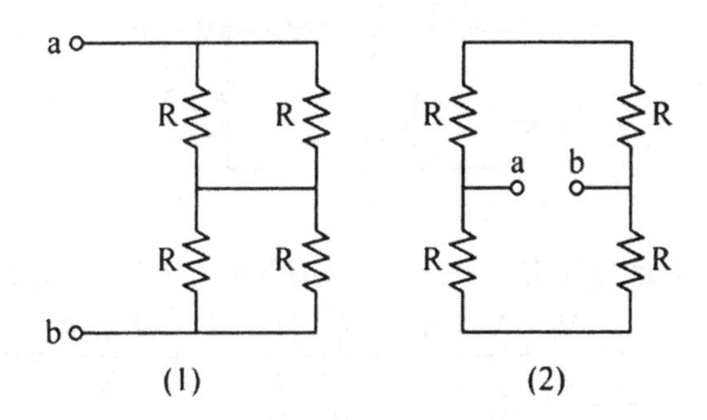

答：(一) $R_{ab} = R//R + R//R = \frac{R}{2} + \frac{R}{2} = R$

(二) $R_{ab} = (R + R)//(R + R) = 2R//2R = R$

二二、(一)利用節點電壓法求下圖所示電路中節點 2 的電壓。

(二)改用網目電流法求下圖所示電路中節點 2 的電壓。

〔92 公路員級〕

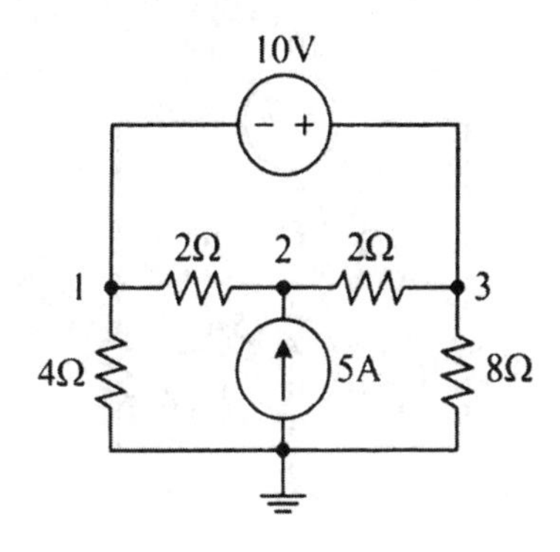

答：(一)節點電壓法

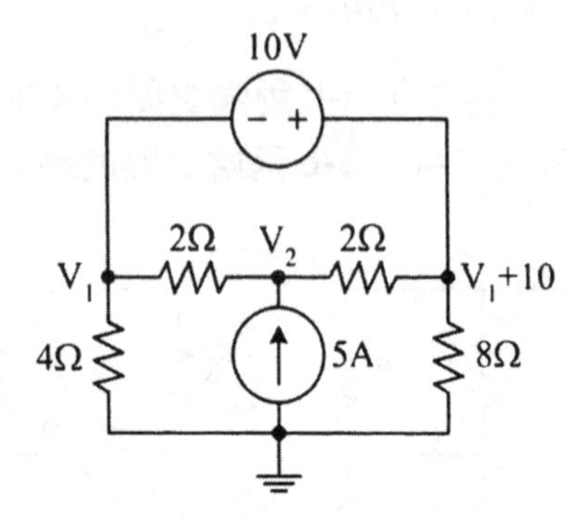

使用節點電壓法時，若有電壓源需取超節點，合併點 1 及點 3

節點 1 、 3 ；節點 2

$$\begin{cases} \dfrac{V_1}{4}+\dfrac{V_1-V_2}{2}+\dfrac{V_1+10-V_2}{2}+\dfrac{V_1+10}{8}=0 \\ \dfrac{V_2-V_1}{2}+\dfrac{V_2-(V_1+10)}{2}-5=0 \end{cases}$$

解得 $\begin{cases} V_1 = 10V \\ V_2 = 20V \end{cases}$

故節點 2 電壓 20V

(二)網目電流法

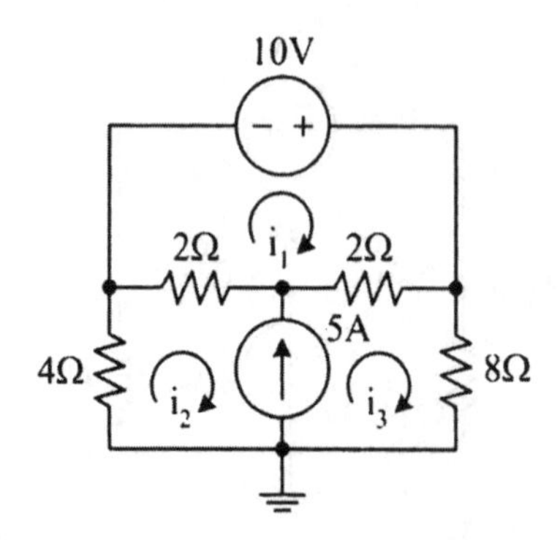

網目 2 與網目 3 因有電流源，需取超網目

網目 1 ；網目 2 、 3 ；電流源

$$\begin{cases} 10-2(i_1-i_3)-2(i_1-i_2)=0 \\ -4i_2-2(i_2-i_1)-2(i_3-i_1)-8i_3=0 \\ i_3-i_2=5 \end{cases}$$

$$解得\begin{cases} i_1 = 2.5A \\ i_2 = -2.5A \\ i_3 = 2.5A \end{cases}$$

$$\begin{aligned}節點2：V_2 &= -4i_2 - 2(i_2 - i_1) \\ &= -4\times(-2.5) - 2(-2.5 - 2.5) \\ &= 10 - (-10) \\ &= 20V\end{aligned}$$

二三、如圖所示，求 ab 間之等效電阻。〔93 郵政佐級〕

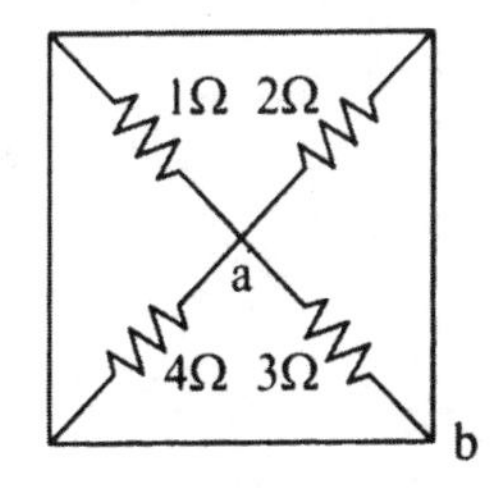

答：每個電阻的其中一端均接至 a 點另一端則透過電線短路至 b 點故等效電路

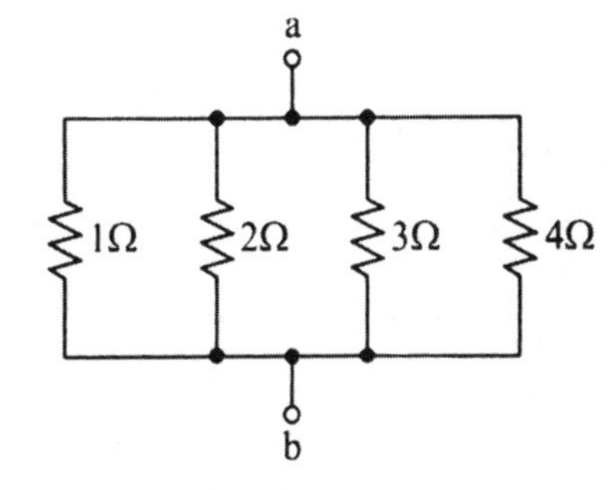

$$\begin{aligned}R_{ab} &= 1//2//3//4 \\ &= \frac{1}{\frac{1}{1}+\frac{1}{2}+\frac{1}{3}+\frac{1}{4}} \\ &= \frac{1}{\frac{3+4+6+12}{12}} \\ &= \frac{12}{25}\Omega\end{aligned}$$

二四、如圖(a)、(b)所示，A、B為完全相同燈泡，在相同電池下，求(a)圖中電池使用時間為(b)圖中電池使用時間的多少倍？〔93 郵政佐級〕

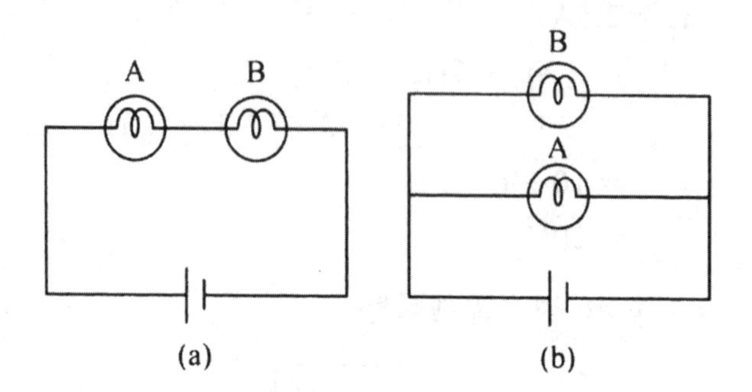

(a) (b)

答：圖(a)中

$$I_A = I_B = \frac{V}{2R}$$

$$V_A = V_B = \frac{V}{2}$$

功率消耗 $P_a = 2I_A V_A = \frac{V^2}{2R}$

圖(b)中

$$I'_A = I'_B = \frac{V}{R}$$

$$V'_A = V'_B = V$$

功率消耗 $P_b = 2I'_A V'_A = 2\frac{V^2}{R}$

$$\frac{P_a}{P_b} = \frac{\frac{V^2}{2R}}{2\frac{V^2}{R}} = \frac{1}{4}$$

故圖(a)電池使用時間為圖(b)四倍。

二五、請說明使用伏特計、安培計測量電壓與電流時，為何必須先假設伏特計之內阻無窮大，安培計之內阻無窮小？〔93 郵政佐級〕

答：(一)伏特計：伏特計測量電壓時，係與待測物並聯，如圖

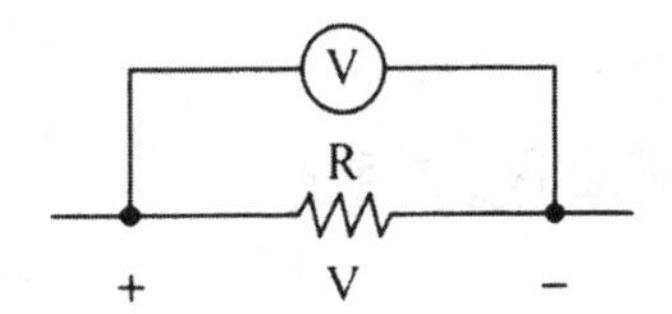

若伏特計有一內阻 R_V，將與待測物阻抗並聯，導致等效電阻改變，而使量測電壓與原先不同，故需假設內阻無窮大以避免影響測量結果。

(二)安培計：安培計測量電流時，係與待測物串聯，如圖

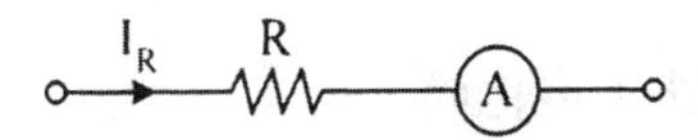

因安培計內阻R_A與待測物阻抗串聯故令安培計內阻無窮小才不會影響待測電流。

二六、如圖所示，4V（伏特）為電壓源，求(一)流經安培計 I_S 的電流值；(二)在伏特計 V_S 的電壓值。〔93 郵政員級〕

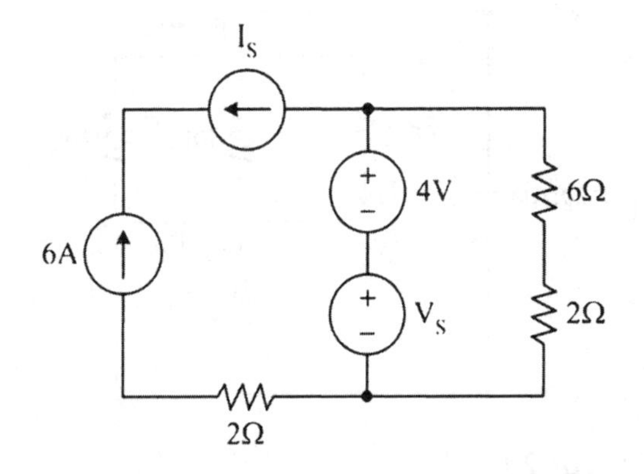

答：(一)安培計所在的迴路上有－6A電流源，故電流大小爲6A，因方向相反，故

$I_S = -6A$

(二)伏特計應並聯測量，目前爲串接，壓降爲零，故

$V_S = 0V$

二七、如下圖之電路，求：

(一)ab 端之等效電阻 R_{eq} 為何？

(二)電流 I_1 及 I_2？ 〔93 電信佐級〕

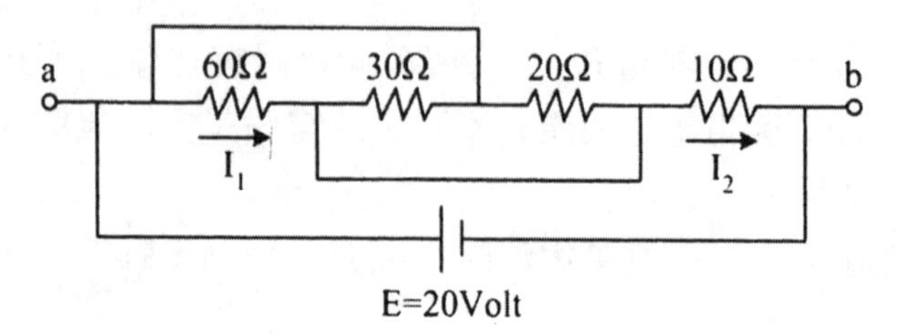

答：(一)在圖上標上點號，再化簡

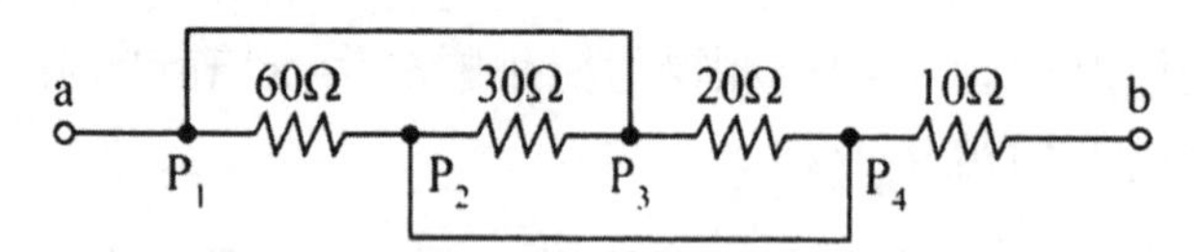

P_1、P_3 重合，P_2、P_4 重合

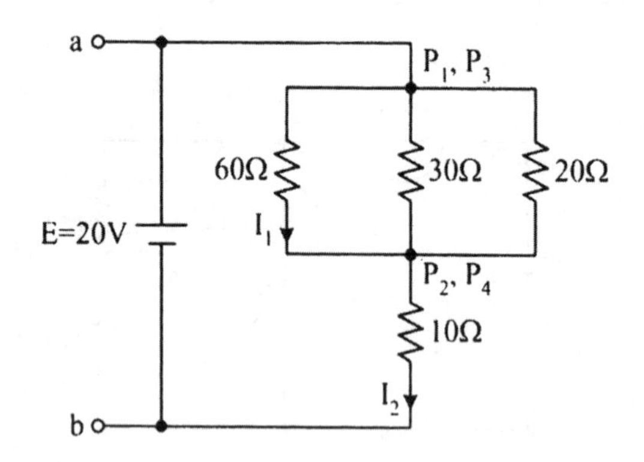

$$
\begin{aligned}
R_{eq} &= 60//30//20 + 10 \\
&= \frac{1}{\frac{1}{60}+\frac{1}{30}+\frac{1}{20}} + 10 \\
&= 10 + 10 \\
&= 20\Omega
\end{aligned}
$$

(二) $I_2 = \frac{E}{R_{eq}} = \frac{20}{20} = 1A$

$$V_{P_1P_2} = I_2 \cdot R_{P_1P_2}$$
$$= 1 \cdot (60 // 30 // 20)$$
$$= 10V$$
$$I_1 = \frac{V_{P_1P_2}}{60\Omega} = \frac{10}{60} = \frac{1}{6}A$$

二八、由三個電阻值皆為 R 組成之如圖之△形電路，若 ab 端之等效電阻為 8Ω，求 R 值？〔93 電信員級〕

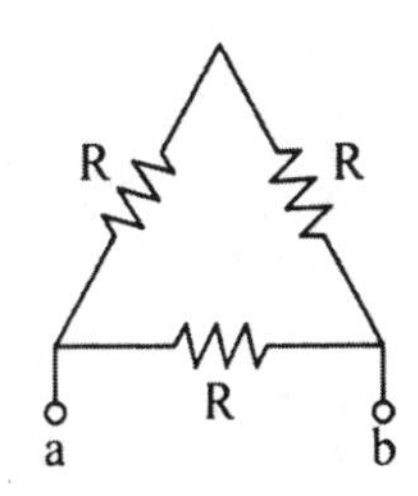

答：$R_{ab} = (R + R) // R = 2R // R$
$$= \frac{2R \cdot R}{2R + R} = \frac{2}{3}R = 8W$$
$$\frac{2}{3}R = 8\Omega$$
$$R = 12\Omega$$

二九、求圖中 a、b 兩點之節點電壓 V_a、V_b 以及流經 R_1、R_2、R_3 各電阻之電流大小。〔94 鐵公路佐級〕

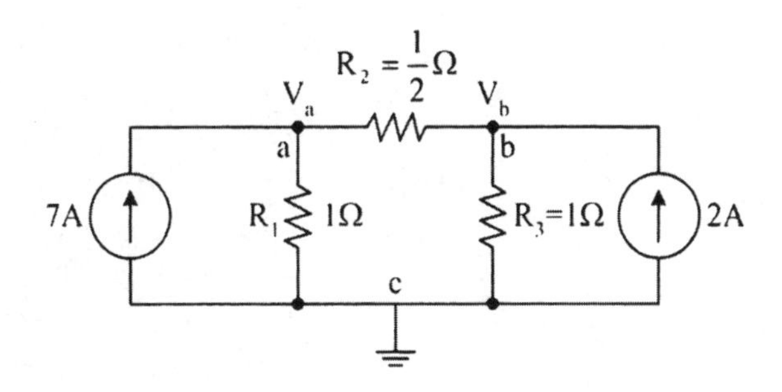

答：設節點方程式

$$\begin{cases} a：7-\dfrac{V_a}{R_1}-\dfrac{V_a-V_b}{R_2}=0 \\ b：2-\dfrac{V_b}{R_3}-\dfrac{V_b-V_a}{R_2}=0 \end{cases}$$

$$\begin{cases} 7-V_a-2(V_a-V_b)=0 \\ 2-V_b-2(V_b-V_a)=0 \end{cases}$$

$$\begin{cases} 3V_a-2V_b=7 \\ 2V_a-3V_b=-2 \end{cases}$$

$$\begin{cases} V_a=5V \\ V_b=4V \end{cases}$$

$$I_{R1}=\frac{V_a}{R_1}=\frac{5}{1}=5A$$

$$I_{R2}=\frac{V_a-V_b}{R_2}=\frac{5-4}{\frac{1}{2}}=2A$$

$$I_{R3}=\frac{V_b}{R_3}=\frac{4}{1}=4A$$

第三章

網路定理

戴維寧定理與諾頓定理爲每年的必考題，除要會計算開路電壓、短路電流及戴維寧電阻或諾頓電阻外，亦要瞭解電壓源電路、電流源電路以及電源變換的方法。接著，可配合最大功率傳輸定理計算電源傳輸到負載的功率。

Y-Δ 轉換及 Δ-Y 轉換的公式看似複雜，但有其規則性，此部分爲考試時俱鑑別性之題目，程度佳者必背，以免在考場中懊悔。

重疊定理、對稱法、等電位網路與無窮網路等解題方法在考試時雖不一定明示之，也不易考其定義，但確爲解題時不可或缺之幫手，唯有透過多看試題方可得知在何時可加以應用。

3-1 線性電路

線性電路是由線性元件及電源所組成的電路，線性元件係指電壓與電流的關係滿足正比關係，或者是電壓或電流與電流或電壓的一次微分滿足正比的關係，亦即，電壓與電流可滿足下列的形式：

$$y = Kx$$

$$\frac{dy}{dt} = ax$$

$$y = b\frac{dx}{dt}$$

依此定義，電阻器爲一線性元件，電容器及電感器亦爲線性元件。

3-2 電 源

理想的電壓源可提供恆定的電壓，而理想的電流源可提供恆定的電流，但實際的電源卻非如此。

實際的電壓源可用一理想電壓源與串聯電阻R_s描述之，R_s稱爲內阻或電源電阻。當愈小電壓源愈接近理想電壓源。理想電壓源之 $R_s = 0$。

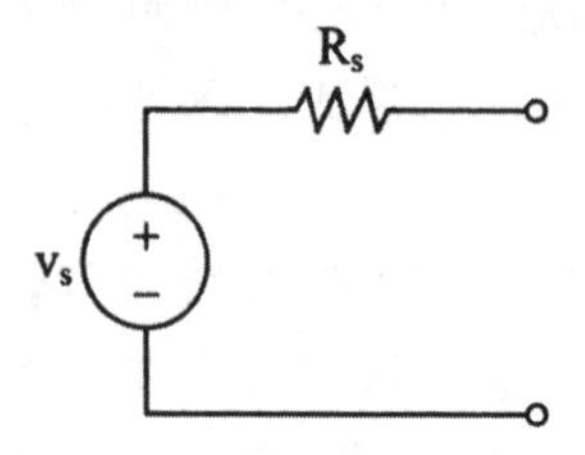

圖 3-1 實際的電壓源

實際的電流源可用一理想電流源與並聯電阻R_g描述之，內阻R_g愈大則愈接近理想電流源。理想電流源之 $R_g = \infty$。

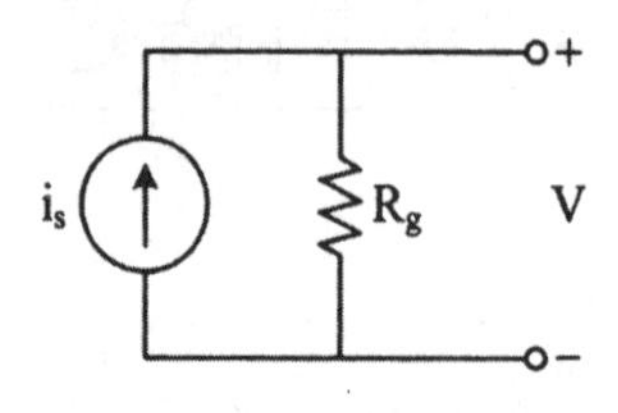

圖 3-2 實際的電流源

3-3 等效電路

假若兩個電源對任意選取之某個負載所造成的效應是相同的，則我們定義對於此負載，這兩個電源為等效的。對於實際的電壓源與實際的電流源而言，可透過下列式子互換：

$$v_s = i_s R_g \quad 或 \quad i_s = \frac{v_s}{R_s}$$

$$R_s = R_g$$

將一電壓源或電流源改以另一等效之電流源或電壓源取代，此種轉換一般稱為電源變換。

3-4 重疊定理

重疊定理：在線性電路中，某一元件之電壓或電流是**各電源單獨工作時所產生的電壓**或電流和。此定理係用於具兩個或更多個電源的線性電路。

計算時係依次求出各個電源單獨產生之電壓及電流，並同時將其餘電源設定為零。最後將所有個別電源之作用相加，即為所有電源產生之總效果。在設定其餘電源為零時，若其它電源為電壓源則設為短路（電壓為零），若為電流源則予以開路（電流為零）。但是只能去掉獨立電源，相依電源仍須保留。

需注意的是，只有求解電流及電壓時可應用重疊定理，求功率時則不可使用，因功率與電壓或電流之關係並非成線性，而是二次方的關係。若欲求解功率，應先求出總電流值或電壓值後再求總功率。

3-5 戴維寧定理與諾頓定理

戴維寧定理：任何具兩端點之網路，均能由包含單一電壓源及單一電阻相串聯之等效電路取代之。

使用戴維寧定理時，需計算的為：

(一) **電壓 v_{oc} 或 e_{th}**：稱為開路電壓或戴維寧電壓，係在兩端點間之開路電壓。

(二)電阻 R_{th}：稱爲戴維寧電阻，將電路內獨立電源設爲零（電壓源短路，電流源開路，並保留相依電源），從兩端點求得之電阻。

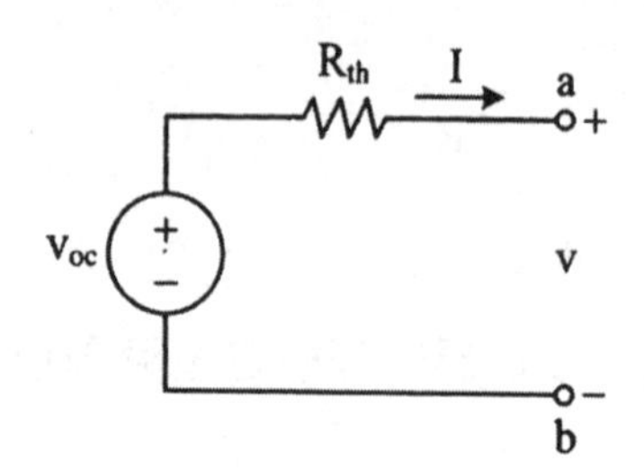

圖 3-3 戴維寧電路

諾頓定理：任何具兩端點之網路，均能由包含單一電流源及單一電阻相並聯之等效電路取代之。

使用諾頓定理時，需計算的爲：

(一)電流 I_{sc}：此電流稱爲短路電流或諾頓電流，係在兩端點短路時所流過之電流。

(二)電阻 R_{th}：同戴維寧定理中所求之。

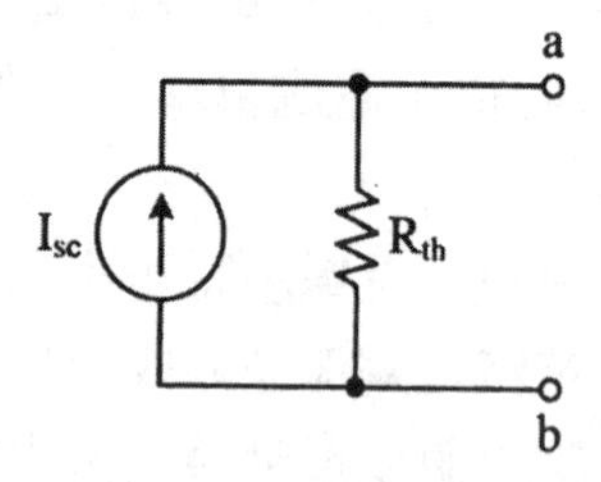

圖 3-4 諾頓電路

兩端點電路之戴維寧等效電路與諾頓等效電路是等效的。戴維寧電壓與諾頓電流可透過下式轉換：

$$v_{oc} = i_{sc}R_{th} \quad \text{或} \quad i_{sc} = \frac{v_{oc}}{R_{th}}$$

當在求戴維寧電路或諾頓電路時，若所欲計算的電路中含有相依電源，可利用驅動點法求之。將原電路之獨立電源去掉之後，在端點提供一假想電壓源 V（或電流源 I）激勵電路，並算出端電流 I（或電壓 V），其內將包含戴維寧電阻以及戴維寧電壓或諾頓電流的資訊。

3-6 最大功率傳輸定理

若一負載與一實際電壓源或戴維寧電路相串接，當負載電阻與電源電阻或戴維寧電阻相等，$R_L = R_S$時，傳送到電阻負載之功率為最大，此稱為最大功率傳輸定理：

$$p = \frac{v_s^2 R_L}{(R_s + R_L)^2} = \frac{v_s^2 R_s}{(2R_s)} = \frac{v_s^2}{4R_s} = \frac{v_s^2}{4R_L}$$

若一負載與一實際電流源或諾頓電路相串接，當負載電阻與電源電阻或諾頓電阻相等，$R_L = R_S$時，傳送到電阻負載 R_L 之功率為最大

$$p = \frac{i_g^2 R_L}{4}$$

3-7 Y 接與△接網路轉換定理

Y 接網路亦稱 T 接網路，而△接網路亦稱 π 接網路。

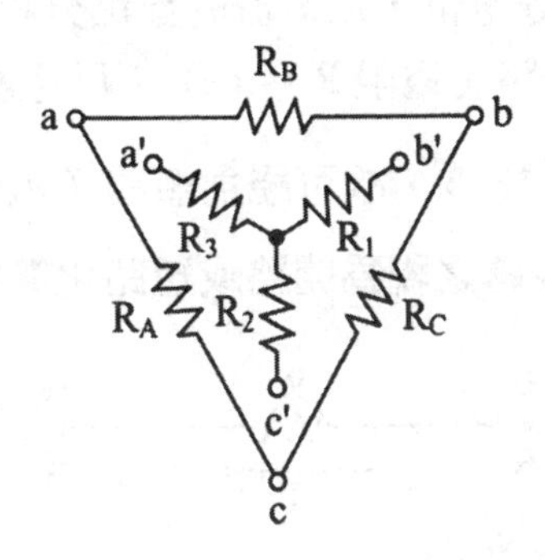

圖 3-5　Y-△轉換以及△-Y 轉換的電阻關係圖

若已知 Y 接網路電阻之值，則其等效△接網路之電阻值：

$$R_A = \frac{R_1R_2 + R_2R_3 + R_3R_1}{R_1}$$

$$R_B = \frac{R_1R_2 + R_2R_3 + R_3R_1}{R_2}$$

$$R_C = \frac{R_1R_2 + R_2R_3 + R_3R_1}{R_3}$$

當Y接網路三個電阻值相同 $R_1 = R_2 = R_3 = R_Y$ 時，可得 $R_\Delta = 3R_Y$。

若已知△接網路電阻之值，則其等效Y接網路之電阻值：

$$R_1 = \frac{R_BR_C}{R_A + R_B + R_C}$$

$$R_2 = \frac{R_AR_C}{R_A + R_B + R_C}$$

$$R_3 = \frac{R_AR_B}{R_A + R_B + R_C}$$

當△接網路三個電阻值相同 $R_A = R_B = R_C = R_\Delta$ 時，可得 $R_Y = \frac{R_\Delta}{3}$。

3-8 特殊網路

若端點A與端點B等電位，以電流的觀點分析，等電位 $v_A = v_B$，則電流 $I = 0$，故可視為開路（電阻 $R = \infty$）；以電壓觀點分析，等電位 $v_A = v_B$，則電阻 $R = \frac{v_A - v_B}{I} = 0$，故可視為短路（電阻 $R = 0$）。也就是等電位的兩端點，可視需要將之視為開路或短路化簡之。

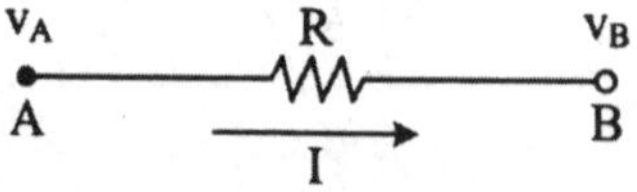

圖3-6 等電位兩端點的示意圖

若一無窮網路有重複的遞迴關係，則可利用遞迴的串並聯關係找出等效電路求解。

(B) 1. 下圖所示電路，a、b兩端之戴維寧等效電路的E_{TH}及R_{TM}分別為 (A)6V，1Ω (B)3V，2Ω (C)5V，3Ω (D)4V，2Ω。

〔90台電〕

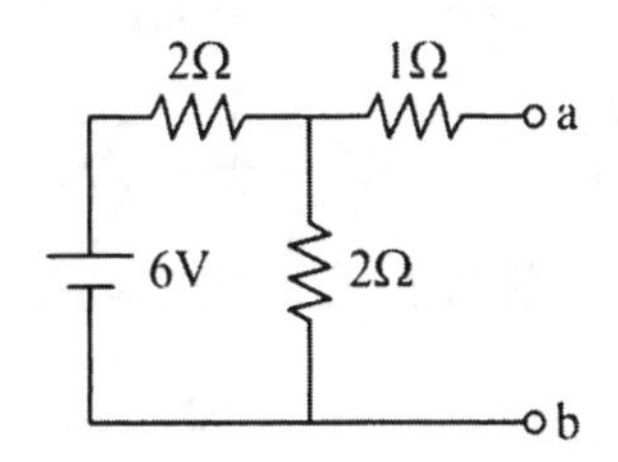

【解析】(1) 求E_{TH}

因1Ω電阻上無電流，故等效電路

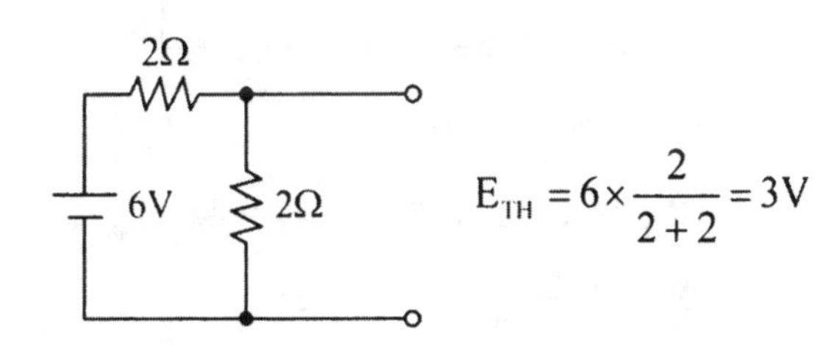

$$E_{TH} = 6 \times \frac{2}{2+2} = 3V$$

(2) 求R_{TM}

電壓源短路

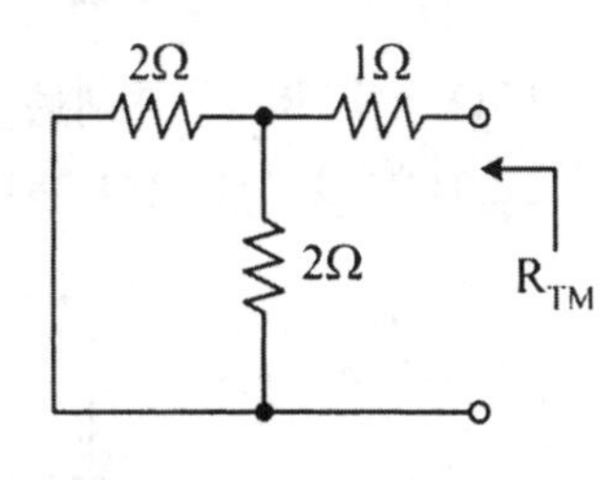

$$R_{TM} = 2//2 + 1 = 1 + 1 = 2\Omega$$

(B) 2.下圖中，各電阻均爲1Ω則R_{ab}等於 (A)$(\sqrt{3}+1)\Omega$ (B)$(\sqrt{3}-1)\Omega$ (C)$(\sqrt{3}+2)\Omega$ (D)$\left(2+\frac{\sqrt{3}}{2}\right)\Omega$。〔90台電〕

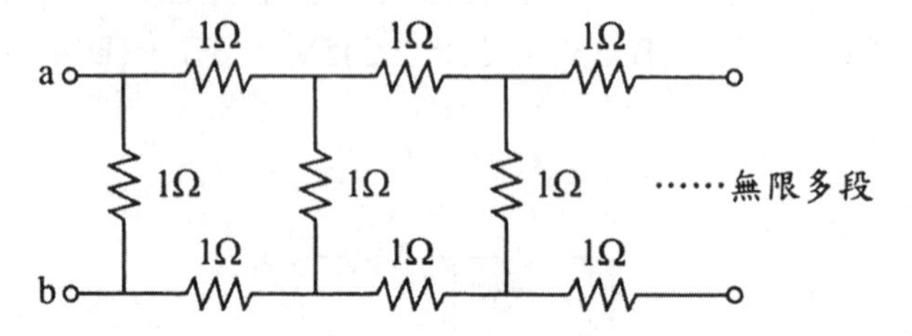

【解析】因右側有無限多段，故電路可等效為

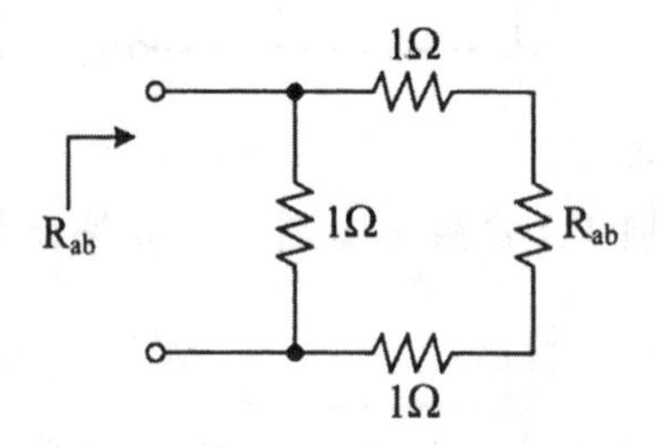

$$R_{ab}=1//(1+R_{ab}+1)=1//(R_{ab}+2)=\frac{1\cdot(R_{ab}+2)}{1+R_{ab}+2}$$

$$R_{ab}^2+3R_{ab}=R_{ab}+2$$

$$R_{ab}^2+2R_{ab}-2=0$$

$$R_{ab}=-1\pm\sqrt{3}\text{（負的不合）}$$

$$R_{ab}=-1+\sqrt{3}=(\sqrt{3}-1)\Omega$$

(B) 3.如下圖中，$R_L=10\Omega$，若R_L欲得到最大功率，則R_{th}應等於 (A)100Ω (B)10Ω (C)5Ω (D)1Ω (E)0Ω。〔92台電〕

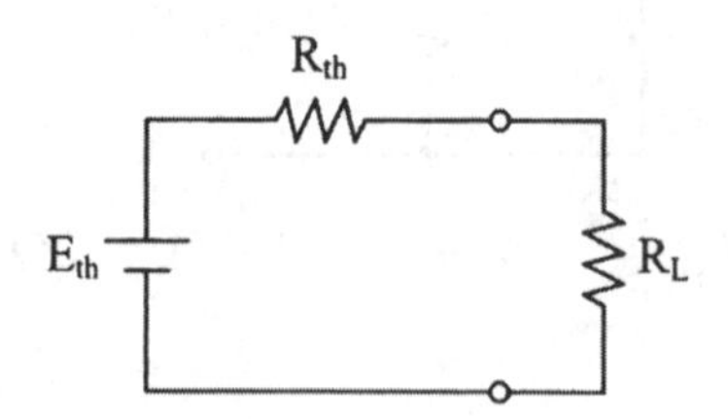

【解析】最大功率轉移在$R_{th}=R_L$時。

（C）4.將 12 根相同長度、電阻為 R 之電阻線構成一立方體，則兩對頂角之兩頂點間的總電阻為多少？ (A)R (B)12R (C)5R/6 (D)R/12 (E)R/2 。〔92 台電〕

【解析】如圖

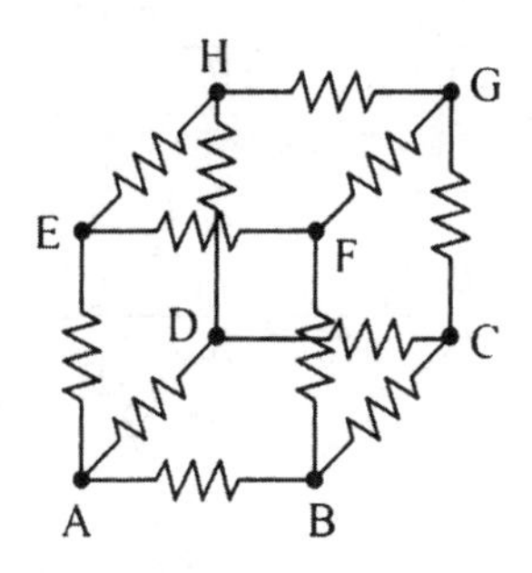

假設求 AG 間電阻，則由電路對稱性可得 B 、 D 點應等電位，F 、 H 點應等電位，將 BD 點短路，FH 點短路，可得等效電路如下

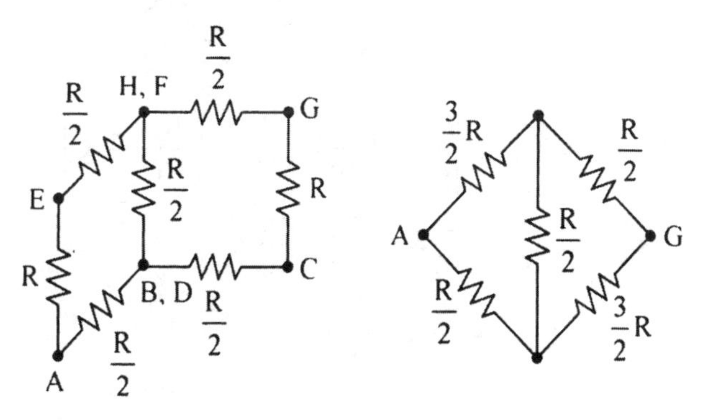

利用△－Y 轉換左半部

$R_b=\frac{3R}{2}$　　$R_a=\frac{R}{2}$　　$R_c=\frac{R}{2}$　⇒　R_1　R_2　R_3

$$R_1=\frac{R_bR_c}{R_a+R_b+R_c}=\frac{\frac{3}{2}R\cdot\frac{R}{2}}{\frac{R}{2}+\frac{3R}{2}+\frac{R}{2}}=\frac{3}{10}R$$

$$R_2=\frac{R_aR_c}{R_a+R_b+R_c}=\frac{\frac{R}{2}\cdot\frac{R}{2}}{\frac{R}{2}+\frac{3R}{2}+\frac{R}{2}}=\frac{1}{10}R$$

$$R_3=\frac{R_aR_b}{R_a+R_b+R_c}=\frac{\frac{R}{2}\cdot\frac{3}{2}R}{\frac{R}{2}+\frac{3}{2}R+\frac{R}{2}}=\frac{3}{10}R$$

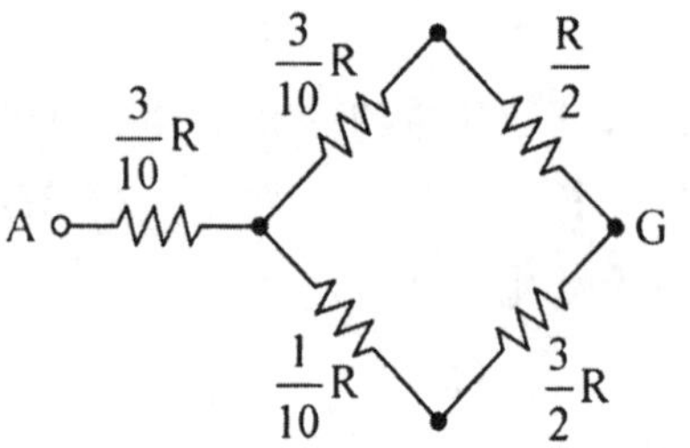

$$R_{AG}=\frac{3}{10}R+\left(\frac{3}{10}R+\frac{R}{2}\right)//\left(\frac{R}{10}+\frac{3}{2}R\right)$$

$$=\frac{3}{10}R+\frac{8}{10}R//\frac{16}{10}R$$

$$=\frac{3}{10}R+\frac{8}{15}R$$

$$=\frac{5}{6}R$$

(A) 5.如下圖所示，若電表 A 中無電流通過，則 R 值爲多少？ (A) 10Ω (B)20Ω (C)30Ω (D)40Ω (E)50Ω 。 〔94 台電〕

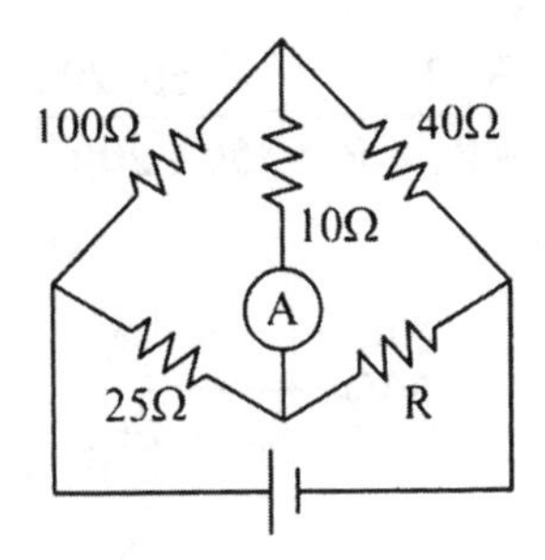

【解析】電表A無電流，表示電橋平衡電阻成比例

$$\frac{100}{40}=\frac{25}{R}$$

$$R = 10\Omega$$

（A）　6.如下圖所示，試求流經A、B兩點間的電流I為多少安培？ (A) 3A　(B)4A　(C)5A　(D)6A。　〔94中油雇員〕

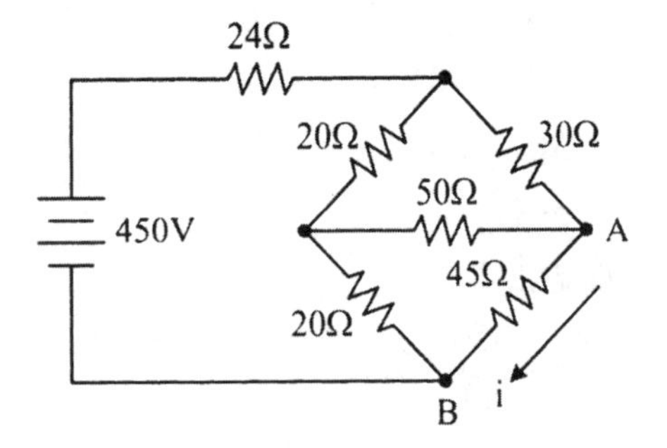

【解析】使用△－Y轉換

R_b=20Ω　R_c=30Ω　R_a=50Ω　⇒　R_1　R_2　R_3

$$R_1=\frac{R_bR_c}{R_a+R_b+R_c}=\frac{20\cdot 30}{50+20+30}=6\Omega$$

$$R_2=\frac{R_aR_c}{R_a+R_b+R_c}=\frac{50\cdot 30}{50+20+30}=15\Omega$$

$$R_3=\frac{R_aR_b}{R_a+R_b+R_c}=\frac{50\cdot 20}{50+20+30}=10\Omega$$

等效電路

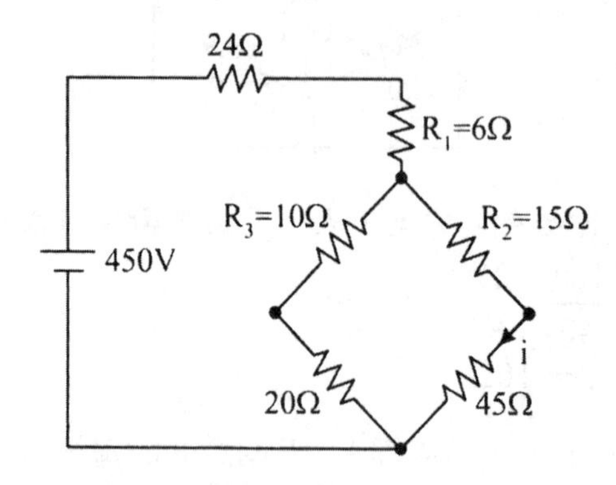

由電源看出的等效阻抗

$$\begin{aligned}R_T &= 24+6+(10+20)//(15+45)\\ &= 30+30//60\\ &= 30+20\\ &= 50\Omega\end{aligned}$$

電源流出電流

$$I=\frac{V_s}{R_T}=\frac{450}{50}=9A$$

i_{AB} 利用分流公式

$$i_{AB}=\frac{10+20}{10+20+15+45}\times 9=\frac{30}{90}\times 9=3A$$

（B） 7.如下圖所示之電路，6Ω電阻所消耗之功率爲多少瓦特？ (A)4 瓦特 (B)6 瓦特 (C)12 瓦特 (D)36 瓦特。 〔94 中油雇員〕

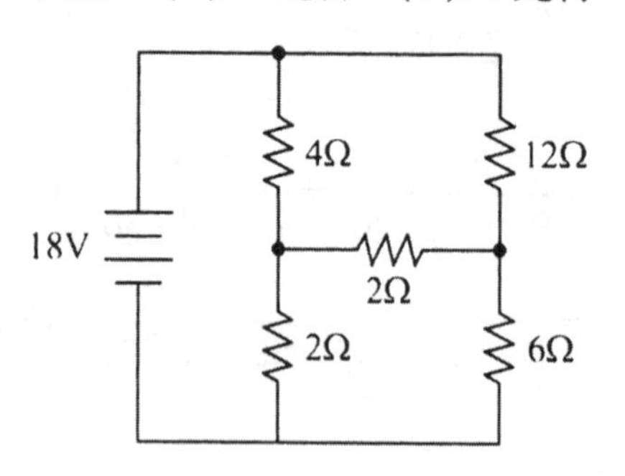

【解析】因電阻$\frac{4}{2}=\frac{12}{6}$成比例，故中間電阻2Ω兩端等電位，無電流

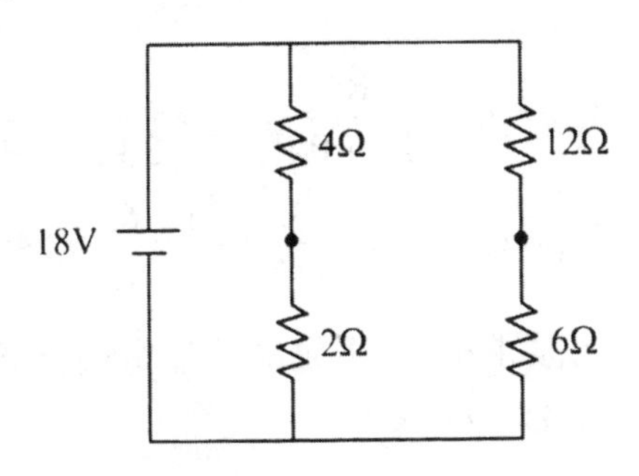

6Ω 電阻上壓降

$$V_{6\Omega}=18\times\frac{6}{12+6}=6V$$

功率

$$P=\frac{V^2}{R}=\frac{6^2}{6}=6W$$

(D)　8. 如下圖所示電路，通過電阻R_3的電流為多少安培？ (A)2 (B)3 (C)4 (D)5。　〔94中油雇員〕

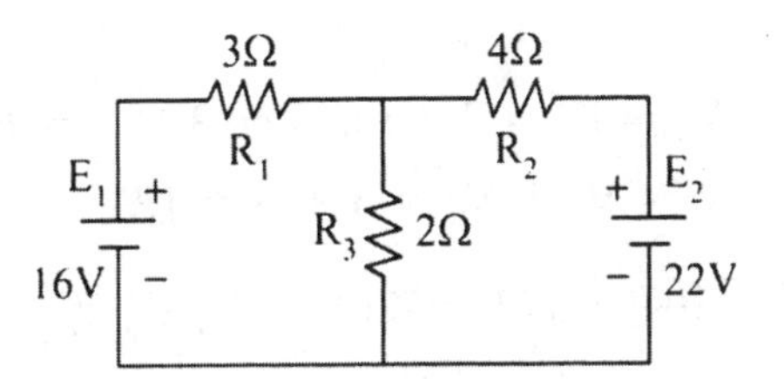

【解析】使用重疊定理

(1) E_1

$$I_{E1}=\frac{E_1}{R_1+R_3//R_2}=\frac{16}{3+2//4}=\frac{16}{3+\frac{4}{3}}=\frac{48}{13}A$$

$$I_{R31}=I_{E1}\times\frac{R_2}{R_3+R_2}=\frac{48}{13}\times\frac{4}{2+4}=\frac{32}{13}A$$

(2) E_2

$$I_{E2}=\frac{E_2}{R_2+R_1//R_3}=\frac{22}{4+3//2}=\frac{22}{4+\frac{6}{5}}=\frac{55}{13}A$$

$$I_{R32}=I_{E2}\times\frac{R_1}{R_1+R_3}=\frac{55}{13}\times\frac{3}{3+2}=\frac{33}{13}A$$

$$I_{R3}=I_{R31}+I_{R32}=\frac{32}{13}+\frac{33}{13}=\frac{65}{13}=5A$$

（D）9.如下圖所示，試求6Ω電阻兩端的端電壓爲多少？ (A)3V (B)6V (C)9V (D)12V。〔94中油雇員〕

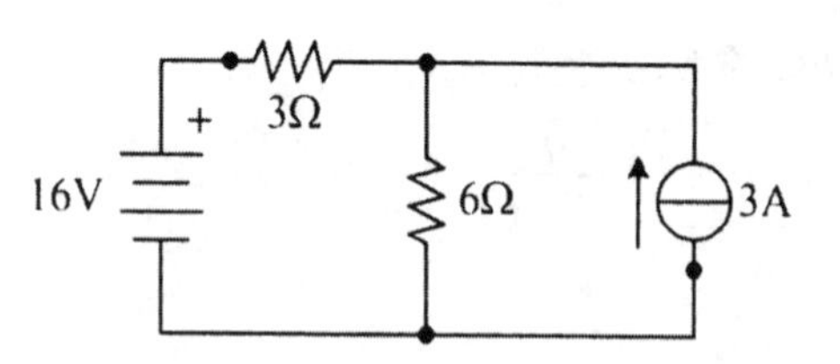

【解析】使用重疊定理

(1) 9V

$$V_1=9\times\frac{6}{3+6}=6V$$

(2) 3A

$$V_2=IR=3\times(3//6)=3\times2=6V$$

$$V=V_1+V_2=6+6=12V$$

（A）10.如下圖所示電路，若R = 20Ω，則V_{ab}等於： (A)300V (B)450V (C)250V (D)600V。〔95台電養成班〕

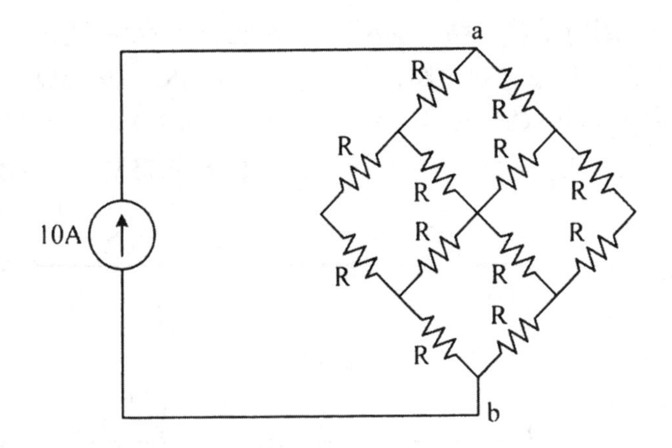

【**解析**】此電路之電阻網路因左右對稱，故可以線段ab為中心線，左右重疊

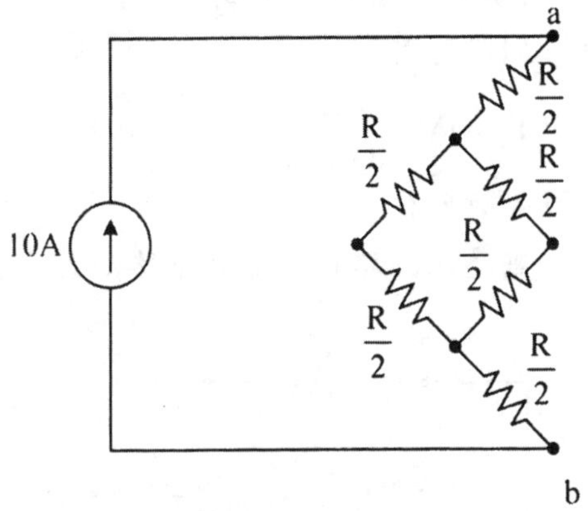

$$R_{ab}=\frac{R}{2}+\left(\frac{R}{2}+\frac{R}{2}\right)//\left(\frac{R}{2}+\frac{R}{2}\right)+\frac{R}{2}$$

$$=R+R//R$$

$$=R+\frac{R}{2}$$

$$=\frac{3}{2}R$$

$$=\frac{3}{2}\times 20$$

$$=30\Omega$$

$$V_{ab}=IR=10\times 30=300V$$

（B） 11. 如下圖所示之電路，從AB兩端看圖(b)爲圖(a)之等效電路。求等效電阻R_1及等效電壓源E_1之值： (A)$R_1 = 0.75\Omega$，$E_1 = 0.75V$ (B)$R_1 = 0.8\Omega$，$E_1 = 0.8V$ (C)$R_1 = 0.67\Omega$，$E_1 = 1V$ (D)$R_1 = 1.5\Omega$，$E_1 = 1V$ (E)$R_1 = 2\Omega$，$E_1 = 0.75V$。〔95台電養成班〕

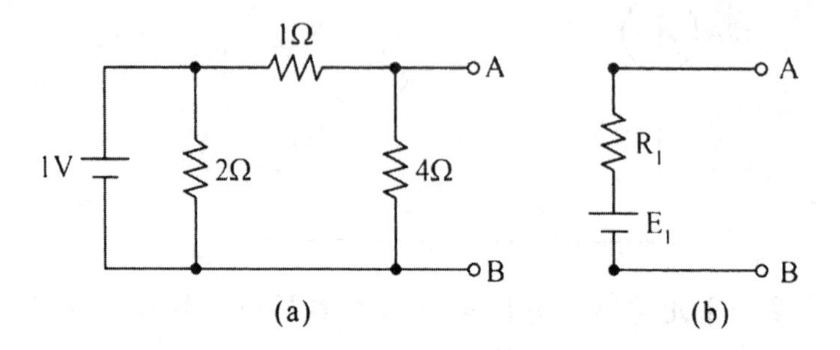

【解析】此為求戴維寧等效電路

(1) 開路電壓

$$E_1 = 1V \times \frac{4\Omega}{1\Omega + 4\Omega} = 1 \times \frac{4}{5} = 0.8V$$

(2) 等效阻抗

電壓源短路後，等效電路如圖

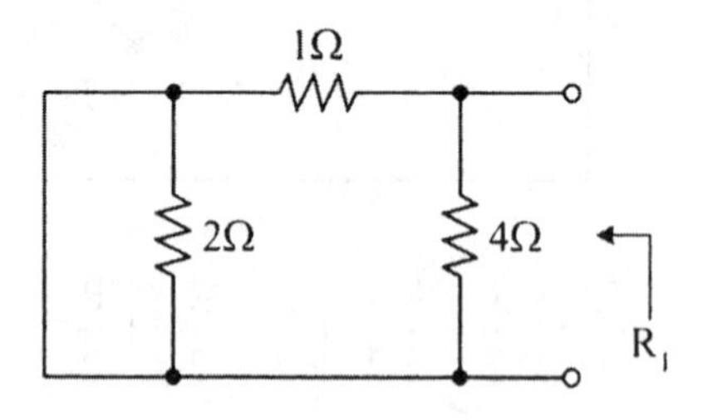

2Ω 電阻因左側短路不計

$$R_1 = 1 // 4 = \frac{1 \times 4}{1 + 4} = 0.8\Omega$$

○○○ 計算題 ○○○

一、如圖所示電路，安培計 Ⓐ 讀數為零，試求：(一)電阻 R_4 之值；(二)流過 R_4 之電流值。〔86 鐵路佐級〕

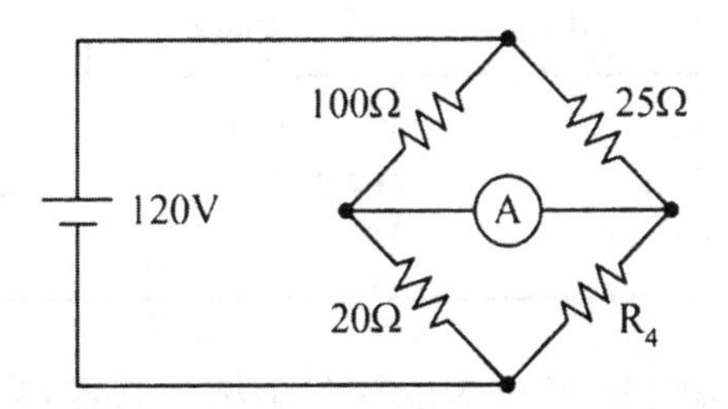

答：(一)安培計讀數爲零時，表示安培計兩端等電位電阻成比例關係

$$\frac{100}{20}=\frac{25}{R_4}\Rightarrow R_4=5\Omega$$

(二)流過 R_4 之電流即流過 25Ω 及 R_4 之電流

$$I_{R4}=\frac{120}{R_3+R_4}=\frac{120}{25+5}=4A$$

二、求圖中之負載電阻 R_L ，應調整至何值，方可有最大輸出功率？

〔86 鐵路員級〕

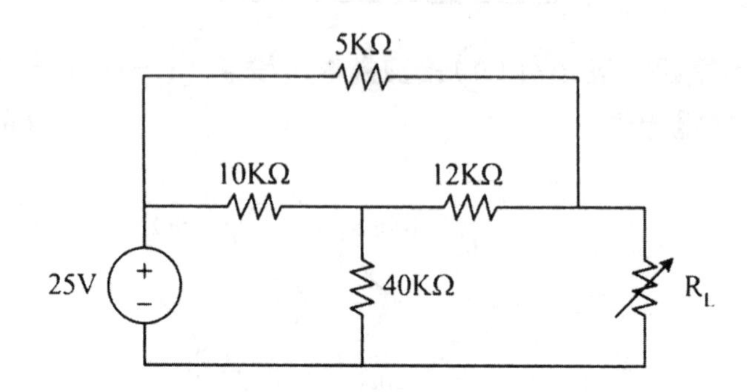

答：最大功率輸出爲由 R_L 往內看的等效阻抗，其電路如圖

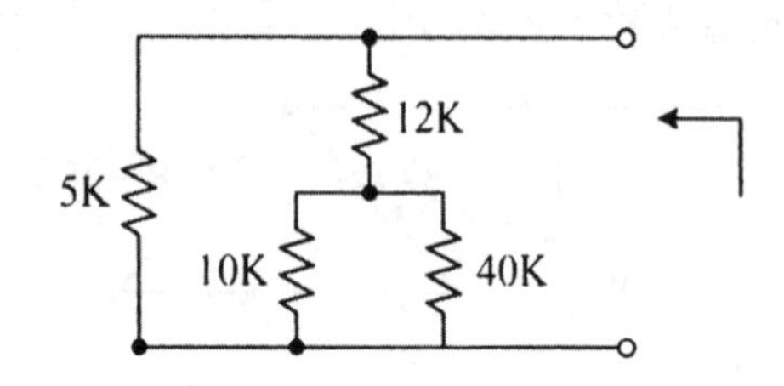

$$
\begin{aligned}
R_L &= 5//(12 + 10//40) \\
&= 5//(12 + 8) \\
&= 5//20 \\
&= 4K\Omega
\end{aligned}
$$

三、試計算圖中，流過 10Ω 之電流 i 值為若干？ 〔86 鐵路員級〕

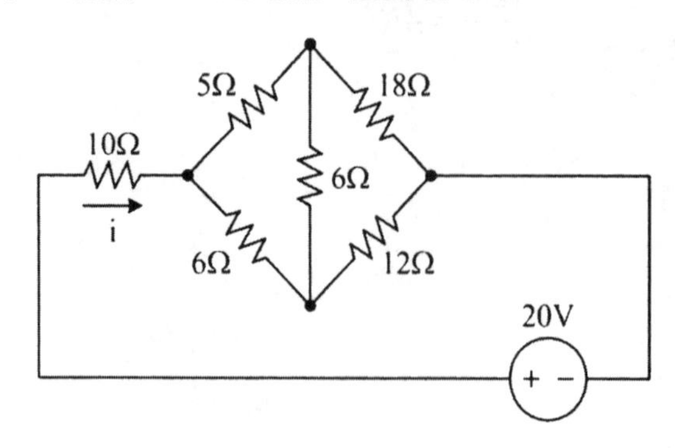

答：使用△－Y轉換

$R_c=18\Omega$　$R_a=6\Omega$　$R_b=12\Omega$　⇒　R_2　R_1　R_3

$$R_1=\frac{R_bR_c}{R_a+R_b+R_c}=\frac{12\cdot 18}{6+12+18}=6\Omega$$

$$R_2=\frac{R_aR_c}{R_a+R_b+R_c}=\frac{6\cdot 18}{6+12+18}=3\Omega$$

$$R_3=\frac{R_aR_b}{R_a+R_b+R_c}=\frac{6\cdot 12}{6+12+18}=2\Omega$$

等效電路

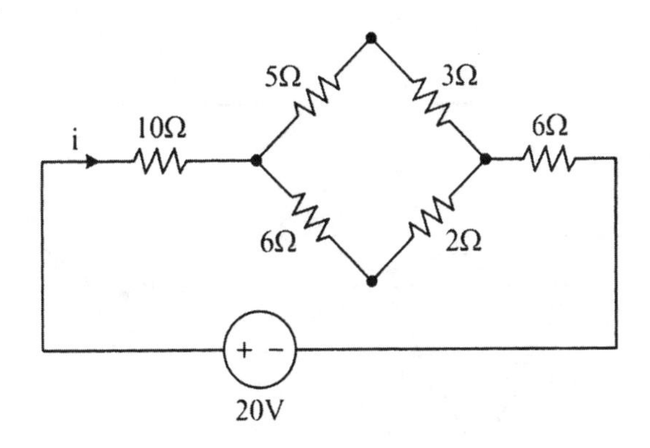

$$\begin{aligned}R_T&=10+(5+3)//(6+2)+6\\&=10+8//8+6\\&=10+4+6\\&=20\Omega\end{aligned}$$

$$i=\frac{V}{R_T}=\frac{20}{20}=1A$$

四、試計算圖中，由 AB 端看入之戴維寧等效電阻 R_{eq} 之值。

〔86 鐵路員級〕

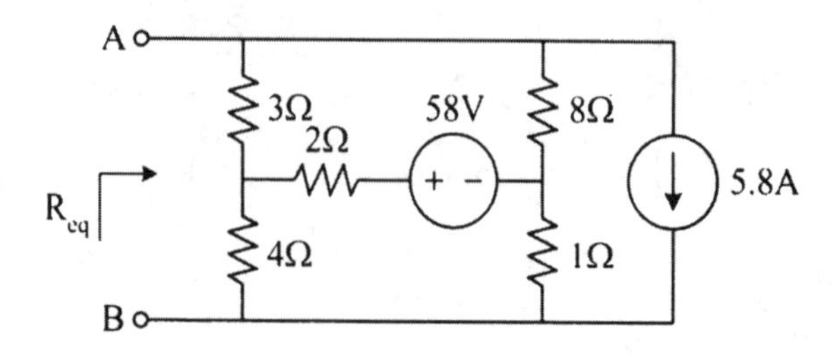

答：等效電路

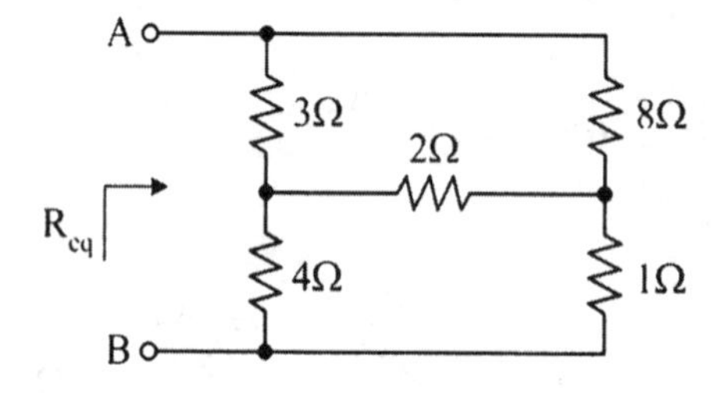

用△－Y 轉換

$R_a=2\Omega$　$R_b=4\Omega$　$R_c=1\Omega$　⇒　R_1　R_2　R_3

$$R_1=\frac{R_bR_c}{R_a+R_b+R_c}=\frac{4\cdot 1}{2+4+1}=\frac{4}{7}\Omega$$

$$R_2=\frac{R_aR_c}{R_a+R_b+R_c}=\frac{2\cdot 1}{2+4+1}=\frac{2}{7}\Omega$$

$$R_3=\frac{R_aR_b}{R_a+R_b+R_c}=\frac{2\cdot 4}{2+4+1}=\frac{8}{7}\Omega$$

等效電路圖

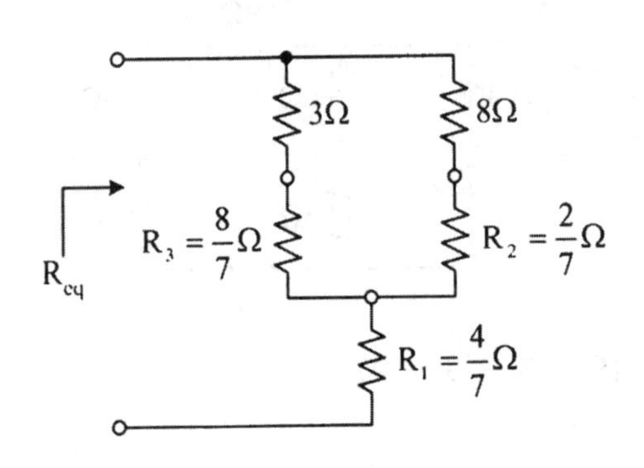

$$R_{eq}=\left(3+\frac{8}{7}\right)//\left(8+\frac{2}{7}\right)+\frac{4}{7}$$

$$=\frac{29}{7}//\frac{58}{7}+\frac{4}{7}$$

$$=\frac{58}{21}+\frac{4}{7}$$

$$=\frac{70}{21}$$

$$=\frac{10}{3}\Omega$$

五、如圖所示電路，求電流 I。　〔87 鐵路佐級〕

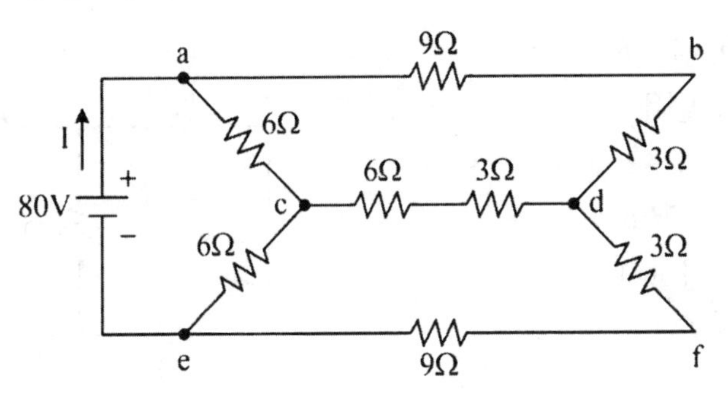

答：由圖中

$$\frac{R_{ac}}{R_{ce}}=\frac{R_{ad}}{R_{df}}$$

故得 c 、 d 兩點等電位， c 、 d 間無電流等效電路

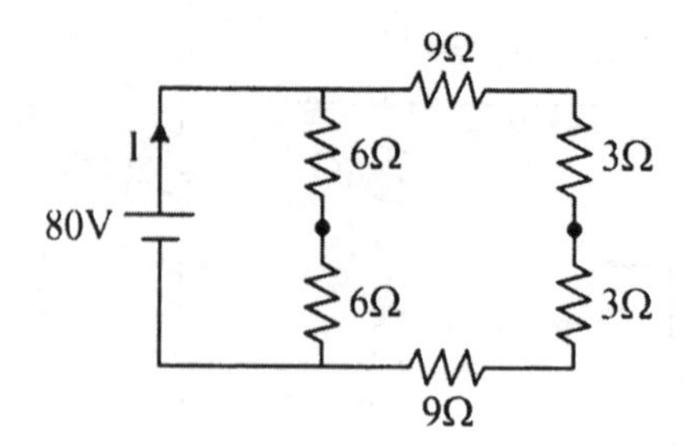

$R_T = (6+6)//(9+3+3+9)$
$= 12//24$
$= 8\Omega$

$$I = \frac{80}{8} = 10A$$

六、試求下圖中電流 I 之值。 〔87 鐵路員級〕

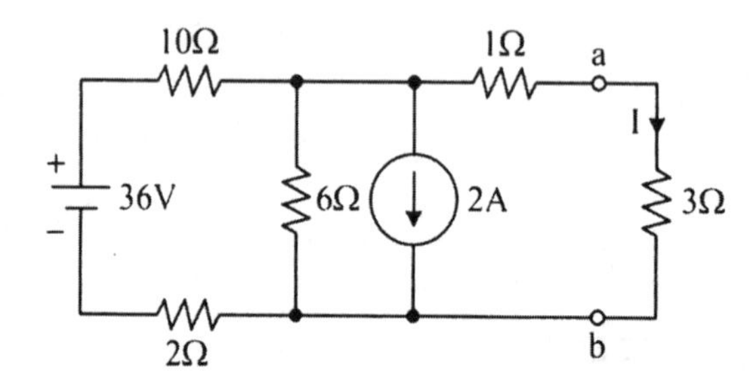

答：利用戴維寧定理

(一)等效電阻

$R_T = (10+2)//6+1$
$= 12//6+1$
$= 4+1$
$= 5\Omega$

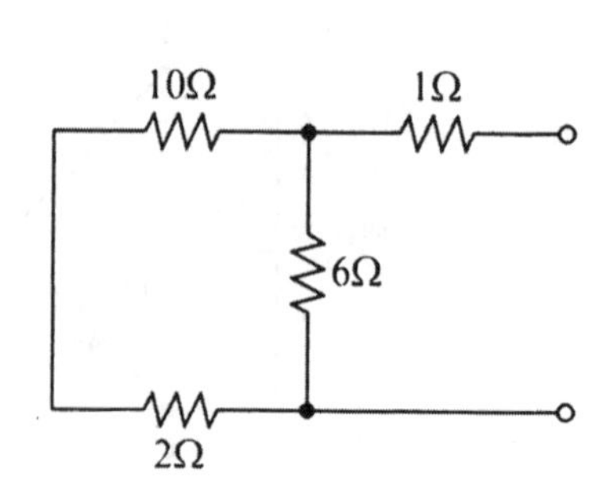

(二)開路電壓用重疊定理

$$V_1 = 36 \times \frac{6}{10+6+2} = 12V$$

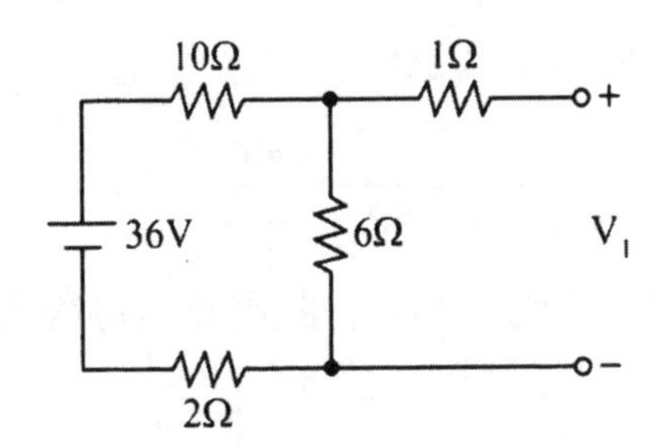

$V_2 = -2 \times [(10+2)//6] = -8V$

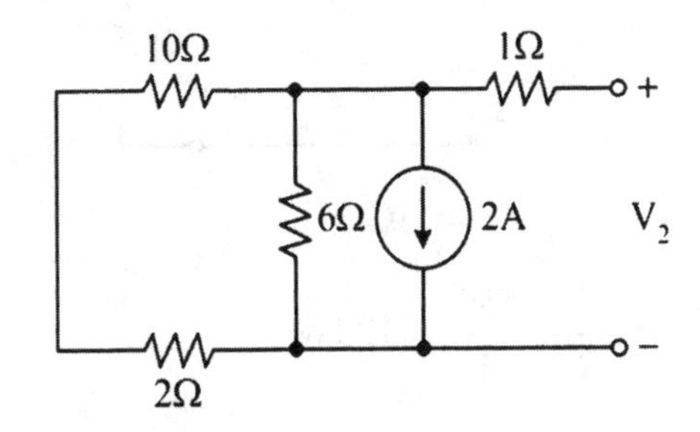

$V_{oc} = V_1 + V_2 = 4V$

等效電路

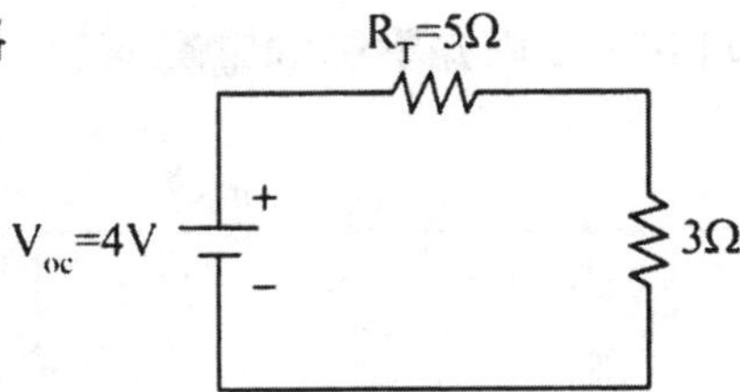

$I = \frac{4}{5+3} = 0.5A$

七、如圖所示電路中

(一)R_L為多少歐姆時，R_L可產生最大功率？

(二)求此最大功率值。〔87鐵路佐級〕

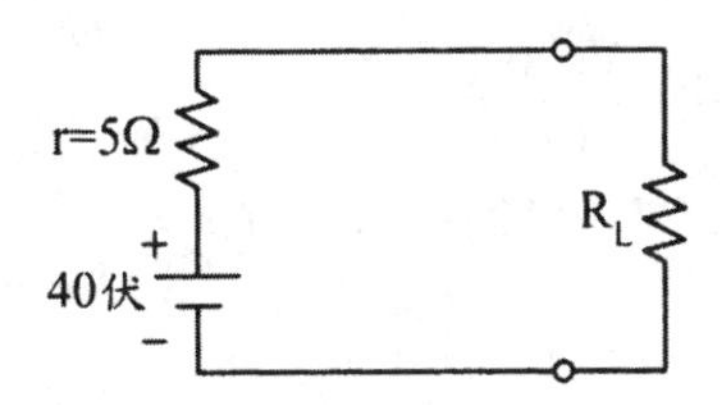

答：(一)最大功率在 $R_L = r = 5\Omega$

(二)最大功率 $P = \frac{1}{2}\frac{V^2}{R_L + r} = \frac{V^2}{4R_L} = \frac{40^2}{4 \cdot 5} = 80W$

八、如圖所示電路中，負載R_L為多少歐姆時，可得最大功率，其功率值為多少？〔87郵政公路佐級〕

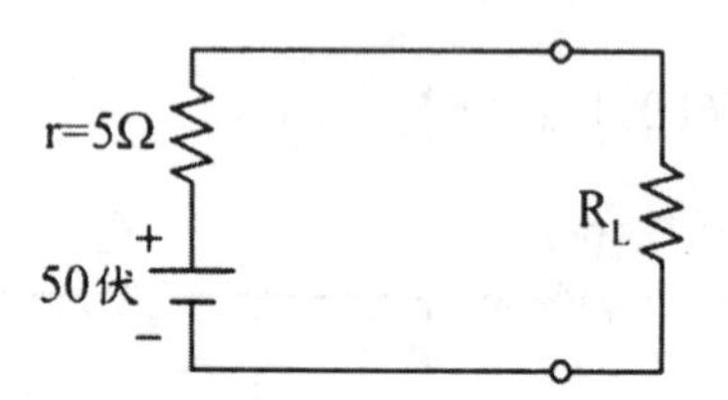

答：(一)最大功率時，$R_L = r = 5\Omega$

(二)最大功率 $P = \frac{V^2}{4R_L} = \frac{50^2}{4 \cdot 5} = 125W$

九、如下圖所示之直流電路，試求：

(一)開關S在開啟時a、b兩端點間的電壓。

(二)開關S在閉合時a、b兩端點間的電壓。〔87公路員級〕

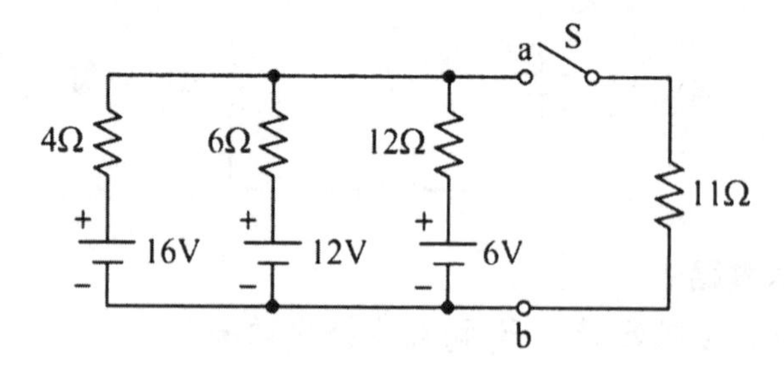

答：(一)開啓時

$$\frac{V-16}{4} + \frac{V-12}{6} + \frac{V-6}{12} = 0$$

$3(V - 16) + 2(V - 12) + (V - 6) = 0$

$V = 13V$

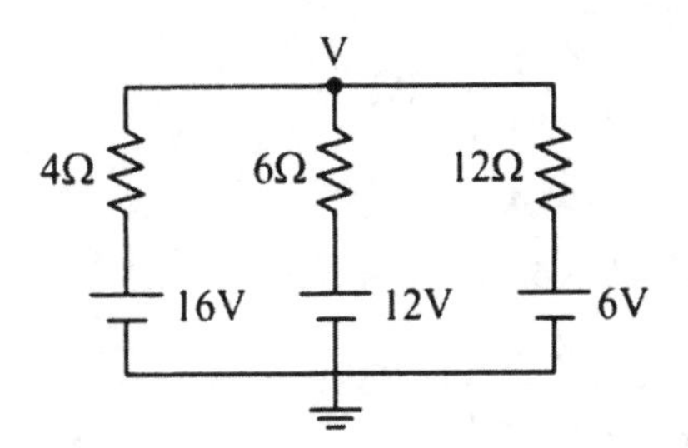

(二)閉合時

$$\frac{V-16}{4}+\frac{V-12}{6}+\frac{V-6}{12}+\frac{V}{11}=0$$

$$33(V-16)+22(V-12)+11(V-6)+12V=0$$

$$V=11V$$

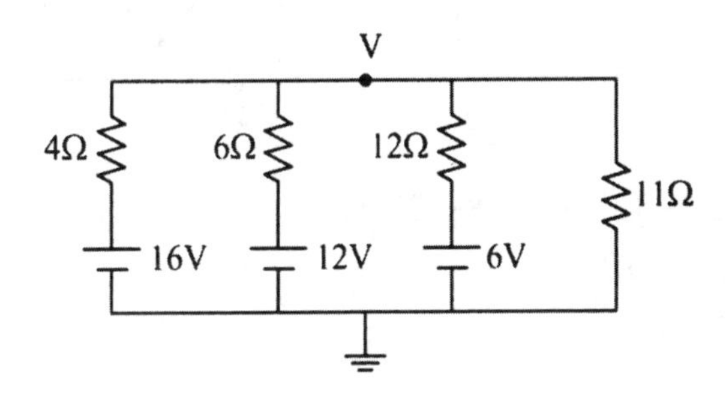

十、試求下圖中 a 與 b 間之電阻值。　〔88 鐵路員級〕

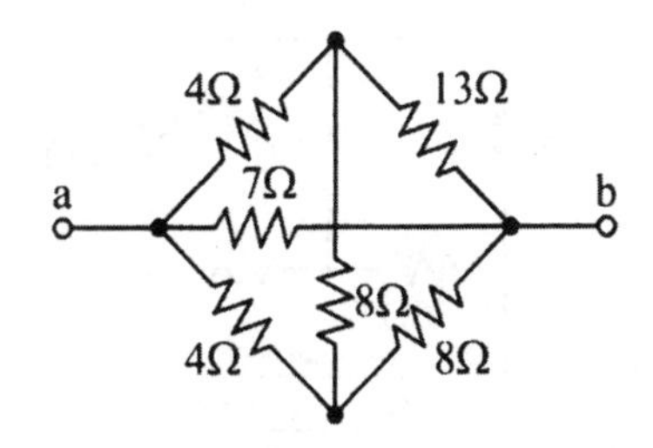

答：先使用△－Y 轉換

$$R_1=\frac{R_bR_c}{R_a+R_b+R_c}=\frac{4\cdot 4}{8+4+4}=1\Omega$$

$$R_2=\frac{R_aR_c}{R_a+R_b+R_c}=\frac{8\cdot 4}{8+4+4}=2\Omega$$

$$R_3=\frac{R_aR_b}{R_a+R_b+R_c}=\frac{8\cdot 4}{8+4+4}=2\Omega$$

故 ab 端等效電路如圖

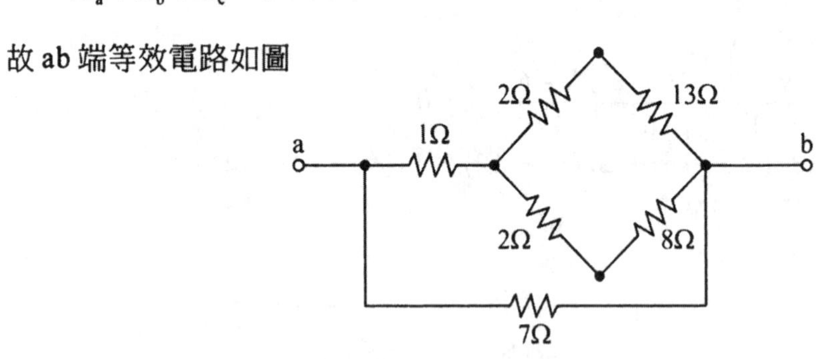

$$\begin{aligned}R_{ab}&=[1+(2+13)//(2+8)//7]\\&=(1+15//10)//7\\&=(1+6)//7\\&=3.5\Omega\end{aligned}$$

十一、如圖所示，若電流 I 為零，則 R_X 為多少？ 〔91 鐵路佐級〕

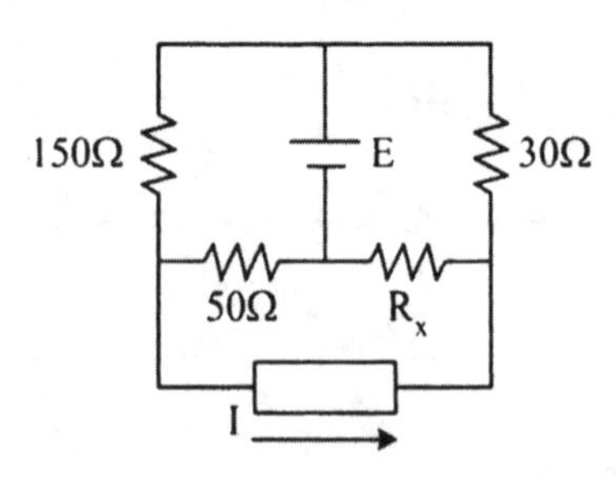

答：電流 I 爲零，代表該阻抗左右兩端等電位

$$\frac{50}{150+50}\times E=\frac{R_x}{30+R_x}\times E$$

$$\frac{150}{50}=\frac{30}{R_x}$$

$$R_x=10\Omega$$

十二、在如圖電路中，求 V_o 電壓值多少伏特？　〔92 鐵路佐級〕

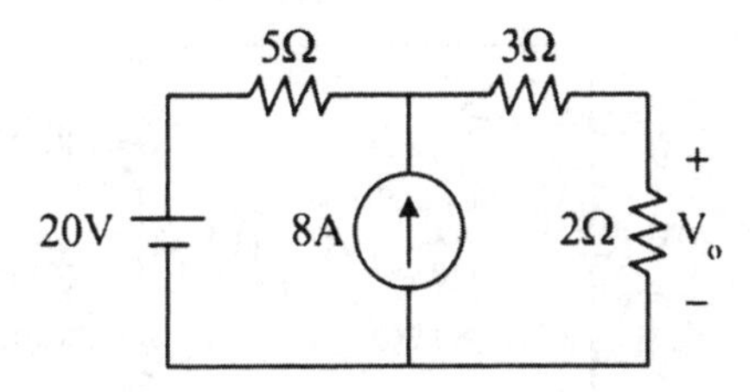

答：使用重疊定理

(一) 20V

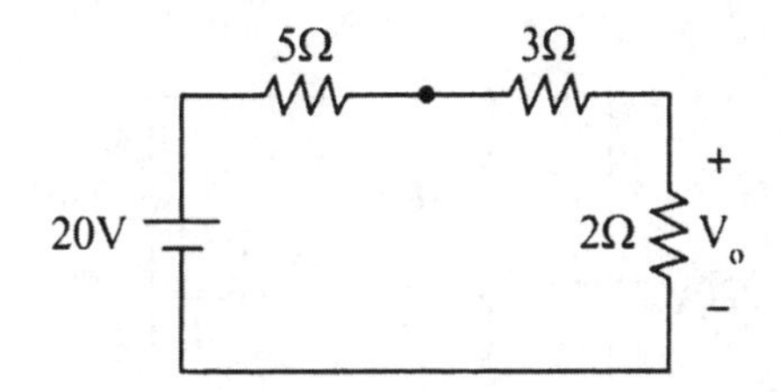

$$V_{o1} = 20 \times \frac{2}{5+3+2} = 4V$$

(二) 8A

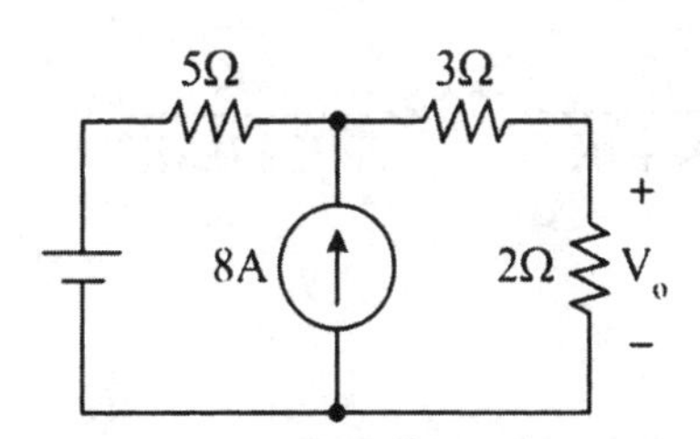

$$V_o = V_{o1} + V_{o2} = 4 + 8 = 12V$$

$$V_{o2} = 8 \times \frac{5}{5+(3+2)} \times 2 = 8V$$

十三、下圖為一個惠斯敦電橋，求由 a 點流至 b 點之電流為多少？

〔92 鐵路佐級〕

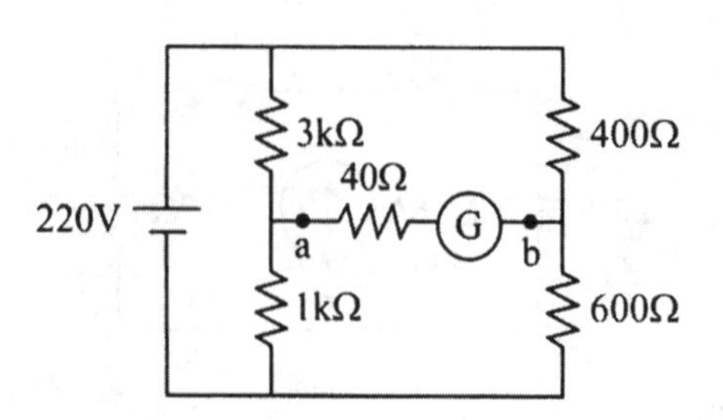

答：使用戴維寧電路，把 40Ω 視爲負載

(一) 求 V_{oc}

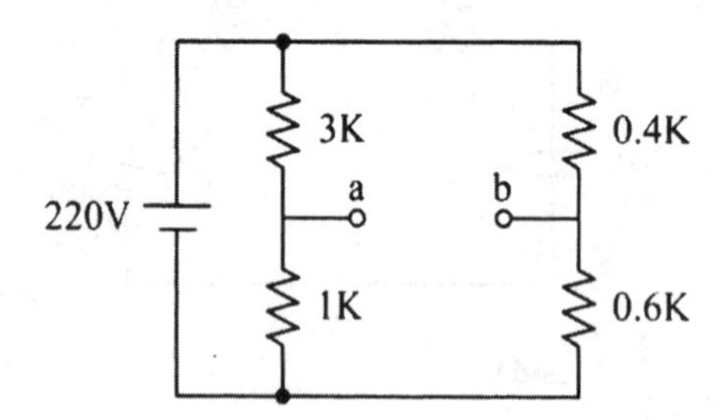

$$\begin{aligned} V_{oc} &= V_a - V_b \\ &= 220 \times \frac{1K}{3K + 1K} - 220 \times \frac{0.6K}{0.4K + 0.6K} \\ &= 55 - 132 \\ &= -77V \end{aligned}$$

(二) 求 R_{eq}

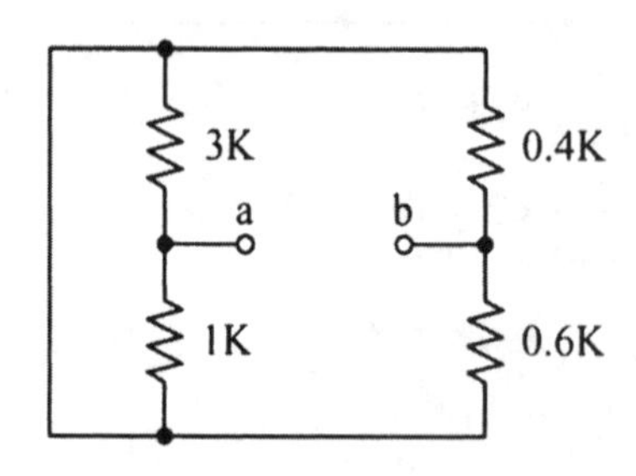

$$\begin{aligned} R_{eq} &= 3K//1K + 0.4K//0.6K \\ &= 0.75K + 0.24K \\ &= 0.99K \\ &= 990\Omega \end{aligned}$$

$$I_{ab}=\frac{V_{oc}}{R_{eq}+R_L}=\frac{-77}{990+40}=0.0748A=74.8mA$$

十四、如圖所示電路中，

(一)R 值為多少時可得最大功率？

(二)此最大功率值是多少？　〔92 公路員級〕

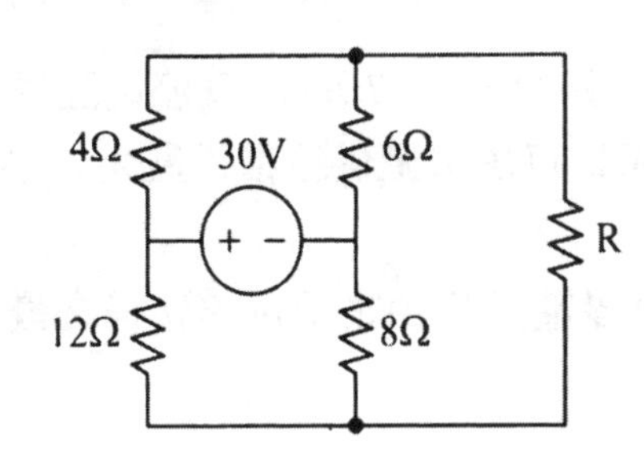

答：(一)使用戴維寧定理

1. V_{oc}

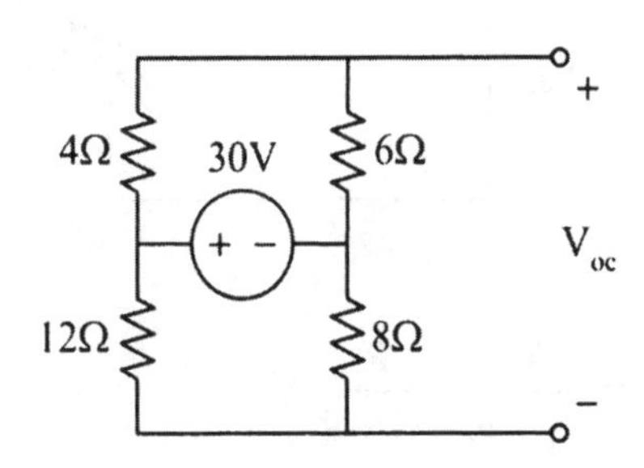

$$V_{oc}=30\times\frac{6}{4+6}-30\times\frac{8}{12+8}$$
$$=18-12$$
$$=6V$$

2. R_{eq}

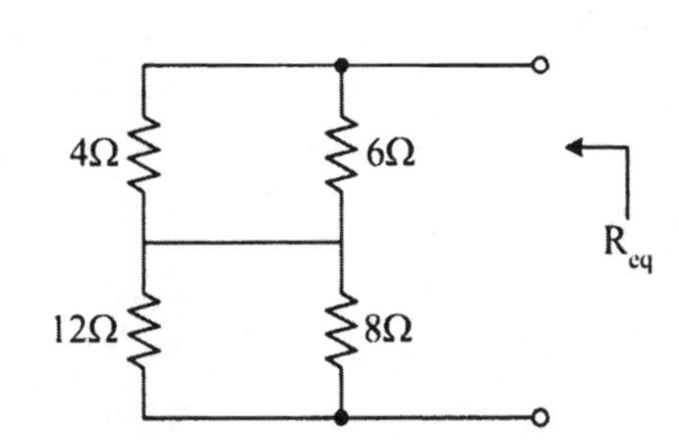

$$R_{eq} = 6//4 + 8//12$$
$$= 2.4 + 4.8$$
$$= 7.2\Omega$$

R 值爲 7.2Ω 時可得最大功率。

(二) $P_{max} = \frac{V^2}{4R} = \frac{V_{oc}^2}{4R_{eq}} = \frac{6^2}{4\times 7.2} = 1.25W$

十五、如下圖之電路，其中 $R_1 = 20\Omega$，直流電壓源 $V_{dc} = 20$ 伏特。求：

(一)若可變電阻 R 可由電源供給獲得最大之功率時，則其電阻值應為何？

(二)承(一)，可變電阻 R 由電源供給獲得之最大功率為何？

〔93 電信員級〕

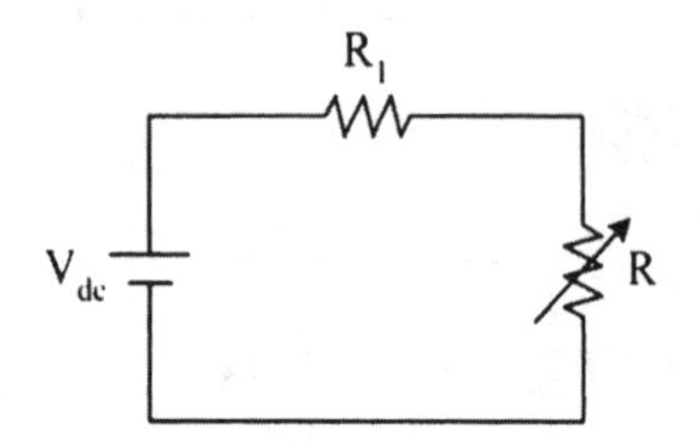

答：(一) $R = R_1 = 20\Omega$

(二) $P = I_R \cdot V_R = \frac{V}{R_1 + R} \cdot \frac{R}{R_1 + R} V$

$$= \frac{20}{20+20} \cdot \frac{20}{20+20} \cdot 20$$
$$= 5W$$

或 $P = \frac{V^2}{4R} = \frac{20^2}{4 \cdot 20} = 5W$

十六、如圖所示，若電流計 G 指示為 0，則 $R_1 = 10$ 歐姆（Ω），$R_2 = 5$ 歐姆（Ω），$R_3 = 2$ 歐姆（Ω）時，R_4 是多少歐姆（Ω）？

〔93 郵政佐級〕

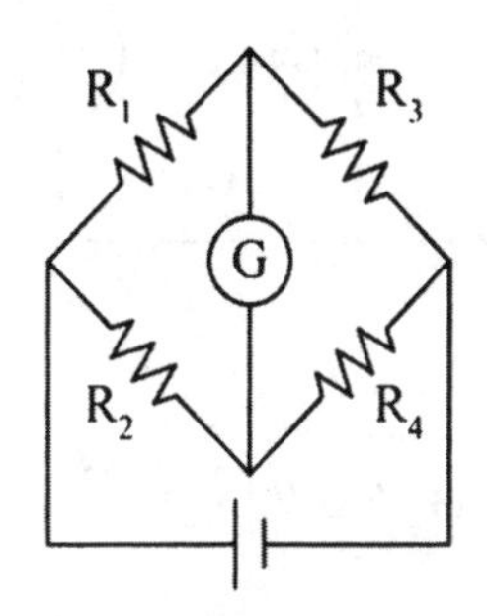

答：電流計 G 爲 0，表示電橋平衡電阻成比例

$$\frac{R_1}{R_3} = \frac{R_2}{R_4}$$

$$\frac{10}{2} = \frac{5}{R_4}$$

$$R_4 = 1\Omega$$

十七、如圖所示，求 R 值為何時其可得最大功率，並求其此最大功率。

〔93 郵政員級〕

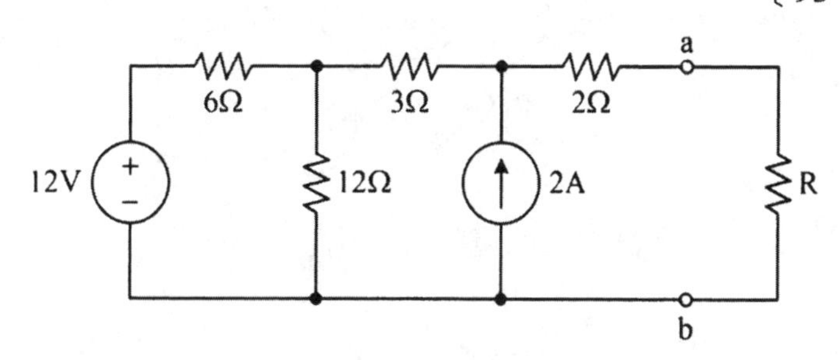

答：利用戴維寧定理

(一) 求 R_{eq}

$$R_{eq} = 6//12 + 3 + 2$$

$$= 4 + 3 + 2$$

$$= 9\Omega$$

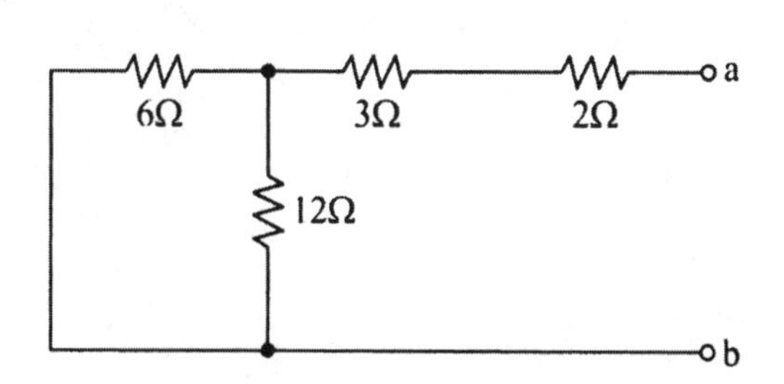

(二) 求 V_{oc}

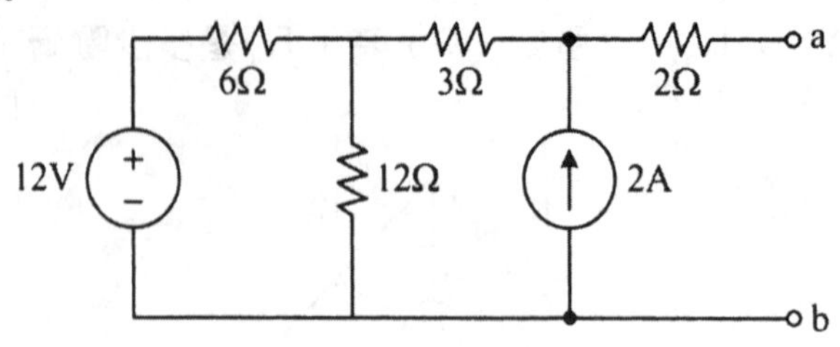

使用重疊定理

$$V_{oc} = 12 \times \frac{12}{6+12} + 2 \times (6//12 + 3)$$
$$= 8 + 14$$
$$= 22V$$

(一) R = 9Ω 可得最大功率

(二) 最大功率 $P = \frac{V^2}{4R} = \frac{22^2}{4 \times 9} = \frac{121}{9} V$

十八、如圖所示，求 ab 間之等效電阻。 〔93 郵政員級〕

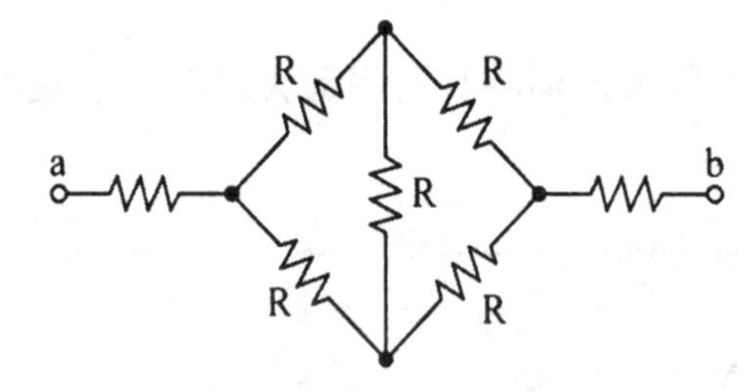

答：將電阻標號，在電橋中，因電阻成比例 $\frac{R_1}{R_2} = \frac{R_3}{R_4}$

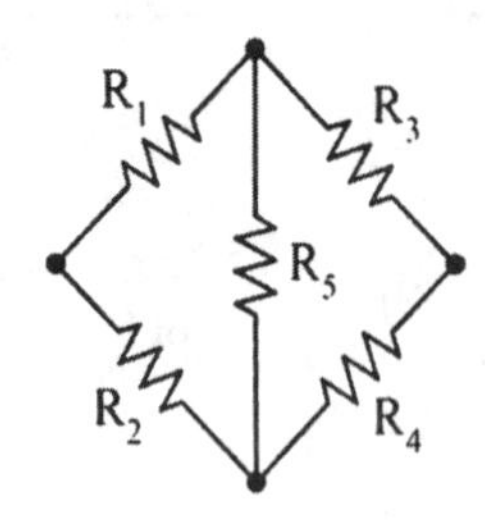

故電阻 R_5 兩端等電位，無電流通過可移除

$$R_{ab} = R + [(R + R)//(R + R)] + R$$
$$= R + 2R//2R + R$$
$$= R + R + R$$
$$= 3R$$

十九、如圖所示，求圖中無限長網路 XY 間之總電阻。　〔93 郵政員級〕

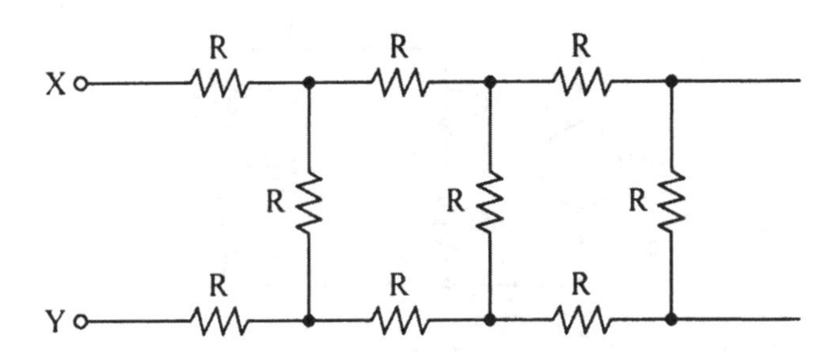

答：因為無限長，故去掉一級後，等效電阻仍為 R_{XY}

等效電路如圖

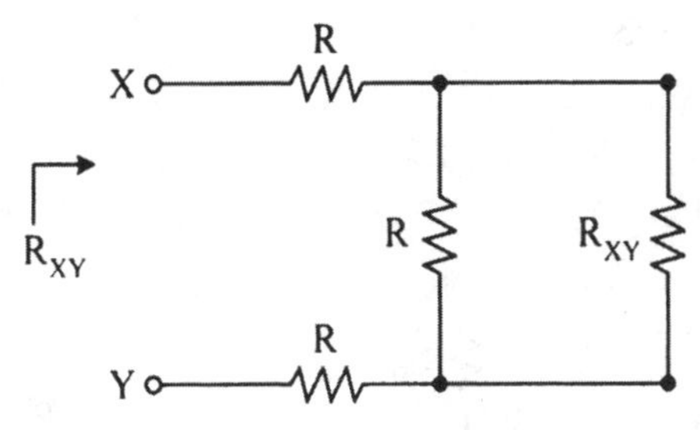

$$R_{XY} = R + R//R_{XY} + R = \frac{R \cdot R_{XY}}{R + R_{XY}} + 2R$$

$$R_{XY}{}^2 + R \cdot R_{XY} = R \cdot R_{XY} + 2R \cdot R_{XY} + 2R^2$$

$R_{XY}{}^2 - 2R \cdot R_{XY} - 2R^2 = 0$

$R_{XY} = R \pm\sqrt{3}\,R$（負的不合）

$R_{XY} = (1+\sqrt{3})R$

二十、(一)利用戴維寧定理求流經圖中 R_L 之電流 I_L。

(二)利用諾頓定理求流經圖中 R_L 之電流 I_L。〔94鐵公路佐級〕

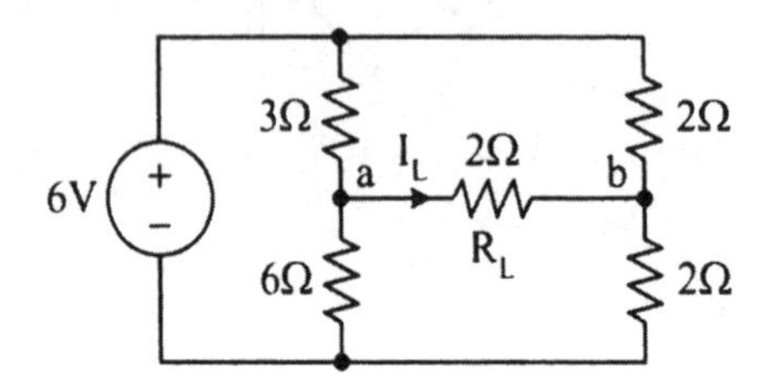

答：(一)戴維寧定理

1. 開路電壓

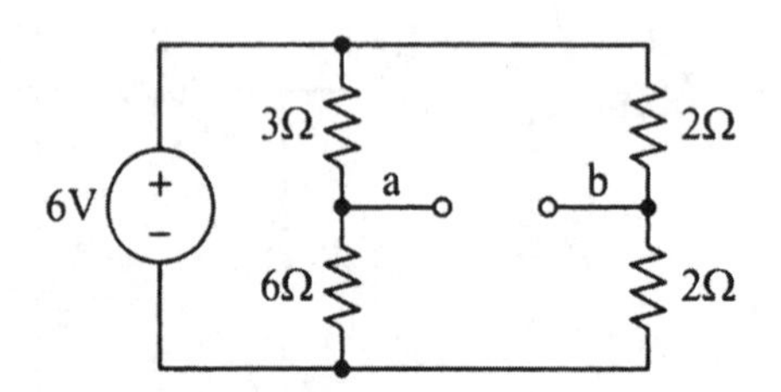

$$V_{oc} = V_a - V_b$$
$$= 6\times\frac{6}{3+6} - 6\times\frac{2}{2+2}$$
$$= 4 - 3$$
$$= 1V$$

2. 等效阻抗

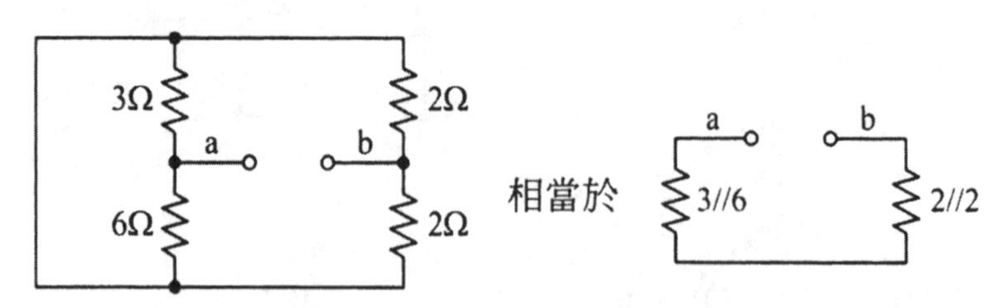

$$
\begin{aligned}
R_{eq} &= 3//6 + 2//2 \\
&= 2 + 1 \\
&= 3\Omega
\end{aligned}
$$

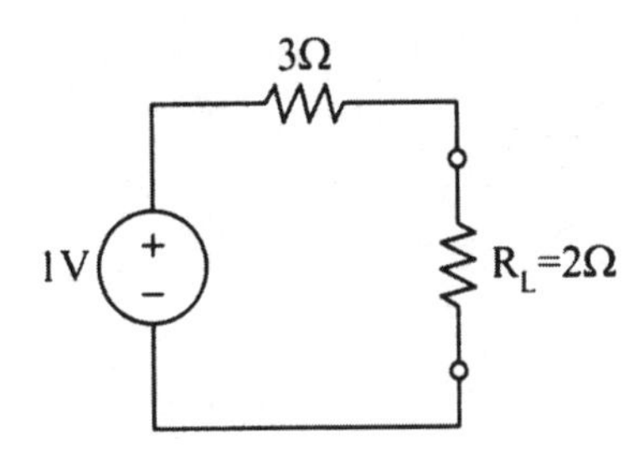

$$I_L = \frac{V_{oc}}{R_{eq} + R_L} = \frac{1}{3+2} = 0.2A$$

(二)諾頓定理

1. 短路電流

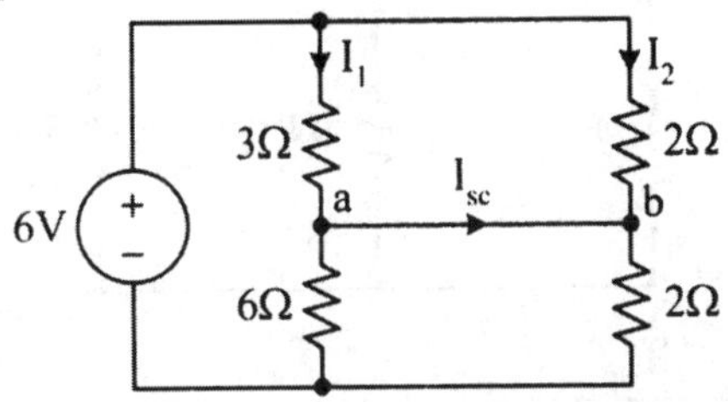

將 3Ω 與 2Ω 並聯，以及 6Ω 與 2Ω 並聯

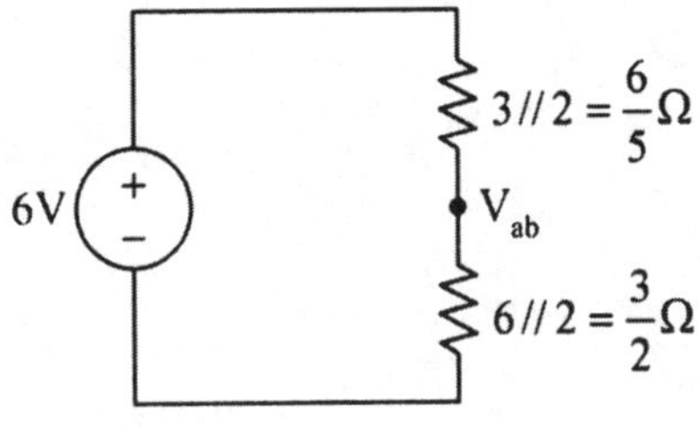

$$R_1 = 3//2 = \frac{6}{5}\Omega$$

$$R_2 = 6//2 = \frac{12}{8} = \frac{3}{2}\Omega$$

故 a 點與 b 點的電位

$$V_{ab}=6\times\frac{R_2}{R_1+R_2}=6\times\frac{\frac{3}{2}}{\frac{6}{5}+\frac{3}{2}}=\frac{10}{3}\text{V}$$

短路電流 I_{SC}

$$I_{SC}=\frac{6-\frac{10}{3}}{3}-\frac{\frac{10}{3}}{6}$$

$$=\frac{8}{9}-\frac{5}{9}$$

$$=\frac{1}{3}\text{A}$$

2. 諾頓電阻同戴維寧電阻 $R_{eq}=3\Omega$

等效電路

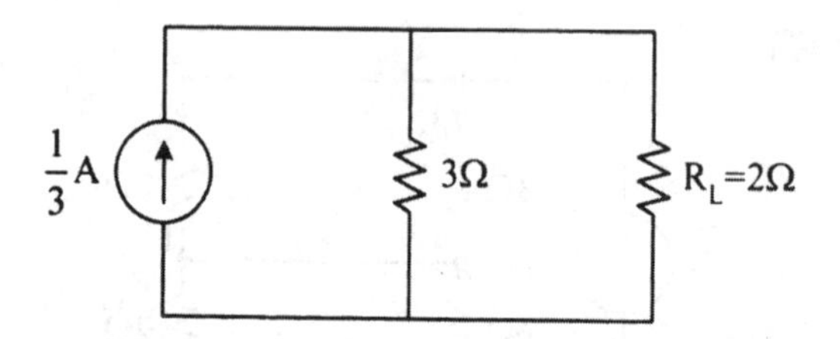

$$I_L=I_{SC}\times\frac{R_{eq}}{R_{eq}+R_L}$$

$$=\frac{1}{3}\times\frac{3}{3+2}$$

$$=0.2\text{A}$$

二一、如下圖所示電路，

(一)請畫出 a 、 b 兩點之間的戴維寧等效電路。

(二)求流經 2Ω 電阻上之電流及其方向。〔94 鐵公路員級〕

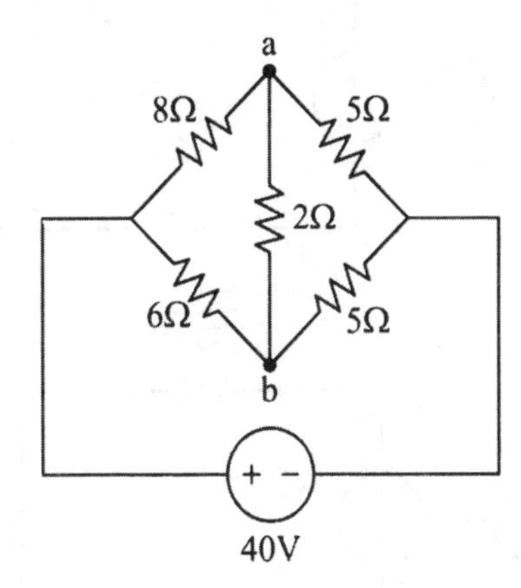

答：(一) 1. 開路電壓

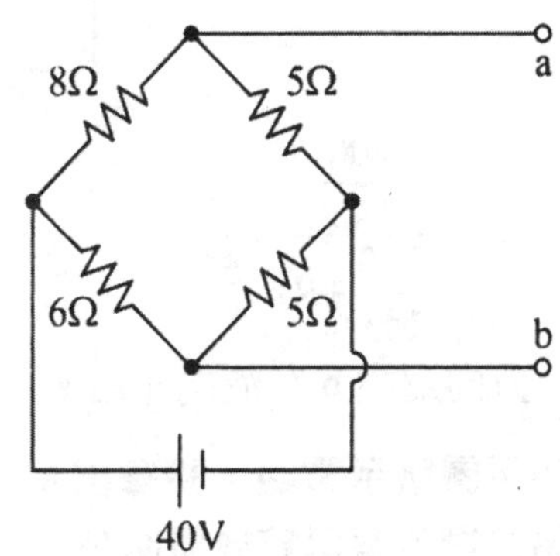

$$V_{ab} = 40\times\left(\frac{5}{8+5}-\frac{5}{6+5}\right)$$

$$=40\times\left(\frac{5}{13}-\frac{5}{11}\right)$$

$$=-\frac{400}{143}\text{V}$$

2. 等效阻抗

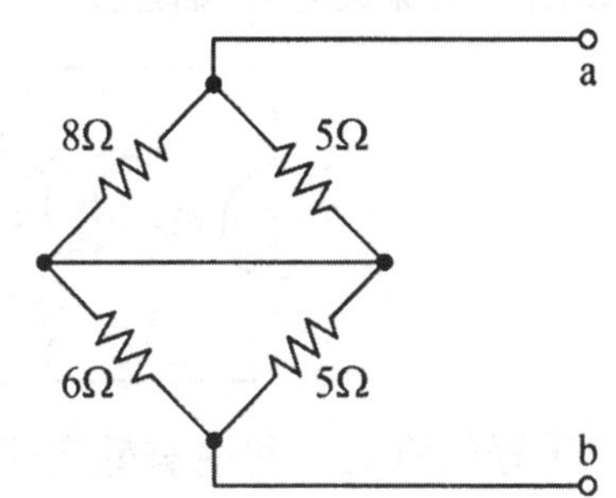

$$R_{th} = 8/\!/5+6/\!/5$$

$$=\frac{40}{13}+\frac{30}{11}$$

$$=\frac{790}{143}\Omega$$

戴維寧等效電路

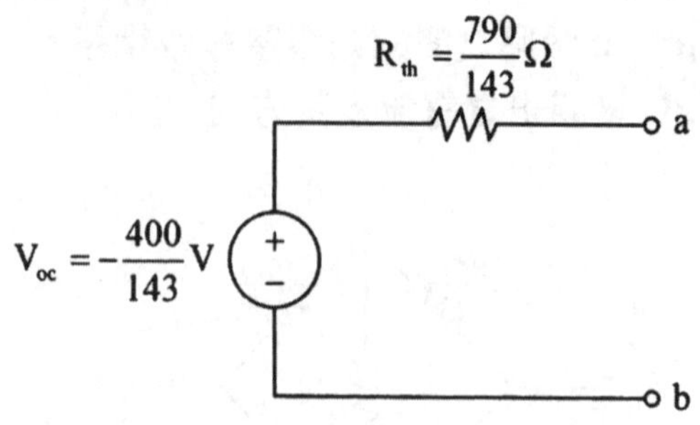

(二)

$$I_{2\Omega} = \frac{\frac{400}{143}}{\frac{790}{143}+2} = \frac{25}{51}A$$

方向爲由 b 點流向 a 點。

二二、如下圖所示電路，請畫出 a 、 b 兩點之間的諾頓等效電路，並求出等效電流源與等效電阻值。 〔94 鐵公路員級〕

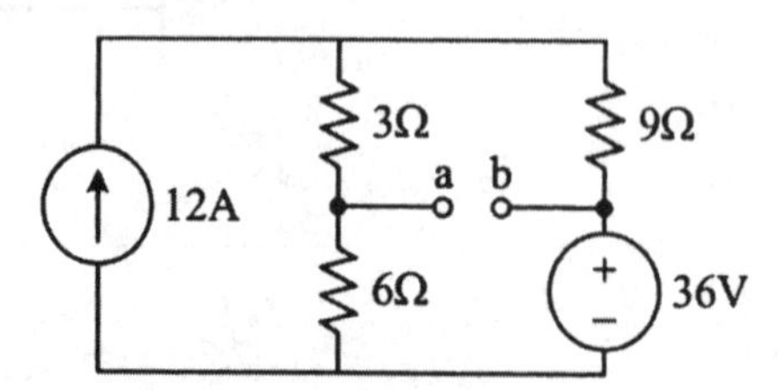

答：(一)求等效電流：利用重疊定理求短路電流 I_{sc}

1. 因 bc 端短路，6Ω 電阻無電流，I_{sc1} 即通過 3Ω 之電流

$$I_{sc1} = 12 \times \frac{9}{3+9} = 9A$$

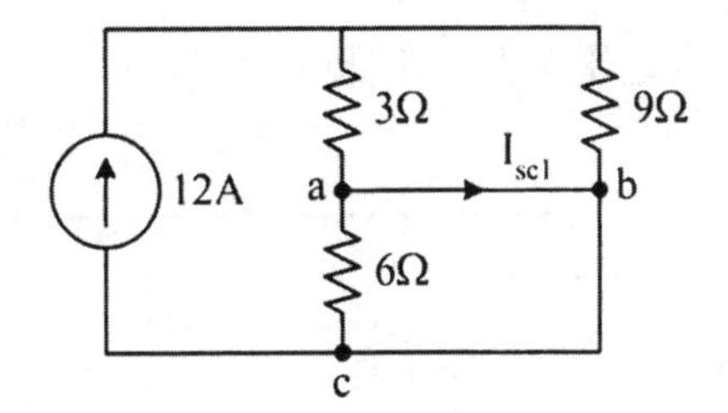

2. 因 ab 端短路，3Ω 及 9Ω 無電流

$$I_{sc2} = -\frac{36}{6} = -6A$$

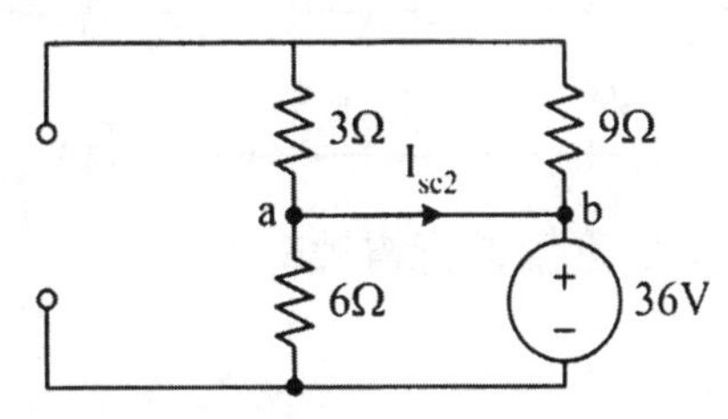

故等效電流 $I_{sc} = I_{sc1} + I_{sc2} = 9 - 6 = 3A$

(二) 等效電阻

等效電路如下圖

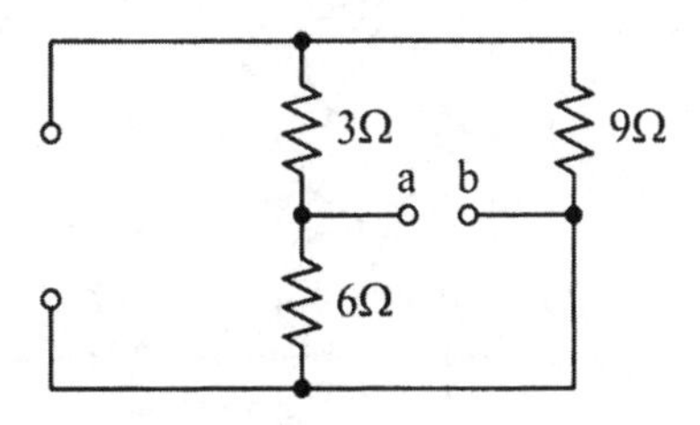

$R_{eq} = R_{ab} = (3 + 9)//6 = 12//6 = 4\Omega$

諾頓等效電路如圖

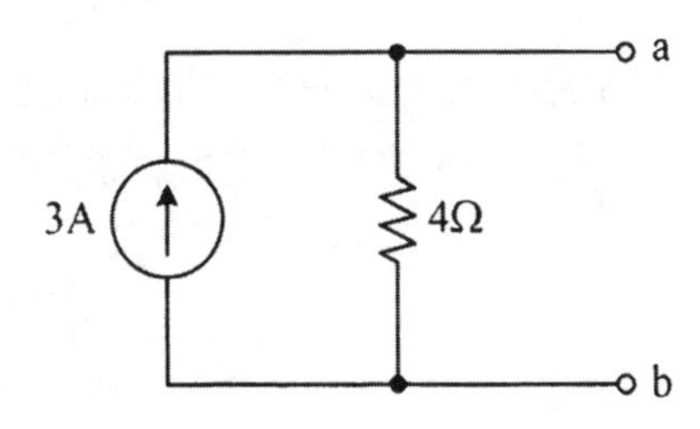

二三、試求下圖中所示之電流 I_1、I_2 及 I_3。　〔94 鐵公路員級〕

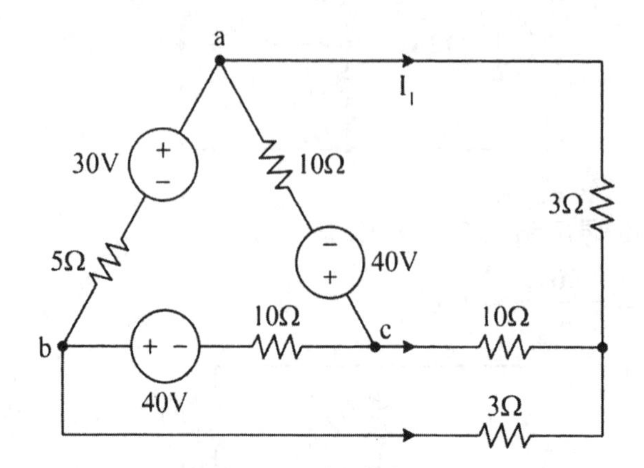

答：將 10Ω 電阻及 40V 電壓源進行電源轉換

$$I_s = \frac{40}{10} A$$

電路改爲

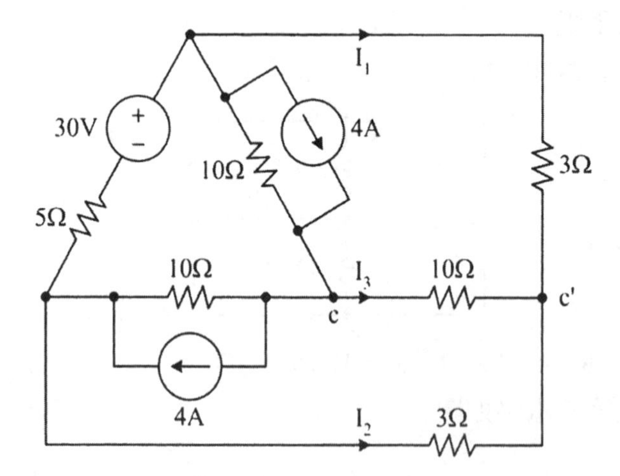

對C點而言，因4A電流流入，又有4A電流流出，故可移開電流源而由電路對稱性可知C與C'點等電位，故可移開10Ω電阻，得I_3＝0A。且電路改爲

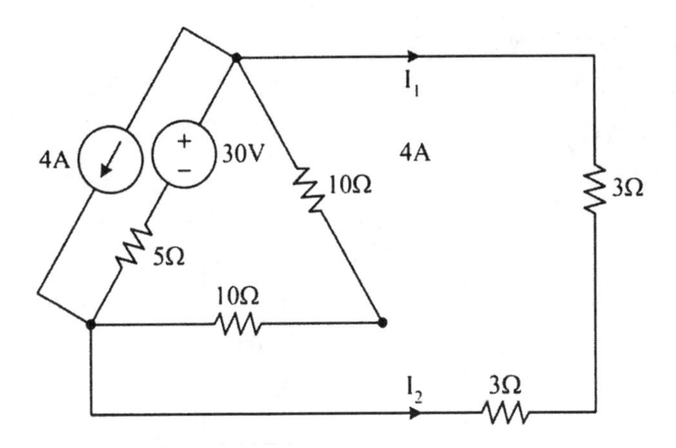

再將 4A 電流源做電源轉換

$V = -4 \times 5 = -20\Omega$

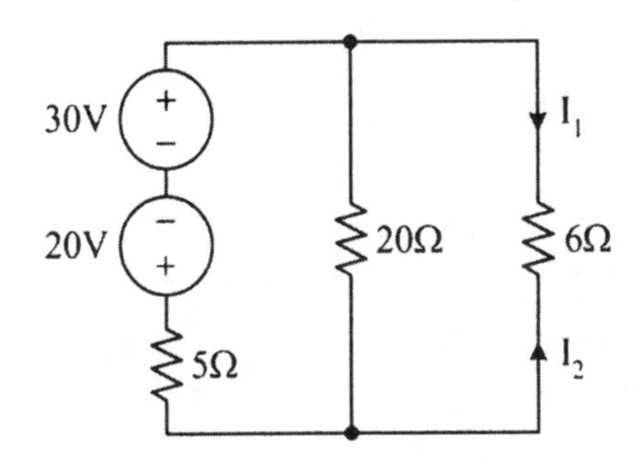

$$I_1 = \frac{10-20}{5+20//6} \times \frac{20}{20+6} = 0.8A$$

$I_2 = -I_1 = -0.8A$

$I_3 = 0A$

二四、如下圖所示電路，當 R_L 調至可得到最大功率時電源供應之功率為 ____瓦特。

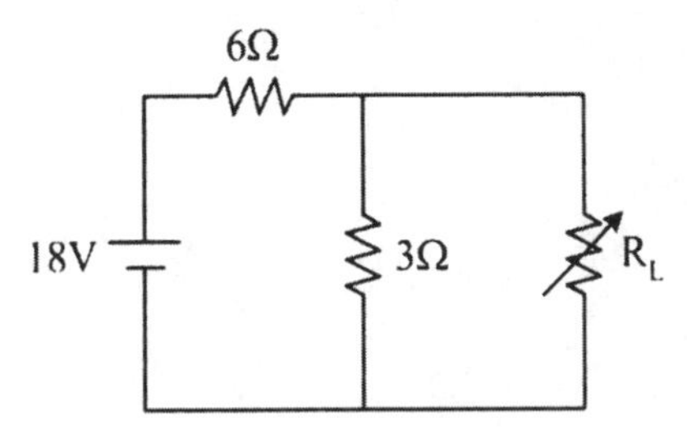

答：電阻 R_L 左側的等效阻抗

$R_{th} = 6//3 = 2\Omega$

故取 $R_L = 2\Omega$

電路如圖

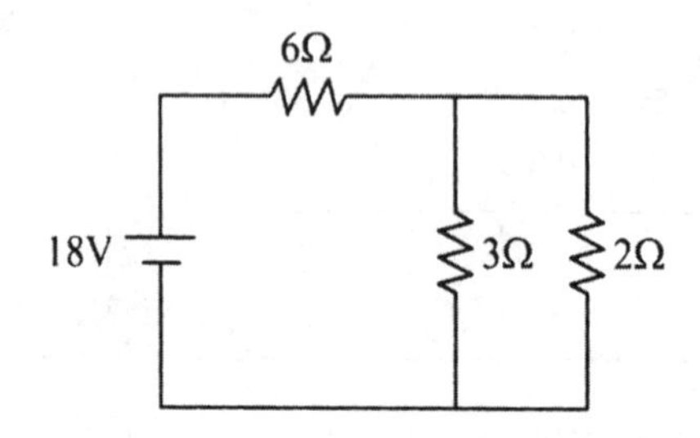

電源右側電阻

$$R = 6 + 3//2 = 6 + \frac{6}{5} = \frac{36}{5}\Omega$$

供應功率

$$P = \frac{V^2}{R} = \frac{18^2}{\frac{36}{5}} = 45W$$

第四章

電容器與電感器

儲能元件的電容器與電感器每年必考，基本元件特性、電壓電流關係、儲能公式等需熟讀詳記。電容器及電感器的串並聯關係與電阻串並聯關係的相似或相異點，亦需注意。

RC 電路或 RL 電路的穩態響應爲必考重點，暫態響應僅需熟記一階 RC 電路或一階 RL 電路的公式即可。

重點精要

電容器與電感器可以儲存及釋放能量，因此常被稱爲儲能元件。電容器和電感器電路有記憶能力（儲存的能量可重新叫出），因此有時亦被稱爲動態元件。

4-1 電容器之基本特性

電容器上儲存的電荷 q 與其外加端電壓 v 成正比，$q = Cv$，其中 C 爲比例常數，稱爲電容器的電容，其單位爲庫侖／伏特，通常稱爲法拉 (F)。

$$C = \frac{q}{v} \quad \text{法拉 (F)}$$

電容器中電壓與電流的關係爲

$$i=\frac{d(Cv)}{dt}=C\frac{dv}{dt} \quad 或 \quad v_c(t)=\frac{1}{C}\int_{-\infty}^{t} i dt$$

當電路中所有電壓及電流都爲一定值而不再變化時，稱爲直流穩態或簡稱爲穩態，對直流穩態而言，理想電容器爲開路。

電容器充電時可以儲存能量，而在放電時可以提供外界負載能量。儲存之能量可用下列公式計算

$$W_c(t)=\frac{1}{2}Cv^2(t)$$

電容器上的電壓具有連續性，亦即電容器上的電壓，在正常情況下不會瞬間改變，而電流則可以不連續，亦即可瞬間改變。但在一些特殊電路中（無電阻時，實際電路無此情形），由於開關的強迫閉合，會使得電容器上的電壓有不連續性現象，此種電路一般稱爲奇異電路。

4-2 電容器的串聯與並聯

串聯電容器等效電容之求法與並聯電阻器等效電阻之求法相同，亦即，先將所有電容器之電容值取倒數，相加後再取倒數即爲等效電容值。

$$\frac{1}{C_S}=\frac{1}{C_1}+\frac{1}{C_2}\cdots\cdots+\frac{1}{C_N}$$

並聯電容器等效電容之求法與串聯電阻器等效電阻之求法相同，亦即，將所有電容器之電容值相加即爲等效電容值。

$$C_P=C_1+C_2+\cdots\cdots+C_N$$

4-3 電感器之基本特性

電感器係由導線繞成線圈而形成，經由線圈中流過的電流產生磁通 ϕ，而 N 匝線圈所交鏈到的全部磁通量爲 $\lambda = N\phi$，其中的單位爲韋伯 (Wb)。而磁通量與電流i成正比，其比例常數L稱爲電感器的電感量，其單

位爲韋伯／安培 (Wb/A) 或稱爲亨利 (H)。

$$L = \frac{N\phi}{i} \quad \text{亨利 (H)}$$

電感器中電壓與電流的關係爲

$$v_L = \frac{d\lambda}{dt} = \frac{d(N\phi)}{dt} = L\frac{di}{dt} \quad \text{或} \quad i(t) = \frac{1}{L}\int_{-\infty}^{t} v(t)dt$$

當電路中所有電壓及電流都爲一定值而不再變化時，稱爲直流穩態或簡稱爲穩態，對直流穩態而言，理想電感器爲短路。

電感器充電時可以儲存能量，而在放電時可以提供外界負載能量。儲存之能量可用下列公式計算

$$W_L(t) = \frac{1}{2}Li^2(t)$$

電感器上的電流具有連續性，亦即電感器上的電流，在正常情況下不會瞬間改變，而電壓則可以不連續，亦即可瞬間改變。但在一些特殊電路中（無電阻時，實際電路無此情形），由於開關的強迫閉合，會使得電感器上的電流有不連續性現象，此種電路一般稱爲奇異電路。

4-4 電感器的串聯與並聯

串聯電感器等效電感之求法與串聯電阻器等效電阻之求法相同，亦即，將所有電感器之電感值相加即爲等效電感值。

$$L_P = L_1 + L_2 + \cdots\cdots L_N$$

並聯電感器等效電感之求法與並聯電阻器等效電阻之求法相同，亦即，先將所有電感器之電感值取倒數，相加後再取倒數即爲等效電感值。

$$\frac{1}{L_P} = \frac{1}{L_1} + \frac{1}{L_2} + \cdots\cdots + \frac{1}{L_N}$$

4-5 一階微分方程式與一階電路之響應

單一個電容器與電阻器組成的電路稱為一階RC電路，而單一個電感器與電阻器組成的電路稱為一階RL電路。因電容器或電感器為儲能元件，在電路開始時可能有一定的電壓或電流在其上，故可將RC電路與RL電路的問題可分為零輸入情況與零態情況。零輸入情況係指電路中儲能元件具有初值，但未接有獨立電源，亦稱為無源電路；零態情況係指電路未含初值，但有外接獨立電源之情況。

RC電路與RL電路皆可用微分方程式的形式表示出電壓與電流隨時間變化的關係式，微分方程式的解可分為齊次解與特解。齊次解係由電路本身特性以及電路之初始值所決定，而與輸入函數（外接獨立電源）無關，故被稱為自然響應，亦稱為零輸入響應，此項響應將隨時間之增加而衰減至零，故又稱為暫態響應；特解係由輸入函數所產生，因此在電路中被稱為激勵響應，而此解不會隨時間衰減或消失，故又稱為穩態響應。

在電路未接有獨立電源且不含初值的情況下，其響應為零；若有初值而未接獨立電源時，其解為零輸入響應，僅包含暫態響應；若接有獨立電源而不含初值時，其解為零態響應，包含暫態響應與穩態響應；當接有獨立電源且含初值時，其解稱為完全響應，即為零輸入響應與零態響應之和。

4-6 一階 RC 電路與一階 RL 電路

在一階 RC 電路中，電容器上的電壓隨時間的響應變化可用下式表示

$$v_C(t) = v_C(\infty) + [v_C(0) - v_C(\infty)]e^{-\frac{t}{\tau}} = v_C(\infty) + [v_C(0) - v_C(\infty)]e^{-\frac{t}{RC}}$$

其中，$v_C(0)$ 為電容器上電壓的初始值，$v_C(\infty)$ 為電路達到穩態後電容器上的電壓值，τ 稱為時間常數單位為秒，對 RC 電路而言 $\tau = RC$ 。

若要求電容器上的電流，必需用

$$i_C(t) = C\frac{dv_C(t)}{dt}$$

不含初值的RC電路在接上電源的瞬間，其電壓為零，此時電容器形同短路。而 RC 電路達穩態時，電容器中有一固定電壓，此時電容器形同開路。

在一階 RL 電路中，電感器上的電流隨時間的響應變化可用下式表示

$$i_L(t) = i_L(\infty) + [i_L(0) - i_L(\infty)]e^{-\frac{t}{\tau}} = i_L(\infty) + [i_L(0) - i_L(\infty)]e^{-\frac{R}{L}t}$$

其中，$i_L(0)$ 為電感器上電流的初始值，$i_L(\infty)$ 為電路達到穩態後電感器上的電流值，τ 稱為時間常數單位為秒，對 RL 電路而言 $\tau = \frac{L}{R}$ 。

若要求電感器上的電壓，必需用

$$v_L(t) = L\frac{di_L(t)}{dt}$$

不含初值的RL電路在接上電源的瞬間，其電流為零，此時電感器形同開路。而 RL 電路達穩態時，電感器中有一穩定電流，此時電感器形同短路。

4-7 步級函數與步級響應

單位步級函數的數學式表示如下：

$$\begin{aligned} u(t) &= 0 \quad t < 0 \\ &= 1 \quad t > 0 \end{aligned}$$

當輸入電源為步級函數$u_s(t)$ 時，其響應我們稱為步級響應。在求解步級響應時，通常假設電路中電容與電壓之初值為零，因此步級響應即為零態響應。

4-8 二階電路

含有二個儲能元件的電路其微分方程式至多爲二階。由一個電容器及一個電感器即可組合成二階電路；而由兩個電容器及電阻器或是兩個電感器及電阻器，可組合成二階電路，亦可能僅構成一階電路。

在二階以上之電路，若輸入之正弦函數頻率與電路之無阻尼共振頻率相同，可形成無阻尼共振現象。

(B) 1. 兩平行板面積爲 A m^2，相距 d m，介質的介電係數爲 ε F/m 則此電容器之電容量爲 (A) $C=\frac{A}{\varepsilon d}$ (B) $C=\frac{\varepsilon A}{d}$ (C) $C=\frac{d}{\varepsilon A}$ (D) $C=\frac{\varepsilon d}{A}$。〔90 台電〕

【解析】電容量與面積成正比，與距離成反比。

(D) 2. 平板型電容器若將平板各邊邊長皆增加一倍，且平板間距離縮短一半，則電容量爲原來電容量的多少倍？ (A)1 (B)2 (C)4 (D)8 (E)16。〔92 台電〕

【解析】平板電容

$$C=\epsilon\frac{A}{d}$$

邊長增加一倍則面積 $A'=2^2A=4A$

$$\frac{C'}{C}=\frac{\epsilon\frac{A'}{d'}}{\epsilon\frac{A}{d}}=\frac{\frac{4A}{\frac{d}{2}}}{\frac{A}{d}}=8$$

(E) 3. 電感器的電感爲0.4亨利，若通過電感器之電流爲 $I(t)=10+25t+t^2$ 安培，則在 $t=2$ 秒時，電感器兩端之電壓值爲多少伏特？

(A)64　(B)29　(C)20.2　(D)18.5　(E)11.6。　〔92台電〕

【解析】$V(t) = -L\dfrac{dI(t)}{dt}$

$= -0.4\dfrac{d}{dt}(10 + 25t + t^2)$

$= -0.4(25 + 2t)$

$= -0.4(25 + 2 \cdot 2)$

$= -0.4 \times 29$

$= -11.6$ 伏特

(E)　4.有一RLC串聯之電路，其諧振頻率$f_r = 100Hz$，$R = 10\Omega$，$X_L = 100\Omega$，則頻寬為　(A)10000Hz　(B)1000Hz　(C)120Hz　(D)100Hz　(E)10Hz。　〔92台電〕

【解析】RLC串聯電路之頻寬

$BW = \dfrac{f}{Q}$

而 $Q = \dfrac{X}{R} = 10$

故頻寬 $\dfrac{f}{Q} = \dfrac{100}{10} = 10Hz$

(E)　5.電容「法拉」單位與下列那個單位相同？　(A)庫侖／秒　(B)焦耳／秒　(C)焦耳／庫侖　(D)伏特／安培　(E)庫侖／伏特。　〔94台電〕

【解析】由 $C = \dfrac{Q}{V}$

可得法拉同庫侖／伏特。

(C)　6.將電容分別為6μF與4μF的兩只電容器串聯後，其等效電容值為何？　(A)24μF　(B)10μF　(C)2.4μF　(D)2μF　(E)1.5μF。　〔94台電〕

【解析】電容串聯公式

$C_T = \dfrac{C_1C_2}{C_1 + C_2} = \dfrac{6 \cdot 4}{6 + 4} = 2 \cdot 4\mu F$

(E) 7.如圖所示之電路，當開關S閉合後，此電路之時間常數爲 (A)10μs (B)1ms (C)0.1μs (D)1μs (E)100μs。〔94台電養成班〕

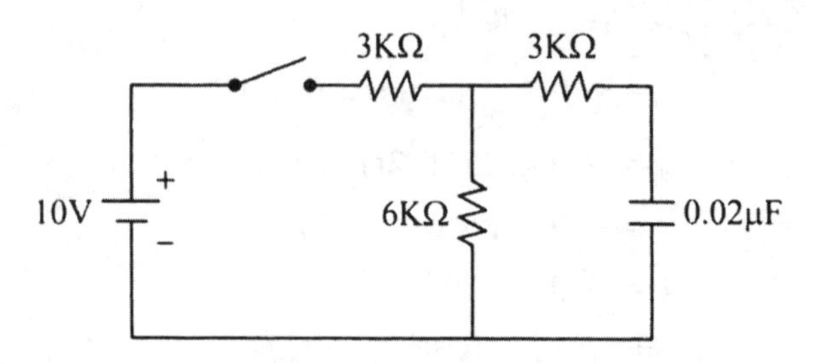

【解析】閉合後，電容所見等效阻抗

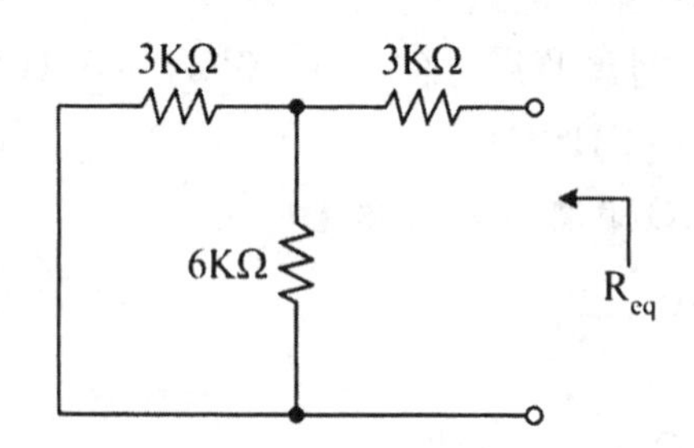

$$R_{eq} = 3K//6K + 3K$$
$$= 2K + 3K$$
$$= 5K\Omega$$

時間常數

$$\tau = RC = 5K \times 0.02\mu$$
$$= 5 \times 10^3 \times 0.02 \times 10^{-6}$$
$$= 0.1 \times 10^{-3}$$
$$= 100 \times 10^{-6}$$
$$= 100\mu s$$

(C) 8.有三個電容器4μF、6μF、8μF，若將其並聯連接，則其等效之總電容量爲多少？ (A)4μF (B)12μF (C)18μF (D)60μF。

〔94中油雇員〕

【解析】電容並聯

$$C_T = C_1 + C_2 + C_3$$

$= 4 + 6 + 8$

$= 18\mu F$

（D） 9.有關諧振電路之敘述，下列何者正確？ (A)串聯諧振時電路的阻抗最大 (B)並聯諧振時電路的總電流最大 (C)諧振電路的頻帶寬度B.W愈大表示品質因數Q愈高 (D)品質因數Q愈高則電路選擇性愈佳。〔94中油雇員〕

【解析】(A)串聯諧振時，電容與電感之阻抗相互抵銷，阻抗最小。

(B)並聯諧振時總電流最小。

(C)$BW = \frac{f}{Q}$，故品質因數Q小頻寬BW才大。

(D)正確。

（B） 10.若將二極板間之距離增加一倍，外加電壓亦增加一倍，則其儲能變化如何？ (A)變爲原來1/2倍 (B)變爲原來2倍 (C)變爲原來4倍 (D)不變 (E)變爲原來8倍。〔95台電養成班〕

【解析】電容器的電容量$C = \frac{A}{\in d}$

電容器的儲能$We = \frac{1}{2}CV^2 = \frac{1}{2}\frac{AV^2}{\in d} \propto \frac{V^2}{d}$

故當距離增加一倍$d' = 2d$，外加電壓亦增一倍$V' = 2V$時

$$\frac{We'}{We} = \frac{\frac{V'^2}{d'}}{\frac{V^2}{d}} = \frac{\frac{(2V)^2}{2d}}{\frac{V^2}{d}} = 2$$

（B） 11.如下圖所示電路，則b、c兩端之電壓V_{bc}爲： (A)20V (B)40V (C)60V (D)80V (E)100V。〔95台電養成班〕

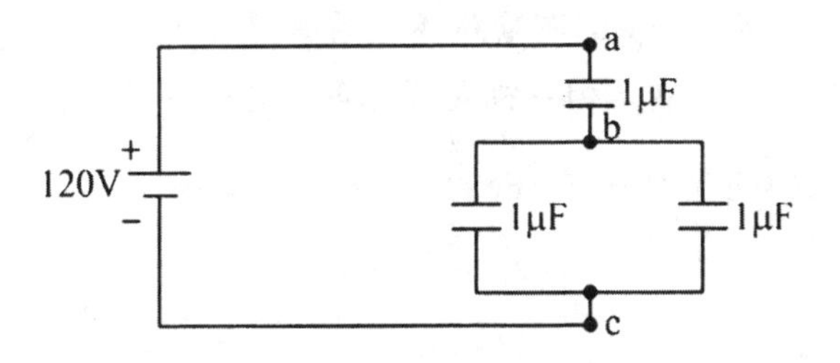

【解析】 a、c兩端等效電容

$$C_{eq}=1//(1+1)=\frac{1\cdot 2}{1+2}=\frac{2}{3}\mu F$$

a、b端的1μF電容與b、c端兩個1μF的電容因串聯，故儲存的電荷一樣多

$$Q_{ab}=Q_{bc}=C_{eq}\cdot V_{120}=\frac{2}{3}\times 120=80\mu C$$

而Q_{bc}的80μC電荷均分在左右兩電容，每一電容分得40μC電荷，其端電壓

$$V_{bc}=\frac{Q}{C}=\frac{40\mu C}{1\mu F}=40V$$

（BCD） 12. 如下圖所示，當開關S由0切換至1時， (A)當t＝0時（即電路接通瞬間），電流最小 (B)當t＝0時（即電路接通瞬間），電阻端電壓最大 (C)電流暫態值$i_C=\frac{E}{R}\cdot e^{-\frac{1}{RC}}$ (D)0＜t＜5RC，則i_C由大逐漸小 (E)t≧5RC，則$i_C=0$，$V_R=0$，V_C＝E。 〔95台電養成班〕

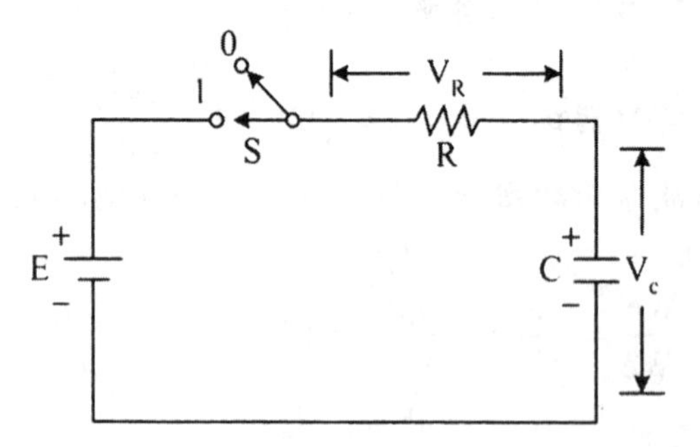

【解析】 此為一階RC電路，電容電壓可表為

$$V_C(t)=V_C(\infty)+[V_C(0)-V_C(\infty)]e^{-\frac{t}{RC}}$$

其中$V_C(0)$即電路導通前電壓$V_C(0)=0$

$V_C(\infty)$為穩定後電壓$V_C(\infty)=E$

故$V_C(t)=E-Ee^{-\frac{t}{RC}}$

電阻電壓 $V_R(t) = E - V_C = Ee^{-\frac{t}{RC}}$

故 V_R 電壓在 $t = 0$ 時最大，(B)正確

迴路電流 $i_C(t) = C\frac{dV_C(t)}{dt}$

$$= C \times \left[-\left(-\frac{1}{RC}\right)Ee^{-\frac{t}{RC}}\right]$$

$$= \frac{E}{R}e^{-\frac{t}{RC}}$$

故(C)正確，且 $t = 0$ 時，電流最大，接著逐漸變小，故(D)正確。

故(B)(C)(D)正確。

一、下圖所示電路中之 $C_1 = 4$ 法拉，$C_2 = 2$ 法拉，$C_3 = 3$ 法拉，以及 $C_4 = 6$ 法拉。試求 AB 兩點間之總電容 C_T。〔85 鐵路佐級〕

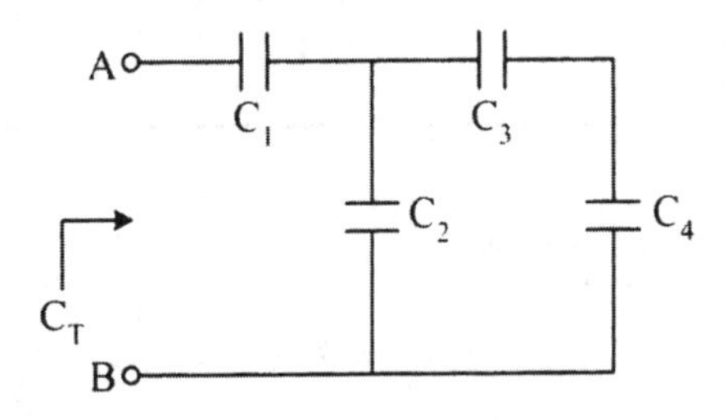

答：電容串並聯之應用

$$C_T = C_1//(C_2 + C_3//C_4)$$
$$= 4//(2 + 3//6)$$
$$= 4//\left(2 + \frac{3 \times 6}{3 + 6}\right)$$
$$= 4//(2 + 2)$$
$$= 4//4$$
$$= 2F$$

二、下圖所示電路之$R_1 = 1$歐姆，$R_2 = 3$歐姆，$R_3 = 6$歐姆，$L = 0.005$亨利以及$V = 12$伏特。(一)如果開關S是打開的，如圖所示，試求電流I_1之值以及AB兩端之電壓V_{AB}，(二)如果此時開關S閉合了很久，電路業已穩定，試求電流I_1、I_2及I_3之值。〔85鐵路佐級〕

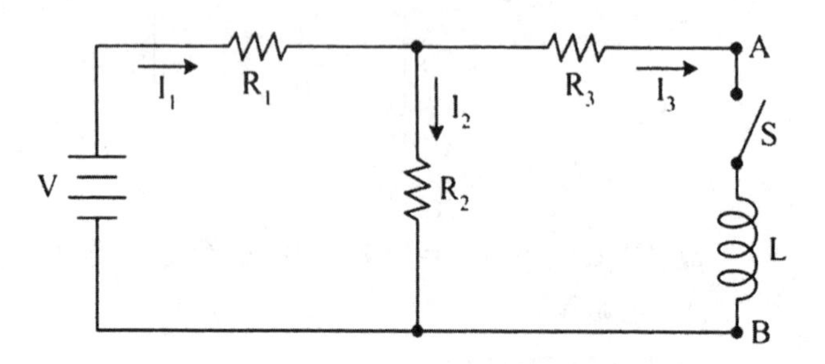

答：(一)開關S打開時，$I_3 = 0$，R_3上壓降$V_3 = 0$

等效電路如下

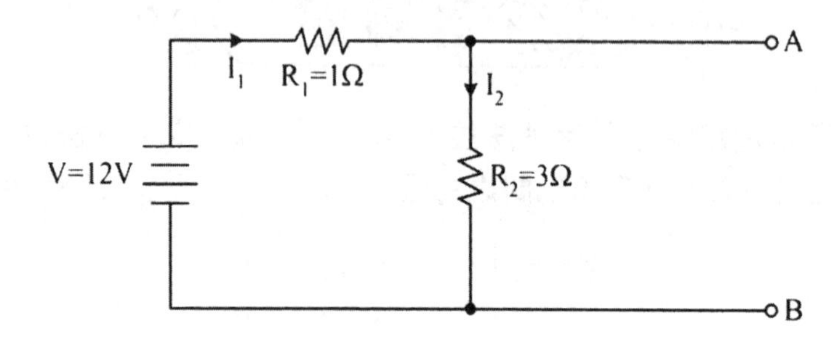

$$I_1 = \frac{V}{R_1 + R_2} = \frac{12}{1+3} = 3A$$

$$V_{AB} = V_2 = I_2 \cdot R_2 = I_1R_2 = 3 \cdot 3 = 9V$$

(二)直流電路穩定後，電感視為短路

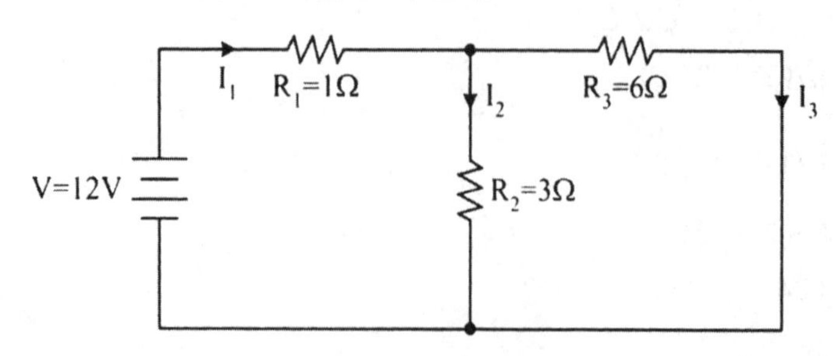

此電路可化簡爲

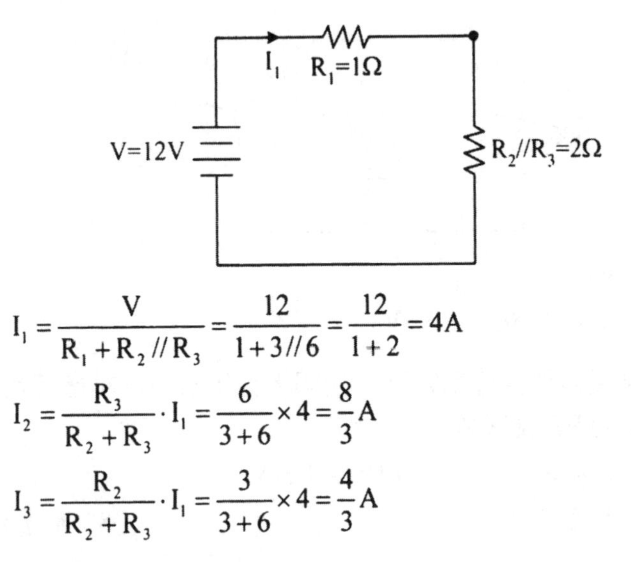

$$I_1=\frac{V}{R_1+R_2//R_3}=\frac{12}{1+3//6}=\frac{12}{1+2}=4A$$

$$I_2=\frac{R_3}{R_2+R_3}\cdot I_1=\frac{6}{3+6}\times 4=\frac{8}{3}A$$

$$I_3=\frac{R_2}{R_2+R_3}\cdot I_1=\frac{3}{3+6}\times 4=\frac{4}{3}A$$

三、下圖中，開關已閉合很久

(一)求 i_L 及 v 值。

(二)當開關在 t = 0 時打開之瞬間，求 i_L 及 v 之瞬間值。〔87 鐵路佐級〕

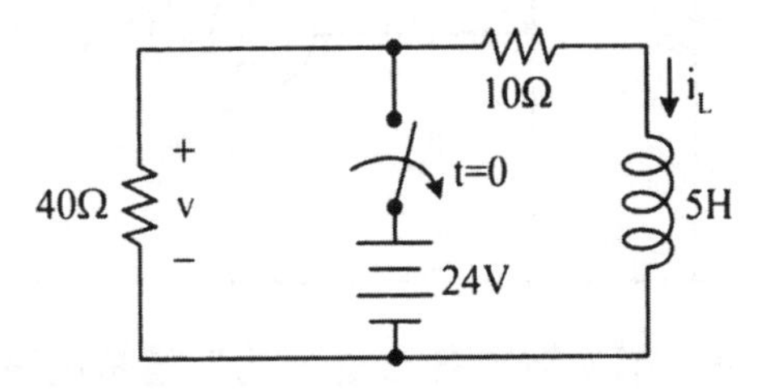

答：(一)穩定時，電感視爲短路

V = 24V

$$i_L=\frac{24}{10}=2.4A$$

(二)電感上電流不會瞬間變化，故 $t = 0$ 打開瞬間

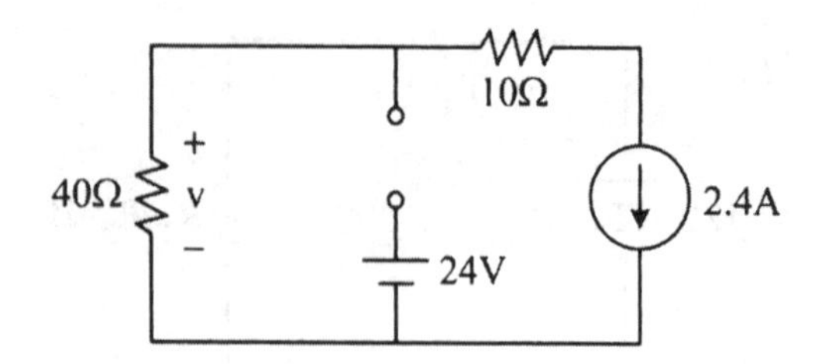

$i_L = 2.4A$

$V = -2.4 \times 40 = -96V$

四、下圖所示為直流暫態應用電路，說明下列情形下，小燈泡明滅情形。

(一)按鈕開關 PB 按下後。

(二)在按下 2 秒後，手放開（PB OFF）。

(三)時間常數為何？〔87 郵政公路佐級〕

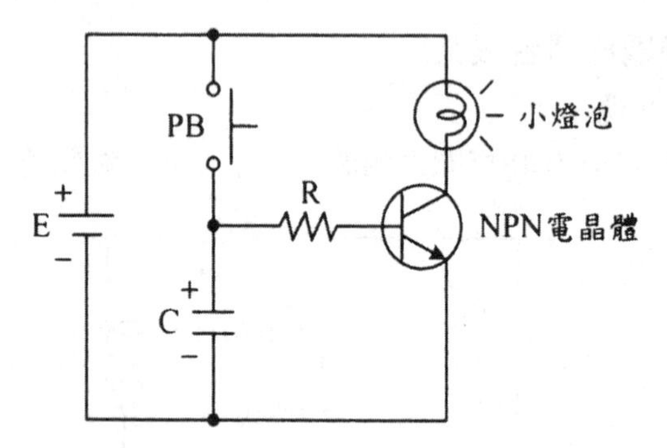

答：(一)開關按下後，電流對電容充電，電晶體基極電壓上升，電晶體導通燈泡亮。

(二)按下兩秒放開後，電容透過電晶體緩慢放電，直至電晶體基極電壓低到使電晶體關閉，燈泡滅，故放手後，燈泡仍會持續亮一陣子。

(三)$\tau = RC = (R + r_\pi)C$

r_π 為電晶體基極阻抗。

五、如下圖所示，試求電容器 C_3 上所儲存之電荷量為若干庫侖？

〔87 公務員級〕

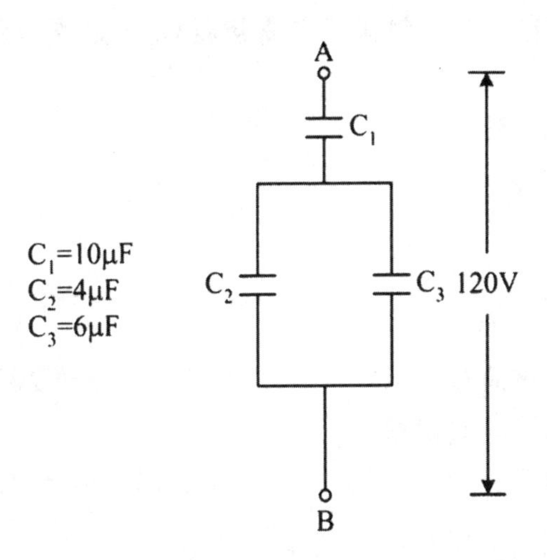

答：等效電容 $C_T = C_1 // (C_2 + C_3)$

$= 10//(4 + 6)$

$= 10//10$

$= 5\mu F$

故 C_1 與 $(C_2 + C_3)$ 上所儲存之電荷

$Q = C_T \cdot V$

$= 5 \times 10^{\;6} \times 120$

$= 600\mu C$

C_3 上所儲存之電荷量

$$Q_3 = \frac{C_3}{C_2 + C_3} Q$$

$$= \frac{6}{4 + 6} \times 600\mu C$$

$$= 360\mu C$$

六、有三個電容器C_1、C_2、C_3，串聯接於100伏特直流電源，$C_1=6\mu F$，$C_2=12\mu F$，$C_3=4\mu F$，若在充電穩定後，將此三電容器拆下，並將同極性並聯接在一起，試求跨在電容器C_3上之電位差之值？

〔88 鐵路員級〕

答：串聯時，等效電容

$$C_{串}=C_1//C_2//C_3$$
$$=6//12//4$$
$$=4//4$$
$$=2\mu F$$

各電容上佈有電荷$Q=CV=2\times10^{\ 6}\times100=200\mu C$

分開後，三個電容共帶電3Q

並聯時，電容$C_{並}=C_1+C_2+C_3=6+12+4=22\mu F$

電位差$V=\dfrac{3Q}{C_{並}}=\dfrac{3\times200\mu C}{22\mu F}=27.3V$

七、如下圖所示之直流電路，開關S在時間$t=0$時閉合，若在開關閉合前電感器無能量儲存，試求：

(一)在開關S閉合瞬間（$t=0$），e_{ab}、i_R及i_L之值；

(二)在開關S閉合很長一段時間後，電路已達穩定狀態時，e_{ab}、i_R及i_L之值。

〔88 鐵路員級〕

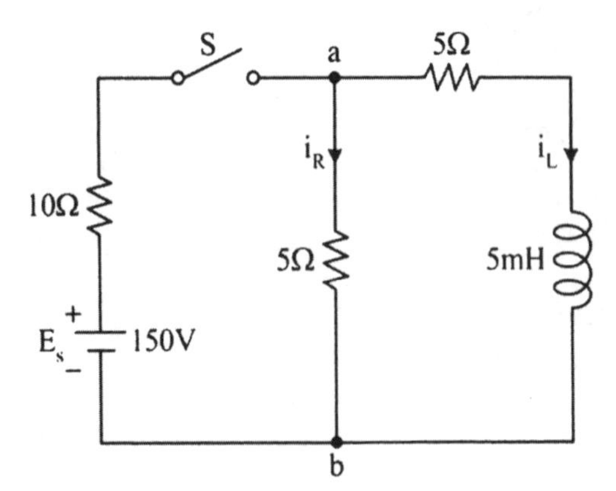

答：電感上電流i_L不會瞬間變化，在$t=0$之前，開關開路，$i_L=0$。

(一)閉合瞬間

$i_L = 0$，電流全由 i_R 流過

$$i_R = \frac{150}{10+5} = 10$$

$$e_{ab} = \frac{5}{10+5} \times 150 = 50V$$

(二)穩定後，電感阻抗視爲零，等效電路如圖

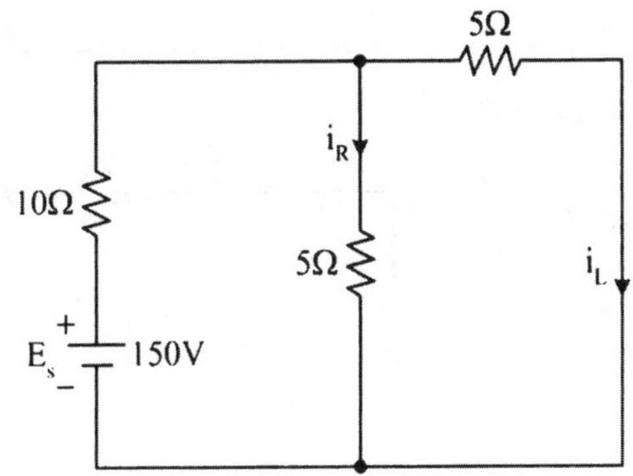

電源電流

$$I_s = \frac{150}{10+5//5} = 12A$$

$$i_R = \frac{5}{5+5} \times I_s = \frac{5}{5+5} \times 12 = 6A$$

$$i_L = \frac{5}{5+5} \times I_s = \frac{5}{5+5} \times 12 = 6A$$

$$e_{ab} = 6 \times 5 = 30V$$

八、如下圖所示之直流電路，開關 S 在時間 $t = 0$ 時被開啟，若開關 S 在被開啟前已閉合很長一段時間，電路已達穩定狀態，試求：

(一)在開關 S 開啟瞬間（$t = 0$），電感器上所跨電壓 e_L 及所流過的電流 i_L 之值；

(二)在時間 $t = 0.1$ 秒時，e_L 及 i_L 之值。　〔88 電信員級〕

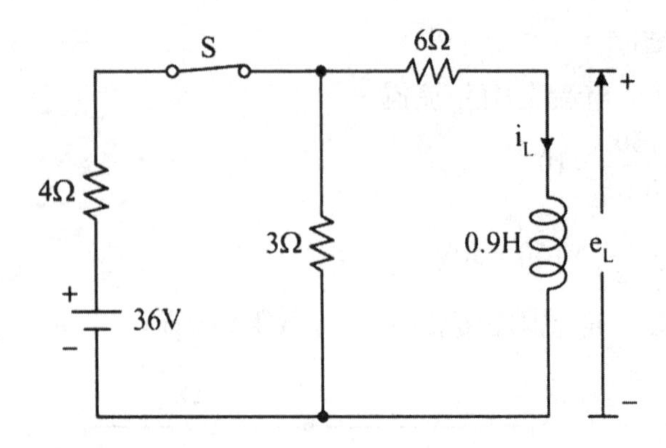

答：穩定時，電感視爲短路

$$I_s = \frac{36}{4+6//3} = \frac{36}{4+2} = 6A$$

$$i_L = 6 \times \frac{3}{6+3} = 2A$$

(一)開啓瞬間

$i_L = 2A$

$$\begin{aligned} e_L &= -\ i_L(6+3) \\ &= -\ 2 \cdot (6+3) \\ &= -\ 18V \end{aligned}$$

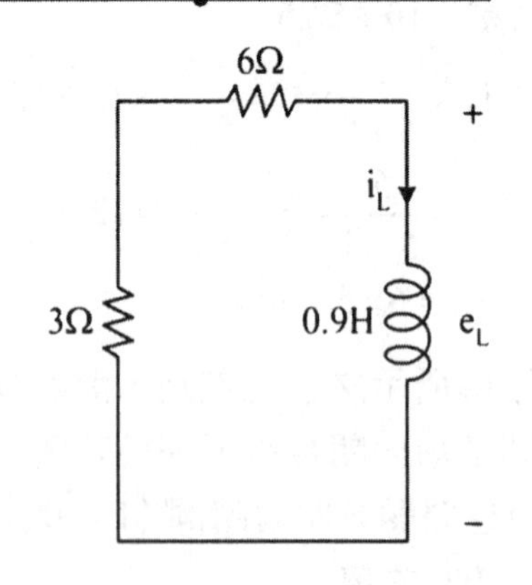

(二)開啓後

電感所看到的等效阻抗

$R_L = 3 + 6 = 9\Omega$

時間常數 $\tau = \frac{L}{R} = \frac{0.9}{9} = 0.1sec$

$i_L(0) = 2A$，$i_L(\infty) = 0$，$\tau = 0.1sec$

由公式

$$i_L(t) = i_L(\infty) + [i_L(0) - i_L(\infty)]e^{-\frac{t}{\tau}}$$

$$= 2e^{-\frac{t}{0.1}}$$

當 $t = 0.1sec$ 時

$$i_L(0.1) = 2e^{-\frac{0.1}{0.1}} = \frac{2}{e}(A)$$

$$V_L = L\frac{di}{dt} = 0.1\times\left(-2\times\frac{1}{0.1}\times e^{-\frac{t}{0.1}}\right) = -2e^{-\frac{t}{0.1}}$$

$$V_L(0.1) = -2e^{-\frac{0.1}{0.1}} = -\frac{2}{e}(V)$$

九、如下圖所示之直流電路，開關 S 在時間 $t = 0$ 時閉合，若開關閉合前電容器無能量儲存，試求：

(一)在開關 S 閉合瞬間（$t = 0$），流經電容器之電流 i_C 之值。

(二)在開關 S 閉合後（$t > 0$），電流 i_C 之時變方程式。

(三)此電路的時間常數 t_C。〔90 郵政公路員級〕

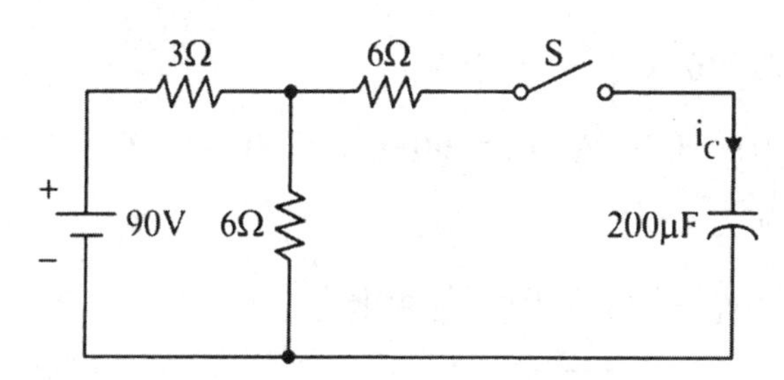

答：電容電壓不會瞬間改變，在閉合前，$V_C = 0$

(一)閉合瞬間

電容電壓 $V_C = 0$，等效電路

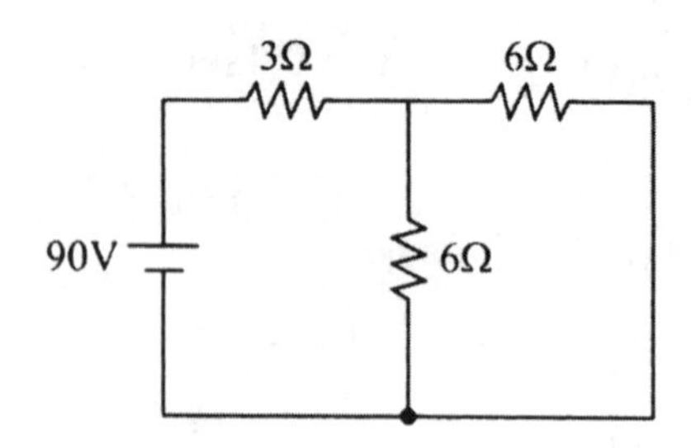

電源看到的等效阻抗 $R_s = 3 + 6//6 = 6\Omega$

電源流出電流 $I_s = \dfrac{90}{6} = 15A$

$i_C = \dfrac{6}{6+6} \times 15 = 7.5A$

(二)閉合後：當時間甚久達穩態後，電容視為開路

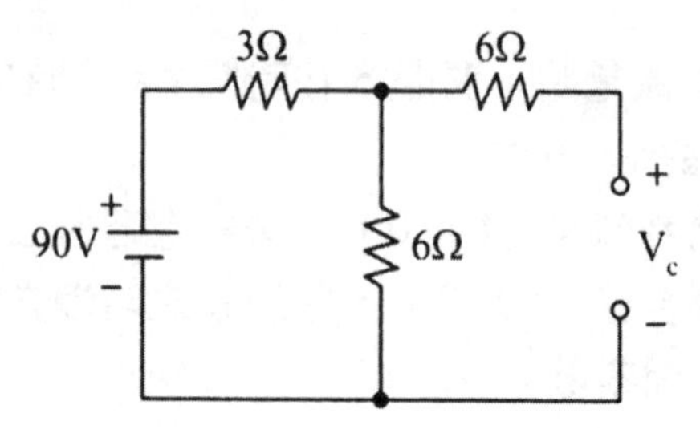

$V_C(\infty) = 90 \times \dfrac{6}{3+6} = 60V$

故 $V_C(0) = 0$，$V_C(\infty) = 60$，$\tau = RC = 1.6 \times 10^{\ 3}$sec

由公式

$$V_C(t) = V_C(\infty) + [V_C(0) - V_C(\infty)]e^{-\frac{t}{RC}}$$

$$= 60 - 60e^{-\frac{t}{1.6\times10^{-3}}} \quad (V)$$

$$i_C(t) = C\frac{dV_C(t)}{dt}$$

$$= 200\times10^{-6}\times\left[-60\times\left(-\frac{1}{1.6\times10^{-3}}\right)e^{-\frac{t}{1.6\times10^{-3}}}\right]$$

$$= 7500\times10^{-3}e^{-\frac{t}{1.6\times10^{-3}}}$$

$$= 7.5e^{-\frac{t}{1.6\times10^{-3}}} \quad (A)$$

(三)由電容所看到的等效阻抗

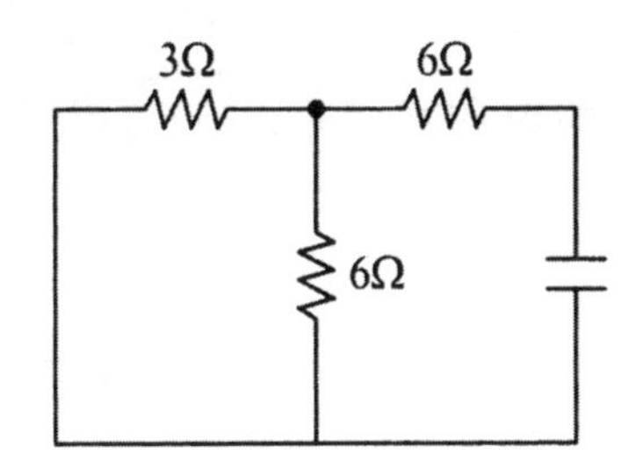

$R_C = 6 + 3//6 = 6 + 2 = 8\Omega$

時間常數 $\tau = RC$

$t_C = RC = 8 \times 200 \times 10^{-6} = 1.6ms$

十、在下圖電路中，求電容器與電感器儲能各多少焦耳？〔92 鐵路佐級〕

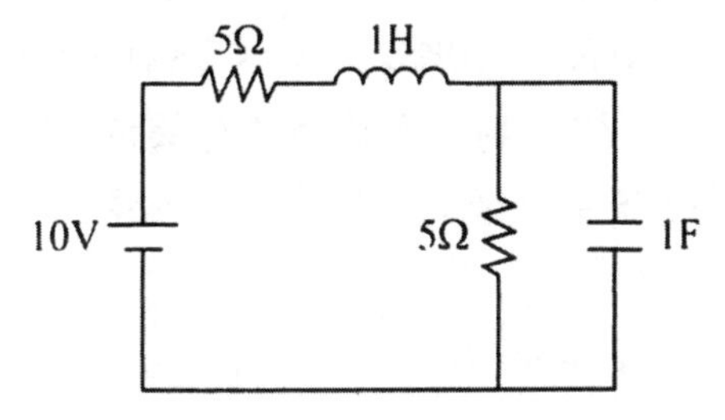

答：穩態時，電容開路，電感短路等效電路如圖

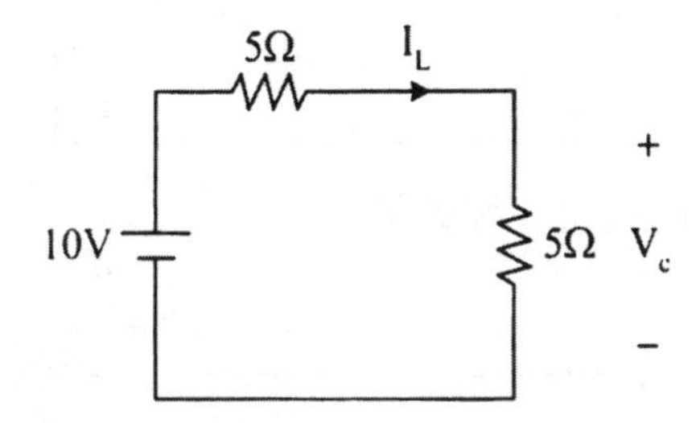

$$I_L = \frac{10}{5+5} = 1A$$

$$V_C = 10 \times \frac{5}{5+5} = 5V$$

電容儲能 $W_C = \frac{1}{2}CV^2 = \frac{1}{2} \times 1 \times 5^2 = \frac{25}{2}W$

電感儲能 $W_L=\frac{1}{2}CI^2=\frac{1}{2}\times1\times1^2=\frac{1}{2}W$

十一、寫出電容及電感之電壓與電流（V-I）方程式。 〔93 郵政佐級〕

答：微分形式

電容 $i_C=C\frac{dv_C}{dt}$

電感 $v_L=L\frac{di_L}{dt}$

積分形式

電容 $V_C(t)=\frac{1}{C}\int I_C(t)dt+V_C(0)$

電感 $I_L(t)=\frac{1}{L}\int V_L(t)dt+I_L(0)$

十二、如圖之電路，其中$R_1=10K\Omega$，$R_2=3K\Omega$，$L=8mH$（毫亨利），直流電壓源$V_{dc}=20$伏特。若電感器在開關S閉合前並未儲存任何能量，則當開關S閉合後的穩態電流i_L為何？ 〔93 電信員級〕

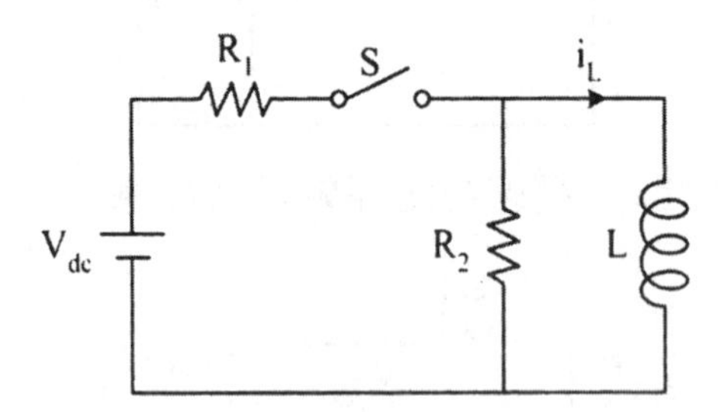

答：穩態時，電感視爲短路，等效電路如圖

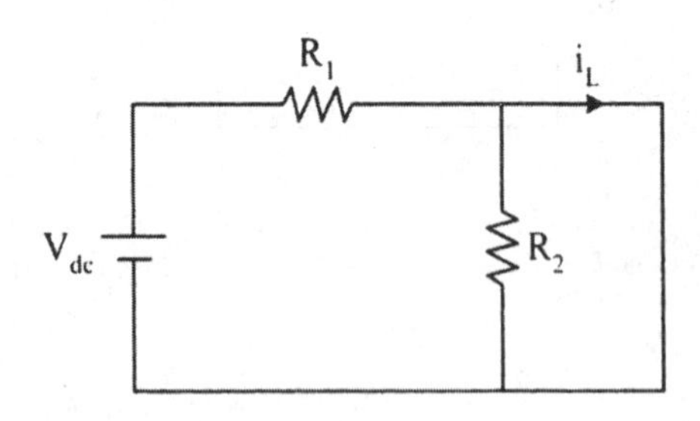

故 i_L 等於 i_{R1}，且 R_2 上無壓降

$$i_L = \frac{V_{dc}}{R_1} = \frac{20}{10K} = 2mA$$

十三、如下圖所示電路中，開關 S 在 t = 0 秒關閉，

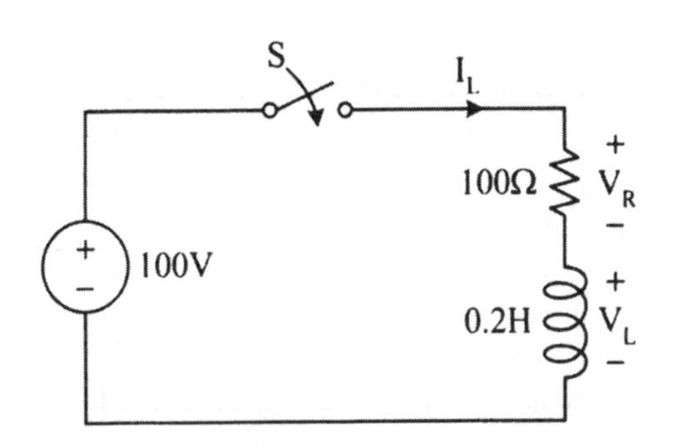

(一)求 $t = 4 \times 10^{-3}$ 秒之後的 I_L、V_R 及 V_L。

(二)須經多少時間，電流始能抵達穩態。　〔94 鐵公路員級〕

答：(一)關閉前 $I_L = 0$，故 $I_L(0) = 0$

穩定時 $I_L(\infty) = \frac{100V}{100\Omega} = 1A$

時間常數 $\tau = \frac{L}{R} = \frac{0.2}{100} = \frac{1}{500}$ sec

代入公式

$$I_L(t) = I(\infty) + [I(0) - I(\infty)]e^{-\frac{t}{\tau}}$$

$$= 1 + (0-1)e^{-\frac{t}{\frac{1}{500}}}$$

$$= 1 - e^{-500t} \quad (A)$$

$$I_L(4\times10^{-3}) = 1 - e^{-500\times4\times10^{-3}}$$

$$= 1 - e^{-2}$$

$$= 0.865 \quad (A)$$

$V_R = I_L \cdot R = 0.865 \times 100 = 86.5V$

$V_L = V_S - V_R = 100 - 86.5 = 13.5V$

(二)理論上而言，需經過無窮長的時間才能達穩態。

若以 $I_L(t)$ 電流達穩態電流的 90% 計算，則需經上升時間

$$t_r = 2.2\tau = 2.2 \times \frac{1}{500} = 4.4\text{ ms}$$

十四、於下圖中，若電源電壓 $V = 10V$，$R = 10k\Omega$，$C = 1\mu F$，試求：

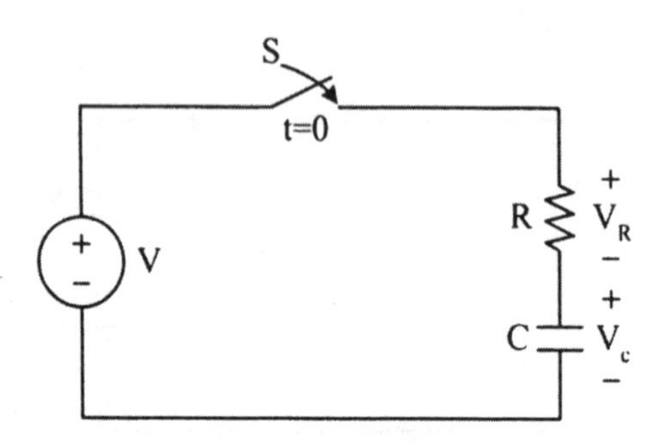

(一)串聯電路之初值電流及穩態電流。

(二)V_R 及 V_C 之初值電壓及穩態電壓。〔94 鐵公路佐級〕

答：(一)$t = 0$ 時，$V_C = 0$，$I_{初} = \frac{V}{R} = \frac{10}{10K} = 1\text{ mA}$

穩態時，電容視為開路 $I_{穩} = 0$

(二)$t = 0$ 時，壓降落在電阻上

$V_{R初} = V = 10V$，$V_{C初} = 0$

穩態時，電容開路，

$V_{R穩} = 0V$，$V_{C穩} = 10V$

十五、三個電容器其電容量分別為 $60\mu F$、$40\mu F$ 及 $24\mu F$，串聯後接於 240V 之直流電源上，試求：

(一)串聯後之等值電容 C_{eq}。

(二)每一電容器上所儲存之電荷。

(三)每一電容器兩端之電壓。〔94 鐵公路佐級〕

答：(一)電容串聯公式

$$\frac{1}{C_{eq}} = \frac{1}{C_1} + \frac{1}{C_2} + \frac{1}{C_3}$$

$$C_{eq} = \frac{1}{\frac{1}{60} + \frac{1}{40} + \frac{1}{24}} = 12\,\mu F$$

(二) 串聯時，每一電容器上的電荷量均相等

$Q = C_{eq}V = 12 \times 10^{-6} \times 240 = 2.88 \times 10^{-3}C$

(三) $V = \dfrac{Q}{C}$

$$V_1 = \frac{Q}{C_1} = \frac{2.88\times10^{-3}}{60\times10^{-6}} = 48V$$

$$V_2 = \frac{Q}{C_2} = \frac{2.88\times10^{-3}}{40\times10^{-6}} = 72V$$

$$V_3 = \frac{Q}{C_3} = \frac{2.88\times10^{-3}}{24\times10^{-6}} = 120V$$

第五章

交流電路

複數運算是工具，雖不會直接出題，但若熟練可加快演算速度，務必熟悉。時域的正弦函數或餘弦函數與頻域的極式轉換乍看下甚難理解，實則因計算方式固定，稍加演練即可掌握。考試時需注意題目所給或答案所要求的是最大值、有效值或平均值。

交流功率的求法與直流稍有不同，而交流電路的最大功率傳輸定理與直流電路亦有差異，爲考試重點之一，需注意。

交流時電阻、電容和電感的阻抗轉換需熟記，記牢電容性負載及電感性負載的電壓電流領先或落後關係，並需區分清楚複數功率、視在功率，有效功率、實功率，無效功率、虛功率等等。功率因素與功率因素改善爲常考的計算題型。

5-1 正弦曲線

一個波峰爲 V_m ，角頻率爲 ω 的正弦函數可表示爲下式

$$v(t)=V_m\sin(\omega t+\phi)$$

其中波峰 V_m 爲函數的最大值，角頻率 ω 單位爲每秒弧度（rad/s），ϕ爲相角或相位，常以弧度或角度表示。正弦曲線的週期爲 $T=\frac{2\pi}{\omega}$ ，頻率f

爲週期的倒數，單位爲赫芝（Hz）。頻率和角頻率的關係爲 $\omega = 2\pi f$。

$$f = \frac{I}{T} = \frac{\omega}{2\pi}$$

此外，常用有效值（均方根值）表示電壓（或電流），其可表示爲 V_{rms}，對弦波而言，$V_{rms} = \frac{V_m}{\sqrt{2}}$，而電壓（或電流）的最大值與其有效值之比，稱爲波峰因數，故對弦波而言，其波峰因數爲 $\sqrt{2}$。當弦波經過整流電路時，可得一直流電壓並可求得其計算值，若是經過半波整流電路，則其平均電壓 $V_{av} = \frac{1}{\pi} V_m$，要是經過全波整流電路，則其平均電壓 $V_{av} = \frac{2}{\pi} V_m$。

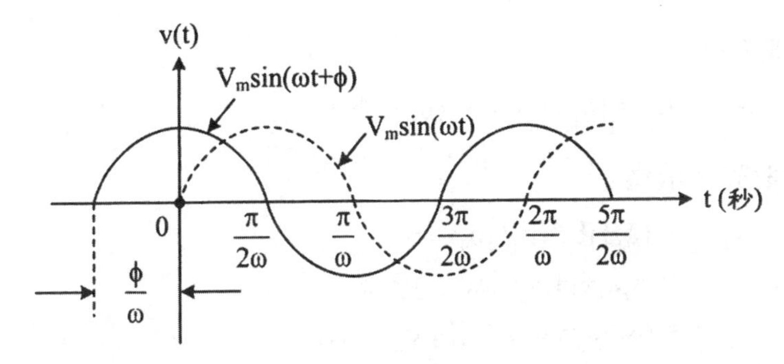

圖 5-1　實線正弦波比虛線正弦波相對的早 $\frac{\phi}{\omega}$ 秒或 ϕ 弧度出現

若有兩正弦曲線 $v_1(t) = V_{m1}\sin(\omega t + \alpha)$ 及 $v_2(t) = V_{m2}\sin(\omega t + \beta)$，則定義 $v_1(t)$領先 $v_2(t)$，$(\alpha-\beta)$之相位；或 $v_2(t)$落後 $v_1(t)$，$(\alpha-\beta)$之相位。

正弦函數與餘弦函數之間只是相角不同，可以轉換。

$$\cos\left(\omega t - \frac{\pi}{2}\right) = \sin\omega t \quad \sin\left(\omega t + \frac{\pi}{2}\right) = \cos\omega t$$

故正弦函數 $v(t) = V_m\sin(\omega t+\phi)$ 亦可表示成 $V_m\cos\left(\omega t + \phi - \frac{\pi}{2}\right)$。

5-2 複 數

在電路的運算中，複數有兩種常用的表示形式，一爲直角座標形式，一爲極座標形式。直角座標形式可用在加減乘除四則運算，極座標形式僅能用在乘除計算，而無法直接相加減。通常計算乘除法時採用極座標形式較爲簡便，若需要計算加減法時，則一律採直角座標形式。

複數A的直角座標形式表示爲 $A = a + jb$，其中 $j=\sqrt{-1}$，a爲實數部分，而b爲虛數部分。

若有兩個複數 $A_1 = a_1 + jb_1$ 與 $A_2 = a_2 + jb_2$，則

兩複數的和爲

$$A_1 + A_2 = (a_1 + a_2) + j(b_1 + b_2)$$

兩複數的差爲

$$A_1 - A_2 = (a_1 - a_2) + j(b_1 - b_2)$$

兩複數的乘積爲

$$\begin{aligned} A_1A_2 &= (a_1+jb_2)(a_2+jb_2) \\ &= a_1a_2+ja_1b_2+ja_2b_1+j^2b_1b_2 \\ &= (a_1a_2 - b_1b_2)+j(a_1b_2+a_2b_1) \end{aligned}$$

兩複數的除法

$$\begin{aligned} \frac{A_1}{A_2} &= \frac{a_1 + jb_1}{a_2 + jb_2} \\ &= \frac{(a_1 + jb_1)(a_2 - jb_2)}{(a_2 + jb_2)(a_2 - jb_2)} \\ &= \frac{a_1a_2 + b_1b_2}{a_2^2 + b_2^2} + j\frac{b_1a_2 - a_1b_2}{a_2^2 + b_2^2} \end{aligned}$$

此外，$A = a+jb$ 的共軛複數以 A^* 表示，其定義爲 $A^* = a - jb$。

複數A的極座標形式爲 $A = |A|e^{j\theta} = |A|\angle\theta$，其中，$|A|$ 爲複數A的大小，θ爲複數A的角度或稱爲幅角，可用 $\theta = \text{Ang } A$（或 $\text{Arg } A$）表示之。

在極座標形式時，兩複數相乘為

$$A_1A_2 = |A_1||A_2|\angle(\theta_1+\theta_2)$$

兩複數相除為

$$\frac{A_1}{A_2} = \frac{|A_1|}{|A_2|}\angle(\theta_1-\theta_2)$$

此外，由複數的分析可得知

$$V_m e^{j\omega t} = V_m \cos\omega t + jV_m \sin\omega t$$
$$V_m \cos\omega t = \mathrm{Re}(V_m e^{j\omega t})$$
$$V_m \sin\omega t = \mathrm{Im}(V_m e^{j\omega t})$$

5-3 相量電路分析

在此，定義相量表示式 $V = V_m e^{j\theta} = V_m\angle\theta$，其中 V_m 值為相量 v 的大小，亦有使用有效值（rms 值）表示相量的大小。當以有效值表示相量的大小時，$V = V_{rms}e^{j\theta} = V_{rms}\angle\theta = \frac{V_m}{\sqrt{2}}\angle\theta$。在電路中，欲求電壓或電流時可採用 V_m 值，若欲求功率則可採用 V_{rms} 值較為合適。

採用相量分析電路時，係先將電路由時域轉入頻域；列出相量方程式，並利用複數運算法則求解；再將頻域相量解變回時域解。

因相量表示式的微分及積分運算非常簡單，故特別適合用在具有電容器或電感器的電路中。假設一弦波為 $f(t) = A_m\cos(\omega t+\theta)$，則其相量表示式為 $A = A_m e^{j\theta} = A_m\angle\theta$

一次微分 $\frac{d}{dt}f(t) = j\omega A = \omega A\angle 90°$

二次微分 $\frac{d^2f(t)}{dt^2} = (j\omega)^2 A = \omega^2 A\angle -180°$

一次積分 $\int_{-\infty}^{t} f(t)dt = \frac{A}{j\omega} = \frac{A}{\omega}\angle -90°$

二次積分 $\int_{-\infty}^{t}\int_{-\infty}^{t}[f(t)dt]\,dt = \frac{A}{(j\omega)^2} = \frac{A}{\omega^2}\angle -180°$

5-4 R、L及C的電壓－電流相量關係

在電阻器中，正弦電壓和電流有相同的相角，稱爲同相。而在電容器中，正弦電壓與電流滿足 $V=\frac{I}{j\omega C}$ 的關係，故稱電容器的電壓落後電流90°，或稱電容器的電流領先電壓90°。至於在電感器中，正弦電壓與電流滿足 $V = j\omega LI$ 的關係，故稱電感器的電壓領先電流 90°，或稱電感器的電流落後電壓 90°。

然而，在一般未特別指明的情況下，阻抗的領先或落後係以電壓對電流爲準，故電容器的電壓落後電流90°，或電感器的電壓領先電流90°。所以，落後的阻抗稱爲電容性阻抗，而領先的阻抗稱爲電感性阻抗。

5-5 阻抗和導納

若某元件兩端點的時域電壓及電流爲 $v(t) = V_m\cos(\omega t+\theta)$ 及 $i(t) = I_m\cos(\omega t+\phi)$，則電壓及電流相量可表示爲 $V = V_m\angle\theta$ 及 $I = I_m\angle\phi$，則電路的阻抗 Z 用相量表示爲

$$Z=\frac{V}{I}=|Z|\angle\theta_z=\frac{V_m}{I_m}\angle(\theta-\phi)$$

若阻抗 Z 採用直角座標形式 $Z = R+jX$，則 $R = \text{Re}Z$ 爲電阻分量或簡稱電阻，而 $X = \text{Im}Z$ 是電抗分量或簡稱電抗。而相量形式與直角座標形式的轉換可利用

$$|Z|=\sqrt{R^2+X^2}，\theta_Z=\tan^{-1}\frac{X}{R}$$

$$R=|Z|\cos\theta_Z，X=|Z|\sin\theta_Z$$

對於基本的被動元件而言，電阻器的阻抗是純電阻，電抗爲零；而電容器和電感器爲純電抗，電阻爲零。

$$\text{電容阻抗}\quad Z_C=jX_C=\frac{1}{j\omega C}=-j\frac{1}{\omega C}$$

電容電抗 $X_C = -\frac{1}{\omega C}$

電感阻抗 $Z_L = jX_L = j\omega L$

電感電抗 $X_L = \omega L$

由上列式子可知，電感電抗是正值，電容電抗則是負值。在 $X = 0$ 時，電路是純電阻性；$X < 0$時，電路的電抗是電容性；$X > 0$時，電路的電抗是電感性。亦即，$X < 0$表示落後的阻抗，而$X > 0$表示領先的阻抗。

另外，定義導納 $Y = \frac{1}{Z}$，亦可將 Y 表示成 $Y = G + jB$，其中實部 $G = \mathrm{Re}Y$ 和虛部 $B = \mathrm{Im}Y$ 分別稱爲電導和電納。

5-6 重疊定理

在正弦電路中應用重疊定理時，需考慮到頻率是否相同的問題。若所有電源的頻率皆相同，可將個別電源所產生的相量電壓或電流相加而獲得總相量電壓或電流。若頻率不同，則必須分別建立各個不同頻率的電路（因不同頻率時求出的 $Z(j\omega)$值不同），利用重疊定理個別求出其相量解後，將個別相量解轉換成時域值，然後再相加而得總時域電壓或電流。

在直流電源時（視爲角頻率 $\omega = 0$），須將其他電源去掉，並把電感器短路（$Z_L = j\omega L$，當直流 $\omega \to 0$ 時，$Z_L = j0 = 0$）且電容器開路（$Z_C = 1/j\omega C$，當 $\omega \to 0$ 時，Z_C 變成無窮大）。

5-7 交流穩態功率

在交流電路中，功率可分爲瞬時功率及平均功率。瞬時功率是電壓和電流的乘積；平均功率是某一週期內瞬時功率的平均值。通常所求者爲平均功率，而交流瓦特表上功率的讀值即爲平均功率。

供給交流負載的平均功率是

$$P=\frac{V_m I_m}{2}\cos\theta$$

當以有效值（均方根值）表示電壓 V 及電流 I 時

$$V=V_{rms}=\frac{V_m}{\sqrt{2}}，I=I_{rms}=\frac{I_m}{\sqrt{2}}$$

則供給交流穩態負載的平均功率可表示爲

$$P=VI\cos\theta=\frac{1}{2}V_m I_m\cos\theta，\theta=\angle V-\angle I$$

其中，乘積 VI 稱爲視在功率，以 S 表示，S = VI，單位爲伏安（VA）。

此外，因 $\cos\theta=\frac{R}{|Z|}$，故

$$P=VI\cos\theta=(|Z|I)I\left(\frac{R}{|Z|}\right)=I^2R$$

5-8 功率因數

平均功率 P = VIcosθ 與視在功率 S = VI 的比值定義爲功率因數（PF）

$$PF=\frac{P}{S}=\frac{P}{VI}=\cos\theta$$

θ 稱爲功率因數角。純電容器的功率因數角 θ 是 −90°，純電感器是 +90°。然而，因 cosθ = cos(−θ)，故無法從功率因數中得知負載是 RC 或 RL 負載。故通常依據電流爲領先或落後而定義領先或落後的功率因數。

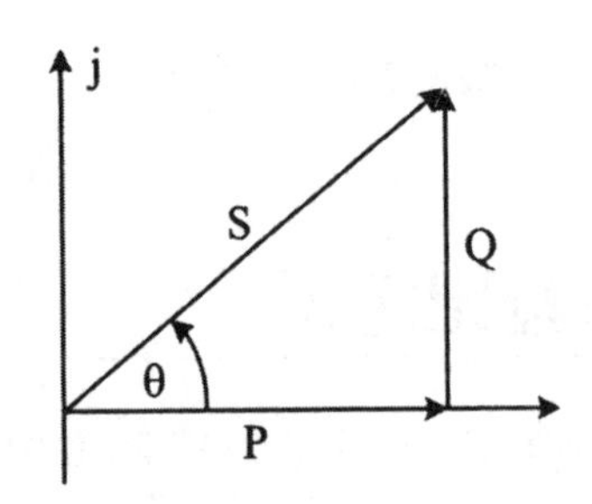

圖 5-2　落後功率因數（θ > 0）的功率三角形

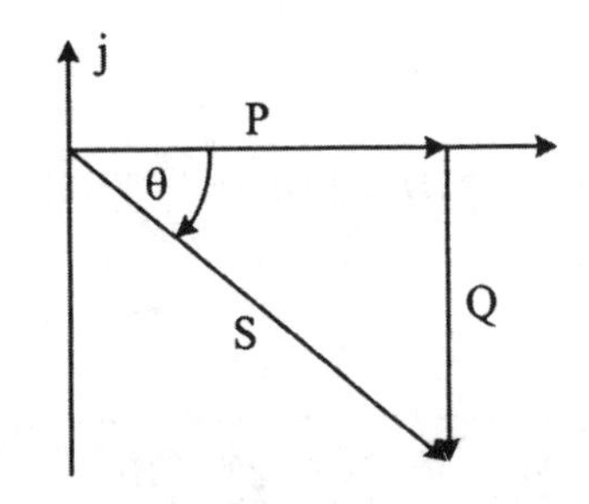

圖 5-3　領先功率因數（θ < 0）的功率三角形

在圖中，可看出平均功率或有效功率 $P = S\cos\theta$，另外定義無效功率或電抗功率 $Q = S\sin\theta$。基本上，Q 和 P 有同樣的單位，然而爲了區別另外定義 Q 的單位爲乏（var），代表電抗性的伏安。

$$S = P + jQ，S = VI\angle\theta = VI^{*}$$

S稱爲複數功率，其大小爲視在功率，相角爲功率因數角；實數部分P爲實功率或平均功率；虛數部分 Q 爲無效功率。

若負載是電感性，則 $X > 0$（$X = X_L$），Q 爲正值，爲功率因數落後的情況。若爲電容性，則 $X < 0$（$X = -X_C$），Q 爲負值，爲功率因數領先的情況。負載是純電阻性，則 $X = 0$、$Q = 0$，則是功率因數爲 1 的情況。

若功率因數低，則必須供給較大的電流，而較高的功率因數，電流則較小。提高功率因數稱爲功率因數改善。因一般的負載，如馬達、變壓器及一般日光燈均爲低功率因數的電感性負載（落後功因），若欲改善功率因數，可在負載上並聯一電抗性元件（通常並聯電容）。因電抗性元件不會吸收平均功率，故負載的功率不會改變。

5-9 最大功率輸出定理

當交流電路以開路電壓 E_{th} 及等效阻抗 Z_{th} 的戴維寧電路表示時，若負載 $Z_L = Z^*_{th}$，則最大功率將會傳送到 Z_L；所傳送之最大功率

$$P_{max} = \frac{E^2_{th}}{4R_{th}}$$

在一般求功率的穩態電路中，除非加以說明，否則寫成相量形式之電源應視為有效值。

(○) 1. 某負載之電壓與電流分別為 $v(t) = 110\sqrt{2}\sin(377t + 30°)$ 伏特，$i(t) = 30\sqrt{2}\sin(377t - 30°)$ 安培則此負載之阻抗為電感性。〔90 台電〕

【解析】由 i(t)與 v(t)得知電流落後電壓 60° 為電感性電路。

(B) 1. 設有一正弦波 $E(t) = 200\sin(377t + 40°)$，則其波峰因數為何？(A)0.767 (B)1.414 (C)1.732 (D)2.084 (E)3.77。〔92 台電〕

【解析】波峰因數為最大值與有效值之比對弦波而言為 $\sqrt{2} = 1.414$。

(E) 2. 某交流正弦波電源頻率為50Hz，正半週平均電壓為100V，則其交流電壓瞬間方程式應接近為 (A)$V(t) = 100\sin(50t)$ (B)$V(t) = 100\sin(314t)$ (C)$V(t) = 141.4\sin(314t)$ (D)$V(t) = 157.1\sin$

(50t)　(E)$V(t) = 157.1\sin(314t)$。〔92台電〕

【解析】$V(t) = V_m \sin(\omega t + \theta)$

(1) $\omega = 2\pi f = 2\pi \cdot 50 = 100\pi = 314\text{rad/s}$

(2) 由公式　$V_{平均} = \frac{2}{\pi} V_{峰值}$

$$100 = \frac{2}{\pi} V_m$$

$$V_m = 50\pi = 157.1V$$

(3) 依題意並未指明θ，設θ = 0

$$V(t) = V_m \sin\omega t = 157.1 \sin 314t$$

(A) 3. RC串聯交流電路中，若頻率減少時，則電壓與電流之相角將　(A)增大　(B)減少　(C)不變　(D)不一定　(E)以上皆非。〔92台電〕

【解析】RC串聯電路的阻抗為

$$Z = R - j\frac{1}{\omega C}$$

當頻率減少，$\frac{1}{\omega C}$增加，故相角增大。

(B) 4. 一交流電路，若$V(t) = 10\cos(1000t)$伏特、$I(t) = 2\cos(1000t + 30°)$安培，則下列敘述何者爲真？　(A)電流較電壓超前30°，且所接負載可能爲電阻與電感串聯　(B)電流較電壓超前30°，且所接負載可能爲電阻與電容串聯　(C)電流較電壓落後30°，且所接負載可能爲電阻與電感串聯　(D)電流較電壓落後30°，且所接負載可能爲純電阻　(E)電流較電壓超前30°，且所接負載可能爲純電阻。〔92台電〕

【解析】由i(t)與V(t)觀察，電流領先電壓30°為電容性負載可能為電阻與電容串聯。

(C) 5. 容抗$X_C = 10\Omega$之電容與感抗$X_L = 20\Omega$之電感並聯，其等效阻抗爲　(A)$10\angle -90°\Omega$　(B)$10\angle 90°\Omega$　(C)$20\angle -90°\Omega$　(D)$20\angle 90°\Omega$　(E)$10\angle 0°\Omega$。〔92台電〕

【解析】電容複數阻抗 $Z_C = -jX_C = -j10$

電感複數阻抗 $Z_L = jX_L = j20$

並聯 $Z = Z_C // Z_L$

$$= \frac{j20 \cdot (-j10)}{j20 + (-j10)}$$

$$= \frac{-200}{j10}$$

$$= -j20$$

$$= 20\angle -90°\Omega$$

(D) 6. RC兩元件串聯時，其功率因數爲0.8，若將兩元件改成並聯時，則其功率因數爲 (A)1 (B)0.8 (C)0.707 (D)0.6 (E)0.5。

〔92台電〕

【解析】串聯時功率三角形圖

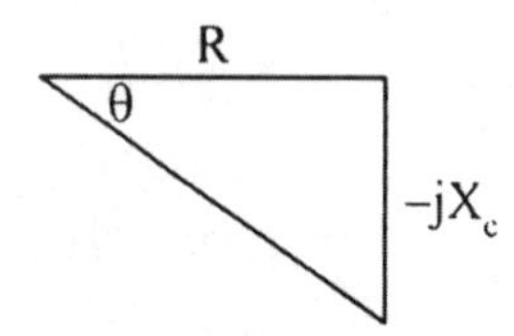

由 $\cos\theta = 0.8$，可得 $X_C = \frac{3}{4}R = 0.75R$

RC 並聯時

$$Z = R // (-jX_C)$$

$$= \frac{R \cdot (-jX_C)}{R - jX_C}$$

$$= \frac{R \cdot \left(-j\frac{3}{4}R\right)}{R - j\frac{3}{4}R}$$

$$= \frac{-j3R^2}{4R - j3R}$$

$$= \frac{-j3(4+j3)}{(4-j3)(4+j3)}$$

$$=\frac{9-j12}{25}$$

$$=\frac{3(3-j4)}{25}$$

$$=\frac{3}{5}\angle-63^\circ$$

$\cos\theta=\cos(-63^\circ)=0.6$

（E）7.交流電壓 $V(t)=20\sin(120\pi t+30^\circ)V$，電壓有效值及頻率分別爲　(A)20V，120Hz　(B)$20/\sqrt{2}$，120Hz　(C)20V，60Hz　(D)$20\sqrt{2}$ V，60Hz　(E)$20/\sqrt{2}$ V，60Hz。〔94台電養成班〕

【解析】$V(t)=V_m\sin(\omega t+\theta)$

$$V_{rms}=\frac{1}{\sqrt{2}}V_m=\frac{20}{\sqrt{2}}$$

$$f=\frac{\omega}{2\pi}=\frac{120\pi}{2\pi}=60Hz$$

（E）8.有效值爲10V之正弦電壓，其峰對峰值爲　(A)$10\sqrt{2}$ V　(B)$20\sqrt{3}$ V　(C)10V　(D)20V　(E)$20\sqrt{2}$ V。〔94台電養成班〕

【解析】對正弦電壓

$$V_{rms}=\frac{1}{\sqrt{2}}V_m$$

$$V_m=\sqrt{2}V_{rms}=\sqrt{2}\cdot 10=10\sqrt{2}V$$

但峰對峰為 $2V_m=20\sqrt{2}$ V

（C）9.有一線圈電感量爲0.1H，接於100V 50Hz之電源，此線圈之感抗爲多少Ohm？　(A)3.14　(B)6.28　(C)31.4　(D)62.8　(E)15。〔94台電養成班〕

【解析】$X_L=\omega L=2\pi fL=2\times3.14\times50\times0.1=31.4$

（A）10.串聯的R-L-C電路在任何頻率下之總阻抗爲　(A)$R+j(X_L-X_C)$　(B)$R+j(X_L+X_C)$　(C)$R-j(X_L+X_C)$　(D)$R-j(X_L-X_C)$　(E)$R(X_L+X_C)$。〔94台電養成班〕

【解析】電容阻抗 $-jX_C$

電感阻抗 jX_L

串聯時 $R - jX_C + jX_L = R + j(X_L - X_C)$

（B）11. 如下圖所示求ab兩端戴維寧等效阻抗Zth爲多少歐姆？ (A)6＋j8　(B)6－j8　(C)6－j　(D)6＋j　(E)6－j12。

〔94台電養成班〕

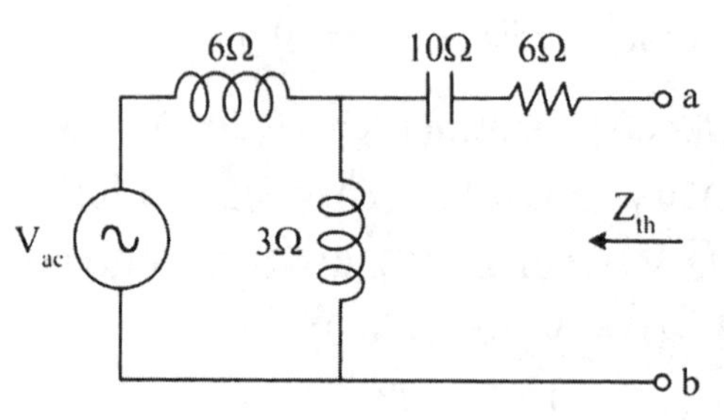

【解析】重畫電路如右

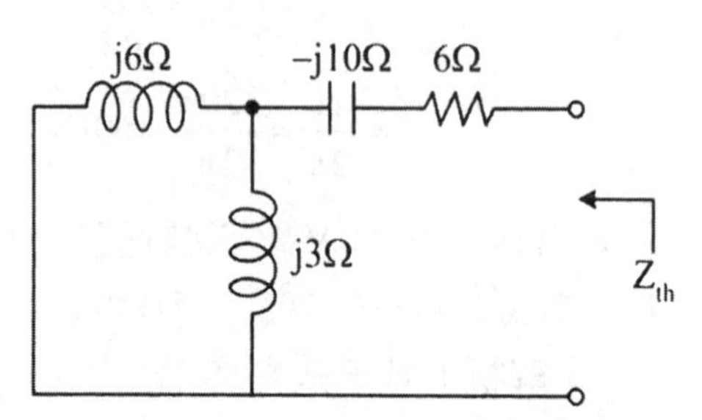

$$
\begin{aligned}
Z_{th} &= (6j//3j) - 10j + 6 \\
&= \frac{6j \cdot 3j}{6j + 3j} - 10j + 6 \\
&= 2j - 10j + 6 \\
&= 6 - 8j
\end{aligned}
$$

（A）12. 有一負載由一電容及一電阻並聯而成，其兩端加上110V 60Hz之單相交流電源，假設電源之輸出阻抗不計，若此負載吸入10A電流，且消耗550watt的功率，負載電阻值爲　(A)5.5Ω　(B)11Ω　(C)22Ω　(D)40Ω　(E)55Ω。〔94台電養成班〕

【解析】$P = I^2R \quad R = \frac{P}{I^2} = \frac{550}{10^2} = 5.5\Omega$

PS：因電容與電阻並聯，故不可用 $R = \frac{V}{I}$。

(C) 13.若P爲有效功率，Q爲無效功率，則視在功率S＝　(A)$\sqrt{P+Q}$　(B)$\sqrt{P-Q}$　(C)$\sqrt{P^2+Q^2}$　(D)$\sqrt{P^2-Q^2}$　(E)$\sqrt{(P/\sqrt{2})^2+(Q/\sqrt{2})^2}$。〔94台電養成班〕

【解析】複數功率 $S = P + jQ$

視在功率 $|S| = \sqrt{P^2+Q^2}$

(B) 14.市場販售的省電器加裝後，可得到的優點是　(A)節省投資成本　(B)改善功率因數　(C)減少線路迂迴　(D)降低電壓　(E)提高遮斷容量。〔94台電養成班〕

【解析】因一般電器設備多為電感性負載，省電器為電容性負載，並聯後可增加功率因數。

(C) 15.電力系統若因電感性負載過多，並聯電容性設備可使功率因數角　(A)變大　(B)不變　(C)變小　(D)先變大後變小　(E)效果不確定。〔94台電養成班〕

【解析】電感性負載 $R + jX_L$，並聯電容性設備 $R - jX_C$，可使功率因數 $\cos\theta$ 提高，功率因數角 θ 變小。

(D) 16.一交流電路中，電壓 $V(t) = 30\cos(377t + 15°)V$，電流 $i(t) = 0.5\cos(377t + 75°)A$，此電路的功率因數爲　(A)0.866　(B)$1/\sqrt{3}$　(C)$\sqrt{2}/2$　(D)0.5　(E)0.2。〔94台電養成班〕

【解析】電流相位超前電壓相位

$\theta = 75° - 15° = 60°$

功率因數 $\cos 60° = \frac{1}{2} = 0.5$

(E) 17.一交流電源的內阻爲 $10 + j20\Omega$，則欲獲得最大功率輸出，其負載阻抗應爲　(A)$10+j20\Omega$　(B)$-j20\Omega$　(C)$20+j10\Omega$　(D)$20-j10\Omega$　(E)$10-j20\Omega$。〔94台電養成班〕

【解析】$Z = 10 + j20$

最大功率輸出之負載阻抗

$Z_L = Z^* = 10 - j20\Omega$

(C) 18.台灣電力公司提供一般用戶之電源頻率爲何？ (A)40Hz (B)50Hz (C)60Hz (D)70Hz。 〔94中油雇員〕

(A) 19.有一電壓爲 $v(t) = 110\sin(400t + 50°)$V，電流爲 $i(t) = 10\cos(400t + 20°)$A 之電路，則此電路可能爲下列何種電路？ (A)電容性電路 (B)電感性電路 (C)純電阻性電路 (D)純電感電路。 〔94中油雇員〕

【解析】$i(t) = 10\cos(400t + 20°) = 10\sin(400t + 110°)$
與 $v(t) = 110\sin(400t + 50°)$ 相較，電流相位超前電壓，為電容性。

(D) 20.如下圖所示電路中，若 I_R 及 I_L 安培計之指數均爲10安培，則安培計I之指數爲何？ (A)0A (B)20A (C)10A (D)$10\sqrt{2}$ A。 〔94中油雇員〕

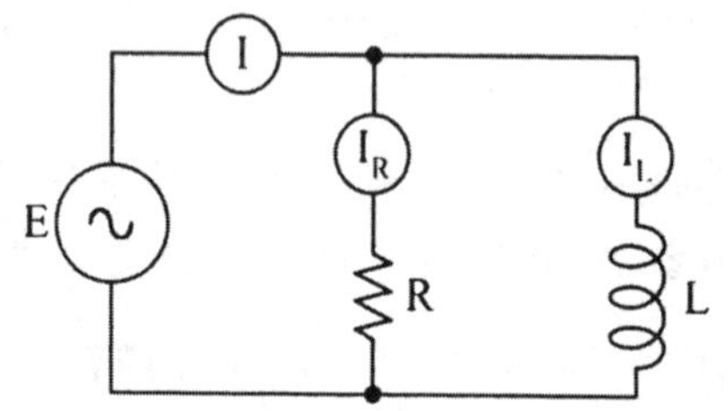

【解析】電感等效阻抗 jwL，當與電阻並聯時，其電流相位落後90°

$$
\begin{aligned}
I &= I_R + I_L \\
&= 10\angle 0° + 10\angle -90° \\
&= 10 - j10 \\
&= 10\sqrt{2}\left(\frac{1}{\sqrt{2}} - j\frac{1}{\sqrt{2}}\right) \\
&= 10\sqrt{2}\angle -45°
\end{aligned}
$$

(B) 21.如下圖所示，電路中的線路電流I爲何？ (A)20A (B)10A (C)14.14A (D)8.5A。 〔94中油雇員〕

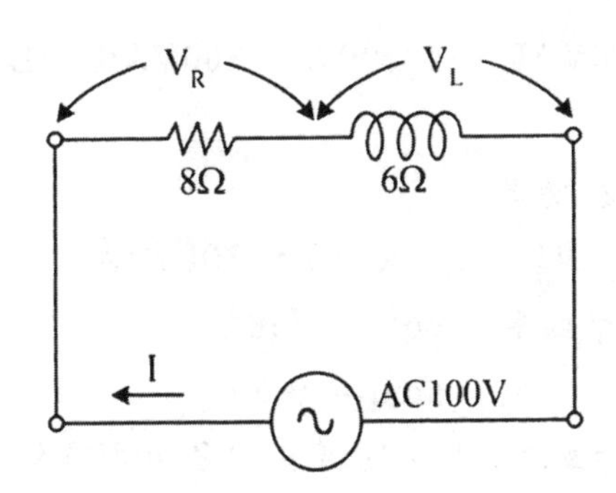

【解析】$Z = R + jX_L = 8 + j6 = 10\angle 37°$

$$I = \frac{V}{Z} = \frac{100}{10\angle 37°} = 10\angle -37°$$

（D） 22. 有一個4歐姆的電阻器，若流過的電流爲 10sinωt 安培，則此電阻器的平均消耗功率爲多少？　(A)50 瓦特　(B)100 瓦特　(C) 150 瓦特　(D)200 瓦特。〔94 中油雇員〕

【解析】交流電消耗功率

$$P = \frac{1}{2}I^2R = \frac{1}{2} \times 10^2 \times 4 = 200W$$

（B） 23. 某一電路，已知電阻 R＝4歐姆，電容電抗 $X_C = 4$ 歐姆，電感電抗 $X_L = 1$ 歐姆連接成一串聯電路，今通以110伏特交流電壓做串聯電路實驗時，則此電路之功率因數大小及特性爲何？　(A)0.8 滯後　(B)0.8 越前　(C)0.5 滯後　(D)0.5 越前。〔94 中油雇員〕

【解析】如圖

$R=4\Omega$　$-jX_C=-j4$　$jX_L=j$

$Z = R - jX_C + jX_L = 4 - 3j$

(1) 故為電容性，功率因數為領先。

(2) $\tan\theta = -\dfrac{3}{4} \Rightarrow \cos\theta = \dfrac{4}{5} = 0.8$

（A） 24. 某交流負載電壓爲 100V，電流爲 10A，功率因數爲 0.8，則其有效率 P 及無效功率 Q 分別爲何？　(A)800W，600VAR　(B)

800W，200VAR (C)600W，800VAR (D)600W，400VAR。

〔94 中油雇員〕

【解析】複數功率

$S = VI = 100 \times 10 = 1000VA$

功率因數 $\cos q = 0.8$

則 $\sin q = 0.6$

$P = s\cos\theta = 1000 \times 0.8 = 800W$

$Q = s\sin\theta = 1000 \times 0.6 = 600VAR$

(B) 25.某工廠平均每小時耗電 36kW，功率因數爲 0.6 滯後，欲將功率因數提高至0.8，應加入並聯電容器的容量爲何？ (A)18kVAR (B)21kVAR (C)24kVAR (D)30kVAR。 〔94 中油雇員〕

【解析】$\cos\theta_1 = 0.6$，$\tan\theta_1 = \frac{4}{3}$

$\cos q2 = 0.8$，$\tan\theta_2 = \frac{3}{4}$

需改善的功率

$36K\tan\theta_1 - 36K\tan\theta_2$

$= 36K\left(\frac{4}{3} - \frac{3}{4}\right)$

$= 36K \times \frac{16-9}{12}$

$= 21KVAR$

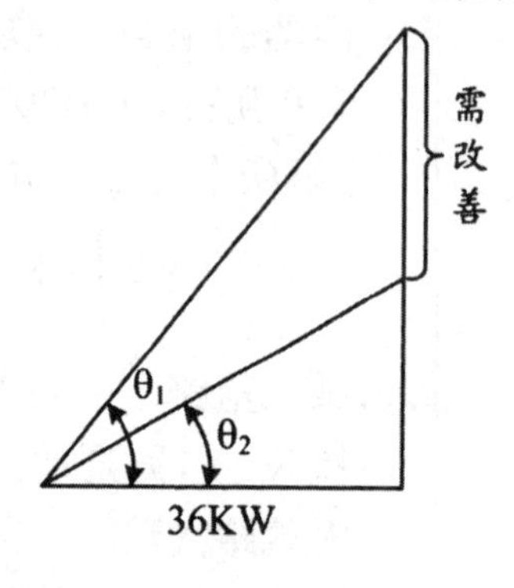

(C) 26.欲調整下圖電路圖中負載阻抗 R_L 與 X_L 值，使負載得到最大功率，此時負載所消耗之最大功率爲多少瓦特（W）？ (A)120W (B)160W (C)200W (D)250W。

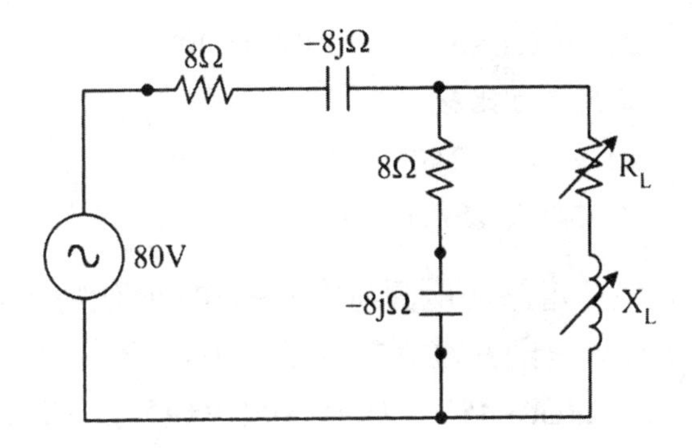

【解析】等效阻抗

$Z = (8 - j8) // (8 - j8) = 4 - j4$

故 $R_L + jX_L = Z^* = 4 + j4$

負載功率

$$P = \frac{1}{2} \cdot \frac{V^2}{4R} = \frac{1}{2} \times \frac{80^2}{4 \times 4} = 200W$$

（B）27. $i_1 = 60\sin(\omega t - 30°)$，$i_2 = -60\cos(\omega t - 30°)$，則其相位關係爲：(A) i_1 與 i_2 同相　(B) i_1 領先 i_2 90°　(C) i_2 領先 i_1 90°　(D) i_1 領先 i_2 60°　(E) i1 領先 i_2 45°。〔95台電養成班〕

【解析】利用 $\sin\omega t = -\sin(\omega t + 180°)$

$\cos\omega t = -\cos(\omega t + 180°)$

$\sin\omega t = \cos(\omega t - 90°)$

$\cos\omega t = -\sin(\omega t - 90°) = \sin(\omega t + 90°)$

可得

$i_1 = 60\sin(\omega t - 30°)$

$= 60\cos(\omega t - 120°)$

$= 60\cos(\omega t + 240°)$

$= 60\sin(\omega t + 330°)$

$i_2 = -60\cos(\omega t - 30°)$

$= 60\cos(\omega t + 150°)$

$= 60\sin(\omega t + 240°)$

若用 sin 比較

$\angle i_1 - \angle i_2 = 330° - 240° = 90°$

若用 cos 比較

$\angle i_1 - \angle i_2 = 240° - 150° = 90°$

均可得 i_1 領先 i_2 90°

(C) 28. 並聯 R-L-C 電路之電源電壓 $\bar{E} = 110\angle 0°$ 伏特，若電路之總導納 $\bar{Y} = 0.1\angle 45°$，則其電流之方程式 i(t) = ？ (A) $11\cos(\omega t - 45°)$ (B) $110\sqrt{2}\sin(\omega t + 45°)$ (C) $11\sin(\omega t + 45°)$ (D) $11\sqrt{2}\sin(\omega t + 45°)$ (E) $11\sqrt{2}\cos(\omega t + 45°)$。〔95 台電養成班〕

【解析】 $I = YE$

$= 0.1\angle 45° \times 110\angle 0°$

$= 0.1 \times 110\angle 45° + 0°$

$= 11\angle 45°$

故選擇振幅為11，角度為45°者，至於函數形式為sin或cos，因題目未指明故答案可能為

$i(t) = 11\sin(\omega t + 45°)$

或 $i(t) = 11\cos(\omega t + 45°)$

故選(C)符合題意。

(B) 29. 一串聯RLC電路，其中 $R = 5\Omega$，$L = 0.5H$，$C = 50\mu F$，則諧振時之品質因數 Q 爲： (A)10 (B)20 (C)25 (D)30 (E)40。〔95 台電養成班〕

【解析】 品質因素 $Q = \dfrac{\text{元件儲存能量}}{\text{元件耗損能量}} = \dfrac{\text{工作頻率}}{\text{頻寬}}$

工作頻率 $\omega = \dfrac{1}{\sqrt{LC}}$，頻寬依串並聯而不同

在 RLC 串聯電路中 $Q = \dfrac{\omega L}{R} = \dfrac{1}{R}\sqrt{\dfrac{L}{C}}$

在 RLC 並聯電路中 $Q = \dfrac{R}{\omega L} = R\sqrt{\dfrac{C}{L}}$

故本題 $Q = \dfrac{1}{R}\sqrt{\dfrac{L}{C}}$

$$=\frac{1}{5}\sqrt{\frac{0.5}{50\times10^{-6}}}$$

$$=\frac{1}{5}\sqrt{100}$$

$$=20$$

一、在下圖中電阻為44歐姆，電感為2亨利，電容為795法拉，如果輸入電源為60週波100伏特，計算輸入實功率。　〔85鐵路員級〕

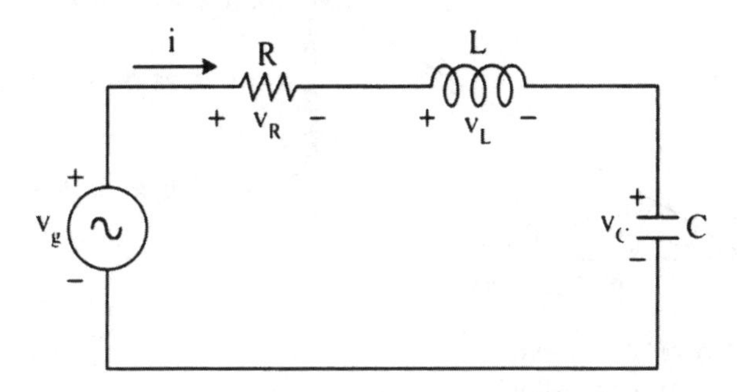

答：$\omega = 2\pi f = 120\pi = 377\text{rad/s}$

複數阻抗

$$Z_T = R + j\omega L + \frac{1}{j\omega C}$$

$$= 4 + j\times377\times2 + \underbrace{\frac{1}{j\times377\times795}}_{\text{甚小，可忽略}}$$

$$= 4 + j754\Omega$$

假設題意 100V 為輸入電源方均根值複數功率 $S = VI^*$

$$S = 100\times\left(\frac{100}{4+j754}\right)$$

$$= 100\times\frac{100}{4-j754}$$

$$=10,000\times\frac{4+j754}{4^2+754^2}$$

$$=\frac{40,000+j7,540,000}{568,532}\text{VA}$$

實功率 P 取 S 實部

$$P=\text{Re}(S)=\frac{40,000}{568,532}=0.07\text{W}$$

二、某設備使用單相220伏特，15,000瓦特，0.6滯後功率因數，如欲將功率因數提高至0.95滯後，計算電容值。〔85 鐵路員級〕

答：由功率因數三角形

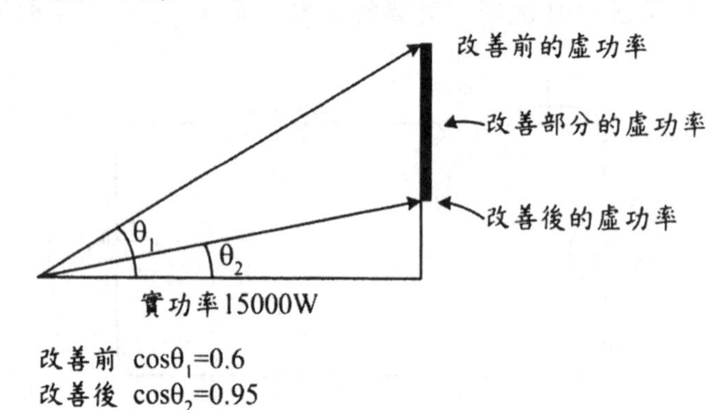

改善前 $\cos\theta_1=0.6$
改善後 $\cos\theta_2=0.95$

改善前 $Q_1 = P \cdot \tan\theta_1 = 15000 \times \tan(\cos^{-1} 0.6) = 20000\text{vars}$
改善後 $Q_2 = P \cdot \tan\theta_2 = 15000 \times \tan(\cos^{-1} 0.95) = 4930\text{vars}$
故由電容供應
$Q' = Q_2 - Q_1 = 4930 - 20000 = -15070\text{vars}$（負號表示用電容）

$$X_C=-\frac{1}{\omega C}=\frac{-1}{2\pi fC}=\frac{V^2}{Q'}-\frac{1}{2\times3.1416\times60\times C}=-\frac{220^2}{15070}$$

$C = 0.000826 = 826\mu\text{F}$

三、某瞬時電流 $i=10\sqrt{2}\sin(377t+50°)$ 安培流過 10 歐姆的電阻器，求：(一)電流的最大值。(二)電流的有效值。(三)電流的頻率。(四)電阻器兩端的瞬時電壓。(五)電阻器平均消耗功率。〔85 公路佐級〕

答：(一) 最大值 $i_{max} = 10\sqrt{2}A$

(二) 對於正弦波而言，有效值爲最大值 $\frac{1}{\sqrt{2}}$ 倍

$$i_{rms} = \frac{i_{max}}{\sqrt{2}} = \frac{10\sqrt{2}}{\sqrt{2}} = 10A$$

(三) $i = i_{max}\sin(\omega t + \theta)$

$\omega = 377$

$$f = \frac{\omega}{2\pi} = \frac{377}{2\pi} = 60Hz$$

(四) $V = iR = 10\sqrt{2}\sin(377t + 50°)\cdot 10 = 100\sqrt{2}\sin(377t + 50°)V$

(五) $P_{av} = i_{rms}^2 R = 10^2 \cdot 10 = 1000W$

四、由示波器量測之電路，已知其可測得

電壓 $v(t) = 50\sin\left(10t + \frac{\pi}{4}\right)$

電流 $i(t) = 400\cos\left(10t + \frac{\pi}{6}\right)$

試求此電路之電阻 R 及電容 C 之值各為若干？（$\sin15° = 0.259$）

〔86 鐵路員級〕

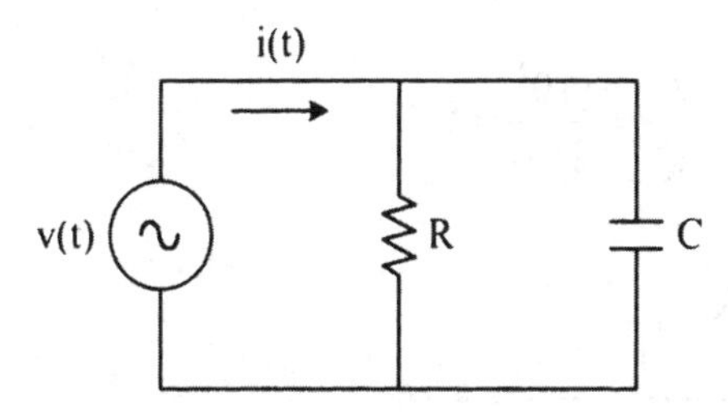

答：$V(t) = 50\sin\left(10t + \frac{\pi}{4}\right) \Rightarrow V = 50\angle45°$

$$i(t) = 400\cos\left(10t + \frac{\pi}{6}\right) = 400\sin\left(10t + \frac{2}{3}\pi\right) \Rightarrow I = 400\angle120°$$

$$Z_{th} = \frac{V}{I} = \frac{50\angle45°}{400\angle120°} = \frac{1}{8}\angle-75° = 0.032 - j0.108$$

$$Z_{th} = R - j\frac{1}{\omega C}$$

故 $R = 0.032\Omega$

$$C = \frac{1}{\omega \cdot 0.108} = \frac{1}{10 \times 0.108} = 0.926\text{F}$$

五、某用戶之負載由 110V，60Hz 的饋電線路吸收 80W 的有效功率，其功率因數為 0.8 滯後。今如欲修正功率因數至 0.9 滯後，則所需並聯電容值為若干？〔86 鐵路員級〕

答：$\cos\theta_1 = 0.8$

$\cos\theta_2 = 0.9$

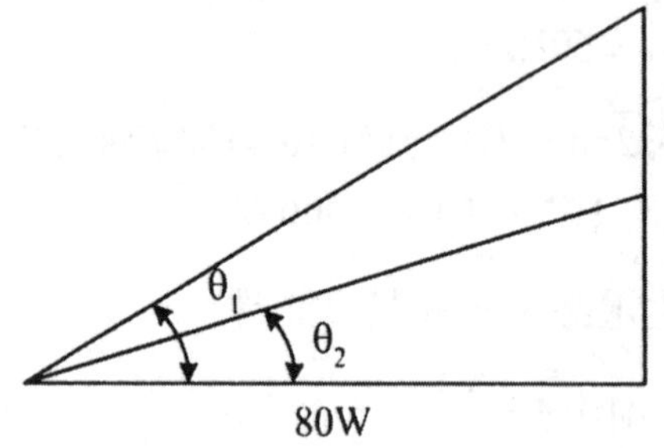

需改善的功率爲

$$Q = 80(\tan\theta_1 - \tan\theta_2)$$
$$= 80[\tan(\cos^{-1}0.8) - \tan(\cos^{-1}0.9)$$
$$= 80[0.75 - 0.48]$$
$$= 21.6\text{var}$$

$$Q = \frac{V^2}{X_C} \Rightarrow X_C = \frac{V^2}{Q} = \frac{110^2}{21.6} = 560$$

$$X_C = \frac{1}{\omega C} = \frac{1}{2\pi fC}$$

$$C = \frac{1}{2\pi f X_C} = \frac{1}{2\pi \times 60 \times 560} = 4.74\mu\text{F}$$

六、設 $i_1 = 10\cos(377t)$ 安培，$i_2 = 10\sin(377t)$ 安培，則 $i = i_1 + i_2$ 的有效值為多少安培？〔87 鐵路佐級〕

答：$i = i_1 + i_2 = 10[\cos(377t) + \sin(377t)]$

$$= 10\sqrt{2}\left[\frac{1}{\sqrt{2}}\cos(377t) + \frac{1}{\sqrt{2}}\sin(377t)\right]$$

$$= 10\sqrt{2}[\cos(377t)\sin 45° + \sin(377t)\cos 45°]$$

$=10\sqrt{2}[\sin(377t+45°)]$

最大值爲$10\sqrt{2}$(A)

有效值爲最大值的$\frac{1}{\sqrt{2}}$倍，爲 10 安培。

七、下圖為週期性電流波形。

(一)求週期；(二)求平均值；(三)在 0 < t < 12 秒間有多少電荷被轉換？　〔87 郵政公路佐級〕

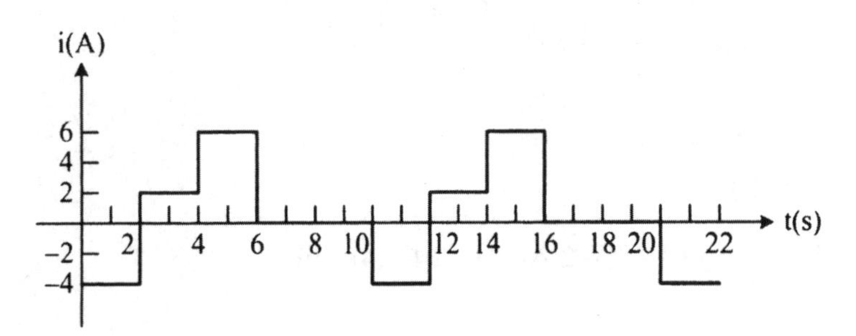

答：(一)由圖可得週期 T = 10sec

(二) $i_{av}=\frac{1}{10}[-4\times2+2\times(4-2)+6(6-4)+0\cdot(10-6)]$

$=\frac{1}{10}[-8+4+12]$

$=0.8\text{mA}$

(三)Q = it

$=-4\times(2-0)+2\cdot(4-2)+6\cdot(6-4)-4(12-10)$

$=-8+4+12-8$

$=0(\text{C})$

八、電流i(t)之波形如下圖，試求該電流之平均值（average value）及有效值（effective value）各為何？〔87公路員級〕

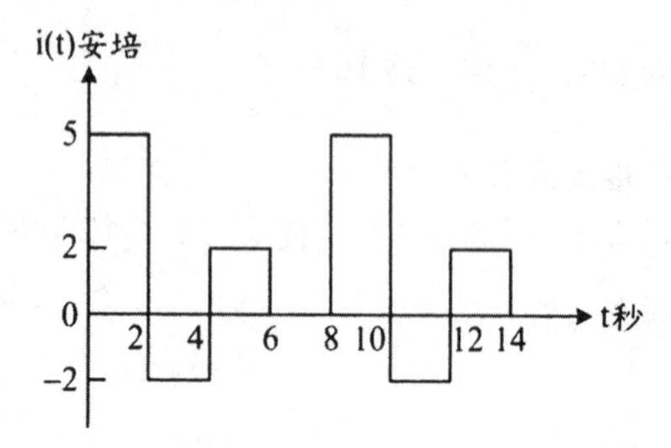

答：週期 T ＝ 8sec

(一)平均值

$$i_{av}=\frac{1}{8}[5\times(2-0)-2(4-2)+2(6-4)+0]$$

$$=\frac{1}{8}[10-4+4]$$

$$=1.25A$$

(二)有效值

$$i_{rms}=\left\{\frac{1}{8}[5^2\cdot(2-0)+(-2)^2(4-2)+2^2(6-4)+0]\right\}^{\frac{1}{2}}$$

$$=\left\{\frac{1}{8}[50+8+8]\right\}^{\frac{1}{2}}$$

$$=\sqrt{\frac{33}{4}}$$

$$=\frac{\sqrt{33}}{2}$$

$$=2.87A$$

九、若有內阻為r的線圈和100Ω電阻串聯接於一60Hz 120V電源。當電阻之端電壓為60V，線圈之端電壓為80V，試求(一)電感及線圈電阻，(二)線圈之功率。〔87郵政公路員級〕

答：(一)此電路可表示爲

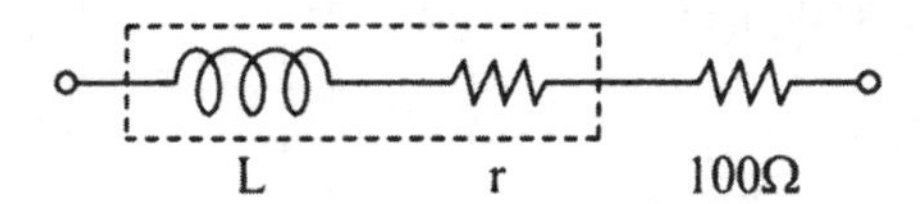

因串聯電流相同，故電壓與阻抗成正比

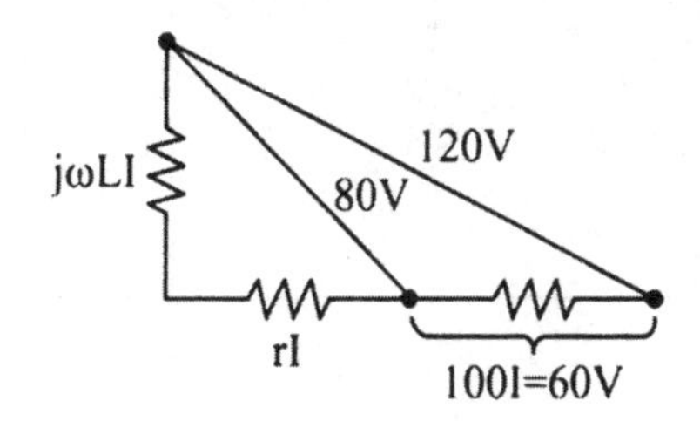

$$I=\frac{60}{100}=\frac{3}{5}=0.6$$

$$\begin{cases}\left(\frac{3}{5}\omega L\right)^2+\left(\frac{3}{5}r\right)^2=80^2\\ \left(\frac{3}{5}\omega L\right)^2+\left(\frac{3}{5}r+60\right)^2=120^2\end{cases}$$

展開相減

$72r = 4400$

$$r=\frac{550}{9}=61.1\Omega$$

代入得 $\omega L = 71.1$

$$L=\frac{71.1}{\omega}=\frac{71.1}{2\pi f}=\frac{71.1}{2\pi\times 60}=0.189H$$

(二)線圈上的無效功率

$Q = \omega LI^2 = 71.1 \times 0.6^2 = 25.6var$

十、有一交流RLC並聯電路如下圖，電壓源波形為 $v(t) = 120\sqrt{2}\sin 377t$ 伏特，已知電阻 $R = 23\Omega$，電感 $L = 0.106H$，電容 $C = 132.6\mu F$，求：

(一)此電路之功率因數（power factor）。

(二)電源電流之波形 $i(t)$。〔87 公路員級〕

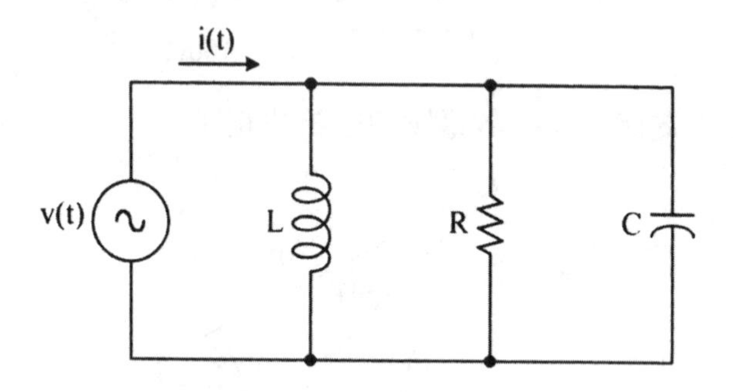

答：(一) $\omega = 377$

$$j\omega L = j \times 377 \times 0.106 = j40$$

$$-j\frac{1}{\omega C} = -j\frac{1}{377 \times 132.6 \times 10^{-6}} = -j20$$

$$Z = R // j\omega L // -j\frac{1}{\omega C}$$

$$= 23 // j40 // -j20$$

$$= 23 // \frac{j40 \cdot (-j20)}{j40 - j20}$$

$$= 23 // \frac{800}{j20}$$

$$= 23 // (-j40)$$

$$= \frac{23(-j40)}{23 - j40}$$

$$= \frac{36800 - j21160}{2129}$$

$$= 17.29 - j9.94$$

$$= 19.94\angle -29.9^\circ$$

$$\simeq 20\angle -30^\circ$$

功率因數 $PF = \cos 29.9° = 0.5$

(二) $i = \frac{V}{Z} = \frac{120\sqrt{2}\angle 0°}{20\angle -30°} = 6\sqrt{2}\angle 30°$

$i(t) = 6\sqrt{2}\sin(377t + 30°)(A)$

十一、若有 120Kvar 電容器一組，欲加入經常負載 180KW 之工廠電路，以改善其原為 0.6 之滯後功率因數，試問功率因數可改善到多少？

〔87 郵政公路員級〕

答：改善前，功率因數三角形

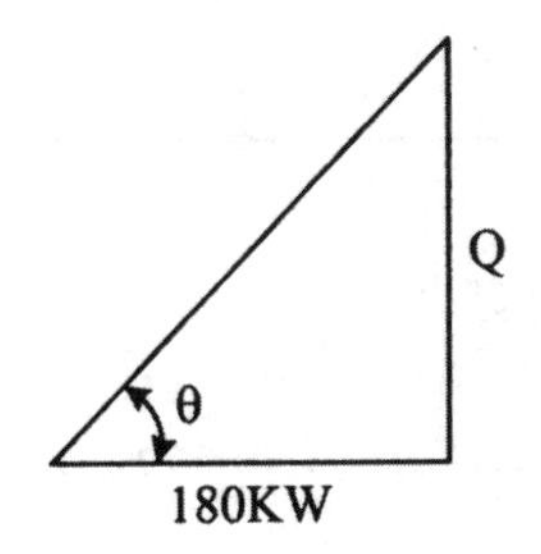

$\cos\theta = 0.6$

$Q = 180 \times \tan(\cos^{-1}0.6)$

$= 180 \times \frac{4}{3}$

$= 240Kvar$

改善後 $Q' = 240 - 120 = 120Kvar$

改善後功率因數三角形

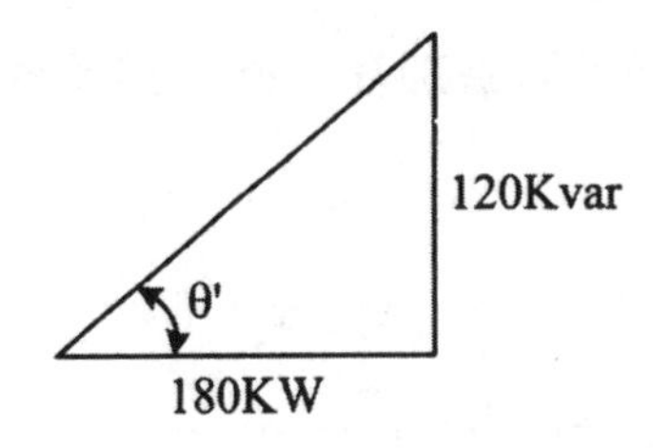

$PF = \cos\theta' = \cos(\tan^{-1}\theta') = \cos\left(\tan^{-1}\frac{120}{180}\right) = 0.83$

十二、有一交流電路如下圖，電壓源波形為 $v(t) = 120\sqrt{2}\sin 377t$ 伏特，已知電阻 $R_1 = 5\Omega$、$R_2 = 10\Omega$，電感 $L = 0.2H$，電容 $C = 100\mu F$，求電源電流之波形 $i(t)$。〔88鐵路員級〕

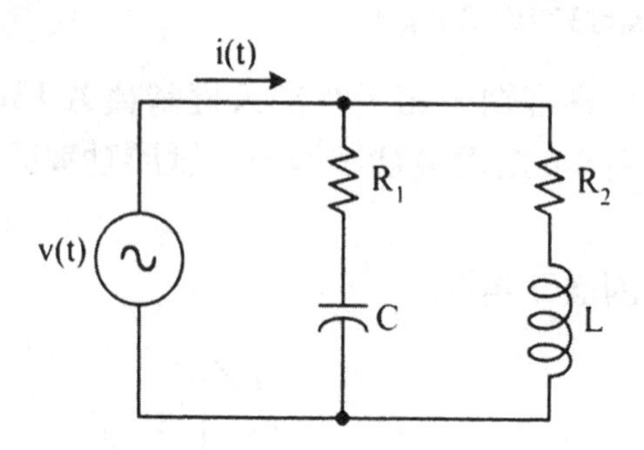

答：$Z_{th} = \left(R_1 + \dfrac{1}{j\omega C}\right) // (R_2 + j\omega L)$

$= \left(5 - j\dfrac{1}{377 \times 100 \times 10^{-6}}\right) // (10 + j \times 377 \times 0.2)$

$= (5 - j26.5) // (10 + j75.4)$

$= \dfrac{2048 + j112}{15 + j49}$

$= 40\angle -70°$

$i = \dfrac{V}{Z_{th}} = \dfrac{120\sqrt{2}\angle 0°}{40\angle -70°} = 3\sqrt{2}\angle 70°$

$i(t) = 3\sqrt{2}\sin(377t + 70°)$ (A)

十三、如下圖的一個三角波訊號加在一個10歐姆的電阻器上，則其消耗平均功率為何？〔88電信佐級〕

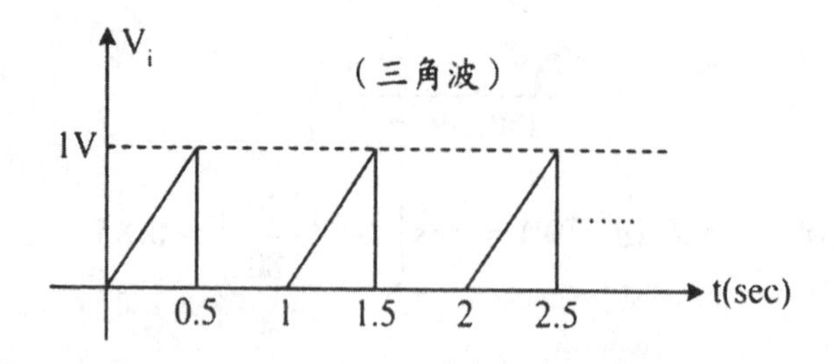

答：週期 T ＝ 1sec

$$P=\frac{V^2}{R}$$
$$=\frac{1}{T}\int_0^T\frac{V^2(t)}{R}dt$$
$$=\frac{1}{1}\left[\int_0^{0.5}\frac{(2t)^2}{10}dt+\int_{0.5}^{1}0dt\right]$$
$$=\int_0^{0.5}\frac{4t^2}{10}dt$$
$$=\frac{2}{15}t^3\Big|_0^{0.5}$$
$$=\frac{2}{15}\times\frac{1}{8}$$
$$=\frac{1}{60}W$$

十四、有一交流電路如下圖，v(t)為電壓源，已知電阻 R_1 ＝ 3Ω 、R_2 ＝ 3Ω，電容C之容抗為－j6Ω，電感L之感抗為j6Ω，若欲使負載 Z_L 得到最大功率，則負載 Z_L 應為何？　〔88 電信員級〕

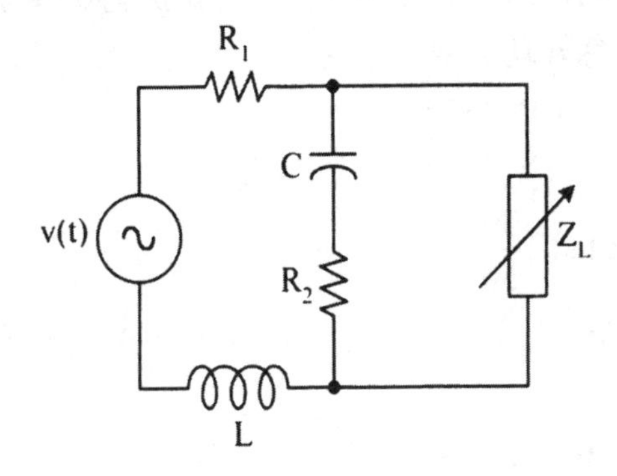

答：由負載端看入之等效阻抗

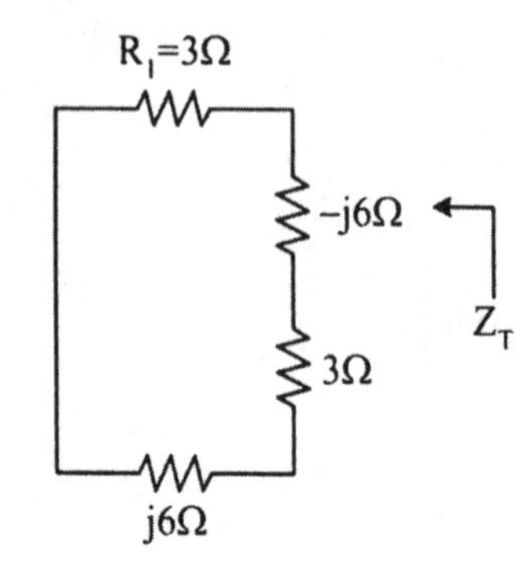

$$Z_T=(R_1+jX_L)//(R_2-jX_C)$$
$$=(3+j6)//(3-j6)$$
$$=\frac{(3+j6)\cdot(3-j6)}{3+j6+3-j6}$$
$$=\frac{9+36}{6}$$
$$=7.5\Omega$$

最大功率負載 $Z_L = Z_T^* = 7.5\Omega$

十五、有一交流電流之端電壓 $\bar{E} = 80 + j60$ 伏特，電流 $\bar{I} = 50 - j30$ 安培，其消耗有效功率為____。〔90台電〕

答：$E = 80 + j60 = 100\angle 37°$

$$I=50-j30$$
$$=\sqrt{50^2+30^2}\angle\tan^{-1}\frac{30}{50}$$
$$=\sqrt{3400}\angle-30°$$

有效功率

$P = EI\cos\theta$，$\theta = \angle E - \angle I$

$$= 100\cdot\sqrt{3400}\cos[37° - (-30°)]$$
$$= 5831\cdot\cos 67°$$
$$= 2278\text{W}$$

十六、有一配電系統載有600KW之負載，其功率因數為80%，若將此負載之功率因數改善至90%，則線路損失減少____%。〔90台電〕

答：設Q_C為正，則本題相量圖如下：

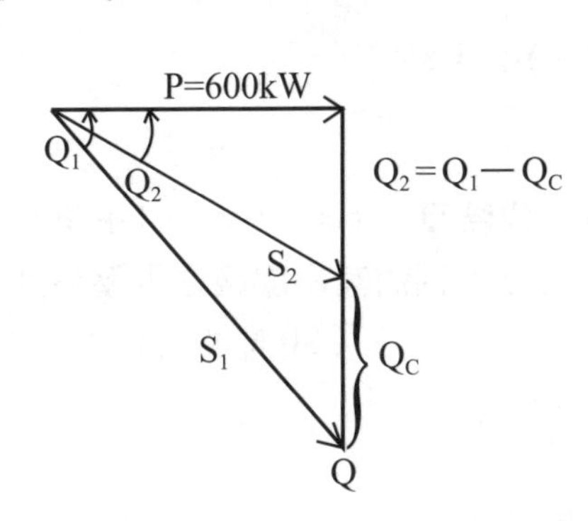

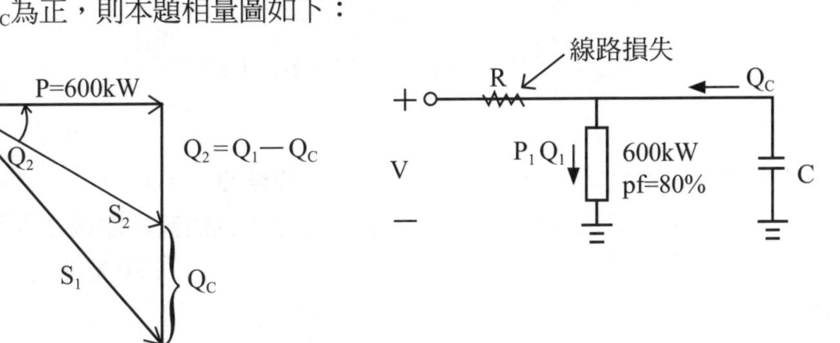

改善前$|S_1| = \dfrac{P}{\cos\theta_1} = \dfrac{600}{0.8} = 750\text{kVA} = |V||I_1|$，$I_1$為改善前線電流

改善後$|S_2| = \dfrac{P}{\cos\theta_2} = \dfrac{600}{0.9} \cong 666.7\text{kVA} = |V||I_2|$，$I_2$為改善後線電流

⇒改善前後電路損失比$\xi = \dfrac{I_2^{\,2} \times R}{I_1^{\,2} \times R} = (\dfrac{S_2}{S_1})^2$

⇒電路損失"減少"百分比$= 1 - \xi\% = 1 - (\dfrac{666.7}{750})^2\% = 21.0\%$

十七、下圖為一週期性電壓波型，試求其：

(一)週期

(二)平均值

(三)有效值　〔90郵政公路佐級〕

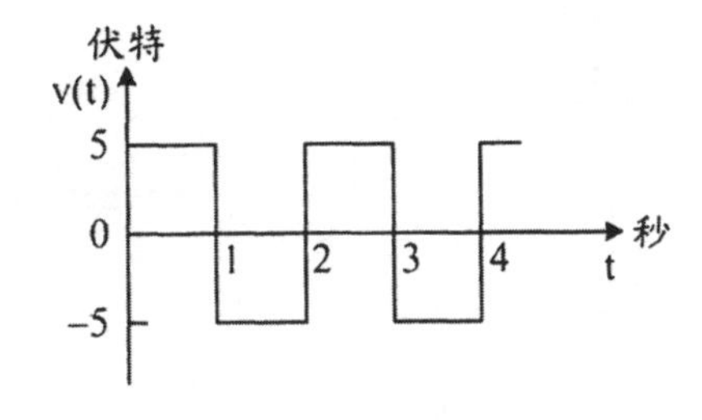

答：(一) 由圖週期 T = 2sec

(二) 平均值 $V_{av}=\frac{1}{2}[5\times1+(-5)(2-1)]=0V$

(三) 有效值 $V_{rms}=\left\{\frac{1}{2}[5^2\times1+(-5)^2\times(2-1)]\right\}^{\frac{1}{2}}=5V$

十八、波形分別為 $v_1(t)=100\sin(\omega t-30°)$ 伏特及 $v_2(t)=20\sin(\omega t+90°)$ 伏特之二交流電壓源，其中ω為角速度，則將其串聯後之電壓波形為何？〔90 郵政公路員級〕

答：串聯

$$
\begin{aligned}
V &= V_1 + V_2 \\
&= 100\sin(\omega t-30°)+20\sin(\omega t+90°) \\
&= 100(\sin\omega t\cos30°-\cos\omega t\sin30°)+20(\sin\omega t\cos90°+\cos\omega t\sin90°) \\
&= 50\sqrt{3}\sin\omega t-50\cos\omega t+20\cos\omega t \\
&= 50\sqrt{3}\sin\omega t-30\cos\omega t \\
&= 20\sqrt{21}\left(\sin\omega t\cdot\frac{5}{2\sqrt{7}}-\cos\omega t\cdot\frac{3}{2\sqrt{21}}\right) \\
&= 20\sqrt{21}\sin(\omega t-19°)
\end{aligned}
$$

十九、單相 60 赫茲 220 伏特之電源供應一負載，已知該負載取用之實功率為 6000 瓦且功率因數為 0.6 滯後，若欲將其功率因數提高為 0.8 滯後，則所應並接之電容值為何？〔90 郵政公路員級〕

答：設 Q_C 為正，則本題相量圖如下：

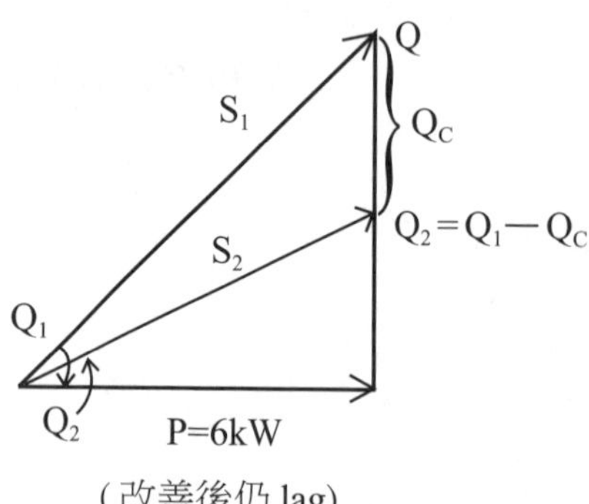

（改善後仍 lag）

$$Q_c = P(\tan\theta_2 - \tan\theta_1) = 6K\cdot(\frac{\sin\theta_2}{\cos\theta_2} - \frac{\sin\theta_1}{\cos\theta_1})$$

$$= 6K\cdot(\frac{\sqrt{1-\cos^2\theta_2}}{\cos\theta_2} - \frac{\sqrt{1-\cos^2\theta_1}}{\cos\theta_1}) = 6K\cdot(0.75-1.33) = -3480\text{VA}$$

$$|Q_c| = \frac{V^2}{(\frac{1}{\omega C})} = V^2\omega C = V^2\cdot 2\pi f\cdot C$$

$$\Rightarrow C = \frac{3480}{220^2\cdot 2\pi\cdot 60} = 1.9072\times 10^{-4} \cong 191\mu F$$

二十、下圖為一個交流負載，由量測知流過電阻器電流 I_R 為 4 安培，流過電感器電流 I_L 為 6 安培，流過電容器電流 I_C 為 3 安培，(一)求由電源端流入之電流 I_S 為幾安培？(二)求此負載整體功率因數（Power Factor, PF）為多少？〔92 鐵路佐級〕

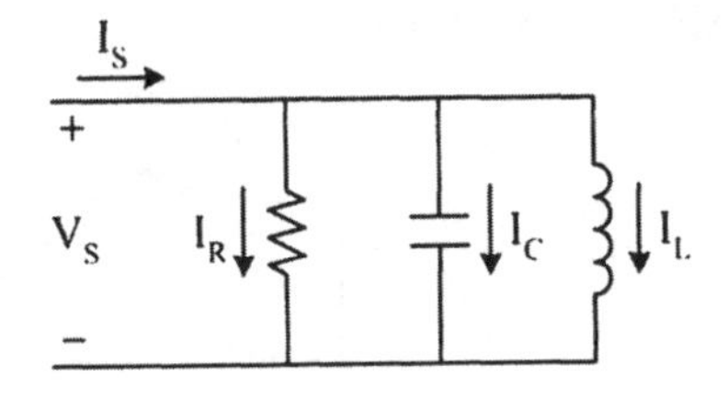

答：(一) $\bar{I}_R = \frac{V_S}{R} = 4A$

$$\bar{I}_C = \frac{V_S}{\frac{1}{jWC}} = j3A$$

$$\bar{I}_L = \frac{V_S}{jwL} = -j6A$$

$$\Rightarrow \bar{I}_S = \bar{I}_R + \bar{I}_C + \bar{I}_L = 4 + j(3-6) = 4 - j3(A) = 5\angle -36.87°(A)$$

(二) $pf = \frac{4}{5} = 0.8$

二一、下圖為一週期性電壓波形，(一)求週期；(二)求電壓平均值。

〔92 公路佐級〕

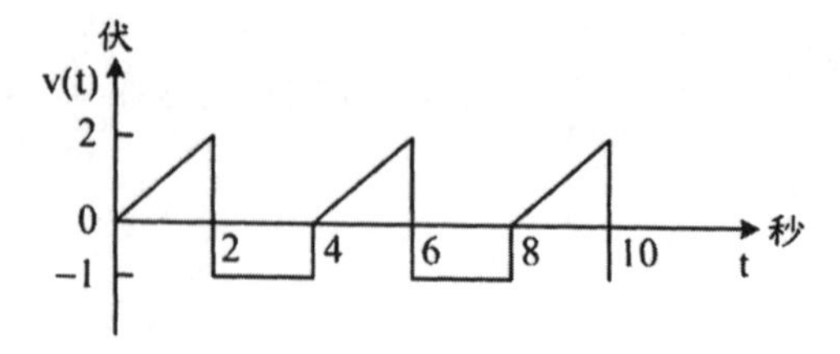

答：(一)由圖可得一完整週期

$T = 4$ 秒

(二) $V_{av} = \frac{1}{T}\int_0^T V(t)dt$

$= \frac{1}{4}\left[\frac{2\times 2}{2} + (-1)\times 2\right]$

$= 0V$

二二、求下圖所示電路中的電壓 $v_o(t)$。

〔92 公路員級〕

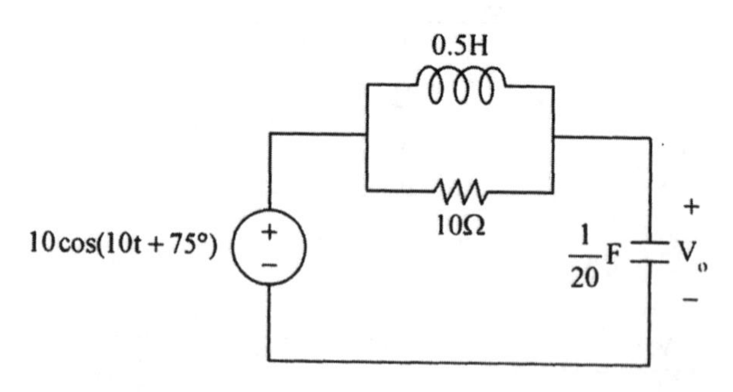

答：$\omega = 10$

$$Z_L = j\omega L = j \cdot 10 \cdot 0.5 = j5$$

$$Z_C = \frac{1}{j\omega C} = \frac{1}{j \cdot 10 \cdot \frac{1}{20}} = -j2$$

$$v_o = v_i \times \frac{Z_C}{R // Z_L + Z_C}$$

$$= 10\angle 75^\circ \times \frac{-j2}{10 // j5 - j2}$$

$$= 10\angle 75^\circ \times \frac{-j2}{\frac{10 \cdot j5}{10 + j5} - j2}$$

$$= 10\angle 75^\circ \times \frac{-j2}{4 - j2 - j2}$$

$$= 10\angle 75^\circ \times \frac{-j2}{4 - j4}$$

$$= 10\angle 75^\circ \times \frac{2\angle -90^\circ}{4\sqrt{2}\angle -45^\circ}$$

$$= 10 \times \frac{2}{4\sqrt{2}} \angle 75^\circ - 90^\circ - (-45^\circ)$$

$$= \frac{5}{\sqrt{2}} \angle 30^\circ$$

$$v_o(t) = \frac{5}{\sqrt{2}} \cos(10t + 30^\circ)$$

二三、下圖所示電路中，輸入信號源為 $v_s(t)$，輸出為 $v_o(t)$。

(一)你認為電路可讓高頻信號通過或低頻信號通過？請說明理由。

(二)如果輸出改由電阻兩端取得，結果會怎樣？　〔92 公路員級〕

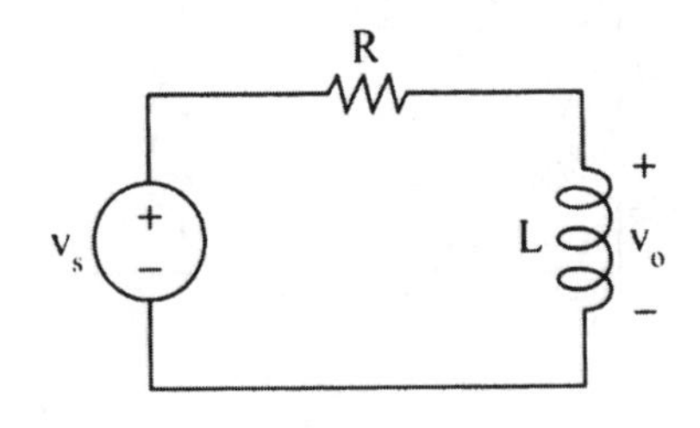

答：(一)可通過高頻信號

電感L的等效阻抗 $Z_L = j\omega L$

$$\frac{v_o}{v_s} = \frac{j\omega L}{R + j\omega L}$$

當ω趨近無窮大時，$\frac{v_o}{v_s}$趨近1，故高頻信號可通過，當ω趨近零時，$\frac{v_o}{v_s}$趨近零，故低頻不可通過。

(二)由電阻取得時，可通過低頻信號

$$\frac{v_o}{v_s} = \frac{R}{R + j\omega L}$$

當ω趨近無窮大，$\frac{v_o}{v_s}$趨近零，當ω趨近零時，$\frac{v_o}{v_s}$趨近1，故可通過低頻信號。

二四、家庭用電電壓110伏特(均方根值)、頻率60赫，如有一燈泡其電阻為800歐姆(Ω)，求其平均功率為幾瓦特？〔93郵政佐級〕

答：交流電

$$P = \frac{1}{2}\frac{V_{max}^2}{R} = \frac{V_{rms}^2}{R} = \frac{110^2}{800} = \frac{121}{8}W$$

二五、如下圖電路，$V_i(t) = \cos\omega t$，其中ω代表角頻率。

(一)求 V_o/V_i？

(二)承(一)之結果，試問本電路屬於高通(Highpass)、帶通(Bandpass)或低通(Lowpass)濾波器？請說明其工作原理。〔93電信佐級〕

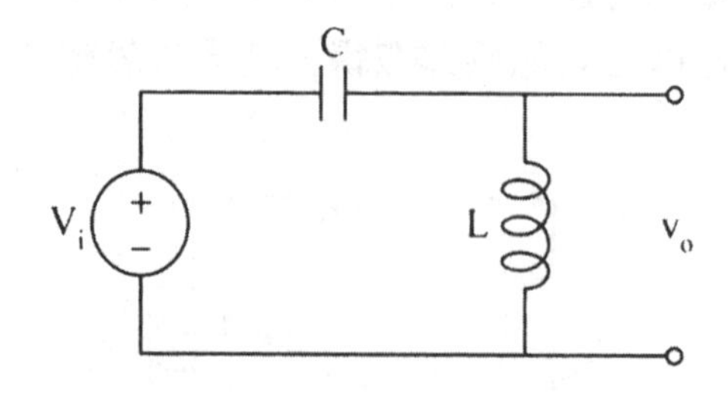

答：(一) $Z_C=\dfrac{1}{j\omega C}$　$Z_L=j\omega L$

$$\frac{V_o}{V_i}=\frac{Z_L}{Z_C+Z_L}=\frac{j\omega L}{\dfrac{1}{j\omega C}+j\omega L}=\frac{-\omega^2LC}{1-\omega^2LC}=\frac{\omega^2LC}{\omega^2LC-1}=\frac{\omega^2}{\omega^2-\dfrac{1}{LC}}$$

(二) 本電路屬高通濾波器

當低頻 $\omega\to0$ 時，$\dfrac{V_o}{V_i}\to0$，訊號無法通過。

當高頻 $\omega\to\infty$ 時，$\dfrac{V_o}{V_i}\to1$，訊號可通過。

二六、如下圖之電路，其中 $R=20\Omega$，$L=2H$（亨利），交流電壓源 $E(t)=100\cos(100t)$ 伏特，求：

(一) 負載欲得最大之功率，則負載電容 C 應為何？

(二) 承(一)，該負載所得之最大功率為何？〔93 電信佐級〕

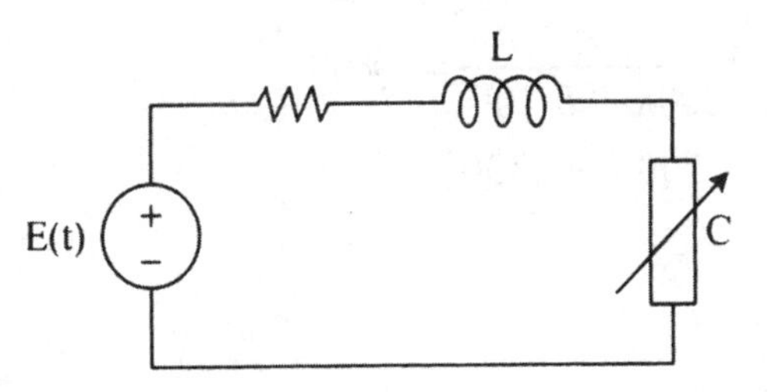

答：(一) 此題應無解。

(二) 電容負載不消耗功率，故為零。

PS：若欲有解應將電容 C 換為複數阻抗 Z

(一) $\omega=100$

$Z_L=j\omega L=j\cdot100\cdot2=j200$

$Z=(R+Z_L)^*=(20+j200)^*=20-j200$

$\dfrac{1}{j\omega C}=-j200$

$\dfrac{1}{100C}=200$

$$C=\frac{1}{40000}=2.5\times10^{-5}=25\mu F$$

故負載應爲 20Ω 電阻串聯 25μF 電容。

(二)設有效電壓 E_{rms} = 100V

$$P=\frac{V^2}{4R}=\frac{100^2}{4\cdot20}=125W$$

二七、如下圖之電路，其中 R = 1KΩ，C = 0.5μF（微法拉），交流電壓值 E(t)= 100sin(800πt)伏特，求總電流 I 為何？〔93 電信員級〕

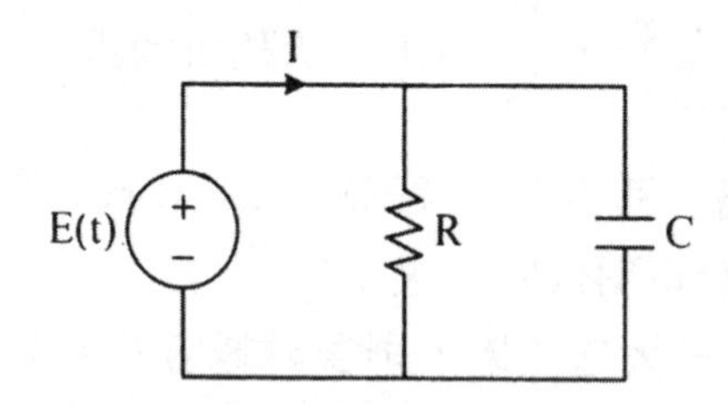

答：ω = 800π rad/s

$$Z_C=\frac{1}{j\omega C}=-j\frac{1}{800\pi\cdot0.5\cdot10^{-6}}\simeq-j800$$

$$Z=R+Z_C=1000-j800$$

$$I(t)=\frac{E}{Z}$$

$$=\frac{100}{1000-j800}$$

$$=\frac{100(1000+j800)}{(1000-j800)(1000+j800)}$$

$$=(60.9+j48.8)mA$$

$$=73.3\angle33.8°mA$$

$$I(t)=73.3\sin(800\pi t+33.8°)mA$$

第六章

多相電路分析

多相電路對一般學生而言爲相當不易學習的章節，所幸此部分出題不多而且不會考出難題。僅需稍爲注意一下單相三線式系統的電壓關係，熟記平衡三相Y接或Δ接系統的線電壓與相電壓以及線電流與相電流之間的關係，並背下以二瓦特表測量平衡負載之功率因素的公式即可。

6-1 單相三線式系統

單相三線式電源，若有兩個相同的負載 Z_1 連接到電源處，中性線 nN 內的電流是＝0。對於一般家用交流電而言，$V_{an} = V_{nb} = 110V$，而兩條火線之間 $V_{ab} = 220V$。

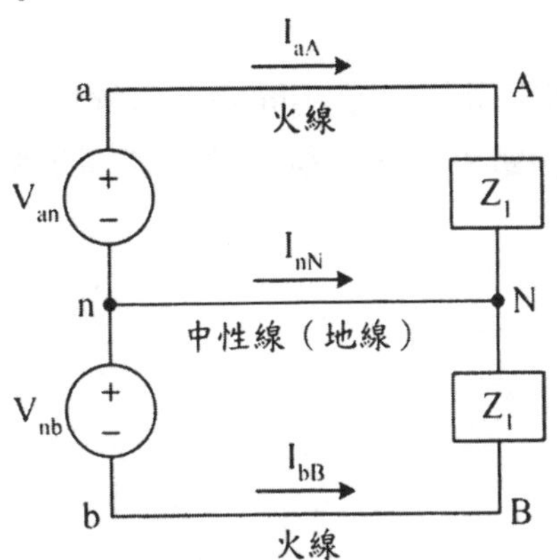

圖 6-1　單相三線式電源接相同的兩個負載

6-2 三相電源

若系統電源所產生的（正弦）電壓的相位不同，則此系統稱爲一個多相系統。最常見的多相系統爲平衡三相系統，三相電路的組合型態有接Y和Δ接兩種。在三相電路中，每一相上面的電壓稱爲相電壓，而線對線的電壓簡稱線電壓，當Δ接時線電壓等於相電壓，而當Y接時線電壓等於$\sqrt{3}$倍相電壓。變壓器繞組則常作Δ連接使用。

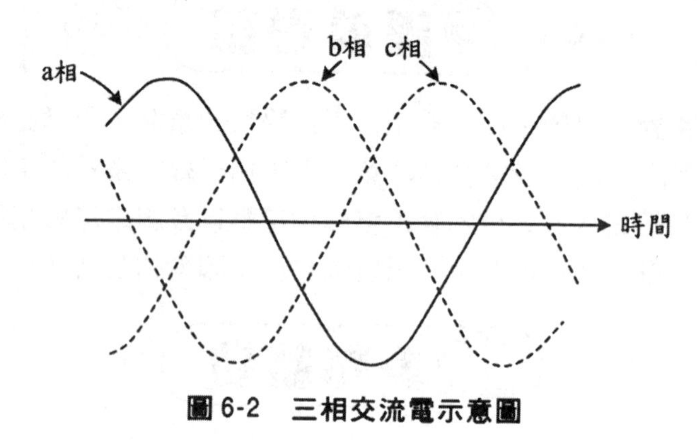

圖 6-2 三相交流電示意圖

6-3 三相平衡負載

若Y接（或Δ接）中每相阻抗（Z_p）相等，則稱爲三相Y接（或Δ接）平衡負載。

Y接負載中線電流和相電流是相同的，但線電壓爲相電壓的$\sqrt{3}$倍；而Δ接負載中線電壓和相電壓相同，線電流爲相電流的$\sqrt{3}$倍。

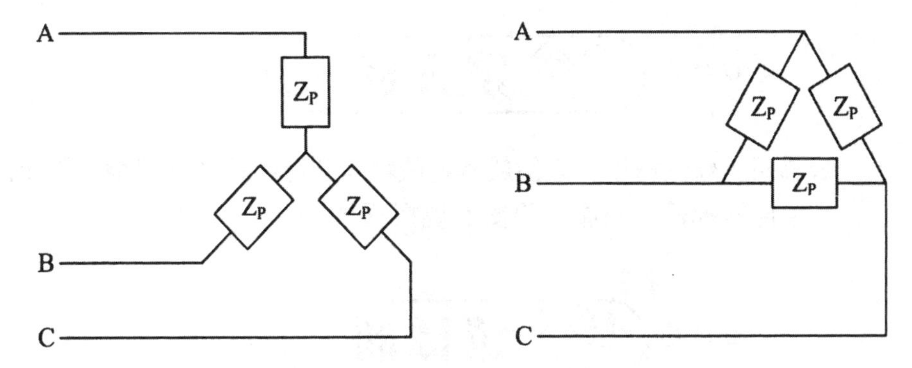

圖 6-3 平衡的 Y 接和 Δ 接三相負載

6-4 三相功率測量

瓦特表包括兩個線圈，一是具有高電阻之電壓線圈，另一是低電阻之電流線圈，可測量供給一負載的平均功率 P 。

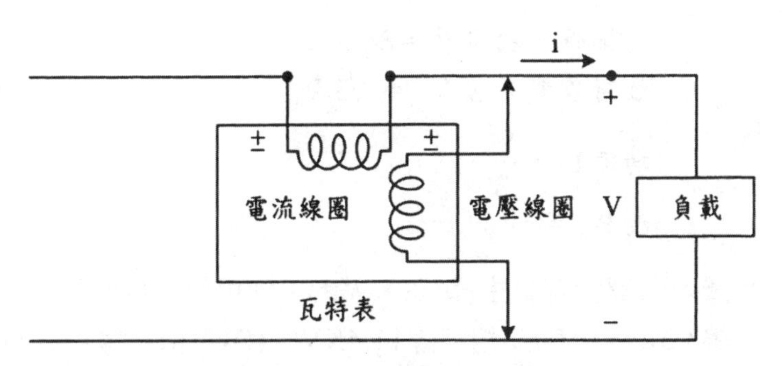

圖 6-4 瓦特表電路示意圖

測量三相功率的兩瓦特計法，可應用於 Y 接負載，不管負載是否平衡，此法都適用；電源的平衡與否並不重要。

在負載是平衡的情形下，兩個瓦特計法即可以決定功率因數角，其功率因數角 θ 為

$$\theta = \tan^{-1}\frac{\sqrt{3}(W_A - W_B)}{W_A + W_B}$$

（○） 1. 單相三線供電用戶必須於其進屋線間施行內線系統接地以防止因中性線掉落，負載不平衡而燒損器具。〔90台電〕

（E） 1. 三相Y連接純電阻負載，其電阻值各爲R歐姆，當接於V伏特三相電源時所消耗的總功率爲P瓦特。若將負載改爲△連接後，亦接於相同三相電源時，則其消耗的總功率爲多少瓦特？ (A)1/3P (B)$\sqrt{3}$ P (C)2P (D)$\frac{1}{\sqrt{3}}$ P (E)3P。〔92台電〕

【解析】Y 接時，相電壓＝$\frac{1}{\sqrt{3}}$ 線電壓

△接時，相電壓＝線電壓

故對負載而言 $V_{\triangle} = \sqrt{3}\, V_Y$

功率 $P = \frac{V^2}{R}$

故 $P_{\triangle} = 3P_Y$

（C） 2. 台灣地區契約容量未滿100KW者可選用何種供電方式 (A)三相三線3.3KV (B)三相三線11.4KV (C)三相三線120/240V (D)三相三線22.8KV (E)三相四線220/380V。〔94台電養成班〕

【解析】用電設備合計容量在100瓩以上，契約容量未滿110瓩者，須以低壓需量綜合用電供電；契約容量在100瓩以上者，須以高壓電力用電供電（在11.4或22.8千伏地區，契約容量未滿500瓩者，得以三相四線220/380伏低壓需量綜合用電供電）。

（A） 3. 對於Y接線三相變壓器，V_L爲線間電壓，I_L爲線電流，V_Φ爲相電壓，I_Φ爲相電流，下列何者正確？ (A)$V_L = \sqrt{3}\, V_\Phi$ (B)$I_L =$

$\sqrt{3}\,I_{\Phi}$　(C)$V_{\Phi}=\sqrt{3}\,V_L$　(D)$I_{\Phi}=\sqrt{3}\,I_L$　(E)$V_LI_L=V_{\Phi}I_{\Phi}$。

〔94台電養成班〕

【解析】Y接電路

$$\begin{cases}V_{線}=\sqrt{3}V_{相}\\ I_{線}=I_{相}\end{cases}\Rightarrow\begin{cases}V_L=\sqrt{3}V_{\Phi}\\ I_L=I_{\Phi}\end{cases}$$

（A）4.三台單相11000／440volt變壓器作△－Y接線，若一次側電源爲三相5500 volt則二次側線電源爲多少volt？　(A)220　(B)300　(C)330　(D)380　(E)440。〔94台電養成班〕

【解析】$\dfrac{5500}{11000}=\dfrac{V}{440}$

則 V＝220V

（C）5.單相三線式供電系統中，兩條火線間的電壓爲多少伏特(V)？　(A)0V　(B)110V　(C)220V　(D)380V。〔94中油雇員〕

【解析】

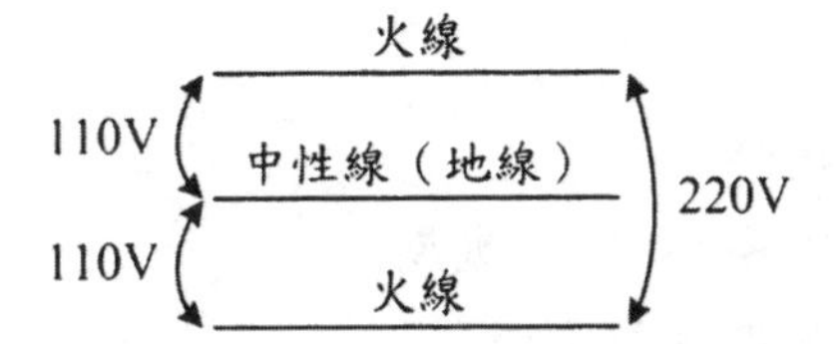

（D）6.三相發電機Y型連接，下列敘述何者正確？　(A)線電流＝3相電流　(B)相電流＝$\sqrt{3}$線電流　(C)相電壓＝$\sqrt{3}$線電壓　(D)線電壓＝$\sqrt{3}$相電壓。〔94中油雇員〕

【解析】Y接電路

$$\begin{cases}V_{線}=\sqrt{3}V_{相}\\ I_{線}=I_{相}\end{cases}$$

△接電路

$$\begin{cases}V_{線}=V_{相}\\ I_{線}=\sqrt{3}I_{相}\end{cases}$$

（D）7.有一平衡三相電路，線電壓爲220伏特，用二瓦特計法以量測其總電功率，其中一讀數爲36kW，另一讀數爲20kW，試求此電路的總電功率，總無效電功率及功率因數？ (A)56kW，40kVAR，0.5 (B)16kW，27.7kVAR，0.6 (C)20kW，15kVAR，0.7 (D)56kW，24.8kVAR，0.9。

【解析】$\theta=\tan^{-1}\dfrac{\sqrt{3}(W_A-W_B)}{W_A+W_B}$

$=\tan^{-1}\dfrac{\sqrt{3}(36-20)}{36+20}$

$=26.3°$

總功率 $S = 36 + 20 = 56kW$

無效功率 $Q = S\sin\theta = 56\cdot\sin 26.3° = 24.8kVAR$

功率因數 $PF = \cos\theta = \cos 26.3° = 0.9$

(C) 8.有一三相Y型平衡電路，若每相阻抗為(6+j8)Ω，線電壓 E_ℓ = 220V，則相電壓及相電流值分別為： (A)110V，11A (B)220V，22A (C)127V，12.7A (D)127V，11A (E)127V，22A。 〔95台電養成班〕

【解析】Y接時

線電壓 $=\sqrt{3}$ 相電壓

線電流＝相電流

$V_{相}=\dfrac{1}{\sqrt{3}}V_{線}=\dfrac{220}{\sqrt{3}}=127V$

阻抗 $Z = 6+j8 = 10\angle 53°\Omega$

$I=\dfrac{V}{Z}=\dfrac{127\angle 0°}{10\angle 53°}=12.7\angle -53°A$

取大小值時不考慮角度，故選(C)。

(C) 9.用兩瓦特計法測三相平衡負載之功率時，則下列敘述何者正確？(A) $W_1 = W_2$ 時，$\cos\theta = 0.5$ (B) $W_1 = 2W_2$ 時，$\cos\theta = 0.5$ (C) $W_1 = -W_2$ 時，$\cos\theta = 0$ (D) $W_1 = -2W_2$ 時，$\cos\theta = 0$ (E)若 $\cos\theta > 0.5$ 時，則表示一表指示正值，另一表指示負值。

〔95台電養成班〕

【解析】$\theta = \tan^{-1}\dfrac{\sqrt{3}(W_A - W_B)}{W_A + W_B}$

(1) $W_1 = W_2$ 時

$$\theta = \tan^{-1}\frac{\sqrt{3}(W_2 - W_2)}{W_2 + W_2} = \tan^{-1}0 = 0^\circ$$

$\cos 0^\circ = 1$

(2) $W_1 = 2W_2$ 時

$$\theta = \tan^{-1}\frac{\sqrt{3}(2W_2 - W_2)}{2W_2 + W_2} = \tan^{-1}\frac{1}{\sqrt{3}} = 30^\circ$$

$\cos 30^\circ = \dfrac{\sqrt{3}}{2}$

(3) $W_1 = -W_2$ 時

$$\theta = \tan^{-1}\frac{\sqrt{3}(-W_2 - W_2)}{-W_2 + W_2} = \tan^{-1}\infty = 90^\circ$$

$\cos 90^\circ = 0$

(4) $W_1 = -2W_2$ 時

$$\theta = \tan^{-1}\frac{\sqrt{3}(-2W_2 - W_2)}{-2W_2 + W_2} = \tan^{-1}3\sqrt{3} = 79^\circ$$

$\cos 79^\circ = 0.19$

故(C)正確，而由 $W_1 = 2W_2$ 時可得(E)錯。

一、利用兩只單相瓦特計測量三相負載之功率，已知兩瓦特計之讀值分別為 1000W 及 2000W，則此負載之：(一)總有效功率？(二)總無效功率？(三)功率因數？　〔90 台電〕

答：

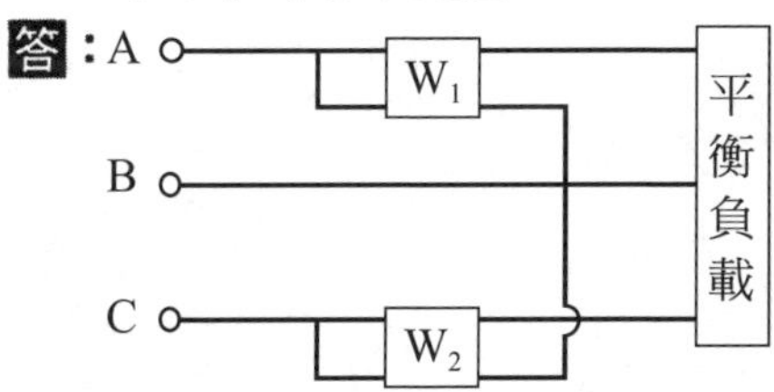

(一) $P_{3\phi} = W_1 + W_2 = 1000 + 2000 = 3000\text{W}$

(二) $Q_{3\phi} = \sqrt{3}\left|W_1 + W_2\right| = 1.732.1\text{VA}$

(三) $\text{pf} = \dfrac{P_{3\phi}}{\sqrt{P_{3\phi}^2 + Q_{3\phi}^2}} = \dfrac{3000}{\sqrt{3000^2 + 1732.1^2}} = 0.866$

二、畫出 220V 三相交流電壓的波形。　〔92 公路員級〕

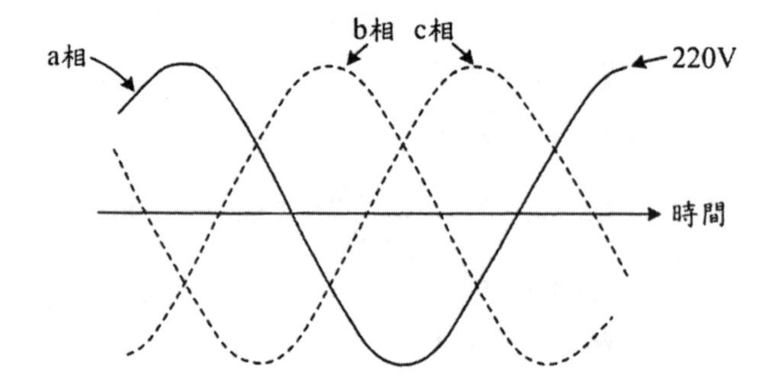

第七章

電磁感應

此章與第一章類似，有較多的基本原理需熟記，例如磁力、安培定律、冷次定律、法拉第定律、佛萊明定則等等。除要瞭解各定理原則所欲處理的問題之外，尙需熟記各公式中變數所代表的意義以及物理量單位，以便正確計算。

線圈本身的自感、線圈之間的互感以及由耦合線圈對所組合之變壓器，爲考試常出之重點，尤其是理想變壓器的電壓、電流與線圈數之間的關係，需熟記。

此外，變壓器的損耗種類與改善方法，亦在歷年考試多次出現，請多注意。

二線圈之間的磁通交互作用稱爲磁耦合。二線圈間的磁耦合現象係以互感來表示，一線圈本身的電感量稱爲自感。

具有磁耦合效應的電路元件稱爲變壓器，其電路模型係以每一線圈本身的自感及各線圈間之互感來描述。若一變壓器內之每一線圈耦合至其他線圈的磁通爲無窮大，且其所有自感和互感皆趨近於無窮大，則此種耦合電路元件稱爲理想變壓器，其電路模型只需以各線圈的匝數比表示即可。

7-1 電磁交互作用

在磁場中，運動的電荷會受到磁場的作用，產生磁力 $\vec{F}=q\vec{u}\times\vec{B}$ ，其中，q 為電荷的帶電量，$\vec{u}$ 為運動速度及方向，$\vec{B}$ 為磁通密度，可表示磁場的大小及方向，而 $\vec{F}$ 即為受力大小及方向。

安培定律是說在通有電流的長直導線周圍所建立磁場強度，和導線上的電流大小成正比，而和導線間的距離成反比。至於安培定律有兩種應用形式，又稱安培右手定則（或簡稱右手定則），可用來判斷磁場的方向。當應用在長直導線時，大姆指表示電流的方向，而其餘四指所指的方向即為磁場方向；當應用在螺旋線圈時，電流方向以四根指頭表示，大姆指指向磁場的方向。

當通過一線圈中的磁場發生變化時，應用冷次定律可判斷因磁場感應所生之電流的方向。冷次定律是說：感應電流其所產生的磁場恆抵抗原來的磁場變化方向。然而冷次定律僅能用來判斷電流方向，若欲進一步判斷感應電動勢或感應電流的大小時，需應用法拉第定律。法拉第定律是說：電路中所生感應電動勢之大小等於通過電路內磁通量的時變率，且其方向乃在抵抗磁通量變化之方向。

佛萊明定則又稱佛萊明左手定則（簡稱左手定則），亦稱電動機定則，是說導線在磁場中通過電流就會發生運動。磁場愈強或導電中的電流越大，運動的力量也越大。

7-2 互 感

單一線圈的匝數為 N_1 ，則此線圈的磁通鏈為

$$\lambda_1(t)=N_1\phi_1(t)=L_1 i_1(t)$$

故對一線性非時變電感器而言，其磁通鏈係與所通過的電流成正比，而其中的比例常數 L_1 即為電感（或稱自感）。

依法拉第電磁感應定律得知若磁通鏈隨時間而改變，則在線圈兩端會

產生感應電壓。線性電感器兩端的電壓與其所通過電流對時間之變化率成正比，且比例常數為線圈的電感量。

$$v_1(t)=\frac{d\lambda_1}{dt}=N_1\frac{d\phi_1}{dt}=L_1\frac{di_1}{dt}$$

耦合的線圈對常以黑點表示其感應電壓的極性，稱為黑點極性法則。當給予一線圈耦合對時，若一電流自一線圈的黑點端流入，則此電流於另一線圈的黑點端感應出正的互感電壓。

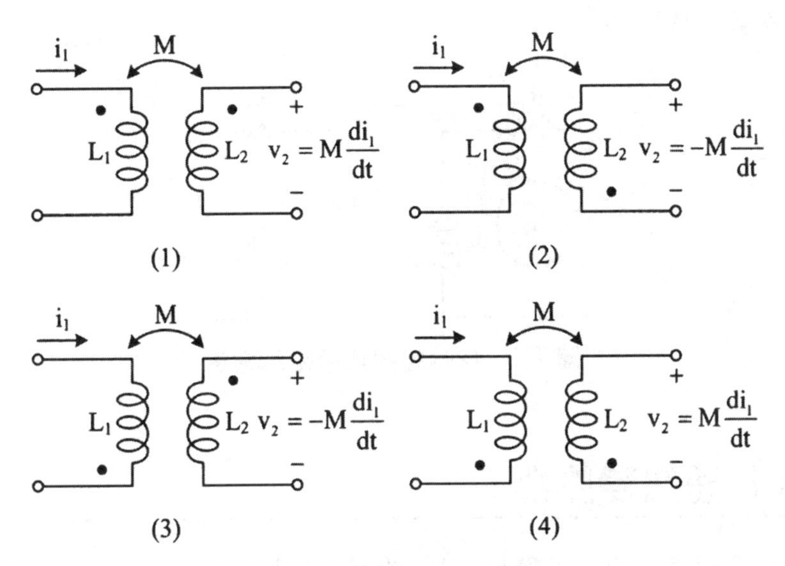

圖 7-1　互感電壓的符號

線圈耦合對的互感值小於二自感的算術平均值及幾何平均值，亦即$M\leq(L_1+L_2)/2$且$M\leq\sqrt{L_1L_2}$。在分析耦合電路時，通常都使用迴路方程式，而少用節點方程式。

當假設一耦合線圈的自感分別為L_1和L_2，互感為M時，則其耦合係數k定義為$k=\frac{M}{\sqrt{L_1L_2}}$。耦合係數的範圍必在0與1之間，若$k=0$，表示一線圈電流所產生的磁通不會連接到另一線圈，亦即無偶合；若$k=1$，表示一線圈內的所有磁通都會全部連接到另一線圈，稱為全耦合。

在耦合線圈內儲存的總能量為

$$W=\frac{1}{2}L_1I_1^2+MI_1I_2+\frac{1}{2}L_2I_2^2$$

7-3 線性變壓器

耦合的線圈對可組合成變壓器，變壓器左邊之線圈通常稱爲初級線圈、初級繞組、一次線圈或主線圈，右邊之線圈則稱爲次級線圈、次級繞組、二次線圈或副線圈。

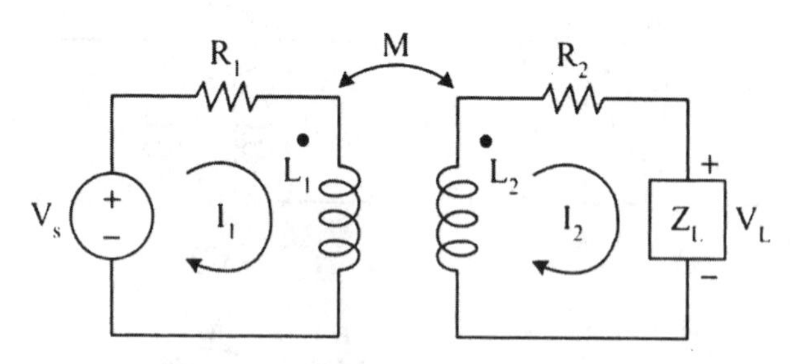

圖 7-2 線性變壓器電路示意圖

7-4 理想變壓器

全耦合線圈（耦合係數 k = 1）的互感會等於二自感的幾何平均 $M=\sqrt{L_1L_2}$。在全耦合線圈中，自感和圈數之平方成正比；初級電壓和次級電壓與初級線圈匝數以及次級線圈匝數成正比；初級電流和次級電流與初級線圈匝數以及次級線圈匝數成反比；至於初級側傳送的功率則等於次級側接受的功率。若二次側線圈數(N_2)大於一次側線圈數(N_1)，則該變壓器爲升壓變壓器，反之若 $N_2<N_1$ 則爲降壓變壓器。

$$\frac{L_1}{N_1^2}=\frac{L_2}{N_2^2}$$

$$\frac{v_1(t)}{N_1}=\frac{v_2(t)}{N_2}$$

$$N_1i_1(t)=N_2i_2(t)$$

$$p_1(t)=v_1(t)i_1(t)=v_2(t)i_2(t)=p_2(t)$$

理想變壓器次級側所連接之電阻R_L由初級側來看相當於$\left(\frac{N_1}{N_2}\right)^2 R_L$的電阻，次級側連接的電感L反射到初級側即成為$\left(\frac{N_1}{N_2}\right)^2$ L的電感，而次級側連接的電容 C 反射至初級側會成為$\left(\frac{N_2}{N_1}\right)^2$ C 的電容器。

7-5 變壓器的損耗

理論上當變壓器的轉換效率為100%時，一次線圈側輸入功率與二次線圈側輸出功率相同，但實際上由於激磁所產生的磁力線不可能全部都被侷限在鐵心中，再加上其他的內部損耗，轉換效率勢必下降。由於線圈有內阻，一次線圈的激磁電流會造成內損，但是此電流極小，通常可忽略不計。通常變壓器的損耗可分為兩類：鐵損與銅損，鐵損與負載無關，因此又稱為無負載損，銅損則和負載的大小有關，稱為負載損。

與負載無關的鐵損，可再分為磁滯損及渦流損。磁滯損係因鐵心矽鋼片的材質不同，以及電壓頻率的變化所造成，電壓頻率越高則磁滯損越大，降低磁滯效應的作法是目前廣為採用的使用約含3%矽材料的矽鋼片鐵心；渦流損(Eddy Current loss)係因磁力線通過鐵心時，會在鐵心內與磁力線垂直的切面上形成電流環路，稱為渦流，渦流的現象無法解決，但鐵心可採用相互絕緣的薄片堆疊而成以降低渦流的影響。此外，添加矽元素於鐵心中，除了提高磁通飽和密度減少磁滯損外，也可以降低鐵心導電性以降低渦流損。

與負載相關的銅損又可再分為電阻損及漂游損。電阻損起因於線圈本身的電阻，當負載端的電流越大電阻損就越大，因此降低銅損主要的考量是增加導線的截面積以及減少線圈匝數，慎選較好的銅材質並使用線徑較粗的銅導線也可降低電阻，此外採用導磁性極高的鐵心材質或採用無接縫捲鐵心，亦可降低線圈匝數達到降低銅損的目的；漂游損主要是由於磁漏所致，所有的感應磁力線不可能都被侷限在鐵心中，因此磁漏會在繞組導體中產生渦流形成損耗，降低漂游損的方式為加裝屏蔽遮罩，其可減低磁漏對線圈的影響，也可以減低變壓器對外部電子零件或線路的干擾，屏蔽遮罩常見有銅與鋁為材質，以銅的屏蔽效果較佳。

變壓器另一個常見的問題是噪音，亦稱哼聲，起因為交互磁力的變化於矽鋼片上所產生的些微振動，此振動頻率與交流電壓頻率相同，若電源中含有諧波成分，則會造成噪音的放大。解決變壓器哼聲的常見方法有降低鐵心的磁通密度，使用磁歪斜小的矽鋼片，改善鐵心接縫與組裝或使用黏著劑真空含浸處理。

(D) 1. 兩線圈之耦合係數 2/3，其互感量為 8H，其中一線圈之自感量為 8H，另一線圈之自感量為 (A)4H (B)8H (C)16H (D)18H。 〔90 台電〕

【解析】耦合係數 $K=\dfrac{M}{\sqrt{L_1L_2}}$

$$\frac{2}{3}=\frac{8}{\sqrt{8\cdot L_2}}$$

平方 $\dfrac{4}{9}=\dfrac{64}{8L_2}$

$$L_2=18\text{H}$$

(A) 2. 下列有關磁力線的敘述，何者錯誤？ (A)在磁鐵內部磁力線由N極至S極 (B)磁力線為封閉曲線 (C)磁力線不會相交 (D)磁力線越密則磁場強度愈大 (E)不管磁力線進入或離開磁性物體，皆與磁性物體的交界面互相垂直。 〔92 台電〕

【解析】(A)磁力線在磁鐵外部由N極至S極，在磁鐵內部由S極至N極。

（E） 3.中子由東向西運動，行經一均勻磁場空間，磁場方向向下，則進行方向將　(A)偏南　(B)偏北　(C)偏上　(D)偏下　(E)不變。

〔92台電〕

【解析】中子本身不帶電，運動行經磁場時不會感應出電磁力，故不會改變進行方向。

（D） 4.線圈感應電勢的極性可由下列何種定律決定？　(A)波義耳定律　(B)安培定律　(C)庫侖定律　(D)楞次定律　(E)法拉弟定律。

〔92台電〕

【解析】楞次定律（冷次定律）：線圈感應電動勢方向係為抵抗磁場變化的方向。

（C） 5.當線圈在磁場中運動時，線圈會感應電壓，感應電壓的大小與下列何者無關？　(A)線圈匝數　(B)線圈的運動方向　(C)線圈線徑大小　(D)線圈切割磁通的速度　(E)磁通密度。　〔92台電〕

【解析】$V=\frac{d\lambda}{dt}=\frac{d(N\phi)}{dt}=\frac{d}{dt}(NBS)$

N為線圈匝數，B為磁通密度，S為面積，與運動速度有關；運動方向會影響感應電壓方向，切割速度影響磁通量ϕ，故僅線圈線徑無關。

（C） 6.如下圖，設自感量$L_1=2$亨利，$L_2=3$亨利，$L_3=4$亨利，互感量$M_{12}=0.5$亨利，$M_{23}=0.6$亨利，$M_{13}=0.3$亨利，則總電感爲多少亨利？　(A)6.4　(B)7.5　(C)8.6　(D)9　(E)10.6。

〔92台電〕

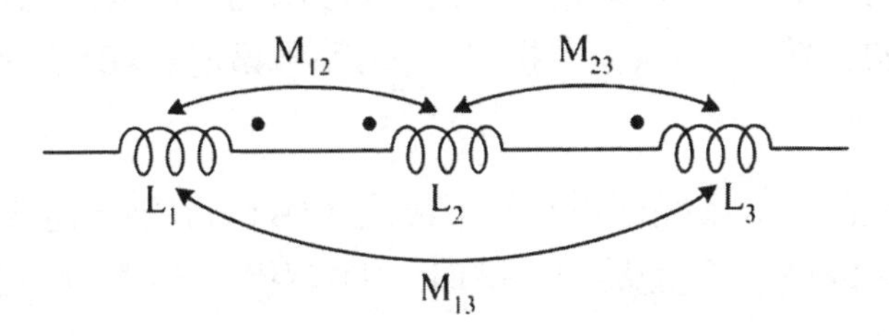

【解析】由圖中黑點所表示之方向可知M_{12}及M_{13}應取負值，M_{23}取正值。

$$L_T = L_1 + L_2 + L_3 - 2M_{12} - 2M_{13} + 2M_{23}$$
$$= 2 + 3 + 4 - 2 \cdot 0.5 - 2 \cdot 0.3 + 2 \cdot 0.6$$
$$= 9 - 1 - 0.6 + 1.2$$
$$= 8.6H$$

(D) 7. 關於變壓器之描述，何者有誤？ (A)可將電壓升高或降低 (B)理想變壓器，其一、二次線圈的電功率應相等 (C)其主要係利用電磁感應的原理 (D)變壓器亦常使用於直流電 (E)N_1、N_2為一、二次線圈之匝數，V_1、V_2為一、二次側之電壓，則$\frac{V_1}{V_2}=\frac{N_1}{N_2}$。〔92台電〕

【解析】變壓器係利用電磁感應原理，以電流變化引起磁場變化，再感應出電動勢，故不可用於電流無變化之直流電。

(E) 8. 一每秒60週之交流發電機，有4磁極，則此發電機每分鐘之轉速為多少RPM？ (A)2400 (B)1800 (C)1500 (D)1200 (E)900。〔92台電〕

【解析】每秒轉速$\frac{60}{4} = 15$轉

每分鐘$15 \times 60 = 900$RPM

(C) 9. 鐵磁性物質的相對導磁係數值，通常約為 (A)20 (B)30 (C)$50 \sim 10^5$ (D)10^8 (E)1。〔94台電養成班〕

(A) 10. 變壓器鐵心採矽鋼片疊製之主要理由為 (A)減少渦流損失 (B)幫助散熱 (C)減少銅損失 (D)節省鐵心 (E)堅固耐用。〔94台電養成班〕

(A) 11. 變壓器的效率在何種條件下最高 (A)渦流損＝磁滯損 (B)渦流損＝銅損 (C)磁滯損＝鐵損 (D)銅損＝鐵損 (E)銅損＋鐵損適度時。〔94台電養成班〕

(B) 12. 有關磁力線之敘述，下列何者錯誤？ (A)磁力線間不相交 (B)磁力線不是封閉曲線 (C)磁力線的方向規定由N極發出，經磁鐵外部進入 S 極 (D)磁力線較密集的地方，磁場較強。

〔94 中油雇員〕

【解析】(B)因無磁單極的存在，磁力線必為封閉曲線，與電力線不同。

(C)磁鐵外部，磁力線由N極至S極。磁鐵內部，磁力線由 S 極至 N 極。

(A) 13.一條長直導線，其電流方向爲向你迎面而來，則導線周圍的磁場方向爲： (A)逆時鐘方向 (B)順時鐘方向 (C)向右 (D)向左。 〔94 中油雇員〕

【解析】使用安培右手定則可知 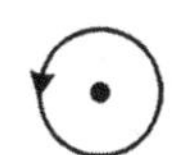

(C) 14.如下圖所示導體⊙表示電流流出紙面，則導體之運動方向爲何？(A)向左 (B)向右 (C)向上 (D)向下。 〔94 中油雇員〕

N	⊙	S

【解析】電荷在磁場中運動所受磁力為

$\vec{F} = q\vec{u} \times \vec{B}$

$\vec{u}$ 為電流方向，$\vec{B}$ 為磁場方向，磁場由 N 極向 S 極

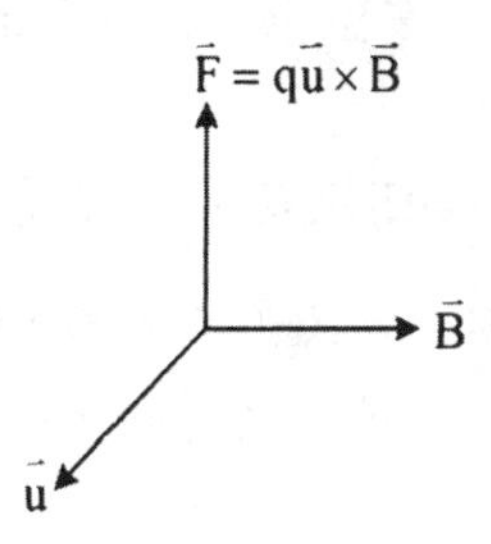

故得導線受向上的力，往上運動。

(A) 15.如下圖所示，若將可變電阻R調大，則A、B間之電位高低爲：(A)$V_A < V_B$ (B)$V_A = V_B$ (C)$V_A > V_B$ (D)V_A 比 V_B 電位先高後低。 〔94 中油雇員〕

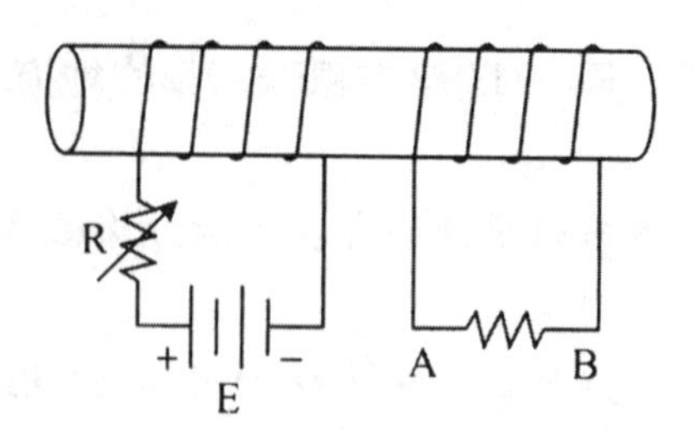

【解析】由圖中可得知，左邊的線圈產生向左方的磁場，若電阻R調大，則電流減小，磁場變弱，右邊線圈的電流感應方向如下圖

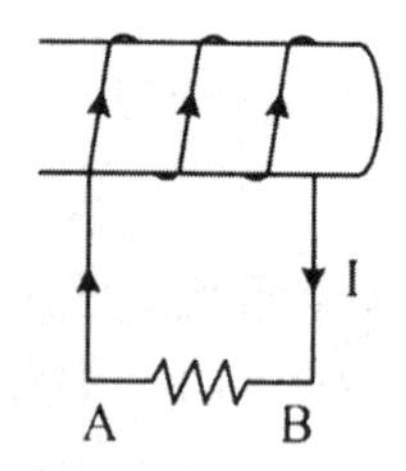

故電位 V_B 高於 V_A。

(C) 16. 導體在磁場中運動，其導體的感應電壓極性（或電流方向）、導體的運動方向及磁場方向，三者關係可依何原理決定？ (A)佛來明定則（Fleming's rule） (B)克希荷夫電壓定理（Kirchhoff's voltage law） (C)法拉第定律（Faraday's law） (D)歐姆定律（Ohm's law）。〔94 中油雇員〕

【解析】法拉第定律可決定感應電壓的大小及方向。

(D) 17. 在500匝之線圈中，若磁通Φ在0.1秒內由0.02韋伯增加到0.05韋伯，則該線圈之感應電勢為何？ (A)25V (B)50V (C)100V (D)150V。〔94 中油雇員〕

【解析】$V = -N\dfrac{d\Phi}{dt}$

$= -500 \times \dfrac{0.05-0.02}{0.1}$

$= -500 \times 0.3$

$= -150\text{V}$（負號表示方向）

（D） 18.有一200匝的線圈，當通有1安培的電流通過時，產生4×10^{-4}韋伯的磁通，則線圈的總自感量是多少亨利？　(A)0.02亨利　(B)0.04亨利　(C)0.06亨利　(D)0.08亨利。　〔94中油雇員〕

【解析】$V = -N\dfrac{d\Phi}{dt} = -L\dfrac{dI}{dt}$

$N\Phi = LI$

$L = \dfrac{N\Phi}{I} = \dfrac{200 \times 4 \times 10^{-4}}{1} = 0.08H$

（×） 19.有一線圈匝數為1200匝，通過4安培時產生磁通量$5 \times 10^{\ \ 3}$韋伯，換算自感量為1.5亨利，相同的線圈規格，如欲將自感量增至2亨利，則應增加匝數為多少？　(A)185匝　(B)250匝　(C)285匝　(D)350匝。　〔94中油雇員〕

【解析】$V = -N\dfrac{d\Phi}{dt} = -L\dfrac{dI}{dt}$

$L = \dfrac{N\Phi}{I} \propto N$

故2H的線圈匝數為

$N = \dfrac{2}{1.5} \times 1200 = 1600$ 匝

應增加 $1600 - 1200 = 400$ 匝

（A） 20.電機鐵心通常採用薄矽鋼片疊製而成，其主要目的是要減低何種損失？　(A)渦流損　(B)銅損　(C)機械損　(D)雜散損。

〔94中油雇員〕

【解析】渦流損由渦流引起，可用薄片疊製減低。

（AD） 21.一個靜止帶電質點在那些情形下，會受到作用力？　(A)在穩定不變的電場中　(B)在穩定不變的磁場中　(C)在強度隨時間變動的磁場中　(D)在強度隨時間變動的電場中　(E)在不均勻但穩定不變的磁場中。　〔95台電養成班〕

【解析】帶電質點在電磁場中所受的電磁力可表為

$\bar{F} = q\bar{E} + q\bar{u} \times \bar{B}$

其中$\bar{F}_{電} \doteq q\bar{E}$為電力，與電荷速度無關只要有電場$\bar{E}$即有作用力。

$\bar{F}_{磁} = q\bar{u} \times \bar{B}$ 為磁力，$\bar{u}$ 為電荷速度，若電荷靜止則無論磁場 $\bar{B}$ 如何變化均無作用力。

故(A)(D)正確。

(ABDE) 22. 有關磁力線之敘述何者正確？ (A)磁鐵內部由 $S \to N$ (B)磁場強度較大之處，磁力線較疏 (C)磁力線無論進入或離開磁鐵均與其表面平行 (D)磁力線為封閉曲線 (E)磁力線彼此不相交。〔95台電養成班〕

【解析】(A)在磁鐵外部，磁力線由 $N \to S$，而在磁鐵內部，磁力線由 $S \to N$。

(B)磁力線密度可表示磁場強弱，磁力線較疏處，磁場較弱。

(C)磁力線以近乎垂直磁鐵表面的方向進入或離開磁鐵。

(D)磁力線為封閉曲線，無起點亦無終點。

(E)兩磁力線之間彼此不會相交。

故(A)(B)(D)(E)正確。

(B) 23. 有一線圈匝數2000匝，電感量為40H，若電感量降為10H時，匝數應減為多少匝？ (A)200匝 (B)500匝 (C)750匝 (D)1000匝 (E)1500匝。〔95台電養成班〕

【解析】線圈密度相同時，電感量正比匝數

$$L = \frac{N\Phi}{i} \Rightarrow \frac{L_1}{N_1} = \frac{L_2}{N_2}$$

$$\frac{40}{2000} = \frac{10}{N_2}$$

$N_2 = 500$ 匝

(D) 24. 有一300匝的線圈，當3安培的電流通過時，產生 5×10^{-4} 韋伯的磁通，則線圈的自感是： (A)0.02亨利 (B)0.03亨利 (C)0.04亨利 (D)0.05亨利 (E)0.06亨利。〔95台電養成班〕

【解析】磁通 $\Phi = 5 \times 10^{-4}$Wb

$$電感\ L=\frac{N\Phi}{I}$$
$$=300\times\frac{5\times10^{-4}}{3}$$
$$=0.05亨利$$

(BC) 25.鐵心爲矽鋼片之特性：　(A)減少導磁係數　(B)減少磁滯損失　(C)減少渦流損失　(D)穩定磁性　(E)銅損小。〔95台電養成班〕

【解析】變壓器損耗可分與負載無關之鐵損，以及與負載相關之銅損；鐵損可再分為磁滯損及渦流損，而銅損可再分為電阻損及漂游損。

鐵心與負載無關，故(E)錯誤。鐵心以薄片堆疊可降低渦流損，若添加矽則可同時改善磁滯損及渦流損，故(B)(C)正確。而添加矽可提高磁通飽和密度，故(A)錯誤。

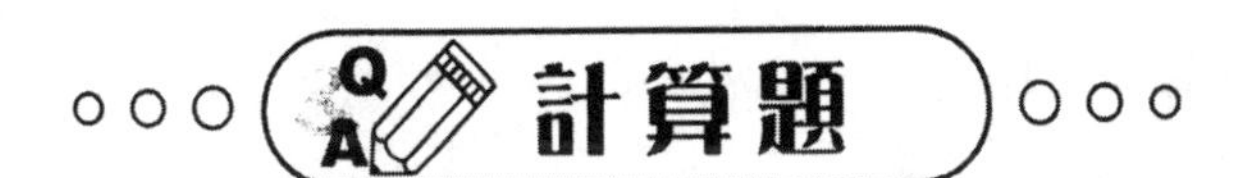

一、有一600匝之螺線管，通以2A電流時，產生了0.06韋伯之磁通量。
(一)求電感量。
(二)若將匝數減少300匝，則其電感量變為若干。〔94鐵公路佐級〕

答：(一)磁通量：
$$\lambda=N\phi=Li$$
$$L=\frac{N\phi}{i}=\frac{600\times0.06}{2}=18H$$
(二) $L=\frac{N\phi}{i}=\frac{300\times0.06}{2}=9H$

二、某導線長40公分，置於磁場強度為0.2韋伯／平方公尺的磁場中，若導線以每秒10公尺的速度運動。設導線、磁場強度及運動速度三者相互垂直時，求導線所產生的感應電壓。〔85公路佐級〕

答：感應電壓＝速度×磁場強度×導線長度
$V=uB\ell$

$= 10 \times 0.2 \times 0.4(m)$

$= 0.8V$

三、如下圖(1)、(2)所示，截面積A = 0.009平方公尺，半徑r = 0.08公尺，匝數N = 200，電流I = 4安培，其中圖(2)為圖(1)材料之磁化曲線，試求：圖(1)中磁路之磁通量？〔87鐵路員級〕

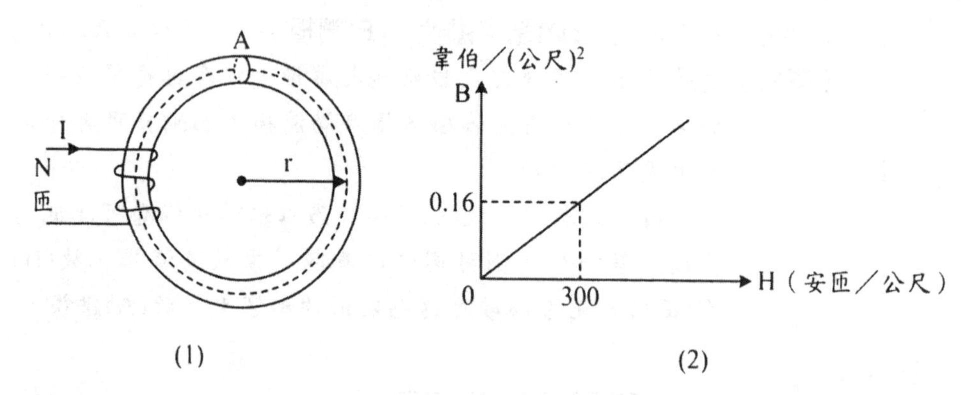

答：由圖(2) $B = \mu H$

得$\mu = \frac{B}{H} = \frac{0.16}{300} = 5.33 \times 10^{-4}$ H/m

磁場強度$H = \frac{I}{2\pi r} = \frac{4}{2\pi \times 0.08} = \frac{25}{\pi} = 7.96$ A/m

磁通密度$B = \mu H = 5.33 \times 10^{-4} \times 7.96 = 4.24 \times 10^{-3} Wb/m^2$

磁通量$\Phi = BA = 4.24 \times 10^{-3} \times 0.009 = 3.82 \times 10^{-5} Wb$

四、如下圖所示，求下列情況下，電流在電阻器R上流動方向？並說明原因及利用什麼定理。

(一)磁鐵向線圈靠近時。

(二)磁鐵放在線圈內，但靜止不動時。〔87郵政公路佐級〕

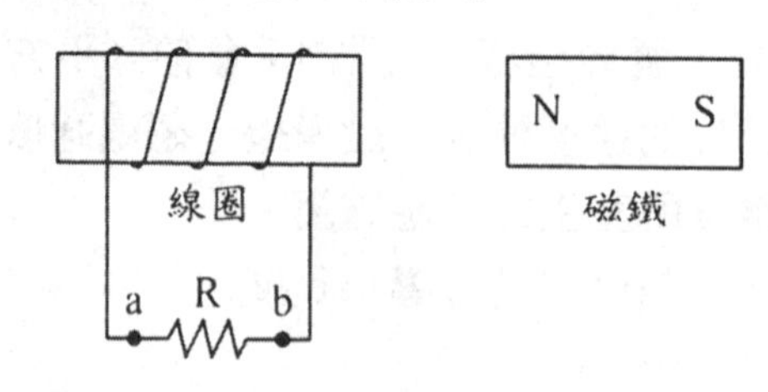

答：由冷次定律：磁場感應所生之電流係爲抵抗磁場變化方向。

(一)當磁鐵向線圈靠近時，由冷次定律可知線圈需產生向右之磁場，接著再利用安培右手定則，可得電流方向。

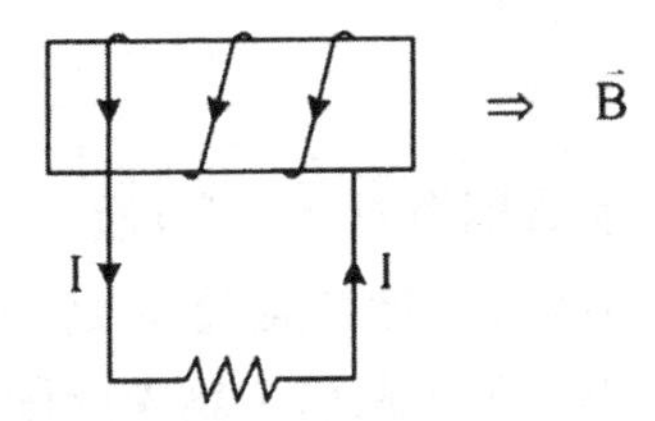

(二)磁鐵不動時，無磁通變化，故無電流。

五、如下圖的變壓器電路中，$R_1 = 1\Omega$，$\omega L_1 = 2\Omega$，$\omega M = 8\Omega$，$\omega L_2 = 50\Omega$ 及 $R_2 = 6\Omega$。當二次繞組的輸出連接30Ω電阻，試求 V_2/V_1 及 V_1/I_1。 〔87 郵政公路佐級〕

答：

$$\begin{cases} V_1 = I_1R_1 + I_1(j\omega L_1) - j\omega MI_2 \\ V_2 = j\omega MI_1 - I_2R_2 - I_2(j\omega L_2) \\ V_2 = I_2R^{\omega} \end{cases}$$

$$\begin{cases} V_1 = I_1 + j2I_1 - j8I_2 \\ V_2 = j8I_1 - 6I_2 - j50I_2 \\ V_2 = 30I_2 \end{cases}$$

$$I_2 = \frac{1}{30}V_2$$

六、已知有兩線圈，其匝數分別為 $N_1 = 100$ 匝，$N_2 = 200$ 匝，並以一鐵心耦合，耦合係數等於0.8，當 N_2 線圈開路，N_1 線圈通過5安培電流時產生之磁通 $\phi_1 = 4 \times 10^{-2}$ 韋伯，試求此兩線圈間之互感量。

〔87 公路員級〕

答：N_1 線圈產生的磁通量爲 $N_1\phi_1$

$N_1\phi_1 = 100 \times 4 \times 10^{-2} = 4Wb$

N_2 線圈與 N_1 線圈產生磁場的交鏈量

$\Lambda_{21} = N_2 \cdot kN_1\phi_1 = 200 \times 0.8 \times 4 = 640Wb$

互感 $L_{21} = \frac{\Lambda_{21}}{i_1} = \frac{640}{5} = 128H$

七、有一長為20公分之導線，其電阻為10歐姆，將其置於磁通密度為0.5韋伯／平方公尺之磁場中，若此導線以5公尺／秒之速率依垂直於磁場之方向運動，則此導線上將有若干功率消耗？

〔90 郵政公路員級〕

答：導線切割的磁通

$\Phi = \ell \cdot B \cdot u \cdot t$

其上感應電壓

$$\begin{aligned} V &= -\frac{d\Phi}{dt} \\ &= -\ell Bu \\ &= -0.2 \times 0.5 \times 5 \\ &= -0.5V \end{aligned}$$

功率消耗

$$P = \frac{V^2}{R} = \frac{0.5^2}{10} = 0.025W$$

八、如圖為一個交流電路，其中變壓器的變壓比為2：1，求由電源端送出之電流與功率為多少？〔92 鐵路佐級〕

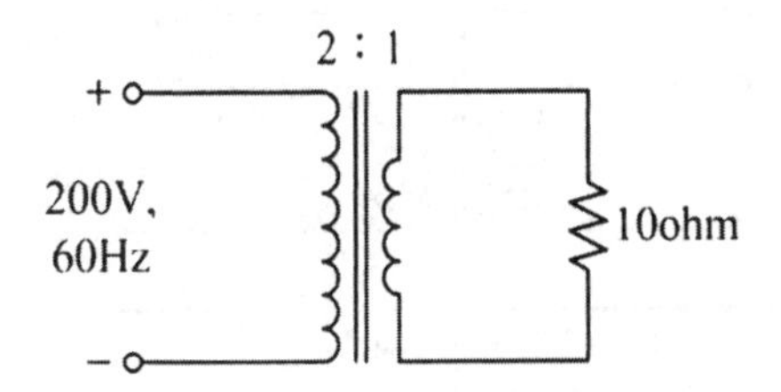

答：負載端電壓 V_L

$$\frac{V_S}{N_1}=\frac{V_L}{N_2}\Rightarrow\frac{200}{2}=\frac{V_L}{1}\Rightarrow V_L=100V$$

負載端電流

$$I_L=\frac{V_L}{R_L}=\frac{100}{10}=10A$$

電源端電流 I_S

$$I_S\cdot N_1=I_L\cdot N_2\Rightarrow I_S\cdot 2=10\cdot 1\Rightarrow I_S=5A\ (60Hz)$$

設題意 200V 爲有效值

$$P_S=I\cdot V=5\cdot 200=1000V$$

九、下圖是四個繞組的變壓器：

(一)怎麼接才能得到輸入 110 伏、輸出 50 伏？

(二)怎麼接才能得到輸入 220 伏、輸出 14 伏？〔92 公路佐級〕

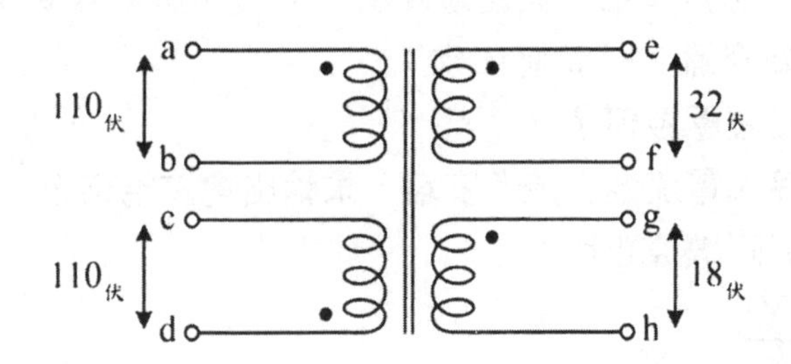

答：(一)

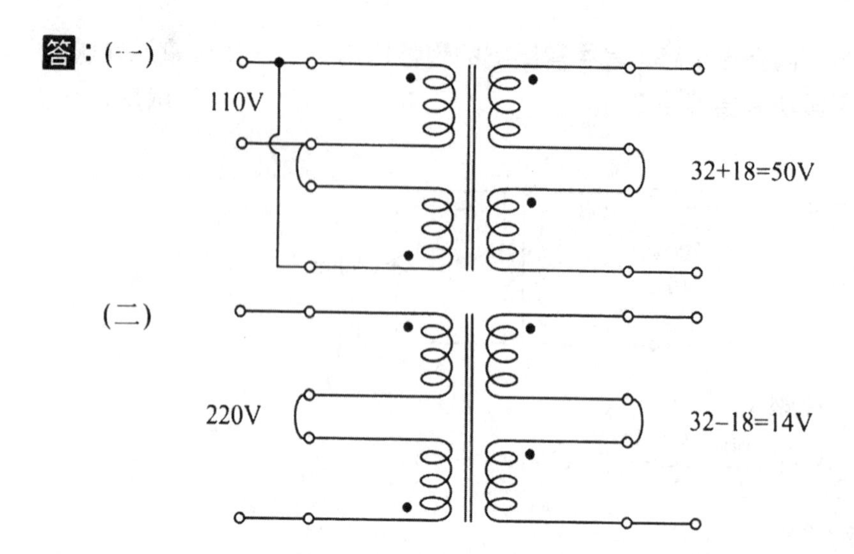

十、設有相同二線圈串聯，其等效電感值為100毫亨利（mH），如其中一線圈倒置時，則其等效電感值降為60毫亨利（mH），假設此二線圈間有磁耦合存在，求個別線圈之自感L為何？〔93電信佐級〕

答：總電感 $L_T = L_1 + L_2 \pm 2M_{12}$

因 $L_1 = L_2$

$$\begin{cases} 2L + 2M = 100 \\ 2L - 2M = 60 \end{cases}$$

$\Rightarrow L = 40mH$

十一、設有一理想變壓器，其主線圈有100匝，副線圈有1000匝，若輸入電壓為交流110伏特，求：

(一)輸出電壓為何？

(二)若輸入電流為交流5安培，求輸出電流為何？〔93電信員級〕

答：(一)電壓與匝數成正比

$$\frac{V_i}{N_i} = \frac{V_o}{N_o}$$

$$\frac{110}{100} = \frac{V_o}{1000} \Rightarrow V_o = 1100V$$

輸出電壓爲交流1100伏特

(二)電流與匝數成反比

$I_i \cdot N_i = I_o \cdot N_o$

$5 \cdot 100 = I_o \cdot 1000 \Rightarrow I_o = 0.5$

輸出電流為交流 0.5 安培。

十二、一理想變壓器之額定值為2400/120伏特(V)，9.6千伏安(kVA)，次級端線圈有50匝，求(一)初級端線圈匝數；(二)初級端及次級端線圈額定電流值。〔93 郵政員級〕

答：(一)電壓正比線圈

$$\frac{V_1}{N_1} = \frac{V_2}{N_2}$$

$$\frac{2400}{N_1} = \frac{120}{50}$$

$N_1 = 1000$ 匝

(二) $P = IV$

$$I_{初} = \frac{P}{V} = \frac{9600}{2400} = 4A$$

$$I_{次} = \frac{P}{V} = \frac{9600}{120} = 80A$$

第八章

歷屆試題及解析

100 年台灣中油三輕雇員

( ) 1. 電工常用的各種物理度量,配合量度的單位,下列何者錯誤? (A) 電壓－伏特 (B) 電流－安培 (C) 電能－瓦特 (D) 電阻－歐姆。

( ) 2. 某工程人員使用電爐,若欲將電爐電功率銷耗減小到原來的一半,下列何種作法為可行方案? (A) 將使用電壓及電爐的電阻各減小到原來一半 (B) 將電爐的電阻減小到原來一半 (C) 將使用電壓減小到原來一半 (D) 將使用電流減小到原來一半。

( ) 3. 電力公司在住宅或工廠用戶所安裝的電度表,這是用來度量什麼樣物理量? (A) 電流 (B) 電壓 (C) 電功率 (D) 電能。

( ) 4. 電阻為 R 的均勻導線,大小不變若將其長度拉長為原來的 2 倍,則該導線電阻變為原來的幾倍? (A) 四分之一 (B) 二分之一 (C) 二 (D) 四。

( ) 5. 下列與「電阻值大小」有關的敘述,何者正確? (A) 一般金屬導體的電阻隨溫度的升高而降低 (B) 一般絕緣體的電阻隨溫度的升高而升高 (C) 超導體的電阻為無限大 (D) 導線截面積越大,則電阻越小。

( ) 6. 有關直流並聯電路的敘述,下列何者錯誤? (A) 並聯電路電阻並接愈多,總電阻將變小,總電流將變大 (B) 並聯電路上再多並接一個並聯電阻,將影響其它並聯電阻的電流 (C) 並聯電路消耗總功率將等於各電阻消耗功率的總和 (D) 並聯電路的總電流等於各分路電阻電流的總和。

( ) 7. 小明家裡裝有一台交流單相0.5HP馬力之抽水馬達,效率為0.8,功率因數為 0.85,當使用電壓為 110V,則馬達使用之電流量約多少安培? (A)1A (B)3A (C)5A (D)7A。

(　) 8. 兩只額定皆為 100V 之電壓表，V1 靈敏度為 20kΩ/V，V2 靈敏度為 40kΩ/V，當兩只串聯接於 120V 電壓時，這兩只電壓表指示分別為何？　(A)V1 ＝ 20V，V2 ＝ 100V　(B)V1 ＝ 40V，V2 ＝ 80V　(C)V1 ＝ 60V，V2 ＝ 60V　(D)V1 ＝ 80V，V2 ＝ 40V。

(　) 9. 某人使用直流電流表測量線路電流，現欲將該直流電流表的指示範圍放大 10 倍時，所裝分流器的電阻應為該直流電流表內阻的幾倍？　(A)1/10　(B)1/9　(C)9　(D)10。

(　) 10. 如右圖所示電路，Rab 兩端電阻為多少歐姆？
(A)10　(B)20
(C)30　(D)40。

(　) 11. 如右圖所示之電路，圖中電流 i 為多少安培？
(A)1　(B)2
(C)3　(D)4。

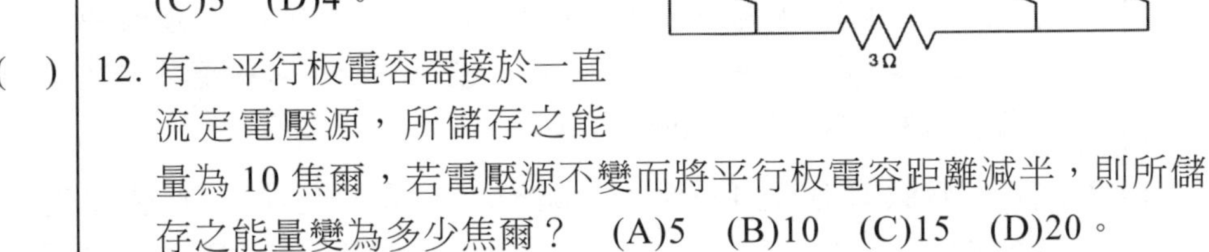

(　) 12. 有一平行板電容器接於一直流定電壓源，所儲存之能量為 10 焦爾，若電壓源不變而將平行板電容距離減半，則所儲存之能量變為多少焦爾？　(A)5　(B)10　(C)15　(D)20。

(　) 13. 有 2 個 20μF 電容器相接成串聯後，再與 1 個 10μF 電容器接成並聯，期總電容值為何？　(A)10μF　(B)20μF　(C)30μF　(D)40μF。

(　) 14. 有 3 個線圈，其電感均為 1 亨利，其中二個線圈串聯後與第三個線圈並聯，則其總電感應為何？　(A)1/3 亨利　(B)2/3 亨利　(C)1.5 亨利　(D)3 亨利。

(　) 15. 有一電容器其電容值 C ＝ 0.1 法拉，若接 20V 的直流電壓於其兩端，則電容器所儲存之電子數為多少個電子之帶電量？　(A)6.25×1018 個　(B)6.25×1020 個　(C)12.5×1018 個　(D)12.5×1020 個。

( ) 16. 在真空中，有兩個帶正電荷小球 Q1、Q2 相距 1.5 公尺，其相互間之排斥力為 2 牛頓；若將兩小球之距離縮小至 1 公尺，則此兩小球互相排斥之作用力變為多少牛頓？ (A)2.5 (B)3.5 (C)4.5 (D)5.5。

( ) 17. 有關磁力線的特性觀念，下列敘述何者錯誤？ (A) 磁鐵內部磁力線係由 S 極出發至 N 極 (B) 磁力線為封閉曲線 (C) 磁力線本身不具有伸縮的特性 (D) 磁力線離開或進入磁鐵時必垂直於磁鐵表面。

( ) 18. 有一個 60 毫亨利的電感器，若通過該電感器的電流在 1 毫秒內由 0.1A 增加至 0.5A 時，則該電感器兩端的感應電勢值為多少伏特？ (A)24 (B)34 (C)44 (D)54。

( ) 19. 有一 1000μF 電容器，若以 1 安培定電流充電至 100 伏特時，則其所需的時間約為幾秒？ (A)0.1 (B)0.2 (C)0.3 (D)0.4。

( ) 20. 在穩定狀態下的直流電路中，下列敘述何者正確？ (A) 電容器及電感器均應視為短路 (B) 電容器及電感器均應視為斷路 (C) 電容器可視為斷路，電感器可視為短路 (D) 電容器可視為短路，電感器可視為斷路。

( ) 21. 有一碳膜電阻之色碼為「灰、白、黃、金」，試求該電阻之最大值為何？ (A)89KΩ (B)93.45KΩ (C)890KΩ (D)934.5KΩ。

( ) 22. 有一麥拉電容器上標示為 223J，其電容量為何？ (A)2200pF (B)22nF (C)0.22μF (D)0.223μF。

( ) 23. 有兩個發電機輸出分別為 12V/200W 及 24V/200W，試問何者能提供較大的電流輸出？ (A)12V 發電機 (B)24V 發電機 (C) 兩者相同 (D) 無法比較。

( ) 24. 指針型三用電表靈敏度為 DC20KΩ/V，三用電表撥在 DC50V 檔，測量 1MΩ 串聯 1MΩ 接於 30V 之電路，如右圖

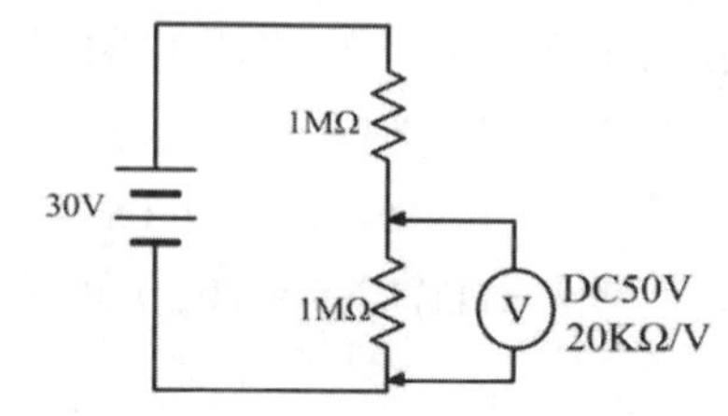

所示，測得 1MΩ 之電壓為何？
(A)5V　(B)10V
(C)15V　(D)20V。

( )　25. 線圈在磁場中移動時會有感應電動勢出現，該電動勢的極性可由哪個定律決定？ (A) 法拉第定律（Faraday's law） (B) 安培定律（Ampere's circuital law） (C) 楞次定律（Lenz's law） (D) 庫倫定律（Cloulomb's law）。

( )　26. 兩平行導線若流過電流的方向相同，則兩導線之間產生何種作用力？ (A) 相吸力 (B) 相斥力 (C) 無作用力 (D) 與電流無關。

( )　27. 如右圖所示，線路電流 I 為何？
(A)5A　(B)7A
(C)9A　(D)11A。

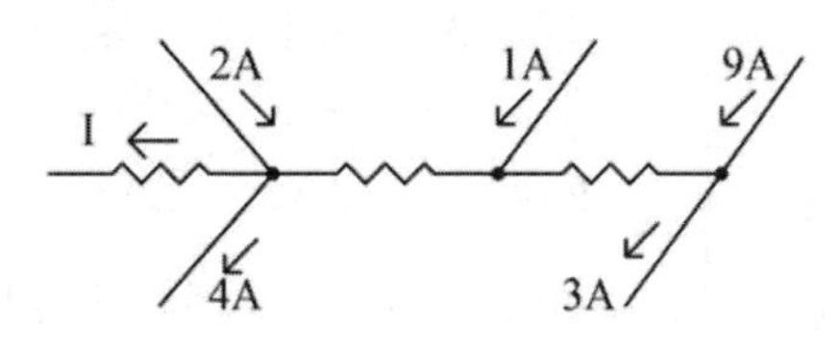

( )　28. 如右圖所示，有一條電阻回路發生故障，若 a、b 二端量得總電阻為 52Ω，試問何處發生故障？
(A)R1 短路
(B)R2 回路斷路
(C)R3 回路斷路
(D)R4 回路斷路。

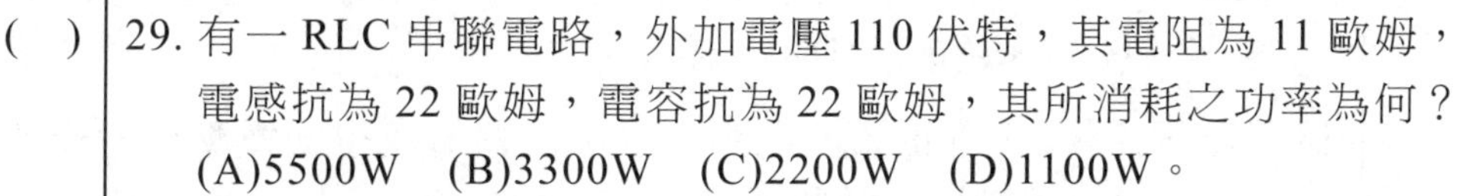

( )　29. 有一 RLC 串聯電路，外加電壓 110 伏特，其電阻為 11 歐姆，電感抗為 22 歐姆，電容抗為 22 歐姆，其所消耗之功率為何？ (A)5500W (B)3300W (C)2200W (D)1100W。

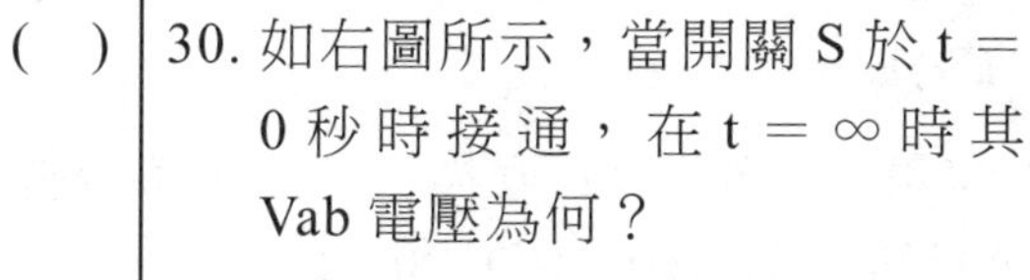

( )　30. 如右圖所示，當開關 S 於 t = 0 秒時接通，在 t = ∞ 時其 Vab 電壓為何？
(A)0V　(B)5V
(C)10V　(D)15V。

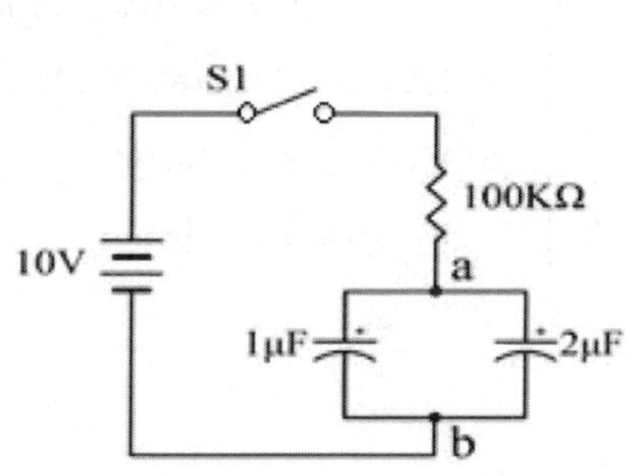

( ) 31. R － C 串聯電路中，若 R ＝ 1000kΩ、C ＝ 0.5μF，則時間常數 τ 為何？ (A)0.02 秒 (B)0.2 秒 (C)0.5 秒 (D)5 秒。

( ) 32. 使用交流電壓表測量工廠插座的交流電源，若其指示交流電壓為 220V，則該值代表為何？ (A) 平均值 (B) 有效值 (C) 峰值 (D) 瞬間值。

( ) 33. 一個 12 伏特汽車用蓄電池，其規格為 40AH（安培－小時），請問大約可以供應 5 瓦特的燈泡點亮多少小時？ (A)12 (B)40 (C)66 (D)96。

( ) 34. 用三條耐壓 220 伏特電阻性電熱線，施以△形接線同時於三相 220 伏特電源，其消耗功率為 6kW。若以相同電熱線改接成 Y 形接線，同時接於三相 220 伏特電源，則其消耗功率應為多少 kW？ (A)2 (B)4 (C)6 (D)8。

( ) 35. 在 R － L － C 串聯電路中，已知 R ＝ 3Ω，XL ＝ 6Ω，XC ＝ 2Ω，試求此電路總阻抗為多少歐姆？ (A)0 (B)5 (C)10 (D)15。

( ) 36. 有一純電容電路，外接 120 伏特，60Hz 交流電源時，自電源處取用 2 安培電流，試問該純電容電路電容值應為多少微法拉（μF）？ (A)30.2 (B)44.2 (C)52.5 (D)60.2。

( ) 37. 在一個交流 R － L － C 並聯電路中，流經 R、L、C 各支路之電流別為 IR ＝ 8A、IL ＝ 10A、IC ＝ 4A，電源電壓為 $220 \angle 0^{\circ}$V，則此電路之功率因數為何？ (A)0.6 超前 (B)0.6 滯後 (C)0.8 超前 (D)0.8 滯後。

( ) 38. 有一對稱之交流正弦波電壓，以示波器量測得知電壓峰對峰值 VP － P ＝ 220V，則此電壓之有效值 Vrms 約為多少伏特？ (A)78 (B)98 (C)110 (D)128。

( ) 39. 頻率為每秒 60Hz 之交流發電機，磁極數 10 極，則此機每分鐘轉速應為多少 rpm？ (A)420 (B)650 (C)720 (D)780。

( ) 40. 電源頻率為 50Hz 之交流電，波形每變化一週期之時間秒數為多少？ (A)0.02 (B)0.1 (C)2.5 (D)5。

( ) 41. 三相四線式 Y 接平衡負載，每相阻抗為 3 ＋ j4Ω，線電壓為 $200\sqrt{3}$V，則三相消耗總功率為多少瓦特？ (A)360 (B)8314 (C)14400 (D)28800。

( ) 42. 某負載功率因數為 0.8 時，自線路取用電流為 100 安培，若將負載功率提升至 1.0 時，則自線路取用電流變為多少安培？ (A)80 (B)90 (C)100 (D)110。

( ) 43. 某人以二瓦特計法測定三相負載，若以 P 表示平均功率，Q 表示電抗功率，則下列何者可計算出功率因數 $\cos\theta$ 之大小？

(A) $\frac{P}{P+Q}$ (B) $\frac{1}{\sqrt{p^2+Q^2}}$ (C) $\frac{1}{\sqrt{P+Q}}$ (D) $\frac{P}{\sqrt{p^2+Q^2}}$ 。

解答及解析 答案標示為 # 者，表官方曾公告更正該題答案。

1.(C)。電能單位為焦耳，瓦特為功率的單位。

2.(A)。$P=\frac{V^2}{R}=I^2R$ 故 (A) $P'=\frac{1}{2}P$ 可行。

(B)P' ＝ 2P；(C)p' ＝$\frac{1}{4}$ P；(D)p' ＝$\frac{1}{4}$ P

3.(D)。電度表量的是使用的累計電能。

4.(D)。此題為常見的考古題，長度加倍，體積不變則面積減半，

由 $R=\rho\frac{\ell}{s}$ 代入 $\ell'=2\ell$ ，$s'=\frac{1}{2}s$ 則 $R'=\rho\frac{2\ell}{\frac{1}{2}s}=4\rho\frac{\ell}{s}=4R$ 。

5.(D)。(A) 因溫度升高時，金屬晶格振盪較劇，其電阻增加。

(B) 溫度升高時，絕緣體或半導體內解離的電子電洞增加，電阻減小。

(C) 超導體的電阻為零。

(D) 導線電阻與長度成正比，與面積反比，故正確。

6.(B)。並聯電路多增加分支時，不影響其他分支，僅增加總電流。

7.(C)。馬力 1HP ＝ 746W，再由 $P = IV \times PF \times 7$

$0.5 \times 746 = I \times 110 \times 0.85 \times 0.8$

$I \simeq 5A$

8.(B)。電表 2 的內阻 R_2 為電表 1 內阻 R_1 的 2 倍，

故分壓 $V_1 = 120 \times \dfrac{R_1}{R_1 + R_2} = 40V$

$V_2 = 120 \times \dfrac{R_2}{R_1 + R_2} = 80V$

9.(B)。設電表內阻 R，分流電阻 R'；

分流後電流 $I' = \dfrac{1}{10} I \quad I' = \dfrac{R'}{R + R'} I = \dfrac{1}{10} I \Rightarrow R' = \dfrac{1}{9} R$

10.(C)。重畫如下

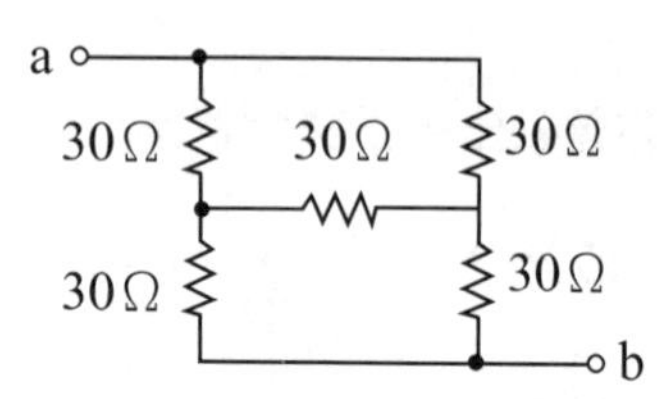

因電阻平衡，中間30Ω可移除

$R_{ab} = (30 + 30) // (30 + 30) = 30\Omega$

11.(D)。因為是並聯電路，5Ω 電阻可不計

1Ω
36v 6Ω 3Ω
3Ω

總電阻 $R_T = 1 + 6//3 + 3 = 6\Omega$

先求總電流再求分流

$i = \dfrac{36}{6} \times \dfrac{6}{6+3} = 4A$

12.(D)。由平板電容 $C = \in \dfrac{A}{d}$ 可知距離減半，電容加倍，

再由電能 $W_c = \dfrac{1}{2} CV^2$ 可知電容加倍，儲能加倍為 20 焦爾。

13.(B)。注意電容串並聯計算與電阻不同

$C_T = (20//20) + 10 = 10 + 10 = 20\mu F$。

14.(B)。電感串並聯計算同電阻

$$L_T=(1+1)//1=2//1=\frac{2}{3}H$$ 。

15.(C)。可儲電 Q ＝ CV ＝ 0.1x20 ＝ 2 庫侖
再換算成電子數，$2\times6.25\times10^{18}=12.5\times10^{18}$ 個。

16.(C)。 $F=k\frac{Q_1Q_2}{r^2}$ 與距離 r 成平方反比

故 $\frac{F'}{F}=\frac{r^2}{r'^2}=\frac{1.5^2}{1^2}=2.25$

F' ＝ 2.25F ＝ 2.25x2 ＝ 4.5 牛頓

17.(C)。(A) 磁力線在磁鐵外部由 N 極向 S 極，內部則 S 極向 N 極。
(B) 因無磁單極，故極力線為封閉線，與電力線不同。
(C) 因磁力線不可相交，故磁場強度改變時，磁力線的密度可作相對應的舒張或壓縮變化。
(D) 因空氣與磁鐵的磁場強度不同，導致垂直磁鐵表面。
故 (A)(B)(D) 均正確。

18.(A)。 $V_L=L\frac{di}{dt}=60\times10^{-3}\times\frac{0.5-0.1}{1\times10^{-3}}=24V$

19.(A)。由 Q ＝ CV 及 Q ＝ It

$$t=\frac{CV}{I}=\frac{1000\times10^{-6}\times100}{1}=0.1\text{ 秒}$$ 。

20.(C)。穩態時，電容為斷路，電感為短路；瞬間變化時則相反。

21.(D)。(1) $\left.\begin{array}{l}\text{灰}\rightarrow\text{代表數字8}\\\text{白}\rightarrow\text{代表數字9}\\\text{黃}\rightarrow\text{代表倍率10}\end{array}\right\}\Rightarrow\text{電阻標準值}89\times10^4\Omega=890k\Omega$

(2) 金→代表誤差 ±5%⇒R_{max}=890(1+5%)=934.5kΩ
R_{min}=890(1 － 5%)=845.5kΩ

22.(B)。一般電容單位為 pF，前兩碼為數值，第三碼為次方，第四碼為誤差代碼，故 $C=22\times10^3\times10^{-12}=22\times10^{-9}=22nF$。

23.(A)。由 P ＝ IV 得 $I=\frac{P}{V}$，故 12V 發電機的電流較大。

24.(B)。電表內阻 $R_{內}=50\times20k=1000k\Omega=1M\Omega$
此內阻與待測內阻接近，使分壓下降。

$$V=30\times\frac{1M\Omega//1M\Omega}{1M\Omega+1M\Omega//1M\Omega}=10V$$

25.(C)。(C) 愣次定律可決定極性。
(A) 法拉第定律可決定電動勢的數值及極性，故此題答案應(A)、(C)均正確才是。
(B) 安培定律求磁場大小。
(D) 庫侖定律求靜電力。

26.(A)。平行導線電流同向時相吸，反向則相斥。

27.(A)。由 KLC　$I = (2 + 1 + 9) - (4 + 3) = 5A$。

28.(B)。(A) 若 R1 短路則總電阻太小故不可能。
(B) 扣掉 R1 及 R5 後的總電阻應為 12Ω，恰為 R3//R4 可知為 R2 回路斷路。

29.(D)。僅電阻消耗功率 $P = \frac{V^2}{R} = \frac{110^2}{11} = 1100W$ 。

30.(C)。穩態時，電容視為開路，壓降全在電容上，Vab ＝ 10V

31.(C)。時間常數在 RC 電路為 $\tau = RC$，RL 電路則為 $\tau = \frac{L}{R}$

$\tau = RC = 1000 \times 10^3 \times 0.5 \times 10^{-6} = 0.5$ 秒。

32.(B)。交流電表指示的為有效值。

33.(D)。此電池蓄能 $W = VIT = 12 \times 40 = 480$ 瓦－小時

可使用 $t = \frac{w}{P} = \frac{480}{5} = 96$ 小時。

34.(A)。相同電阻 Y 接時的等效電阻為△接的三倍，再由 $P = \frac{V^2}{R}$ 可知功率為 $\frac{1}{3}$ 倍，為 2kW。

35.(B)。$Z = R + jXL - jXC = 3 + j6 - j2 = 3 + j4\Omega$

$|Z| = \sqrt{R^2 + (X_L - X_C)^2} = \sqrt{3^2 + 4^2} = 5\Omega$

36.(B)。電容等效阻抗 $|Z_C| = \frac{1}{wc} = \frac{1}{2\pi fc}$ ，另 $|Z_C| = \frac{V}{I} = \frac{120}{2} = 60\Omega$ ，

$C = \frac{1}{2\pi f|Z_C|} = \frac{1}{2\pi \times 60 \times 60} \simeq 44.2 \times 10^{-6} = 44.2\mu C$ 。

37.(D)。實功率 $P = I_R V = 8V$
虛功率 $Q = (I_L - I_C)V = (10 - 4)V = 6V$

功率因數 $PF = \frac{P}{\sqrt{P^2 + Q^2}} = \frac{8V}{\sqrt{(8V)^2 + (6V)^2}} = 0.8$

因 $I_L > I_C$ 表示 $X_L < X_C$ 為滯後。

38.(A)。由 $V_m = \frac{1}{2} V_{p-p}$ 及 $V_{rms} = \frac{1}{\sqrt{2}} V_m$

得 $V_{rms} = 220 \times \frac{1}{2} \times \frac{1}{\sqrt{2}} \simeq 78V$ 。

39.(C)。每秒轉速 $\frac{60 \times 2}{10} = 12$ 轉 / 秒
每分鐘轉速 $12 \times 60 = 720rpm$。

40.(A)。$T = \frac{1}{f} = \frac{1}{50} = 0.02$ 秒。

41.(C)。Y 接時，$V_{相} = \frac{1}{\sqrt{3}} V_{線} = 200V$

$$P_{總} = 3R_e\left\{V_{相} I_{相}^*\right\} = 3R_e\left\{200 \times \frac{200}{3+j4}\right\}$$

$$= 3R_e\left\{200 \times \frac{200 \times (3 - j4)}{(3+j4)(3 - j4)}\right\}$$

$$= 3 \times 200 \times 200 \times \frac{3}{25} = 14400W$$

42.(A)。$P = IV \cdot PF$
故 $100V \times 0.8 = I'V \times 1$
$\rightarrow I' = 80A$

43.(D)。功率因數 PF 的定義 $PF = \cos\theta = \frac{P}{\sqrt{P^2 + Q^2}}$ 。

100 年台灣中油雇用人員（僅收錄電工原理試題）

( ) 1. 將 24Ω 電阻與一只未知電阻 R_x 並聯後，已知其等效電阻為 16Ω，則 R_x 之值為： (A)18Ω (B)36Ω (C)48Ω (D)72Ω。

( ) 2. 若長度與截面積皆相等的導線，則電阻係數愈大者，其電阻值：(A) 愈大 (B) 愈小 (C) 相等 (D) 無法比較。

( ) 3. 在 5 秒鐘內，把 5 庫倫電荷從 10V 移動到 70V 處，則所消耗的平均功率為多少瓦特？ (A)30 (B)60 (C)120 (D)300。

( ) 4. 某電阻兩端接一 12V 直流電源，共消耗 120mW；則該電阻之色碼為： (A) 棕紅橙金 (B) 棕黑橙金 (C) 棕紅紅金 (D) 黑棕橙金。

( ) 5. 下列敘述何者錯誤？ (A) 理想電壓表內阻無限大 (B) 理想電壓源內阻無限大 (C) 理想電流源內阻無限大 (D) 串聯一電阻器可擴大直流電壓表的量度範圍。

( ) 6. 下列何者可以用來決定載流導體在磁場中的受力方向？ (A) 愣次定律（Lenz's Law） (B) 法拉第電磁感應定律（Faraday's Electromagnetic Induction Law） (C) 佛來明右手定則（Fleming's Right-Hand Rule） (D) 佛來明左手定則（Fleming's Left-Hand Rule）。

( ) 7. 有一只電容器，已知其充電電量為 5×10^{-3} 庫倫，此時兩極板電位差為 100 伏特，則其電容量為： (A)20 微法拉 (B)50 微法拉 (C)200 微法拉 (D)500 微法拉。

( ) 8. RC 串聯電路中，若 $R = 500k\Omega$、$C = 0.5\mu F$，則時間常數 τ 為何？ (A)0.1 秒 (B)1 秒 (C)0.25 秒 (D)0.025 秒。

( ) 9. 假若流經 30mH 電感器之電流為 10A，則此時電感器所儲存之能量為多少焦耳？ (A)0.3 (B)1.5 (C)3 (D)15。

( ) 10. 對於「暫態電路」的敘述，下列何者錯誤？ (A) 電容充電瞬間之暫態為短路，電感為斷路 (B)RL 暫態電路，電感器之充電與放電電流方向相同 (C)RC 暫態電路，電容器之充電與放電電流方向相同 (D)RL 暫態電路，時間常數 $\tau = L/R$。

( ) 11. RLC 並聯諧振電路，當頻率調至大於諧振頻率時，則此電路的性質為：　(A) 電阻性　(B) 電感性　(C) 電容性　(D) 純電感。

( ) 12. 一負電阻溫度係數材料，當其溫度愈高時，電阻變化如何？　(A) 愈大　(B) 愈小　(C) 維持定值　(D) 與溫度變化無關。

( ) 13. 一個 150V 的直流電壓表，內阻為 15kΩ，若將電壓表更改為可量測 750 伏特電壓，則需再串聯多少電阻？　(A)60kΩ　(B)65kΩ　(C)75kΩ　(D)90kΩ。

( ) 14. 相同材質下，設電容器之平板面積加倍，兩平板間之距離為原來之一半，則此電容器電容量為原來電容量之多少倍？　(A)1 倍　(B)2 倍　(C)4 倍　(D)8 倍。

( ) 15. 金屬球體之電荷量加倍時，其球體內部之電場強度變化如何？　(A) 增加 2 倍　(B) 增加 4 倍　(C) 減為原來之半　(D) 強度不變且為零。

( ) 16. 在 R-L 電阻電感串聯電路中，當電阻 R ＝ 5Ω，電感 L ＝ 100mH，則此電路時間常數 τ 為多少？　(A)5 毫秒　(B)20 毫秒　(C)100 毫秒　(D)500 毫秒。

( ) 17. 一個額定值為 100V/100W 的燈泡，若接於 50V 時，則此燈炮將消耗功率為多少瓦特？　(A)50 瓦特　(B)36 瓦特　(C)25 瓦特　(D)12.5 瓦特。

( ) 18. 下列有關 R-L-C 電阻電感電容交流串聯電路，下列敘述何者錯誤？　(A) 若電抗 $X_L > X_C$，電路功率因數為超前性質　(B) 若電抗 $X_L = X_C$，電路功率因數為 1　(C) 若電抗 $X_L > X_C$，電壓相角領先電流相角　(D) 若電抗 $X_L = X_C$，電壓相角與電流為同相。

( ) 19. 三相電源系統，每一相之間角度互差多少電機角度？　(A)90º　(B)120º　(C)180º　(D)360º。

( ) 20. 兩平行導線，已知其電流方向相反，則兩導線間之作用力為：　(A) 相斥力　(B) 相吸力　(C) 平行導線無作用力產生　(D) 視電流大小而定。

(　) 21. 某電感性負載消耗之有效功率為 1600W，虛功率為 1200VAR，則此負載之功率因數為何？　(A)0.6 滯後　(B)0.6 越前　(C)0.8 滯後　(D)0.8 越前。

(　) 22. 在一負載兩端加上 110V、60Hz 之單相交流電源，假設電源的輸出阻抗不計，若此負載吸入 5A 電流，且消耗 275 瓦特之功率，則其負載電流與電源電壓之相角差為：　(A)0°　(B)30°　(C)45°　(D)60°。

(　) 23. 有一個 100mH 的電感器，若通過該電感器的電流在 2 毫秒內由 0.2A 增加至 0.6A 時，試求此電感器兩端的感應電勢為多少？　(A)20V　(B)24V　(C)32V　(D)36V。

(　) 24. 某銅線在溫度 15.5℃時其電阻為 RΩ，當溫度上升至 65.5℃時電阻為 1.8Ω，其電阻 R 應為多少歐姆？　(A)1.5Ω　(B)1.6Ω　(C)2.1Ω　(D)2.4Ω。

(　) 25. 如右圖所示，Rab 等於多少？
(A)1.2Ω　(B)2.4Ω
(C)4.8Ω　(D)6Ω。

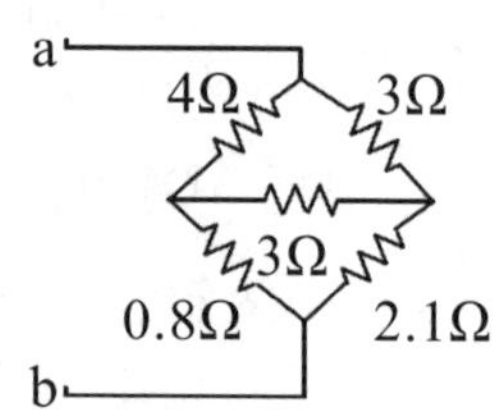

(　) 26. 兩電荷，$Q_1 = +8\times10^{-6}$ 庫倫，
$Q_2 = +5\times10^{-6}$ 庫倫，相距 30 公分，
則在空氣中之作用力為何？
(A)4 牛頓，排斥力　(B)4 牛頓，吸引力
(C)12 牛頓，排斥力　(D)12 牛頓，吸引力。

(　) 27. 如右圖所示電路中，如果希望電阻 R 不要燒毀，則其額定功率最少要選多少 W？
(A)1/8　(B)1/4
(C)1/2　(D)1。

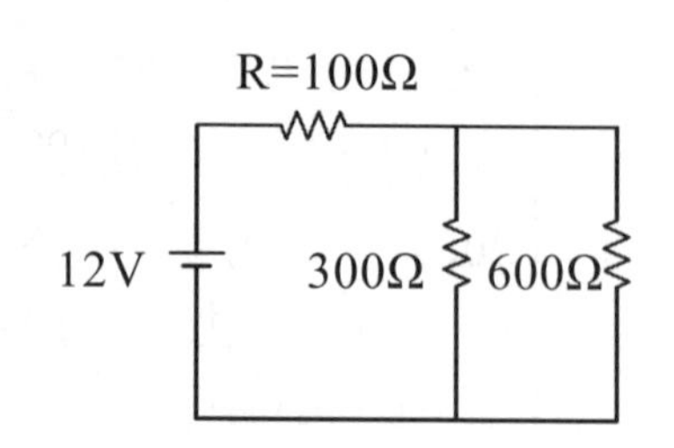

( ) 28. 如右圖所示之電路，若 $V_1 = 6$ 伏特，$I = 8$ 安培，則電阻 R 為何？
(A)4Ω (B)5Ω
(C)8Ω (D)10Ω。

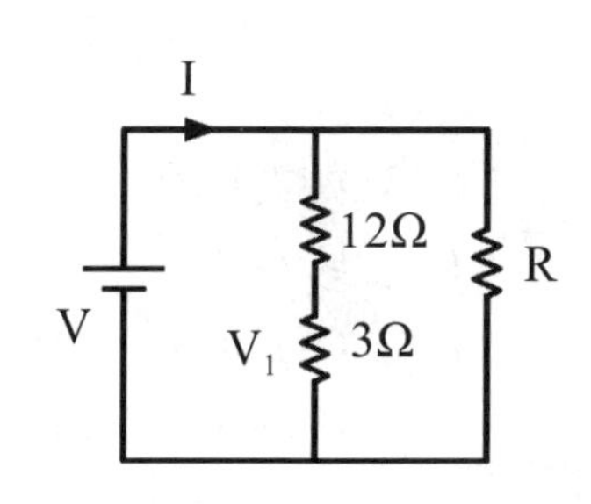

( ) 29. 如右圖所示，若流過 R_X 之電流為 2A，則 R_X = ？
(A)4Ω (B)6Ω
(C)9Ω (D)12Ω。

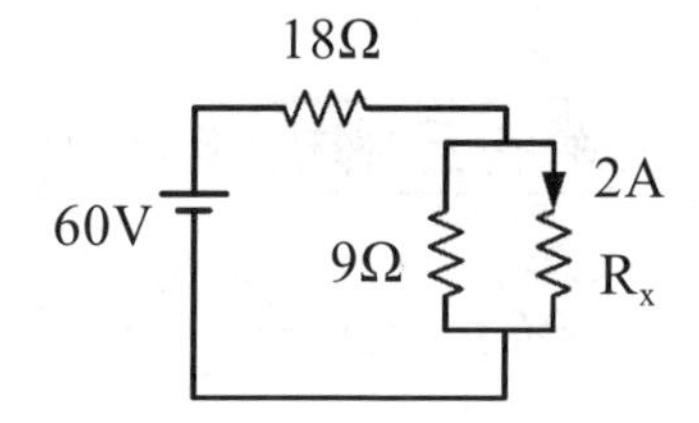

( ) 30. 直流電路如右圖所示，當 R_L 負載電阻為多少時，R_L 可得最大功率為 P_{max}，試求 R_L 與 P_{max} 值分別為多少？
(A)$R_L = 4Ω$、$P_{max} = 6.25W$
(B)$R_L = 2Ω$、$P_{max} = 12.5W$
(C)$R_L = 2Ω$、$P_{max} = 8W$
(D)$R_L = 4Ω$、$P_{max} = 4W$。

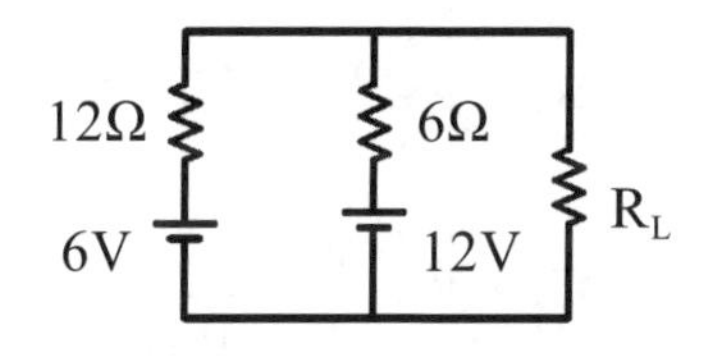

( ) 31. 如右圖所示，波形之平均值電壓 V_{av} 為：
(A)1V (B)1.5V
(C)3V (D)4V。

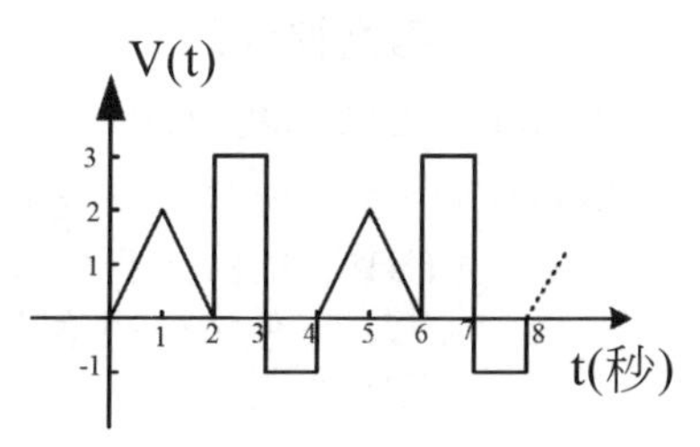

( ) 32. 如右圖所示直流網路，若電路已經達到穩態時，求電流 I 為多少？
(A)1.5A (B)2.5A
(C)2.8A (D)4A。

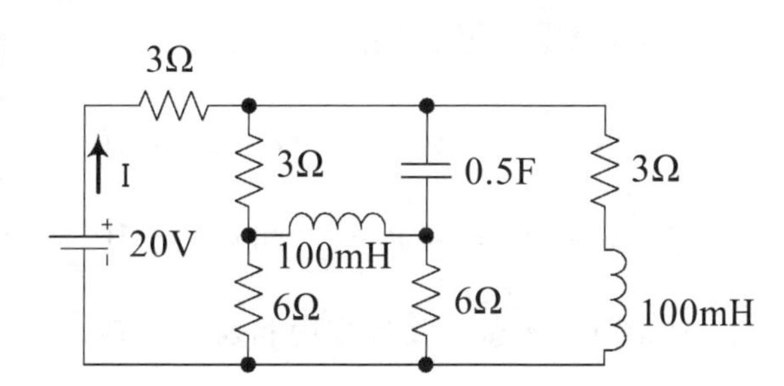

( ) 33. 如右圖所示直流網路，求電流 I 為多少安培？
(A)1.8A (B)2A
(C)4A (D)4.2A。

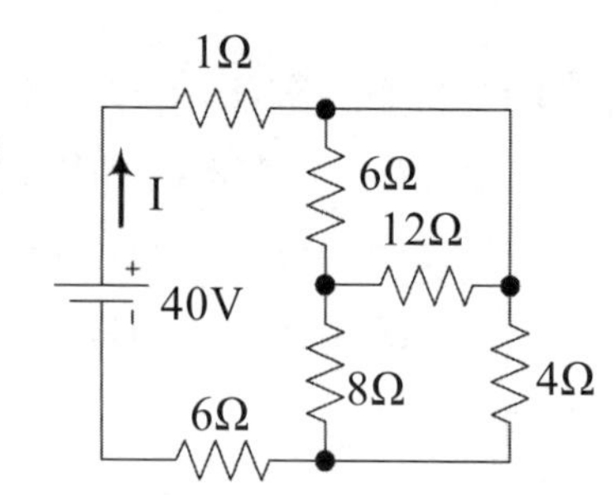

解答及解析 答案標示為 # 者，表官方曾公告更正該題答案。

1.(C)。並聯 $\frac{24\times R_x}{24+R_x}=16$

$24R_x = 384 + 16R_x \Rightarrow R_x = 48\Omega$

2.(A)。$R=\rho\frac{l}{S}$，電阻 R 與電阻係數 ρ 成正比。

3.(B)。$P=\frac{w}{t}=\frac{QV}{t}=\frac{5\times(70-10)}{5}=60w$

4.(C)。$R=\frac{V^2}{P}=\frac{12^2}{0.12w}=1200=12\times10^2\Omega$

應為棕紅紅，第四碼為誤差，可不考慮。

5.(B)。理想電壓源內阻為零，其餘正確。

6.(D)。(A) 愣次定律決定感應電流方向。
(B) 法拉第定律可求感應電壓。
(C) 應為佛來明右手定則。
(D) 佛來明左手定則可求載流導體在磁場的受力。

7.(B)。$C=\frac{Q}{V}=\frac{5\times10^{-3}}{100}=50\times10^{-6}F=50\mu F$

8.(C)。$\tau = RC = 500\times10^3\times0.5\times10^{-6} = 0.25$ 秒

9.(B)。$W_L=\frac{1}{2}LI^2=\frac{1}{2}\times30\times10^{-3}\times10^2=1.5$ 焦耳

10.(C)。電容充放電方向相反；其餘正確。

11.(C)。並聯時，由阻抗小的決定特性，因電容阻抗隨頻率增加而減小，故高頻為電容性。

12.(B)。負溫度係數表示溫度上升，電阻下降。

13.(A)。串聯時，電壓與電阻成正比

$$\frac{750V}{150V}=\frac{R+15k}{15k}\Rightarrow R=60k\Omega$$

14.(C)。$C=\frac{\in A}{d}$，故$\frac{C'}{C}=\frac{\in\frac{2A}{d/2}}{\in\frac{A}{d}}=4$

15.(D)。金屬球內部電場恆為零

16.(B)。$\tau=\frac{L}{R}=\frac{100\times10^{-3}}{5}=20\times10^{-3}=20$ 毫秒

17.(C)。$P=\frac{V^2}{R}\propto V^2$，故$P'=\left(\frac{V'}{V}\right)^2\times P=\left(\frac{50}{100}\right)^2\times100=25W$

18.(A)。電抗 $X_L > X_C$，虛部為正，功率因數落後；其餘正確。

19.(B)。$\frac{360°}{3}=120°$

20.(A)。電流同向相吸，反向相斥。

21.(C)。$PF=\frac{P}{\sqrt{P^2+Q^2}}=\frac{1600}{\sqrt{1600^2+1200^2}}=0.8$

另，虛功率正數為滯後。

22.(D)。$P = IV\cos\theta$，$275 = 5\times110\times\cos\theta \Rightarrow \cos\theta = 0.5$
可知 $\theta = 60^\circ$

23.(A)。$V=L\frac{di}{dt}=0.1\times\frac{0.6-0.2}{2\times10^{-3}}=20$

24.(A)。假設電阻與溫度成正比

$$\frac{R}{1.8}=\frac{15.5+273.5}{65.5+273.5}\Rightarrow R=1.534\Omega\simeq1.5\Omega$$

25.(B)。此題較複雜，考試時可最後再算，或者是先不考慮中間橫跨的 3Ω，則 (4 ＋ 0.8)//(3 ＋ 2.1) 可知 R_{ab} 約為 2.4Ω 的選項最接近

上半部取 Δ － Y 轉換

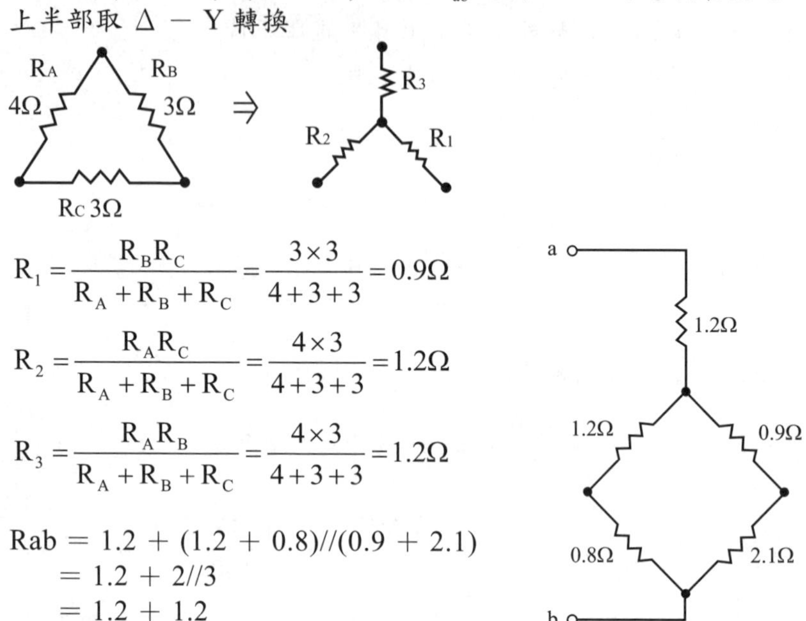

$$R_1=\frac{R_BR_C}{R_A+R_B+R_C}=\frac{3\times3}{4+3+3}=0.9\Omega$$

$$R_2=\frac{R_AR_C}{R_A+R_B+R_C}=\frac{4\times3}{4+3+3}=1.2\Omega$$

$$R_3=\frac{R_AR_B}{R_A+R_B+R_C}=\frac{4\times3}{4+3+3}=1.2\Omega$$

Rab ＝ 1.2 ＋ (1.2 ＋ 0.8)//(0.9 ＋ 2.1)
＝ 1.2 ＋ 2//3
＝ 1.2 ＋ 1.2
＝ 2.4Ω

26.(A)。$F=k\frac{Q_1Q_2}{r^2}=9\times10^9\times\frac{8\times10^{-6}\times5\times10^{-6}}{0.3^2}=4$ 牛頓

因皆正電荷，故排斥

27.(B)。300//600 ＝ 200Ω

可得電阻 R 的分壓 $V_R=12\times\frac{100}{100+200}=4V$

功率 $P=\frac{V^2}{R}=\frac{4^2}{100}=0.16w$

至少需 1/4w，故選 (B)。

28.(B)。$V=V_1\times\frac{3\Omega+12\Omega}{3\Omega}=6\times\frac{15}{3}=30V$

$$I=\frac{V}{3+12}+\frac{V}{R}=\frac{30}{15}+\frac{30}{R}=8A\Rightarrow R=5\Omega$$

29.(A)。$I_{9\Omega}=\frac{2R_x}{9}$ 且 $I_{18\Omega}=\frac{2R_x}{9}+2$

故壓降 $60V=18(2+\frac{2R_x}{9})+2R_x$

$60=36+6R_x \Rightarrow R_x=4\Omega$

30.(A)。(i)$R_{th}=12\Omega//6\Omega=4\Omega$

(ii)$V_{th}=6V+(12V-6V)\times\frac{12\Omega}{12\Omega+6\Omega}=10V$

故 $R_L=R_{th}=4\Omega$

$P_{max}=\frac{V_{th}{}^2}{4R_{th}}=\frac{10^2}{4\times4}=6.25w$

31.(A)。週期為 4 秒

$$V_{av}=\frac{\frac{1}{2}\times2\times2+3\times(3-2)+(-1)\times(4-3)}{4}=1V$$

32.(D)。穩態時，電容開路，電感短路

總電阻

$R=3+[3+6//6]//3$

$\ =3+6//3=5\Omega$

$I=\frac{20V}{5\Omega}=4A$

33.(C)。把短路處重畫會比較清楚。

總電阻

$R=1+[(6//12+8)//4]+6$

$\ =1+[12//4]+6$

$\ =10\Omega$

$I=\frac{40V}{10\Omega}=4A$

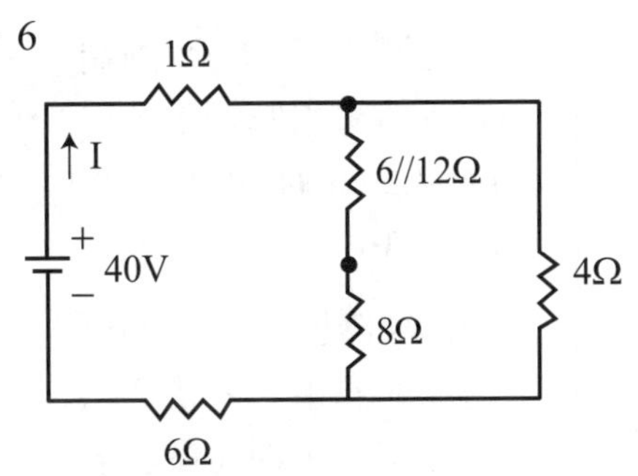

100 年台灣菸酒新進職員

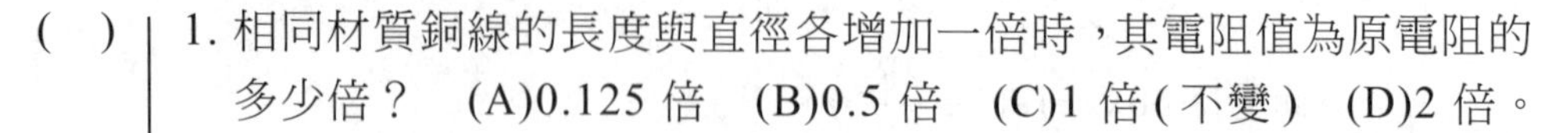

(　) 1. 相同材質銅線的長度與直徑各增加一倍時，其電阻值為原電阻的多少倍？ (A)0.125 倍 (B)0.5 倍 (C)1 倍(不變) (D)2 倍。

(　) 2. 在直流電路中，有 2A 的電流流過一個 5的電阻，試求電阻消耗的電功率為多少？ (A)0.4W (B)10W (C)20W (D)50W。

(　) 3. 一直流電源以定電壓 10V 供電 1mA 10 分鐘給負載，此電源所提供之能量為多少？ (A)0.1 焦耳 (B)1.44 焦耳 (C)6 焦耳 (D)25.2 焦耳。

(　) 4. 一導線若每分鐘內有 60 庫倫電量通過，則其電流為多少？ (A)1A (B)3.6A (C)36A (D)100A。

(　) 5. 一色碼電阻色帶為紅色、紫色、橙色、金色，則其電阻讀值為多少？
(A)$2.8\times10^{3}\Omega\pm10\%$　(B)$2.8\times10^{4}\Omega\pm5\%$
(C)$2.7\times10^{3}\Omega\pm10\%$　(D)$2.7\times10^{4}\Omega\pm5\%$。

(　) 6. 使 1 克的純水上升溫度攝氏 1 度所需的熱量為多少？ (A)1 焦耳 (B)0.24 焦耳 (C)4.2 焦耳 (D)60 焦耳。

(　) 7. 有一用戶其用電設備及用電時間如下：1000 瓦電熱水器 1 只，平均每天用 2 小時，100 瓦燈具 6 只，平均每天用 5 小時，300 瓦電冰箱 1 只，平均每天用 6 小時，求其用電設備每月用電若干度？(以 30 日計算) (A)196 度 (B)204 度 (C)216 度 (D)244 度。

(　) 8. 如右圖所示，a、b 兩端之等值電阻為多少？
(A)4.2　(B)4.24
(C)4.36　(D)5.12。

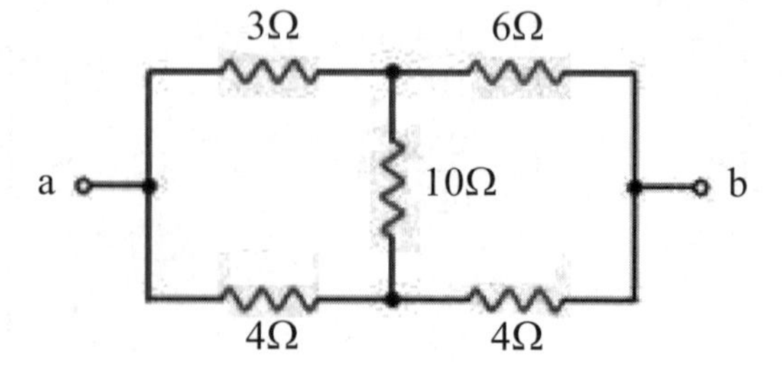

(　) 9. 一電容器加上直流 100V 電壓充滿電，需要 2 焦耳之電能，則此電容器之電容量為： (A) − 200μF (B)400μF (C)2μF (D)4μF。

( ) 10. 電容量均為 $2\mu F$ 之電容器有三個，將二個串聯後再與另一個並聯，則總電容量為多少？ (A)$3\mu F$ (B)$4\mu F$ (C)$5\mu F$ (D)$6\mu F$。

( ) 11. 有一200匝的線圈，當3A電流通過時，產生 3×10^{-4}Wb的磁通，則此線圈的自感為多少 H？ (A)0.04H (B)0.06H (C)0.02H (D)0.18H。

( ) 12. 如右圖所示，當充電穩定後（$t\rightarrow\infty$），電感器儲存多少能量？

(A)3 焦耳 (B)4.5 焦耳

(C)18 焦耳 (D)6 焦耳。

2Ω
+
6V
−
1H

( ) 13. 有一交流電壓方程式 $v(t) = 314\sin377t$V，求此正半週電壓平均值應為多少？ (A)100V (B)110V (C)220V (D)200V。

( ) 14. 交流 R－C 串聯電路中，R=6Ω、X_C=8Ω，則阻抗為多少？ (A)14Ω (B)4.8Ω (C)10Ω (D)20Ω。

( ) 15. 交流 R－L－C 串聯電路中，若 R=4Ω、X_L=5、X_C=8，電源為 AC100V，則此線路電流為多少？ (A)14.3A (B)7.7A (C)$10\angle0^\circ$A (D)20A。

( ) 16. 有一交流負載阻抗為 6＋j8Ω，其功率因數為多少？ (A)0.8 (B)0.6 (C)0.9 (D)1.0。

( ) 17. 交流 R－L－C 並聯電路中，若 R＝20、X_L＝20、X_C＝40，電源電壓為 $100\angle0^\circ$V，則平均功率為多少？ (A)1414W (B)1000W (C)707W (D)500W。

( ) 18. 若一電路的視在功率 S=$1000\angle60^\circ$VA，則有效功率 p 為多少？ (A)500W (B)600W (C)866W (D)1000W。

( ) 19. 一交流 R－L－C 串聯電路中，若頻率大於諧振頻率時，此時電路呈： (A) 不一定 (B) 電阻性電路 (C) 電容性電路 (D) 電感性電路。

( ) 20. 一交流 R－L－C 串聯諧振頻率為 1kHz，品質因數為 20，則頻寬為多少？ (A)10Hz (B)25Hz (C)50Hz (D)100Hz。

(　) 21. 交流平衡三相電源電路，各相間的相位差為多少？ (A)180° (B)90° (C)120° (D)0°。

(　) 22. 有一匝數為 100 匝之線圈，若通過之磁通在 0.2 秒內由 0.6 韋伯下降至 0.3 韋伯，則此線圈兩端之感應電勢 e_{av} 為多少伏特？ (A)100 (B)150 (C)200 (D)600。

(　) 23. 下列何者不是磁通（Φ）的單位？ (A) 線 (B) 韋伯 (C) 馬克斯威 (D) 高斯。

(　) 24. 平形板電容器，若將板面之邊長各增加一倍；板間距離縮短一半，則電容量： (A) 不變 (B) 減少四倍 (C) 增加四倍 (D) 增加八倍。

(　) 25. 正弦波波形因數（Form Factor）的定義是：

(A) $\frac{最大值}{有效值}$ (B) $\frac{最大值}{平均值}$ (C) $\frac{有效值}{平均值}$ (D) $\frac{平均值}{有效值}$。

(　) 26. 有一電氣設備，其輸入功率為 500 瓦特，損失為 75 瓦特，則此系統之效率為： (A)75% (B)80% (C)85% (D)90%。

(　) 27. 有一電熱器接於 220 伏特電源，在 30 分鐘內使得 10 公升的水由 25℃上升至 75℃，則此電熱器之電阻約為多少歐姆？ (A)8.7 (B)20.9 (C)34.8 (D)41.8。

(　) 28. 內阻 12kΩ、滿刻度電壓為 150V 之直流電壓表，當串聯一只 24KΩ 之電阻時，其量測範圍可擴大到多少 V？ (A)300 (B)450 (C)600 (D)750。

(　) 29. 應用重疊定理解直流線性網路時，電源移開的原則是： (A) 電流源斷路、電壓源短路 (B) 電流源短路、電壓源斷路 (C) 電流源、電壓源皆短路 (D) 電流源、電壓源皆斷路。

(　) 30. 三只電阻分別為 5Ω、10Ω、15Ω，串聯後接於 120 伏之電源上，則 15Ω 電阻消耗之功率為多少？ (A)80 瓦特 (B)160 瓦特 (C)240 瓦特 (D)480 瓦特。

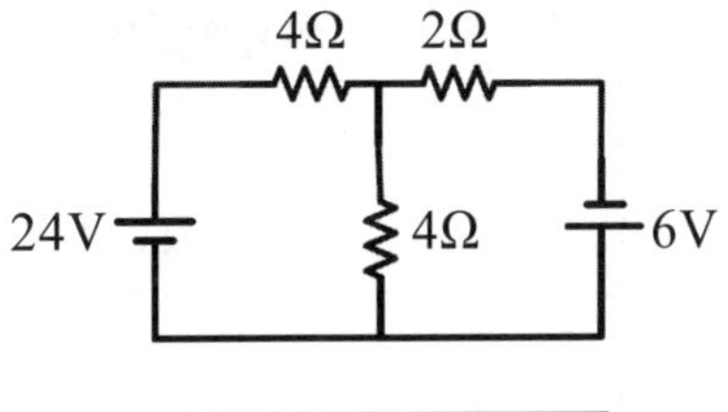

( ) 31. 如右圖所示電路，2 歐姆電阻所消耗的功率為多少瓦特？
(A)2.25 (B)18
(C)40.5 (D)81。

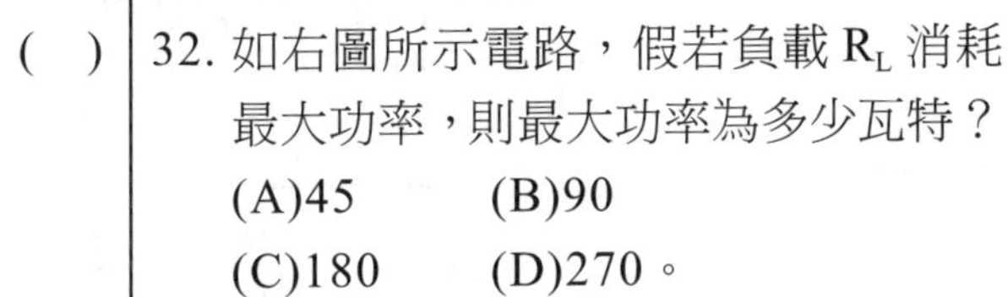

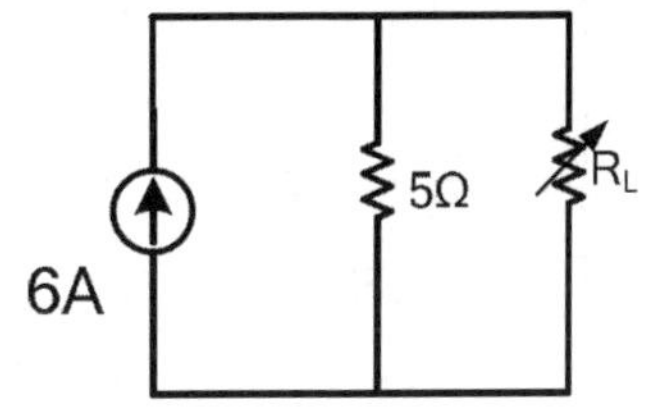

( ) 32. 如右圖所示電路，假若負載 R_L 消耗最大功率，則最大功率為多少瓦特？
(A)45 (B)90
(C)180 (D)270。

( ) 33. 某 4.7μF 之電容器，兩端之電壓為 200 伏特，則其儲存之能量為多少焦耳？
(A)4.7×10^{-3} (B)9.4×10^{-3} (C)47×10^{-3} (D)94×10^{-3}。

( ) 34. 一長度為 5 米之導線置於磁通密度 $B = 5\times10^{-2}$ 韋伯 / 平方公尺之磁場中，若流經導線之電流為 2 安培，而所受之力為 0.5 牛頓，則導體與磁場間之夾角為： (A)90° (B)60° (C)30° (D)0°。

( ) 35. 如右圖所示 R － L 暫態電路，時間常數 (τ) 為多少？
(A)0.2 秒 (B)1.8 秒
(C)4 秒 (D)5 秒。

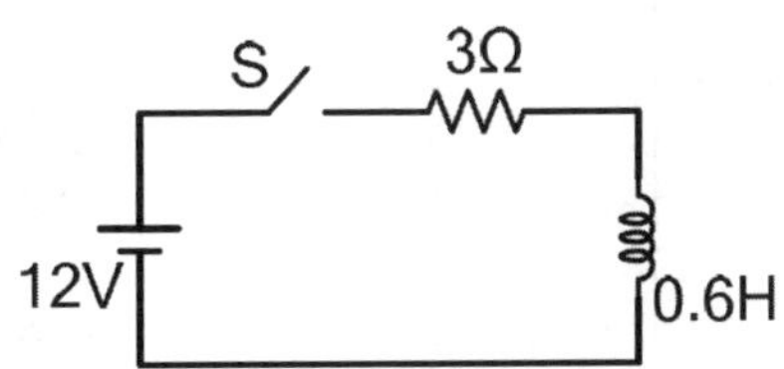

( ) 36. 假設電流的相位角為 0 度，頻率為 50 赫茲；電壓相位領先電流 30 度，有效值電壓為 110 伏特，則瞬時值電壓 v(t) 之表示式為：
(A)$v(t) = 110\sin(314t - 30^{o})$ (B)$v(t) = 110\sqrt{2}\sin(377 + 30^{o})$
(C)$v(t) = 110\sin(314t + 30^{o})$ (D)$v(t) = 110\sqrt{2}\sin(314t + 30^{o})$。

( ) 37. 如右圖所示電壓波形，其平均值電壓為多少伏特？

(A) $\frac{1}{2}$ (B) $\frac{2}{3}$

(C) $\frac{4}{3}$ (D)1。

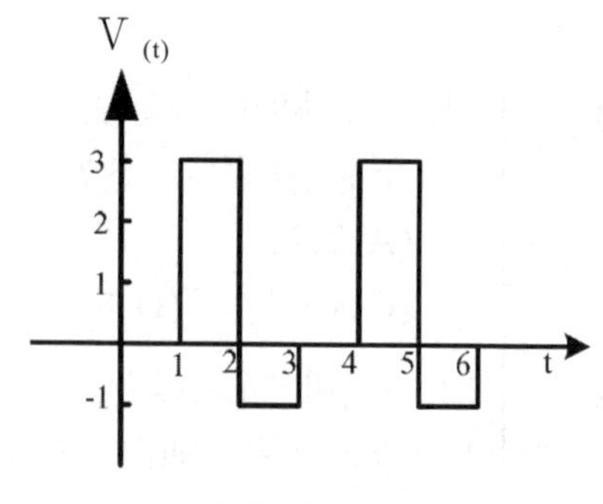

( ) 38. 如右圖所示電路，電容器 C_2 兩端的電壓為多少伏特？

(A)150 (B)100

(C)50 (D)25。

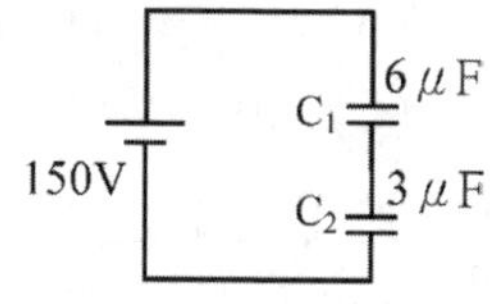

( ) 39. 變壓器的容量是以伏安 (VA) 來表示，請問伏安 (VA) 為何種功率的單位？ (A) 有效功率 (B) 無效功率 (C) 平均功率 (D) 視在功率。

( ) 40. 如下圖三相電路，若電源之相序為abc，且 $V_{ab}=100\sqrt{3}\angle 30°$ 伏特，每相負載阻抗為 $5+j5\sqrt{3}$ 歐姆；則 I_C 電流為多少安培？

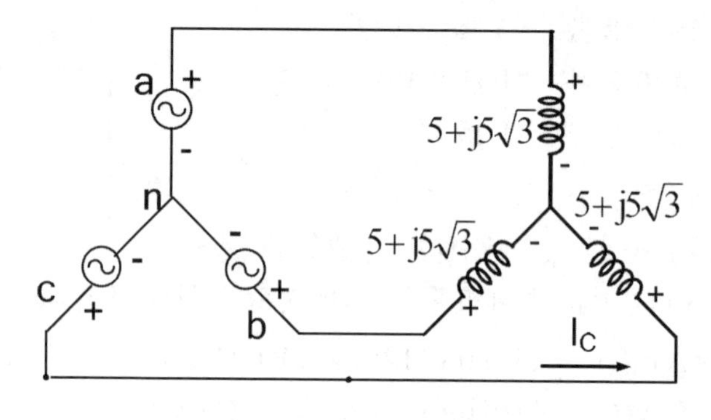

(A) $10\angle 60°$ (B) $10\angle 30°$ (C) $17.32\angle 60°$ (D) $17.32\angle 30°$

解答及解析 答案標示為 # 者，表官方曾公告更正該題答案。

1.(B)。$R=\rho\frac{l}{S}$，面積為直徑的平方倍

故 $R'=\frac{2}{2^2}R=\frac{1}{2}R=0.5$ 倍

2.(C)。$P = I^2R = 2^2\times5 = 20W$

3.(C)。$W = Pt = IVt = 1\times10^{-3}\times10\times10\times60 = 6$ 焦耳

4.(A)。$I=\frac{\theta}{t}=\frac{60庫侖}{60秒}=1A$

5.(D)。紅：2；紫：7；橙：10^3；金：5%
故 $R = 27\times10^3\pm5\% = 2.7\times10^4\Omega\pm5\%$

6.(C)。需熱量 1 卡，等於 4.18（或 4.2）焦耳

7.(B)。1 度為 1000 瓦 ‧ 小時
故用電 [1000 瓦 ×1×2 時 + 100 瓦 ×6×5 時 + 300 瓦 ×1×6 時]×30÷1000 = 204 度

8.(A)。

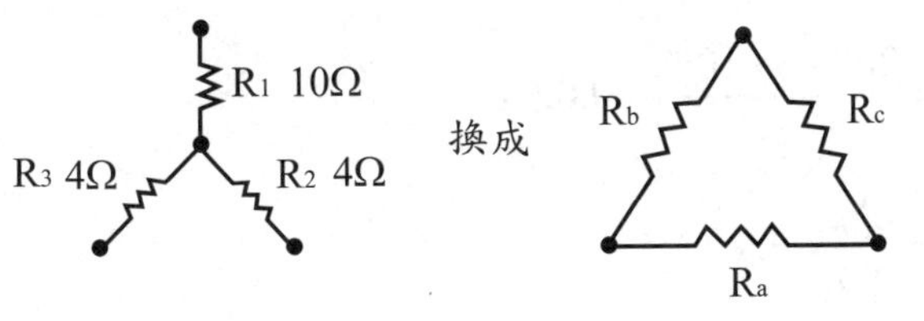

令 $R_\Delta = R_1R_2 + R_2R_3 + R_3R_1 = 10\times4+4\times4+4\times10=96$

$R_a = R_\Delta / R_1 = \frac{96}{10} = 9.6\Omega$

$R_b = R_\Delta / R_2 = \frac{96}{4} = 24\Omega$

$R_C = R_\Delta / R_3 = \frac{96}{4} = 24\Omega$

故電路為

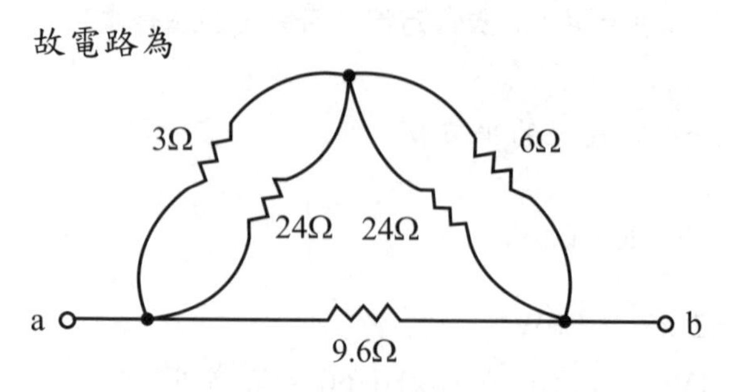

$$R_{ab} = 9.6//[3//24 + 6//24]$$

$$= 9.6//\left[\frac{8}{3}+\frac{24}{5}\right] = \frac{48}{5}//\frac{112}{15} = \frac{63}{15} = 4.2\Omega$$

9.(B)。$W_c = \frac{1}{2}CV^2$ W

$$C = \frac{2W_C}{V^2} = \frac{2\times2}{100^2} = 400\times10^{-6} = 400\mu F$$

10.(A)。串聯時會變小，並聯時相加

$C = 2//2 + 2 = 1 + 2 = 3\mu F$

11.(C)。$L = \frac{N\Phi}{I} = \frac{200\times3\times10^{-4}}{3} = 0.02H$

12.(B)。穩態後 $I = \frac{6V}{2\Omega} = 3A$

$W_L = \frac{1}{2}LI^2 = \frac{1}{2}\times1\times3^2 = 4.5$ 焦耳

13.(D)。半週弦波 $V_{av} = \frac{2}{\pi}V_m = \frac{2}{3.14}\times314 = 200V$

14.(C)。$|Z| = \sqrt{R^2+X^2} = \sqrt{6^2+8^2} = 10\Omega$

15.(D)。$Z = R + j(X_L - X_C) = 4 + j(5 - 8) = 4 - j3$

$$I = \frac{V}{|Z|} = \frac{100}{\sqrt{4^2+(-3)^2}} = 20A$$

16.(B)。$PF=\frac{P}{\sqrt{P^2+Q^2}}=\frac{6}{\sqrt{6^2+8^2}}=0.6$

17.(D)。並聯電路，僅考慮電阻即可

$P=\frac{V^2}{R}=\frac{100^2}{20}=500W$

18.(A)。$P = S\cos\theta = 1000\times\cos 60^{\circ} = 500W$

19.(D)。串聯時，以阻抗較大者為主，因電感阻抗隨頻率增加，故高頻為電感性。

20.(C)。頻寬 $BW=\frac{f_0}{Q}=\frac{1000Hz}{20}=50Hz$

21.(C)。$\frac{360^{\circ}}{3}=120^{\circ}$

22.(B)。$e_{av}=N\frac{d\Phi}{dt}=100\times\frac{0.6-0.3}{0.2}=150V$

23.(D)。高斯為磁通密度單位。

24.(D)。$C=\in\frac{A}{d}$，面積為邊長平方

$C'=\frac{2^2}{\frac{1}{2}}C=8C$

25.(C)。波形因數為有效值除平均值，即 $FF=\frac{Vrms}{Vav}$

26.(C)。$\eta=\frac{P_{出}}{P_{入}}=\frac{P_{入}-P_{損}}{P_{入}}=\frac{500-75}{500}=85\%$

27.(D)。電熱路 $W=Pt=\frac{V^2}{R}t$（焦耳），熱量 H ＝ msT（卡）

另 1 卡等於 4.18 焦耳

10(升)×1000 克 / 升 ×(75 － 25)×4.18

$=\frac{220^2}{R}$ ×30(分)×60(秒 / 分) $\Rightarrow R=41.7\Omega$

選最接近的 41.8Ω

28.(B)。串聯時成正比

$$\frac{12K}{12K+24K}=\frac{150V}{V}\Rightarrow V=450V$$

29.(A)。電壓源內阻零，故短路之；電流源內阻無限大，開路之。

30.(C)。$V_{15\Omega}=120V\times\frac{15}{5+10+15}=60V$

$$P=\frac{V^2}{R}=\frac{60^2}{15}=240W$$

31.(C)。利用節點電壓法，下方接地，上方中間設為 V

$$\frac{V-24}{4}+\frac{V}{4}+\frac{V-(-6)}{2}=0$$

4V － 12 ＝ 0

V ＝ 3V

故 $P_{2\Omega}=\frac{V^2}{R}=\frac{[3-(-6)]^2}{2}=40.5W$

32.(A)。消耗最大時，R_L ＝ 5Ω

$$I_L=6\times\frac{1}{2}=3A$$

$$P_{L_{1max}}=I^2R=3^2\times5=45W$$

33.(D)。$W_C=\frac{1}{2}CV^2=\frac{1}{2}\times4.7\times10^{-6}\times200^2=94\times10^{-3}$ 焦耳

34.(A)。$F = IB\ell\sin\theta$

$$\sin\theta = \frac{F}{IB\ell} = \frac{0.5}{2\times5\times10^{-2}\times5} = 1$$

故 $\theta = 90^\circ$

35.(A)。$\tau = \frac{L}{R} = \frac{0.6}{3} = 0.2$ 秒

36.(D)。$V_m = \sqrt{2}V_{rms} = 110\sqrt{2}$

$\omega = 2\pi f = 2\pi\times50 = 314$ rad/s

$\theta = 0^o + 30^o = 30^o$

代入 $V(t) = V_m\sin(wt + \theta) = 100\sqrt{2}\sin(314t + 30^o)V$

37.(B)。週期為 3 秒

$$V_{av} = \frac{3\times(2-1)+(-1)\times(3-2)}{3} = \frac{2}{3}V$$

38.(B)。因 $V = \frac{Q}{C}$

$$故\ V_{C2} = V\times\frac{\frac{1}{C_2}}{\frac{1}{C_1}+\frac{1}{C_2}} = 150\times\frac{\frac{1}{3}}{\frac{1}{6}+\frac{1}{3}} = 100V$$

39.(D)。(A)(C) 有效功率即平均功率，單位 W

(B) 無效功率，單位 VAR

(D) 視在功率，單位 VA

40.(A)。由 $V_{ab} = 100\sqrt{3}\angle30^\circ$

可得 $V_C = 100\angle120^\circ$

$$I_C = \frac{V_C}{Z} = \frac{100\angle120^\circ}{5+j5\sqrt{3}} = \frac{100\angle120^\circ}{10\angle60^\circ} = 10\angle60^\circ\ (A)$$

100 年臺灣自來水公司評價人員

( ) 1. 在金屬導線中傳導的電流，事實上是由下列何種質點的移動而形成？ (A) 原子結構 (B) 自由電子 (C) 原子核 (D) 質子。

( ) 2. 在一個與大地絕緣的金屬圓球上充電一段時間後，將電源移開，使金屬圓球獨立，則圓球上的電荷分佈是如何？ (A) 會集中在金屬圓球頂部 (B) 會集中在金屬圓球中心 (C) 會集中在金屬圓球靠近地面處 (D) 平均分佈在金屬圓球表面上。

( ) 3. 前題中，會產生正確的電荷分佈是因為下列何種作用力所致？ (A) 空氣的浮力 (B) 金屬的內聚力 (C) 牛頓萬有引力 (D) 庫倫靜電力。

( ) 4. 有三個電阻分別是 20Ω 與 30Ω 與 100Ω，將這三個電阻串聯後的總電阻為多少歐姆？ (A)150Ω (B)130Ω (C)120Ω (D)100Ω。

( ) 5. 如果將前題的三個電阻串聯後，外加 300V 的直流電壓，則在 30Ω 電阻的兩端電壓降為多少？ (A)20V (B)30V (C)60V (D)100V。

( ) 6. 如果先將 20Ω 與 30Ω 並聯後，再與 100Ω 串聯，然後外加入 300V 的電壓源，則總電流為多少安培？ (A)1.57A (B)2.00A (C)2.68A (D)8.06A。

( ) 7. 如右圖所示乾電池 V_1 原本額定是 1.5V，但因為使用過而只剩下 1.4V；乾電池 V_2 原本額定是 4.5V，但因為使用過而只剩下 4.0V，將此兩個乾電池串聯，下列敘述何者正確？ (A) 不同電壓的乾電池串聯會引起電池爆炸 (B)V_{ab}=1.4V (C)V_{ab}=4.5V (D)V_{ab}=5.4V。

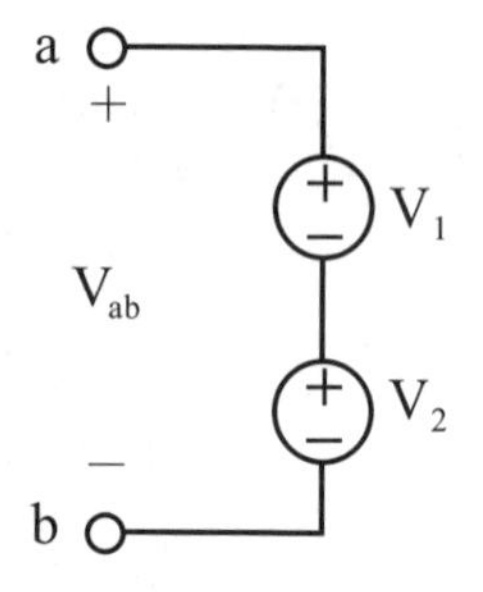

( ) 8. 有兩個電容器其電容值分別為 C_1 與 C_2，則串聯後之電容值為：

(A)C_1/C_2 (B)$1/C_1+1/C_2$ (C)$C_1 \times C_2$ (D) $\dfrac{C_1 \times C_2}{C_1 + C_2}$ 。

( ) 9. 由一個電感與一個電阻所組成的 RL 電路，外加總電壓為 $v(t) = 156\sin(377t + 30°)$，產生流於該 RL 電路的電流為 $i(t) = 10\sin(377t - 30°)$，則其電壓與電流的關係如何？ (A) 電流與電壓同相 (B) 電流超前電壓 30° (C) 電流落後電壓 60° (D) 電流超前電壓 60°。

( ) 10. 前題 RL 電路中，以有效值表示的電壓相量及電流相量分別為多少？
(A) $V_{rms} = 156\angle 0°$ V；$I_{rms} = 10\angle 0°$ A
(B) $V_{rms} = 1110\angle 0°$ V；$I_{rms} = 7.07\angle 0°$ A
(C) $V_{rms} = 110\angle 30°$ V；$I_{rms} = 7.07\angle -30°$ A
(D) $V_{rms} = 110\angle -30°$ V；$I_{rms} = 7.07\angle 30°$ A。

( ) 11. 前題 RL 電路中，總等效交流阻抗為多少歐姆？
(A) $15.56\angle -60°\Omega$　(B) $15.56\angle 60°\Omega$
(C) $10\angle 60°\Omega$　(D) $10\angle -60°\Omega$。

( ) 12. 前題 RL 電路中，功率因數 (power factor, 或 cos?) 的計算為下列何者？
(A) $\cos\theta = \frac{R}{R^2+L^2}$　(B) $\cos\theta = \frac{L}{R^2+L^2}$
(C) $\cos\theta = \frac{R}{\sqrt{R^2+L^2}}$　(D) $\cos\theta = \frac{R}{\sqrt{R^2+(377L)^2}}$。

( ) 13. 在交流電感性的電路中加裝電容器來改善功率因數時，下列何者不是加裝電容器的主要目的？ (A) 減少線路損失 (B) 減少線路的電壓降 (C) 減少電費支出 (D) 提昇電熱器的加熱效果。

( ) 14. 將 $v(t) = 156\sin(100t)$V 加到 RLC 串聯電路，$R = 20\Omega$，電感抗 $X_L = 100\Omega$，電容抗 $X_C = 100\Omega$，則流過此串聯電路 R 的電流有效值為多少安培？ (A)5.5A (B)7.8A (C)0.709A (D)0A。

( ) 15. 如右圖所示的電橋電路中，$R_1 = 15\Omega$，$R_2 = 10\Omega$，$R_3 = 20\Omega$，$R_4 = 25\Omega$，$R_5 = 5\Omega$，$R_6 = 10\Omega$，$v_s = 50$ V，則流過 R_4 電阻的電流為多少安培？
(A)0 A (B)1.11A
(C)2A (D)1.667A。

( ) 16. 如右圖所示的電橋電路中，流過 R_1 電阻的電流為多少安培？
(A)0 A (B)1.11A
(C)2A (D)1.667A。

( ) 17. 有關發電機的轉速 n_S、磁極數 P 與感應電壓的頻率 f 間之關係，下列何者正確？
(A) $n_s = \dfrac{120P}{f}$(rpm) (B) $n_s = \dfrac{120f}{P}$(rpm)
(C) $n_s = \dfrac{2P}{f}$(rpm) (D) $n_s = \dfrac{2f}{P}$(rpm)。

( ) 18. 有一個三相、220V、60Hz、6 極的鼠籠式感應電動機，則其旋轉磁場的同步轉速為多少？ (A)12 rpm (B)22 rpm (C)2,200 rpm (D)1,200 rpm。

( ) 19. 前題中，如果滿載時的轉差率 (slip) 為 5%，則該電動機的滿載轉速為多少？ (A)60 rpm (B)110 rpm (C)1,140 rpm (D)2,090 rpm。

( ) 20. 有一個單相變壓器，其規格為 11,400/220V，若將此變壓器調換方向擺置，使低壓側接到 11,400V 的電源，則就可以在高壓側輸出達 590kV 的高電壓，這種論述對嗎？ (A) 沒有問題，變壓器可以降壓使用，自然也可以升壓使用 (B) 沒有問題，一般試驗室常用此方法來產生高電壓，以進行高壓試驗 (C) 不可以，因為這違反法拉第感應定律 (D) 不可以，因為原設計的絕緣耐壓材料絕對無法承受到 590kV 的破壞。

(　) 21. 在三相四線式 Y 接 220/380V 的供電線路中，常將 Y 接的中性點接地，其目的之一是為了： (A) 全世界都是這樣規定的 (B) 使中性點處於零電位，各相電壓穩定，不受單相接地故障的影響 (C) 可以使得中性線的電流一定是 0 (D) 使得三相平衡。

(　) 22. 三相三線式 220V 線路供電給一個三相 220V、50hp 的感應電動機，其滿載運轉時的功率因數為 0.8，電動機效率為 0.8，則其滿載運轉的電流為多少安培？ (A)153A (B)212A (C)122A (D)355A。

(　) 23. 前題中，為了降低啟動時的電流，一般常用下列何種方法？ (A) 用另一個啟動馬達來帶動 (B) 加裝可變電阻器來啟動 (C) 加裝電容器來降壓啟動，可以提高功率因數 (D) 採 Y － Δ 降壓啟動方法最符合經濟效益。

(　) 24. 佛萊明左手定則用來決定感應電動機的轉動方向時，食指為磁場方向指向 X 軸，則下列敘述何者正確？ (A) 大姆指是重力方向、中指是導線運動方向 (B) 大姆指是電流方向、中指是轉子轉動方向 (C) 大姆指是轉子轉動方向、中指是電流方向 (D) 大姆指是轉子轉動方向、中指是重力方向。

(　) 25. 安培定律敘述在一個通有電流的線圈，如果右手握住該線圈，右手四隻手指頭的方向為電流方向，則大拇指所指示的是：
(A) 電場方向　(B) 地心引力的方向
(C) 磁場反方向　(D) 磁場方向。

(　) 26. 若電流為2安培，試問在50歐姆的電阻器上，所消耗的功率為多少瓦特？ (A)100瓦特 (B)150瓦特 (C)200瓦特 (D)500瓦特。

(　) 27. 在定值電阻內通過電流，此電流大小與電壓之間成何種關係？
(A) 電流大小與電壓成正比　(B) 電流大小與電壓的平方成正比
(C) 電流大小與電壓成反比　(D) 電流大小與電壓的平方成反比。

(　) 28. 某電動機在 220 伏特的電壓下，取用 15 安培的電流，若不計損失，試求其輸出馬力。(算到小數點一位，1 馬力 = 746 瓦特)
(A)14.7 馬力 (B)4.4 馬力 (C)1.0 馬力 (D)0.1 馬力。

( ) 29. 某一日光燈管之額定電壓為 110 伏特，功率為 40 瓦特，試問其額定電流為多少安培 (A)？（算到小數點兩位） (A)2.75A (B)1.35A (C)0.68A (D)0.36A。

( ) 30. 某一白熾燈泡之額定電壓為 110 伏特，功率為 100 瓦特，若電力公司供應的電壓為 105 伏特，請問此燈泡之實耗功率為多少瓦特 (W)？ (A)110.0W (B)105.0W (C)100.0W (D)91.2W。

( ) 31. 一般金屬物質，溫度越高，電阻值則會： (A) 減少 (B) 增加 (C) 不變 (D) 不一定。

( ) 32. 在色碼標示法的電阻器，其色碼為「藍黃橙金」，試問標稱電阻值是多少 Ω？ (A)46,000Ω (B)64,000Ω (C)4,600Ω (D)6,400Ω。

( ) 33. 在簡單的電阻電路中，有關並聯電路 (parallel circuits) 之敘述，下列何者錯誤？ (A) 總電流等於流經各電阻器的電流之和 (B) 流經各電阻器之電壓相等 (C) 等效電阻的倒數等於所有個別電阻的倒數之和 (D) 等效電阻大於電路中任一個別電阻。

( ) 34. 如下圖所示之並聯電路，此電路之總電流 I 等於多少安培 (A)？（電源 E = 12V，R_1 = 8Ω，R_2 = 12Ω，R_3 = 24Ω）
(A)1A (B)2A (C)3A (D)4A。

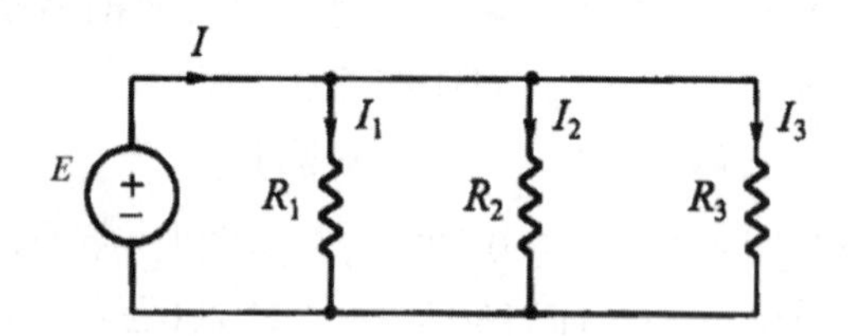

( ) 35. 如上圖所示之並聯電路，電源 E = 12V，R_1 = 8Ω，R_2 = 12Ω，R_3 = 24Ω，電源供給之功率為多少瓦特 (W)？
(A)8W (B)12W (C)24W (D)36W。

( ) 36. 如下圖所示之串並聯電路，電源 $E_A = 24V$，$R_1 = 4k\Omega$，$R_2 = 40k\Omega$，$R_3 = 30k\Omega$，$R_4 = 15k\Omega$，$R_5 = 10k\Omega$，$R_6 = 20k\Omega$，試求電流 I_1 等於多少毫安培 (mA)？
(A)1mA (B)2mA (C)3mA (D)4mA。

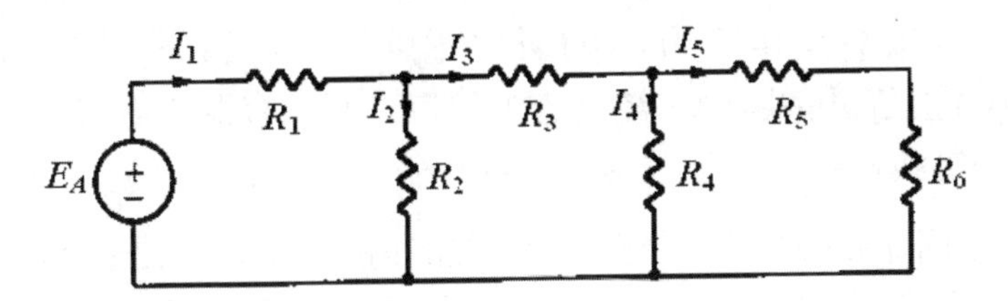

( ) 37. 如上圖所示之串並聯電路，電源 $E_A = 24V$，$R_1 = 4k\Omega$，$R_2 = 40k\Omega$，$R_3 = 30k\Omega$，$R_4 = 15k\Omega$，$R_5 = 10k\Omega$，$R_6 = 20k\Omega$，試求電阻 R_4 的電壓 V_4 等於多少伏特 (V)？ (A)5V (B)10V (C)15V (D)20V。

( ) 38. 如圖 (A) 所示之電路，電源 $E_C = 12V$，$R_1 = 6\Omega$，$R_2 = 12\Omega$，$R_3 = 2\Omega$，$R = 2\Omega$，試求如圖 (B) 所示之戴維寧等效電路中，戴維寧等效電阻 R_{th} 等於多少歐姆 (Ω)？

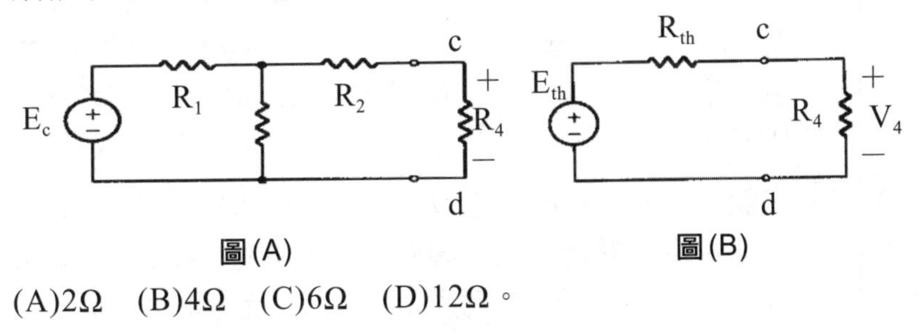

圖(A) 圖(B)

(A)2Ω (B)4Ω (C)6Ω (D)12Ω。

( ) 39. 三用電表調在 Ω 檔，範圍選擇開關切換在 ×100，若指針讀數為 15，則測量值應為： (A)100Ω (B)15Ω (C)1.5kΩ (D)15kΩ。

( ) 40. 三用電表調在 DCV 檔，範圍選擇開關切換在 250，若指針在 0 ~ 250 刻度讀數為 100，則電壓測量值應為：
(A)100V (B)125V (C)150V (D)250V。

( ) 41. 下列何者是電容器（capacitor）之電容量單位？
(A) 庫侖（coulomb） (B) 伏特（volt）
(C) 法拉（farad） (D) 安培（ampere）。

( ) 42. 在電容器的串聯電路中，下列敘述何者正確？ (A) 每個電容器上的電荷是相等的 (B) 外加電壓等於跨每一個電容器的電壓 (C) 於等效電路中，總電容等於每一個電容器的電容量之和 (D) 於等效電路中，總電容等於每一個電容器的電容量之倒數的和。

( ) 43. 如下圖所示之 RC 電路，當開關在位置 1 時，是直流穩態。在 t ＝ 0 時，將開關移到位置 2，求此電路在 t>0 時之時間常數 T ＝？

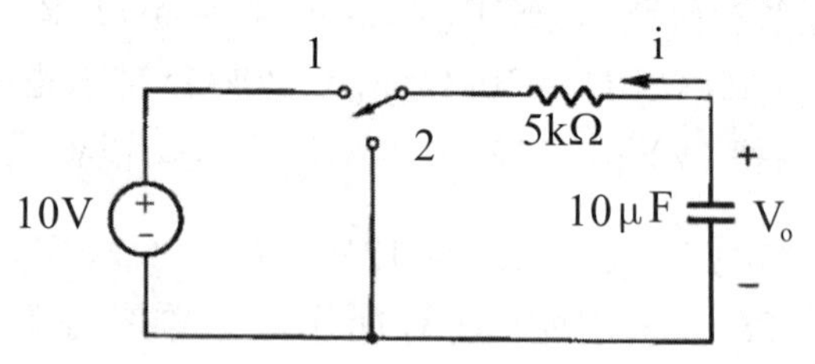

(A)0.01sec (B)0.05sec (C)0.1sec (D)0.5sec。

( ) 44. 有一線圈之匝數 N ＝ 200 匝，磁動勢 F ＝ 500 安匝，試求電流 I 等於多少安培？ (A)200 安培 (B)500 安培 (C)0.4 安培 (D)2.5 安培。

( ) 45. 有關法拉第電磁感應之敘述，下列何者錯誤？ (A) 通過線圈的磁通量沒有變化，該線圈會有感應電壓 (B) 通過線圈的磁通量有變化，該線圈會有感應電壓 (C) 感應電壓的大小，與線圈的匝數成正比 (D) 感應電壓的大小，與通過線圈磁通量的變化率成正比。

( ) 46. 有一交流電之電流 $i = 10(\sin 377t + 45^o)$ 安培，該電流之有效值為： (A)10 安培 (B)377 安培 (C)7.07 安培 (D)45 安培。

( ) 47. 有一交流電之電流 $i = 10(\sin 377t + 90^o)$ 安培，則該交流電之頻率為： (A)10Hz (B)377Hz (C)90Hz (D)60Hz。

( ) 48. 在一個串聯 RC 與交流電壓源 v_s 之電路，若 R ＝ 1.5kΩ，C ＝ 10μF，v_s ＝ 20sin(100t+30°)，以直角座標表示之總阻抗 Z_T 為：
(A)1,500 － j1,000Ω　(B)1,500 ＋ j1,000Ω
(C)1,500 － j10Ω　(D)1,500 ＋ j10Ω。

( ) 49. 在一個串聯 RL 與交流電壓源 v_s 之電路，若 R ＝ 2kΩ，L ＝ 2H，v_s ＝ 10sin(377t)，試問電感器之阻抗為：(A)200Ω (B)20Ω (C)377Ω (D)754Ω。

( ) 50. 有關一個純電阻性負載之交流電路，下列敘述何者錯誤？
(A) 電壓與電流同相
(B) 功率因素＝ 0
(C) 功率因素角，? = 0°
(D) 平均功率與視在功率（apparent power）相等。

解答及解析 答案標示為 # 者，表官方曾公告更正該題答案。

1.(B)。金屬內可移動的是自由電子。

2.(D)。無其他電場影響則平均分布。

3.(D)。電荷主要受庫倫靜電力影響，受萬有引力影響甚小。

4.(A)。$R_{串} = 20 + 30 + 100 = 150\Omega$。

5.(C)。$V_{30\Omega} = 300 \times \dfrac{30}{20+30+100} = 60V$

6.(C)。$R_{總} = 20 // 30 + 100 = 12 + 100 = 112\Omega$

$I = \dfrac{300}{112} \simeq 2.68A$

7.(D)。V ＝ 1.4 ＋ 4.0 ＝ 5.4V

8.(D)。$C_{串} = C_1 // C_2 = \dfrac{C_1C_2}{C_1 + C_2}$

9.(C)。$\angle V = 30^\circ$，$\angle I = -30^\circ$
故電流落後電壓 60°

10.(C)。$V_{rms}=\frac{1}{\sqrt{2}}V_m=\frac{1}{\sqrt{2}}\times 156\simeq 110$

$I_{rms}=\frac{1}{\sqrt{2}}I_m=\frac{1}{\sqrt{2}}\times 10\simeq 7.07$

故相量 $V_{rms}=110\angle 30^oV$；$I=7.07\angle -30^oA$

11.(B)。$Z=\frac{V}{I}=\frac{156\angle 30^\circ}{10\angle -30^\circ}=15.6\angle 60^\circ$

12.(D)。$X_L=wL=377L$

故 $pF=\cos\theta=\frac{R}{\sqrt{R^2+X_L^2}}=\frac{R}{\sqrt{R^2+(377L)^2}}$

13.(D)。加電容器可減少虛功率消耗，但不影響電熱器的實功率。

14.(A)。串聯 $Z=R+j(X_L-X_C)=20+j(100-100)=20\Omega$

$I_{rms}=\frac{V_{rms}}{|Z|}=\frac{V_m}{\sqrt{2}|Z|}=\frac{156}{\sqrt{2}\times 20}=5.5A$

15.(A)。$\frac{R_2}{R_5}=\frac{R_3}{R_6}$，故 R_4 兩端等電位，$I_{R4}=0A$

16.(C)。$R_{總}=R_1+(R_2+R_5)//(R_3+R_6)=15+(10+5)//(20+10)=25\Omega$

$IR_1=I_{總}=\frac{50}{25}=2A$

17.(B)。頻率乘 2（正負週）乘 60（每分 60 秒）除磁極可得 (B) 正確。

18.(D)。$n_s=\frac{120f}{P}=\frac{120\times 60}{6}=1200rpm$

19.(C)。$1200\times(1-5\%)=1200\times 0.95=1140rpm$

20.(D)。理論上正確，但實際上無法承受此高壓，應選 (D)。

21.(B)。中性點接地可處於零電位，但若負載不平衡則電流不一定為零，故選 (B)。

22.(A)。一馬力等於 746 瓦，三相電路 $P=\sqrt{3}IV$

$\sqrt{3}I\times 220V\times 0.8\times 0.8=50\times 746\Rightarrow I\simeq 153A$

23.(D)。降壓啟動法有數種，以 Y － Δ 降壓啟動最佳，故選 (D)。

24.(C)。左手定則的比法為食指伸直表示磁場方向，中指垂直掌心表示電流方向，大姆指向上伸直表示轉動方向。

25.(D)。安培定律的方向有二：
(1) 若是通電線圈，四指為電流，大姆指為磁場。
(2) 若是通電直線，大姆指為電流，四指為磁場。

26.(C)。$P = I^2R = 2^2 \times 50 = 200W$

27.(A)。$R = \frac{V}{I}$，故 $I \propto V$

28.(B)。$P = IV = 15 \times 220 = 3300W = \frac{3300}{740}$ 馬力 $=$ 4.4 馬力。
（註：分數不用計算，先看答案即可選出）

29.(D)。$I = \frac{P}{V} = \frac{40}{110} \simeq 0.36A$
（註：同上題，寫出分數時，先看答案選項即可選出，可免計算）

30.(D)。電壓變小，功率一定變小，直接選 (D)。

31.(B)。溫度升高，金屬電阻增加，半導體則下降。

32.(B)。藍：6；黃：4；橙：10^3；金為誤差值，故 $64 \times 10^3 = 64000\Omega$。

33.(D)。等效電阻應小於任一個別電阻。

34.(C)。$I = \frac{E}{R_1} + \frac{E}{R_2} + \frac{E}{R_3} = \frac{12}{8} + \frac{12}{12} + \frac{12}{24} = 3A$

35.(D)。承上題，$I = 3A$
$P = IV = 3 \times 12 = 36W$

36.(A)。總電阻 $R = R_1 + R_2//[R_3 + R_4//(R_5 + R_6)]$
$= 4k + 40k//[30k + 15k//(10k + 20k)]$
$= 4k + 40k//[30k + 10k]$
$= 4k + 20k$
$= 24k\Omega$
$I_1 = \frac{E}{R} = \frac{24V}{24k\Omega} = 1mA$

37.(A)。R_3 至 R_6 的總電阻，

$R_{36} = R_3 + R_4//(R_5 + R_6) = 40k$

故 $I_3 = I_1 \times \frac{R_2}{R_2 + R_{36}} = 1mA \times \frac{40k}{40k + 40k} = 0.5mA$

$I_4 = I_3 \times \frac{R_5 + R_6}{R_4 + (R_5 + R_6)} = 0.5mA \times \frac{10k + 20k}{15k + 10k + 20k} = \frac{1}{3}mA$

$V_4 = I_4 R_4 = \frac{1}{3}mA \times 1.5k\Omega = 5V$

38.(C)。$R_{th} = R_1//R_2 + R_3 = 6//12 + 2 = 4 + 2 = 6\Omega$

39.(C)。$R = 15\times100 = 1500\Omega = 1.5k\Omega$

40.(A)。開關與刻度範圍相同，直接可讀出。

41.(C)。(A) 電量單位。(B) 電壓單位。(C) 電容單位。(D) 電流單位。

42.(A)。(A) 正確。(B) 外加電壓為各電壓總和。(C)(D) 總電容為各電容倒數之和的倒數。

43.(B)。$\tau = RC = 5\times10^3 \times 10\times10^{-6} = 0.05$ sec

44.(D)。$I = \frac{F}{N} = \frac{500}{200} = 2.5A$

45.(A)。磁通量要變化，才有感應電壓。

46.(C)。$I_{rms} = \frac{I_m}{\sqrt{2}} = \frac{10}{\sqrt{2}} = 7.07A$

47.(D)。$\omega = 377rad/s$

$f = \frac{\omega}{2\pi} = 60Hz$

48.(A)。$X_C = \frac{1}{\omega_C} = \frac{1}{100\times10\times10^{-6}} = 1000$

$Z_T = R - jX_C = 1500 - j1000\Omega$

49.(D)。$X_L = \omega_L = 377\times2 = 754\Omega$

50.(B)。功率因數為 1。

101 年台灣菸酒新進職員

( ) 1. 輸出電功率 3000 瓦特約等於多少馬力輸出？
(A)2 (B)3 (C)4 (D)5。

( ) 2. 設電費每度為 3 元，一戶照明用電 200W 平均每天使用 6 小時，若一個月以 30 天計，則每月該戶照明所耗的電費為多少元？
(A)90 (B)108 (C)120 (D)240。

( ) 3. 一庫侖的電量中含有電子數為多少？ (A)1 個 (B)9.107×10^{9} 個 (C)1.602×10^{19} 個 (D)6.24×10^{18} 個。

( ) 4. 一直流電路的電源電壓為 12V，線路電流為 10mA，則此電路的等效電阻應為多少？ (A)12W (B)120W (C)1.2kW (D)12kW。

( ) 5. 在 20℃環境下同為 1kg 重，1m 長的均勻線狀純金屬，下列何者電阻值最低？ (A) 鋁 (B) 銅 (C) 銀 (D) 金。

( ) 6. 將 6 庫侖之電荷由 A 點移到 B 點，需作功 36 焦耳，則 A 與 B 點間之電位差為多少？
(A)1 伏特 (B)3 伏特 (C)6 伏特 (D)216 伏特。

( ) 7. 在 0℃時銅的電阻溫度係數為 0.00427，則 50℃時電阻溫度係數為多少？ (A)0.00352 (B)0.00393 (C)0.00408 (D)0.00457。

( ) 8. 如右圖中線路電流 I 之值為多少？
(A)3/4A
(B)2A
(C)6A
(D)4A。

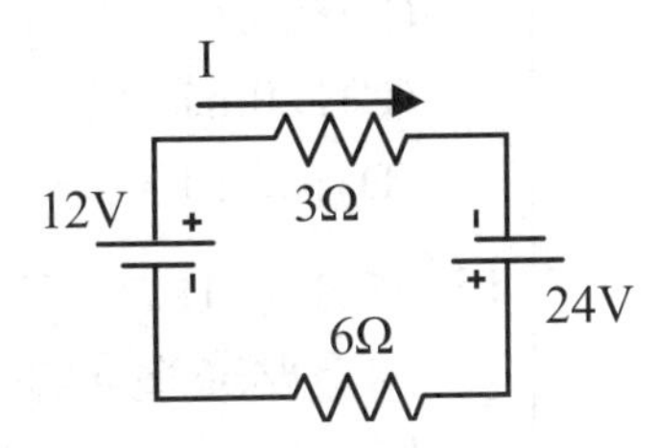

( ) 9. 如右圖中 R_2 消耗之功率為多少？
(A)18W
(B)36W
(C)48W
(D)72W。

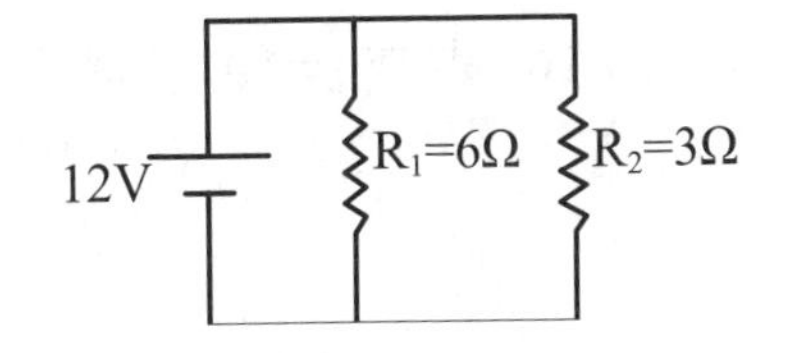

( ) 10. 如右圖中，線路總電阻為多少？
(A)1Ω
(B)2Ω
(C)4Ω
(D)7.2Ω。

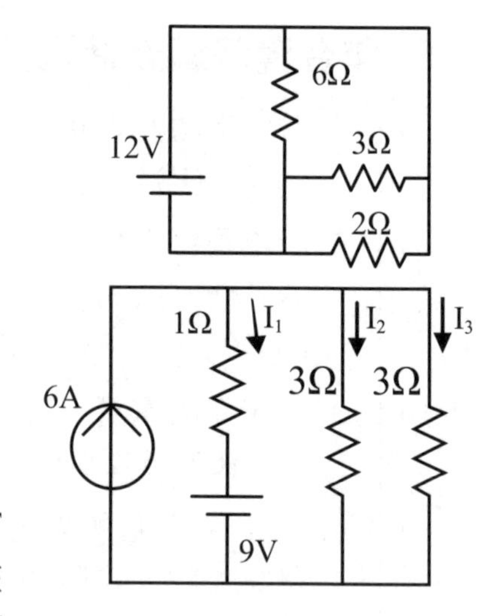

( ) 11. 如右圖所示，圖中 I_1 值為多少？
(A) − 1A
(B)0A
(C)1A
(D)3A。

( ) 12. 兩電容器 C_1 = 3mF，C_2 = 9mF 串聯後，接於 120V 電源時，在 C_1 兩端之電壓為多少？ (A)30V (B)60V (C)40V (D)90V。

( ) 13. L_1 = 28mH，L_2 = 16mH 之兩線圈，接成串聯互助時，總電感為 60mH；接成串聯互消時，總電感量為 28mH，則兩線圈之互感量為多少？ (A)4mH (B)8mH (C)12mH (D)16mH。

( ) 14. 如右圖所示，穩定後 ($t \to \infty$)，電感器儲存多少能量？
(A)60mJ
(B)80mJ
(C)120mJ
(D)180mJ。

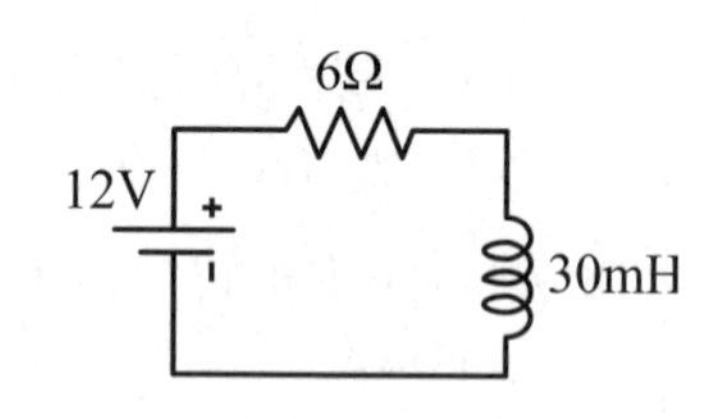

( ) 15. 在 R = 1kΩ、C = 100μF 串聯電路中，電源電壓為 12 伏特，向電路充電，在充電過程中，電容器端電壓充到一個時間常數時，所需的時間為多少？ (A)0.05 秒 (B)0.1 秒 (C)0.632 秒 (D)0.368 秒。

( ) 16. 某交流額定電壓為 100 伏特，則其電壓有效值為多少？ (A)63.6V (B)70.7V (C)111.1V (D)100V。

( ) 17. 某交流電源角速度 $\omega = 2515$ 弳度／秒，求其電源頻率約為多少？ (A)400Hz (B)200Hz (C)100Hz (D)60Hz。

( ) 18. 某交流電路中，有效功率為300W，視在功率為500VA，則無效功率為多少？ (A)200VAR (B)300VAR (C)400VAR (D)500VAR。

( ) 19. 如右圖所示電路，請求平均功率之大小為多少？ 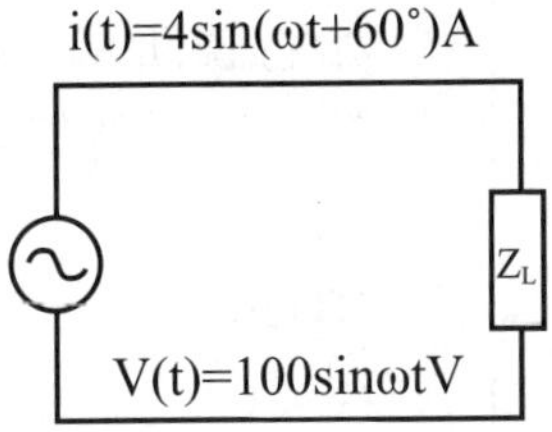
(A)100W
(B)137.5W
(C)275W
(D)400W。

i(t)=4sin(ωt+60°)A
Z_L
V(t)=100sinωtV

( ) 20. 如右圖所示，電路之消耗功率為多少？ 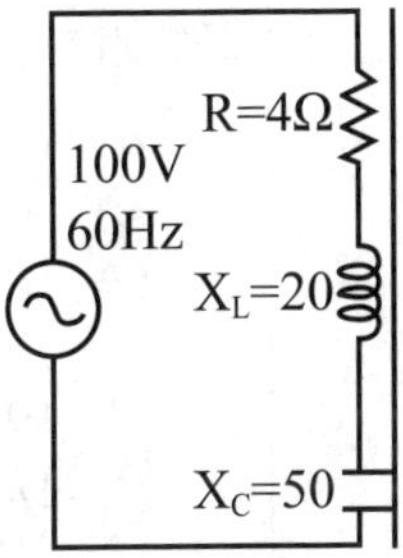
(A)800W
(B)909W
(C)1200W
(D)1600W。

R=4Ω
100V
60Hz
X_L=20
X_C=50

( ) 21. RLC 串聯電路，由 R=50W、L=10mH、C=100mF 所構成，其諧振時之頻率約為多少？ (A)30.2Hz (B)50.4Hz (C)159.2Hz (D)62.8Hz。

( ) 22. 平衡三相△連接負載，每相阻抗為 50 ∠ 60° W，若其線電壓皆為200V，則三相總有效功率為多少？ (A)400W (B)693W (C)1732W (D)1200W。

( ) 23. 如右圖所示，欲在 Z_L 上得到最大輸出功率，則 Z_L 值應為多少？ 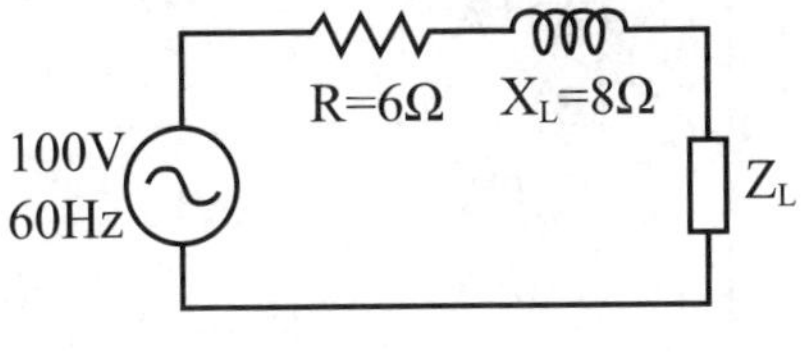
(A)6 － j8W
(B)6 ＋ j8W
(C) － j10W
(D)j10W。

R=6Ω X_L=8Ω
100V
60Hz
Z_L

( ) 24. 甲乙兩相同材質、相同長度之導線，若甲之電阻為乙之2倍，則：
(A) 甲截面積為乙截面積 2 倍 (B) 甲截面積為乙截面積 1/2 倍
(C) 甲直徑為乙直徑 2 倍 (D) 甲直徑為乙直徑 1/2 倍。

( ) 25. 一電阻通過 2 安培電流 10 秒鐘，產生 480 卡之熱量，則此電阻之阻值為多少歐姆？ (A)12 (B)25 (C)50 (D)100。

( ) 26. 如右圖所示，已知 R_2 消耗的功率為 12 瓦特，則電源 E 等於多少伏特？
(A)10
(B)20
(C)30
(D)40。

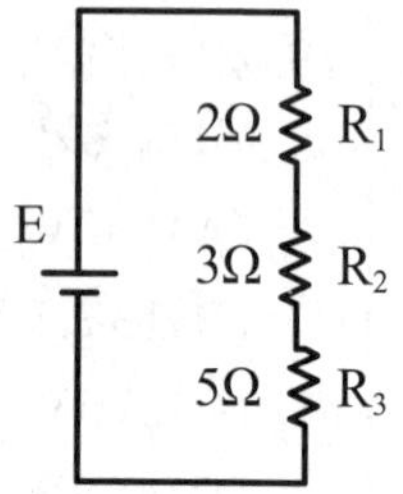

( ) 27. 如右圖所示電路，若以迴路電流法解之，則下列迴路方程式之表示何者正確？

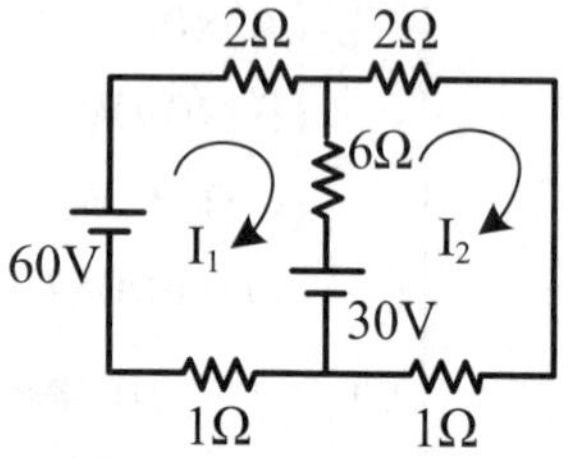

(A) $\begin{cases} 9I_1 - 6I_2 = 60 \\ -6I_1 + 9I_2 = 30 \end{cases}$ (B) $\begin{cases} 9I_1 - 6I_2 = 60 \\ 6I_1 + 9I_2 = 30 \end{cases}$

(C) $\begin{cases} 9I_1 + 6I_2 = 30 \\ 6I_1 + 9I_2 = 30 \end{cases}$ (D) $\begin{cases} 9I_1 - 6I_2 = 30 \\ -6I_1 + 9I_2 = 30 \end{cases}$。

( ) 28. 如右圖電路，請求 R_{AB} 等於多少歐姆？
(A)2.4
(B)4.4
(C)6
(D)7.2。

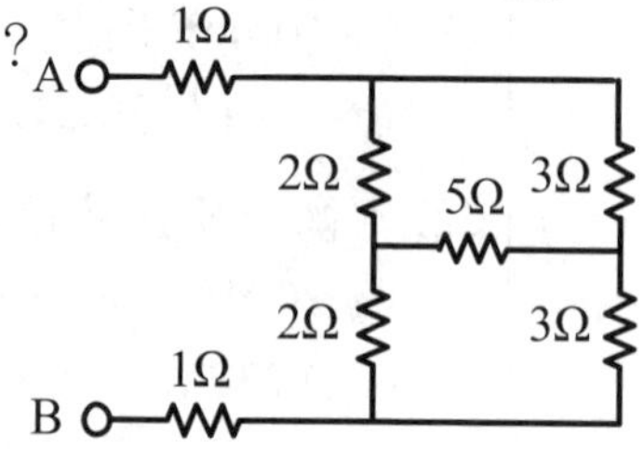

( ) 29. 如右圖所示電路，電流 I 之值為：
(A)1A
(B) － 1A
(C)0A
(D)2A。

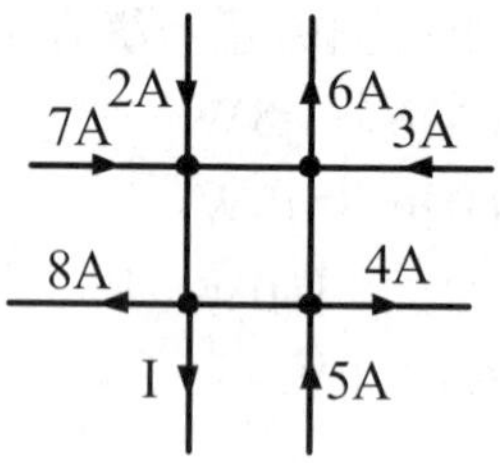

(　) 30. 如右圖電路，下列敘述何者錯誤？
(A) 通過 2W 電阻的電流為 15A
(B)30V 電壓源供應之電功率為 0W
(C)15A 電流源供應之電功率為 45W
(D)3 電阻兩端之壓降為 45V。

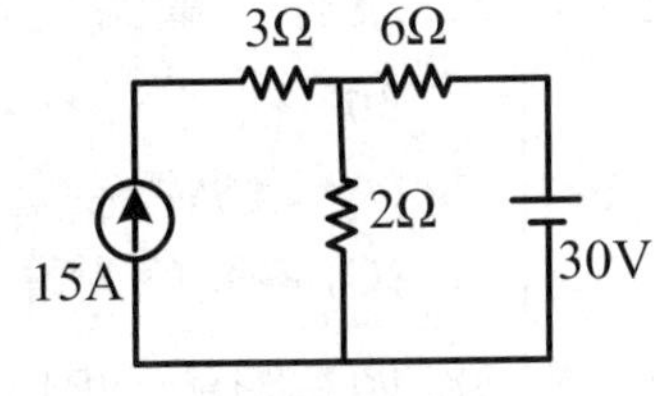

(　) 31. 如右圖所示，R_L 等於何值時可獲得最大功率轉移？
(A)1W
(B)4W
(C)5W
(D)11W。

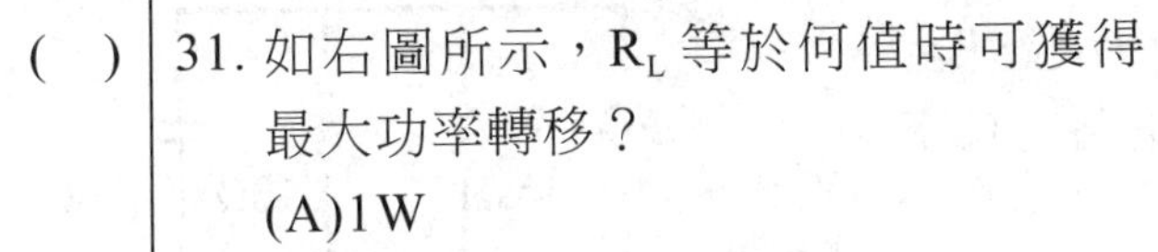

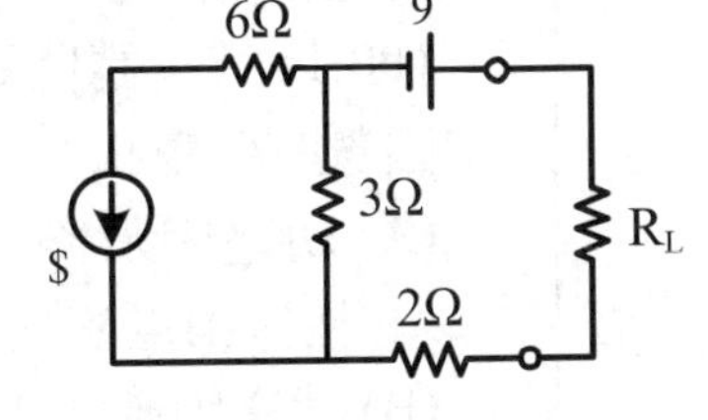

(　) 32. 一平行板電容器之電容量大小與：
(A) 極板面積成正比　(B) 兩極板間距離成正比
(C) 兩極板間距離成平方正比　(D) 介質的導磁係數成正比。

(　) 33. 甲、乙兩電容器，在充以相同之電荷後，測得乙的電壓為甲的 2 倍，則甲的電容量 C 為乙的多少倍？
(A)2 倍　(B)4 倍　(C)1/2 倍　(D)1/4 倍。

(　) 34. 導磁係數 μ、磁通密度 B 及磁場強度 H 三者間之關係式為：
(A) $\mu=\frac{B}{H}$　(B) $\mu=\frac{H}{B}$　(C) $\mu=BH$　(D) $\mu=\frac{1}{BH}$。

(　) 35. 弗來明右手定則（Fleming's right hand rule）又稱為：　(A) 發電機定則　(B) 電動機定則　(C) 變壓器定則　(D) 楞次定則。

(　) 36. 如右圖電路，開關 S 閉合瞬間，電流 I 之值為：
(A)2A
(B)2.4A
(C)3A
(D)4A。

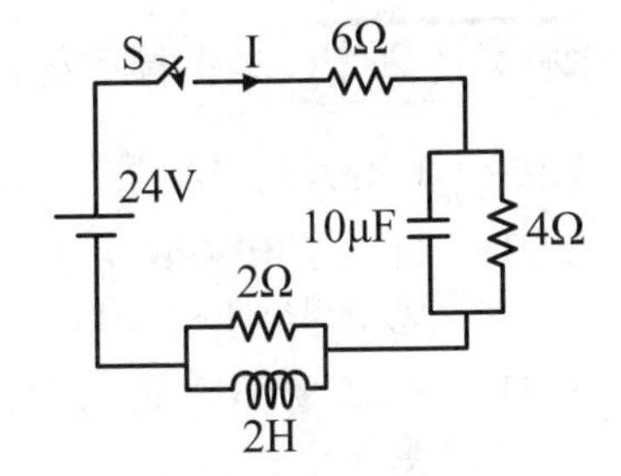

( ) 37. 設有一電路之電壓和電流的函數分別為 $v(t) = 100\sin(377t + 30^{\circ})$ 伏特，$i(t)=5\sqrt{2}\cos(377t - 30^{\circ})$ 安培，下列敘述何者錯誤？
(A) 電壓滯後電流 30° (B) 此電路有可能是 RL 並聯電路
(C) 電壓峰對峰值為 200V (D) 此電路頻率為 60Hz。

( ) 38. 如右圖所示 RLC 並聯電路，當電源頻率由 50Hz 調升至 100Hz 時，請問電路之功率因數有何變化？

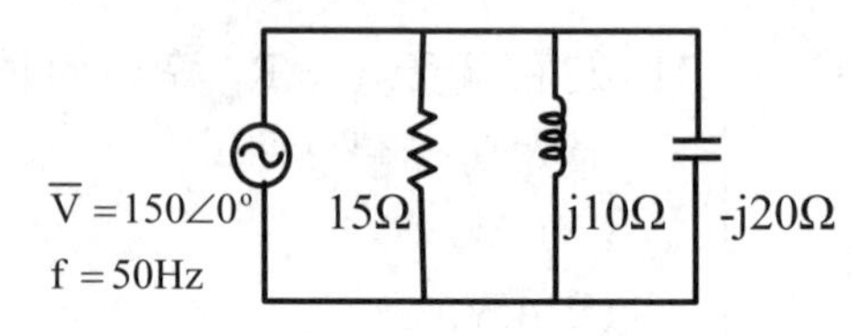

(A) 功率因數變大，且電路性質由電容性變電感性
(B) 功率因數變小，且電路性質由電感性變電容性
(C) 功率因數大小不變，但電路性質由電容性變電感性
(D) 功率因數大小不變，但電路性質由電感性變電容性。

( ) 39. 關於諧振電路，下列敘述何者正確？ (A) 串聯諧振時，電路的功率因數 PF=1；並聯諧振時，電路的功率因數 PF=1 (B) 串聯諧振時，電路的功率因數 PF=1；並聯諧振時，電路的功率因數 PF=0 (C) 串聯諧振時，電路的功率因數 PF=0；並聯諧振時，電路的功率因數 PF=0 (D) 串聯諧振時，電路的功率因數 PF=0；並聯諧振時，電路的功率因數 PF=1。

( ) 40. 對於三相平衡電路的敘述，下列何者正確？ (A) 每相電壓相位各差 90° (B)Y 連接時線電壓等於相電壓 (C)Δ 連接時線電壓為相電壓的 $\sqrt{3}$ 倍 (D)Y 連接時線電流等於相電流。

解答及解析 答案標示為 # 者，表官方曾公告更正該題答案。

1.(C)。1 馬力約 746 瓦 3000÷746 = 4。

2.(B)。用電 200W×6 時 ×30 = 36×1000 瓦．小時 = 36 度。
電費 36×3 = 108 元。

3.(D)。一個電子帶電 1.602×10^{-19} 庫侖，一個庫侖則有 6.242×10^{18} 個電子。

4.(C)。$R = \frac{I}{V} = \frac{12V}{10mA} = \frac{12V}{0.01A} = 1200\Omega = 12k\Omega$。

5.(A)。鋁的比重低，同重同長度時，截面積最寬，雖電阻率稍大，但截面積大使其電阻低。

6.(C)。$V = \frac{W}{Q} = \frac{36}{6} = 6V$。

7.(A)。金屬的電阻係數與絕對溫度乘積約為定值，

$\alpha 50°C \simeq 0.00427 \times \frac{0+273}{50+273} = 0.00360$，故選(A)。

8.(D)。$I = \frac{V}{R} = \frac{12-(-24)}{3+6} = 4A$。

9.(C)。$P = \frac{V^2}{R} = \frac{12^2}{3} = 48W$。

10.(A)。R=6//3//2=2//2=1Ω。

11.(B)。假設電源輸出電壓為 V，

由 KCL：$I_1+I_2+I_3=6$，$\frac{V-9}{1}+\frac{V}{3}+\frac{V}{3}=6$，5V － 27=18，V=9V

$\Rightarrow I_1 = \frac{9-9}{1} = 0A$

12.(D)。電容串聯的分壓　$V_{C1} = \frac{C_2}{C_1+C_2} \times V = \frac{9}{3+9} \times 120 = 90$。

13.(B)。$\begin{cases} \text{互助時} & 28+16+2M=60 \\ \text{互消時} & 28+16-2M=28 \end{cases} \Rightarrow M = 8mH$

14.(A)。穩定後 $I = \frac{12V}{6\Omega} = 2A$　$W_L = \frac{1}{2} LI^2 = \frac{1}{2} \times 30 \times 10^{-3} \times 2^2 = 60mJ$

15.(B)。$\tau = RC = 1 \times 10^3 \times 100 \times 10^{-6} = 0.1$ 秒。

16.(D)。交流額定電壓即有效值。

17.(A)。$f = \frac{\omega}{2\pi} = \frac{2515}{2 \times 3.14} \simeq 400HZ$。

18.(C)。$Q=\sqrt{S^2-P^2}=\sqrt{500^2-300^2}=400VAR$。

19.(A)。$P=\frac{1}{2}V_m i_m\cos\theta=\frac{1}{2}\times100\times4\times\cos(0-60^\circ)=100W$。

20.(D)。$PR=V_R\times I_R^*$

$$=\frac{4}{4+j(2-5)}\times100\times\left[\frac{100}{4+j(2+5)}\right]^*$$

$$=\frac{400}{4-j3}\times\frac{100}{4+j3}=1600W$$

21.(C)。$f_0=\frac{\omega_0}{2\pi}=\frac{1}{2\pi\sqrt{LC}}=\frac{1}{2\times3.14\sqrt{10\times10^{-3}\times100\times10^{-6}}}=159.2Hz$。

22.(D)。△接時，相電壓即線電壓

$P_{總}=3P_{相}=3\times V_{相}\times I_{相}\cos\theta$

$=3\times200\times\frac{200}{50}\times\cos60^\circ=1200W$。

23.(A)。$Z_L=Z_T^*=\overline{6+j8}=6-8j\Omega$。

24.(B)。$R=P\frac{\ell}{A}$與面積反比，故甲截面積為乙的$\frac{1}{2}$倍。

25.(C)。1卡等於4.18焦耳，$R=\frac{P}{I^2}=\frac{\frac{W}{t}}{I^2}=\frac{\frac{480\times4.18}{10}}{2^2}=50\Omega$。

26.(B)。$VR_2=\sqrt{PR}=\sqrt{12\times3}=6V$

$$E=VR_2\frac{R_1+R_2+R_3}{R_2}=6\times\frac{2+3+5}{3}=20V$$。

27.(D)。$\begin{cases}60-2I_1-6(I_1-I_2)-30-1\cdot I_1=0\\30-6(I_2-I_1)-2I_2-1\cdot I_2=0\end{cases}\Rightarrow\begin{cases}9I_1-6I_2=30\\-6I_1+9I_2=30\end{cases}$

28.(B)。先看右半邊，因電阻成比例放中間電阻5Ω可忽略。

$R_{AB}=1+(2+2)//(3+3)+1=1+2.4+1=4.4\Omega$。

29.(B)。$I=I_{入}-I_{出}=(7+2+3+5)-(8+6+4)=-1A$。

30.(C)。假設三電阻交接點的電壓為 V，

由電流關係可得 15A= $\frac{V}{2\Omega}+\frac{V-30}{6\Omega}\Rightarrow V=30V$

故 (A) $I_{2\Omega}=\frac{V}{2\Omega}=\frac{30}{2}=15A$。(B) $I_{6\Omega}=\frac{30-V}{6\Omega}=\frac{30-30}{6\Omega}=0A$。(C) $V_{15A}=V+I_{15A}\times R_{3\Omega}=30+15\times3=75V$。(D)$V_{3\Omega}=15\times3=45V$。

31.(C)。電流源開路，電壓源短路，$R_L=R_T=3+2+5\,\Omega$。

32.(A)。$C=\varepsilon\frac{A}{d}$ 與面積成正比，距離成反比，以及介電係數成正比，僅 (A) 正確。

33.(A)。Q ＝ CV，故 $C_甲V_甲=C_乙V_乙$，$\Rightarrow\frac{C_甲}{C_乙}=\frac{V_乙}{V_甲}=2$ 。

34.(A)。$B=\mu H\Rightarrow\mu=\frac{B}{H}$。

35.(A)。弗來明定則為發電機定則；法拉第定則為電動機定則。

36.(C)。瞬變時，電容短路，電感開路 $I=\frac{24}{6+0+2}=3A$ 。

37.(B)。要先轉換到相同的三角函數

$v(t)=100\sin(377+30^\circ)=100\cos(377t-60^\circ)V$。

(A)$\angle V-\angle I=-60^\circ-(-30^\circ)=-30^\circ$正確。

(B) 電壓滯後為電容性。

(C)$V_{P-P}=2\times100=200V$。

(D) $f=\frac{\omega}{2\pi}=\frac{377}{2\times3.14}=60Hz$ 。

38.(D)。並聯時，電路特性由阻抗小的決定，故原先為電感性。當頻率加倍，電感阻抗加倍，電容阻擾減半。

原 $Z=15//(+j10)//(-j20)$　電感性。

原 $Z=15//(+j20)//(-j10)$　電容性。

故功率因數大小不變，但從電感性轉為電容性。

39.(A)。諧振時，功率因數均為 1。

40.(D)。(A) 相位差 120°。(B)Y 接時，$V_線=\sqrt{3}\,V_相$。(C) △接時，$V_線=V_相$。(D)Y 接時，$I_線=I_相$；△接時，$I_線=\sqrt{3}\,I_相$。

101 年台灣中油雇用人員

(　) 1. 有一 150V 之直流電壓表，其內阻為 18KΩ，今若串聯一 54KΩ 電阻，則量度範圍將可擴大到：　(A)300V　(B)450V　(C)600V　(D)750V。

(　) 2. 100 歐姆電阻器，通過 2 安培電流 1 分鐘，則產生的熱量 H 為：(A)96 卡　(B)400 卡　(C)5760 卡　(D)24000 卡。

(　) 3. 如右圖所示，通過 2KΩ 電阻的電流為：
(A)0
(B)3mA
(C)6mA
(D)12mA。

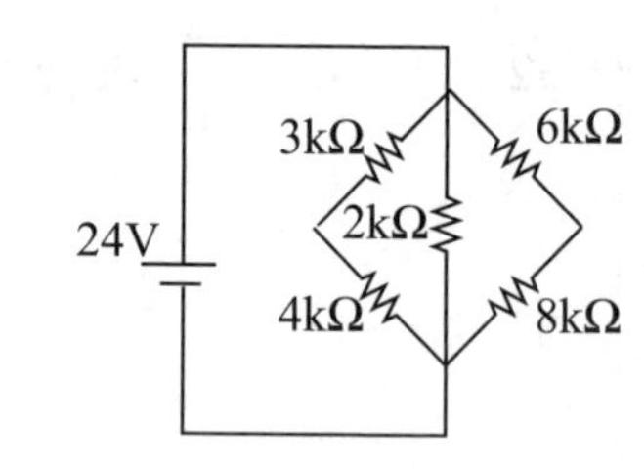

(　) 4. 如右圖所示，電流源與電壓源之轉換，E 的大小為：　(A)3V　(B)6V　(C)12V　(D)18V。

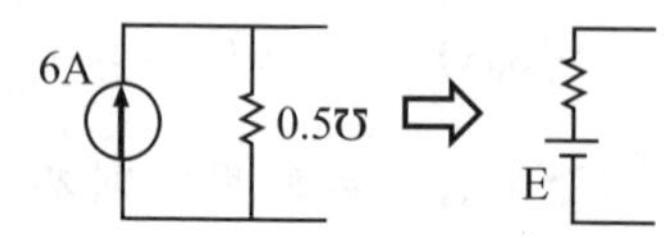

(　) 5. 將一 3 庫倫電荷置於電場中的某一點，受到 18 牛頓的作用力，則電荷在該點的電場強度為何？　(A)4 牛頓 / 庫倫　(B)6 牛頓 / 庫倫　(C)18 牛頓 / 庫倫　(D)54 牛頓 / 庫倫。

(　) 6. 如右圖所示，導體的運動方向為何？
(A) 向上　(B) 向下
(C) 向左　(D) 向右。

N　⊙　S

(　) 7. 有一線圈的自感量為 0.5 亨利，若通過了 4 安培的電流，則線圈所儲存的能量為多少焦耳？　(A)2　(B)4　(C)16　(D)20。

(　) 8. 如右圖所示電路中，開關閉合前，電容器沒有儲存能量，在開關 S 閉合後的瞬間，電流 I 為多少安培？
(A)0　(B)3　(C)5　(D)10。

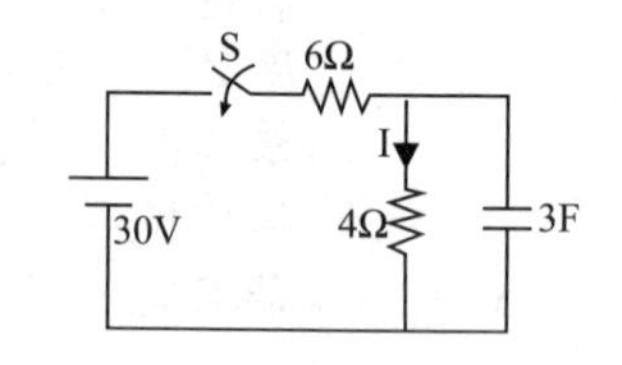

(　) 9. 將 4 庫倫正電荷由 B 點移至 A 點，作功 60 焦耳，若 A 點對地電位為 30 伏特，則 B 點對地為多少伏特？　(A)15　(B)30　(C)45　(D)60。

( ) 10. 平衡三相 Y 接電源，相序為正相序 (a-b-c)，若線路電壓 $\overline{V}_{ab}=220\angle-60^{o}$，則： (A)$\overline{V}_{bc}=220\angle-60^{o}$ (B)$\overline{V}_{bc}=220\angle180^{o}$ (C)$\overline{V}_{ca}=220\angle-60^{o}$ (D)$\overline{V}_{ca}=220\angle120^{o}$。

( ) 11. 小明家客廳有六顆 100 瓦的電燈泡，如果這六顆電燈泡每天點亮 8 小時，每月點 30 天，假設每度（千瓦．小時）電費為 5 元，請問使用此六顆電燈泡，每月須繳多少電費？ (A)600 元 (B)720 元 (C)900 元 (D)1,200 元。

( ) 12. 一般而言，當溫度升高時，大部分的金屬其電阻值將： (A) 不變 (B) 減少 (C) 增加 (D) 不確定。

( ) 13. 有一電熱器之額定為 100V/1250W，則其等效電阻為多少歐姆？ (A)16 (B)12.5 (C)8 (D)2.5。

( ) 14. 額定為 200V/2000W 之均勻電熱線，平均剪成 3 段後再並接於 50V 的電源，則其總消耗功率為何？ (A)667W (B)875W (C)1125W (D)1350W。

( ) 15. 將一電容器加上 12 伏特電源，儲存了 6×10^{-4} 庫倫的電荷，則此電容器之電容量為： (A)20 微法拉 (B)40 微法拉 (C)50 微法拉 (D)72 微法拉。

( ) 16. 下列何者不是磁通 Φ 的單位？ (A) 線 (B) 馬克斯威 (C) 高斯 (Gauss) (D) 韋伯 (Wb)。

( ) 17. 一理想電流源，其內阻應該為： (A) 零 (B) 無限大 (C) 隨負載電阻而定 (D) 任意值。

( ) 18. 一陶瓷電容器標示 103M，則其電容器為： (A)$0.01\mu F\pm20\%$ (B)$0.01\mu F\pm10\%$ (C)$0.1\mu F\pm20\%$ (D)$1.03\mu F$。

( ) 19. 有兩個交流訊號分別為 $v(t)=60\sin(377t+30^{o})V$ 和 $i(t)=40\sin(377t-10^{o})A$，此兩個交流訊號的相位關係為何？ (A)v 領先 i20° (B)v 滯後 i20° (C)v 領先 i40° (D)v 滯後 i40°。

( ) 20. $R-C$ 串聯電路中，若 $R=400k\Omega$，$C=0.5\mu F$，則時間常數 τ 為何？ (A)5 秒 (B)0.5 秒 (C)0.2 秒 (D)0.02 秒。

( ) 21. 有一台3馬力的電動機，若已知其損失為250瓦特，則此電動機之輸入功率為多少瓦特？ (A)2238 (B)2488 (C)1988 (D)750。

( ) 22. 三只電阻器的色碼分別為：甲：黃紫紅金；乙：綠藍金金；丙：棕黑棕金，則三者的電阻值大小為： (A) 甲＞乙＞丙 (B) 乙＞甲＞丙 (C) 甲＞丙＞乙 (D) 丙＞乙＞甲。

( ) 23. 如右圖所示：△－Y互換，圖中 R_a 之電阻值應為： (A)0.6Ω (B)1Ω (C)1.5Ω (D)5Ω。

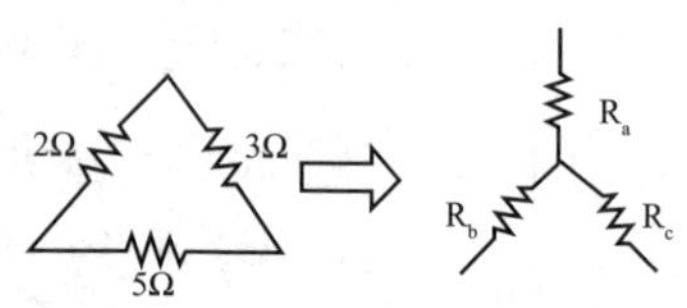

( ) 24. 交流RLC串聯電路，若電感抗 X_L 大於電容抗 X_C，則此電路的性質為： (A) 電阻性 (B) 電感性 (C) 電容性 (D) 純電容。

( ) 25. 有一捲規格為 $2mm^2$ 配線用的導線，長度100公尺，材料為標準韌銅（電阻係數 $1.724\times10^{-8}\Omega$-m），則此導線之電阻值為：(A)0.862Ω (B)1.724Ω (C)8.62Ω (D)17.24Ω。

( ) 26. 電池有內電阻，將4個相同的電池串聯，其最大輸出功率為20W，若將電池改為並聯，則最大輸出功率為何？ (A)5W (B)20W (C)40W (D)80W。

( ) 27. 如右圖所示電路中，若要使電阻R得到最大功率，則其值為：
(A)2Ω (B)3Ω
(C)4Ω (D)7Ω。

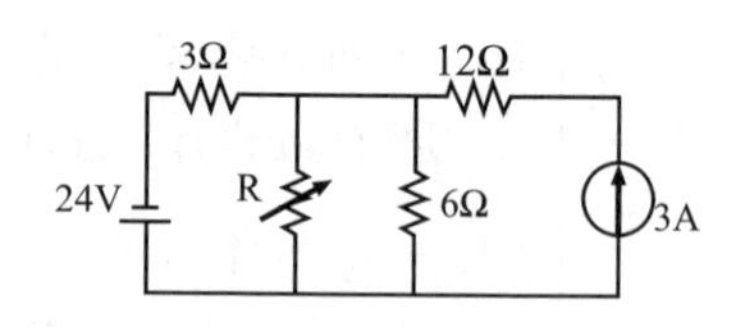

( ) 28. 如右圖所示，流經6Ω電阻之電流為：
(A)2A
(B)3A
(C)4A
(D)6A。

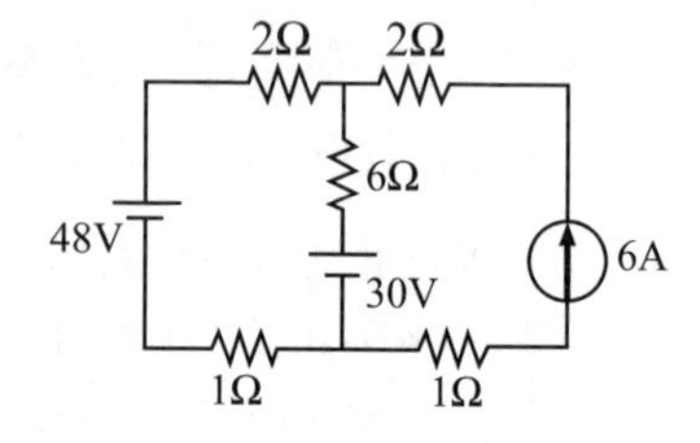

( ) 29. 某電感性負載消耗之平均功率為1600W，負載之功率因數為0.8，則虛功率為多少？ (A)800KVAR (B)1200KVAR (C)1600KVAR (D)2000KVAR。

( ) 30. 如右圖所示，電路供給之平均功率為多少瓦特？
(A)800　(B)1400
(C)2000　(D)2400。

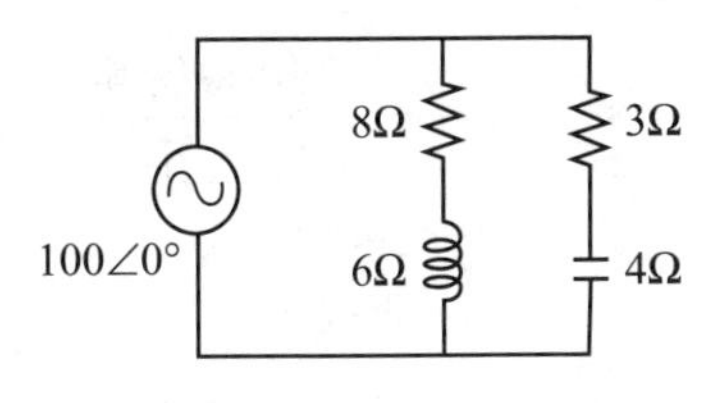

( ) 31. 如右圖所示之直流電路，請問其中12V電源供給之電功率P為多少？
(A)180W
(B)168W
(C)156W
(D)144W。

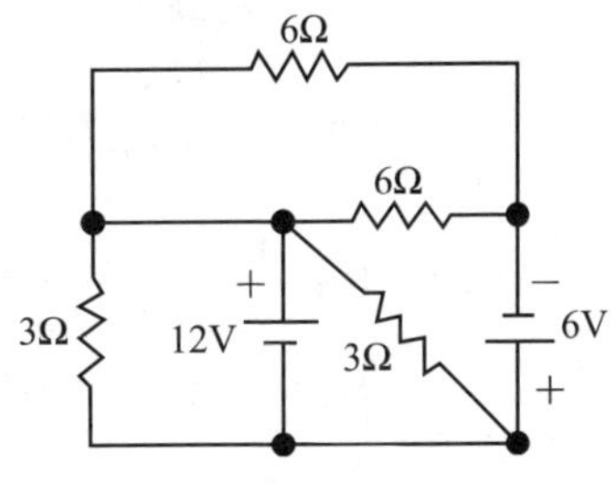

( ) 32. 有甲、乙兩個燈，額定電壓均是110V，甲燈泡額定功率100W，乙燈泡額定功率10W，今將兩燈泡串聯後，接在220V的電源上，則下列何者情況最可能發生？
(A) 甲燈泡先燒壞
(B) 乙燈泡先燒壞
(C) 甲、乙兩燈泡同時燒壞
(D) 甲、乙兩燈泡可正常使用，都不會燒壞。

( ) 33. 如右圖所示之電路，電流I為何？
(A)1.5A　(B)3A
(C)5A　(D)6A。

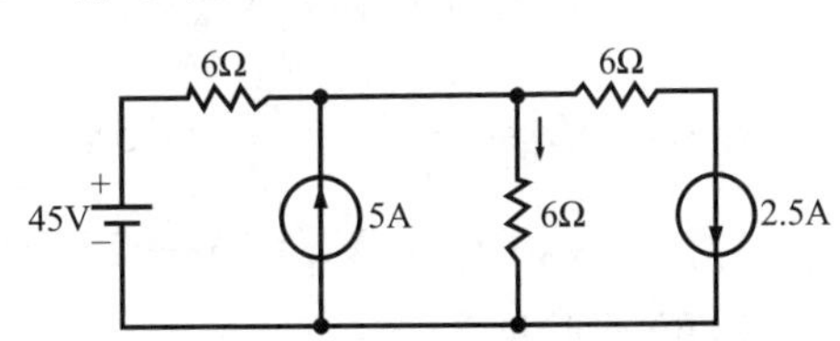

解答及解析 答案標示為#者，表官方曾公告更正該題答案。

1.(C)。利用分壓定理

$$V_{範}=V_{量}\times\frac{R_{內}+R_{串}}{R_{內}}=150\times\frac{18K+54K}{18K}=600V$$

2.(C)。$W=Pt=I^2Rt=2^2\times100\times1分\times60\ 秒/分$

$=24000$ 焦耳

$= \frac{24000\text{焦耳}}{4.18\text{焦耳/卡}}$

$\simeq 5741$ 卡

故選 (C)

3.(D)。電阻是並聯的

$I_{2K\Omega} = \frac{24V}{2K\Omega} = 12mA$

4.(C)。$R = \frac{1}{Y} = \frac{1}{0.5℧} = 2\Omega$

$E = V = IR = 6 \times 2 = 12V$

5.(B)。$E = \frac{F}{Q} = \frac{18}{3} = 6$ 牛頓/庫倫

6.(A)。利用右手開掌定則，大拇指向電流方向（紙面穿出），四指朝磁場方向（N 向 S），掌心為受力運動方向，故向上。

7.(B)。$W_L = \frac{1}{2} LI^2 = \frac{1}{2} \times 0.5 \times 4^2 = 4$ 焦耳

8.(A)。電容的暫態視為短路，無預存能量，電壓為零伏，故 4Ω 電阻的電流 I 為零。

9.(A)。$V_{AB} = \frac{W_{AB}}{Q} = \frac{60}{4} = 15V$

$V_B = V_A - V_{AB} = 30 - 15 = 15V$

10.(A)。正相序

$\angle\bar{V}_{bc} = \bar{V}_{ab} - 120^o = 60^o - 120^o = -60^o$

$\angle\bar{V}_{ca} = \angle\bar{V}_{bc} - 120^o = -60^o - 120^o = -180^o = 180^o$

11.(B)。用電 $\frac{6 \times 100\text{瓦} \times 8\text{時/天} \times 30\text{天}}{1000\text{瓦}} = 144$ 度

電費 144 度 ×5 元/度 =720 元

12.(C)。溫度升高時，金屬的電阻增加，半導體電阻則下降。

13.(C)。$R=\frac{V^2}{P}=\frac{100^2}{1250}=8\Omega$

14.(C)。假設原先電阻 R，剪 3 段成$\frac{R}{3}$

電壓變為$\frac{1}{4}$倍，由 $P=\frac{V^2}{R}$

$P'=2000W\times3\times\frac{\left(\frac{1}{4}\right)^2}{\frac{1}{3}}=1125W$

15.(C)。$C=\frac{Q}{V}=\frac{6\times10^{-4}}{12}=5\times10^{-5}=50\times10^{-6}=50\mu F$

16.(C)。高斯為磁通密度單位。

17.(B)。電流源內阻應無限大。

18.(A)。103 表示 $10\times10^3PF=0.01\times10^{-6}=0.01\mu F$
M 表示 ±20%

19.(C)。V 領先　$30^o-(-10^o)=40^o$

20.(C)。$\tau=RC=400\times10^3\times0.5\times10^{-6}=0.2$ 秒

21.(B)。一馬力等於 746 瓦特

$P_{入}=P_{出}+P_{損}=3\times746+250=2488$ 瓦

22.(C)。直接看第三碼，紅色 $\times10^2$，金色 $\times10^{-1}$，棕色 $\times10^1$；故甲＞丙＞乙。

23.(A)。$R_a=\frac{R_2\times R_3}{R_1+R_2+R_3}=\frac{3\times2}{5+3+2}=0.6\Omega$

24.(B)。串聯時，$X_L>X_C$ 為電感性。

25.(A)。$R=\rho\frac{\ell}{A}=1.724\times10^{-8}\times\frac{100}{2\times10^{-6}}=0.862\Omega$

注意：單位都化成公尺

26.(B)。串聯時，總電壓為 4V，總電阻為 4r

共 $P_{串}=\dfrac{V^2_{串}}{R_{串}}=\dfrac{(4V)^2}{4r}=4\dfrac{V^2}{r}$

並聯時，$P_{並}=4\dfrac{V^2}{r}=R_{串}=20W$

27.(A)。電壓源短，電流源開路後

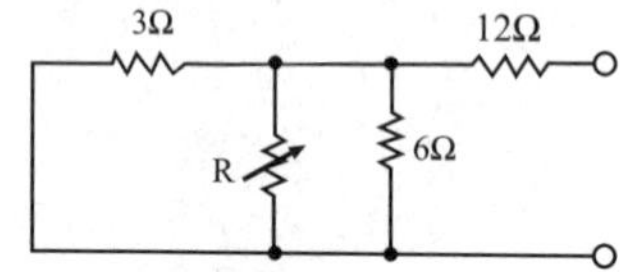

故 R 看出的等效電阻為 $R=3//6//(12+\infty)=2\Omega$

28.(C)。設一節點電壓 V

利用 KCL

$\dfrac{V-48}{2+1}+\dfrac{V-30}{6}=6A$

$3V-126=36$

$V=54V$

$I_{6\Omega}=\dfrac{54-30}{6}=4A$

29.(B)。$PF=\cos\theta=0.8$

視在功率 $S=\dfrac{P}{PF}=\dfrac{1600}{0.8}=2000VA$

虛功率 $Q=S\times\sin\theta=S\times\sqrt{1-\cos^2\theta}=2000\times\sqrt{1-0.8^2}=1200VAR$

註：選項中的 K 應屬多餘，或在題目改為 1600KW

30.(C)。$P=IV\cos\theta=\dfrac{V^2}{|Z|}\cos\theta$

$=\dfrac{100^2}{\sqrt{8^2+6^2}}\times\dfrac{8}{\sqrt{8^2+6^2}}+\dfrac{100^2}{\sqrt{3^2+4^2}}\times\dfrac{3}{\sqrt{3^2+4^2}}=2000W$

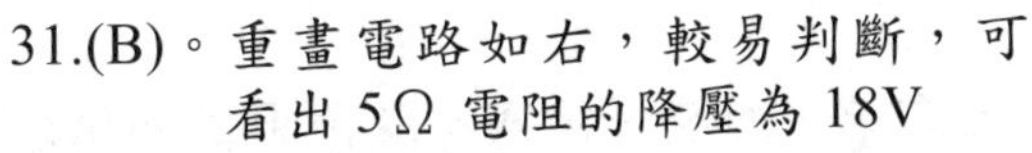

31.(B)。重畫電路如右，較易判斷，可看出 5Ω 電阻的降壓為 18V

$$I_{12V}=\frac{12}{3}+\frac{12}{3}+\frac{18}{6}+\frac{18}{6}=14A$$

$$P_{12V}=IV=14\times12=168W$$

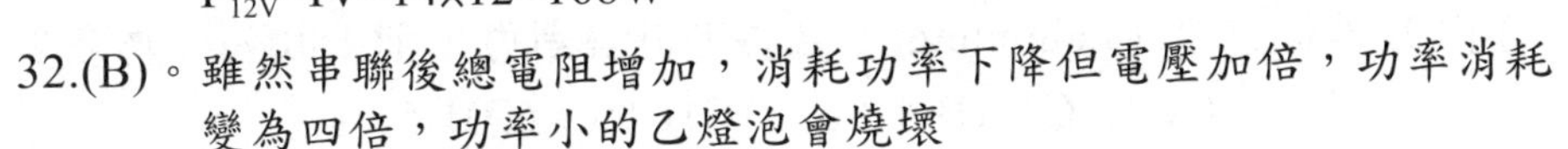

32.(B)。雖然串聯後總電阻增加，消耗功率下降但電壓加倍，功率消耗變為四倍，功率小的乙燈泡會燒壞

$$R_{甲}=\frac{V^2}{P}=\frac{110^2}{100}=121\Omega$$

$$R_{乙}=\frac{V^2}{P}=\frac{110^2}{10}=1210\Omega$$

串聯後　$I=\frac{V_{220V}}{R_{甲}+R_{乙}}=\frac{220}{121+1210}=\frac{20}{121}A$

$$P_{甲}=I^2R=\left(\frac{20}{121}\right)^2\times121=3.31W$$

$$P_{乙}=I^2R=\left(\frac{20}{121}\right)^2\times1210=33.1W \leftarrow 燒壞$$

33.(C)。設一節點電壓　V=6I

利用 KCL

$$\frac{6I-45}{6}-5+I+2.5=0$$

I=5A

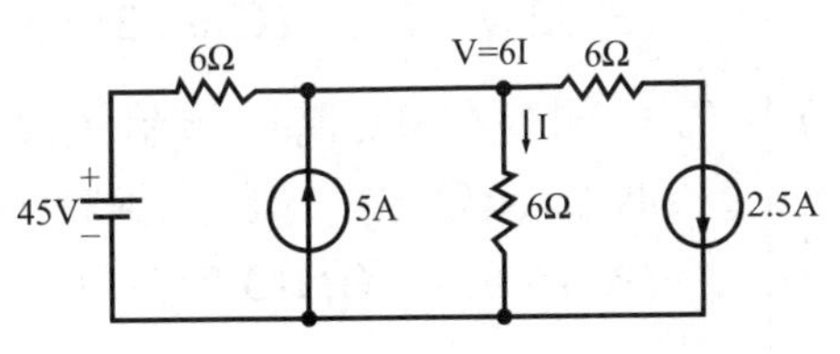

102 年台灣中油雇用人員

( ) 1. 若流過某電阻的電流為 5 安培，則每分鐘通過該電阻截面積之電量為多少？
(A)3 庫侖　(B)30 庫侖　(C)300 庫侖　(D)6000 庫侖。

( ) 2. 若以奈米（nanometer）為長度計算單位，則 150 公分為多少奈米？　(A)1.5G　(B)1.5μ　(C)1.5n　(D)1.5p。

( ) 3. 一個原子若失去原有的電子後，則此原子將：
(A) 帶正電　(B) 帶負電　(C) 帶交流電　(D) 不帶電。

( ) 4. 一電池以定電壓 9V 供電 1mA10 小時，此電池所提供之能量為多少？
(A)1944 焦耳　(B)324 焦耳　(C)486 焦耳　(D)243 焦耳。

( ) 5. 有一抽水馬達輸入功率為 1000 瓦特，若其效率為 80%，求其損失為多少？
(A)50 瓦特　(B)100 瓦特　(C)200 瓦特　(D)800 瓦特。

( ) 6. 綠紅黑金紅的精密電阻讀值為多少？　(A)5.2KΩ±2%　(B)52Ω±2%　(C)0.52Ω±2%　(D)520Ω±2%。

( ) 7. 一銅線在 0℃時的電阻溫度係數為 0.00427，若其線電阻在 0℃時為 10Ω，試求此銅線在 60℃時的電阻約為多少？
(A)15.6Ω　(B)13.7Ω　(C)12.56Ω　(D)11.7Ω。

( ) 8. 假設電鍋之電阻值為 10Ω，通以 10 安培之電流，則該電鍋每秒產生的熱量為多少？
(A)240 卡　(B)500 卡　(C)120 卡　(D)1000 卡。

( ) 9. 將額定 100W/110V 與 10W/110V 之兩個電燈泡串聯後，兩端接上 110V 電壓，試問哪個燈泡較亮？　(A)10W　(B) 兩者亮度相同　(C)100W　(D)10W 燈泡耐壓不足燒燬。

( ) 10. 有一電池電動勢為 10V，內部電阻為 1Ω，若接一負載 9Ω，求負載之端電壓為多少？
(A)8.74V　(B)10V　(C)9.11V　(D)9V。

( ) 11. 有一電流源，其電流值為 3A，內阻為 6Ω，試問轉換為等效電壓源後，其電壓值為多少？
(A)0.5V (B)2V (C)9V (D)18V。

( ) 12. 迴路電流法的運算是依據下列何者？ (A) 電流分配定則 (B) 電壓分配定則 (C) 克希荷夫電流定律 (D) 克希荷夫電壓定律。

( ) 13. 在實際的電源功率供給中，當負載獲得最大功率輸出時，電源的傳輸效率為多少？ (A)25% (B)50% (C)75% (D)100%。

( ) 14. 將複雜的線性網路化簡成電壓源串聯電阻係依據下列何種定理？
(A)Y- ？互換定理 (B) 諾頓定理
(C) 戴維寧定理 (D) 重疊定理。

( ) 15. 在靜電中帶電體的電荷分佈以何處密度最大？ (A) 帶電體中心 (B) 帶電體表面凹陷處 (C) 帶電體表面尖銳處 (D) 帶電體表面直線處。

( ) 16. 如右圖所示，L_1=4H，L_2=3H，M =2 H，則 L_{ab} 為多少？
(A)1 亨利 (B)3 亨利
(C)9 亨利 (D)11 亨利。

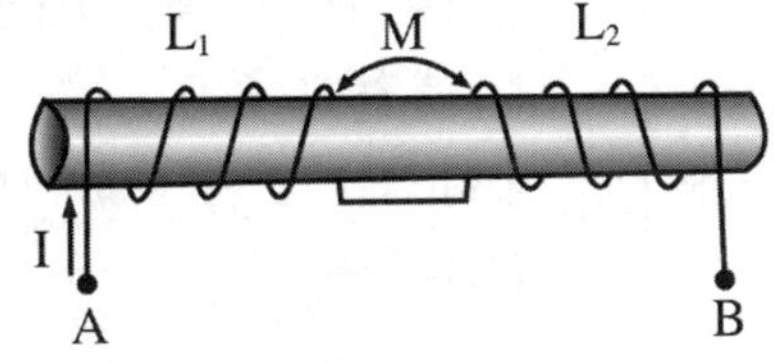

( ) 17. 交流正弦波電壓的有效值為 110 伏特時，則其電壓平均值約為多少？ (A)90V (B)99V (C)121V (D)156V。

( ) 18. 交流正弦波之波形因數 (form factor) 為多少？

(A) $\sqrt{2}$ (B) $\frac{\pi}{2}$ (C) $\frac{1}{\sqrt{2}}$ (D) $\frac{\pi}{2\sqrt{2}}$。

( ) 19. 在 RLC 並聯電路中，R = 10Ω，C=1000μf，若已知此電路之品質因數 (Q 值) 為 5，則電感 L 為多少？ (A)20 mH (B)5 mH (C)4 mH (D)2 Mh。

( ) 20. 如右圖中，電路之消耗功率為多少？
(A)900W (B)1200W
(C)1600W (D)2400W。

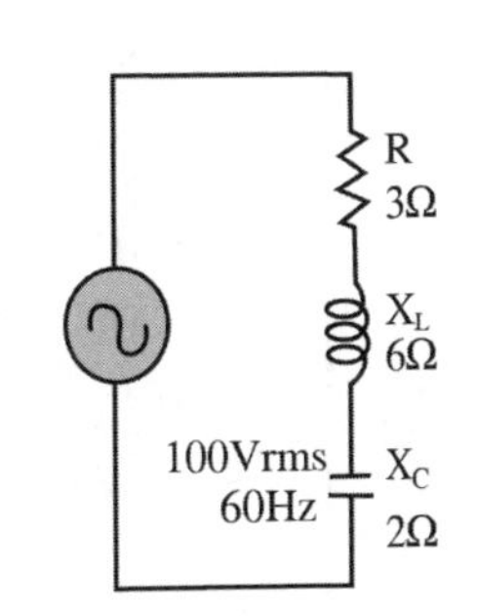

( ) 21. 假設電費每度為 4 元，一台每小時平均耗電 1200 瓦特冷氣機，每天使用 10 小時，若一個月以 30 天計，則每月此台冷氣機所耗的電費為多少？ (A)750 元 (B)1800 元 (C)1440 元 (D)1260 元。

( ) 22. 如右圖所示之電路，試求電阻 2Ω 之端電壓 VR 為多少？

(A)20V
(B)40V
(C)-80V
(D)80V。

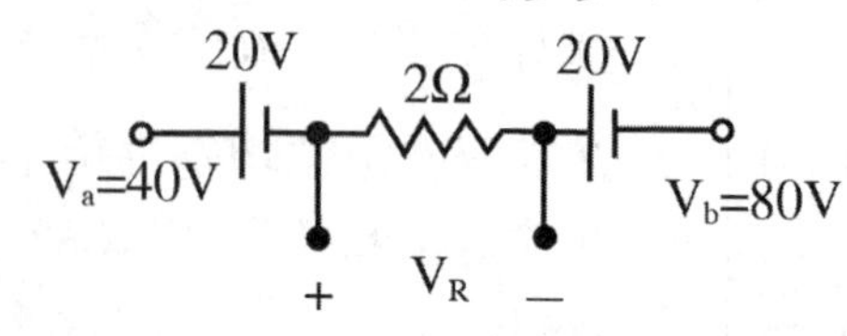

( ) 23. 兩個額定 110V、100W 的電燈泡，串接在 110V 的電源上，則此兩個電燈泡消耗之總功率為多少？

(A)12.5W (B)25W (C)50W (D)100W。

( ) 24. 如右圖所示之電路，當開關 S 閉合後，3Ω 電阻器的電壓降從 7.2V 降為 6V，則電阻器 R 的電阻值為多少？

(A)6Ω (B)5Ω
(C)4Ω (D)3Ω。

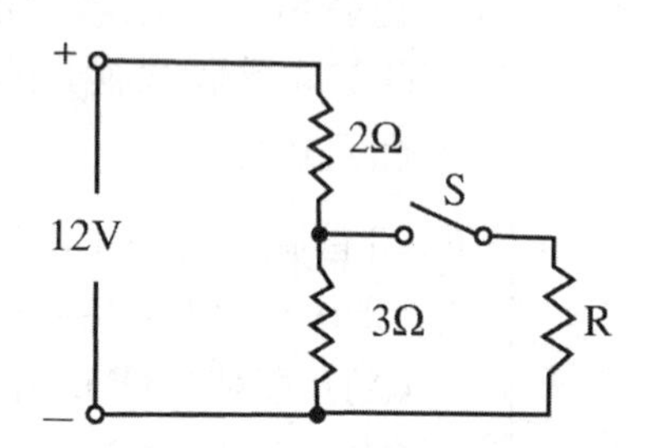

( ) 25. 如右圖所示電路，求電阻 R_L 可獲得最大功率時的電阻值為多少？

(A)1Ω (B)3Ω
(C)7Ω (D)10Ω。

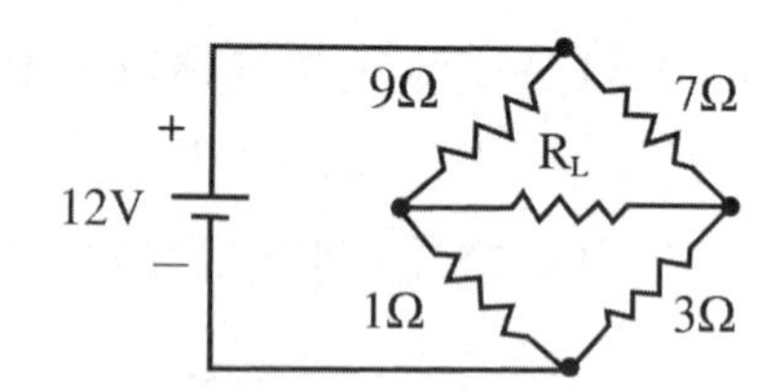

( ) 26. 如右圖所示，求 a、b 兩點之諾頓等效電阻 R_N 及諾頓等效電流 I_N 各為多少？

(A)R_N=12Ω，I_N=3A
(B)R_N=9Ω，I_N=7A
(C)R_N=9Ω，I_N=3A
(D)R_N=12Ω，I_N=7A。

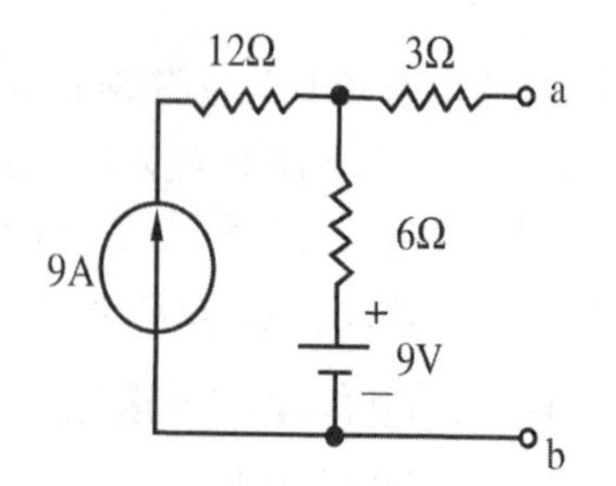

( ) 27. 如右圖所示，流經 3Ω 之電流為多少？
(A)5A
(B)8A
(C)14A
(D)10A。

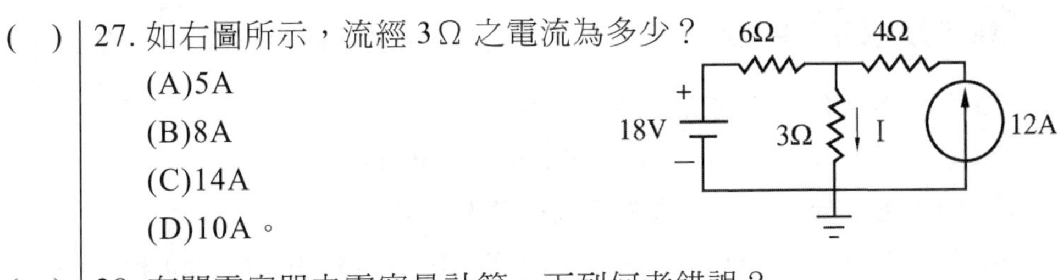

( ) 28. 有關電容器之電容量計算，下列何者錯誤？
(A) 電容量與平行金屬板面積成正比
(B) 電容量與中間絕緣材料之介質常數成反比
(C) 電容量與平行板之間的距離成反比
(D) 電容量與平行金屬板之厚度無關。

( ) 29. $C_1=4\mu F$ 耐　壓 600V，$C_2=6\mu F$ 耐　壓 500V，$C_3=12\mu F$ 耐　壓 300V，若將三電容器接為串聯，則串聯後容許最大耐壓為多少？　(A)600 V　(B)900 V　(C)1200 V　(D)1400 V。

( ) 30. 如右圖所示，電路 S 閉合很久達穩定後，試求電感器儲存之能量為多少？
(A)0.4 焦耳　(B)1 焦耳
(C)2 焦耳　(D)4 焦耳。

( ) 31. 某交流電路 $i(t)=10\cos(\omega t-60^{\circ})$A，$v(t)=5\sin(\omega t+30^{\circ})$V，則其電流與電壓關係為何？　(A) 兩者同相位　(B) 電流滯後電壓 30º　(C) 電流越前電壓 30º　(D) 電流滯後電壓 90º。

( ) 32. 如右圖所示電路，若以一理想交流伏特表測得 $V_R=40V$，$V_L=60V$，$V_C=30V$，則電源 E 為多少？
(A)50 V　(B)70 V
(C)90 V　(D)130 V。

( ) 33. 有一 RL 串聯電路，已知功率因數 0.8、P=4kW，試求電路虛功率為多少？　(A)1 kVAR　(B)2 kVAR　(C)3 kVAR　(D)5 kVAR

解答及解析 答案標示為#者，表官方曾公告更正該題答案。

1.(C)。$Q = It = 5$ 安 ×60 秒 = 300 庫侖。

2.(A)。$150cm = 1.5m = 1.5\times10^{9}nm = 1.5G\ nm$

3.(A)。電子帶負電，故失去負電後帶有正電。

4.(B)。$W = Pt = IVt = 1\times10^{-3}A\times9V\times10$ 時 ×60 分 / 時 ×60 秒 / 分 = 324 焦耳

5.(C)。$P_{出} = \eta P_{入} = 80\%\times1000 = 800W$
$P_{損} = P_{入} - P_{出} = 1000 - 800 = 200W$

6.(B)。綠為 5，紅為 2，第三碼黑為 100 = 1
可得 $R = 52\times100 = 52\Omega$

7.(C)。$R_{60℃} = 10\times0.00427\times(60℃ - 0℃) = 12.56\Omega$

8.(A)。$W = Pt = I^2Rt = 10^2\times10\times1$ 秒 = 1000 焦耳 = $\dfrac{1000焦耳}{4.18焦耳/卡} \simeq 240$ 卡

9.(A)。由 $R = \dfrac{V^2}{P}$，可知 10w 的電阻較大。
串聯時電流相同，由 $P = I^2R$ 可知電阻大的 10w 燈泡較亮

10.(D)。$V_L = V\times\dfrac{R_L}{R_L + R_{in}} = 10\times\dfrac{9\Omega}{9\Omega + 1\Omega} = 9V$

11.(D)。$V = IR = 6\times3 = 18V$

12.(D)。迴路電流法是算整個迴路的總壓降為零，即克希荷夫電壓定律。

13.(B)。P_L 最大時，負載阻抗與內阻相同，傳輸效率為 50%，一半消耗在內阻。

14.(C)。電壓源串電阻為戴維寧電路。

15.(C)。電荷易集中在尖銳處。

16.(B)。線圈繞線方向相反，互感為負。
$L_{ab} = (L_1 - M) + (L_2 - M) = (4 - 2) + (3 - 2) = 3H$

17.(B)。$V_m = \sqrt{2}V_{rms} = 110\sqrt{2}$，$V_{av} = \dfrac{2V_m}{\pi} = \dfrac{2\times110\sqrt{2}}{\pi} \simeq 99V$
註：交流電壓的平均值應為 0V，但此題無此選項，故出題老師應指整流後的平均。

18.(D)。波形因數 $=\dfrac{V_{rms}}{V_{av}}=\dfrac{\frac{1}{\sqrt{2}}V_m}{\frac{2}{\pi}V_m}=\dfrac{\pi}{2\sqrt{2}}$

19.(C)。 $Q=R\sqrt{\dfrac{C}{L}}$ ； $L=\dfrac{R^2C}{Q}=\dfrac{10^2\times1000\times10^{-6}}{5^2}=4\times10^{-3}H=4mH$

20.(B)。$Z = R + j(X_L - X_C) = 3 + j(6 - 2) = 3 + j4\Omega$

$P=R_e[IV^*]=R_e[\dfrac{V^2}{Z}]=R_e[\dfrac{V^2}{|Z|^2}z^*]$

$=R_e\left[\dfrac{V^2}{(R^2+x^2)}(R-jx)\right]=\dfrac{V^2}{R^2+x^2}R=\dfrac{100^2}{3^2+4^2}\times3=1200\text{ W}$

21.(C)。用電 W = Pt = 1200 瓦 ×10 時／天 ×30 天／月
= 360000 瓦－時= 360 瓩－時= 360 度
電費 360×4 = 1440 元

22.(C)。$V_+ = V_a - 20 = 40 - 20 = 20V$；$V_- = V_b + 20 = 80 + 20 = 100V$

$V_R = V_+ - V_- = 20 - 100 = -80V$

23.(C)。 $R=\dfrac{V^2}{P}=\dfrac{100^2}{100}=121\Omega$；$R_{串} = 121 + 121 = 242\Omega$；

$P=\dfrac{V^2}{R_{串}}=\dfrac{110^2}{242}=50W$

24.(A)。12V 的電源分壓為 6V，可知 3Ω 並聯 R 後為 2Ω

$\dfrac{3R}{3+R}=2\Rightarrow3R=6+2R\Rightarrow R=6\Omega$

25.(B)。電壓源短路後，R_L 看入的電阻為

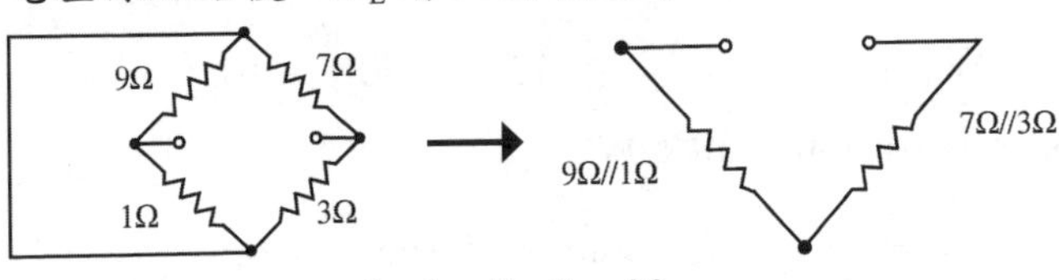

$R_{th}=9//1+7//3=\dfrac{9\times1}{9+1}+\dfrac{7\times3}{7+3}=\dfrac{30}{10}=3\Omega$

26.(B)。(1) 電壓源短路，電流源開路後可得 $R_N = 6 + 3 = 9\Omega$

(2) 把 ab 端短路，如右圖

利用重疊定理

$$I_N = \frac{9V}{6\Omega + 3\Omega} + 9A \times \frac{6\Omega}{6\Omega + 3\Omega}$$

$$= 7A$$

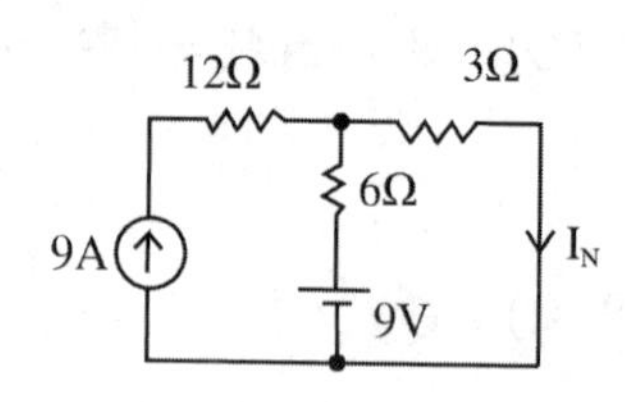

27.(D)。利用重疊定理 $I = \frac{18V}{6\Omega + 3\Omega} + 12A \times \frac{6\Omega}{6\Omega + 3\Omega} = 10A$

28.(B)。$C = \frac{\in A}{d}$，應與介質常數成正比

29.(C)。串聯時電荷儲存的電荷量相同，

$Q_{C_1 max} = 4\mu \times 600 = 2.4mc$

$Q_{C_2 max} = 6\mu \times 500 = 3mc$

$Q_{C_3 max} = 12\mu \times 300 = 3.6mc$

可知 C_1 會最快崩潰，以 Q_{C1} 為準

$VC_1 = 600V$，$VC_2 = \frac{Q_{C_1 max}}{C_2} = \frac{2.4mc}{6\mu F} = 400V$

$VC_3 = \frac{Q_{C_1 max}}{C_3} = \frac{2.4mc}{12\mu F} = 200V$

故 $V_{總} = 600 + 400 + 200 = 1200V$

30.(B)。穩態時，電感短路

$I = \frac{100V}{4\Omega + 6\Omega} = 10A$；$w_L = \frac{1}{2}I^2L = \frac{1}{2} \times 10^2 \times 20 \times 10^{-3} = 1$ 焦耳

31.(A)。$V(t) = 5\sin(\omega t + 30°) = 5\cos(\omega t - 60°)$ 故兩者同相位

32.(A)。$|E| = |V_R + jV_L - jV_C| = |40 + j(60 - 30)|$

$= |40 + j30| = \sqrt{40^2 + 30^2}\, 50V$

33.(C)。$PF = \cos\theta = 0.8$ 表示 $\sin\theta = \sqrt{1 - \cos^2\theta} = 0.6$

虛功率 $Q = S \cdot \sin\theta = \frac{P}{\cos\theta} \cdot \sin\theta = \frac{4k}{0.8} \times 0.6 = 36K\ VAR$

103 年台灣中油雇用人員

(　) 1. 有關自由電子的敘述，下列何者正確？
(A) 自由電子又可稱為價電子
(B) 自由電子是原子最外層的電子因受到光、熱、輻射影響而脫離軌道的電子
(C) 自由電子是原子最外層軌道上的電子
(D) 每個自由電子的帶電量為 6.25×10^{-19} 庫倫。

(　) 2. 下列敘述何者正確？
(A) 單位時間內流過某導體截面積的電荷量稱為電流
(B) 自由電子流動的方向是由電源的正端流至負端
(C)1 度電相當於 1 仟瓦之電功率
(D)1 度電是電功率的單位。

(　) 3. 有一台冷氣機額定電壓為220伏特，每秒消耗1000焦耳的電能，若此冷氣機連續使用 10 小時，則消耗多少度電？
(A)1 度　(B)2 度　(C)5 度　(D)10 度。

(　) 4. 水電工於室內配線時，將原設計之線徑由 2.0mm 降為 1.6mm 之單心導線，若長度與材料不變，則其線路的電阻值應為原來的幾倍？　(A)0.8 倍　(B)0.64 倍　(C)1.25 倍　(D)1.5625 倍。

(　) 5. 小明幫媽媽修理家中故障的電鍋，拆開後發現有一段電熱線斷了，因此將電熱線剪掉一部分後再連接；若此電鍋在原額定電壓下使用，可能會發生何種情況？
(A) 使用時的功率下降
(B) 使用時的電流減少
(C) 功率下降但電流增加
(D) 功率增加，但會有燒毀的可能性。

(　) 6. 克希荷夫電壓定律（KVL）是指任何封閉迴路中，電壓升與電壓降關係為：　(A) 平方正比　(B) 成正比　(C) 成反比　(D) 電壓升的總和與電壓降的總和相同。

( ) 7. 三個電阻之電阻值的比值為 1：2：4，將此三個電阻並聯接於電源，流過此線路的總電流為 14 A，請問最大電阻值的電阻流過電流為多少安培？ (A)1A (B)2A (C)4A (D)8A。

( ) 8. 如右圖所示電路，求 ab 兩端的等效電阻 R_{ab} 為何？
(A)1Ω
(B)1.5Ω
(C)2Ω
(D)2.5Ω。

( ) 9. 用迴路電流法來分析電路時，是利用何種定律來列出迴路電流方程式？ (A) 戴維寧定律 (B) 諾頓定律 (C) 克希荷夫電壓定律 (D) 克希荷夫電流定律。

( ) 10. 欲求線性的電路中的戴維寧等效電阻時，電路中之電源該如何處置？ (A) 電壓源短路，電流源開路 (B) 電壓源短路，電流源短路 (C) 電壓源開路，電流源開路 (D) 電壓源開路，電流源短路。

( ) 11. 如右圖所示，電源的內阻 $R_S > 0\Omega$，此電源提供電力給可變電阻 R_L，當 R_L 由 0Ω 逐漸調至 ∞時，則此電路的效率如何變化？
(A) 逐漸增加 (B) 逐漸減少 (C) 先增後減
(D) 先減後增。

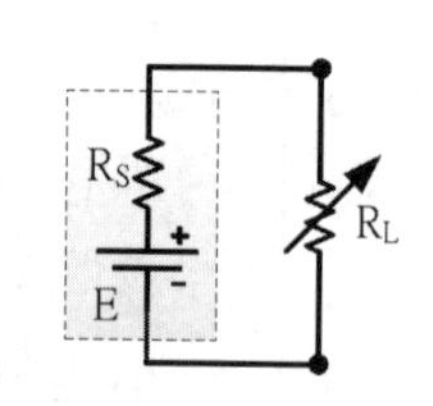

( ) 12. 下列有關法拉第定律之敘述，何者正確？
(A) 感應電勢與線圈匝數無關
(B) 感應電勢與通過線圈之磁通量成正比
(C) 感應電勢與時間成反比
(D) 感應電勢與單位時間內通過線圈之磁通變化量成正比。

( ) 13. 如右圖所示電路，開關 S 閉合瞬間 (t=0)，電流 i 為多少？
(A)0mA (B)2mA (C)6mA
(D)10mA。

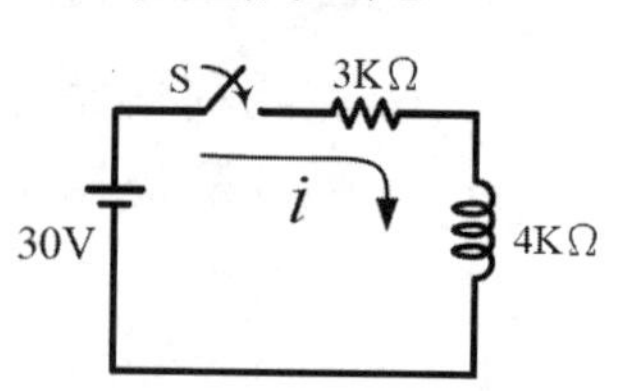

( ) 14. 如右圖所示電路，開關 S 閉合後，需經歷多久時間，電容器兩端電壓才能約等於電源電壓？ (A)20ms (B)50ms (C)200ms (D)250ms。

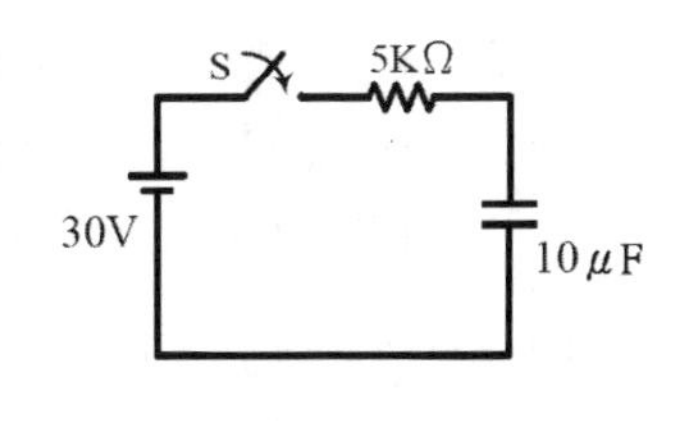

( ) 15. 某水力發電廠發電機之發電頻率為 60 赫芝，每分鐘轉速為 300 轉，則此發電機之極數為： (A)4 (B)6 (C)12 (D)24。

( ) 16. 一交流電路，電源電壓 $v(t)=200\sin(377t+60^\circ)$，電路電流 $i(t)=10\sin(377t+30^\circ)$，則此電路之視在功率 S 為多少伏安？ (A)500 (B)1000 (C)1000 $\sqrt{3}$ (D)2000。

( ) 17. 某工廠負載為 480KW，功率因數為 0.6 滯後，現欲並聯電容器將功率因數提升到 0.8，則所需電容器的容量為： (A)120KVAR (B)200KVAR (C)280KVAR (D)320KVAR。

( ) 18. 如圖所示，電路之功率因數為多少？
(A)0.5
(B)0.6
(C)0.75
(D)0.8。

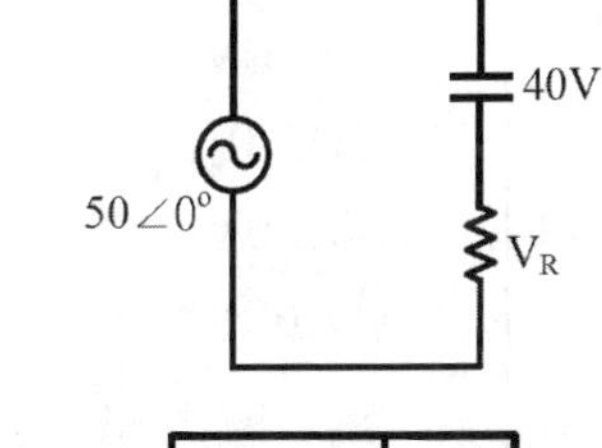

( ) 19. 如圖所示，電路供給之實功率 P 與虛功率 Q 分別為： (A)800W；400VAR (B)800W；1600VAR (C)1000W；1000VAR (D)1000W；1600VAR。

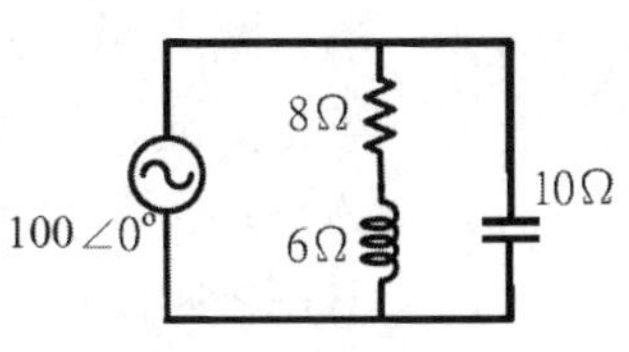

( ) 20. RLC 並聯電路，當發生諧振時，電路之總導納與總電流之值分別為： (A) 最小；最小 (B) 最小；最大 (C) 最大；最小 (D) 最大；最大。

( ) 21. 將規格為 110V/60W 與 110V/20W 的兩個相同材質電燈泡串聯接於 220V 電源，則下列敘述何者正確？ (A)20W 的電燈泡較亮 (B)110V/60W 的燈泡超過額定電壓而燒毀 (C)60W 的電燈泡較亮 (D)110V/20W 的燈泡超過額定電壓而燒毀。

(　) 22. 兩個電阻的規格分別為 3Ω/6W 及 6Ω/24W，若將這兩個電阻器串聯，相當於 9Ω 電阻器多少瓦？　(A)24W　(B)18W　(C)12W　(D)9W。

(　) 23. 如右圖所示，求 E= ？
(A)12V
(B)18V
(C)24V
(D)36V。

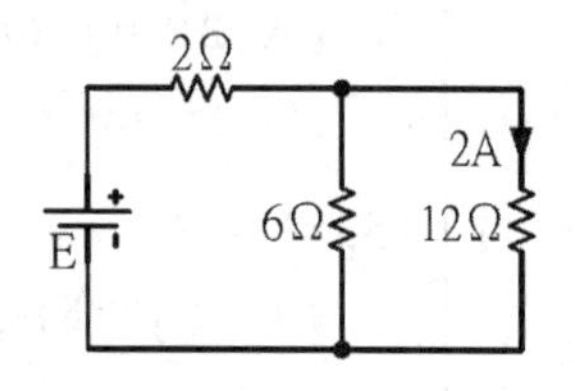

(　) 24. 如右圖所示電路中，求 a、b 兩端的戴維寧等效電壓 E_{Th}、等效電阻 R_{Th} 分別為何？(A)9V 與 4Ω　(B)6V 與 4Ω　(C)9V 與 4.5Ω　(D)6V 與 4.5Ω。

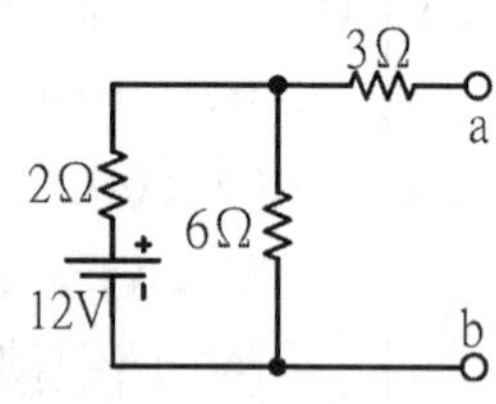

(　) 25. 如右圖所示之電路，請問 C_2 兩端的電壓為多少？
(A)10V
(B)20V
(C)30V
(D)60V。

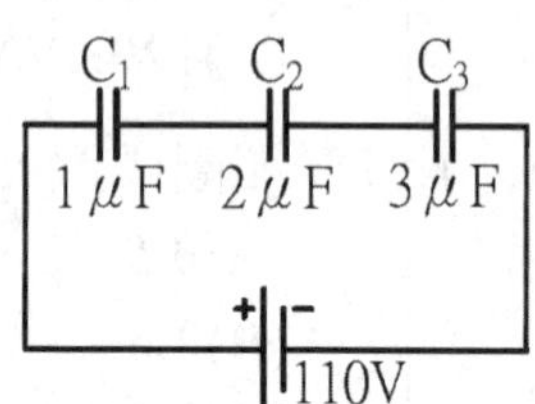

(　) 26. 如右圖所示，將磁鐵向左靠近線圈後再向右離開，則 R 的電流流動方向為：
(A) 先從 A 流至 B，再轉換為 B 流至 A
(B) 先從 B 流至 A，再轉換為 A 流至 B
(C) 持續由 A 流至 B
(D) 持續由 B 流至 A。

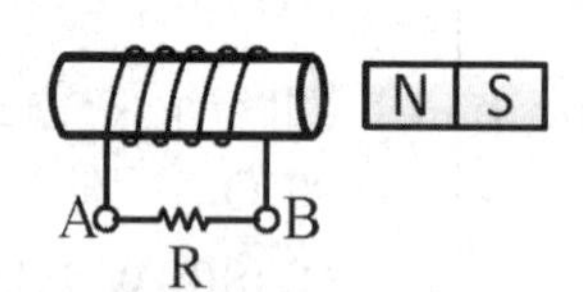

(　) 27. 如右圖所示，請問是屬於哪種接法？耦合係數 K=0.5，則總電感量 L_T 為多少？
(A) 串聯互消，L_T=6H
(B) 串聯互消，L_T=8H
(C) 串聯互助，L_T=12H
(D) 串聯互助，L_T=14H。

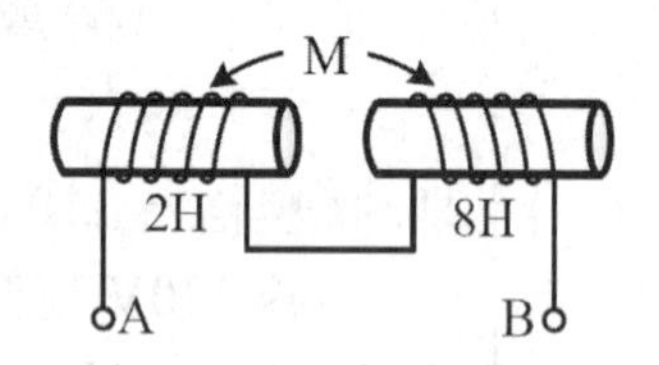

( ) 28. 有一電流 $i(t) = 10 + 5\sin 377t$ 安培，則此電流的平均值及有效值分別為： (A)10，10.6 (B)10，5 (C)10.6，5 (D)10，15。

( ) 29. 如右圖所示，電路之總導納 Y 為：

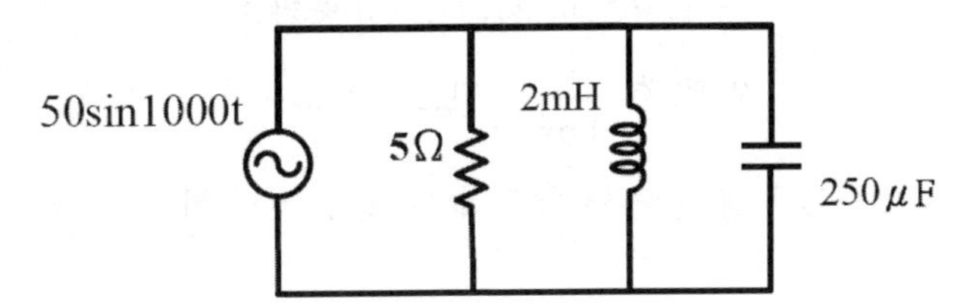

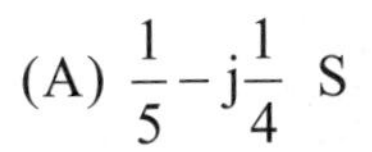

(A) $\frac{1}{5} - j\frac{1}{4}$ S

(B) $\frac{1}{5} - j\frac{1}{2}$ S

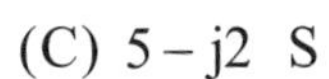

(C) $5 - j2$ S

(D) $5 + j2$ S。

( ) 30. RLC 串聯電路，R=200Ω，L=1H，C=1μF，若通以頻率可變之電源電壓 100V，則當電路功率因數為 1 時，電容器 C 兩端電壓為多少？

(A)25V (B)50V (C)100V (D)500V。

( ) 31. 如右圖所示電路，求 ab 兩端的等效電阻 R_{ab} 為何？

(A)1Ω

(B)2Ω

(C)2.5Ω

(D)3Ω。

( ) 32. 將 L_1 及 L_2 兩線圈以並聯互消之方式連接，將電路的耦合係數 K 逐漸升高時，其總電感量 L_T 如何變化？ (A) 逐漸增大 (B) 逐漸減少 (C) 先增後減 (D) 先減後增。

( ) 33. 如右圖電路，諧振時電路阻抗 Z=16Ω，則 X_L= ？

(A)6Ω (B)8Ω (C)12Ω (D)20Ω。

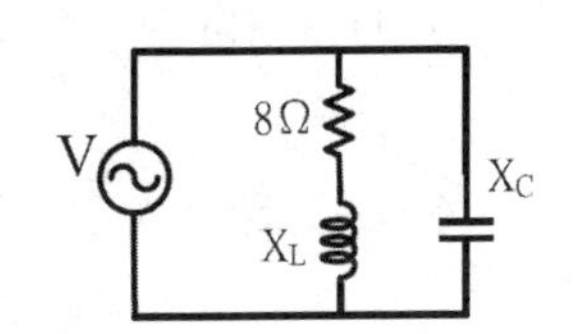

解答及解析 答案標示為 # 者，表官方曾公告更正該題答案。

1.(B)。(A)(C) 價電子為原子最外層軌道上的電子；(D) 電子帶電量為 1.6×10^{-19} 庫倫；(B) 正確。

2.(A)。(A) 正確；(B) 自由電子由電源負端流至正端；(C)(D)1 度電為 1 仟瓦小時，為功的單位非功率的單位。

3.(D)。P ＝ 1000W，故 10 小時即 10 度電。

4.(D)。半徑 0.8 倍，面積 0.64 倍

電阻為 $\frac{1}{0.64} = 1.5625$ 倍。

5.(D)。剪電熱線表示電阻變小，使用時電流變大，功率增加，有燒毀可能。

6.(D)。(D) 正確。

7.(B)。電阻比 1：2：4，電流比 8：4：2

最大電阻的電流為 $14\times\frac{2}{8+4+2} = 2A$。

8.(A)。$Rab = (2+2)//2//(3+1) = 4//2//4 = 2//2 = 1\Omega$。

9.(C)。(C) 正確。

10.(A)。(A) 正確。

11.(C)。從電路的輸出功率來看，最大功率在 $R_L = R_S$，故功率先增後減。
註：此題意不夠嚴謹，若從百分效率看，應逐漸增加。

12.(D)。(D) 正確。

13.(A)。電感視為開路，故 i ＝ 0mA。

14.(D)。時間常數 $\tau = RC = 5\times10^3\times10\times10^{-6} = 50mS$
取 5 倍時間常數後，$V_C > 99\% V_{CC}$
取 250mS。

15.(D)。$300\ ^{轉}/_{分} \times N\ ^{極}/_{轉} = 60Hz\times2\times60\ ^{秒}/_{分} \Rightarrow N = 24$。

16.(B)。$S = \overline{V}\,\overline{I} = \frac{1}{2}V_mI_m = \frac{1}{2}\times200\times10 = 1000VA$。

17.(C)。$pF = \cos\theta = 0.6 \Rightarrow \tan\theta = \frac{4}{3}$

$pF' = \cos\theta' = 0.8 \Rightarrow \tan\theta' = \frac{3}{4}$

改善的 $Q = P(\tan\theta - \tan\theta') = 480\times(\frac{4}{3} - \frac{3}{4}) = 280KVAR$。

18.(B)。$V_R = \sqrt{50^2 - 40^2} = 30V$

$pF = \frac{30V}{50V} = 0.6$。

19.(A)。$S = VI = 100\angle 0^\circ \times \frac{100\angle 0^\circ}{8+j6} + 100\angle 0^\circ \times \frac{100\angle 0^\circ}{-j10} =$

$100\times(8 - j6) + 100\times(j10) = 800 + j400VA \Rightarrow \begin{cases} P = 800W \\ Q = 400VAR \end{cases}$。

20.(A)。並聯諧振時阻抗最大，導納最小，電流最小。

21.(D)。功率小的燈泡電阻較大，串聯時分壓大，故接電時 20W 的燈泡較亮，但很快會燒毀。

22.(B)。串聯時電流相同，$P = I^2R \propto R$，故 3Ω 達額定 6W 時，6Ω 消耗 12W，共 18W。

23.(D)。$I_{12\Omega} = \frac{E}{2\Omega + 6\Omega // 12\Omega} \times \frac{6\Omega}{6\Omega + 12\Omega} = 2A$

$\frac{E}{2+4} \times \frac{6}{18} = 2$

$\Rightarrow E = 36V$。

24.(C)。$E_{Th} = 12V \times \frac{6\Omega}{2\Omega + 6\Omega} = 9V$

$R_{Th} = 2\Omega // 6\Omega + 3\Omega = 4.5\Omega$。

25.(C)。電容壓降與電容值成反比

$V_{C2} = 110\times \frac{\frac{1}{2}}{\frac{1}{1} + \frac{1}{2} + \frac{1}{3}} = 30V$。

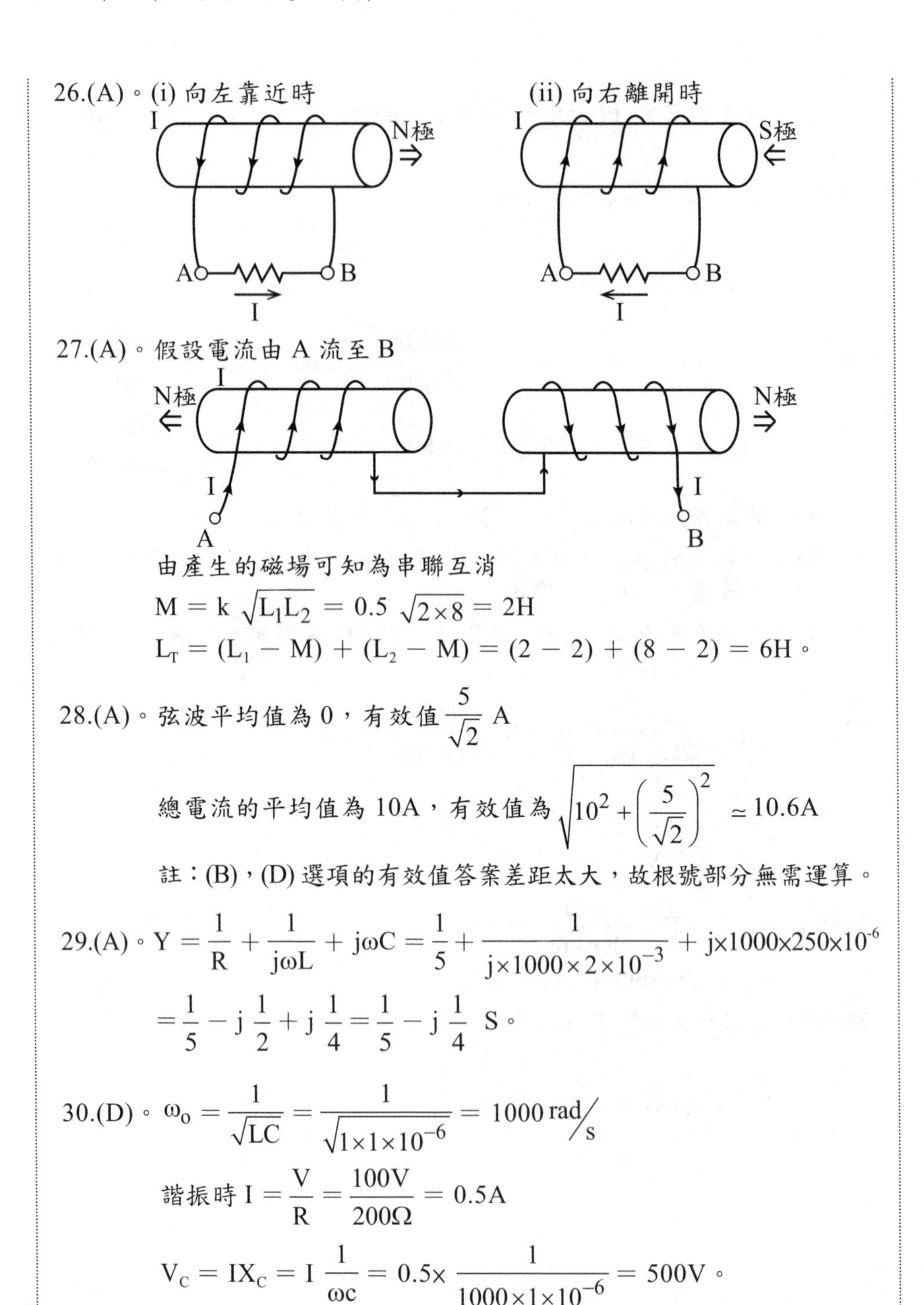

26.(A)。(i) 向左靠近時　　(ii) 向右離開時

27.(A)。假設電流由 A 流至 B

由產生的磁場可知為串聯互消

$M = k\sqrt{L_1L_2} = 0.5\sqrt{2\times8} = 2H$

$L_T = (L_1 - M) + (L_2 - M) = (2 - 2) + (8 - 2) = 6H$。

28.(A)。弦波平均值為 0，有效值 $\frac{5}{\sqrt{2}}$ A

總電流的平均值為 10A，有效值為 $\sqrt{10^2+\left(\frac{5}{\sqrt{2}}\right)^2} \simeq 10.6A$

註：(B)，(D) 選項的有效值答案差距太大，故根號部分無需運算。

29.(A)。$Y = \frac{1}{R} + \frac{1}{j\omega L} + j\omega C = \frac{1}{5} + \frac{1}{j\times1000\times2\times10^{-3}} + j\times1000\times250\times10^{-6}$

$= \frac{1}{5} - j\frac{1}{2} + j\frac{1}{4} = \frac{1}{5} - j\frac{1}{4}$ S。

30.(D)。$\omega_o = \frac{1}{\sqrt{LC}} = \frac{1}{\sqrt{1\times1\times10^{-6}}} = 1000\ \text{rad}/\text{s}$

諧振時 $I = \frac{V}{R} = \frac{100V}{200\Omega} = 0.5A$

$V_C = IX_C = I\frac{1}{\omega c} = 0.5\times\frac{1}{1000\times1\times10^{-6}} = 500V$。

31.(D)。選三個 2Ω 電阻，利用 Y-Δ 轉換，電阻相同時，$R_\Delta = 3R_Y = 6\Omega$

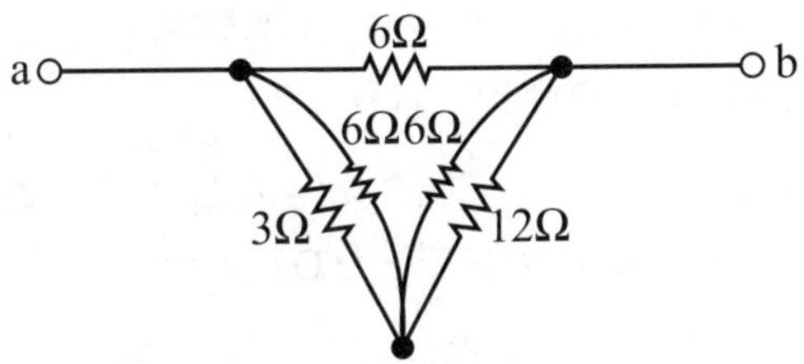

$R_{ab} = (6//3 + 6//2)//6 = (2 + 4)//6 = 3\Omega$。

32.(B)。採互消，故耦合係數增，總電感減少。

33.(B)。阻抗 $Z = (8 + jX_L)//(-jX_C) = \dfrac{X_L X_C - j8X_C}{8 + j(X_L - X_C)}$

$$= \frac{X_C(X_L - j8)(8 - j(X_L - X_C))}{(X_L - X_C)^2 + 8^2}$$

$$= \frac{X_C\left[8X_L - 8(X_L - X_C) - j(64 + X_L(X_L - X_C))\right]}{(X_L - X_C)^2 + 8^2}$$

$$= \frac{X_C\left[8X_C - j(64 + {X_L}^2 - X_L X_C)\right]}{(X_L - X_C)^2 + 8^2}$$

諧振表示虛部為零，實部由題意得 16Ω

$$\Rightarrow \begin{cases} {X_L}^2 - X_C X_L + 64 = 0 \\ \dfrac{8{X_C}^2}{(X_L - X_C)^2 + 8^2} = 16 \end{cases}$$

$$\Rightarrow \begin{cases} {X_L}^2 - X_C X_L + 64 = 0 ------------① \\ 2X_L - 4X_C X_L + {X_C}^2 + 128 = 0 ------② \end{cases}$$

①×2 − ② 得 $X_C = 2X_L$

再代入 ① 可得 $X_L = 8\Omega$

註：此題計算不易，可將選項代入。

103 年台灣菸酒新進職員

( ) 1. 有一條導線電流為 3A，則在 5 分鐘內流過該導線之電量為多少庫倫？ (A)30 (B)90 (C)900 (D)1800。

( ) 2. 有 10 顆 50 瓦燈泡點亮 8 小時，若電費每度為 3 元，則要付多少電費？ (A)3 元 (B)6 元 (C)9 元 (D)12 元。

( ) 3. 有一五色碼電阻由左到右色環為黃、紫、黑、棕、紅，則此色碼電阻之電阻讀值及誤差為多少？ (A)470Ω±1% (B)4700Ω±1% (C)470Ω±2% (D)4700Ω±2%。

( ) 4. 有一線徑 1 毫米長 1000 公尺的金屬導線電阻為 10Ω，則相同材質的金屬導線線徑 2 毫米長 2000 公尺時電阻為多少歐姆？ (A)2.5 (B)5 (C)7.5 (D)10。

( ) 5. 有三個電阻分別為 10Ω、15Ω、25Ω，將此三個電阻作串聯連接後，再接上直流 100 伏特電源上，若三者均有足夠瓦特數，則 25Ω 所消耗之功率為多少瓦特？ (A)25 (B)50 (C)100 (D)200。

( ) 6. 如右圖所示，下列何者錯誤？
(A)V_a=40V
(B)V_b=52V
(C)V_c=16V
(D)V_d=20V。

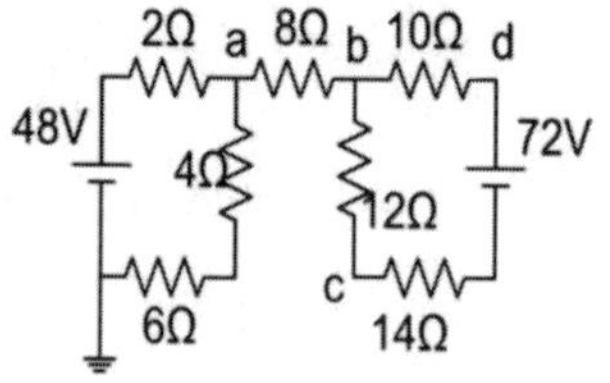

( ) 7. 有一直流電壓表滿刻度為 100 伏特，此電壓表內阻為 200kΩ，若希望能測量 200 伏特時，則至少需串聯電阻多少歐姆？ (A)50k (B)100k (C)200k (D)400k。

( ) 8. 三個相同的電阻值連接成 Δ 型，若此 Δ 型的任意兩端所量測的電阻均為 20Ω，則任何一個電阻應為多少歐姆？ (A)10 (B)20 (C)30 (D)60。

( ) 9. 有一直流電源輸出開路時電壓為 20V，接上 100Ω 電阻後，量測 100Ω 兩端電壓為 16V，則訊號源內阻為多少歐姆？ (A)12.5　(B)25　(C)50　(D)100。

( ) 10. 如右圖所示電路，試計算 a、b 兩點之間的電阻 R_{ab} 應為多少歐姆？
(A)10　(B)14　(C)18　(D)22。

( ) 11. 有一直流迴路內電源均為獨立電源，若應用諾頓定理求等效電阻時電源應如何處理？ (A) 所有電源均開路　(B) 所有電源均短路　(C) 所有獨立電壓源短路，所有獨立電流源開路　(D) 所有獨立電壓源開路，所有獨立電流源短路。

( ) 12. 假設兩個電容器並聯時之總電容量為 20μF，其中之一電容器的電容量為 10μF，則當這兩個電容器串聯時之總電容量應為多少 μF？ (A)5　(B)10　(C)20　(D)40。

( ) 13. 有兩個電容器之電容量分別為 0.01μF 與 0.04μF 並聯後，加以 500V 直流電壓，正常工作下，求此兩電容器並聯後之總儲存能量為多少 mJ？ (A)2.5　(B)5.0　(C)6.25　(D)7.5。

( ) 14. 有一實心金屬球形導體，半徑 0.5 公尺，其電荷為 10^{-8} 庫倫，則距離球形導體中心 0.3 公尺處之電場強度為多少牛頓／庫倫？ (A)0　(B)10^{-8}　(C)2×10^{-8}　(D)4×10^{-8}。

( ) 15. 有兩線圈自感量分別為 16 亨利及 4 亨利，兩線圈互相串聯，極性為互助，耦合係數為 0.8，則此兩線圈之互感為多少亨利？ (A)3.2　(B)6.4　(C)12.8　(D)25.6。

( ) 16. 下列敘述何者正確？ (A) 磁力線為一開放曲線　(B) 電力線為一封閉曲線　(C) 正、負電荷可單獨存在　(D) 南、北磁極可單獨存在。

( ) 17. 有一 200 匝之線圈中，若其垂直切割磁力線在 1 秒內由 1 韋伯增加至 3 韋伯，則此線圈感應電勢為多少伏特？ (A)100　(B)200　(C)300　(D)400。

( ) 18. 如右圖所示，當 S 閉合瞬間，此時瞬間電流 I 為多少安培？
(A)0
(B)1
(C)2
(D)3。

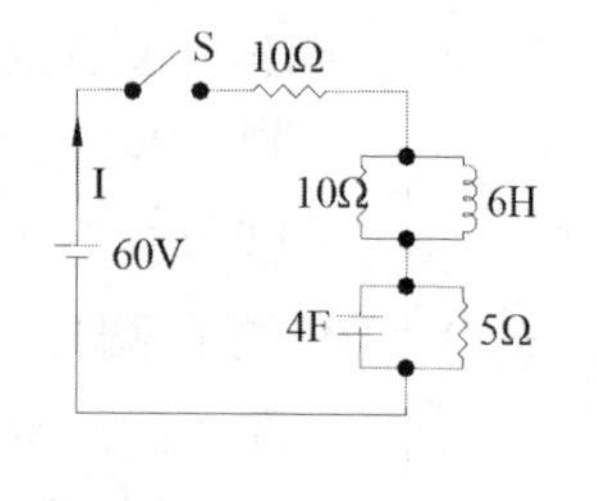

( ) 19. 有一交流正弦波電流一般式表示為 $i(t)=100\sin(314t-30^{\circ})$A，求當 t=0.01 秒時之瞬間電流值為多少安培？ (A)0 (B)50 (C)86.6 (D)100。

( ) 20. 有一交流 LC 並聯電路，其阻抗分別為 $X_C=5\Omega$ 與 $X_L=10\Omega$，則其並聯後等效阻抗為多少歐姆？ (A)$10\angle-90^{\circ}$ (B)$10\angle 90^{\circ}$ (C)$20\angle-90^{\circ}$ (D)$20\angle 90^{\circ}$。

( ) 21. 有一交流電源，50Hz、10V 連接至一理想電容器，測得電流為 0.5A，若電源頻率降為 10Hz，其餘不變，則電路上之電流變為多少安培？ (A)0.1 (B)0.5 (C)1 (D)2.5。

( ) 22. 有一純電阻與純電容串聯組成交流電路，以電壓相位為 0°，其電流相位 θ 為何？ (A)$0^{\circ}>\theta>-90^{\circ}$ (B)$0^{\circ}<\theta<90^{\circ}$ (C)$-90^{\circ}>\theta>-180^{\circ}$ (D)$90^{\circ}<\theta<180^{\circ}$。

( ) 23. 有一 8 歐姆電阻器，當其通過的電流為 $i(t)=10\sin(314t+30^{\circ})$ 安培時，則此電阻器所消耗的平均電功率為多少瓦？ (A)200 (B)400 (C)800 (D)1600。

( ) 24. 有一負載 $Z=10\angle 53^{\circ}$ 歐姆，流過電流 I=10 安培，則此負載上的虛功率為多少 VAR？ (A)600 (B)800 (C)1000 (D)1200。

( ) 25. 當 RLC 串聯諧振時，下列敘述何者錯誤？ (A) 電容的電壓等於 0 (B) 電路功率因數等於 1 (C)R 值改變時，諧振頻率不會改變 (D) 電路之阻抗值等於 R。

( ) 26. 有一 RLC 串聯電路，當諧振頻率 f_o=1000Hz，此電路之截止頻率分別為 1200Hz 及 800Hz，則此電路之波寬 (B.W.) 及品質因數分別為多少？ (A)200Hz，1.25 (B)200Hz，2.5 (C)400Hz，1.25 (D)400Hz，2.5。

(　) 27. 當 RLC 並聯電路發生諧振時之電流為 5A，則旁帶頻率之電流為多少安培？ (A)5 (B)5 $\sqrt{2}$ (C)10 (D)10 $\sqrt{2}$。

(　) 28. 交流平衡三相 Y 連接電源，相序為 a − c − b，若 $V_{ab}=220\angle 120^\circ$，則下列何者正確？ (A)$V_{ac}=220\angle -180^\circ V$ (B)$V_{bc}=220\angle 0^\circ V$ (C)$V_{ca}=220\angle -120^\circ V$ (D)$V_{cb}=220\angle -120^\circ V$。

(　) 29. 有一家庭使用規格 110 伏特、60 瓦特的電燈泡，若接於 110 伏特的交流電源，則流過燈泡的電流為多少毫安 (mA)？ (A)60 (B)545 (C)1833 (D)6600。

(　) 30. 將 3 庫倫的正電荷由 A 點移至 B 點，需作功 3 焦耳，則 A 與 B 兩點間的電位差為多少伏特？ (A)0 (B)1 (C)2 (D)3。

(　) 31. 有一台輸出功率為 8 馬力 (HP) 的電動機（馬達），其效率為 80%，連續使用 24 小時，則其損失電能量約為幾度電？ (A)11.9 (B)14.9 (C)35.8 (D)59.7。

(　) 32. 某工程助理幫公司修理電熱爐，不慎將其內部的電熱線剪掉一部份，變為原來的五分之四，若將此電熱爐在原來的額定電壓下使用，下列敘述何者正確？ (A) 電流減少 (B) 電阻增加 (C) 發熱量減少 (D) 發熱量增加。

(　) 33. 某工廠用電設備及每天用電時間如下：1000 瓦電熱器 2 台，平均每天使用 8 小時。100 瓦燈具 20 只，平均每天使用 10 小時。2000 瓦冷氣機 3 台，平均每天使用 8 小時。若一個月以 30 天計算，試求每月用電度數為幾度？ (A)1520 (B)2520 (C)3500 (D)3600。

(　) 34. 有一電阻器，其電阻值大小標示為 120±5%Ω，若以色碼電阻表示，下列何者為正確標示方式？ (A) 黑棕黑銀 (B) 黑棕黑金 (C) 棕紅棕銀 (D) 棕紅棕金。

(　) 35. 零件工程師看到一個陶瓷電容器上標示 104J 50V，則此電容器之電容值為多少微法拉 (μF)？ (A)0.1 (B)1.04 (C)10.4 (D)104。

( ) 36. 下列哪一種電容器用於電路上，因其具有極性，故兩支接腳不能任意反接？ (A) 陶質電容器 (B) 雲母電容器 (C) 電解質電容器 (D) 塑膠薄膜電容器。

( ) 37. 有一戴維寧等效電路其等效電阻為 R_{th}，當外加負載電阻為 R_{th} 的 n 倍時，則下列何者為此時負載上之消耗功率與發生最大傳輸功率時之比值？ (A)$2n:(1+n)^2$ (B)$4n:(1+n)^2$ (C)$2n:(2+n)^2$ (D)$4n:(2+n)^2$。

( ) 38. 如右圖所示之電路，求流經 4Ω 電阻之電流 i 為多少安培？
(A)1 (B)2
(C)3 (D)4。

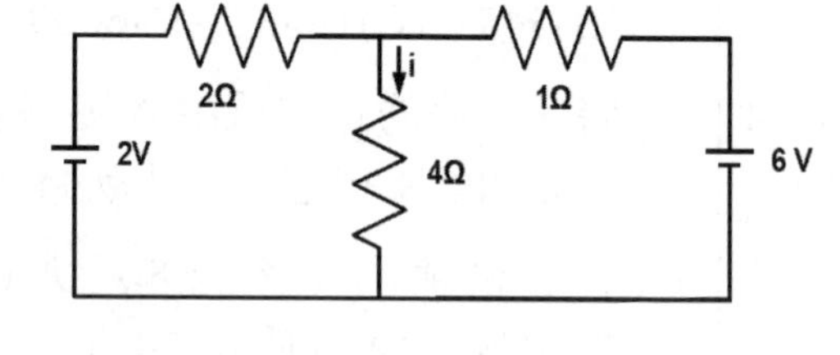

( ) 39. 如右圖所示之電路，若 V_{S1} = 100V，V_{S2} = 20V。請問流經 8Ω 電阻的電流 i 應為幾安培？
(A)0A
(B)1A
(C)2A
(D)2.5A。

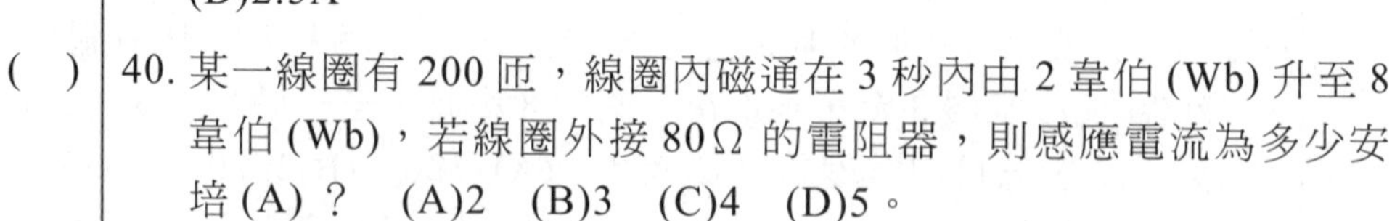

( ) 40. 某一線圈有 200 匝，線圈內磁通在 3 秒內由 2 韋伯 (Wb) 升至 8 韋伯 (Wb)，若線圈外接 80Ω 的電阻器，則感應電流為多少安培 (A)？ (A)2 (B)3 (C)4 (D)5。

( ) 41. 如右圖所示之電路，若電路已達穩定，則電容上之電壓 V_C 值為多少伏特 (V)？
(A)0 (B)5
(C)10 (D)15。

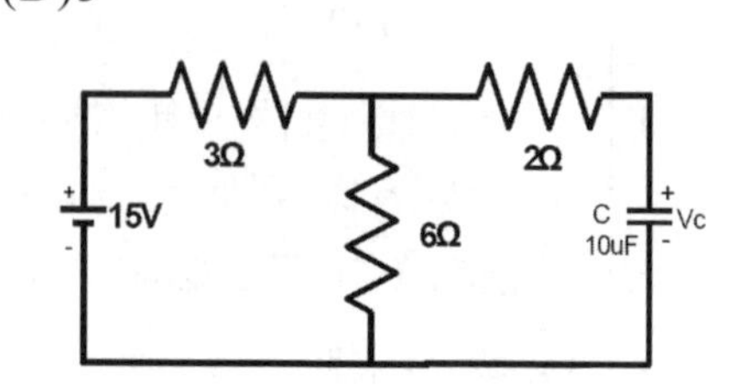

(　) 42. 如右圖所示電路，開關 S 在閉合瞬間 (t → 0)，流經 2Ω 電阻器的電流（I）為多少安培 (A)？

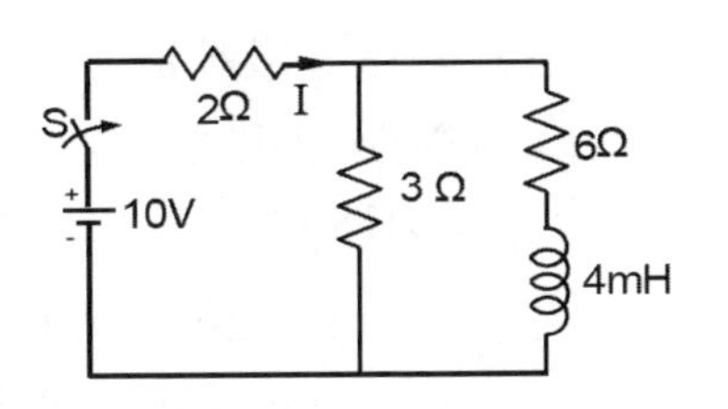

(A)1　(B)2
(C)3　(D)4。

(　) 43. 載有電流之兩平行導線，若分別通過 10A 及 30A 之不同方向電流，導線平均長度均為 10 公尺，置於空間相距 10 公分，試求每一導體所受的作用力大小為多少牛頓 (NT) 及方向為何？　(A)0.004（斥力）　(B)0.006（斥力）　(C)0.04（吸力）　(D)0.06（吸力）。

(　) 44. R-L-C 串聯電路，若 $R = 6\Omega$，$X_L = 16\Omega$，$X_C = 8\Omega$，線路電流 $I = 10A$，則該電路之電源電壓為多少伏特 (V)？　(A)80　(B)100　(C)120　(D)160。

(　) 45. R-L-C 串聯電路，$R = 20\Omega$、$L = 0.2H$、$C = 20\mu F$，若外加一電源 100V，頻率為可變，求當功率因數為 1 時，電源提供之頻率約為多少赫茲（Hz）？　(A)50　(B)60　(C)70　(D)80。

(　) 46. 有關 R-L-C 諧振電路之敘述，下列何者正確？　(A) 串聯諧振時電路的導納 (Y) 最小　(B) 諧振時電路的頻帶寬度 (BW) 愈大，表示電路品質因數 (Q) 愈高　(C) 並聯諧振時電路的總電流最大　(D) 諧振時電路的品質因數 (Q) 愈高則電路的選擇性（selectivity）愈佳。

(　) 47. 有關三相系統，平衡三相電源具有之特性，下列敘述何者錯誤？
(A) 三相電源的三組輸出電壓大小可不相等
(B) 三相電源之三組電壓間的相位差各為 120°
(C) 三相電源之三組電壓在任何瞬間的電壓和為零
(D) 三相電源的三組輸出電壓大小相等。

(　) 48. 有一台三相 5 馬力 (HP) 感應電動機，功率因數為 0.9 滯後，連接至線電壓為 240 伏特的三相電源，試求其線電流約為多少安培（A）？　(A)8.97　(B)9.97　(C)10.97　(D)11.97。

( ) 49. 若交流電動機（馬達）之頻率 (f) 為 60Hz，極數為 12，則其旋轉磁場轉速 (N_s) 為多少 R.P.M？ (A)600 (B)800 (C)1200 (D)1800。

( ) 50. 某三相 220V、60Hz 感應電動機，消耗功率為 21kW，功率因數為 0.6 滯後，若要將功率因數改善到 1.0，則約須並聯多少 kVAR 的電容器？ (A)5 (B)11 (C)21 (D)28。

解答及解析 答案標示為 # 者，表官方曾公告更正該題答案。

1.(C)。$Q = It = 3A \times 5分 \times 60 秒/分 = 900C$。

2.(D)。$50W \times 10 = 500W = 0.5KW$

電費 $= 0.5KW \times 8hr \times 3 元/度 = 12$ 元。

3.(D)。五碼電阻前三碼為數值，第四碼次方，末碼為誤差
$R = 470 \times 10^1 \pm 2\% = 4700 \pm 2\%\Omega$。

4.(B)。$R' = \frac{2000}{1000} \times \left(\frac{1\times10^{-3}}{2\times10^{-3}}\right)^2 \times 10\Omega = 5\Omega$。

5.(C)。$I = \frac{100V}{10\Omega+15\Omega+25\Omega} = 2A$

$P_{25\Omega} = I^2R = 2^2 \times 25 = 100W$。

6.(B)。a、b 兩點等電位，故 (A)、(B) 其中一者錯

$V_a = 48V \times \frac{4\Omega+6\Omega}{2\Omega+4\Omega+6\Omega} = 40V$

故 $V_b = 40V$，(B) 錯。

7.(C)。$\frac{100V}{R_{內}} = \frac{200V}{R_{內}+R_{串}} \Rightarrow R_{串} = R_{內} = 200K\Omega$。

8.(C)。任兩端的等效阻抗

$R_{eff} = R//(R + R) = \frac{2}{3}R = 20\Omega$

$\Rightarrow R = 30\Omega$。

9.(B)。$V_L = V_{OC} \times \dfrac{R_L}{R_L + R_S}$

$16 = 20 \times \dfrac{100}{100 + R_S} \Rightarrow R_S = 25\Omega$。

10.(B)。$R_{ab} = 2 + 3//(3 + 3) + 16//(8 + 8) + 2 = 2 + 2 + 8 + 2 = 14\Omega$。

11.(C)。(C) 正確。

12.(A)。$C_{並} = C_1 + C_2 = 10\ \mu F + C_2 = 20\ \mu F$

$\Rightarrow C_2 = 10\ \mu F$

故 $C_{串} = \dfrac{C_1 C_2}{C_1 + C_2} = 5\ \mu F$。

13.(C)。$C_{並} = 0.01 + 0.04 = 0.05\ \mu F$

$W = \dfrac{1}{2}CV^2 = \dfrac{1}{2} \times 0.05 \times 10^{-6} \times 500^2 = 6.25 \times 10^{-3} = 6.25mJ$。

14.(A)。0.3 公尺小於半徑，表示在金屬體內，電場為 0。

15.(B)。$M = K\sqrt{L_1 L_2} = 0.8 \times \sqrt{16 \times 4} = 6.4H$。

16.(C)。(A) 磁力線定封閉；(B) 電力線始於正電荷，終於負電荷；(D) 目前尚未發現單獨存在的磁極。

17.(D)。$V = \dfrac{Nd\Phi}{dt} = \dfrac{200匝 \times (3-1)韋伯}{1秒} = 400V$。

18.(D)。閉合瞬間電感開路，電容短路

$I = \dfrac{60V}{10\Omega + 10\Omega + 0\Omega} = 3A$。

19.(B)。$i(t = 0.01) = 100\sin(314 \times 0.01 - 30^\circ) = 100\sin(3.14 - 30^\circ) = 100\sin(\pi - 30^\circ) = 100\sin30^\circ = 50A$。

20.(A)。$Z_{並} = -jX_C // jX_L = -j5 // j10 = \dfrac{-j5 \times j10}{-j5 + j10} = \dfrac{50}{j5} = -j10 =$

$10 \angle -90^\circ\ \Omega$。

21.(D)。$I = \dfrac{V}{|Z|} = \dfrac{V}{|X_C|} = \dfrac{V}{\left|\dfrac{1}{WC}\right|} = WCV \propto W$

故頻率降為$\frac{1}{5}$，電流亦降為$\frac{1}{5}$成 0.1A，原公布參考答案 (D) 似有誤，本題應選 (A)。

註：此題應改編自 87 年保甄試題，惟原題目使用電感，則電流為 2.5A。

22.(B)。串聯後為電容性，電流領先電壓 0°～90°。

23.(B)。$P_{av} = \frac{1}{2} I^2R = \frac{1}{2} \times 10^2 \times 8 = 400W$。

24.(B)。$S = I^2Z = 10^2 \times (\cos 53^\circ + j\sin 53^\circ) = 600 + j800VA$
虛功率為 800VAR。

25.(A)。(A) 電容和電感的總壓降為零，電容則否。

26.(D)。$BW = 1200 - 800 = 400Hz$

$$Q = \frac{f_o}{BW} = \frac{1000}{400} = 2.5$$。

27.(B)。並聯諧振時電流為最小值，故諧振時增加 3dB，即 $\sqrt{2}$ 倍，為 $5\sqrt{2}$ A。

28.(A)。由相序 a－c－b 及 V_{ab} 角度，可得圖

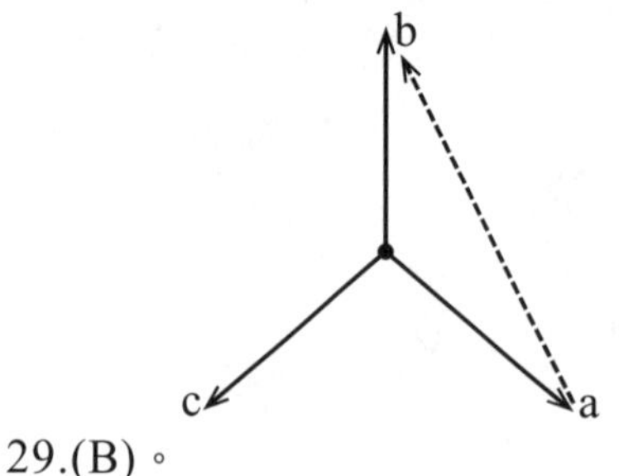

$V_{ac} = 220 \angle -180^\circ V$
$V_{bc} = 220 \angle 240^\circ V$
$V_{ca} = 220 \angle 0^\circ V$
$V_{cb} = 220 \angle 60^\circ V$。

29.(B)。$I = \frac{P}{V} = \frac{60}{110} = 0.545A = 545mA$。

30.(B)。$V_{BA} = \frac{W}{Q} = \frac{3}{3} = 1V$。

31.(C)。$P_{入} = \frac{P_{出}}{\eta} = \frac{8HP}{0.8} = 10HP$

$P_{損} = (1 - \eta)P_{入} = (1 - 0.8) \times 10 = 2HP = 2 \times 746 = 1492W$
損失電能 1.492KW×24 時≃ 35.8 度。

32.(D)。電阻變小⇒(B) 電阻減小；(A) 電流增加；(C)(D) 發熱量 $P=\frac{V^2}{R}$ 會增加。

33.(B)。用電 (1KW×2×8 時 ＋ 0.1KW×20×10 ＋ 2KW×3×8 時)×30 ＝ 2520 度。

34.(D)。$120 = 12\times10^1$，色碼為棕紅棕
5% 誤差為金色，故為棕紅棕金。

35.(A)。前兩碼為數值，第三碼次方，單位 pF
故 $10^4 \Rightarrow 10\times10^4$pF ＝ 10^5pF ＝ 0.1 μF。

36.(C)。電解質有極性。

37.(B)。由 $P = I^2R$，及最大功率時 $R_L = R_{th}$

$$\left(\frac{V}{R_{th}+nR_{th}}\right)^2\times nR_{th} : \left(\frac{V}{R_{th}+R_{th}}\right)^2\times R_{th} = \frac{n}{(1+n)^2} : \frac{1}{4} =$$

$4n : (1+n)^2$。

38.(A)。4Ω 電阻下方設為接地點，上方設電壓 V，應用 KCL 先求電壓再轉電流

$$\frac{V-2}{2\Omega}+\frac{V}{4\Omega}+\frac{V-6}{1\Omega}=0$$

$\Rightarrow V = 4V$

$$i=\frac{4V}{4\Omega}=1A$$ 。

39.(B)。取下面電路的等效電路，可免解方程式

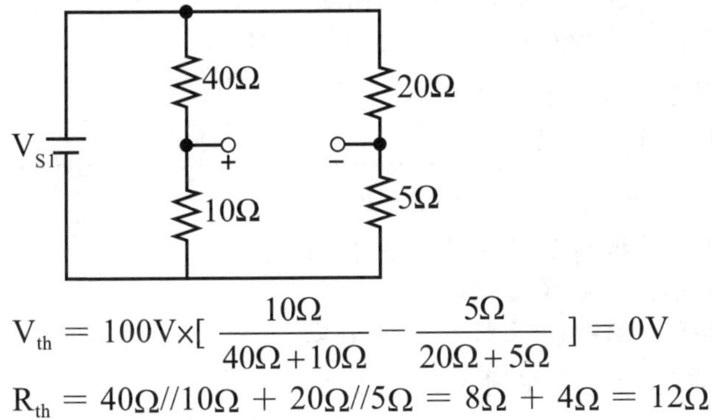

$$V_{th} = 100V\times\left[\frac{10\Omega}{40\Omega+10\Omega}-\frac{5\Omega}{20\Omega+5\Omega}\right]=0V$$

$R_{th} = 40\Omega//10\Omega + 20\Omega//5\Omega = 8\Omega + 4\Omega = 12\Omega$

等效為

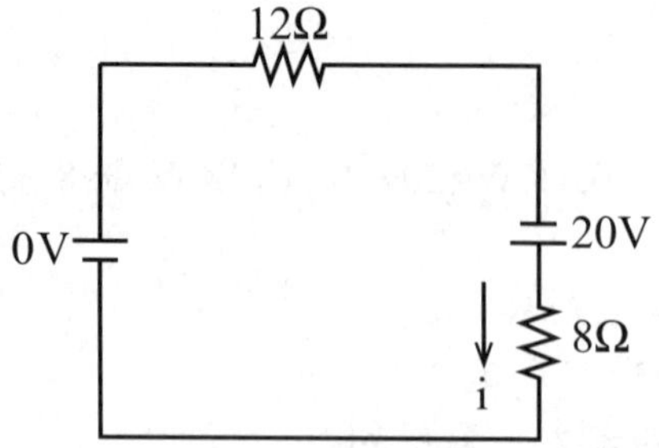

$$i=\frac{20V}{12\Omega+8\Omega}=1A。$$

40.(D)。$V=N\frac{d\Phi}{dt}=200\times\frac{8-2}{3}=400V$

$$I=\frac{V}{R}=\frac{400V}{80\Omega}=5A。$$

41.(C)。穩定時電容視為開路

$$V_C=15V\times\frac{6\Omega}{3\Omega+6\Omega}=10V。$$

42.(B)。閉合瞬間，電感視為開路

$$I=\frac{10V}{2\Omega+3\Omega}=2A。$$

43.(B)。$F=IB\ell=I_1\frac{\mu_o I_2}{2\pi r}\ell=\frac{10A\times4\pi\times10^{-7}\times30A\times10m}{2\pi\times0.1m}=0.006NT$

電流反向為相斥，但求出 F 後僅 (B) 可選。

44.(B)。$Z=R+j(X_L-X_C)=6+j8\Omega$

$V=I|Z|=10\times|6+j8|=10\times10=100V$。

45.(D)。功率因數為 1，表示諧振

$$f=\frac{1}{2\pi}\frac{1}{\sqrt{LC}}=\frac{1}{2\pi}\times\frac{1}{\sqrt{0.2\times20\times10^{-6}}}=\frac{500}{2\pi}\simeq80Hz。$$

46.(D)。(A) 串聯諧振時阻抗最小，阻抗最大

(B) 頻寬小，品質因數高

(C) 並聯諧振時阻抗最大，電流最小。

47.(A)。平衡電源的電壓相同。

48.(B)。$P = \sqrt{3}\ V_{線}I_{線}\cos\theta$

$5\times 746 = \sqrt{3}\times 240\times I_{線}\times 0.9$

$I_{線} = 9.97A$。

49.(A)。$N_S = \dfrac{60Hz\times 2\times 60\ 秒/分}{12極} = 600\ 轉/分$。

50.(D)。功率因數改善到1表示虛功全改善

$pF = \cos\theta = 0.6 \Rightarrow \tan\theta = \dfrac{4}{3}$

虛功 $Q = P\tan\theta = 21\times\dfrac{4}{3} = 28KVAR$。

104 年台北捷運新進人員

( ) 1. 均為 C 法拉的三個電容器，若三個電容器為並聯連結，則總電容值為？ (A)1C (B) $\frac{3}{2}$ C (C) $\frac{1}{3}$ C (D)3C。

( ) 2. 一個 5 歐姆的電阻與一個 1 亨利的電感串聯，在頻率為 60Hz 的情況下，其串聯等效阻抗應為？ (A)5+j62.8 (B)5-j6.28 (C)5+j377 (D)5+j12 歐姆。

( ) 3. 有一負載的阻抗 Z_L=4+j3 歐姆，該負載的功率因數應為？ (A)1.0 (B)0.8 (C)0.6 (D)0.9。

( ) 4. 有一 RLC 串聯電路，連接電源 100 伏特 50Hz，串聯電路 R=10Ω，X_L=200Ω，XC=2Ω，則該串聯電路的諧振頻率應為？ (A)5Hz (B)2Hz (C)6Hz (D)4Hz。

( ) 5. 三個電阻並聯，其電阻值分別為 10Ω，20Ω，30Ω，若流經 30Ω 之電流為 1 安培，其電路總電流應為？ (A)5.5 安培 (B)5 安培 (C)4.5 安培 (D)4 安培。

( ) 6. 在右圖中，若電流 A 之讀數為 5 安培，電壓源 V 之大小為 30 伏特，則電阻 R 之值為？
(A)3 歐姆 (B)2 歐姆 (C)5 歐姆 (D)6 歐姆。

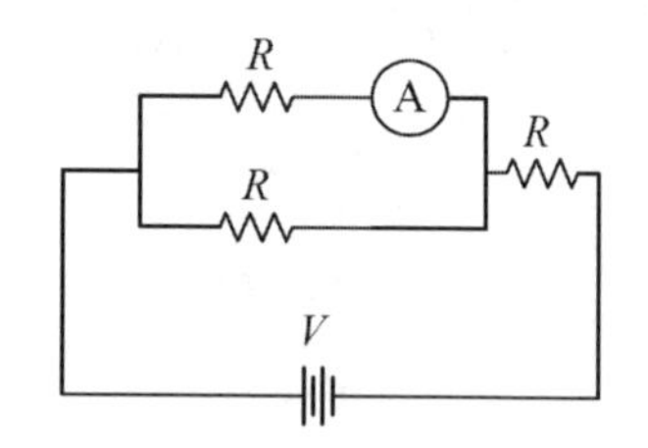

( ) 7. 在下圖中，若 R_X 欲獲得最大功率，其電阻值為？ (A)10Ω (B)7.5Ω (C)5Ω (D)2.5Ω。

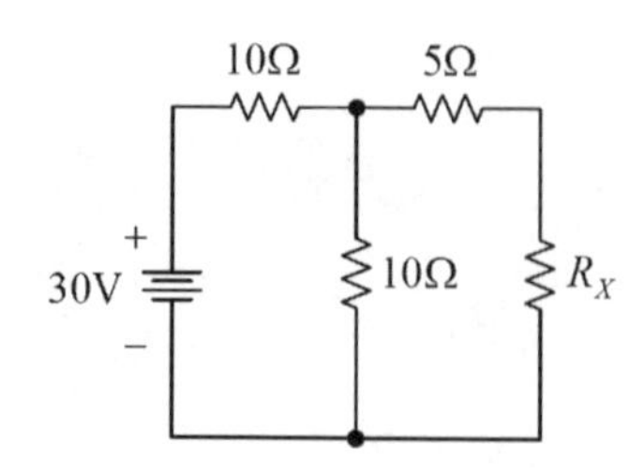

(　) 8. 有兩電容器，其電容值分別為 2μF 耐壓 50V 及 2μF 耐壓 200V，若將兩電容串聯，其所能耐受之最大電壓為？　(A)50V　(B)100V　(C)150V　(D)200V。

(　) 9. 如右圖，若電感無儲存能量，則當開關 S 於（t=0）關閉瞬間時之電流值 I 為？
(A)0A
(2)1.33A
(C)10A
(D)20A。

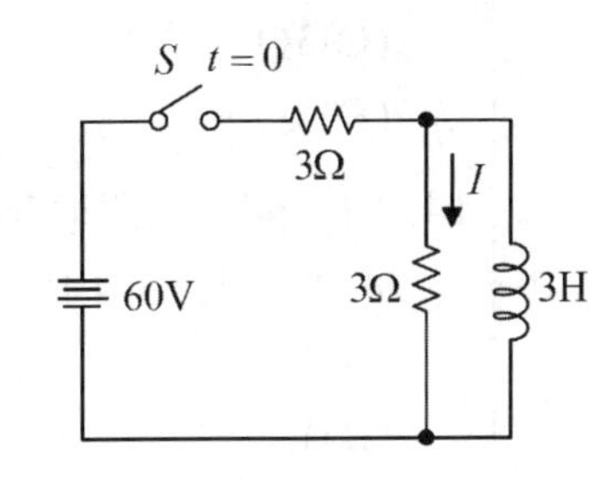

(　) 10. 如右圖中之電壓波形，求其平均值為？
(A)10V
(B)–20V
(C)–10V
(D)40V。

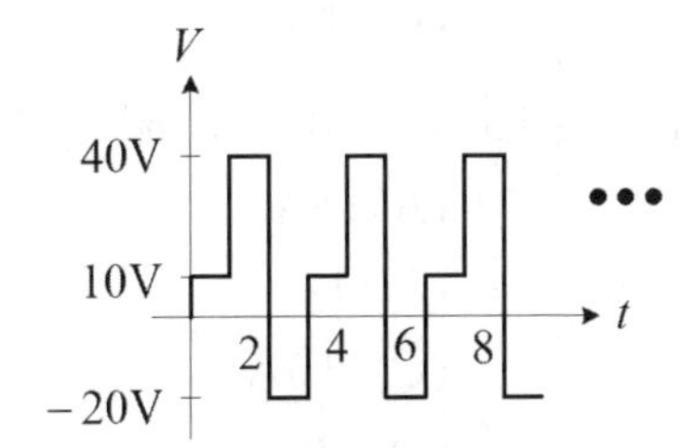

(　) 11. 如右圖所示之電路，試求平均功率之大小為？
(A)110 瓦特
(B)137.5 瓦特
(C)275 瓦特
(D)550 瓦特。

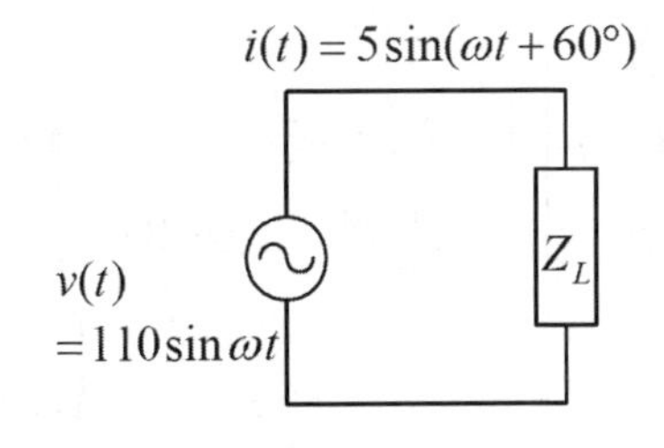

(　) 12. 右圖中，I_1 值為？

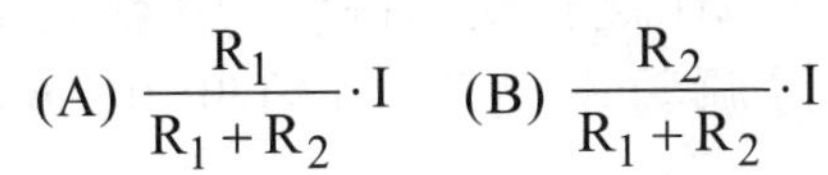

(A) $\frac{R_1}{R_1+R_2}\cdot I$　(B) $\frac{R_2}{R_1+R_2}\cdot I$

(C) $\frac{R_1\cdot R_2}{R_1+R_2}\cdot I$　(D) $\frac{R_1+R_2}{R_1\cdot R_2}\cdot I$ 。

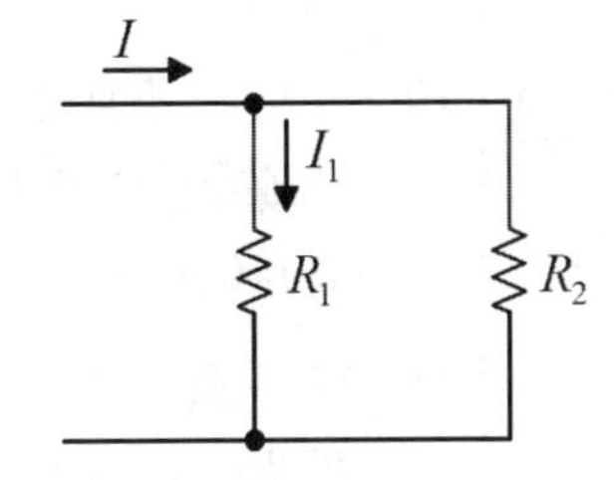

( ) 13. 右圖中，a、b 兩端之總電阻值為？

(A)1Ω

(B)2Ω

(C)3Ω

(D)4Ω。

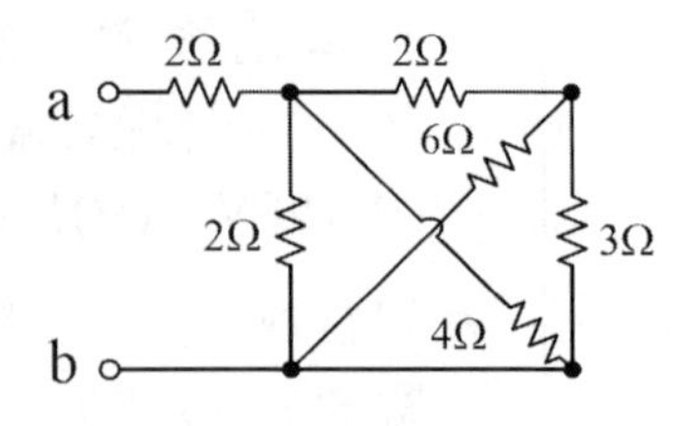

( ) 14. 如右圖，一個理想的定電流源（虛線所示），其內阻 R_S 應為？

(A)0

(B)1

(C) 與負載電阻 R_L 相等

(D) 無限大。

( ) 15. 右圖中，電流 I_X 之值為？

(A)15A

(2)11A

(C)–16A

(D)–3A。

( ) 16. 如下圖中，若 C4=μF，則 ab 兩端之總電容值為？ (A)6 (B)5 (C)4 (D)3μF。

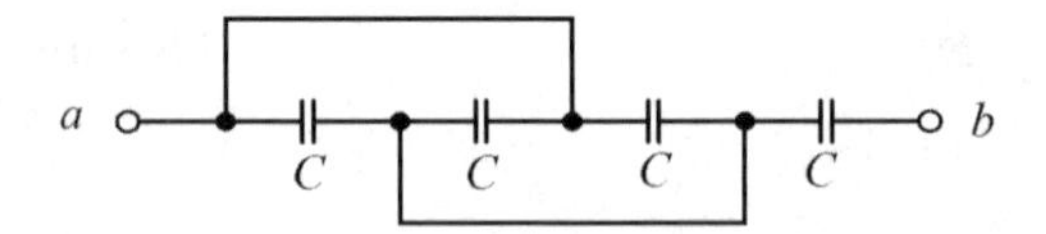

( ) 17. 設有一電阻為零而自感為 2H 之線圈，接於 110 伏之電源上，若電流為 0.175A，則電源頻率為？ (A)70 (B)60 (C)50 (D)40Hz。

( ) 18. 有一孤立實心金屬球體，其半徑為 10cm、球面電位為 100V，則距球心 5cm 之電場強度為？ (A)50 (B)100 (C)2000 (D)0V/m。

( ) 19. 重疊原理（Principle of superposition）可應用於解？ (A) 非線性電路 (B) 線性電路 (C) 非線性電路和線性電路均可 (D) 任何電路。

( ) 20. 如右圖所示，若電流表內阻 R_a 等於 250Ω，求其負載效應所引起的誤差百分比為多少？

(A)–25% (B)–20%

(C)20% (D)25%。

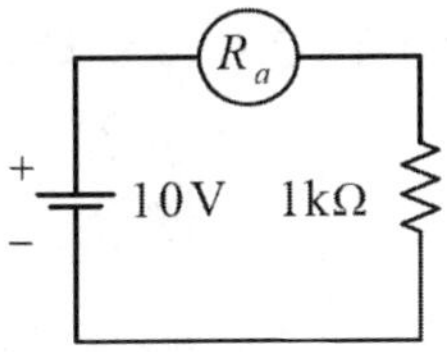

( ) 21. 如右圖所示，X 為一電壓源，V_{bc}= -10V，則 V_{ac} 為？

(A)4V

(B)3.5V

(C)–2.5V

(D)2.5V。

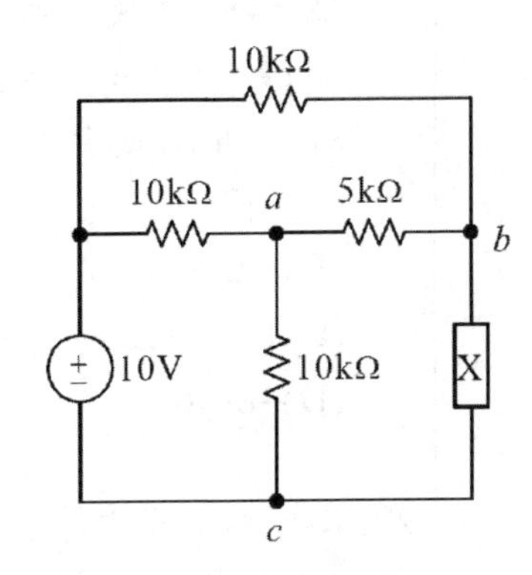

( ) 22. 如下圖所示，待電源穩定後，在 t_1 的時間，瞬間將開關 S_1 打開 (OFF)， 則 $i(t_1)$ 為？ (A)5mA (B)10mA (C)0mA (D) –10mA。

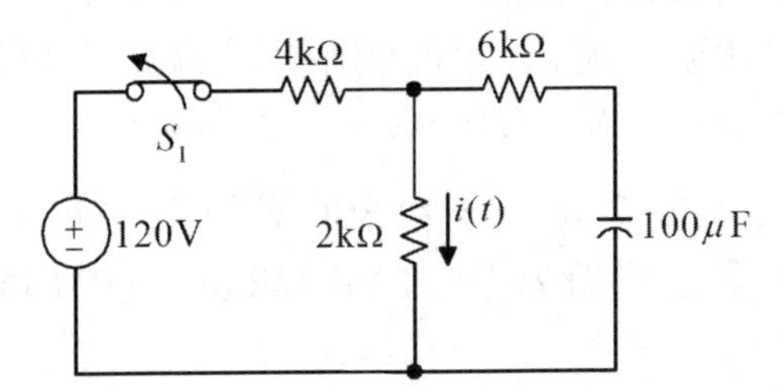

( ) 23. 如右圖所示之電路，電流 I 應為？

(A)1mA

(B)2mA

(C)3mA

(D)5mA。

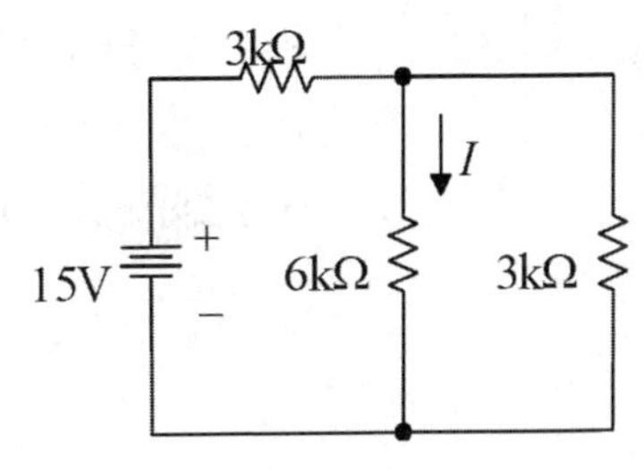

( ) 24. 一 10μF 之電容初無電荷，現用一 5mA 定電流充電 0.3 秒，問電容上之電壓為？ (A)0.6mV (B)50V (C)16.6V (D)150V 。

( ) 25. R-L-C 串聯電路，當電源頻率由 0 逐漸增至 ∞ 時，則電路電流為？ (A) 先減後增 (B) 先增後減 (C) 逐漸減小 (D) 逐漸增大。

( ) 26. 如右圖所示之交流電橋，其中Ⓖ為一交流檢流計，$Z_1=1+j2$，$Z_2=2+j4$，$Z_3=-j$，若無電流流過檢流計，則 Z_4 應為？

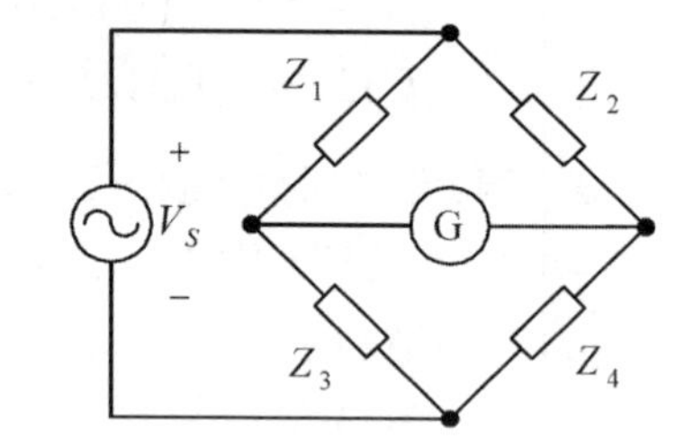

(A)–j2
(B)–j0.5
(C)1.6+j1.2
(D)–8–j6。

( ) 27. R-L-C 串聯電路之共振頻率為？ (A) $f=2\pi\sqrt{LC}$ (B) $f=\dfrac{1}{2\pi\sqrt{\dfrac{L}{C}}}$ (C) $f=\dfrac{1}{2\pi\sqrt{LC}}$ (D) $f=\dfrac{\sqrt{LC}}{2\pi}$ 。

( ) 28. 一變壓器之初級線圈為 3500 匝，次級線圈為 175 匝，若初級線圈接上 220V 交流電源時，則次級線圈之電壓為？ (A)110V (B)100V (C)11V (D)20V。

( ) 29. 設電費每度為 2 元，一台 800W 的電鍋每天使用 3 小時，求 365 天所需之電費為？ (A)1752 元 (B)1345 元 (C)1254 元 (D)1876 元。

( ) 30. 均方根值皆為 110V 之正弦波、方波和鋸齒波電源，分別加入電熱器燒開水，則何種波形最快煮沸開水？ (A) 正弦波 (B) 方波 (C) 鋸齒波 (D) 三者相同。

(　) 31. 如下圖所示電路中，C_1、C_2 為電容器電容值，單位為法拉，V_1、V_2 為電容器端電壓，單位為伏特，S 為理想開關，設 V_1V_2，則在 S 閉合後，總電壓為多少伏特？ (A)V_1-V_2 (B)$(V_1+V_2)/(C_1+C_2)$ (C)$(V_1-V_2)/(C_1+C_2)$ (D)$(C_1V_1+C_2V_2)/(C_1+C_2)$。

(　) 32. 某帶電球體，設其半徑為 R 米，內部總電量為 Q 庫侖，則其表面電通密度為多少庫侖 / 米 ^{2}？ (A)Q/R^2 (B)$Q/(4\pi R^2)$ (C)$Q/(4\pi\varepsilon R^2)$ (D)Q。

(　) 33. 如右圖所示電路中，三條線路電阻各為 1Ω，負載各為 99Ω，則 I_1，I_N，I_2 各為多少安培？
(A)1,0,1
(B)1,0,−1
(C)1,2,−1
(D)1,2,1。

(　) 34. 如右圖所示電路在空氣中，a 導體與 b 導體內阻不計，長度皆為 5m，相距 10cm，則 b 導體受力大小及方向為？ (A)10^{-5}N 向上 (B)10^{-5}N 向下 (C)10^{-3}N 向上 (D)10^{-3}N 向下。

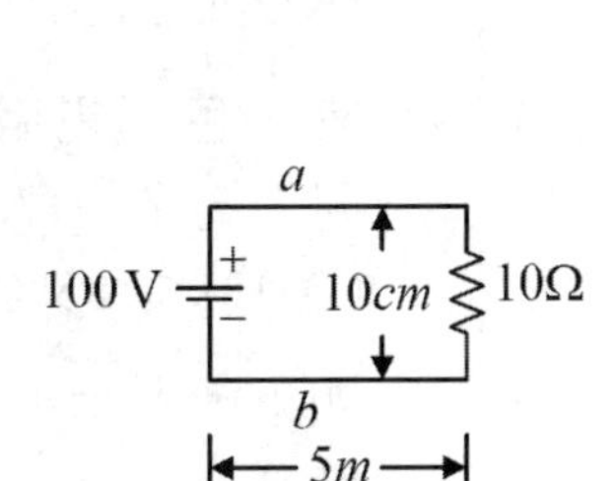

(　) 35. 法拉第冷次定律 $e=-N(\Delta\phi/\Delta t)$ 中，負號的意義是？ (A) 感應電勢方向在阻止磁通變化 (B) 電壓值與匝數成反比 (C) 感應電勢方向和磁通變化相同 (D) 電壓值與時間變化成反比。

(　) 36. 有兩線圈 N_1=50 匝，N_2=100 匝，透過一鐵心達到磁耦合的目的。當 N_1 通以 2A 電流時，產生磁通 $\phi_1=10^{-2}$Wb，磁交鏈 $\phi_{12}=8\times10^{-3}$ Wb，則 L_1 及 L_2 自感量分別為多少 H？ (A)0.25, 1 (B)0.25, 2 (C)1, 2.5 (D)2, 0.25。

( ) 37. 上題中，互感量M為多少H？ (A)0.2 (B)0.3 (C)0.4 (D)0.5。

( ) 38. 利用電壓表V及電流表A測量低電阻R的接法，何者正確？

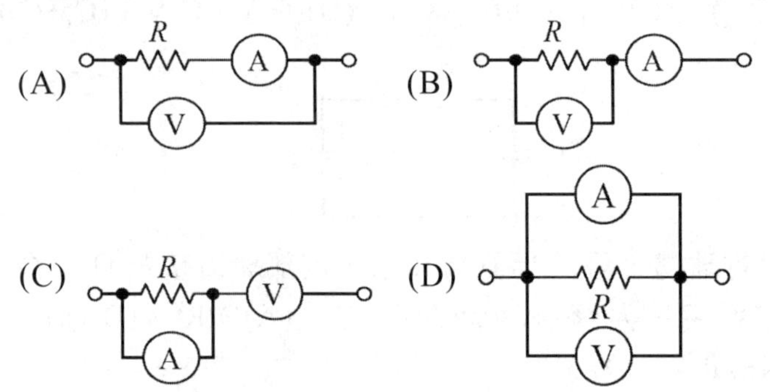

( ) 39. 某磁束，其路徑長3cm，截面積為$8\times10^{-4}m^2$，該物質的相對導磁係數為40×10^3，設磁動勢為746安匝（AT），沒有漏磁，則其磁通量為多少Wb？ (A)0.1 (B)1 (C)223.8 (D)248.7。

( ) 40. 某三相平衡電路之總實功率P為1000瓦，線間電壓為220伏特，功率因數為0.8，則三相視在功率為多少伏安？ (A)600 (B)800 (C)1000 (D)1250。

( ) 41. 有一色碼電阻之色環顏色，依序為棕、紅、橙、金，則其電阻 為？ (A)12kΩ±5% (B)1.3kΩ±5% (C)1.2kΩ±5% (D)13kΩ±5%。

( ) 42. 如下圖所示，若電壓表之內阻等於200kΩ時，則電壓表上之讀數為？ (A)30V (B)45V (C)60V (D)90V。

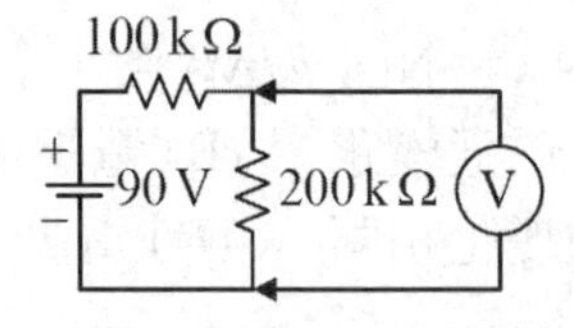

( ) 43. A、B兩圓形導線以同材料製成，A導線的長度為B導線的一半，A導線的線徑為B導線之兩倍，若A導線電阻R_A=10Ω，則B導線電阻R_B=？ (A)10Ω (B)20Ω (C)40Ω (D)80Ω。

( ) 44. 如下圖所示，求I= ？ (A)1A (B)2A (C)3A (D)4A。

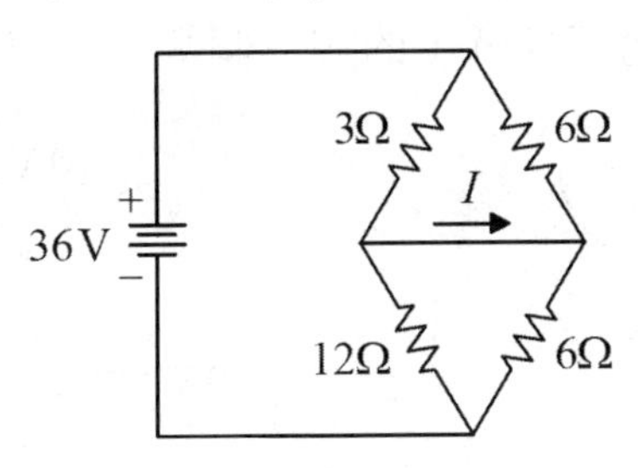

( ) 45. 有關RLC串聯電路，下列敘述何者錯誤？ (A)若$X_L=X_C$，則電壓與電流同相 (B)若$X_L=X_C$，則功率因數為0.5 (C)若$X_L>X_C$，則呈電感性電路 (D)若$X_L<X_C$，則呈電容性電路。

( ) 46. 有關RLC並聯諧振電路，設f_0為諧振頻率，下列敘述何者錯誤？(A)諧振時，阻抗最大 (B)諧振時，功率因數為1 (C)諧振時，電流最大 (D)當$f>f_0$時，則電路呈為電容性電路。

( ) 47. 如右圖所示，求a、b兩點之等效電阻？

(A)2Ω

(B)4Ω

(C)6Ω

(D)8Ω。

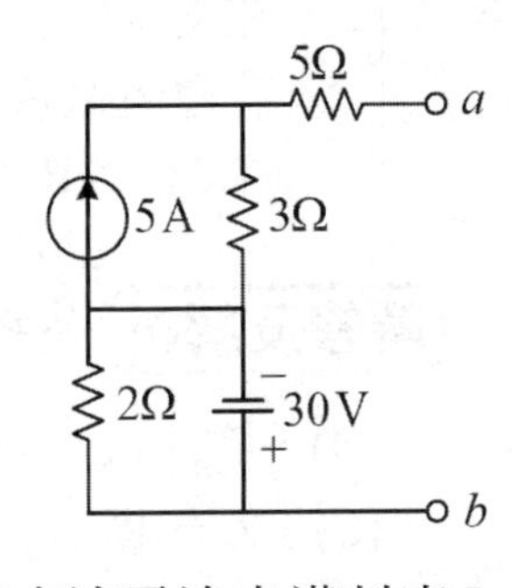

( ) 48. 如下圖所示為多範圍直流電壓表電路，若直流電流表滿刻度I_m為1mA，內阻R_m為1kΩ，欲使V_1檔可測之最大電壓為10V，V_2可測之最大電壓100V，則倍率電阻R_1及R_2應為多少？ (A)R_1=5kΩ，R_2=55kΩ (B)R_1=8kΩ，R_2=80kΩ (C)R_1=9kΩ，R_2=82kΩ (D)R_1=9kΩ，R_2=90kΩ。

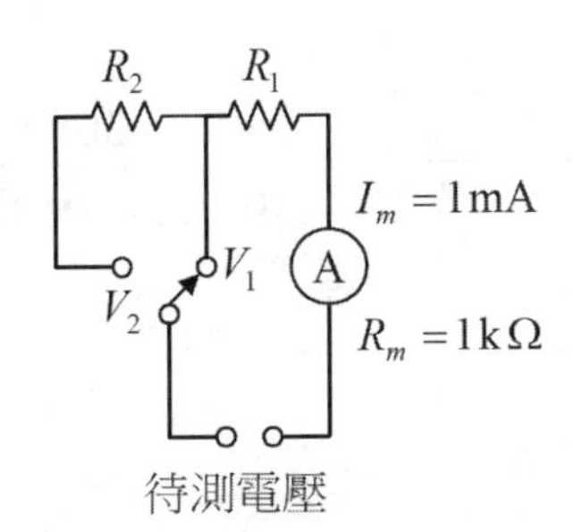

( ) 49. 下圖電路中之電容原先並未儲存電荷，當開關閉合後，電壓 V_0 之變化情形為下列圖中的哪一個？

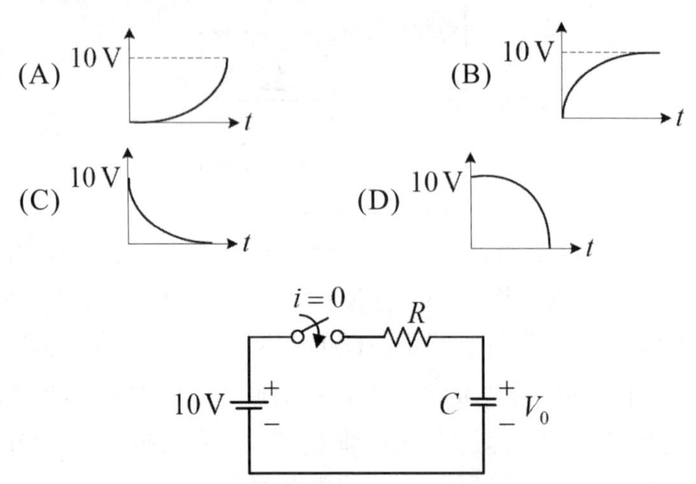

( ) 50. 在交流穩態情況下，30歐姆的電阻與40歐姆的電感並聯在一起，若電阻電流為 $10\angle 0°$A，則電阻與電感的電流和為？ (A)10−j7.5A (B)17.5A (C)10+j7.5A (D)−10−j7.5A。

解答及解析 答案標示為 # 者，表官方曾公告更正該題答案。

1.(D)。$C_{並} = C + C + C = 3C$。

2.(C)。$Z = R + j\omega L = 5 + j\times 2\pi\times 60\times 1 = 5 + j377\Omega$。

3.(B)。$pF = \cos\theta = \dfrac{4}{\sqrt{4^2+3^2}} = 0.8$。

4.(A)。$f_o = \omega\sqrt{\dfrac{X_C}{X_L}} = 50\sqrt{\dfrac{2}{200}} = 5Hz$。

5.(A)。電壓降相同

$$I_{總} = \frac{V}{R_1} + \frac{V}{R_2} + \frac{V}{R_3} = \frac{30\times 1}{10} + \frac{30\times 1}{20} + \frac{30\times 1}{30} = 3 + 1.5 + 1 = 5.5A$$。

6.(B)。電阻相同，可知總電流為 10A
$5A \times R + 10A \times R = 30V$
$\Rightarrow R = 2\Omega$。

7.(A)。$R_X = 5\Omega + 10\Omega // 10\Omega = 10\Omega$。

8.(B)。串聯後儲存電荷量相同，電容 1 僅耐壓 50V，此時電容 2 電壓亦 50V，故最大 100V。

9.(C)。電感視為開路
$I = \dfrac{60V}{3+3(\Omega)} = 10A$。

10.(A)。週期 T = 3 秒
$V_{av} = \dfrac{10 \times 1 + 40 \times (2-1) + (-20) \times (3-2)}{3} = 10V$。

11.(B)。$P_{av} = \dfrac{1}{2} V_m I_m \cos\theta = \dfrac{1}{2} \times 110 \times 5 \times \cos 60^\circ = 137.5W$。

12.(B)。分流定理 $I_1 = \dfrac{R_2}{R_1 + R_2} I$。

13.(C)。矩形下方兩節點可重疊

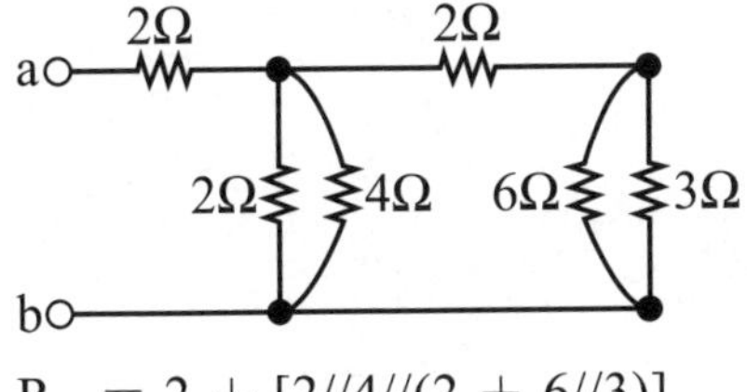

$R_{ab} = 2 + [2//4//(2 + 6//3)]$
$= 2 + [2//4(2 + 2)]$
$= 2 + [2//2]$
$= 3\Omega$。

14.(D)。理想電流的內阻無限大。

15.(C)。用 KCL　$2 + 20 = 18 + 5 + 10 + I_X + 4 + 1$
$I_X = -16A$。

16.(D)。等效電路

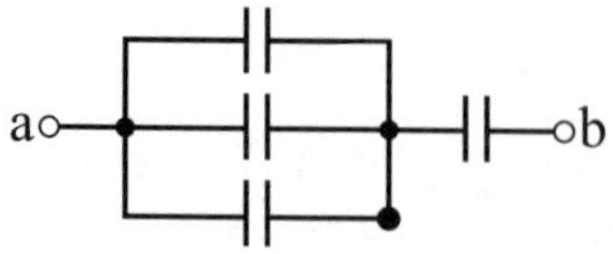

$$C_{ab} = 3C//C = \frac{3}{4}C = \frac{3}{4} \times 4 = 3\ \mu F$$ 。

17.(C)。$|Z| = \omega L = \frac{V}{I}$

$$f = \frac{\omega}{2\pi} = \frac{1}{2\pi}\frac{V}{LI} = \frac{1}{2 \times 3.14} \times \frac{110}{2 \times 0.175} \simeq 50Hz$$ 。

18.(D)。距球心 5cm 表示在球體內，而金屬體內電場為 0 V/m 。

19.(B)。重疊定理僅解線性電路。

20.(B)。誤差 $1 - \frac{R_L}{R_L + R_a} = 1 - \frac{1000}{1000 + 250} = 20\%$。

21.(C)。設 c 點接地，在 a 點用 KCL

$$\frac{V_{ac} - 10V}{10K\Omega} + \frac{V_{ac}}{10K\Omega} + \frac{V_{ac} - (-10V)}{5K\Omega} = 0$$

$\Rightarrow V_{ac} = -2.5V$。

22.(A)。充飽電穩定後

$$V_C = 120V \times \frac{2K\Omega}{4K\Omega + 2K\Omega} = 40V$$

開關打開則

$$i(t_1) = \frac{40V}{6K\Omega + 2K\Omega} = 5mA$$ 。

23.(A)。先求出 6KΩ//3KΩ 時電源流出電流，再用分流公式

$$I = \frac{15V}{3K\Omega + 6K\Omega//3K\Omega} \times \frac{3K\Omega}{6K\Omega + 3K\Omega} = \frac{15V}{3K\Omega + 2K\Omega} \times \frac{3K\Omega}{9K\Omega} =$$
1mA。

24.(D)。$Q = It = 5 \times 10^{-3} \times 0.3 = 1.5 \times 10^{-3}C$

$$V = \frac{Q}{C} = \frac{1.5 \times 10^{-3}}{10 \times 10^{-6}} = 150V$$ 。

25.(B)。串聯阻抗 $Z = R + \frac{1}{j\omega C} + j\omega L$

諧振時阻抗最小，電流最大
故頻率增大時，電流先增後減。

26.(A)。$\frac{Z_1}{Z_2} = \frac{Z_3}{Z_4} \Rightarrow Z_4 = \frac{Z_2}{Z_1} Z_3 = \frac{2+j4}{1+j2}(-j) = -j2$。

27.(C)。必背，(C) 正確。

28.(C)。$V_{次} = 220V \times \frac{175匝}{3500匝} = 11V$。

29.(A)。0.8KW×3 時 ×365×2 元/度 = 1752 元。

30.(D)。均方根值相同，則功率相同。

31.(D)。電荷量不變

$(C_1 + C_2)V = C_1V_1 + C_2V_2$

$V = \frac{C_1V_1 + C_2V_2}{C_1 + C_2}$。

32.(B)。球面積 $S = 4\pi R^2$

電通密度 $D = \frac{Q}{S} = \frac{Q}{4\pi R^2}$。

33.(A)。平衡的單相三線電路 $I_N = 0$，$I_1 = I_2$，故選 (A)。

34.(D)。$I = \frac{100V}{10\Omega} = 10A$

$F = IB\ell = 10A \times \frac{4\pi \times 10^{-7} \times 10A}{2\pi \times 0.1m} \times 5m = 10^{-3}N$

電流反向，為排斥力，故向下。

35.(A)。感應電動勢阻止磁通變化，選 (A)。

36.(A)。$L_{1自} = \frac{N_1\Phi}{I_1} = \frac{50 \times 0.01}{2} = 0.25H$

$L_{2自} = (\frac{N_2}{N_1})^2 L_{1自} = (\frac{100}{50})^2 \times 0.25 = 1H$。

37.(C)。$M = K\sqrt{L_1L_2} = \frac{8\times10^{-3}}{10^{-2}}\sqrt{0.25\times1} = 0.4H$。

38.(B)。電流表串聯，電壓表並聯，故 (A)(B) 均可能。但題目為低電阻 R，(A) 的接法誤差較大。

39.(B)。磁動勢$F = \frac{\ell}{\mu A}\Phi \Rightarrow \Phi = \frac{F\mu A}{\ell} = \frac{746\times40\times10^3\times4\pi\times10^{-7}\times8\times10^{-4}}{0.03}$

$\simeq 1Wb$。

40.(D)。$S = \frac{P}{PF} = \frac{1000}{0.8} = 1250VA$。

41.(A)。$R = 12\times10^3 \pm 5\% = 12K\Omega \pm 5\%$。

42.(B)。考慮電表電阻時

$$V = 90V\times\frac{200K\Omega//200K\Omega}{100K\Omega+200K\Omega//200K\Omega} = 45V$$。

43.(D)。$\frac{R_B}{R_A} = \frac{\rho\frac{\ell_B}{A_B}}{\rho\frac{\ell_A}{A_A}} = \frac{1}{\frac{\left(\frac{1}{2}\right)}{2^2}} = 8$

$R_B = 8R_A = 8\times10 = 80\Omega$。

44.(B)。用戴維寧電路化簡

$V_{th} = 36V\times(\frac{12\Omega}{3\Omega+12\Omega} - \frac{6\Omega}{6\Omega+6\Omega}) = 10.8V$

$R_{th} = 3//12 + 6//6 = 5.4\Omega$

$I = \frac{V_{th}}{R_{th}} = \frac{10.8}{5.4} = 2A$。

45.(B)。(B)$X_L = X_C$ 時諧振，功率因數為 1。

46.(C)。(C) 並聯諧振時，阻抗最大，電流最小。

47.(D)。電壓源短路，電流源開路

$R_{ab} = 2\Omega//0\Omega + 3\Omega + 5\Omega = 8\Omega$。

48.(D)。$R_1 = \frac{10V}{I_m} - R_m = \frac{10V}{1mA} - 1K = 9K\Omega$

$R_2 = \frac{100V}{I_m} - (R_1 + R_m) = -(9K + 1K) = 90K\Omega$。

49.(B)。電容充電為(B)圖。

50.(A)。並聯電壓相同 $V = 30\times10 = 300V$

$I_{總} = 10 + \frac{300}{j40} = 10 - j7.5A$。

104 年台灣電力公司新進人員

一、填充題：

1. 色碼為棕黑棕銀的電阻，外加到 90V 電壓源，則流過此電阻可能的最大電流為______安培 (A)。

2. 若將某一電容器之極板邊長增加一倍，板間距離縮小一半，則此電容量為原來電容量的______倍。

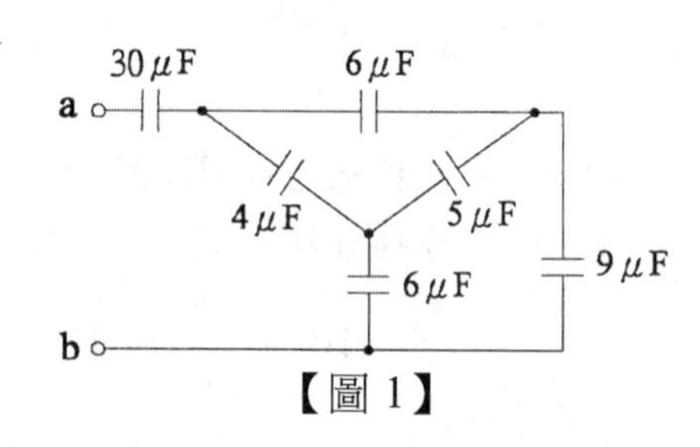

【圖 1】

3. 已知交流電壓 $v(t) = 110\sqrt{2}\ \sin(120\ \pi t)$，則該電壓之平均值為______伏特 (V)。

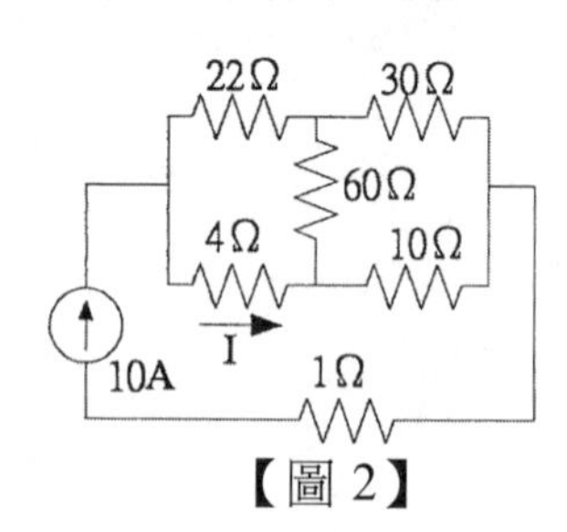

【圖 2】

4. 如【圖 1】所示，a、b 兩端之等效電容 C_{ab} =______微法拉 (μF)。

5. 如【圖 2】所示，則流過 4Ω 電阻的電流 I =______安培 (A)。

6. 如【圖 3】所示，已知 r = 6Ω，I = 4A，則 R =______歐姆 (Ω)。

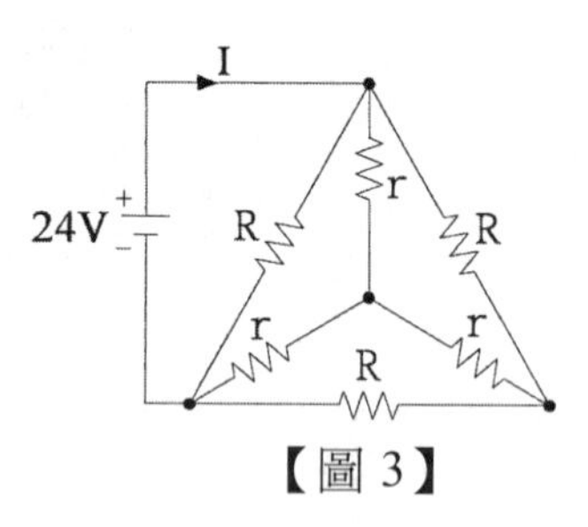

【圖 3】

7. 如【圖 4】所示，若 L_1 = 15mH，L_2 = 20mH，兩者之間的互感量 M = 2mH，則其總電感量為______毫亨利 (mH)。

8. 有 4 個電阻並聯，此 4 個電阻的值分別為 24kΩ、24kΩ、12kΩ、6kΩ，已知流入 4 個並聯電阻之總電流為 240mA；則流過 12kΩ 電阻上之電流為______毫安培 (mA)。

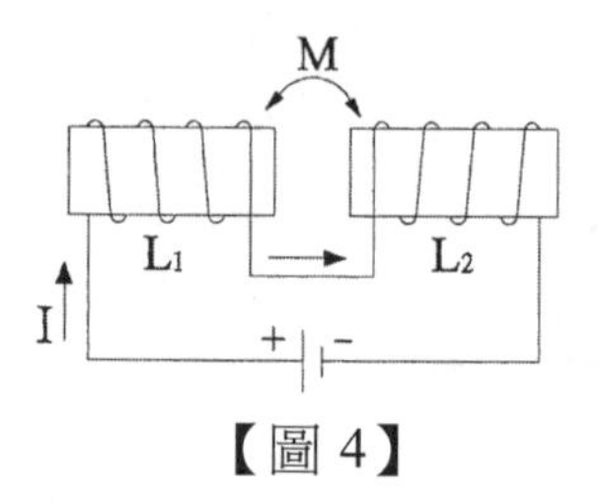

【圖 4】

9. 設電容器 C_1 = 3 μF，可耐壓 500V，而電容器 C_2 = 6 μF，可耐壓 200V，若將此兩電容器串聯，其所能承受之最大耐壓為______伏特 (V)。

10. 當使用兩瓦特計法測定三項負載功率時，若 $W_1 = 800W$，$W_2 = -800W$，則此負載總功率為______瓦特 (W)。

11. 如【圖 5】所示，則電容器 X_C 之端電壓為______伏特 (V)。

12. 如【圖 6】所示，則電路中之電流 I＝______安培 (A)。

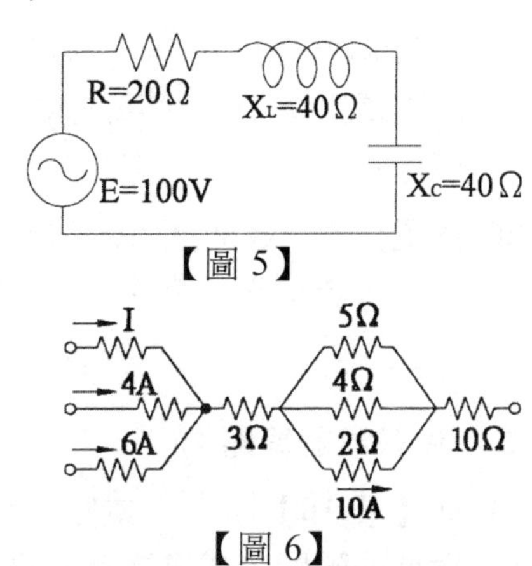

【圖 5】

【圖 6】

13. 若串聯 RLC 諧振電路 R ＝ 5kΩ、X_C ＝ 250kΩ，則其品質因數 Q＝______。

14. 某用戶其用電設備及用電時間如下：2000W 冷氣機平均每天使用 5 小時，1500W 吹風機平均每天使用 1 小時，250W 電冰箱平均每天使用 24 小時，100W 電視機平均每天使用 5 小時，20W 電燈 10 只平均每天使用 5 小時，則其每月電費為______元。（每月以 30 日計算，1 度電費以 3 元計算）。

15. 以迴路分析法分析【圖 7】之直流電路，其所列方程式如下，則 $a_{11} + a_{21} + a_{31}$ ＝______。

$a_{11}I_1 + a_{12}I_2 + a_{13}I_3 = 15$

$a_{21}I_1 + a_{22}I_2 + a_{23}I_3 = 8$

$a_{31}I_1 + a_{32}I_2 + a_{33}I_3 = 8$

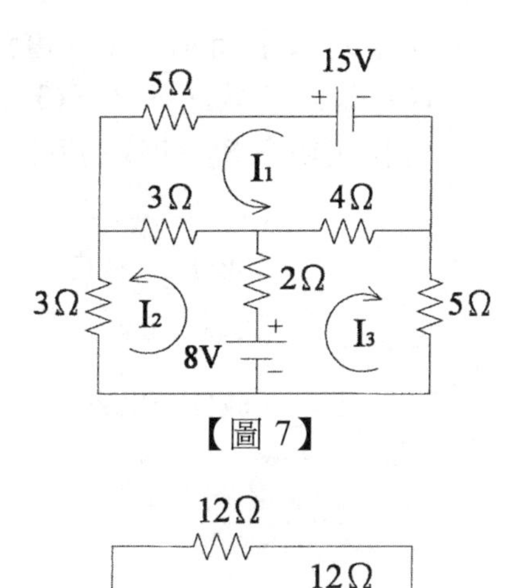

【圖 7】

16. 如【圖 8】所示之直流電路，則其中 12V 電源供給之電功率 P＝______瓦特 (W)。

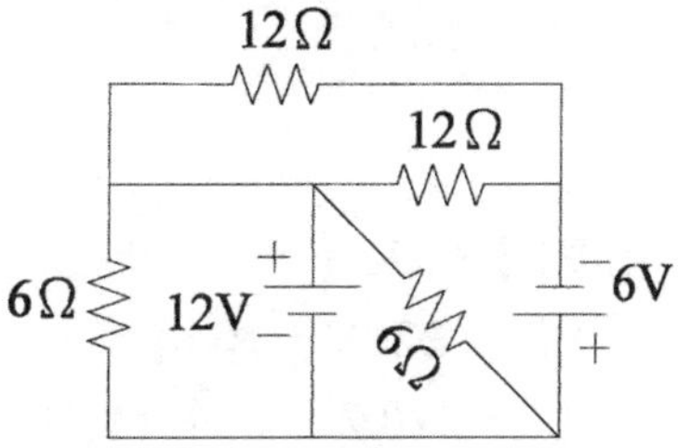

17. 一個 5 μF 電容器以 10 μA 之定電流源充電，若電容器充電前電壓為 0V，則充電 20 秒電容器上之電壓為______伏特 (V)。

【圖 8】

18. 如【圖 9】所示，則純電阻 R_L 之最大消耗功率為______瓦特 (W)。

19. 某導體在 100°C 時之電阻為 15Ω，在 20°C 時之電阻為 5Ω，則導體在 20°C 時的電阻溫度係數 α ＝______°C^{-1}。

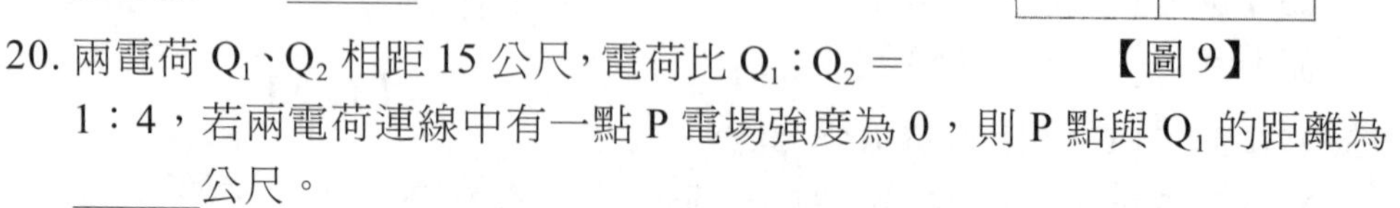
【圖 9】

20. 兩電荷 Q_1、Q_2 相距 15 公尺，電荷比 Q_1：Q_2 ＝ 1：4，若兩電荷連線中有一點 P 電場強度為 0，則 P 點與 Q_1 的距離為______公尺。

二、問答與計算題：

1. 如【圖 10】所示，電路已達穩態，在開關 S 閉合的瞬間，試求流過電源的電流值為何？

2. 如【圖 11】所示，欲使通過未知電阻 R_X 之電流 1mA，(1) 試求未知電阻 R_X 為何？(2) 欲使 R_X 得到最大功率輸出，則 R_X 應為何？

3. 如【圖 12】所示，試求電路之 (1) 電流值 I_1、I_2，(2) 總有效功率 P_T，(3) 總無效功率 Q_T，(4) 總視在功率 S_T，(5) 功率因數 PF。

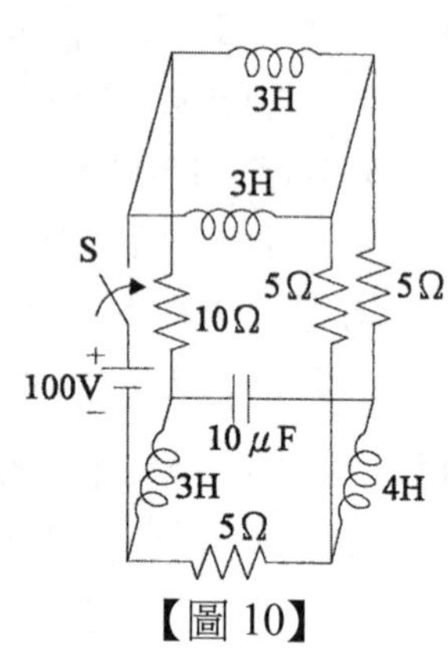

【圖 10】

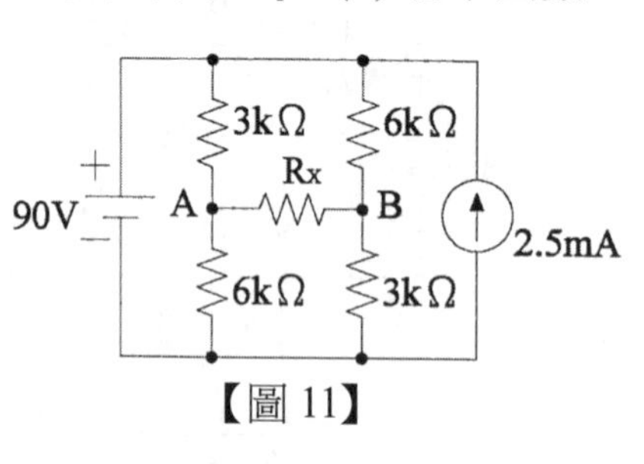

【圖 11】

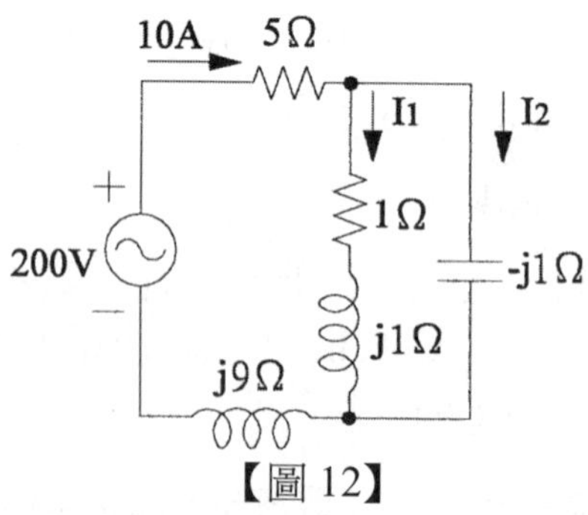

【圖 12】

4. 如【圖 13】所示，三相 Y 型平衡電路，每相電阻為 RΩ，其線電壓 V_L ＝ 220V，線電流 I_L ＝ 20A，現將此電阻改接為 Δ 型，且線電壓亦為 220V，試求 (1) 此時之線電流 I_L 值為何？(2) 此 Δ 型負載之三相總有效功率 $P_{3\phi}$、三相總無效功率 $Q_{3\phi}$、三相總視在功率 $S_{3\phi}$ 為何？

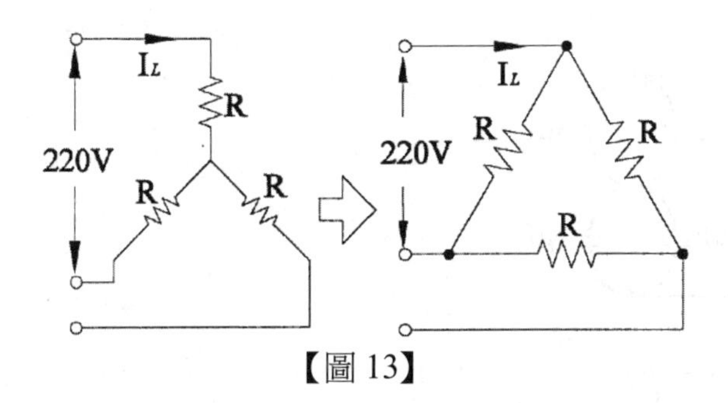

【圖 13】

解答及解析 答案標示為 # 者，表官方曾公告更正該題答案。

一、填充題：

1. 棕黑棕＝ $10 \times 10^1 = 100\Omega$

   銀代表 ± 10%

   $$I_{max} = \frac{V}{R_{min}} = \frac{90V}{100 \times (1-10\%)} = 1A。$$

2. 平板電容 $C = \varepsilon \dfrac{A}{d}$

   $$\frac{C'}{C} = \frac{2^2}{\frac{1}{2}} = 8 \text{ 倍。}$$

3. 正負相抵，平均電壓為零。

4. 看似要利用 Δ － Y 或 Y － Δ 轉換，但數值不易處理，且電容公式與電阻不同，易出錯。

   注意電容數值成比例，重繪如下

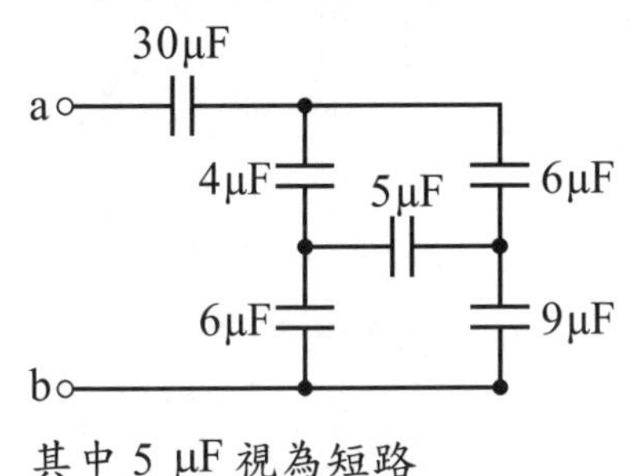

   其中 5 μF 視為短路

30μF
a
4μF
6μF
6μF
9μF
b

$$C_{ab} = \frac{1}{\frac{1}{30} + \frac{1}{4+6} + \frac{1}{6+9}} = 5\ \mu F$$ 。

5. 用 Δ－Y 轉換

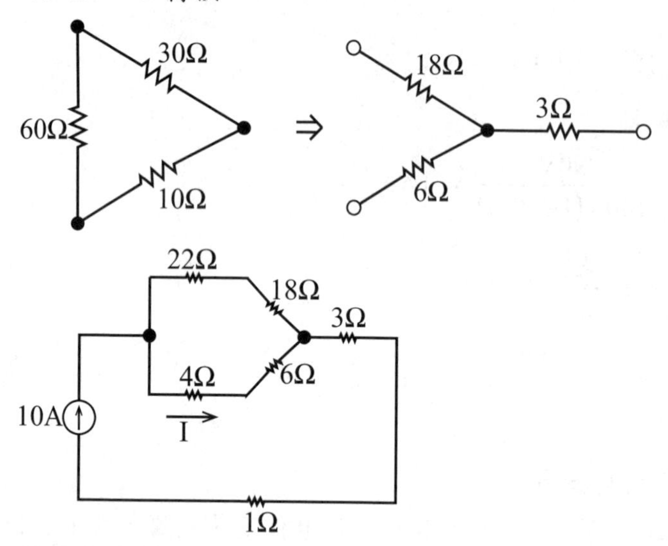

再用分流定理

$$I = 10A \times \frac{22\Omega + 18\Omega}{(4\Omega + 6\Omega) + (22\Omega + 18\Omega)} = 8A$$ 。

6. 把 Δ 型的電阻 R 等效成 Y 型的 $\frac{R}{3}$

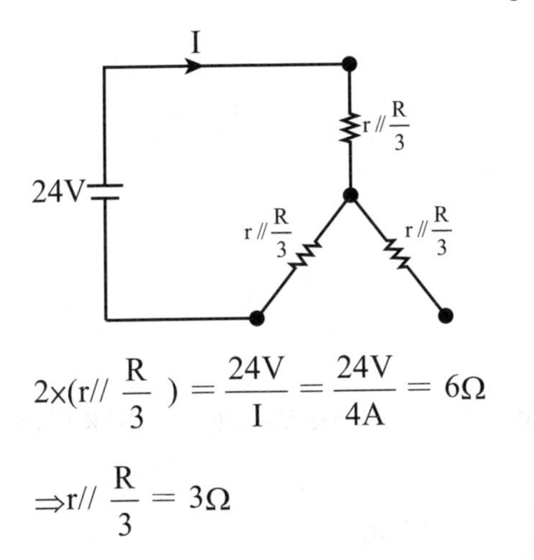

$2\times(r//\frac{R}{3}) = \frac{24V}{I} = \frac{24V}{4A} = 6\Omega$

$\Rightarrow r//\frac{R}{3} = 3\Omega$

由 $r = 6\Omega$ 得 $\frac{R}{3} = 6\Omega$，故 $R = 18\Omega$。

7. 由線圈方向知磁場反向

故 $L_{總} = (L_1 - M) + (L_2 - M) = (15 - 2) + (20 - 2) = 31mH$。

8. 總電阻 $R_{總} = 24//24//12//6 = 3K\Omega$

$I_{12K\Omega} = \frac{V}{R_{12K\Omega}} = \frac{I_{總}R_{總}}{R_{12K\Omega}} = \frac{240mA\times3K\Omega}{12K\Omega} = 60mA$。

9. $Q_1 = C_1V_1 = 3\times10^{-6}\times500 = 1.5mC$

$Q_2 = C_2V_2 = 6\times10^{-6}\times200 = 1.2mC$

串聯時電荷相同，故取較小者 Q_2

此時電容 1 的電壓

$V_1 = \frac{Q}{C} = \frac{1.2\times10^{-3}}{3\times10^{-6}} = 400V$

故總耐壓 $400V + 200V = 600V$。

10. 直接加總 $W_1 + W_2 = 0W$。

11.$I=\dfrac{E}{R+jX_L-jX_C}=\dfrac{100}{20+j40-j40}=5A$

$V_{XC}=I\cdot X_C=5\times40=200V$。

12.5Ω、4Ω、2Ω 並聯的電壓同為 20V

總電流 $10A+\dfrac{20V}{5\Omega}+\dfrac{20V}{4\Omega}=19A$

$I=19-4-6=9A$。

13.$Q=\dfrac{X_C}{R}=\dfrac{250}{5}=50$。

14.每日用電 2KW×5hr + 1.5KW×1hr + 0.25KW×24hr + 0.1KW×5hr + 10×0.02KW×5hr = 19 度

每月電費 19 度/日 ×30 日 × 元/度 = 1710 元。

15. $\begin{cases}5I_1+3(I_1-I_2)+4(I_1+I_3)=15\\2(I_2+I_3)+3(I_2-I_1)+3I_2=8\\2(I_3+I_2)+4(I_3+I_1)+5I_3=8\end{cases}\Rightarrow\begin{cases}12I_1-3I_2+4I_3=5\\-3I_1+8I_2+2I_3=8\\4I_1+2I_2+11I_3=8\end{cases}$

$a_{11}+a_{21}+a_{31}=12-3+4=13$。

16.兩 12Ω 電阻電聯，兩 6Ω 電阻並聯重畫

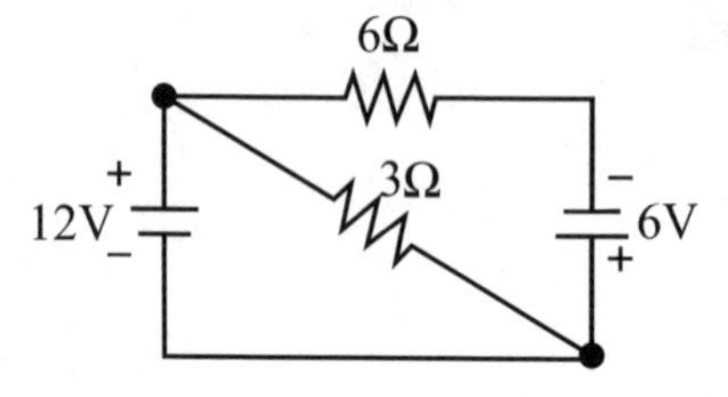

$I_{3\Omega}=\dfrac{12V}{3\Omega}=4A$

$I_{6\Omega}=\dfrac{12V-(-6V)}{6\Omega}=3A$

$P_{12V}=(4A+3A)\times12V=84W$。

17.$Q = It = 10\times10^{-6}\times20 = 200\times10^{-6}C$

$$V = \frac{Q}{C} = \frac{200\times10^{-6}}{5\times10^{-6}} = 40V$$ 。

18. 用最大功率傳輸定理

(i)$R_L = (2\Omega//0\Omega) + 2\Omega + 3\Omega = 5\Omega$

(ii)$Voc = 20V + 5A\times2\Omega = 30V$

故 $P_{L,max} = \frac{{V_{oc}}^2}{4\times R_L} = \frac{30^2}{4\times5} = 45W$ 。

19. $\alpha = \dfrac{\frac{15\Omega-5\Omega}{5\Omega}}{100°C-20°C} = 0.025°C^{-1}$ 。

20. 由 $E = K\dfrac{Q}{R^2}$

電場總和為零表示兩個電場值相等

$Q_1 : Q_2 = 1 : 4 \Rightarrow R_1 : R_2 = 1 : 2$

故離 Q_1 距離 $R_1 = 15\times\frac{1}{1+2} = 5m$ 。

二、問答與計算

1. 暫態時電感開路，電容短路

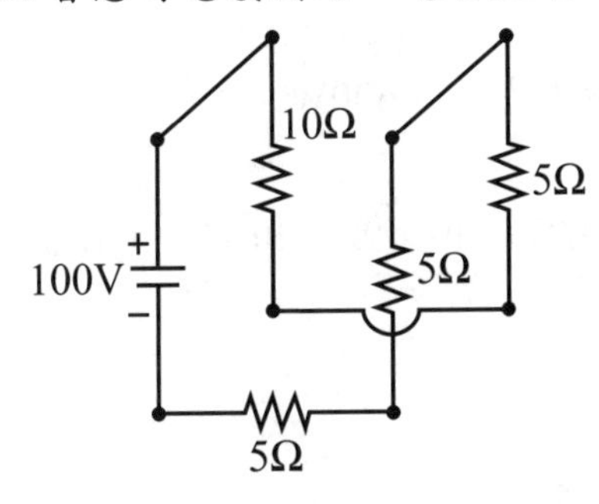

$$I = \frac{100V}{10\Omega+5\Omega+5\Omega+5\Omega} = \frac{100V}{25\Omega} = 4A$$ 。

2. 先求不計電阻 R_X 時的等效電路

先 R_{th} 時將電壓源短路，電流源開路

$R_{th} = 3K//6K + 3K//6K = 4K\Omega$

$$V_{AB} = 90V\times\left(\frac{6K}{3K+6K} - \frac{3K}{3K+6K}\right) + \frac{2.5mA}{2}\times(6K - 3K) = 33.75V$$

(1)

$I_{RX} = 1mA$ 時

$$I_{RX} = \frac{V_{AB}}{R_{th}+R_X}$$

$$\Rightarrow R_X = \frac{V_{AB}}{I_{RX}} - R_{th} = \frac{33.75V}{1mA} - 4K\Omega = 29.75K\Omega。$$

(2) 最大功率輸出時 $R_X = R_{th} = 4K\Omega$。

3.(1) $I_1 = 10A\times\dfrac{-j}{(1+j)+(-j)} = -j10A$

$I_2 = 10A\times\dfrac{1+j}{(1+j)+(-j)} = 10(1+j)A$

故電流值大小

$|I_1| = 10A$

$|I_2| = 10\sqrt{2}\ A$。

(2) 有效功率僅考慮電阻

$P_T = I^2\times5\Omega + |I_1|^2\times1\Omega = 10^2\times5 + 10^2\times1 = 600W$。

(3) 無效功率考慮電抗

$Q_T = I^2\times(9\Omega) + |I_1|^2\times1\Omega + |I_2|^2\times(-1\Omega) = 10^2\times(9) + 10^2\times1 + (10\sqrt{2})^2\times(-1) = 800Var$。

(4) 視在功率

$S_T = P_T + jQ_T = 600 + j800VA$

$|S_T| = 1000VA$。

(5) 功率因數

$$PF = \frac{P_T}{\sqrt{{P_T}^2 + {Q_T}^2}} = \frac{600}{\sqrt{600^2 + 800^2}} = 0.6$$。

4.(1)Y 接改 Δ 接後線電流為 3 倍

$I_{L,\Delta線} = 3\ I_{L,Y線} = 60A$。

(2) 純電阻電路的無效功率 $Q_{3\phi} = 0Var$

若依電路圖僅一電源輸入

$P_{3\phi} = 220V \times 60A = 13200W$

$S_{3\phi} = 13200VA$

註：若考慮三相電源均輸入，則上述數值乘三倍。

104 年台灣中油雇用人員

( ) 1. 將 5 庫倫正電荷由 B 點移至 A 點，作功 60 焦耳，若 A 點對地電位為 20 伏特，則 B 點對地電位為多少伏特？ (A)8 (B)12 (C)24 (D)32。

( ) 2. 一台電動機自電源輸入 220 伏特，4 安培，若其效率為 80%，請問其輸出功率為多少瓦特？ (A)176 (B)704 (C)880 (D)1100。

( ) 3. 將額定 100 瓦特、200 伏特的電熱絲接於 100 伏特之電源，則其產生的功率為多少瓦特？ (A)25 (B)50 (C)200 (D)400。

( ) 4. 某導線上的電流為 2 安培，則在 10 分鐘內流過該導線的電量為多少庫倫？ (A)5 (B)20 (C)120 (D)1200。

( ) 5. 滿刻度為 1mA，內阻為 50Ω 的安培表，若想要擴大為 0~100mA 的量度範圍，則其分流器的電阻值應為多少Ω？ (A)0.315 (B)0.505 (C)0.8 (D)4950。

( ) 6. 目前台電公司供給一般家庭的電源，其頻率為多少赫茲 (Hz)？ (A)50 (B)60 (C)100 (D)110。

( ) 7. 如圖所示電路，若 A 點對地電位 7V，B 點對地電位 4V，則 I 之值應為多少？
(A)0.5A (B)-0.5A
(C)2.5A (D)-2.5A。

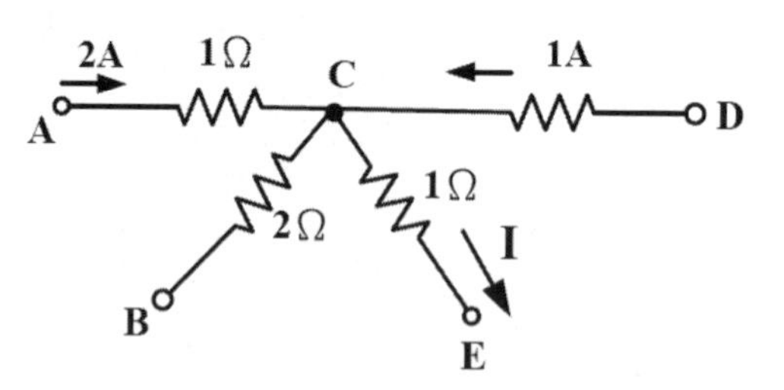

( ) 8. 如圖電路，電源 E 之值應為多少？
(A)18V
(B)33V
(C)51V
(D)69V。

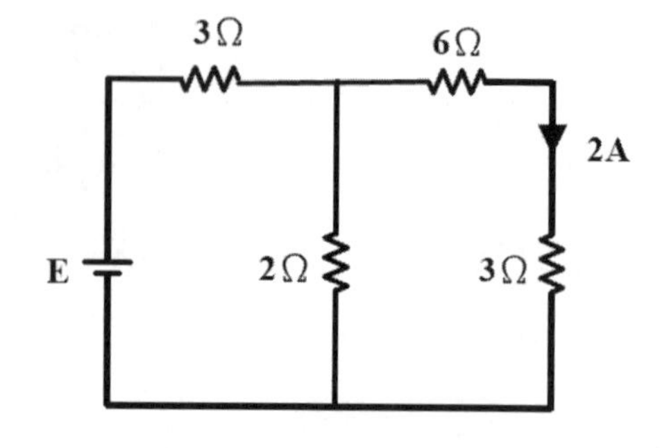

( ) 9. 如圖電路，流經電阻 3Ω 之電流為多少安培？
(A)0.5
(B)0.75
(C)1.5
(D)2.5。

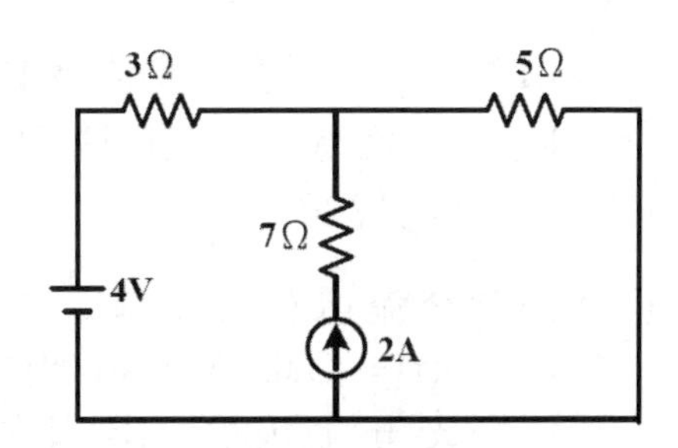

( ) 10. 將相同電容值的電容器 N 個並聯，其總電容量是串聯時總電容量的多少倍？ (A)N (B) $\frac{1}{N}$ (C)N^2 (D) $\frac{1}{N^2}$ 。

( ) 11. 由法拉第定律得知：通過線圈之磁通量若成線性增加，則此線圈兩端所感應之電壓： (A) 亦成線性增加 (B) 成線性降低 (C) 為定值 (D) 成非線。

( ) 12. 如圖電路，求 A、B 間總電感量為多少亨利？
(A)15 (B)35
(C)45 (D)55。

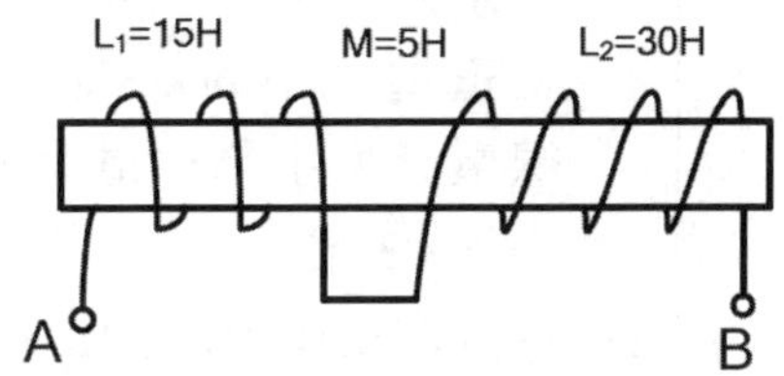

( ) 13. 佛萊明左手定則中，食指所指的方向為： (A) 導體運動方向 (B) 磁力線方向 (C) 電流方向 (D) 應電勢方向。

( ) 14. 自感量為 0.5 亨利的線圈，在 0.5 秒內其電流變化量為 12 安培，則線圈兩端感應電勢為多少 V？ (A)3 (B)6 (C)12 (D)24。

( ) 15. 一只 10μF 電容器，接至 100V 直流電源，於 0.2 秒後此電容器充電完成，則在充電完成後電路之電流為何？ (A)0A (B)1mA (C)5mA (D)1A。

( ) 16. 如圖電路中，當開關 S 閉合瞬間，電流 I 之值為多少安培？
(A)2A
(B)3A
(C)4A
(D)5A。

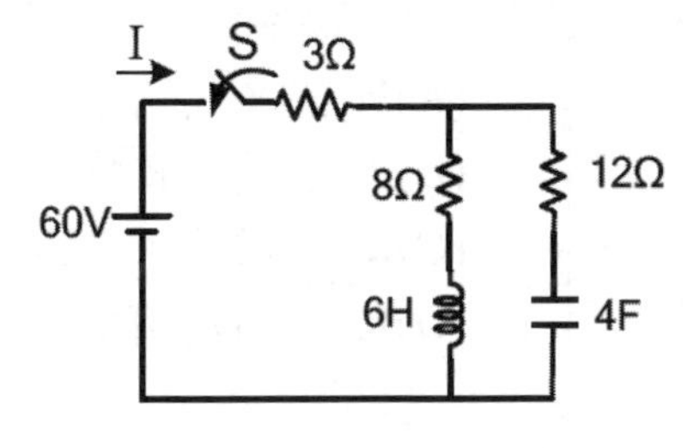

(　) 17. 有一台 8 極的交流發電機，若產生的電源頻率為 25 赫茲 (Hz)，則該機每分鐘轉速為多少轉？ (A)375　(B)600　(C)750　(D)1200。

(　) 18. 交流電壓及電流之方程式如下：$v(t)=100\cos(314t-30°)V$，$i(t)=-5\sin(314t+60°)$ A，則兩者的相位關係為：　(A) 電壓領先電流 30 度　(B) 電壓領先電流 90 度　(C) 電壓落後電流 90 度　(D) 電壓與電流相位反相。

(　) 19. 一元件兩端加上$10\sqrt{2}\sin(100t)$伏特的電壓後，通過此元件之電流為$2\sqrt{2}\cos(100t)$安培的電流，則此元件為何？　(A)0.02 亨利的電感　(B)0.02 法拉的電容　(C)0.002 亨利的電感　(D)0.002 法拉的電容。

(　) 20. Y-Y 平衡三相電路中，下列敘述何者正確？　(A) 線電壓大小為相電壓大小的$\sqrt{3}$倍　(B) 線電壓大小與相電壓大小相等　(C) 線電流大小為相電流大小的$\sqrt{3}$倍　(D) 相電流大小為線電流大小的$\sqrt{3}$倍。

(　) 21. 有兩個電阻 R_1 及 R_2，串聯接於某電源的消耗功率與並聯接於同一電源的消耗功率比為 1：4，若已知 R_1=4Ω，則 R_2 為：　(A)2Ω　(B)4Ω　(C)8Ω　(D)16Ω。

(　) 22. 如圖所示，若伏特計指示 6V，安培計指示 0.5A，已知安培計內阻為 1.2Ω，則電阻 R 之值為：

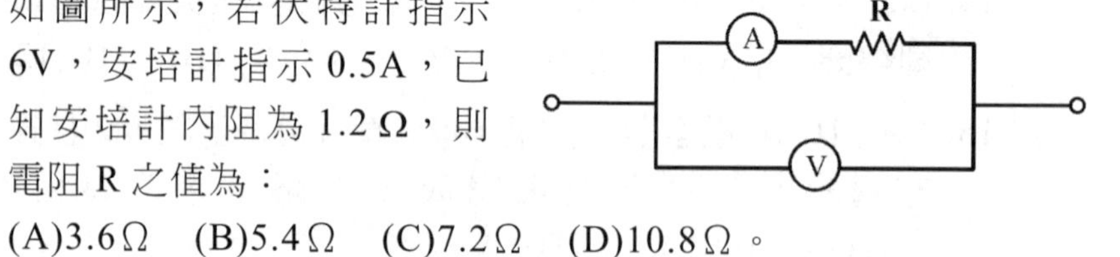

(A)3.6Ω　(B)5.4Ω　(C)7.2Ω　(D)10.8Ω。

(　) 23. 如圖電路中，R_3 電阻值若增加，則：
(A)R_2 之電流將增大
(B)R_2 之電流將降低
(C)R_2 之電流不會改變
(D)R_2 之電流可能增大亦可能降低。

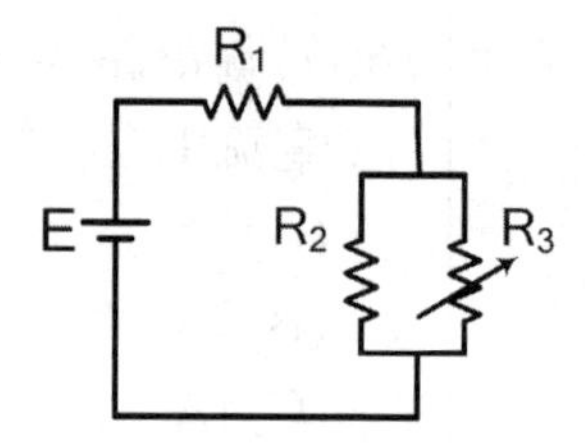

(　) 24. 有關一個帶負電荷金屬球之敘述，下列何者錯誤？　(A) 電力線由外部指向金屬球　(B) 金屬球表面電場最大，內部則為零　(C) 金屬球表面電位最大，內部則為零　(D) 電荷均勻分布在金屬球表面，內部則無。

(　) 25. 真空中，兩電荷帶電量分別為 $Q_1 = +8\times10^{-5}$ 庫倫，$Q_2 = +6\times10^{-4}$ 庫倫，若兩電荷相距 3 公尺，則此兩電荷間作用力為何？　(A)9 牛頓排斥力　(B)16 牛頓排斥力　(C)16 牛頓吸引力　(D)48 牛頓排斥力。

(　) 26. 如圖，若 6μF 電容器兩端電壓 25V，求通過 30μF 電容器之電量為多少 μC？
(A)900　(B)1050
(C)1200　(C)2400。

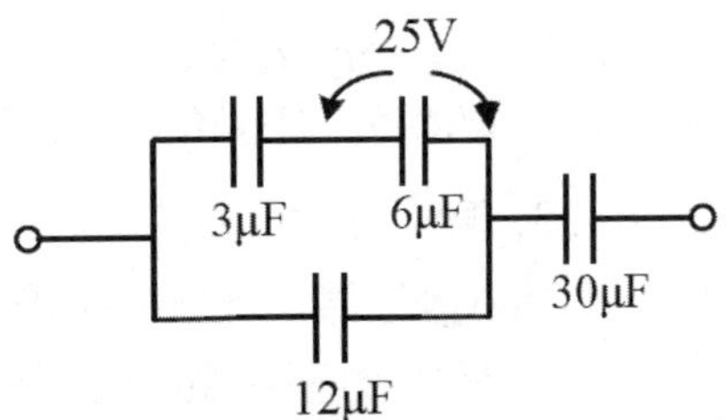

(　) 27. 一導線長 20 公尺在磁通密度為 10^{-2} 韋伯／平方公尺之磁場中，若其上的電流為 3 安培，所受之力為 0.6 牛頓，則導線與磁場間之夾角為多少度？　(A)30　(B)45　(C)60　(D)90。

(　) 28. 如圖波形，其電壓平均值為何？

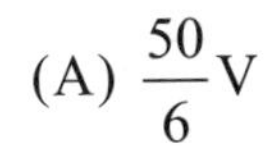

(A) $\frac{50}{6}$V

(B) $\frac{20}{3}$V

(C) $5\sqrt{2}$V

(D)10V。

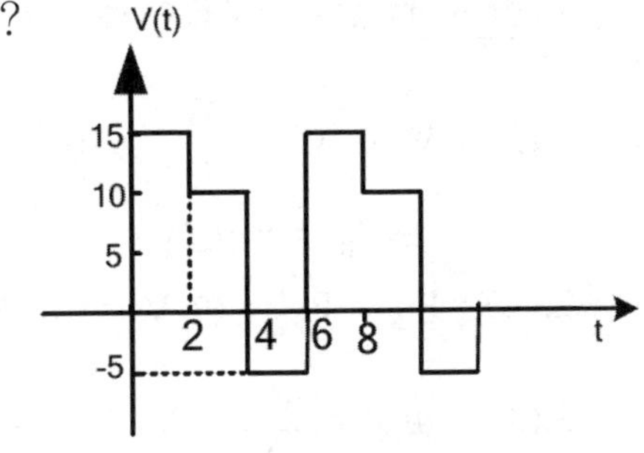

(　) 29. 如圖所示，求通過電阻 $\frac{5}{6}$ Ω 之電流為何？

(A) $\frac{1}{2}$A　(B) $\frac{5}{6}$A

(C) $\frac{6}{7}$A　(D) $\frac{7}{6}$A。

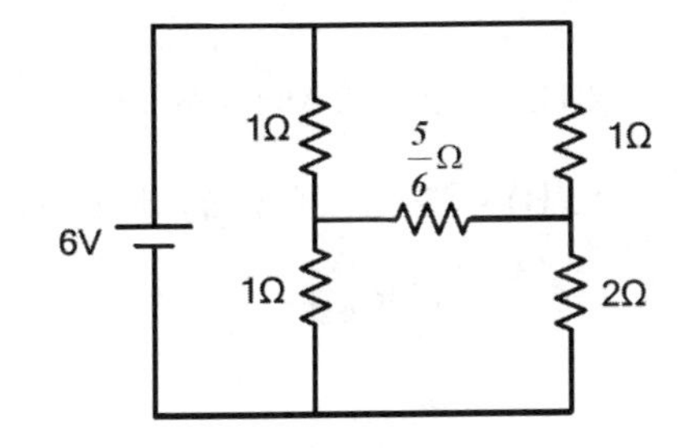

( ) 30. $\overline{Z}_S = 4 + j8\ \Omega$，若改為並聯等效電路，則 R_P 及分別為多少 $\overline{X}_P$ Ω？ (A)20，-j10 (B)20，j10 (C)15，j10 (D)20，-j20。

( ) 31. 如圖電路，總實功率 P_T 及總虛功率 Q_T 各為多少？ (A)2kW；2.2kVAR (B)1kW；0kVAR (C)2.2kW；1kVAR (D)2.2kW；7kVAR。

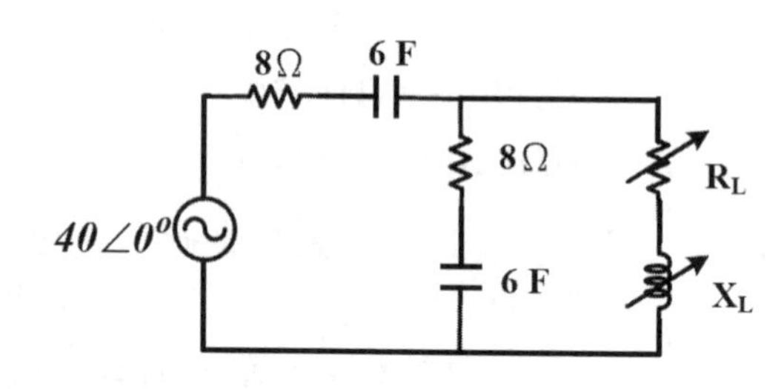

( ) 32. R-L-C 並聯電路中，R=50KΩ，L=3mH，C=75nF；若電路接於 $\overline{V} = 120\angle 0°$ 伏特之交流電源，則其電路品質因數 Q_P 為何？ (A)25 (B)50 (C)125 (D)250。

( ) 33. 調整圖中負載阻抗 R_L 與 X_L 之值，使負載得到最大功率，此時負載所消耗的最大功率為多少瓦特？ (A)18 (B)25 (C)36 (D)44。

解答及解析

答案標示為 # 者，表官方曾公告更正該題答案。

1.(A)。$V_A - V_B = \dfrac{W}{Q} \Rightarrow 20 - V_B = \dfrac{60}{5}$

$\Rightarrow V_B = 8$ 伏特。

2.(B)。$P_{出} = P_{入} = \eta VI = 80\% \times 220 \times 4 = 704$ 瓦特。

3.(A)。由 $P = \dfrac{V^2}{R} \propto V^2$ 故 $P' = 100W \times (\dfrac{100V}{200V})^2 = 25W$。

4.(D)。$Q = 2A \times 10$ 分 $\times 60$ 秒/分 $= 1200$ 庫倫。

5.(B)。擴大 100 倍的量度範圍，代表分流走 99% 僅餘 1%

故 $R_{分流} = \dfrac{R}{99} = \dfrac{50}{99} = 0.505\Omega$。

6.(B)。台灣電力公司採用 60Hz。

7.(C)。$V_C = V_A - IR = 7V - 2A \times 1\Omega = 5V$

$$I_{CB} = \frac{V_C - V_B}{R} = \frac{5V - 4V}{2\Omega} = 0.5A$$

$I = 2A + 1A - 0.5A = 2.5A$。

8.(C)。跨過 6Ω 及 3Ω 的電壓

$V = 2A \times (6\Omega + 3\Omega) = 18V$

$$I_{2\Omega} = \frac{18V}{2\Omega} = 9A$$

$E = V + (I_{2\Omega} + I_{6\Omega}) \times R_{3\Omega}$

$= 18 + (9 + 2) \times 3$

$= 51V$。

9.(B)。設三個電阻交接處節點電壓 VA

利用 KCL $\frac{V_A - 4V}{3\Omega} - 2A + \frac{V_A}{5\Omega} = 0$

$$V_A = \frac{25}{4} V$$

$$I_{3\Omega} = \frac{V_A - 4V}{3\Omega} = \frac{\frac{25}{4} - 4}{3\Omega} = 0.75A$$。

10.(C)。並聯後成 N 倍，串聯後為 $\frac{1}{N}$ 倍，故差 N^2 倍。

11.(C)。感應電壓正比磁通量的變化量，故磁通線性增加時，感應電壓為定值。

12.(B)。繞線方向相反，互感相減

$L_{總} = (L_1 - M) + (L_2 - M) = (15 - 5) + (30 - 5)$

$= 35$ 亨利。

13.(B)。如圖，食指為磁力線方向。

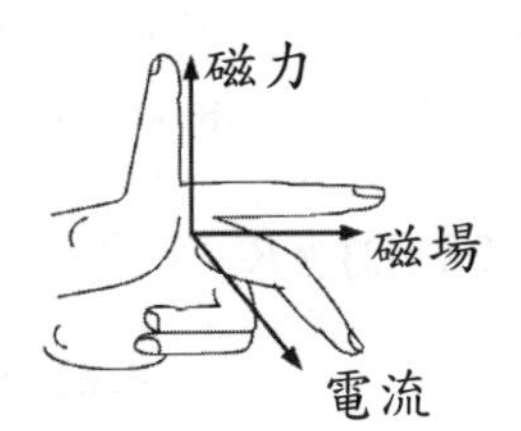

14.(C)。$V = L\frac{dI}{dt} = 0.5H \times \frac{12A}{0.5s} = 12V$。

15.(A)。充電完成後電容等效開路，故電流為零。

16.(C)。閉合瞬間為暫態，電容短路，電感開路

$$I = \frac{60V}{3\Omega + 12\Omega} = 4A$$。

17.(A)。$f = \dfrac{N \times RPM}{2 \times 60^{秒}/_{分}}$

$$\Rightarrow RPM = \frac{f \times 2 \times 60}{N} = \frac{50 \times 2 \times 60}{8} = 375 \ ^{轉}/_{分}$$。

18.(D)。$i(t) = -5\sin(314t + 60^\circ) = -5\cos(314t - 30^\circ)$
$= 5\cos(314t + 150^\circ)$
故電流領先電壓 180°，或電壓與電流反相。

19.(D)。$v(t) = 10\sqrt{2}\sin(100t) = 10\sqrt{2}\cos(100t - 90^\circ)$

$$X = \frac{V}{I} = \frac{10\sqrt{2}\angle -90^\circ}{2\sqrt{2}\angle 0^\circ} = 5\angle -90^\circ = -j5\Omega$$

可知為電容性

再由 $X_C = -j\dfrac{1}{\omega C}$

$$\Rightarrow C = \frac{1}{\omega X_C} = \frac{1}{5 \times 100} = 0.002F$$。

20.(A)。Y 接時，$V_{線} = \sqrt{3}V_{相}$，$I_{線} = I_{相}$。

21.(B)。電壓相同 $P = \dfrac{V^2}{R} \propto \dfrac{1}{R}$

$$\frac{R_{串}}{R_{並}} = \frac{P_{並}}{P_{串}} = \frac{4}{1}$$

$$\Rightarrow \frac{R_{串}}{R_{並}} = \frac{R_1 + R_2}{R_1 // R_2} = \frac{(R_1 + R_2)^2}{R_1 R_2} = 4$$

$\Rightarrow R_2 = R_1 = 4\Omega$。

22.(D)。$R_A + R = \dfrac{V}{A} = \dfrac{6V}{0.5A} = 12\Omega$

$R = 12\Omega - R_A = 12 - 1.2 = 10.8\Omega$。

23.(A)。$I_{R2}=\dfrac{E}{R_1+R_2//R_3}\times\dfrac{R_3}{R_2+R_3}=\dfrac{R_3}{R_1R_2+R_1R_3+R_2R_3}E$

$=\dfrac{1}{\dfrac{R_1R_2}{R_3}+R_1R_2}E$

故 R_3 增加時，I_{R2} 變大。

24.(C)。因帶負電，表面電位最低，且金屬球內部電位等同表面。

25.(D)。$F=k\dfrac{Q_1Q_2}{R^2}=9\times10^9\times\dfrac{8\times10^{-5}\times6\times10^{-4}}{3^2}=48$ 牛頓

皆正電，故排斥。

26.(B)。$V_{12\mu F}=V_{3\mu F}+V_{6\mu F}=25V\times\dfrac{6\mu F}{3\mu F}+25V$

$=75V$

除 30μF 外的三個電容總和

$C_{總}=3//6+12=14\mu F$

30μF 電容的電量與 $C_{總}$ 的電量相同

故 $Q_{30\mu F}=Q_{總}=C_{總}V_{12\mu F}=14\times10^{-6}\times75$

$=1050\ \mu C$。

27.(D)。$F=IB\ell\sin\theta$

$\sin\theta=\dfrac{F}{IB\ell}=\dfrac{0.6}{3\times10^{-2}\times20}=1$

故 $\theta=90^\circ$。

28.(B)。週期為 6 秒

$V_{av}=\dfrac{1}{6}[15\times2+10\times2+(-5)\times2]=\dfrac{40}{6}=\dfrac{20}{3}$ V。

29.(A)。用戴維寧電路，把 $\dfrac{5}{6}\Omega$ 視為負載

$V_{oc}=6V\times[\dfrac{2\Omega}{2\Omega+1\Omega}-\dfrac{1\Omega}{1\Omega+1\Omega}]=1V$

$R_{th}=1//1+1//2=\dfrac{1}{2}+\dfrac{2}{3}=\dfrac{7}{6}\Omega$

故 $I_{\frac{5}{6}\Omega}=\dfrac{V_{oc}}{R_{th}+R_L}=\dfrac{1V}{\frac{7}{6}\Omega+\frac{5}{6}\Omega}=\dfrac{1}{2}$ A。

30.(B)。並聯用導納

$$Y_S=\frac{1}{Z_S}=\frac{1}{4+j8}=\frac{4-j8}{4^2+8^2}=\frac{1}{20}-j\frac{1}{10}$$

$$=\frac{1}{20}+\frac{1}{j10}\ \mho=\frac{1}{R_P}+\frac{1}{jX_P}$$

故 $R_P=20\Omega$，$X_P=j10\Omega$。

31.(C)。等效為

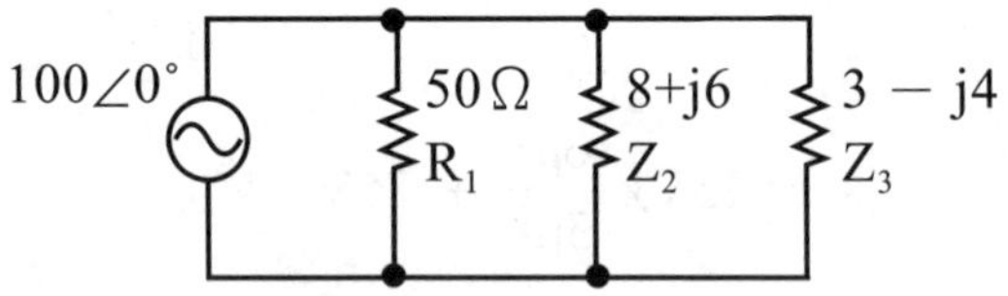

$100\angle0^\circ$ 電源並聯 $R_1=50\Omega$、$Z_2=8+j6$、$Z_3=3-j4$

$$S=\frac{V^2}{R_1}+\frac{V^2}{Z_2}+\frac{V^2}{Z_3}$$

$$=\frac{100^2}{50}+\frac{100^2}{8+j6}+\frac{100^2}{3-j4}$$

$$=200+\frac{100^2}{10\angle37^\circ}+\frac{100^2}{5\angle-53^\circ}$$

$=200+1000\angle-37^\circ+2000\angle53^\circ$
$=200+800-j600+1200+j1600$
$=2200+j1000$VA

故 $P_T=2.2$KW，$Q_T=1$K VAR。

32.(D)。並聯時 $Q_P=\dfrac{\frac{1}{\omega_o L}}{\frac{1}{R}}=\dfrac{R}{\omega_o L}=R\sqrt{\dfrac{C}{L}}$

$\Rightarrow Q_P=50\times10^3\times\sqrt{\dfrac{75\times10^{-9}}{3\times10^{-3}}}=250$。

33.(B)。用戴維寧等效電路

$$V_{OC} = 40V \times \frac{8-j6}{(8-j6)+(8-j6)} = 20V$$

$Z_{th} = (8 - j6)//(8 - j6) = 4 - j3\Omega$

故最大負載功率時

$R_L + jX_L = \overline{Z_{th}} = 4 + j3\Omega$

$$P_{L,max} = \frac{V_{OC}^2}{4R_L} = \frac{20^2}{4 \times 4} = 25W$$

註：原題圖中電容標示 6F 不太恰當

因電容值尚需用 $X_C = \frac{1}{\omega C}$ 才能轉換成阻抗值，然而題目中並無給頻率相關資料。

故題解中將題目所給的 6F 視為 6Ω，特此說明。

105年台灣港務從業人員（第一次）

壹、非選擇題

一、如下圖所示之 RLC 並聯電路，若 $v(t) = 10\sqrt{2}\sin 100t$ V、R=5Ω、L=5mH、C=50μf，試求

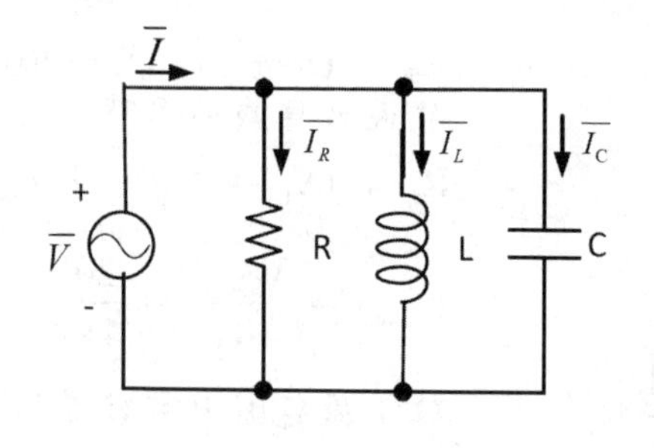

(一)總導納 $\overline{Y}$

(二)平均功率P

(三)虛功率Q

(四)視在功率 $\overline{S}$

(五)功率因數PF為多少？

答：(一)總導納 $\overline{Y} = \frac{1}{R} + \frac{1}{j\omega L} + j\omega C$

$$= \frac{1}{5} + \frac{1}{j1000 \times 5 \times 10^{-3}} + j1000 \times 50 \times 10^{-6}$$

$$= \frac{1}{5} + \frac{1}{j5} + j0.05$$

$$= 0.2 - j0.2 + j0.05$$

$$= 0.2 - j0.15 \ \ {}^{1}\!/_{\Omega}$$

$$S = IV^* = YVV^*$$

$$= (0.2\text{-}j0.15) \cdot 10\sqrt{2} \cdot 10\sqrt{2}$$

$$= (0.2\text{-}j0.15) \cdot 200$$

$$= 40 - j30 \quad VA$$

(二)平均功率P＝40W

(三)虛功率Q＝－30Var

(四)視在功率 $\overline{S} = \sqrt{40^2 + (-30)^2} = 50 \quad VA$

(五)功率因數 $PF = \frac{P}{\overline{S}} = \frac{40}{50} = 0.8$

二、使用 A、B、C 三個開關控制一 LED 燈（F），其功能如下：

(1) 當兩個以上（含兩個）開關 ON 時，LED 亮。

(2) 其他情況下 LED 均滅。

請回答下列問題：

(一)試繪出真值表。

(二)以"NAND閘"，組合成上述功能之有效邏輯電路圖。

上述問題中，開關 ON 用 "1" 表示，OFF 用 "0" 表示；LED 燈 F 亮時用 "1" 表示，滅時用 "0" 表示。

答：(一)真值表

A	B	C	F
0	0	0	0
0	0	1	0
0	1	0	0
0	1	1	1
1	0	0	0
1	0	1	1
1	1	0	1
1	1	1	1

$F = \overline{A}BC + A\overline{B}C + AB\overline{C} + ABC \ = BC+AC+AB$

(二)因題目指定用"NAND"閘，用笛摩根定理轉換上式

$F = \overline{\overline{BC + AC + AB}}$

$= \overline{\overline{BC} \cdot \overline{AC} \cdot \overline{AB}}$

先用 3 個二輸入 NAND，再用 1 個三輸入 NAND

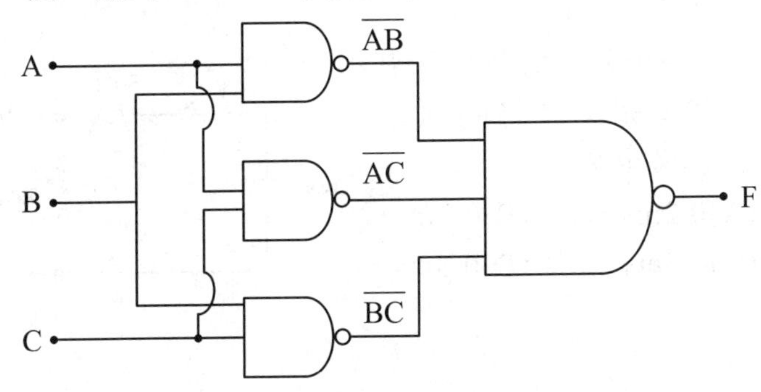

貳、選擇題

( ) 1. 設一顆電池的容量為 2000mAh，若用在工作電流 400mA 的電子產品上，理論上能使用多少小時？ (A)2.5 小時 (B)5 小時 (C)8 小時 (D)10 小時。

( ) 2. 家庭每日用電平均如下： (1)100 瓦電視用 4 小時 (2)350 瓦洗衣機用 2 小時 (3)600 瓦冷氣機用 4 小時 (4)100 瓦燈泡用 10 小時；假設電費每度 2 元，求此家庭每月（30 日計）需付電費多少？ (A)270 元 (B)300 元 (C)330 元 (D)350 元。

( ) 3. 一電熱水器，內裝 10 公升 20°C 的水，其電阻為 24 歐姆 (Ω)，若外接 100 伏特 (V) 的電源，使用 20 分鐘，水溫上升多少？ (A)8°C (B) 10°C (C)12°C (D)15°C。

( ) 4. 一安培計的最大額定電流為 10mA，內電阻為 20Ω，如果想增加安培計的有效使用範圍至 110mA，應加入一個電阻值為多少的分流器？ (A)0.5Ω (B)1Ω (C)2Ω (D)5Ω。

( ) 5. 下圖所示，試利用重疊定理求電流 I 為多少？
(A)1A (B) 2A
(C)3A (D) 4A。

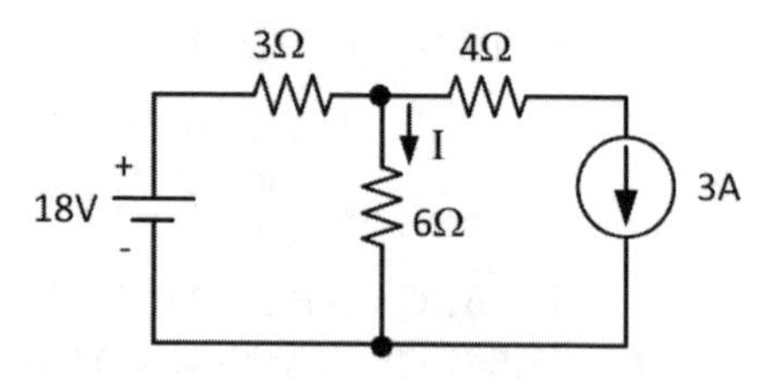

( ) 6. 設汽車火星塞的兩電極版相距 3mm，其間的介質為空氣，介質強度 30kV/cm，今欲使兩電極產生放電以啟動汽車，則瞬間至少需產生多少伏特以上的電壓？ (A)6kV (B) 9kV (C)10kV (D)12kV。

( ) 7. 如右圖所示，當開關 S 閉合時，充電之時間常數 τ 為多少？
(A)0.2ms (B)0.3ms
(C)0.4ms (D)0.5ms。

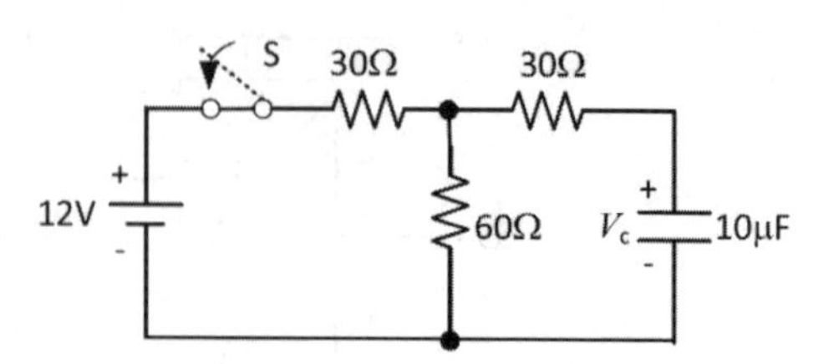

(　) 8. 電力公司提供至住家的交流電，經交流電表測量為110V，此電壓之平均值 V_{av} 約為多少？ (A)70V (B)77.8V (C)99V (D)110V。

(　) 9. 一RLC並聯電路，若電壓V=100V、R=100Ω、L=160mH、C=10μF，試求電路諧振時頻帶寬度(BW)約為多少？ (A)119Hz (B) 159Hz (C)179Hz (D)199Hz。

(　) 10. N=2000匝之線圈在0.5秒內感應200V之平均電動勢，則其磁通變化量為多少Wb？ (A)0.005 (B)0.05 (C)0.5 (D)5。

(　) 11. 將110V、60W與110V、100W的燈泡各一串聯於110V電壓時，下列何者正確？ (A)兩個一樣亮 (B)兩個都不亮 (C)100W較亮 (D)60W較亮。

(　) 12. 三個電阻值相同的電阻器連接於V伏特的電源，消耗功率最大之連接法為 (A)三電阻並聯 (B)三電阻串聯 (C)兩電阻並聯再串聯一電阻 (D)兩電阻串聯再並聯一電阻。

(　) 13. 一個理想的電流源，其內部阻抗應為 (A)0 (B)與負載阻抗相等 (C)負載阻抗的兩倍 (D)無限大。

(　) 14. 三個串聯電容器 C_1：C_2：C_3=1：2：4，則三者串聯後的電壓比為何？ (A)1：2：4 (B) 4：2：1 (C)4：1：2 (D) 1：4：2。

(　) 15. 兩個輸入端的OR閘，在其四種不同輸入的情況下，使其輸出為1的情形有幾種？ (A)4 (B)3 (C)2 (D)1。

(　) 16. 佛萊明右手定則中大拇指表示： (A)導線運動方向 (B)感應電動勢方向 (C)磁場方向 (D)電流方向。

(　) 17. 一鋰鐵電池模組12V/6Ah，以0.5C定電流放電0.5小時，求鋰鐵電池模組釋放的能量： (A)144Wh (B)72Wh (C)36Wh (D)18Wh。

(　) 18. 對於理想運算放大器，以下描述何者是錯誤的？ (A)兩輸入端點的電壓差為零 (B)輸入電阻為零 (C)輸出電阻為零 (D)增益無窮大。

( ) 19. 串聯 RLC 二階電路，若 R=0，則電路響應為下列何者？ (A) 無阻尼響應 (B) 欠阻尼響應 (C) 臨界阻尼響應 (D) 過阻尼響應。

( ) 20. 有關三相交流電路之功率，下列何者錯誤？ (A) 實功率守恆 (B) 虛功率守恆 (C) 複功率守恆 (D) 視在功率守恆。

解答及解析 答案標示為 # 者，表官方曾公告更正該題答案。

1.(B)。 $t=\dfrac{2000mAh}{400mA}$ =5 小時

2.(A)。 $(100\times4+350\times2+600\times4+100\times10)\times30\times\dfrac{2}{1000}$

$=(400+700+2400+1000)\times30\times\dfrac{2}{1000}$

=270 元

3.(C)。產生熱能 $W=pt=\dfrac{V^2}{R}\cdot t$，其中時間用秒

$W=\dfrac{100^2}{24}\times20\times60=50kW$

水溫上升 $\Delta T=\dfrac{W}{4.18m}$ 水的質量用克

故 $\Delta T=\dfrac{500000}{4.18\times10\times10^3}\cong12°C$

4.(C)。 $10mA=110mA\times\dfrac{r}{20+r}\Rightarrow r=2\Omega$

5.(A)。 $I=18V\times\dfrac{1}{3\Omega+9\Omega}-3A\times\dfrac{3\Omega}{3\Omega+6\Omega}$

=2-1

=1A

6.(B)。 $V=30{}^{kV}\!/\!_{cm}\times0.1{}^{cm}\!/\!_{mm}\times3mm=9kV$

7.(D)。$\tau = RC = (30\Omega//60\Omega + 30\Omega)\cdot 10\times 10^{-6}F$
$=(20+30)\times 10\times 10^{-6}$
$=500\times 10^{-6}$
$=0.5\times 10^{-3}$
$=0.5ms$

8.(C)。此題題意不夠清楚，稍有瑕疵
電表測到為 Vrms=110V
峰值電壓 $Vm = \sqrt{2}Vrsms = 155.5V$
未整流交流電的平均電壓 Vav 應該為零。
若半波整流 $Vav = \frac{1}{\pi}Vm = 49.5V$
若全波整流 $Vav = \frac{2}{\pi}Vm = 99V$
僅 (C) 可選。

9.(B)。$BW = \frac{\omega_o}{Q} = \frac{\frac{1}{\sqrt{LC}}}{R\sqrt{\frac{C}{L}}} = \frac{1}{RC} = \frac{1}{100\times 10\times 10^{-6}} = 1000\,{}^{rad}/_{s}$

$= \frac{1000}{2\pi}Hz = 159Hz$

10.(B)。$V = N\frac{d\Phi}{d\lambda} \Rightarrow d\Phi = \frac{Vd\lambda}{N} = \frac{200\times 0.5}{2000} = 0.05wb$

11.(D)。串聯不會燒毀，電阻較大者較亮
故 60W 燈泡較亮

12.(A)。找阻值最小的
(1) $R_{總} = \frac{R}{3}$
(2)$R_{總}=3R$
(3)$R_{總}=1.5R$
(4) $R_{總} = \frac{2R}{3}$

13.(D)。理想電流源內阻無限大

14.(B)。由 Q=CV 得知 C 與 V 反比

$$V_{C1}:V_{C2}:V_{C3}=\frac{1}{C_1}:\frac{1}{C_2}:\frac{1}{C_3}$$
$$=\frac{1}{1}:\frac{1}{2}:\frac{1}{4}$$
$$=4:2:1$$

15.(B)。有三種，真值表如右。

A	B	Y
0	0	0
0	1	1
1	0	1
1	1	1

16.(A)。佛萊明右手定則的三個方向如下圖

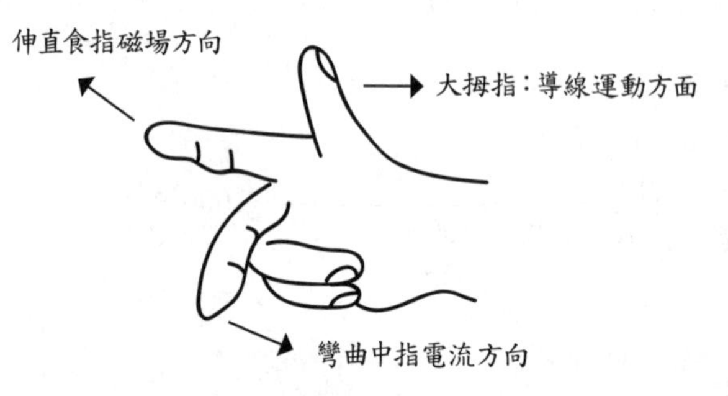

17.(D)。12×6×0.5×0.5=18Wh。

18.(B)。輸入電阻無限大。

19.(A)。電阻為零，為無阻尼響應。

20.(D)。視在功率未考慮到交流電路的相位，故「視在功率守恆」錯誤。

105年台灣港務從業人員（第二次）

一、試求出下列串並聯電路中之 I_1、I_2、I_3、I_4 及 V_{ab}

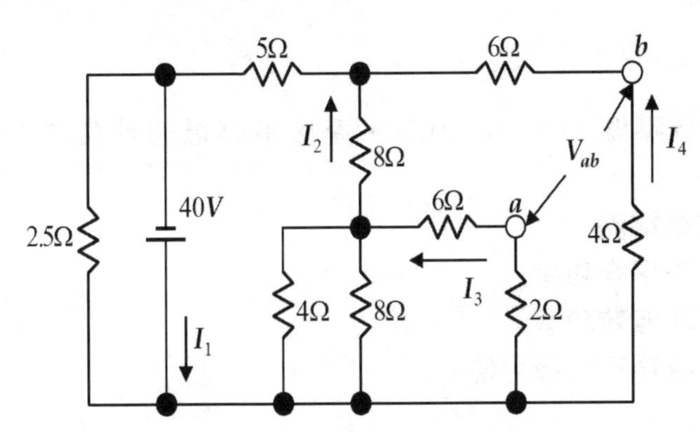

答：I_2 分支的總阻抗

R_{T2} ＝ 8 ＋ 4//8//(6+2) ＝ 10Ω

I_4 分支的總阻抗

R_{T4} ＝ 6 ＋ 4 ＝ 10Ω

可化簡如下圖

5Ω
25Ω
40V
I_1
I_2
I_4
10Ω
10Ω

$$I_1 = \frac{40V}{25\Omega} + \frac{40V}{5\Omega + 10\Omega // 10\Omega}$$

＝ 1.6+4

＝ 5.6A

$$I_2 = I_4 = \frac{40V}{5 + 10//10} \times \frac{10}{10+10} = 2A$$

$$I_3 = I_2 \times \frac{\frac{1}{6+2}}{\frac{1}{4} + \frac{1}{8} + \frac{1}{6+2}} = 0.5A$$

$V_{ab}=V_a-V_b=-I_3\times I_2-(-I_4\times 4)$

$=-0.5\times 2-(-2\times 4)$

$=-1+8$

$=7V$

二、單相交流電壓源 $110V_{RMS}/60Hz$，連接串聯電感性負載：$R=10\Omega$、$L=20mH$。

(一)試求電路電流

(二)試求電路平均功率

(三)試求電路無效功率

(四)試求瞬時功率的最大值

答：$\omega=2\pi f=2\pi\times 60\cong 377\,\text{rad}/\text{s}$

電路阻抗 $Z=R+jwL$

$=10+j377*20\times 10^{-3}$

$=10+j7.54\Omega$

(一) $I_L=\dfrac{V}{Z}=\dfrac{110\angle 0°}{10+j7.54}=\dfrac{110\angle 0°}{12.5\angle 37°}=8.8\angle\text{-}37°\text{A}$

電路電流 $|I_L|=8.8A$

複數功率 $S=IV^*=\dfrac{100^2}{10+j7.54}$

$=\dfrac{110\times(10-j7.54)}{(10+j7.54)\times(10-j7.54)}$

$=771.43\text{-}j581.66\quad VA$

(二)平均功率 $P=771.43W$

(三)無效功率 $Q=-581.66Var$

(四)瞬時功率最大值 $|S|=\sqrt{771.43^2+581.66^2}=996.14W$

三、試以利用兩個理想運算放大器設計加法器（畫出電路圖），輸入訊號 V_1、V_2、V_3，輸出訊號 V_o 等於 $V_1 + 0.5V_2 + 2V_3$

答：$V_0=V_1+0.5V_2+2V_3$

$$= -\left[\frac{R_f}{R_1}V_1 + \frac{R_f}{R_2}V_2 + \frac{R_f}{R_3}V_3\right] \times (-1)$$

其中 $R_1 = R_f$，$R_2=2R_f$，$R_3 = \frac{1}{2}R_f$

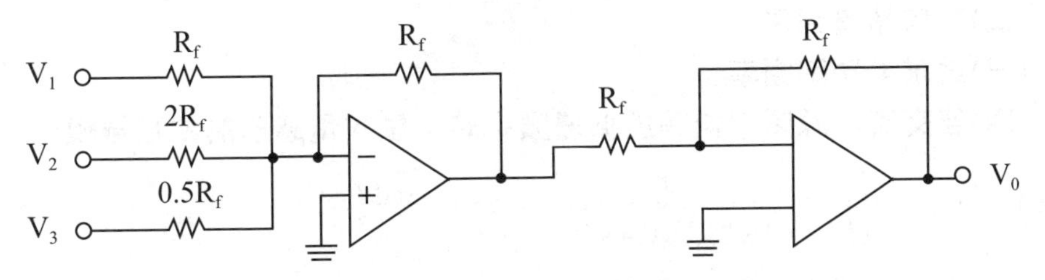

四、下列電路中，假設 $E_1 = 40V \angle 90°$,$I_1 = 2A \angle 0°$，$X_L=6\Omega$, $R=6\Omega$, $X_C=8\Omega$，請利用重疊原理計算出流經電阻 R 的電流。

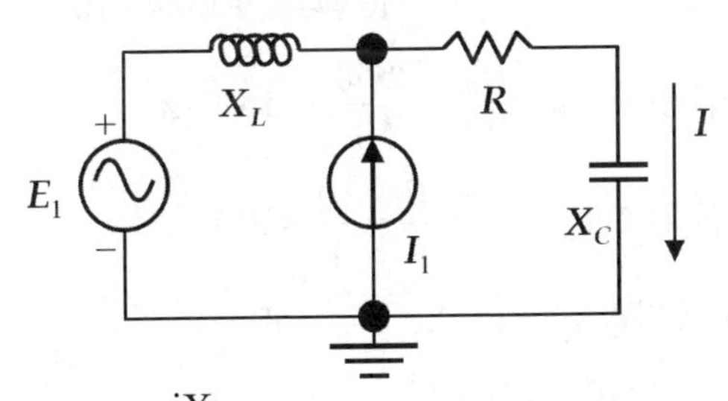

答：$I_R = \dfrac{E_1}{jX_L + R - jX_C} + I_1 = \dfrac{jX_L}{jX_L + R - jX_C}$

$$= \frac{40\angle 90°}{j6+6-j8} + 2\angle 0° \times \frac{j6}{j6+6-j8}$$

$$= \frac{40\angle 90°}{6-j2} + \frac{j12}{6-j2}$$

$$= \frac{j40+j12}{6-j2}$$

$$= \frac{j52(6+j2)}{(6-j2)(6+j2)}$$

$$= \frac{-104 + j312}{40}$$
$= -2.6 + j7.8$ A
$= 8.22 \angle 108^\circ$ A

五、正弦交流電源 10V **連接一串聯** RLC **振盪電路**：R=1Ω、L=1mH、C=0.4μF。

(一)試求振盪頻率

(二)試求品質因素

(三)試求半功率頻率

(四)若交流電源頻率恰等於振盪頻率時，試求電感器的電壓振幅

答：(一) $\omega_0 = \frac{1}{\sqrt{LC}} = \frac{1}{\sqrt{1\times10^{-3}\times0.4\times10^{-6}}} = 5\times10^4 \text{ rad/s}$

振盪頻率 $f_0 = \frac{\omega_0}{2\pi} = 7958H_Z$

(二)串聯時，品質因數 $Q = \frac{1}{R}\sqrt{\frac{L}{C}} = \frac{1}{1}\sqrt{\frac{1\times10^{-3}}{0.4\times10^{-6}}} = 50$

(三)半功率頻率 $f_{3dB} = \frac{f_0}{Q} = \frac{7958}{50} = 159Hz$

(四)在振盪頻率時，$I_L = \frac{E}{R} = \frac{10}{1} = 10A$

電感的電壓 $V_L = I_L \cdot X_L = I_L \cdot \omega L$

$=10\times5\times10^4\times1\times10^{-3}$

$=500V$

105年中華郵政職階人員

一、直流電路如圖所示，試求：

(一)電壓V_1及V_2。

(二)電流I_1、I_2及I_3。

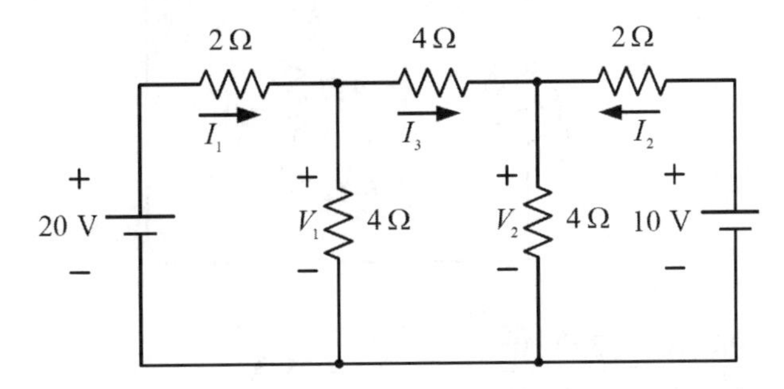

答：(一)利用KCL

$$\begin{cases} \dfrac{20\text{-}V_1}{1} + \dfrac{V_2\text{-}V_1}{4} - \dfrac{V_1}{4} = 0 \\ \dfrac{10\text{-}V_2}{2} + \dfrac{V_1\text{-}V_2}{4} - \dfrac{V_2}{4} = 0 \end{cases}$$

$$\Rightarrow \begin{cases} 4V_1 - V_2 = 40 \\ V_1 - 4V_2 = -20 \end{cases}$$

$$\Rightarrow \begin{cases} V_1 = 12V \\ V_2 = 8V \end{cases}$$

(二) $I_1 = \dfrac{20\text{-}V_1}{2} = \dfrac{20\text{-}12}{2} = 4A$

$$I_2 = \frac{10\text{-}V_2}{2} = \frac{10\text{-}8}{2} = 1A$$

$$I_3 = \frac{V_1\text{-}V_2}{4} = \frac{12\text{-}8}{4} = 1A$$

二、交流穩態電路如圖所示，若電源 $\hat{E}_S = 200\angle 0°V$（有效值），試求：

(一)電流 $\left|\hat{I}_L\right|$、$\left|\hat{I}_C\right|$ 及 $\left|\hat{\ }\right|$（只寫絕對值）。

(二)電源 $\hat{E}_S$ 提供的實功率及功率因數。

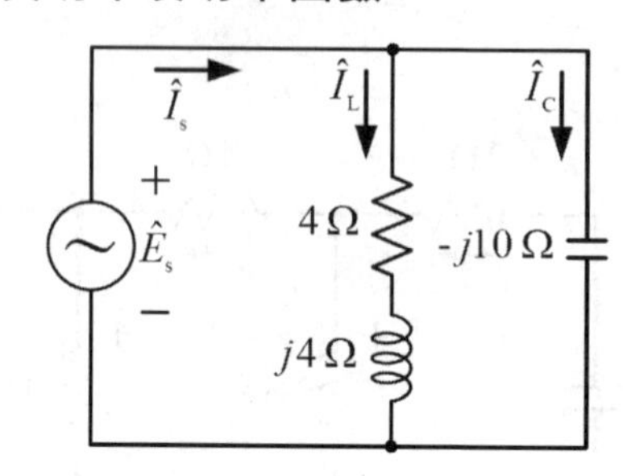

答：(一) $I_L = \dfrac{200\angle 0°}{4+j4} = \dfrac{200\angle 0°}{4\sqrt{2}\angle 45°} = 25\sqrt{2}\angle -45°A$

$$I_C = \frac{200\angle 0°}{-j10} = \frac{200\angle 0°}{10\angle -90°} = 20\angle 90°A$$

$$IS = IL + IC = 25\sqrt{2}\left(\frac{1}{\sqrt{2}} - j\frac{1}{\sqrt{2}}\right) + j20$$

$$= 25 - j25 + j20$$

$$= 25 - j5$$

$$\left|I\ \right|\ \ 25\sqrt{2}A$$

$$\left|I_C\right| = 20A$$

$$\left|I_S\right| = \sqrt{25^2 + 5^2} = \sqrt{650} \cong 25.5A$$

(二)功率因數

$$pF = \cos\theta = \frac{25}{\sqrt{25^2 + 5^2}} = 0.98$$

實功率 $P = \mathrm{Re}\{IV^*\}$

$$= \mathrm{Re}\{(25\text{-}j5)\cdot 200\}$$

$$=5000W$$

三、三相平衡負載等效電路如圖所示，若線電壓 $\hat{V}_{ab}=200\angle 0°V$（有效值）、$\hat{V}_{ab}=200\angle -120°V$（有效值）、$\hat{V}_{ab}=200\angle 120°V$（有效值），試求：

(一)相電流$\left|\hat{I}_{ab}\right|$及線電流$\left|\hat{I}_{a}\right|$（只寫絕對值）。

(二)三相負載的總實功率（real power）、總虛功率（reactive power）及總視在功率（apparent power）。

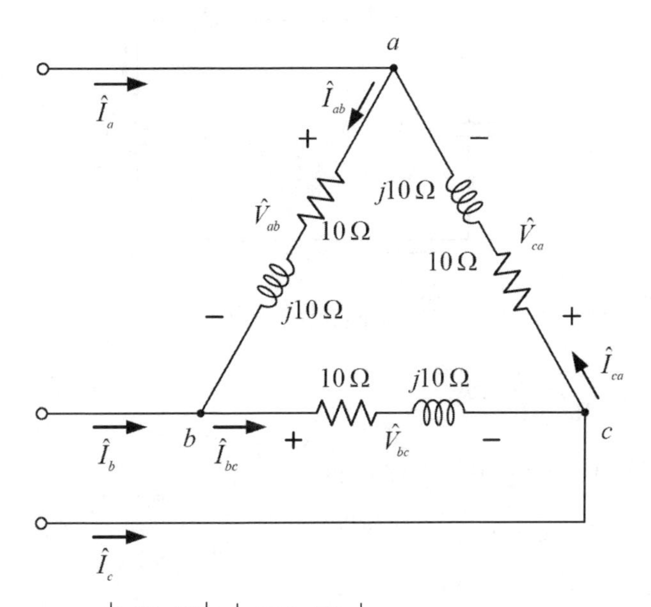

答：(一)相電流$\left|I_{ab}\right|=\left|\dfrac{200\angle 0°}{10+j10}\right|=\left|\dfrac{200\angle 0°}{10\sqrt{2}\angle 45°}\right|$

$=\left|10\sqrt{2}\angle -45°\right|=10\sqrt{2}A$

線電流$\left|I_a\right|=\sqrt{3}\left|I_{ab}\right|=10\sqrt{6}A$

(二)$S=3I_PV_P{}^*=3\times 10\sqrt{2}\angle -45°\times 200\angle °0$

$=6000\sqrt{2}\angle -45°$ VA

=6000-j6000 VA

總視在功率$\left|S\right|=6000\sqrt{2}$ VA

總實功率 P=Re(S)=6000 W

總虛功率 Q=Iin(S)= − 6000 Var

四、圖中，R_1 為 2Ω，$L_1 = 2\times10^{-3}H$，當開關 S_1 斷路（open circuit）時，流經電感的電流為 i_L 零安培（初始值為零），試求：

(一)電路時間常數。

(二)開關S_1導通後的電流i_L及電壓V_L的時間函數。

(三)穩態時，電感儲存的能量。

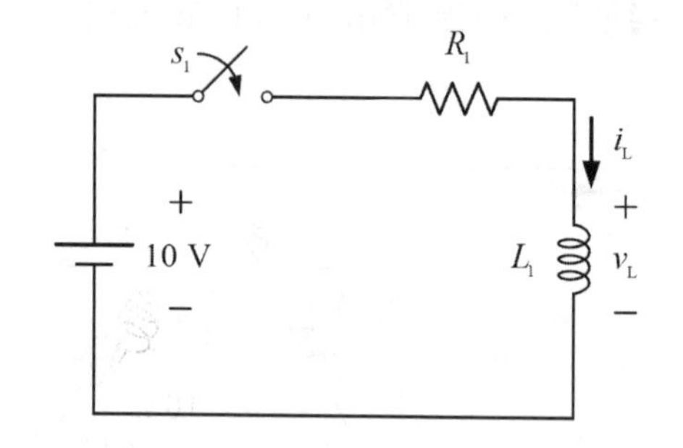

答：(一)時間常數 $\tau = \dfrac{L}{R} = \dfrac{3\times10^{-3}}{2} = 1\times10^{-3}S = 1ms$

(二) $i_L(\infty) = \dfrac{V}{R} = \dfrac{10}{2} = 5A$

$$i_L(\lambda) = i_L(\infty) + \left[i_L(0) - i_L(\infty) =\right]e^{-\frac{\lambda}{\tau}}$$

$$= 5 - 5e^{-\frac{\lambda}{0.001}}$$

$$= 5 - 5e^{-1000\lambda}(A)$$

$$V_L(\lambda) = L\frac{di_L}{d\lambda} = 2\times10^{-3}\times(5000e^{-1000\lambda})$$

$$= 10e^{-0.001\lambda}(V)$$

(三) $W_L = \dfrac{1}{2}LI^2 = \dfrac{1}{2}\times2\times10^{-3}\times5^2$

$= 25\times10^{-3}$ W

$= 25Mw$

105年台灣中油雇用人員

( ) 1. 設電費每度為 5 元，一台每小時平均耗電 1800 瓦特的舊式冷氣機，若改裝為變頻式冷氣機平均省電 1/3，每天使用 10 小時，一個月以 30 天計，則每月此台冷氣機改裝後所節省的電費為多少？　(A)750 元　(B)900 元　(C)1200 元　(D)1800 元。

( ) 2. 家用 AC110V 電源插座中，其兩平行銅片插孔依規定較小銅片插孔應該為電源系統中的何種線源？　(A) 火線　(B) 地線　(C) 接地線　(D) 信號線。

( ) 3. 若以毫米（mini meter）為長度計算單位，則 20 奈米（nano meter）為多少？　(A)20G 毫米　(B)20M 毫米　(C)20μ 毫米　(D)20P 毫米。

( ) 4. 1 個原子內若強加入 1 個電子後，則此原子將：　(A) 帶正電　(B) 帶負電　(C) 帶交流電　(D) 不帶電。

( ) 5. 如圖所示，圖 (b) 為圖 (a) 的等效電路，則其 R_{TH} 與 E_{TH} 分別為多少？

(A) $R_{TH} = 12/11\Omega$、$E_{TH} = 2.4V$
(B) $R_{TH} = 4/3\Omega$、$E_{TH} = 8V$
(C) $R_{TH} = 4\Omega$、$E_{TH} = 6V$
(D) $R_{TH} = 8/3\Omega$、$E_{TH} = 4V$。

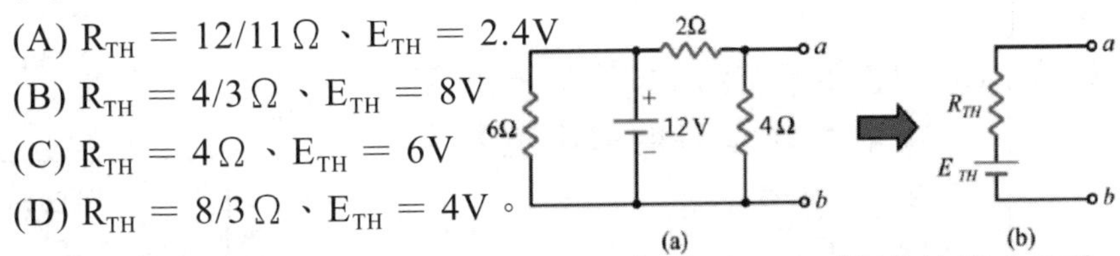

(a)　(b)

( ) 6. 有一蓄電池額定為 12V50AH，設以定電壓 12 V 輸出效能 0.8 計算，此電池所輸出之最大電能量為多少？　(A)0.24 度　(B)0.48 度　(C)2.4 度　(D)6 度。

( ) 7. 下列電路符號何者為熱敏電阻？

(A)　(B)　(C)　(D)　。

( ) 8. 紫藍黑金棕的五色環色碼電阻讀值為多少？　(A)76Ω±1%　(B)96 Ω±5%　(C)7.6Ω±10%　(D)780Ω±10%。

( ) 9. 將三個額定功率分別為 10W、50W、100W 的 10Ω 的負載電阻串聯在一起，則串聯後所能承受的最大額定功率為多少？　(A)10W　(B)30W　(C)60W　(D)160W。

( ) 10. 額定 110V、100W 和 220V、100W 的兩個電燈泡，串接在 110V 的電源上，則此兩個電燈泡消耗之總功率為多少？ (A)12.5 W (B)20W (C)50W (D)100 W。

( ) 11. 有一電池電動勢為 12.5V，內部電阻為 0.5Ω，若接一負載 2Ω，求負載之端電壓約為多少？ (A)8.74V (B)10V (C)9.11V (D)11V。

( ) 12. 滿刻度 10mA 之電流計，其內阻為分流器電阻之 249 倍，則該電流計能測定之最大電流為多少？ (A)0.4 A (B)250mA (C)2.5 A (D)10.25mA。

( ) 13. 有一電流源，其電流值為 3A，內阻為 4Ω，請問轉換為等效電壓源後，其電壓值為多少？ (A)0.75V (B)5V (C)9V (D)12V。

( ) 14. 節點電壓法的運算是依據下列何者？ (A) 電流分配定則 (B) 電壓分配定則 (C) 克希荷夫電流定律 (D) 克希荷夫電壓定律。

( ) 15. 如圖所示電路，求電阻 R_L 可獲得最大功率時的電阻值為多少？

(A)1 Ω

(B)1.5 Ω

(C)2 Ω

(D)10 Ω。

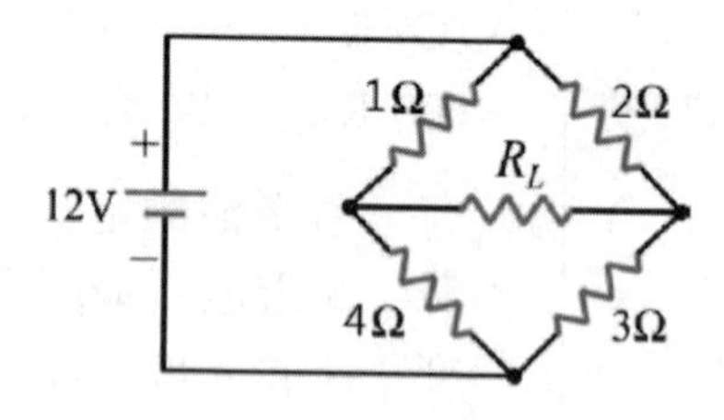

( ) 16. 如圖所示，求 a、b 兩點之諾頓等效電阻 R_N 及諾頓等效電流 I_N 各為多少？

(A)$R_N = 12\Omega$，$I_N = 3A$

(B)$R_N = 9\Omega$，$I_N = 3A$

(C)$R_N = 9\Omega$，$I_N = 7A$

(D)$R_N = 12\Omega$，$I_N = 7A$。

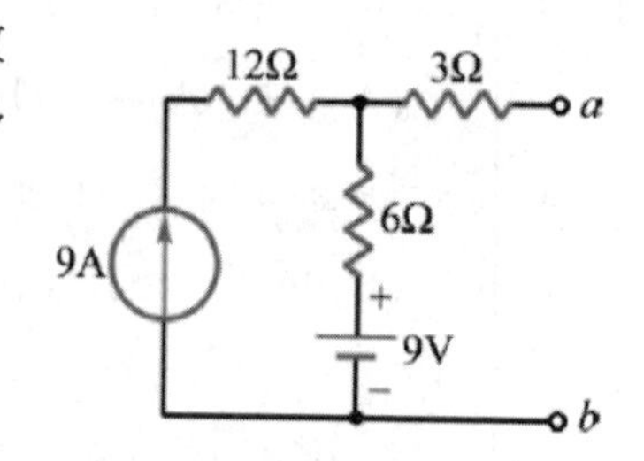

( ) 17. 有一標示為 474J 的電容器，其電容量為多少？
(A)47 pF　(B)0.047μF
(C)0.47μF　(D)4.70μF。

( ) 18. C_1=4μF，C_2=6μF，C_3=12μF 流入 12V 電壓源時，若將三電容器接為串聯電路，則 C_1 兩端電壓為多少？ (A)2V (B)4V (C)6V (D)8V。

( ) 19. 如圖所示，$L_1 = 5H$，$L_2 = 4H$，$M = 2H$，則 L_{ab} 為多少？
(A)5 亨利
(B)7 亨利
(C)11 亨利
(D)13 亨利。

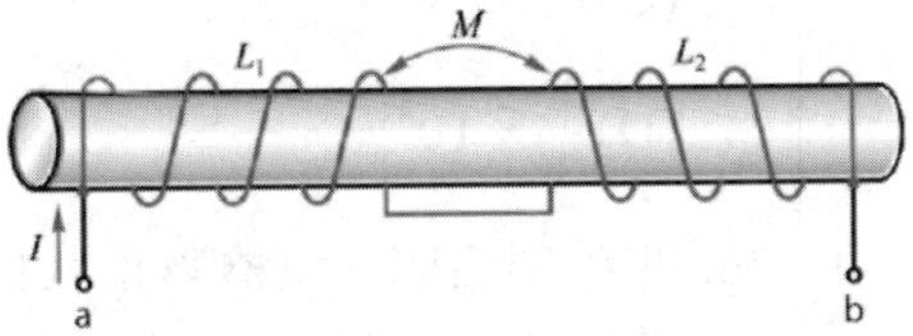

( ) 20. 交流正弦波的波形因數（form factor）為多少？
(A)0.637　(B)0.707
(C)1.11　(D)1.414。

( ) 21. 交流電路中電容器之電抗用 X_C 表示，其電抗值之敘述，下列何者錯誤？ (A) 與電容值成反比 (B) 與頻率值成反比 (C) 與電壓值成正比 (D) 與電流值無關。

( ) 22. R-L-C 串聯電路，如圖所示電路之總阻抗為多少？
(A)6Ω
(B)10Ω
(C)14Ω
(D)22Ω。

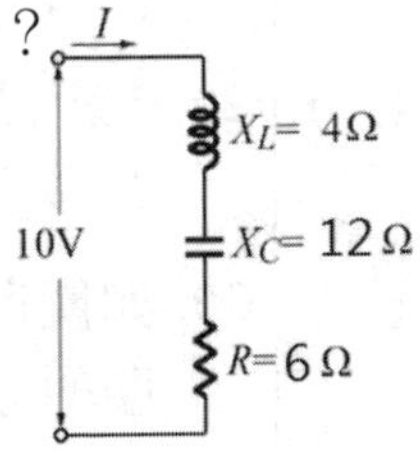

( ) 23. 如圖所示電路，若以一理想交流伏特表測得 V_R=80V，V_L=20V，V_C=80V，則電源 E 為多少？
(A)20V
(B)80V
(C)100V
(D)200V。

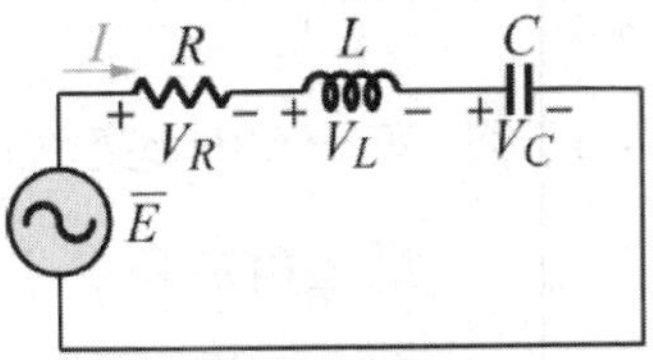

( ) 24. 有一 RL 串聯電路，已知功率因數 0.6、有效功率 P=12 kW，求電路虛功率為多少？
(A)0kVAR (B)8kVAR
(C)16kVAR (D)20 kVAR。

( ) 25. 如圖所示，電路之消耗功率為多少？
(A)900W
(B)1000W
(C)1200W
(D)$\frac{1}{3}\times 10^4$W。

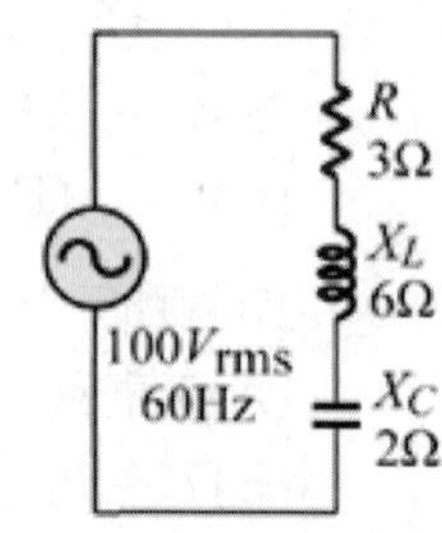

( ) 26. 四色碼電阻，規格為 8.3kΩ ±5%，則其色碼應為何色組？ (A)藍紅橙金 (B) 灰橙紅金 (C) 白紅橙金 (D) 黑橙紅金。

( ) 27. 將 12 伏特的電壓加在一個色碼電阻上，若此色碼電阻之色碼依序為藍黑黃金，則此電阻流過電流為： (A)20μA (B)60μA (C)200μA (D)12mA。

( ) 28. 有一純銅線在溫度 25°C 時期電阻為 10Ω，當溫度上升至 75°C 時，其電阻約為多少？ (A)5.8Ω (B)8.2Ω (C)11.9Ω (D)16.1Ω。

( ) 29. 有一交流負載阻抗為 6+j6Ω，則其通交流電後產生之功率因素為多少？ (A)0.5 (B)0.64 (C)0.71 (D)0.8。

( ) 30. 如圖所示電路，若 L_1=6H，L_2=10H，兩線圈的互感 M=2H，求並聯總電感為多少？
(A)2.3H (B)2.8 H
(C)12 H (D)20 H。

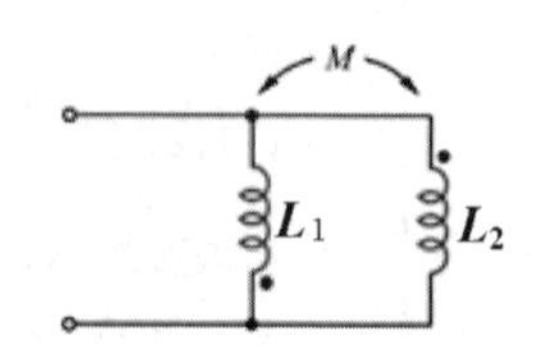

( ) 31. 有一 60Hz 交流正弦波，啟始值為 0° 在經過 $\frac{3}{720}$ 秒瞬間，此時的電工角為多少？ (A)30° (B)45° (C)60° (D)90°。

( ) 32. 有一交流電壓源其內阻為 6+j8Ω，若欲獲得最大功率輸出，其負載阻抗應為多少？ (A)6-j8Ω (B)6+j8Ω (C)6Ω (D)10Ω。

解答及解析 答案標示為#者，表官方曾公告更正該題答案。

1.(B)。可省 $1800\times\frac{1}{3}\times10\times30\times\frac{1}{1000}\times5=900$ 元。

2.(A)。較小的為火線，較大為中性線。

3.(C)。$3.20\times10^{-9}=20\times10^{-6}\times10^{-3}=20\mu$ 毫米。

4.(B)。電子帶負電，故選(B)。

5.(B)。$R_{TH}=(6//0+2)//=\frac{4}{3}\Omega$，可選出(B)。

$E_{TH}=12V\times\frac{4\Omega}{2\Omega+4\Omega}=8V$。

6.(B)。$\frac{12V\times50A\times0.8}{1000}=0.48$ 度。

7.(A)。(B)可變電阻
(C)固定電阻
(D)光敏電阻
所以，(A)正確。

8.(A)。五碼電阻的前三碼為數值，第四碼次方
$R760\times10^{-1}\pm1\%=76\pm1\%$。

9.(B)。因為電阻同為 10Ω，串聯後電流相同分壓相同，消耗功率相同，所能承受的最大額定功率為 10+10+10=30W。

10.(B)。$R_1=\frac{110^2}{100}=121\Omega$

$R_2=\frac{220^2}{100}=484\Omega$

串接後 $P_{總}=\frac{110^2}{R_1+R_2}=\frac{110^2}{121+484}=20W$。

11.(B)。$12.5V\times\frac{2\Omega}{0.5\Omega+2\Omega}=10V$。

12.(C)。$10mA\times(249+1)=2500mA=2.5A$。

13.(D)。$V=IR=3\times4=12V$。

14.(C)。節點電壓法可表示出各分支電流，與克希荷夫電流定律相關。

15.(C)。把電壓源短路

$$R_{L,max} = 1//4 + 2//3 = \frac{4}{5} + \frac{6}{5} = 2\Omega$$ 。

16.(C)。電壓源短路，電流源開路

R_N=6+3=9Ω

短路電流

$$I_N = 9A \times \frac{6\Omega}{6\Omega + 3\Omega} + \frac{9V}{6\Omega + 3\Omega} = 6 + 1 = 7A$$ 。

17.(C)。$C = 47\times10^4 PF = 47\times10^{-8} = 0.47\times10^{-6} = 0.47\mu F$

注意，電容的標示單位為 PF，後面英文 J 表示誤差範圍。

18.(C)。分壓與電容值成倒數關係 $V_{C1} = 12V \times \dfrac{\frac{1}{4}}{\frac{1}{4} + \frac{1}{6} + \frac{1}{12}} = 6V$ 。

19.(A)。繞線相反，互感為負

$L_{ab} = (L_1 - M) + (L_2 - M))$

$= (5 - 2) + (4 - 2)$

$= 5H$。

20.(C)。此題未指明，但應該是全波整流，波形因數為有效值除平均值

$$FF = \frac{\frac{1}{\sqrt{2}}}{\frac{2}{\pi}} = \frac{\pi}{2\sqrt{2}} \cong 1.11$$ 。

21.(C)。(C) 電抗值與電壓無關。

22.(B)。$Z = R + jX_L - jX_C = 6 + j4 - j12 = 6 - j8\Omega$

$$|Z| = \sqrt{6^2 + (-8)^2} = 10\Omega$$ 。

23.(C)。$\overline{E} = V_R + jV_L - jV_C = 80 + j20 - j80$

$= 80 - j60V$

$$|\overline{E}| = \sqrt{80^2 + (-60)^2} = 100V$$ 。

24.(C)。$_PF = \cos\theta = 0.6 \Rightarrow \theta = 53^\circ$

虛功率 $Q = \dfrac{Pk}{\cos\theta} \cdot \sin\theta = \dfrac{12k}{\cos 53^\circ} \cdot \sin 53^\circ$

$= \dfrac{12k}{0.6} \cdot 0.8 = 16kVAR$ 。

25.(C)。$Z = R+jX_L - jX_C=3+j6 - j2 = 3 + j4\Omega$

複數功率 $S = IV^* = \frac{V}{Z} \cdot V^*$

$= \frac{100\angle 0^\circ}{3+j4} \cdot 100\angle 0^\circ$

$= \frac{10000}{5\angle 53^\circ}$

$=2000 \angle -53^\circ$

$=1200 - j1600$　VA。

26.(B)。$R=8.3k=8300=83\times10^2\Omega$

故對應到灰橙紅，金色代表 5% 誤差。

27.(A)。藍黑黃對應 $R=60\times10^4=600k\Omega$。

$=0.6M\Omega$

$I = \frac{12V}{0.6M\Omega} = 20\mu A$。

28.(C)。假設正比於絕對溫度

$R' = 10 \times \frac{75-(-273)}{25-(-273)} \cong 11.7\Omega$

選 (C)。

29.(C)。$\cos\theta = \frac{6}{\sqrt{6^2+6^2}} = \frac{1}{\sqrt{2}} \cong 0.71$。

30.(B)。由黑點方向可知此並聯電感互消

$Leg = \frac{L_1+L_2-M^2}{L_1+L_2+2M} = \frac{6\cdot10-2^2}{6+10+2\times2}$

$= \frac{56}{20} = 2.8H$。

31.(D)。週期 $T = \frac{1}{60}$ 秒

電工角 $\frac{\frac{3}{720}}{\frac{1}{60}} \times 360^\circ = \frac{1}{4} \times 360^\circ = 90^\circ$。

32.(A)。取共軛複數 $6 - j8\Omega$。

105年台灣菸酒從業評價職位人員

( ) 1. 下列敘述何者錯誤？ (A) LED 球型燈泡是將電能轉換為光能 (B) 電功率的單位為焦耳 (joule) (C) 1.2MΩ=1200kΩ (D) 電流的單位為安培。

( ) 2. 假設台電現行夏季電價 1 度電收費 5 元，小明家有 1 台 10 kW 冷氣機，每天使用 5 小時，21W 之 T5 燈管有 10 具，每天使用 10 小時，假設在沒有任何損失情況下，試問小明家 1 個月（以 30 天計算）的電費約為多少？ (A) 7815 元 (B) 8130 元 (C) 8540 元 (D) 9210 元。

( ) 3. 某一手機品牌其電池容量為 3000 mAh，假設其待機消耗功率為 100 mW，電池電壓為 4 V，在理想情況下，此手機電池充飽電後，可待機多久的時間？ (A) 80 小時 (B) 100 小時 (C) 120 小時 (D) 150 小時。

( ) 4. 某一色碼電阻，其顏色為「黃紫橙金」，試問此電阻值為下列何者？ (A) 4.7 kΩ (B) 10 kΩ (C) 22 kΩ (D) 47 kΩ。

( ) 5. 如【圖 5】所示電路，試問 B 點電位為多少？【圖 5】
(A) 20 V (B) 30 V
(C) 40 V (D) 50 V。

2A
10V 10Ω B

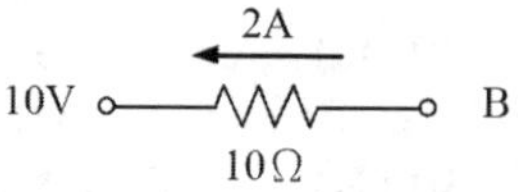

( ) 6. 小明家裝了 1 台 120 公升儲熱式電熱水器，電功率為 10 kW，若小明將其加熱 30 分鐘，則水溫約可以上升幾度？
(A) 20 °C (B) 24 °C (C) 30 °C (D) 36 °C。

( ) 7. 如【圖 7】所示電路，試求總電壓 E ＝？【圖 7】
(A) 100 V (B) 80 V
(C) 60 V (D) 40 V。

5Ω
+ 20V −
E 10Ω
10Ω

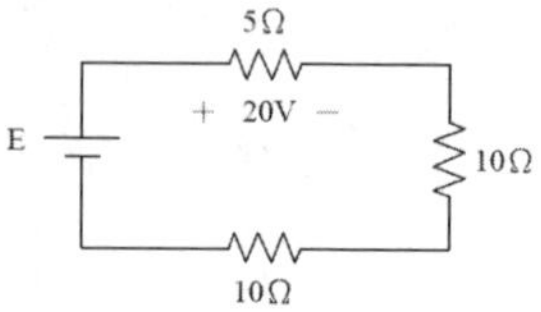

( ) 8. 四個電阻分別為 6 Ω、3 Ω、2 Ω、1 Ω，則其串聯總電阻為並聯總電阻的幾倍？
(A) 6 倍 (B) 12 倍 (C) 24 倍 (D) 36 倍。

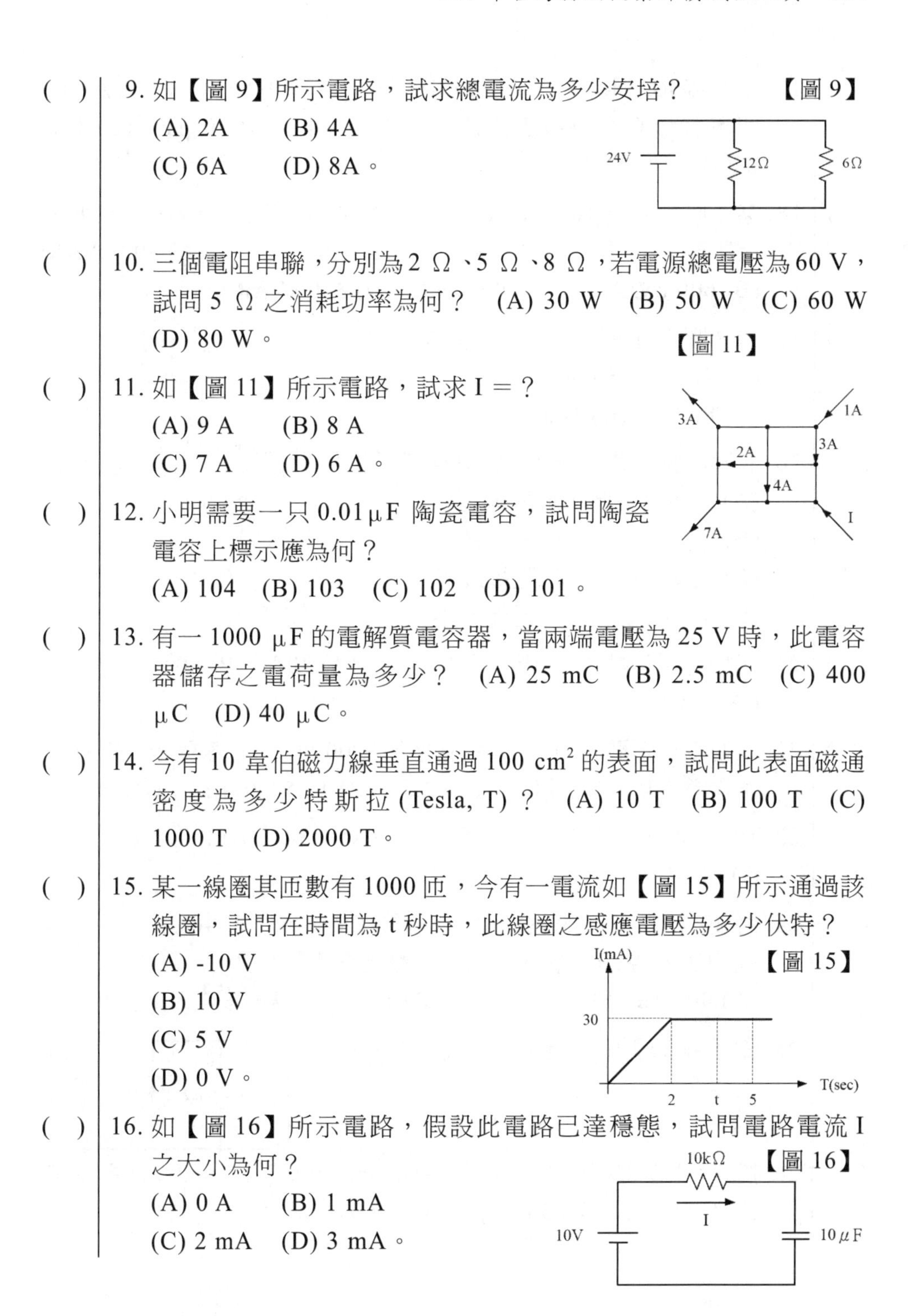

(　) 9. 如【圖 9】所示電路，試求總電流為多少安培？
(A) 2A　(B) 4A
(C) 6A　(D) 8A。

(　) 10. 三個電阻串聯，分別為 2 Ω、5 Ω、8 Ω，若電源總電壓為 60 V，試問 5 Ω 之消耗功率為何？　(A) 30 W　(B) 50 W　(C) 60 W　(D) 80 W。

(　) 11. 如【圖 11】所示電路，試求 I = ？
(A) 9 A　(B) 8 A
(C) 7 A　(D) 6 A。

(　) 12. 小明需要一只 0.01μF 陶瓷電容，試問陶瓷電容上標示應為何？
(A) 104　(B) 103　(C) 102　(D) 101。

(　) 13. 有一 1000 μF 的電解質電容器，當兩端電壓為 25 V 時，此電容器儲存之電荷量為多少？　(A) 25 mC　(B) 2.5 mC　(C) 400 μC　(D) 40 μC。

(　) 14. 今有 10 韋伯磁力線垂直通過 100 cm^2 的表面，試問此表面磁通密度為多少特斯拉 (Tesla, T)？　(A) 10 T　(B) 100 T　(C) 1000 T　(D) 2000 T。

(　) 15. 某一線圈其匝數有 1000 匝，今有一電流如【圖 15】所示通過該線圈，試問在時間為 t 秒時，此線圈之感應電壓為多少伏特？
(A) -10 V
(B) 10 V
(C) 5 V
(D) 0 V。

(　) 16. 如【圖 16】所示電路，假設此電路已達穩態，試問電路電流 I 之大小為何？
(A) 0 A　(B) 1 mA
(C) 2 mA　(D) 3 mA。

( ) 17. 某交流 RC 電路，當 f ＝159Hz 時，R ＝10Ω、X_C ＝10Ω，試問電容量 C 約為多少法拉？ (A) 1 μF (B) 10 μF (C) 100 μF (D) 1000 μF。

( ) 18. 某工廠負載為 1000 kVA，功率因數為 0.8 滯後，若欲改善功率因數至 1.0，試問需裝設多少 kVAR 之電容器？ (A) 800 kVAR (B) 600 kVAR (C) 400 kVAR (D) 300 kVAR。

( ) 19. 如【圖 19】所示電路，試問 V_L= ？
(A) 40 V (B) 60 V
(C) 80 V (D) 100 V。

【圖 19】

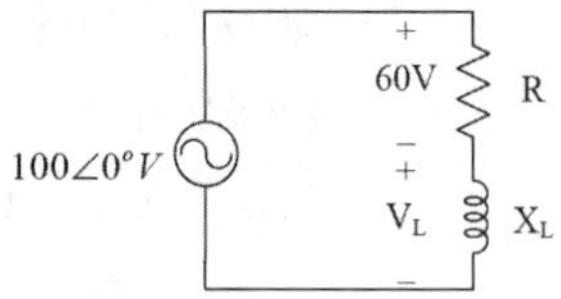

( ) 20. 有關諧振電路之敘述，下列何者錯誤？
(A) 串聯諧振時，總阻抗最小
(B) 串聯諧振時，總電流最大
(C) 並聯諧振時，總阻抗最小
(D) 並聯諧振時，總電流最小。

( ) 21. 三相電源各相之間的相位差為何？ (A) 30° (B) 60° (C) 90° (D) 120°。

( ) 22. 某蓄電池充電 1 小時後其電量增加 9000 庫侖，則蓄電池充電時的平均電流為多少安培？ (A) 2.5 (B) 12.5 (C) 30 (D) 90。

( ) 23. 功率 1000 瓦特約為多少馬力？ (A) 1.34 (B) 2.01 (C) 2.68 (D) 3.74。

( ) 24. 將 40 Ω 電阻與 50 Ω 電阻串聯後接於電源，若 40 Ω 電阻所消耗的功率為 90 瓦特，則電源電壓為多少伏特？
(A) 90 (B) 135 (C) 150 (D) 175。

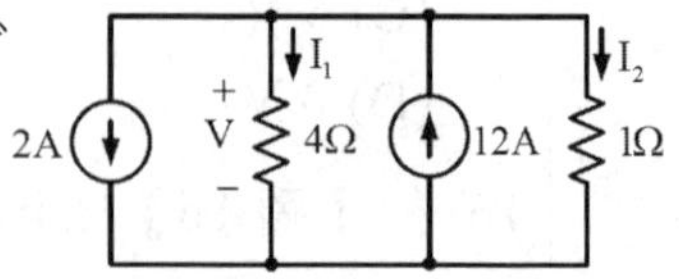

( ) 25. 如【圖 25】所示電路，電流 I_1 為多少安培？
(A) 1 (B) 2 (C) 8 (D) 9。

【圖 25】

( ) 26. 將 10 庫侖電荷由電位 30 伏特處移至 90 伏特處，須作功多少焦耳？ (A) 6 (B) 360 (C) 600 (D) 720。

( ) 27. 某電感器通過 3 安培電流時儲存的能量為 18 焦耳，則電感器之電感值為多少亨利？ (A) 2 (B) 3 (C) 4 (D) 6。

( ) 28. 在【圖 28】中的每個電容器皆為 1 法拉，則 ab 兩端的等效電容為多少法拉？

【圖 28】

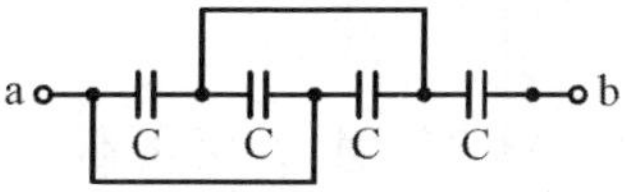

(A) 0.25

(B) 0.75

(C) 2

(D) 4。

( ) 29. 某導體置於如【圖 29】所示的磁場中，⊗ 代表導體之電流方向為流入紙面，則導體受力方向為何？

【圖 29】

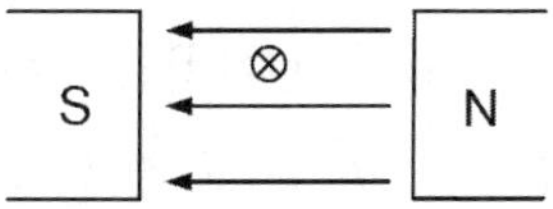

(A) 向上

(B) 向下

(C) 向左

(D) 向右。

( ) 30. 有一 RLC 串聯的交流電路，已知 R ＝ 20 kΩ，C ＝ 0.2 μF，L ＝ 200 mH，則此電路之諧振角頻率 ω_0 為多少 (rad/s)？

(A) 4×10^3 (B) 5×10^3 (C) 4×10^4 (D) 5×10^4。

( ) 31. 某 1 mA 之直流電流表的內阻為 900 Ω，欲使測量範圍擴大到 10 mA，則須並聯幾歐姆的電阻？ (A) 60 (B) 80 (C) 90 (D) 100。

( ) 32. 如【圖 32】所示，Δ 型電阻網路為 Y 型電阻網路的等效電路，試求電阻 R_{CA} 為多少 Ω？

【圖 32】

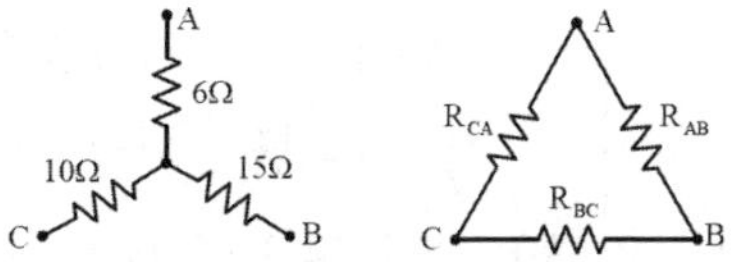

(A) 15 (B) 20

(C) 30 (D) 50。

( ) 33. 某阻抗由電阻與電感串聯組成，當阻抗接於直流 16 伏特或交流弦波 20 伏特時的消耗功率均為 64 瓦特，則此阻抗的電感抗約為多少歐姆？ (A) 3 (B) 4 (C) 5 (D) 6。

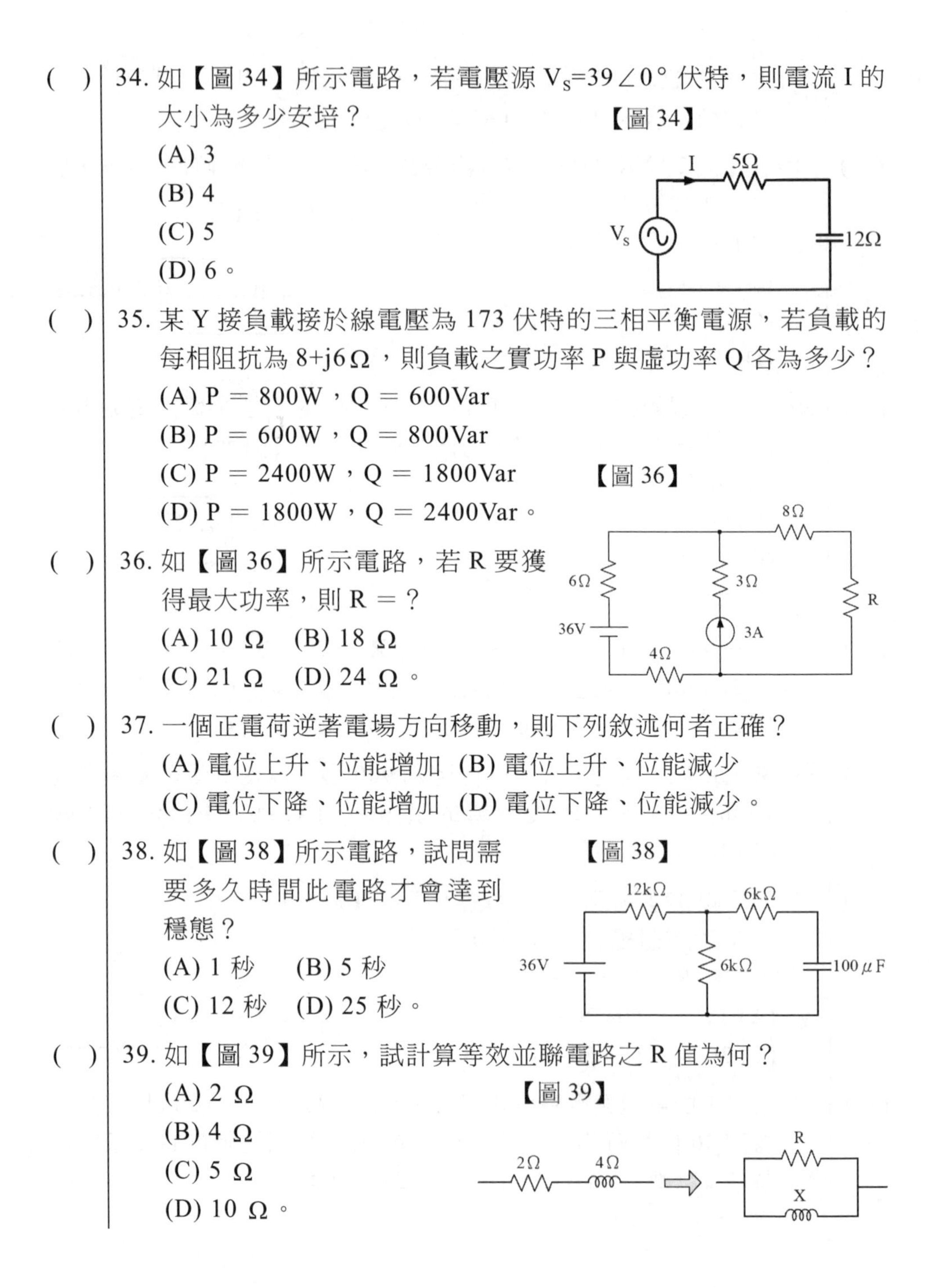

( ) 34. 如【圖 34】所示電路，若電壓源 $V_S=39\angle 0°$ 伏特，則電流 I 的大小為多少安培？

【圖 34】

(A) 3
(B) 4
(C) 5
(D) 6。

( ) 35. 某 Y 接負載接於線電壓為 173 伏特的三相平衡電源，若負載的每相阻抗為 8+j6Ω，則負載之實功率 P 與虛功率 Q 各為多少？
(A) P ＝ 800W，Q ＝ 600Var
(B) P ＝ 600W，Q ＝ 800Var
(C) P ＝ 2400W，Q ＝ 1800Var
(D) P ＝ 1800W，Q ＝ 2400Var。

( ) 36. 如【圖 36】所示電路，若 R 要獲得最大功率，則 R ＝？

【圖 36】

(A) 10 Ω (B) 18 Ω
(C) 21 Ω (D) 24 Ω。

( ) 37. 一個正電荷逆著電場方向移動，則下列敘述何者正確？
(A) 電位上升、位能增加 (B) 電位上升、位能減少
(C) 電位下降、位能增加 (D) 電位下降、位能減少。

( ) 38. 如【圖 38】所示電路，試問需要多久時間此電路才會達到穩態？

【圖 38】

(A) 1 秒 (B) 5 秒
(C) 12 秒 (D) 25 秒。

( ) 39. 如【圖 39】所示，試計算等效並聯電路之 R 值為何？

【圖 39】

(A) 2 Ω
(B) 4 Ω
(C) 5 Ω
(D) 10 Ω。

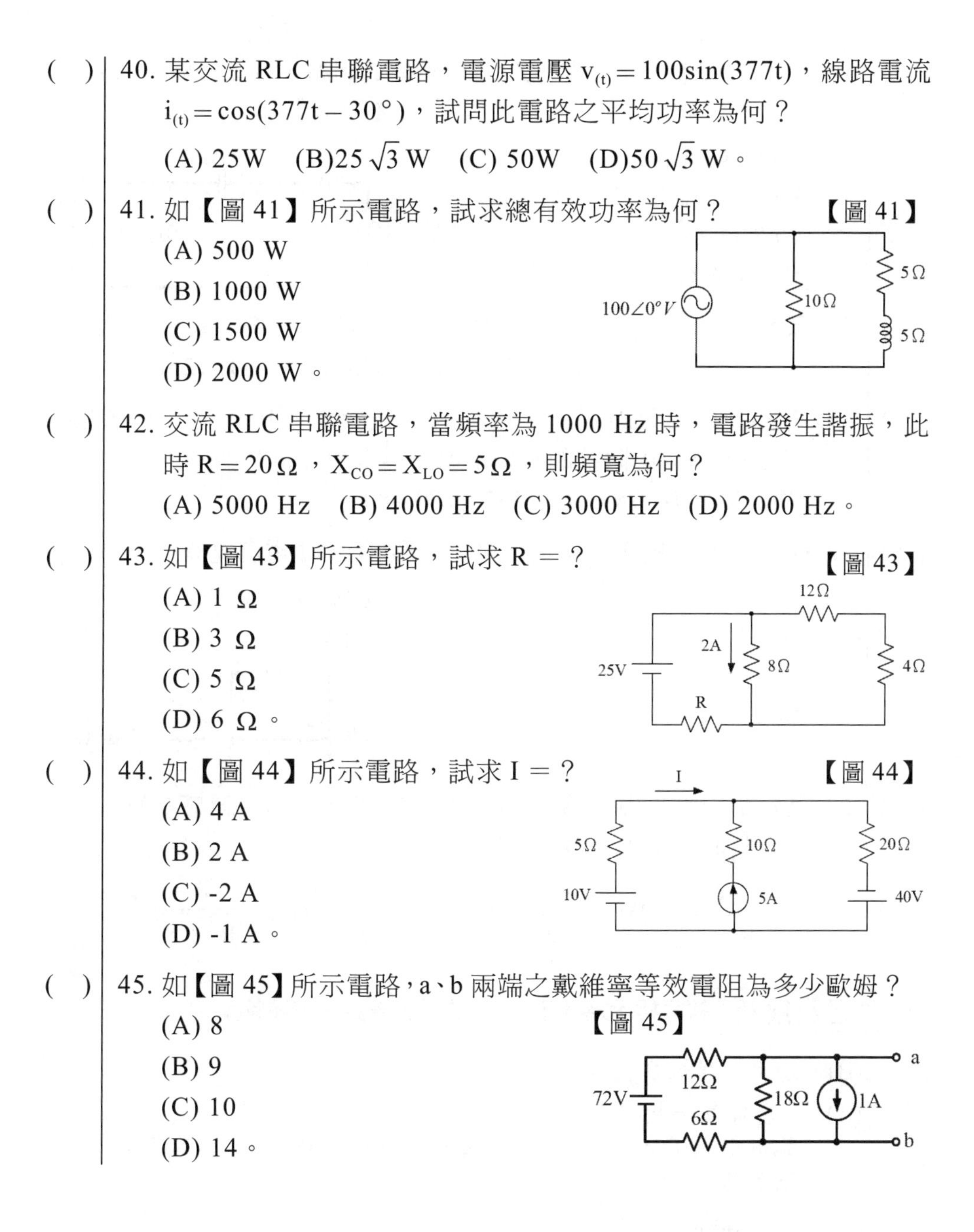

( ) 40. 某交流 RLC 串聯電路，電源電壓 $v_{(t)}=100\sin(377t)$，線路電流 $i_{(t)}=\cos(377t-30°)$，試問此電路之平均功率為何？
(A) 25W　(B) $25\sqrt{3}$ W　(C) 50W　(D) $50\sqrt{3}$ W。

( ) 41. 如【圖 41】所示電路，試求總有效功率為何？
(A) 500 W
(B) 1000 W
(C) 1500 W
(D) 2000 W。

【圖 41】

( ) 42. 交流 RLC 串聯電路，當頻率為 1000 Hz 時，電路發生諧振，此時 $R=20\Omega$，$X_{CO}=X_{LO}=5\Omega$，則頻寬為何？
(A) 5000 Hz　(B) 4000 Hz　(C) 3000 Hz　(D) 2000 Hz。

( ) 43. 如【圖 43】所示電路，試求 R ＝？
(A) 1 Ω
(B) 3 Ω
(C) 5 Ω
(D) 6 Ω。

【圖 43】

( ) 44. 如【圖 44】所示電路，試求 I ＝？
(A) 4 A
(B) 2 A
(C) -2 A
(D) -1 A。

【圖 44】

( ) 45. 如【圖 45】所示電路，a、b 兩端之戴維寧等效電阻為多少歐姆？
(A) 8
(B) 9
(C) 10
(D) 14。

【圖 45】

( ) 46. 如【圖 46】所示電路，Z_L 為可調變的阻抗，則 Z_L 為多少時，可使 Z_L 獲得最大功率？

【圖 46】

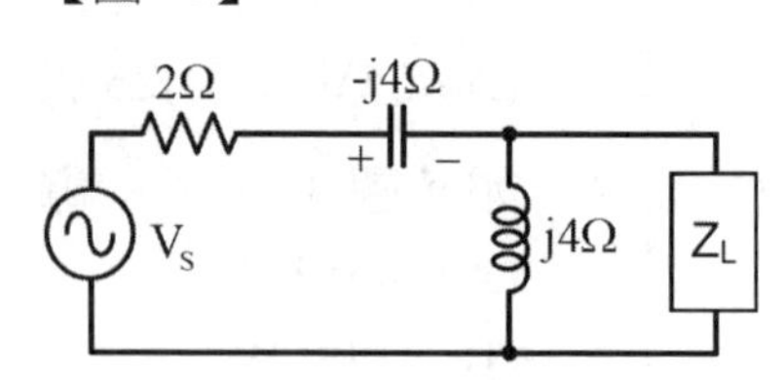

(A) 4-j8 Ω
(B) 4+j8 Ω
(C) 8-j4 Ω
(D) 8+j4 Ω。

( ) 47. 承第 46 題，若電壓源 $V_S=100\angle 0°$ 伏特，Z_L 獲得的最大功率為多少瓦特？ (A) 850 (B) 1000 (C) 1200 (D) 1250。

( ) 48. 某阻抗接於弦波電源，已知阻抗電壓 $v = 100\angle 0°$ V、電流 $i=5\angle 60°$ A，則阻抗的平均功率約為多少瓦特？
(A) 250 (B) 354 (C) 433 (D) 480。

( ) 49. 如【圖 49】所示之週期性電流波形 i(t)，此電流之有效值約為多少安培？

【圖 49】

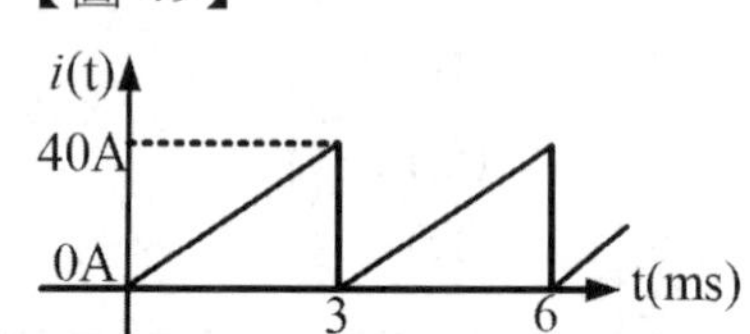

(A) 15
(B) 20
(C) 23.1
(D) 28.3。

( ) 50. 某負載由電阻與電感並聯組成，若電阻為 RΩ、電感抗為 XΩ，則負載的功率因數為：

(A) $\dfrac{X}{R+X}$ (B) $\dfrac{R}{R+X}$ (C) $\dfrac{X}{\sqrt{R^2+X^2}}$ (D) $\dfrac{R}{\sqrt{R^2+X^2}}$。

解答及解析

答案標示為 # 者，表官方曾公告更正該題答案。

1.(B)。功率的單位為瓦特。

2.(A)。1 度電為千瓦．小時
故用電 (10kW．5 時 +0.021kW．10．10 時)×30 = 1563 度
電費為 1563×5 = 7815 元。

3.(C)。$T=\dfrac{3000\text{mAh}\cdot 4\text{V}}{100\text{mW}}=120\text{h}$。

4.(D)。黃紫橙 = $47\times 10^3 = 47\text{k}\Omega$。

5.(B)。$V_B = 10V + 2A \cdot 10\Omega = 30V$。

6.(D)。作功 $W = Pt = 10kW \cdot 30$ 分 $\cdot 60$ 秒 / 分 $=18000kJ$。

$$T = \frac{1800kJ}{4.18 \cdot 120\ell} = 36^{o}C$$

7.(A)。$E = 20V \times \frac{5\Omega + 10\Omega + 10\Omega}{5\Omega} = 100V$。

8.(C)。$\frac{R_{串}}{R_{並}} = \frac{6+3+2+1}{6//3//2//1} = \frac{12}{0.5} = 24$ 倍。

9.(C)。$I = \frac{24V}{12\Omega} + \frac{24V}{6\Omega} = 6A$。

10.(D)。$I = \frac{60V}{(2+5+8)\Omega} = 4A$

$P = I^2R = 4^2 \cdot 5 = 80W$。

11.(A)。取超節點，中間分支不計，僅看最外圍
$I = 7 + 3 - 1 = 9A$。

12.(B)。$0.01\mu F = 10^4 pF = 10 \times 10^3 pF$
應挑選標示為 10^3 者。

13.(A)。$Q = CV = 1000 \times 10^{-6} \times 25 = 25 \times 10^{-3} = 25mC$。

14.(C)。$100cm^2 = 0.01m^2$

$B = \frac{10}{0.01} = 1000T$。

15.(D)。七秒時，電流固定為 30mA 無變化，磁場不變，感應電壓為零。

16.(A)。電容穩態為開路，$I = 0$。

17.(C)。$X_C = \frac{1}{\omega C}$

$$C = \frac{1}{\omega X_C} = \frac{1}{2\pi f \cdot X_C} = \frac{1}{2 \times 3.14 \times 159 \times 10}$$

$$\simeq \frac{1}{10^4} = 10^{-4} = 100 \times 10^{-6} = 100\mu F$$

18.(B)。$PF=\cos\theta=0.8 \quad \Rightarrow \theta=37^\circ$

虛功率 $Q=S\cdot\sin\theta=1000\cdot\sin 37^\circ$

$=600kVAR$。

19.(C)。電感與電阻有 90° 的相位差，電壓不可直接相減

$V_L=\sqrt{100^2-60^2}=80V$。

20.(C)。並聯諧振時，總阻抗最大。

21.(D)。相差 $\dfrac{360^\circ}{3}=120^\circ$。

22.(A)。$I=\dfrac{Q}{t}=\dfrac{9000\text{庫侖}}{3600\text{秒}}=2.5$。

23.(A)。$\dfrac{1000}{746}\simeq 1.34$ 馬力。

24.(B)。$V_{40\Omega}=\sqrt{P\cdot R}=\sqrt{90\cdot 40}=60V$

$V_S=60V\times\dfrac{40\Omega+50\Omega}{40\Omega}=135V$。

25.(B)。電源電流可視為 $12-2=10A$

$I_1=10A\times\dfrac{1\Omega}{1\Omega+4\Omega}=2A$。

26.(C)。$W=QV=10\cdot(90-30)=600J$。

27.(C)。$W=\dfrac{1}{2}LI^2$

$L=\dfrac{2W}{I^2}=\dfrac{2\times 18}{3^2}=4H$。

28.(B)。重新安排可得

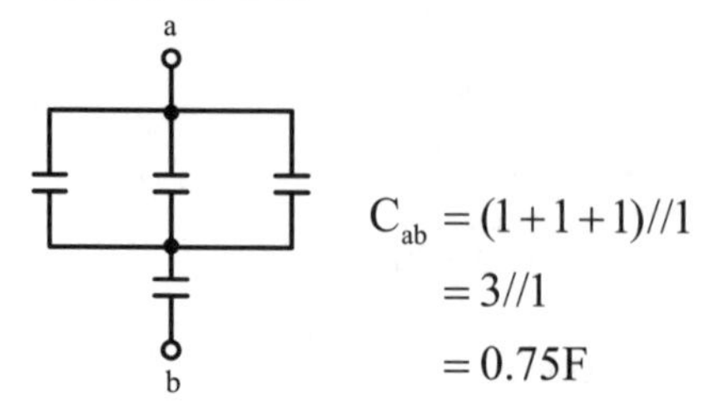

$C_{ab}=(1+1+1)//1$

$=3//1$

$=0.75F$

29.(A)。把右手張開，四指併攏，大姆指與四指垂直，大姆指代表電流流入紙面，四指代表磁場由N向S，可得受力的掌心方向向上。

30.(B)。$\omega_0=\dfrac{1}{\sqrt{LC}}=\dfrac{1}{\sqrt{200\times10^{-3}\times0.2\times10^{-6}}}$

$=\dfrac{1}{\sqrt{4\times10^{-8}}}=\dfrac{10^4}{2}=5\times10^3\ \mathrm{rad}/\mathrm{s}$。

31.(D)。$10\mathrm{mA}\times\dfrac{R}{900\Omega+R}=1\mathrm{mA}$

$\Rightarrow R=100\Omega$

32.(B)。$R_{CA}=\dfrac{6\times10+6\times15+15\times10}{15}=\dfrac{300}{15}=20\Omega$。

33.(A)。由直流的消耗功率可得

電阻值$R=\dfrac{V^2}{P}=\dfrac{16^2}{64}=4\Omega$

電流$I=\dfrac{V}{R}=\dfrac{16}{4}=4A$

交流時，電流亦為4A

其阻抗值$|Z|=\dfrac{20V}{4A}=5\Omega$

故感抗$X_L=\sqrt{Z^2-R^2}=\sqrt{5^2-4^2}=3\Omega$。

34.(A)。$|Z|=|5-j12|=\sqrt{5^2+12^2}=13\Omega$

$|I|=\left|\dfrac{V_S}{Z}\right|=\dfrac{39}{13}=3A$。

35.(C)。$V_{相}=\dfrac{V_{線}}{\sqrt{3}}=\dfrac{173}{\sqrt{3}}\simeq100V$

$S=3V_{相}I_{相}^*=3\cdot100\cdot\left(\dfrac{100}{8+j6}\right)^*=300\cdot\left(\dfrac{10}{0.8+j0.6}\right)^*$

$=300\cdot[10\cdot(0.8-j0.6)]^*=300(8-j6)^*$

$=300(8+j6)=2400+j1800\quad VA$

實功率　$P = 2400W$

虛功率　$Q = 1800Var$ 。

36.(B)。把電壓源短路，電流源開路

$R = 4 + 6 + 8 = 18\Omega$ 。

37.(A)。正電荷逆著電場移動，外部需作功，位能增加電位上升。

38.(B)。等效阻抗　$R = 12//6 + 6 = 4 + 6 = 10k\Omega$

時間常數　$Z = RC = 10 \times 10^3 \times 100 \times 10^{-6} = 1$ 秒

要達穩態可取 5 倍時間常數，5 秒。

39.(D)。$R//jX = \frac{jRX}{R + jX} = 2 + j4$

交叉相乘　$jRX = (2R\text{-}4X) + (4R + 2X)$

由實部　$2R - 4X = 0 \quad \Rightarrow R = 2X$

代入虛部　$2X^2 = 8X + 2X \quad \Rightarrow X = 5$

故 $R = 10\Omega$ 。

40.(A)。$v(t) = 100\sin(377t) = 100\cos(377t - 90°)$

平均功率 $P = \frac{1}{2} VI\cos\theta$

$= \frac{1}{2} \times 100 \times 1\cos[-90° - (-30°)]$

$= 25W$

41.(D)。電源電流為　$I = \frac{100\angle 0°}{10} + \frac{100\angle 0°}{5 + j5} = 10 + \frac{100\angle 0°}{5\sqrt{2}\angle 45°}$

$= 10 + 10\sqrt{2}\angle -45° = 10 + (10 - j10)$

$= 20 - j10 \quad A$

有效功率　$P = Re\{VI\} = Re\{100 \cdot (20 - j10)\} = 2000W$

42.(B)。串聯時　$Q = \frac{X_L}{R} = \frac{5}{20} = \frac{1}{4}$

頻寬　$BW = \frac{f_0}{Q} = \frac{1000}{\frac{1}{4}} = 4000Hz$

43.(B)。$12\Omega + 4\Omega = 16\Omega$ 為 8Ω 兩倍由 KVL 可得右側分支電流為 1AR 的電流為 3A
再由迴路方程式
$25V = 2A \times 8\Omega + 3A \times R$
$\Rightarrow R = 3\Omega$。

44.(C)。假設上方節點電壓 V_X，使用 KCL

$$\frac{V_X - 10}{5} - 5 + \frac{V_X - (-40)}{20} = 0$$

$$4(V_X - 10) - 100 + (V_X + 40) = 0$$

$$V_X = 20V$$

$$I = \frac{10 - V_X}{5\Omega} = \frac{10 - 20}{5} = -2A$$

45.(B)。電壓源短路，電流源開路
$Rab = (12 + 6) // 18 = 18 // 18 = 9\Omega$

46.(C)。$Z_{th} = (2 - j4) // j4 = \dfrac{(2 - j4) \cdot j4}{2 - j4 + j4} = \dfrac{16 + j8}{2}$

$$= 8 + j4\Omega$$

$$Z_L = Z_{th}^* = 8 - j4$$

47.(D)。$V_{th} = 100\angle 0° \cdot \dfrac{j4}{(2 - j4) + j4} = j200$

$$= 200\angle 90° \quad V$$

由上題 $Z_L = R_L + jX_L = 8 - j4 \quad \Omega$
得知 $R_L = 8\Omega$

$$P_{L1max} = \frac{V_{th} \cdot V_{th}^*}{4R_L} = \frac{200\angle 90° \cdot 200\angle -90°}{4 \cdot 8}$$

$$= 1250 \ W$$

48.(A)。$P = VI\cos\theta = 100 \times 5 \times \cos 60° = 250W$。

49.(C)。三角波或鋸齒波的有效值為最大值$\dfrac{1}{\sqrt{3}}$

$$I_{rms}=\frac{40}{\sqrt{3}}\simeq 23.1\text{A}$$

50.(C)。並聯 $Z=R//jX=\dfrac{jRX}{R+jX}=\dfrac{jR\times(R-jX)}{(R+jX)(R-jX)}$

$$=\frac{RX^2-jR^2X}{R^2+X^2}=\frac{RX}{R^2+X^2}(X-jR)$$

$$=\frac{RX}{\sqrt{R^2+X^2}}\left[\frac{X}{\sqrt{R^2+X^2}}-j\frac{R}{\sqrt{R^2+X^2}}\right]$$

其功率因數為括號中實部

$PF=\dfrac{X}{\sqrt{R^2+X^2}}$ 。

106年中鋼新進人員

( ) 1. 額定電壓 120V，電阻 30Ω 之燈泡，其功率為何？ (A)160W (B)320W (C) 480 W (D)640W。

( ) 2. 100sinωt，其有效值為何？ (A)111 (B)141.4 (C)70.7 (D)63.8。

( ) 3. 在 CE 放大器加上一個射極旁路電容的作用是： (A) 濾除電源漣波 (B) 防止短路 (C) 提高電壓增益 (D) 阻止 DC 成份。

( ) 4. 110 伏，100 瓦燈泡兩個串聯連接於 110 伏電源時，總功率將變為多少瓦？ (A)25 瓦 (B)50 瓦 (C)100 瓦 (D)200 瓦。

( ) 5. 如圖所示，若要利用三用電表測量 I_2 電流，下列敘述何者正確？
(A)ab 開路，紅棒接 a，黑棒接 b
(B)ab 短路，紅棒接 a，黑棒接 b
(C)de 開路，紅棒接 a，黑棒接 c
(D)bc 開路，紅棒接 b，黑棒接 c。

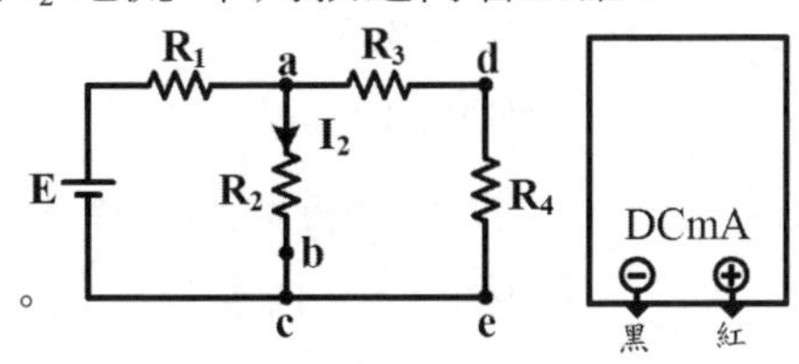

( ) 6. 如圖所示，若 R_1 的電阻值為 R_2 的 3 倍，請問 R_2 電阻上的電壓為多少伏特？
(A)2V
(B)3V
(C)9V
(D)12V。

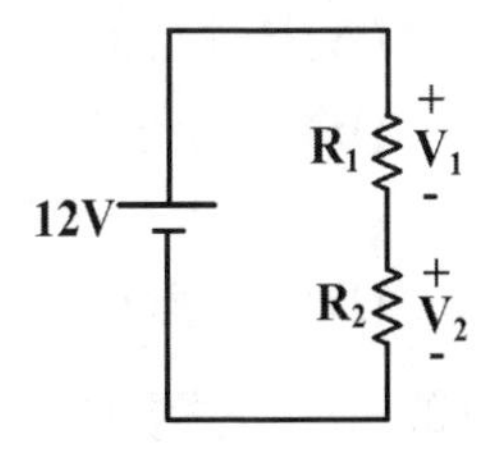

( ) 7. 如圖所示之施密特觸發器，上臨界電壓為 V_{UT}、下臨界電壓為 V_{LT}、遲滯電壓為 V_H，請問 $V_{UT} + V_{LT} + V_H$ 為何？
(A)0
(B)12
(C)24
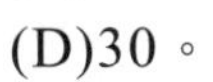
(D)30。

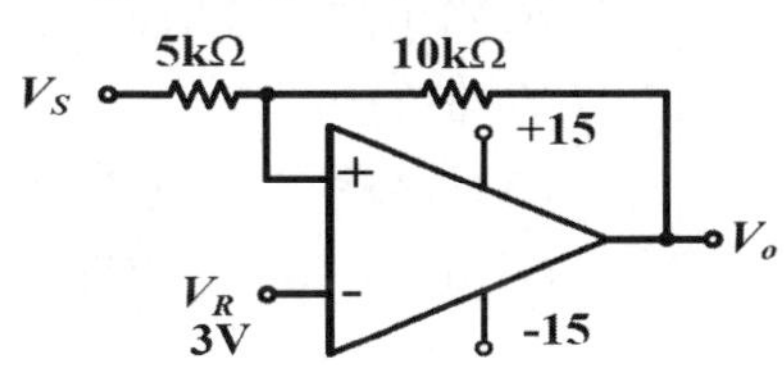

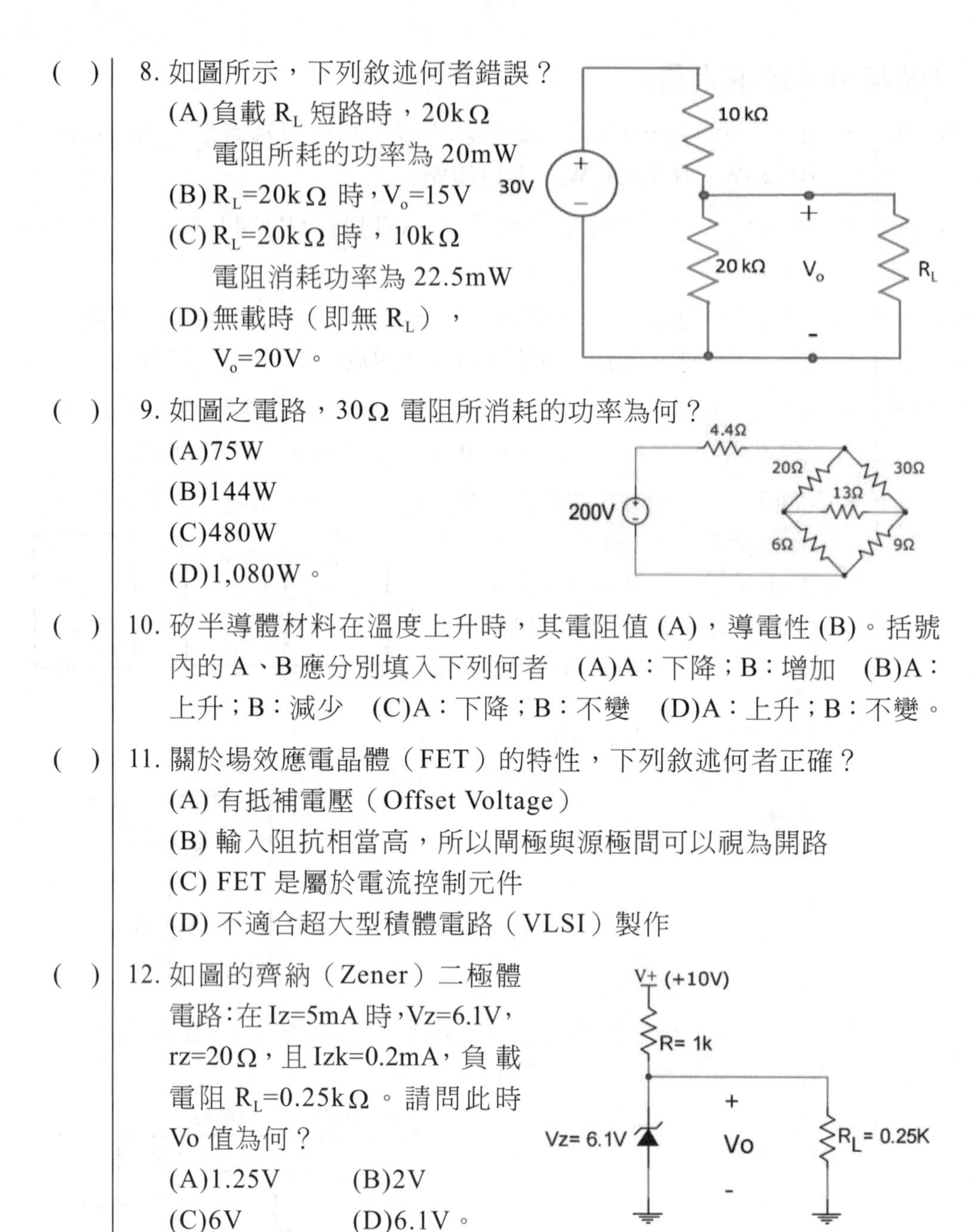

( ) 8. 如圖所示，下列敘述何者錯誤？
(A) 負載 R_L 短路時，20kΩ 電阻所耗的功率為 20mW
(B) R_L=20kΩ 時，V_o=15V
(C) R_L=20kΩ 時，10kΩ 電阻消耗功率為 22.5mW
(D) 無載時（即無 R_L），V_o=20V。

( ) 9. 如圖之電路，30Ω 電阻所消耗的功率為何？
(A)75W
(B)144W
(C)480W
(D)1,080W。

( ) 10. 矽半導體材料在溫度上升時，其電阻值 (A)，導電性 (B)。括號內的 A、B 應分別填入下列何者 (A)A：下降；B：增加 (B)A：上升；B：減少 (C)A：下降；B：不變 (D)A：上升；B：不變。

( ) 11. 關於場效應電晶體（FET）的特性，下列敘述何者正確？
(A) 有抵補電壓（Offset Voltage）
(B) 輸入阻抗相當高，所以閘極與源極間可以視為開路
(C) FET 是屬於電流控制元件
(D) 不適合超大型積體電路（VLSI）製作

( ) 12. 如圖的齊納（Zener）二極體電路：在 Iz=5mA 時，Vz=6.1V，rz=20Ω，且 Izk=0.2mA，負載電阻 R_L=0.25kΩ。請問此時 Vo 值為何？
(A)1.25V (B)2V
(C)6V (D)6.1V。

( ) 13. 如圖，$R_1=R_2=4$ 歐姆 (Ω)，燈泡 $R_L=2$ 歐姆，請問燈泡兩端電壓 V_L 及流過燈泡的電流 IL 分別為何？
(A)4V，2A
(B)2V，2A
(C)2V，1A
(D)4V，1A。

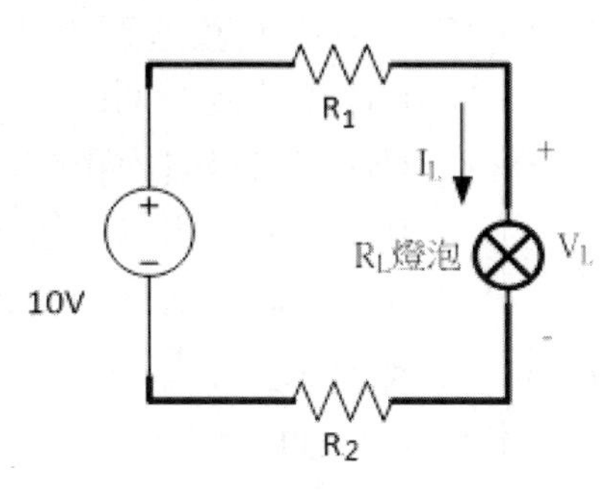

( ) 14. 如圖，$R_1 = 3$ 歐姆，$R_3 = R_4 = 2$ 歐姆，$R_2 = 4$ 歐姆，A_1 為理想電流表（內阻 0 歐姆），請問 A_1 讀值（多少安培 A），V_L（單位 V）？
(A)2A，2.5V
(B)2A，2V
(C)1.25A，2.5V
(D)1.25A，2V。

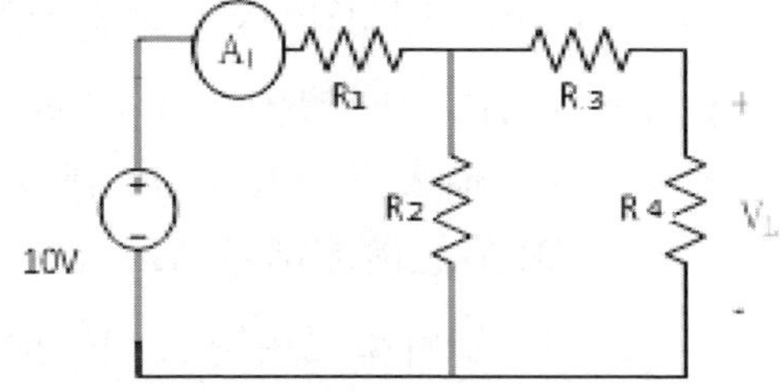

( ) 15. 右圖電源是 500VDC 供應兩台直流馬達，分流器是電流量測，分流器 1 之 $V_T\pm100mV$ 等於 ±500A，分流器 2 之 $V_1\pm100mV$ 等於 ±200A，現 $V_T = V_1 = +50mV$，請問 I2 為何？
(A)100A
(B)150A
(C)200A
(D)300A。

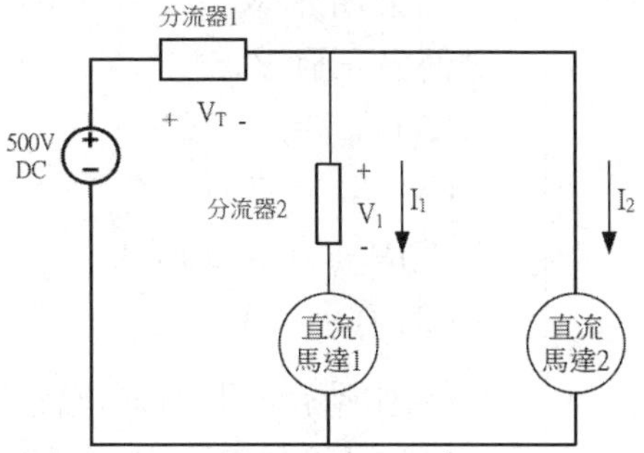

( ) 16. 如圖，秤重機安裝四個相同的荷重元，量測重量 0-10 噸，輸出電流 0-10mA($I_1 \sim I_4$)，RL=250 歐姆，有一待測物體 VL 量測到 5V，請問物體重量為何？
(A)20 噸
(B)25 噸
(C)30 噸
(D)40 噸。

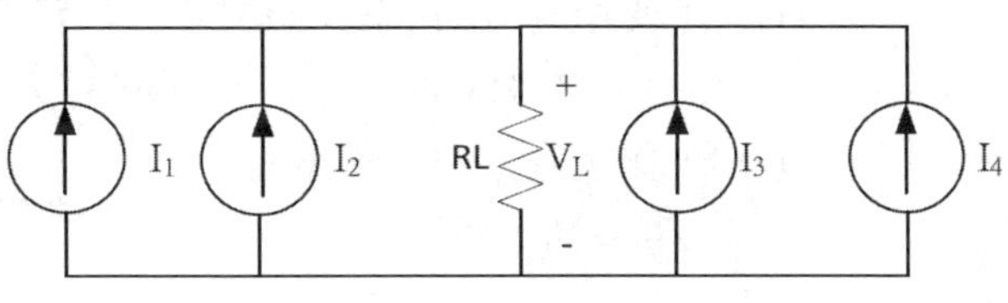

(　) 17. 下列哪些敘述正確？
(A) 正弦波一週的平均值為最大值乘以 $2/\pi$
(B) 在電阻器內正弦波之 v 與 i 同相
(C) 在電感器內 v 領先 i 之相位為 90°
(D) 在電容器內 v 落後 i 之相位為 90°。

(　) 18. 關於 BJT 之敘述，下列哪些正確？
(A)BJT 內之電流完全由電洞移動來完成
(B)BJT 內之電流是由電洞與電子共同移動來完成
(C)P 型半導體內之電流大部分是由電洞移動來完成
(D)N 型半導體內之電流大部分是由電洞移動來完成。

(　) 19. 在 BJT 放大器的共基、共射和共集組態中，共集組態具有： (A) 最高輸入電阻 Ri　(B) 最高輸出電阻 Ro　(C) 最低電壓增益 AV　(D) 最低電流增益 AI。

(　) 20. 使用指針型三用電表，下列哪些敘述正確？ (A) 使用電壓檔時，需做零位調整　(B) 為避免測量誤差，電表需垂直放置　(C) 量電阻時，需作零歐姆調整　(D) 測量電路電阻時，需先將電路通電。

(　) 21. 如圖所示 R = 3Ω，則下列何者正確？
(A) V_{BA} = − 20V
(B) V_{BC} = 70V
(C) V_{CA} = − 50V
(D) V_N = 0V。

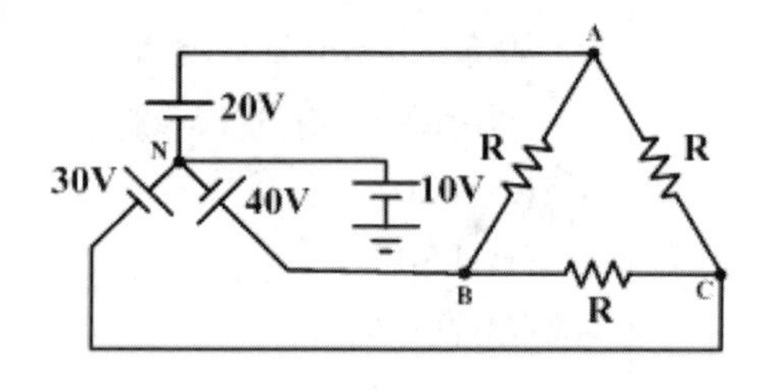

(　) 22. 如圖所示，下列敘述何者正確？
(A) 當負載電阻 R 為 12.5Ω 時，可獲得最大功率
(B) 當負載電阻 R 為 15Ω 時，可獲得最大功率
(C) 負載電阻 R 可獲得最大功率為 450W
(D) 負載電阻 R 可獲得最大功率為 375W。

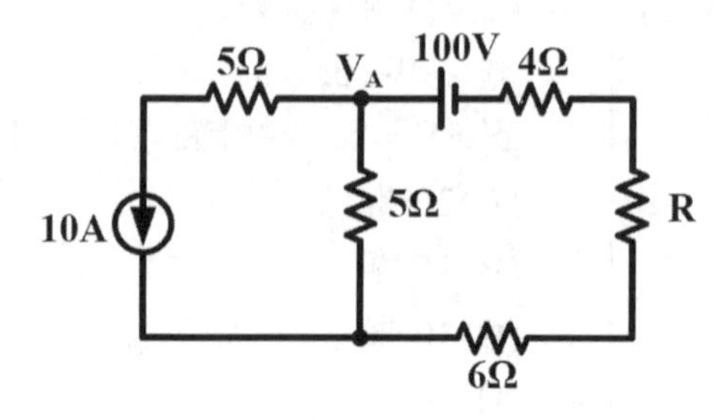

解答及解析 答案標示為#者，表官方曾公告更正該題答案。

1.(C)。 $P=\dfrac{V^2}{R}=\dfrac{120^2}{30}=480W$ 。

2.(C)。 $V_{rms}=\dfrac{V_m}{\sqrt{2}}=\dfrac{100}{\sqrt{2}}\cong 70.7V$ 。

3.(C)。射極旁路電容在小訊號時可讓射極電阻等效接地，可提高電壓增益。

4.(B)。串聯後分壓一半，每個燈泡的功率為原先的－，有兩個燈泡，

故總功率為 $\dfrac{1}{2}$ 。

$$P'=\frac{1}{2}\times 100=50W$$

5.(D)。電流電串聯測量，故(D)正確。

6.(B)。 $V_2=12\times\dfrac{R_2}{R_1+R_2}=12\times\dfrac{R_2}{3R_2+R_2}=3V$ 。

7.(C)。用重疊定理。

$$\frac{10k}{5k+10k}V_S+\frac{5k}{5k+10k}V_0=V_R$$

代入 $V_R=3V\Rightarrow 2V_S+V_0=9$

$$V_S=\frac{9-V_0}{2}$$

分別代 $V_0=-15V$ 及 $V_0=15V$

可得 $V_{VT}=\dfrac{9-(-15)}{2}=12V$

$$V_{LT}=\frac{9-15}{2}=-3V$$

$$V_H=V_{VT}-V_{LT}=12-(-3)=15V$$

故 $V_{VT}+V_{LT}+V_H=24V$。

8.(A)。負載短路時，電流不會通過 $20k\Omega$ 電阻，其功率消耗為零。

9.(C)。因 $\frac{20}{30}=\frac{6}{9}$ 電橋平衡，故中間 13Ω 電阻可視為開路。

$$I_{總}=\frac{200}{4.4+(20+6)//(30+9)}=\frac{200}{4.4+15.6}=10A$$

$$I_{30\Omega}=I_{總}\times\frac{20+6}{(20+6)+(30+9)}=10\times\frac{26}{26+39}=4A$$

$P_{30\Omega}=I^2R=4^2\cdot 30=480W$ 。

10.(A)。半導體材料在溫度上升時，導電性增加電阻值下降，選(A)。

11.(B)。(A) 有臨界電壓（threshold voltage）
無抵補電壓
(B) 正確
(C) 電壓控制元件
(D) 適合超大型積體電路製作。

12.(B)。先不考慮 Zener，直接分壓

$$V_0=10V\times\frac{R_L}{R+R_L}=10\times\frac{0.25}{1+0.25}=2V$$

故 V_0=2V，Zener 不導通
PS：若假設 Zener 導通，V_0 約 6V，此時 I_{RL}=24mA，但上方電阻僅提供 I_R=4mA，不合理。

13.(C)。$I_L=\frac{10V}{R_1+R_L+R_2}=\frac{10}{4+2+4}=1A$

$$V_L=I_L\cdot R_L=1\cdot 2=2V$$

14.(B)。$I_{A1}=\frac{10V}{(R_3+R_4)//R_2+R_1}=\frac{10}{(2+2)//4+3}=2A$

$$V_L=I_{R4}\cdot R_4=I_{A1}\cdot\frac{R_2}{R_2+(R_3+R_4)}\cdot R_4$$

$$=2\times\frac{4}{4+(2+2)}\cdot 2=2V$$

15.(B)。從比例關係換算即可

分流器 1 $\frac{100mV}{500A}=\frac{50mV}{I_{總}}\Rightarrow I_{總}=250A$

分流器 2 $\frac{100mV}{200A}=\frac{50mV}{I_1}\Rightarrow I_1=250A$

故 $I_2=I_{總}-I_1=250-100=150A$

16.(A)。$I_{RL}=\frac{V_L}{R_L}=\frac{5}{250}=20mA$

即 $I_1=I_2=I_3=I_4=5mA$

表示每個量測到 5 噸，四個秤共重 20 噸。

17.(BCD)。(A) 平均值為 0，全波整流的平均值才是最大值乘 $\frac{2}{\pi}$，(B)(C)(D) 正確。

18.(BC)。(A)(B)，BJT 內部有電子和電洞共同移動，只是其中之一較多為數載子，另一為少數載子。
(D)N 型半導體內主要為電子移動。

19.(AC)。(B) $R_0\cong r_e$ 為最低的
(D) $A_I=\beta+1$ 為最高的

20.(AC)。(B) 應水平放置
(D) 量電阻時不可通電

21.(BC)。(D)$V_N=10V$
(A)$V_{BA}=40-20=20V$
(B)$V_{BC}=40+30=70V$，正確
(C)$V_{CA}=-30-20=-50V$，正確

22.(BD)。(A)(B) 最大功率的負載電阻
$R_{L,max}=4+5+6=15\Omega$
注意，電流源要開路
(C)(D) 先求開路壓

$$Voc=-10A\cdot5\Omega-100V=-150V$$

$$P_{L,max}=\frac{Voc^2}{4R_{L,max}}=\frac{(-150)^2}{4\times15}=375W$$

106年台糖新進工員

( ) 1. 交流電壓 $v(t)=v_1(t)+v_2(t)$，若 $v_1(t)=10\sqrt{2}\sin(377t+30°)V$，$v_2(t)=10\sqrt{2}\sin(377t-30°)V$，則 v(t) 為何？
(A) v(t)=12.25sin(377t)V (B) v(t)=14.4sin(377t)V
(C) v(t)=24.49sin(377t)V (D) v(t)=17.3sin(377t)V。

( ) 2. 如右圖所示，其電壓平均值 Vav 近似為：
(A) 3.5 伏特
(B) 1.5 伏特
(C) -1.5 伏特
(D) 0 伏特。

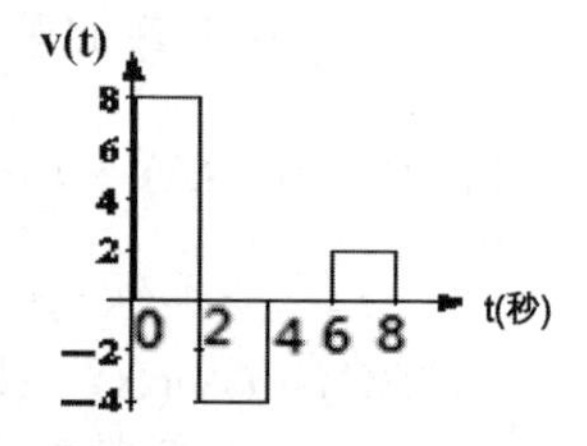

( ) 3. 一電感量為 2 亨利的電感器，若匝數增加為原來的 2 倍，當通過 4 安培電流時，其儲存的能量為何？
(A) 8w (B) 16w (C) 32w (D) 64w。

( ) 4. 如右圖所示電路，若所有電阻皆為 4Ω，則電流 I 為：
(A) 1A (B) 4A
(C) 2A (D) 2.5A。

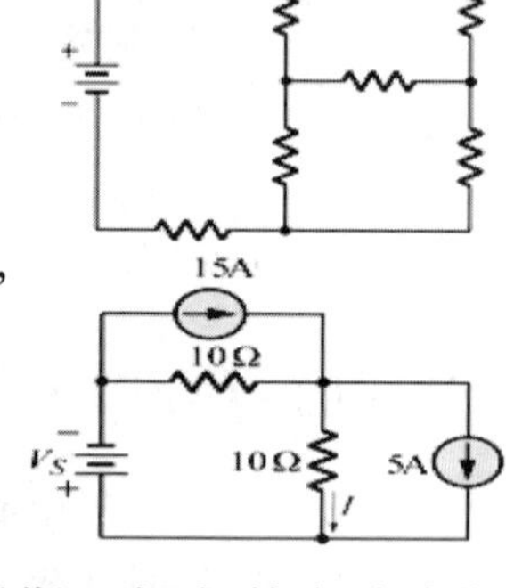

( ) 5. 如右圖所示之電路，已知圖中電流 I=5A，試求出電壓源 Vs 為何？
(A) 0V (B) 75V
(C) 50V (D) 100V。

( ) 6. 380 伏特 Y 接之三相平衡電源，供給一平衡三相負載之功率為 38 仟瓦，若線電流為 100 安培，則負載之功率因數為：
(A) 1 (B) 0.577 (C) 0.866 (D) 0.707。

( ) 7. 如右圖所示，當磁場強度 H 為 100 安匝／米時，導磁係數為若干韋伯／(安匝－米)？
(A) 0.6 (B) 0.008
(C) 60 (D) 0.167。

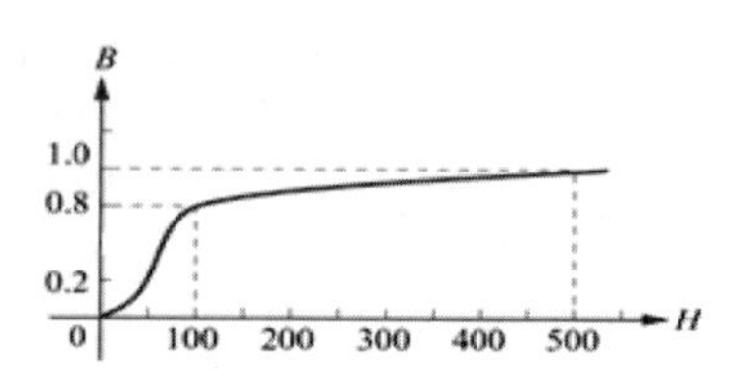

( ) 8. 某電線若線徑由 2mm 降為 1mm，電線長度不變，則其電阻值應為原來的： (A) 4 倍 (B) 2 倍 (C) 1/4 倍 (D) 1/2 倍。

( ) 9. 絕緣體若因溫度升高超過限度，將使絕緣電阻值： (A) 稍降 (B) 稍升 (C) 急降 (D) 急升。

( ) 10. $C_1=4\mu F$，$C_2=2\mu F$ 電容器串聯後，接於 120V 電源時，在 C_1 兩端的電壓為： (A) 40 V (B) 80 V (C) 60 V (D) 20 V。

( ) 11. 如右圖所示，代表一導體，且電流流出紙面，則導體受力方向為何？

(A) 上 (B) 右

(C) 左 (D) 下。

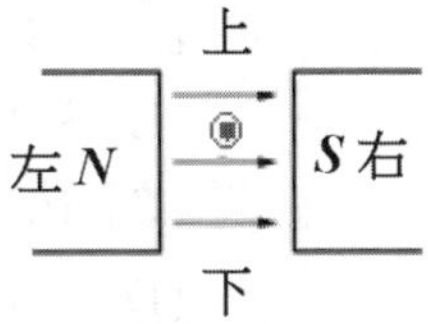

上
左 *N*
S 右
下

( ) 12. A、B 兩電容器，充以相同的電荷以後，測得 A 的電壓為 B 的電壓的 0.2 倍，則 A 的靜電容量為 B 的幾倍？

(A) 0.04 (B) 0.2 (C) 25 (D) 5。

( ) 13. 5 馬力的抽水機，使用 2 分鐘，則共輸出多少仟焦耳的電能？

(A) 8,952 (B) 4,973 (C) 4,476 (D) 2,238。

( ) 14. 如右圖所示，開關 S 切入後，短路電流為正常電流的幾倍？

(A) 10 (B) 8 (C) 6 (D) 5。

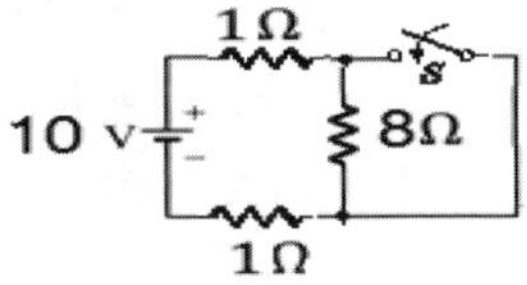

1Ω
S
10 V
8Ω
1Ω

( ) 15. 二個完整的正弦波具有：

(A) 720° 電機角度 (B) 360° 電機角度

(C) 360° 機械角度 (D) 180° 機械角度。

( ) 16. 某 RC 串聯電路，接於頻率為 f=50HZ 之正弦波電源電壓，則電阻器消耗之瞬間功率的頻率 fp 為：

(A) 314HZ (B) 100HZ (C) 60HZ (D) 50HZ。

( ) 17. 在 3 分鐘內若有 900 庫侖的電子從導體的一端進入該導體，並有 900 庫侖的電子從另一端移出，則導體內的平均電流之大小為多少安培？

(A) 30 (B) 15 (C) 5 (D) 3。

(　) 18. 如下圖所示之電路，則 a、b 二點間之電位差為何？

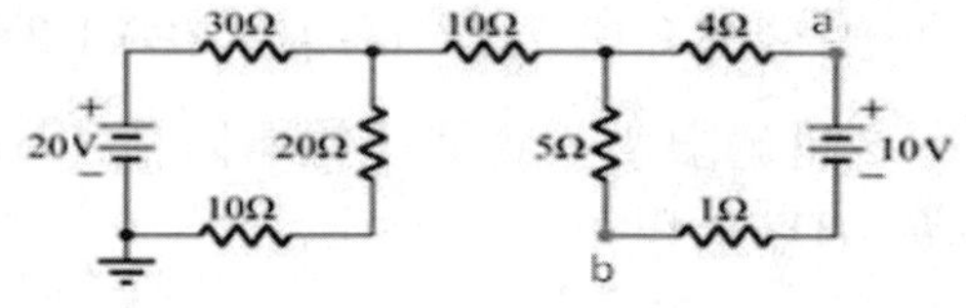

(A) 1V　(B) 4V　(C) 5V　(D) 9V。

(　) 19. 如右圖所示為多範圍的電壓表，請問 R_1、R_2 分別為多少？

(A) 19.9kΩ、30kΩ

(B) 30kΩ、19.9kΩ

(C) 40kΩ、9.9kΩ

(D) 9.9kΩ、40kΩ。

100mV
1mA
A
R_1
R_2
COM
10V
50V

(　) 20. 如右圖所示電路，試求 R 之最大消耗功率為多少瓦特？

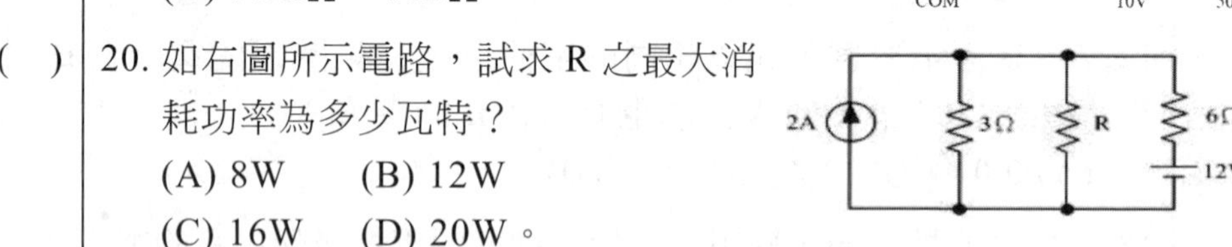

(A) 8W　(B) 12W

(C) 16W　(D) 20W。

(　) 21. 某手機電池容量為 2000mAH，其電池額定電壓為 3.3V，若手機待機時消耗功率約為 33mW，在不考慮其他損失之情況下，手機充飽電後約可待機多少小時？

(A) 400 小時　(B) 300 小時　(C) 200 小時　(D) 100 小時。

(　) 22. 如右圖所示電路，試求 R_{ab} = ？

(A) 5Ω　(B) 10Ω

(C) 12Ω　(D) 20Ω。

(　) 23. 如右圖所示電路，求 I = ？

(A) 5A　(B) 4A

(C) 3A　(D) 2A。

(　) 24. 如右圖所示電路，求 I = ？

(A) 1A　(B) 1.5A

(C) 2A　(D) 2.5A。

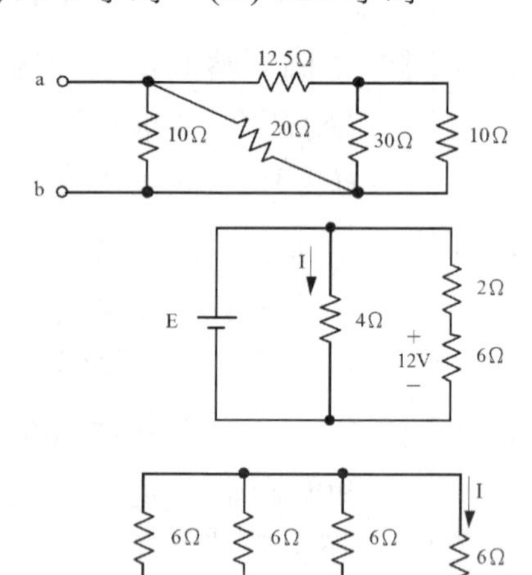

( ) 25. 如下圖所示電路，請問開關閉合後，經過幾秒後此電路才可達穩態？

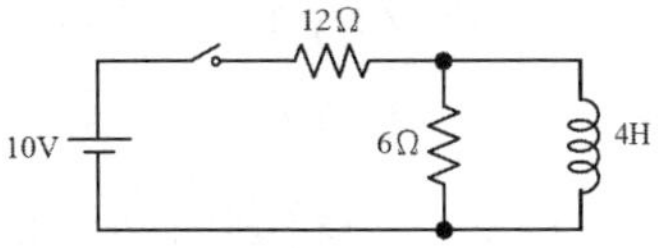

(A) 10 秒　(B) 5 秒

(C) 3 秒　(D) 1 秒。

( ) 26. 如右圖所示電路，請問電阻器 3Ω 的壓降為多少伏特？

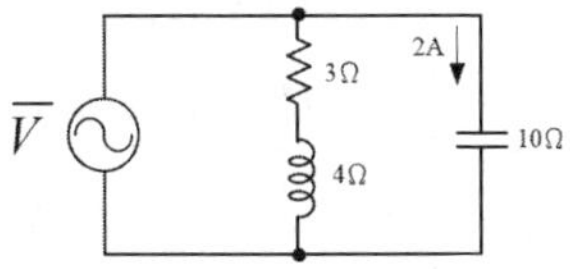

(A) 6V　(B) 8V

(C) 12V　(D) 20V。

( ) 27. 某負載之功率因數 PF 為 0.8 滯後，有效功率為 1200W，若想提高功率因數至 1.0，試問需要並聯多少虛功率的電容器？

(A) 1200 VAR　(B) 900 VAR　(C) 800 VAR　(D) 600 VAR。

( ) 28. 下列敘述何者錯誤？

(A) 1 馬力（horse power）約等於 746 瓦特

(B) 1 度電約等於 3.6×10^6 瓦特

(C) 電容量的單位為法拉

(D) 1 焦耳 / 秒等於 1 瓦特。

( ) 29. 某一抽水馬達輸出功率為 1 馬力，效率為 62.5%，試問每天使用 4 小時，約消耗幾度電？

(A) 4.8 度電　(B) 4 度電　(C) 3.2 度電　(D) 2.4 度電。

( ) 30. A 導線截面積為 $2.0mm^2$、B 導線截面積為 $3.5mm^2$，若材料、長度皆為相同，請問哪一條導線之電阻值較小？

(A) A 導線　(B) B 導線　(C) 相等　(D) 無法比較。

( ) 31. 某一色碼電阻從左至右依序為棕、黑、綠、金，則此電阻約為多少歐姆？　(A) 15kΩ　(B) 1.5kΩ　(C) 100kΩ　(D) 1MΩ。

( ) 32. 如右圖所示電路，請問 12Ω 之電壓降為何？

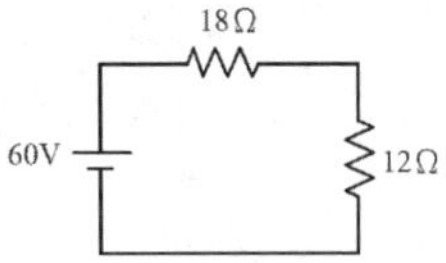

(A) 24V

(B) 36V

(C) 48V

(D) 60V。

( ) 33. 如右圖所示電路，求 I_T = ?
(A) 3A (B) 5A
(C) 8A (D) 10A。

( ) 34. 如右圖所示電路，求 V = ?
(A) 20V (B) 32V
(C) 40V (D) 48V。

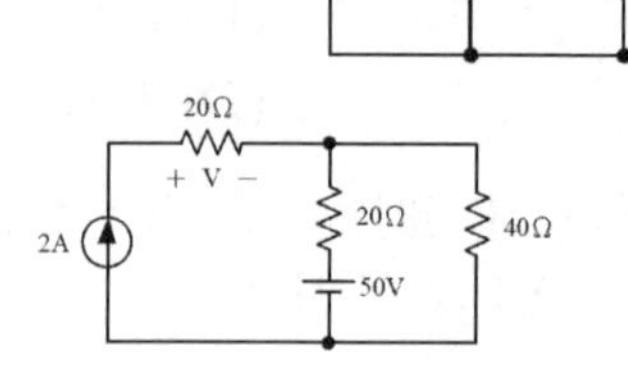

( ) 35. 真空中，有 2 個正電荷 Q_1、Q_2 相距 10cm，其相互排斥力為 4 牛頓。若將 2 電荷距離拉長至 40cm，則 2 電荷相互排斥力變為多少牛頓？ (A) 0.25 牛頓 (B) 1 牛頓 (C) 2 牛頓 (D) 2.5 牛頓。

( ) 36. 如右圖為陶瓷電容，請問其電容量為多少法拉？
(A) 1μF (B) 0.1μF
(C) 0.01μF (D) 0.001μF。

( ) 37. 如右圖所示電路，試問電壓有效值 Vrms = ?
(A) $\sqrt{\frac{17}{2}}$V (B) $\frac{17}{2}$V
(C) $\frac{13}{\sqrt{2}}$V (D) 13V。

( ) 38. 電壓方程式 $v_1(t) = 70.7\sin(314t+45°)$、$v_2(t) = 7.07\cos(377t+30°)$，請問 $v_1(t)$、$v_2(t)$ 相位關係為何？
(A) v_1 超前 v_2 15° (B) v_2 超前 v_1 75° (C) v_1 落後 v_2 30° (D) 無法比較。

( ) 39. $\overline{A} = 3 + j4$ 、 $\overline{B} = 10\angle -53.1°$，請問 $\overline{A} + \overline{B}$?
(A) 9 – j4 (B) 9 + j4 (C) 11 – j2 (D) 11 + j10。

( ) 40. 某交流 RC 串聯電路，當頻率為 50Hz 時，R = 12Ω、XC = 18Ω；若將頻率改為 100Hz，則此時電路之總阻抗 Z 為何？
(A) 15Ω (B) 20Ω (C) 25Ω (D) 30Ω。

解答及解析 答案標示為 # 者，表官方曾公告更正該題答案。

1.(C)。$v(t)=10\sqrt{2}\sin(377t+30^\circ)+10\sqrt{2}\sin(377t-30^\circ)$

$$=10\sqrt{2}[\sin 377t\cos 30^\circ+\cos 377t\sin 30^\circ+\sin 377t\cos 30^\circ-\cos 377t\sin 30^\circ]$$

$$=10\sqrt{2}\cdot 2\sin 377t\cdot\frac{\sqrt{3}}{2}$$

$$\simeq 24.49\sin 377t \quad V$$

2.(B)。$Vav=\frac{1}{8}[8\times 2+(-4)\times 2+0\times 2+2\times 2]=1.5V$。

3.(D)。匝數 2 倍時，電感為 $2^2=4$ 倍，即 8 亨利

$$WL=\frac{1}{2}LI^2=\frac{1}{2}\times 8\times 4^2=64W$$ 。

4.(C)。平衡電橋，中間橫跨的電阻可忽略

$$R_{總}=4+(4+4)//(4+4)+4=12\Omega$$

$$I=\frac{48V}{R_{總}}\times\frac{4+4}{(4+4)+(4+4)}=\frac{48}{12}\times\frac{1}{2}=2A$$

5.(A)。由 KLC 得

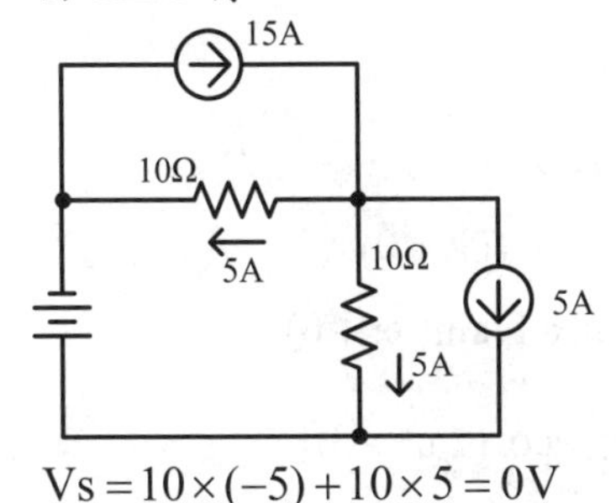

$$Vs=10\times(-5)+10\times 5=0V$$

6.(B)。$P_{總}=\sqrt{3}\ V_{線}I_{線}=\sqrt{3}\times 380\times 100=38000\sqrt{3}W$

$$PF=\frac{P_{負載}}{P_{總}}=\frac{38\times 1000}{38000\sqrt{3}}=\frac{1}{\sqrt{3}}\simeq 0.577$$

7.(B)。$\mu = \frac{B}{H} = \frac{0.8}{100} = 0.008$

8.(A)。面積變為原 $\frac{1}{4}$ 倍，電阻值為 4 倍。

9.(C)。若溫度稍微升高，絕緣體的電阻稍降；若溫度超過限度，則電阻值會急降。

10.(A)。$V_{C1} = 120V \times \frac{C_2}{C_1 + C_2} = 120 \times \frac{2}{4+2} = 40V$

11.(A)。把右手掌伸直，四指代表磁場由左至右，大姆指代表電流穿出紙面，可得掌心代表的受力方向往上。

12.(D)。由 $C = \frac{Q}{V}$ 可得電壓與電容量成反比

故 $C_A = 5C_B$。

13.(C)。5馬力×746瓦/馬力×20分×60秒/分＝4476000＝4476仟焦耳。

14.(D)。開路時 $I = \frac{10V}{(1+8+1)\Omega} = 1A$

短路時 $I' = \frac{10V}{(1+0+1)\Omega} = 5A$

故 5 倍。

15.(A)。一個弦波 360°，二個弦波 720°。

16.(B)。假設 $v(t) = V_0 \sin \omega t$，$i(t) = i_0 \sin(\omega t + \theta)$

則功率 $p(t) = v(t)i(t) = V_0 i_0 \sin \omega t \cdot \sin(\omega t + \theta)$

$$= v_0 i_0 \cdot \frac{1}{2}\left[\cos(-\theta) - \cos(2\omega t + \theta)\right]$$

$$= \frac{v_0 i_0}{2}\left[\cos\theta - \cos(2\omega t + \theta)\right]$$

其頻率為 $2\omega t$，成為 2 倍，故 $fp = 100Hz$。

17.(C)。$I=\dfrac{Q}{T}=\dfrac{900\text{庫侖}}{3\text{分}\times 60\text{秒}/\text{分}}=\dfrac{900}{180}=5$ 安培。

18.(D)。中間 10Ω 電阻僅一分支，不會構成迴路

$$V_{ab}=10V\times\frac{(4+5)\Omega}{(4+5+1)\Omega}=9V$$

19.(D)。$100mV=0.1V$

$$R_1=\frac{(10-0.1)V}{1mA}=9.9k\Omega$$

$$R_2=\frac{(50-10)V}{1mA}=40k\Omega$$

20.(A)。把 R 視為負載，求戴維寧電路

$$R_{th}=3//6=2\Omega$$

$$V_{th}=2A\times(3\Omega//6\Omega)+12V\times\frac{3\Omega}{6\Omega+3\Omega}=8V$$

$$P_{max}=\frac{{V_{th}}^2}{4R_{th}}=\frac{8^2}{4\times 2}=8W$$

21.(C)。$T=\dfrac{2000mAH\cdot 3.3V}{33mW}=200H$

22.(A)。
$$\begin{aligned}R_{ab}&=10//20//[12.5+30//10]\\&=10//20//(12.5+7.5)\\&=10//20//20\\&=10//10\\&=5\Omega\end{aligned}$$

23.(B)。$E=12V\times\dfrac{6\Omega+2\Omega}{6\Omega}=16V$

$$I=\frac{16V}{4\Omega}=4A$$

24.(B)。把左邊三分支並聯

$V=12V$，$R=6//6//6=2\Omega$

故 $I=\dfrac{12V}{2\Omega+6\Omega}=1.5A$

25.(B)。$R=12//6=4\Omega$

時間常數 $\tau=\dfrac{L}{R}=\dfrac{4H}{4\Omega}=1$ 秒

經 4.6τ 後可達最大值的 99%，可視為穩態，故選 (B) 5 秒。

26.(C)。$\overline{V}=2A\times10\Omega=20V$

$V_{3\Omega}=3\Omega\times\dfrac{20V}{|3\Omega+j4\Omega|}=3\times\dfrac{20}{5}=12V$ 。

27.(B)。$PF=\cos\theta=0.8$，可知 $\theta=37°$

$\dfrac{Q}{P}=\tan\theta=\dfrac{3}{4}$

故 $Q=\dfrac{3}{4}P=\dfrac{3}{4}\times1200=900$ 。

28.(B)。1 度電 =1 千瓦‧小時 $=1000\times3600=3.6\times10^6$ 焦耳。

29.(A)。1 馬力 =746 瓦 =0.746 千瓦

耗電 $=\dfrac{0.746}{62.5\%}\times4\simeq4.8$ 千瓦‧小時 = 4.8 度。

30.(B)。截面積大、電阻小，故選 (B) 導線。

31.(D)。棕黑綠 $=10\times10^5=10^6=1M\Omega$ 。

32.(A)。$V_{12\Omega}=60\times\dfrac{12}{18+12}=24V$ 。

33.(C)。$I_T=\dfrac{60V}{(60//12//30)\Omega}=\dfrac{60}{20//12}=\dfrac{60}{7.5}=8A$ 。

34.(C)。2A 的電流流過

$V=IR=2\times20=40V$ 。

35.(A)。 $F = k\dfrac{Q_1 \cdot Q_2}{R^2} \propto \dfrac{1}{R^2}$

距離拉長四倍，力為 $\dfrac{1}{16}$

$F' = \dfrac{1}{16} \times 4 = 0.25$ 牛頓。

36.(C)。前兩位數值，第3位次方，單位 pF

$C = 10 \times 10^3 \text{pF} = 10^4 \text{pF} = 10^{-2} \mu\text{F} = 0.01\mu\text{F}$。

37.(C)。圖中可看出週期2秒

$V_{rms} = \sqrt{\dfrac{1}{2}(12^2 + 5^2)} = \sqrt{\dfrac{169}{2}} = \dfrac{13}{\sqrt{2}} V$。

38.(D)。$v_1(t)$ 與 $v_2(t)$ 兩者頻率不同，故無法比較。若僅看到相位，會計算出錯誤的答案。

39.(A)。 $\overline{B} = 10\angle -53.1° = 10 \cdot [\cos(-53.1°) + j\sin(-53.1°)]$

$= 10(0.6 - j0.8) = 6 - j8$

$\overline{A} + \overline{B} = 3 + j4 + 6 - j8 = 9 - j4$。

40.(A)。R 阻抗不變，C 的阻抗與頻率反比

故 $XC = 9\Omega$

$Z = R - jXC$

$|Z| = |12 - j9| = \sqrt{12^2 + (19)^2} = 15\Omega$。

106年桃園捷運新進人員

( ) 1. 一個電阻 R 與電感 L 的串聯電路，則此電路時間常數 τ 為 (A) $\frac{L}{R}$ (B)LR (C) $\frac{R}{L}$ (D) $\frac{1}{LR}$ 。

( ) 2. 假設以 1mW 為 0dB，則 30dB 表示的功率為多少？ (A)10^{-6}W (B)10^{-4}W (C)10^{-2}W (D)1W。

( ) 3. 有4個20μF的電容並聯，其並聯的總電容為(μF)： (A)5 (B)20 (C)40 (D)80。

( ) 4. 某導磁材料其磁通流經的截面積為 200cm^2，磁通密度為 0.5T，且均勻分布，則此磁通量為 (Wb)： (A)1×10^{-3} (B)10×10^{-3} (C)20×10^{-3} (D)50×10^{-3}。

( ) 5. 某電感為 20 mH、電流為 100 A，則儲存的能量為 (J)： (A)10 (B)20 (C)100 (D)200。

( ) 6. 請問10奈秒(ns)等於？ (A)10^{-6}ms (B)10^{-4}μs (C)10^{4}ρs (D)10^{-4}ms。

( ) 7. 對於克希荷夫電流定律 (KCL) 之敘述何者有誤？ (A) 進入任何節點之電流代數和為零 (B) 進入任何節點的電流和，等於離開這節點的電流和 (C) 離開任何節點的電流代數和為零 (D) 電路中所有節點電壓之代數和為零。

( ) 8. 一個 10 Ω 之電阻，若通過直流電流由 10 安培升至 100 安培，則該電阻所消耗之功率變為原來的幾倍？ (A)10 倍 (B)100 倍 (C)1000 倍 (D)10000 倍。

( ) 9. 有關導體電阻 R 的計算，其中 ρ 為電阻係數，L 為導體長度，A 為截面積，下列何者正確？ (A) $R=\rho\frac{L}{A}$ (B) $R=\rho\frac{A}{L}$ (C) $R=\rho LA$ (D) $R=\rho\frac{1}{LA}$ 。

(　) 10. 如圖電路穩態電流 I_L 為
(A)3A
(B)2A
(C)1A
(D)0A。

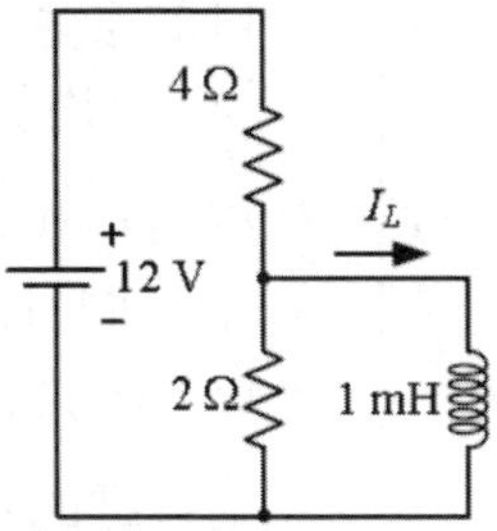

(　) 11. 如圖所示之電路，電流 I 的大小為何？
(A)0
(B)2
(C)4
(D)6。

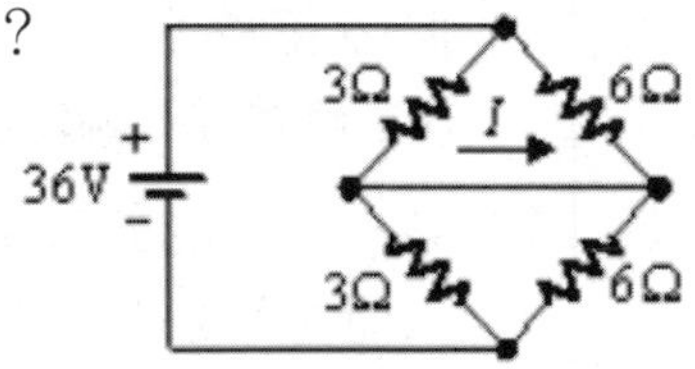

(　) 12. 若 v(t)=100sin(377t+30°) 伏特與 i(t)=5sin(377t+60°) 安培，可知 v(t) 與 i(t) 之間的相位關係為　(A)v 超前 i 30°　(B)v 落後 i 30°　(C)v 超前 i 90°　(D)v 落後 i 90°。

(　) 13. 電阻 R_1，電感 L_1 及電容 C_1 串聯所構成的電路如下圖，電源電壓 e_1 的頻率為諧振頻率，下列敘述何者正確？
(A) 電流 i_1 的相位領前電壓 e_1
(B) 電流 i_1 的相位落後電壓 e_1
(C) 電流 i_1 的相位與電壓 e_1 同相
(D) 電路的總阻抗最大。

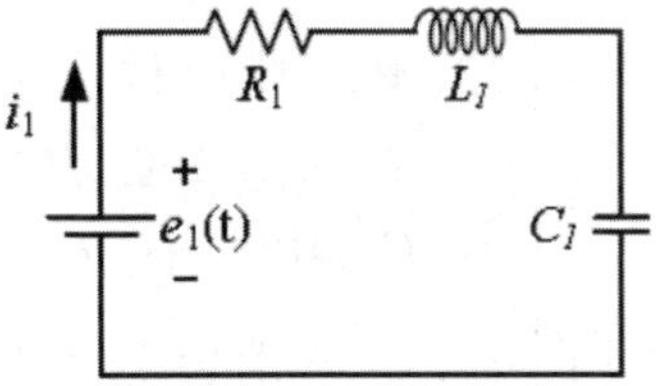

(　) 14. 下圖電路等效阻抗 $Z_{th} = R_{th} + jX_{th}$，負載阻抗 Z_L 欲得最大功率輸出，則 Z_L 應調整為
(A)$R_{th} + jX_{th}$
(B)$R_{th} - jX_{th}$
(C)R_{th}
(D)jX_{th}。

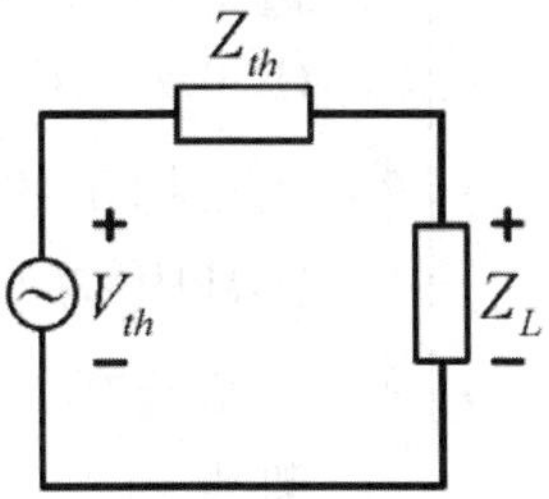

(　) 15. 在電感性負載中，欲改善功率因數，可　(A) 並聯電感　(B) 並聯電容　(C) 並聯電阻　(D) 串聯電感。

( ) 16. 目前家庭用電所採用110V交流電源，此電壓意義係指下列何者？ (A) 平均值 (B) 有效值 (C) 最大值 (D) 峰對峰值。

( ) 17. 單相負載的端電壓 $v_1=200\sin300t$V，負載電流 $i_1=2\sin(300t-30°)$ A，則此負載的平均實功率為 (A)400cos30° W (B)200cos30° W (C)200cos30° W (D)400sin30° W。

( ) 18. 某負載的功率因數為滯後，欲改善其功率因數為 1.0，下列敘述何者正確？ (A) 負載端並聯電容器 (B) 負載端串連電感器 (C) 負載端並聯電感器 (D) 負載端並聯電阻器。

( ) 19. 某一系統的效率為 90%，若損失能量為 90 焦耳，則該系統的輸入能量是多少焦耳？ (A)90J (B)900J (C)10J (D)1000J。

( ) 20. 在純電感交流電路中，電感抗為5Ω，若提供電壓源V＝30∠60°V，則電流為多少A？ (A)6∠0°V (B)6∠30°V (C)6∠–30°V (D)6∠150°V。

( ) 21. 一電阻 RΩ 與一電感 X_LΩ 串聯，測得功率因數為 0.6，若是改為二元件並聯，則功率因數為： (A)0.9 (B)0.8 (C)0.7 (D)0.6。

( ) 22. 某單相負載其端電壓為 100 V（有效值），負載電阻為 8Ω 與電感抗為 20Ω 電容抗為 14Ω 串聯，則虛功率為 (VAR)： (A)200 (B)400 (C)600 (D)800。

( ) 23. 某單相負載其端電壓為 100 V（有效值），負載電阻為 8Ω 與電感抗為 20Ω 電容抗為 14Ω 串聯，則功率因數為： (A)0.6 (B)0.7 (C)0.8 (D)0.9。

( ) 24. 某三相 Y 接平衡負載，若其相電壓為 220 V，則線電壓約為： (A)110V (B)220V (C)380V (D)440V。

( ) 25. 一臺三相 Y 接線發電機接於三個 100 Ω 純電阻的 Y 連接之平衡電路，若線電壓為 120 V，其總消耗功率為： (A)432W (B)144W (C)144 $\sqrt{3}$ W (D)204W。

解答及解析 答案標示為#者，表官方曾公告更正該題答案。

1.(A)。電感電路的時間常數τ=—。

2.(D)。$30dB = 10^{\frac{30}{10}} = 10^3 = 1000$ 倍

故 $1mW \times 1000 = 10^{-3} W \times 1000 = 1W$。

3.(D)。電容並聯相加
$C_{並} = 20 + 20 + 20 + 20 = 80\mu F$。

4.(B)。$200cm^2 = 200 \times 10^{-4} m^2 = 0.02m^2$
$0.5T \times 0.02m^2 = 0.01 = 10 \times 10^{-3} Wb$。

5.(C)。$WL = \frac{1}{2} LI^2 = \frac{1}{2} \times 20 \times 10^{-3} \times 100^2 = 100J$。

6.(A)。$10ns = 10 \times 10^3 ps = 10 \times 10^{-3} \mu s = 10 \times 10^{-6} ms$
$= 10^4 ps = 10^{-2} \mu s = 10^{-5} ms$
答案應為(C)，官方公佈答案(A)似有誤。

7.(D)。(D)為克希荷夫電壓定律（KVL）。

8.(B)。$P = I^2 R \propto I^2$，電流增為10倍，功率為100倍。

9.(A)。(A)正確，電阻與電阻係數、導體長度成正比，與截面積成反比。

10.(A)。穩態時電感短路 $I_L = \frac{12V}{4\Omega + 0\Omega} = 3A$。

11.(A)。電橋平衡，I　OA。

12.(B)。$\angle V = 30°$，$\angle i = 60°$，故i超前v 30°或v落後i 30°。

13.(C)。(A)(B)(C)諧振時，電源電壓 e_1 與電源電流 i_1 同相位。
(D)串聯電路諧振時阻抗最小。

14.(B)。複數阻抗時，應取 $Z_L = \overline{Z_{th}} = R_{th} - jX_{th}$。

15.(B)。改善電感性負載的功率因數，應採用電容。

16.(B)。交流電的電壓通常指有效值。

17.(BorC)。$P=\frac{1}{2}VI\cos(LV-\angle i)$

$$=\frac{1}{2}\times 200\times 2\times\cos(0°-(-30°))$$

$$=200\cos 30°W$$

選項 (B)(C) 答案相同。

18.(A)。滯後為電感性，需以電容調整功率因數。

19.(B)。效率 90%，故損失 10%

$$P_{入}=\frac{P_{損}}{損失率}=\frac{90}{10\%}=900J$$ 。

20.(#)。$Z_L=j5\Omega=5\angle 90°\Omega$

$$I=\frac{V}{Z_L}=\frac{30\angle 60°}{5\angle 90°}=6\angle-30°A$$

原先設計答案應為選項 (C)，但單位錯誤，官方公佈送分。

21.(B)。$PF=\cos\theta=0.6$，$\theta=53°$

$$\frac{X_L}{R}=\tan\theta=\tan 53°=\frac{4}{3}$$

即 $X_L=\frac{4}{3}R$

故並聯時 $Z_{並}=R//jX_L=R//j\frac{4}{3}R$

$$=\frac{R\cdot j\frac{4}{3}R}{R+j\frac{4}{3}R}=\frac{j4R^2}{3R+j4R}$$

$$=\frac{4R^2\angle 90°}{5R\angle 53°}=0.8R\angle 37°\Omega$$

此時 $PF_{並}=\cos 37°=0.8$ 。

22.(C)。$Z = R + jX_L - jX_C = 8 + j20 - j14 = 8 + j6\Omega$

複數功率 $S = VI^* = V \cdot \left(\frac{V}{Z}\right)^*$

$= 100 \cdot \left(\frac{100}{8 + j6}\right)^* = 100 \cdot \left(\frac{100}{10(0.8 + j0.6)}\right)^*$

$= 100 \cdot \left[10(0.8 - j0.6)\right]^*$

$= 100 \cdot (8 - j6)^*$

$= 800 + j600 \quad VA$

虛功率為 600VAR

23.(C)。此題計算呈上 $PF = \cos\theta = \frac{8}{\sqrt{8^2 + 6^2}} = 0.8$ 。

24.(C)。Y 接時，$V_{線} = \sqrt{3}V_{相} = 220\sqrt{3} \simeq 380V$。

25.(C)。$V_{相} = \frac{V_{線}}{\sqrt{3}}$

$$P_{總} = 3P_{相} = 3 \times \frac{V_{相}^{\ 2}}{R} = 3 \times \frac{\left(\frac{120}{\sqrt{3}}\right)^2}{100} = 144W$$

依題意敘述，答案應為 (B)，官方公佈答案為 (C)。

106 年台灣電力公司新進人員

一、填充題：

1. 某系統效率為 90 %，若損失功率為 500 瓦特 (W)，則其輸出功率為______瓦特 (W)。

2. 有一用戶其家用之電器有日光燈 50 W 8 盞，平均每天使用 6 小時；彩色電視機 500 W 1 台，平均每天使用 6 小時；抽水馬達 1 馬力 1 台效率 74.6 %，平均每天使用 2 小時，則此用戶 30 天共耗電______度。

3. 如【圖 1】所示，2 個 DCV 表分別為 DCV_1（滿刻度 180 V，內阻 20 kΩ）及 DCV_2（滿刻度 150 V，內阻 25 kΩ），則最大可測直流電壓 V_{ab} 為______伏特 (V)。

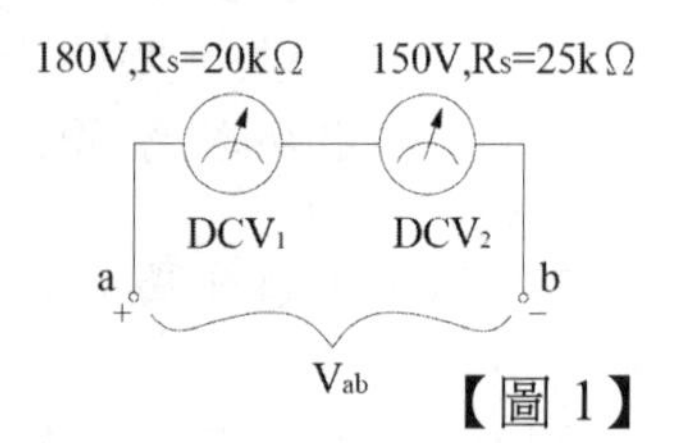

【圖 1】

4. 如【圖 2】所示，已知 L_1 = 3 亨利 (H)，L_2 = 18 亨利 (H)，且總電感 L_T = 2 亨利 (H)，則 L_3 之值為______亨利 (H)。

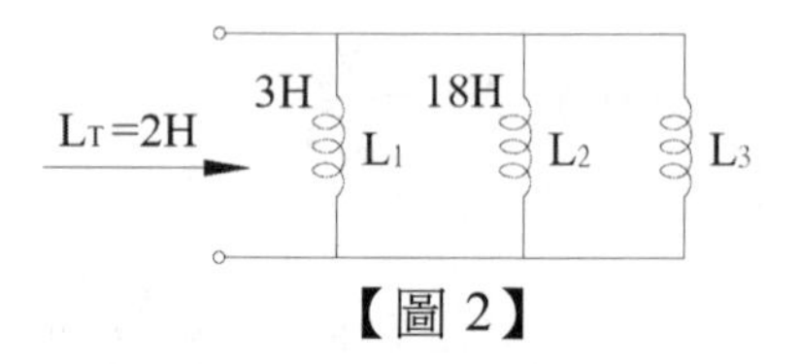

【圖 2】

5. 於交流 RLC 串聯電路中，串聯電阻 R = 10 歐姆 (Ω)，串聯電感 L = 1 亨利 (H)，串聯電容 C = 0.25 法拉 (F)，若此電路發生串聯諧振，則外加電源之角頻率 (ω) 為______rad/sec。

6. 正弦波電壓有效值為 $10\sqrt{2}$ 伏特 (V)，其峰對峰值為______伏特 (V)。

7. 如【圖 3】所示之交流電橋，其中Ⓖ為交流電流表，Z_1 = 2+j 歐姆 (Ω)，Z^2 = 4+j2 歐姆 (Ω)，Z^3 = 1 歐姆 (Ω)，若交流電流表 Ⓖ 顯示電流為 0，則 Z^4 為______歐姆 (Ω)。

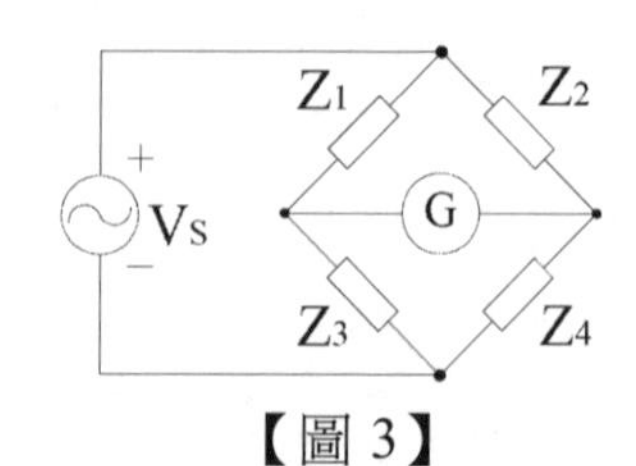

【圖 3】

8. 如【圖 4】所示，電流 I_7 =______安培 (A)。

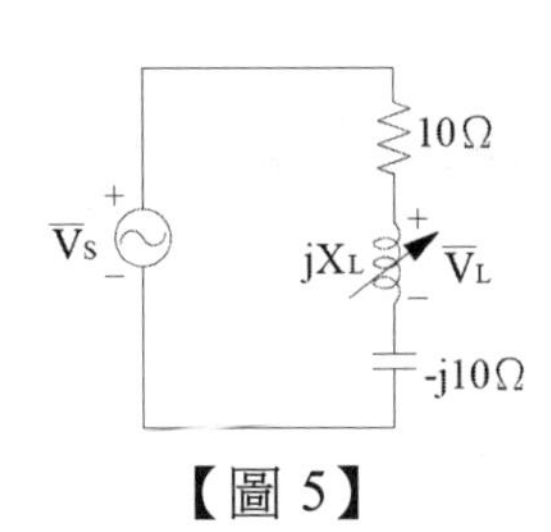

【圖 4】

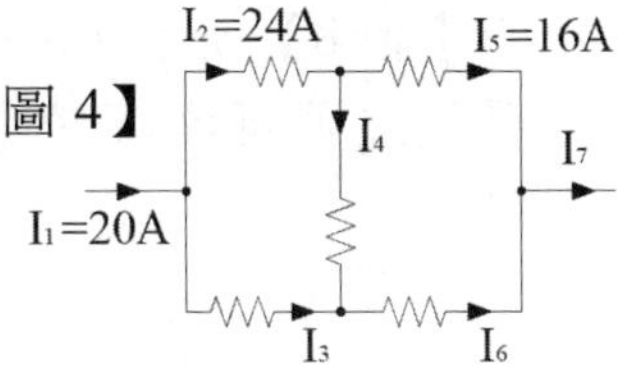

9. 如【圖 5】所示電路，交流電源電壓 $\overline{V_S}=100\angle 0°$ 伏特 (V)，調整電感器使此電路產生諧振，則此電感器之端電壓 $\overline{V_L}$ 為______伏特 (V)。

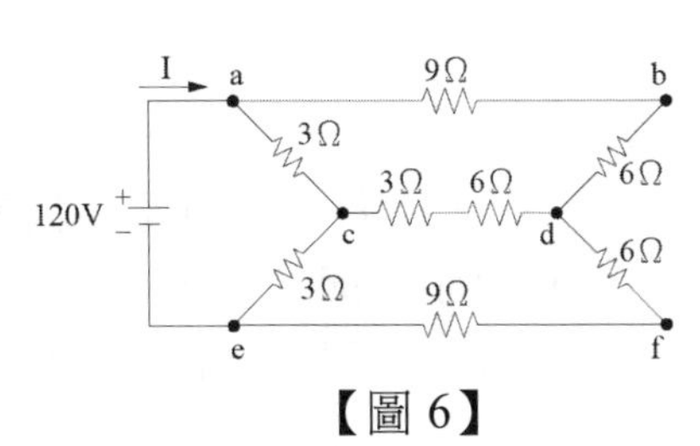

【圖 5】

10. 如【圖 6】所示，電流 I 為______安培 (A)。

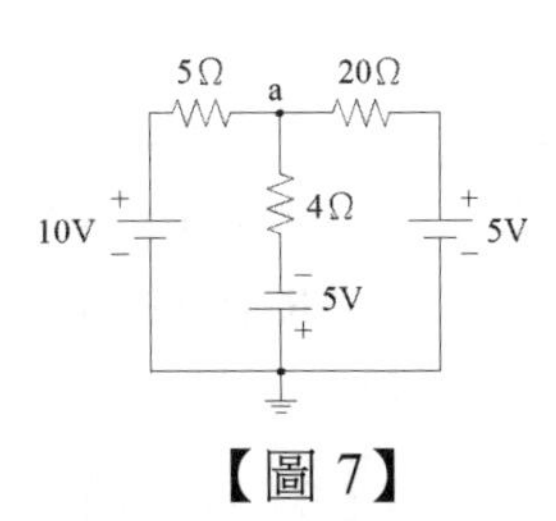

【圖 6】

11. 如【圖 7】所示，在 4 歐姆 (Ω) 電阻兩端之電壓降為______伏特 (V)。

【圖 7】

12. 若一蓄電池電壓為 6 伏特 (V)，其內阻為 0.1 歐姆 (Ω)，則此蓄電池可輸出之最大功率為______瓦特 (W)。

13. △ -Y 接電路，若△端輸入線電壓為 $200\sqrt{3}$ 伏特 (V)，負載為 Y 接，且每相阻抗為 8+j6 歐姆 (Ω)，則此電路之負載線電流大小為______安培 (A)。

14. 如【圖 8】所示，a、b 兩端由箭頭方向看入之戴維寧等效電壓 E_{th} 為______伏特 (V)。

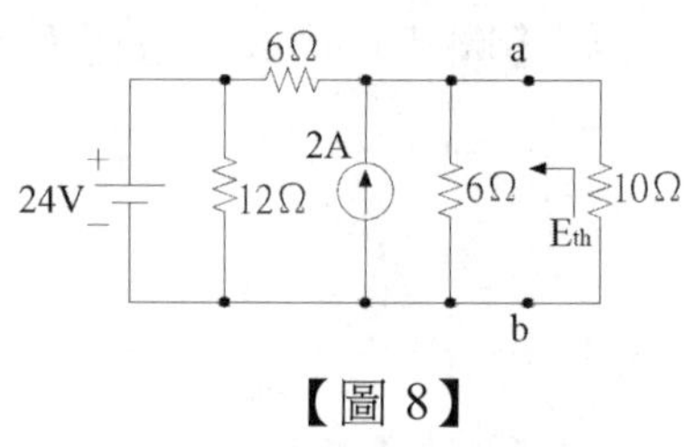

【圖 8】

15. 如【圖 9】所示，5 μF 電容儲存之能量為______毫焦耳 (mJ)。

【圖 9】

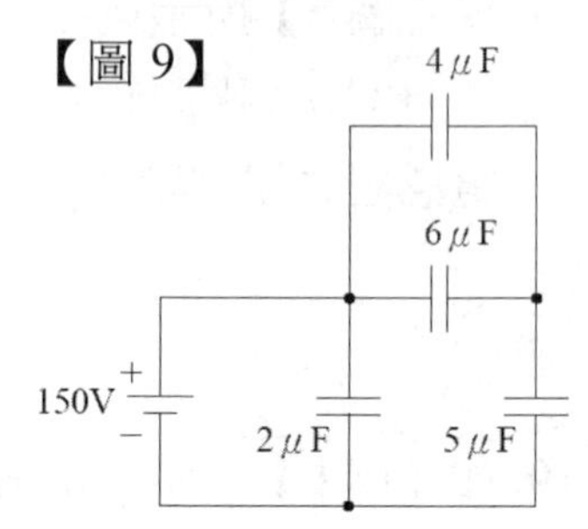

16. 如【圖 10】所示電路，假設開關 S 最初為斷路 (OPEN) 狀態，而且電容沒有初始電壓，電感沒有初始電流，當 S 閉合「瞬間」之電流 I 為______安培 (A)。

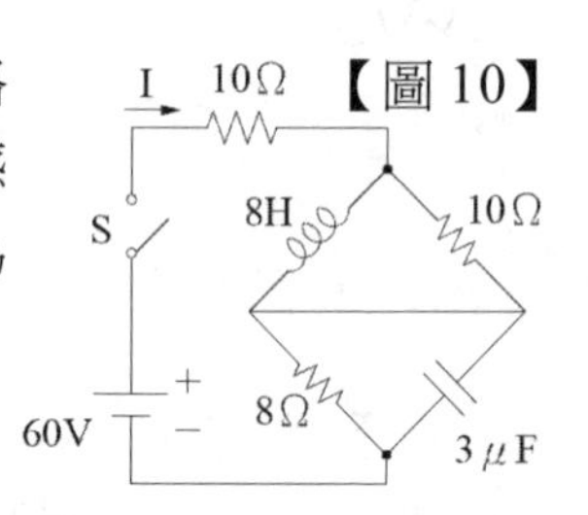

【圖 10】

17. 有一交流 RC 串聯電路，串聯接於電源 $v(t)=120\sqrt{2}\sin(377t)$ 伏特 (V)，其中 R 為 18 歐姆 (Ω)，電路電流為 6 安培 (A)，則電路的功率因數 (PF) 為______。

18. 如【圖 11】所示電流波形及電路，若 R_2 的消耗功率為 400 W，則電源之電流 I_m 為______安培 (A)。

【圖 11】

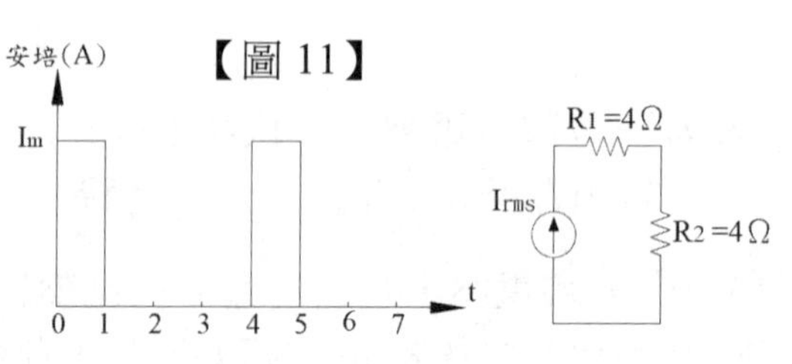

19. 如【圖 12】所示，電路總電流 I 為______安培 (A)。

【圖 12】

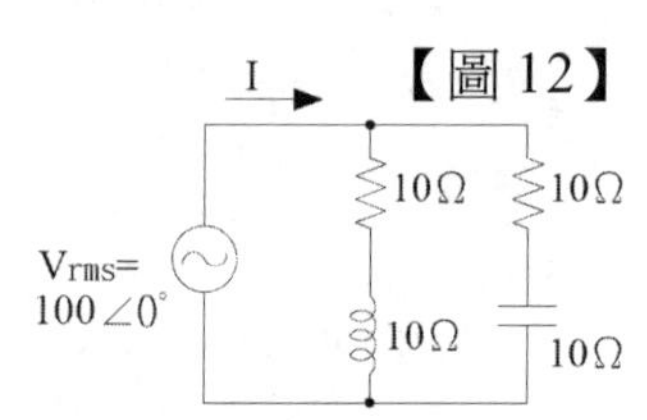

20. 如【圖 13】所示，電流 I_3 為______安培 (A)。

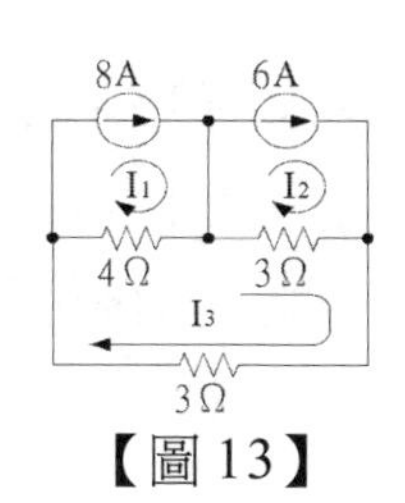

【圖 13】

二、問答與計算題：

1. 如右【圖 14】所示，V_1 = 5 伏特 (V)，V_2 = 12 伏特 (V)，I = 4 安培 (A)，R_1 = 3 歐姆 (Ω)，R_2 = 4 歐姆 (Ω)，R_3 = 1 歐姆 (Ω)，R_4 = 2 歐姆 (Ω)，求：
   (1) 節點 X 接地時，節點 Y 之電壓為多少伏特 (V)？
   (2) 節點 Z 接地時，節點 Y 之電壓為多少伏特 (V)？

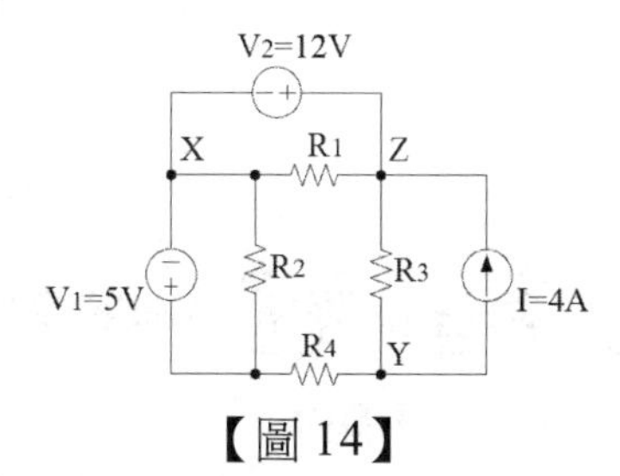

【圖 14】

2. 假使有兩個電感分別為 L_1 和 L_2，當兩電感串聯時，總電感量為 14 亨利 (H)，若將其中一個電感反向連接，測得總電感量為 2 亨利 (H)，求：
   (1) 兩電感器之互感值為多少亨利 (H)？
   (2) 若其耦合係數 K 為 3/4，則兩電感器之電感量分別為多少亨利 (H)？
   (3) 若將 L_1 和 L_2 並聯，兩電感呈並聯互助之狀態，且互感值為 M = 1 亨利 (H)，則兩個電感器 L_1 和 L_2 並聯後之總電感為多少亨利 (H)？

3. 如【圖 15】所示電路，開關 S 在 t = 0 時閉合，假設電容在開關閉合前無儲存能量，求下列各值：
   (1) 充電時間常數 τ 為多少秒？
   (2) $V_C(t)$ 為多少伏特 (V)？
   (3) 經過 0.3 ms 後，電容器之瞬時電壓值 V_C (t = 0.3ms) 為多少伏特 (V)？
   (註：$e^{-1} = 0.368$、$e^{-2} = 0.135$、$e^{-3} = 0.05$，請計算至小數點後第 3 位，以下四捨五入)

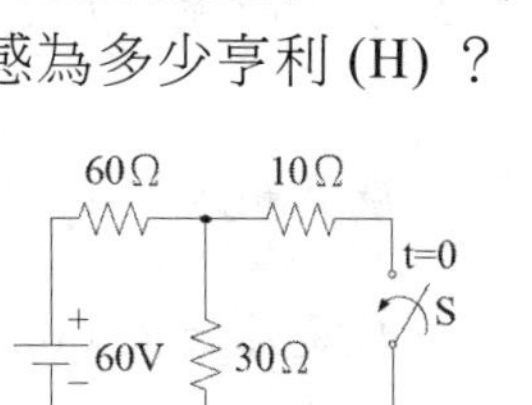

【圖 15】

4. 如【圖 16】所示電路，試求其戴維寧等效阻抗 $\overline{Z_{th}}$ 及等效電壓 $\overline{E_{th}}$；另為使負載得到最大功率，須將其阻抗 $\overline{Z_L}$ 值調整為多少歐姆(Ω)？此時負載所消耗之最大功率為多少瓦特（W）？

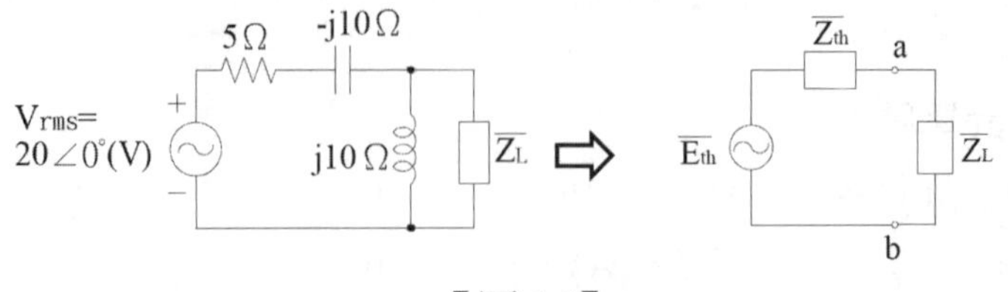

【圖 16】

解答及解析 答案標示為 # 者，表官方曾公告更正該題答案。

一、填充題：

1. $P_{出}=\eta P_{入}=\eta\dfrac{P_{損}}{1-\eta}=0.9\times\dfrac{500}{1-0.9}=4500\text{W}$。

2. $\left[50\text{W}\times 8\times 6時+500\text{w}\times 1\times 6時+\dfrac{1馬力\times 746^{瓦}\!/\!_{馬力}}{74.6\%}\times 2時\right]\times 30天$

$=7400\times 30=$ 222000 瓦．時 =222 瓩．時 =222 度

3. 表 1 耐流 $I_{1,max}=\dfrac{180\text{V}}{20\text{k}\Omega}=9\text{mA}$

表 2 耐流 $I_{2,max}=\dfrac{150\text{V}}{25\text{k}\Omega}=6\text{mA}$

故電流最大 6mA，兩個電表可得

$V_{ab}=6\text{mA}\times(20\text{k}\Omega+25\text{k}\Omega)=270\text{V}$

4. $\dfrac{1}{L_T}=\dfrac{1}{L_1}+\dfrac{1}{L_2}+\dfrac{1}{L_3}$

$\Rightarrow L_3=\dfrac{1}{\dfrac{1}{L_T}-\dfrac{1}{L_1}-\dfrac{1}{L_2}}=\dfrac{1}{\dfrac{1}{2}-\dfrac{1}{3}-\dfrac{1}{18}}=\dfrac{1}{\dfrac{2}{18}}=9\text{H}$

5. $W_0=\frac{1}{\sqrt{LC}}=\frac{1}{\sqrt{1\cdot 0.25}}=2\,{}^{rad}/_{s}$

6. $V_m=\sqrt{2}V_{rms}=\sqrt{2}\cdot 10\sqrt{2}=20V$

$V_{p-p}=2V_m=40V$

7. $I_G=0$，表示平衡電橋

$Z_4=\frac{Z_2\cdot Z_3}{Z_1}=\frac{(4+j2)\cdot 1}{2+j}=2\Omega$

8. I_1 流入等於 I_7 流出，故 $I_7=20$

9. 諧振電流 $I=\frac{100\angle 0°}{10\Omega}=10A$

由電路欲產生諧振，可知 $X_L=10\Omega$

$V_L=I\cdot j_{XL}=10\cdot j10=j100=100\angle 90°V$。

10. 觀察電路，上半部與下半部對稱，故 cd 端電阻可不考慮

$I=\frac{120V}{(3+3)\Omega}+\frac{120V}{(9+6+6+9)\Omega}=20+4=24A$

11. 使用 KCL

$\frac{V_a-10}{5}+\frac{V_a-(-5)}{4}+\frac{V_a-5}{20}=0$

$V_a=2V$

$R_{4\Omega}=V_a-(-5)=2+5=7V$

12. 最大功率轉移定理

$P=\frac{V^2}{4R}=\frac{6^2}{4\times 0.1}=90W$

13. 負載為 Y 接，$I_{線}=I_{相}$

$V_{相}=\frac{1}{\sqrt{3}}V_{線}=\frac{200\sqrt{3}}{\sqrt{3}}=200V$

$$I_{線}=I_{相}=\frac{200V}{|Z|}=\frac{200}{|8+j6|}=\frac{200}{\sqrt{8^2+6^2}}$$

$$=\frac{200}{10}=20A$$

14. 用重疊定理

$$E_{th}=24V\times\frac{6\Omega}{6\Omega+6\Omega}+2A\times(6\Omega//6\Omega)$$

$$=12+6=18\Omega$$

15. $$V_{5\mu F}=150V\times\frac{4\mu F+6\mu F}{5\mu F+(4\mu F+6\mu F)}=100V$$

$$W_{5\mu F}=\frac{1}{2}CV^2=\frac{1}{2}\times5\times10^{-6}\times100^2$$

$$=2.5\times10^{-2}=25\times10^{-3}=25mJ$$

16. 閉合瞬間，電感開路，電容短路

$$I=\frac{60V}{(10+\infty//10+8//0)\Omega}=\frac{60}{10+10+0}=3A$$

17. $$V_{rms}=\frac{1}{\sqrt{2}}Vm=\frac{120\sqrt{2}}{\sqrt{2}}120V$$

$$|Z|=\frac{V_{rms}}{I}=\frac{120}{6}=20\Omega$$

$$PF=\frac{R}{|Z|}=\frac{18}{20}=0.9$$

18. 週期 T=4 秒

$$P_{R2}=\frac{{I_m}^2R\cdot1}{T}=\frac{{I_m}^2\cdot4}{4}=400$$

$$\Rightarrow I\quad=20A$$

19. $I=\dfrac{100\angle 0^\circ}{10+j10}+\dfrac{100\angle 0^\circ}{10-j10}=\dfrac{100\angle 0^\circ}{10\sqrt{2}\angle 45^\circ}+\dfrac{100\angle 0^\circ}{10\sqrt{2}\angle -45^\circ}$

$=5\sqrt{2}\angle -45^\circ+5\sqrt{2}\angle 45^\circ$

$=(5-j5)+(5+j5)$

$=$ü

20. 使用 KCL，可得圖中兩分支的電流

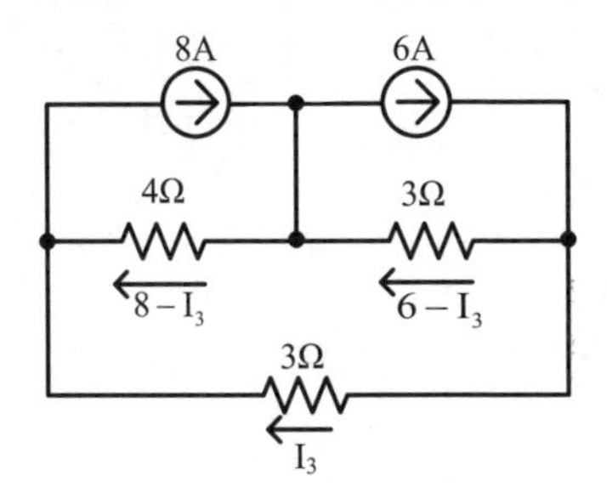

下方迴路使用 KVL

$4(8-I_3)+3(6-I_3)-3I_3=0$

$\Rightarrow$ ü$_3$ $=$

二、問答與計算題：

1.(1) 以節點 X 接地，可得電壓如圖

以節點 Y 使用 KCL

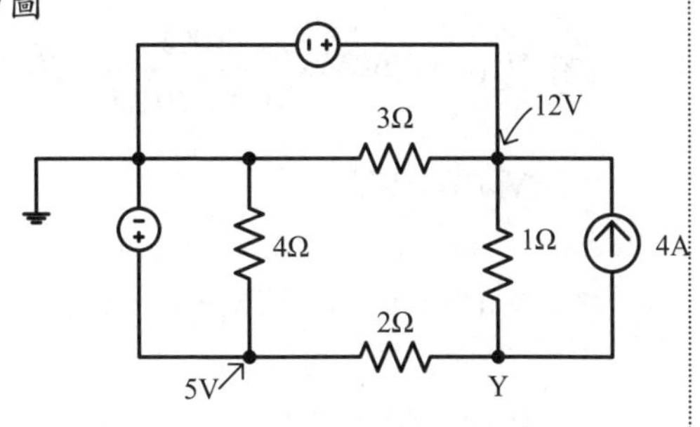

$\dfrac{V_Y-12}{1}+\dfrac{V_Y-5}{2}+4=0$

$2V_Y-24+V_Y-5+8=0$

$V_Y=7V$

(2) 若以節點 Z 接地

因 $V_Z-V_X=12V$

故 $V_Y'=7-12=-5V$

2.(1) $\begin{cases} L_1 + L_2 + 2M = 14 \\ L_1 + L_2 - 2M = 2 \end{cases}$

$\Rightarrow M = 3H$

(2) $M = k\sqrt{L_1 \cdot L_2}$

$3 = \frac{3}{4}\sqrt{L_1 \cdot L_2}$

$\Rightarrow L_1 \cdot L_2 = 16$

再由第 (1) 小題可解得 $L_1 + L_2 = 8$

聯立 $\begin{cases} L_1 \cdot L_2 = 16 \\ L_1 + L_2 = 8 \end{cases} \Rightarrow \begin{cases} L_1 = 4H \\ L_2 = 4H \end{cases}$

(3) 並聯互助

$$M = \frac{L_1 L_2 - M^2}{L_1 + L_2 - 2M} = \frac{4 \cdot 4 - 1^2}{4 + 4 - 2} = \frac{15}{6} = 2.5H$$

3.(1) $R_C = 60 // 30 + 10 = 20 + 10 = 30\Omega$

時間常數 $\tau = R_C = 30 \times 10 \times 10^{-6} = 0.3 \times 10^{-3}$

$= 0.3ms$

(2) $V_C(\infty) = 60V \times \frac{30\Omega}{(60 + 30)\Omega} = 20V$

$V_C(0) = 0V$

$V_C(t) = V_C(\infty) + [V_C(0) - V_C(\infty)]e^{-\frac{t}{\tau}}$

$= 20 - 20e^{-\frac{t}{0.3 \times 10^{-3}}} V$

(3) $V_C(t = 0.3ms) = 20[1 - e^{-\frac{0.3 \times 10^{-3}}{0.3 \times 10^{-3}}}]$

$= 20[1 - e^{-1}]$

$=20[1-0.368]$

$=13.64V$

4.(1) $\overline{Z_{th}}=(5-j10)//j10=\dfrac{(5-j10)\cdot j10}{5-j10+j10}$

$=\dfrac{100-j50}{5}=20-j10\Omega$

$\overline{E_{th}}=20\angle 0°\cdot\dfrac{j10}{(5-j10)+j10}=\dfrac{j200}{5}$

$=j40=40\angle 90°\ V$

(2) 由最大功率傳輸，$\overline{Z_L}$ 取 $\overline{Z_{th}}$ 共軛複數

$\overline{Z_L}=20+j10\Omega$

(3) 複數功率時　$P_{L,max}=\dfrac{\overline{Z_{th}}\cdot\overline{Z_{th}}^{*}}{4R_L}$

由 $\overline{Z_L}=20+j10=R_L+jX_L$

得知 $R_L=20\Omega$

$P_{L,max}=\dfrac{40\angle 90°\cdot 40\angle -90°}{4\cdot 20}=20W$

106 年台灣中油雇用人員

一、選擇題

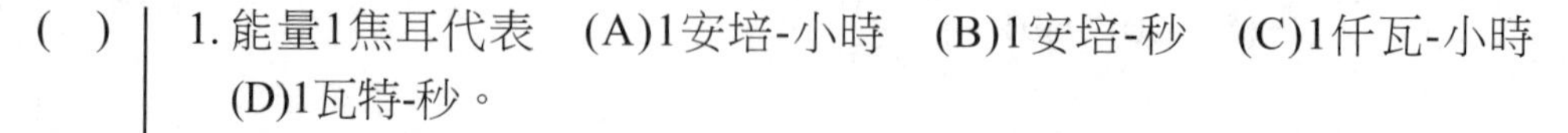

(　) 1. 能量1焦耳代表　(A)1安培-小時　(B)1安培-秒　(C)1仟瓦-小時　(D)1瓦特-秒。

(　) 2. 下列電相關的敘述，何者錯誤？　(A)使電荷移動而做之動力稱為電動勢　(B)導體中電子流動的方向就是傳統之電流的反方向　(C)1度電相當於1千瓦之電功率　(D)同性電荷相斥、異性電荷相吸。

(　) 3. 有一120kW之電熱器，每日啟用時間為10分鐘。若電力公司電費為每度2元，則每月（30日）的電費為何？　(A)900元　(B)800元　(C)1200元　(D)120元。

(　) 4. 將10庫侖電荷，在5秒內由電位10V處移到70V處，則平均功率為多少？　(A)30W　(B)60W　(C)120W　(D)240W。

(　) 5. 1個電子的帶電量為　(A)1庫侖　(B)6.25×10^{18}庫侖　(C)1.602×10^{-19}庫侖　(D)9×10^{9}庫侖。

(　) 6. A、B兩銅條，A長為100cm、截面積為4cm^2，B長為200cm、截面積為2cm^2，則電阻比R_A：R_B為　(A)1：2　(B)2：1　(C)4：1　(D)1：4。

(　) 7. 一個色碼電阻的四個色帶依序為藍、紅、黃、金，則此電阻的誤差範圍為何？　(A)±3.1kΩ　(B)±6.2kΩ　(C)±31kΩ　(D)±62kΩ。

(　) 8. 一個12V、40W的燈泡，以及一個12V、20W的燈泡，可以串聯使用於下列何種電源？　(A)12V　(B)18V　(C)24V　(D)36V。

(　) 9. 如右圖所示，I之值為？
(A)0.08A　　(B)0.5A
(C)1A　　(D)2A。

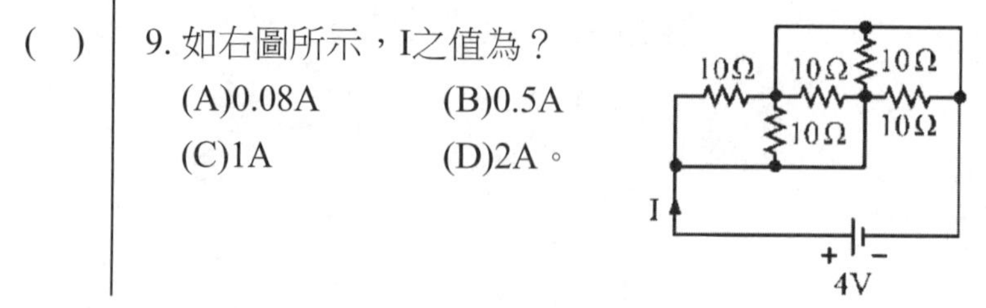

(　) 10. 如右圖，I與I_1之值為？
(A)$I=0.42A$，$I_1=0A$
(B)$I=0.45A$，$I_1=0.4A$
(C)$I=0.85A$，$I_1=0.4A$
(D)$I=0.85A$，$I_1=0.2A$。

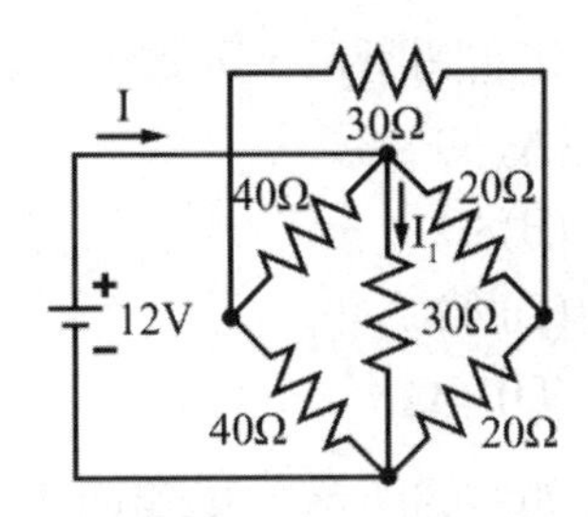

(　) 11. 如右圖所示，電壓V_1=？
(A)2V
(B)4V
(C)5V
(D)8V。

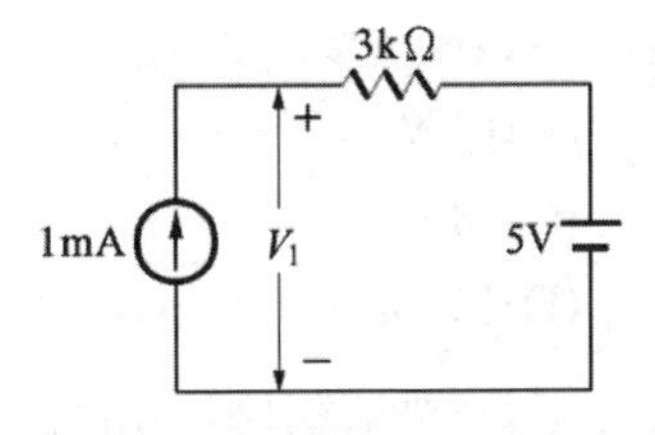

(　) 12. 如右圖所示，則電流I_2為多少？
(A)6A
(B)8A
(C)9A
(D)10A。

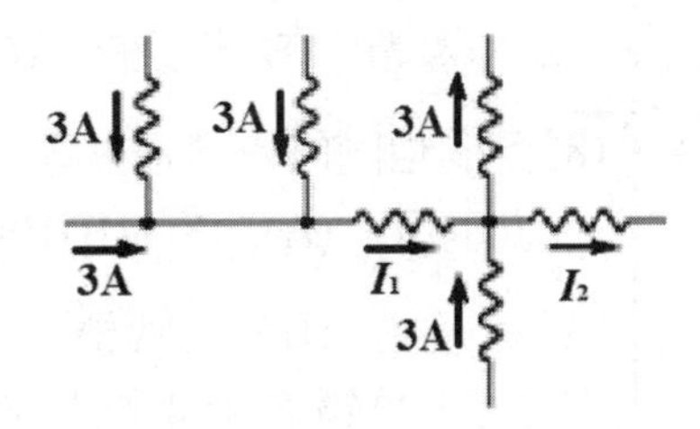

(　) 13. 如右圖所示，電路中之I值為多少？
(A)8A
(B)6A
(C)1A
(D)0A。

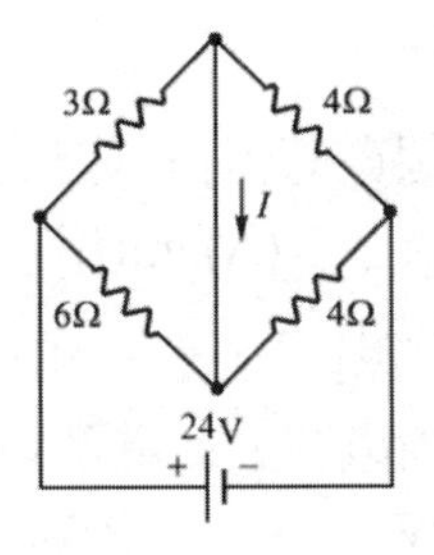

(　) 14. 如右圖所示，求6Ω兩端電壓為多少？
(A)12V
(B)15V
(C)18V
(D)21V。

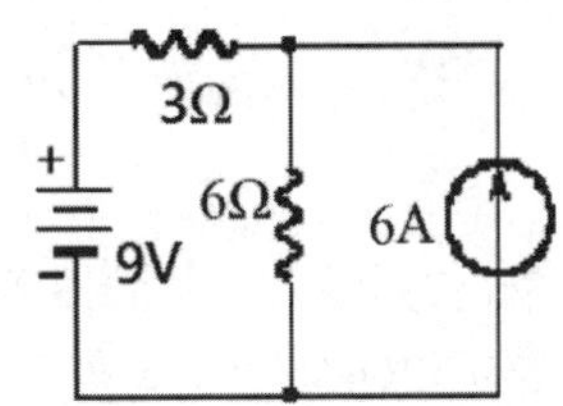

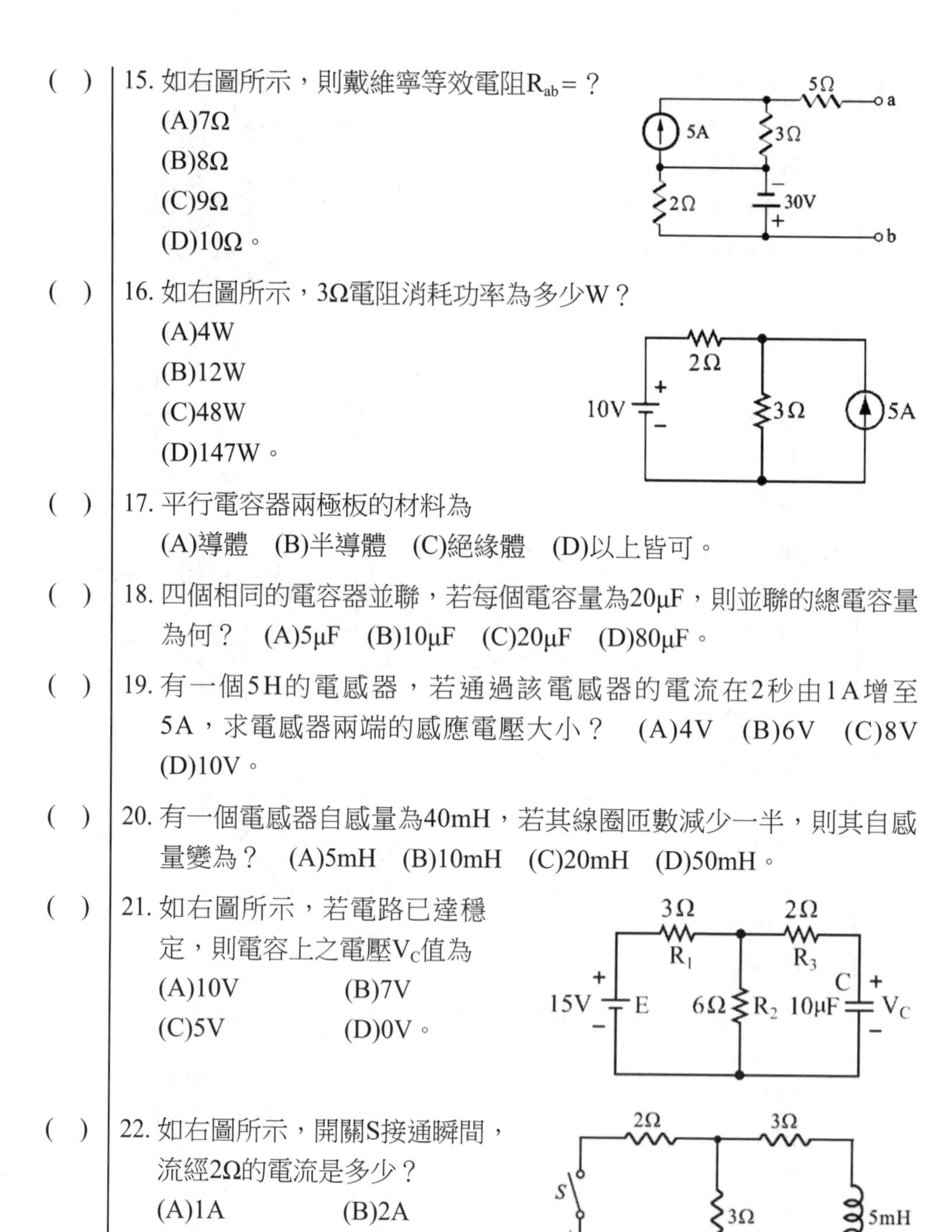

( ) 15. 如右圖所示，則戴維寧等效電阻R_{ab}＝？
(A)7Ω
(B)8Ω
(C)9Ω
(D)10Ω。

( ) 16. 如右圖所示，3Ω電阻消耗功率為多少W？
(A)4W
(B)12W
(C)48W
(D)147W。

( ) 17. 平行電容器兩極板的材料為
(A)導體 (B)半導體 (C)絕緣體 (D)以上皆可。

( ) 18. 四個相同的電容器並聯，若每個電容量為20μF，則並聯的總電容量為何？ (A)5μF (B)10μF (C)20μF (D)80μF。

( ) 19. 有一個5H的電感器，若通過該電感器的電流在2秒由1A增至5A，求電感器兩端的感應電壓大小？ (A)4V (B)6V (C)8V (D)10V。

( ) 20. 有一個電感器自感量為40mH，若其線圈匝數減少一半，則其自感量變為？ (A)5mH (B)10mH (C)20mH (D)50mH。

( ) 21. 如右圖所示，若電路已達穩定，則電容上之電壓V_C值為
(A)10V (B)7V
(C)5V (D)0V。

( ) 22. 如右圖所示，開關S接通瞬間，流經2Ω的電流是多少？
(A)1A (B)2A
(C)2.5A (D)3A。

( ) 23. 若電壓$e(t)=100\sqrt{2}\sin(\omega t+45°)$V，電流$i(t)=10\cos(\omega t-45°)$A，則下列何者正確？ (A)e超前i 90° (B)e滯後i 90° (C)e超前i 180° (D)e與i同相。

( ) 24. 有一交流電壓$v(t)=100\sin(377t-60°)$V，則此電壓的頻率及正半週平均值分別為 (A)60Hz及63.6V (B)60Hz及70.7V (C)120Hz及63.6V (D)120Hz及70.7V。

( ) 25. 對於RLC串聯電路之電感抗X_L及電容抗X_C關係之敘述，何者正確？ (A)當$X_L>X_C$時，電路呈電容性，此時電路的電壓落後電流 (B)當$X_C>X_L$時，電路呈電感性，此時電路的電壓超前電流 (C)當$X_L=X_C$時，電路之功率因數為1 (D)以上皆是。

( ) 26. 如右圖所示之電路為何種濾波器？
(A)低通濾波器
(B)高通濾波器
(C)帶通濾波器
(D)帶止濾波器。

( ) 27. 在RLC並聯電路，若$R=10\Omega$，$X_L=10\Omega$，$X_C=40\Omega$，$E=100V$，則$\cos\theta$為多少？ (A)0.5 (B)0.8 (C)0.707 (D)0.6。

( ) 28. 有一電路其電壓為$\overline{E}=30+j40$V、電流$\overline{I}=4-j3$V，則電路的視在功率及有效功率分別為 (A)0VA，250W (B)250VA，0W (C)250VA，200W (D)500VA，0W。

( ) 29. R-L-C串聯電路，已知諧振頻率$f_r=1000$Hz，$R=10\Omega$，$X_L=100\Omega$，則其頻帶寬度為？ (A)5Hz (B)10Hz (C)100Hz (D)1000Hz。

( ) 30. RLC串聯電路連接在頻率為60Hz之電源上，已知$R=5\Omega$、$X_L=1000\Omega$、$X_C=40\Omega$，則其諧振頻率f_r及品質因數Q分別為 (A)24Hz，40 (B)12Hz，40 (C)24Hz，20 (D)12Hz，20。

( ) 31. 有一交流電路的電壓$v(t)=100\sqrt{2}\sin(377t+20°)$V、電流$i(t)=10\sqrt{2}\sin(377t-40°)$V，求此電路的無效功率為多少？
(A)500VAR (B)866VAR (C)1000VAR (D)2000VAR。

( ) 32. 接於200V交流電源之RLC串聯電路，其中L=0.1H，C=10μF，R=2Ω，則諧振角速度ω為多少？ (A)10弳／秒 (B)100弳／秒 (C)200弳／秒 (D)1000弳／秒。

( ) 33. 某一平衡三相△接負載，若線電壓為220V，相阻抗為22∠30°，則線電流為 (A)10A (B)14.14A (C)17.32A (D)20A。

( ) 34. 三相發電機△連接，下列特性何者正確？ (A)線電壓=相電壓 (B)線電流=相電流 (C)線電壓=相電壓 (D)線電流=$\frac{1}{\sqrt{3}}$相電流。

( ) 35. 接於三相平衡電源的△接三相平衡負載，每相阻抗為(6+j8)Ω，負載端電壓有效值為200V，則此負載總消耗平均功率為何？ (A)7200W (B)4800W (C)3600W (D)2400W。

二、填空題

1. 如右圖所示，試求I_3為________安培。

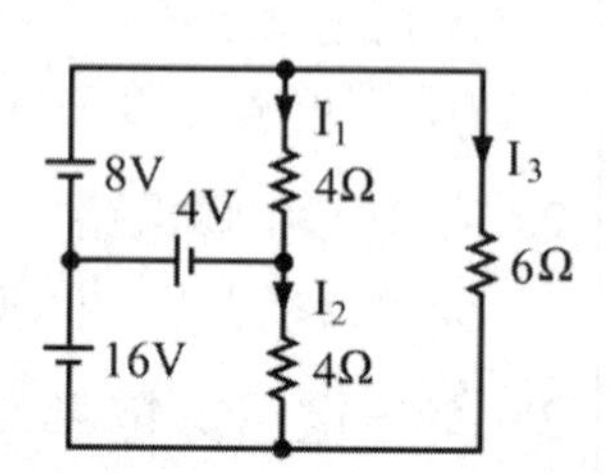

2. 如下圖所示，c點的電位為________V。

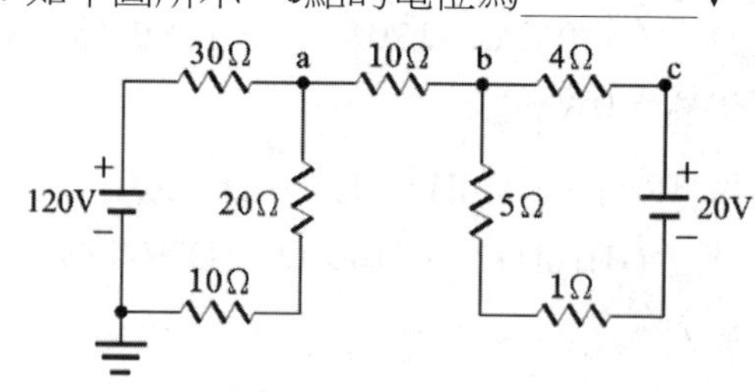

3. 如右圖所示，則戴維寧等效電壓V_{ab}=________V。

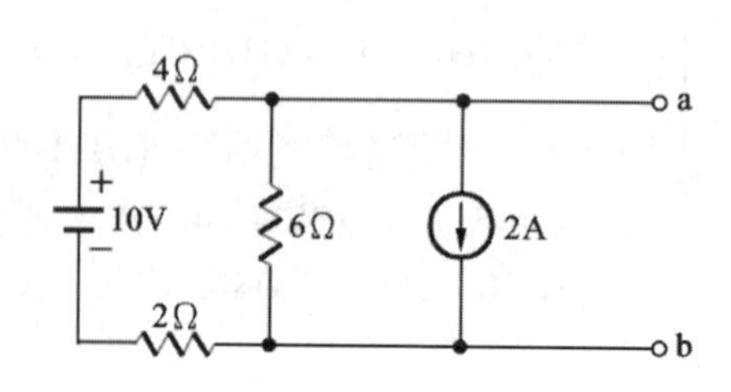

4. 兩電感器L_1、L_2串聯，得總電感量為12×10^{-3}H，若將其中一電感器之接線反接，得電感量為8×10^{-3}H，則兩電感器間之互感量為________。

5. 某三相△型平衡負載之相阻抗，線電壓為240V，則此負載消耗總有效功率為________瓦特。

解答及解析 答案標示為#者，表官方曾公告更正該題答案。

一、選擇題

1.(D)。1焦耳為1瓦特的功作功1秒

2.(C)。1度電為1千瓦作功1小時

3.(C)。用電$120\text{kw}\times\frac{1}{6}$時/日$\times30$日$=600$度

電費$600\times2=1200$元

4.(C)。$P=\frac{W}{t}=\frac{QV}{t}=\frac{10\times(70-10)}{5}=120W$

5.(C)。(C)正確

6.(D)。$R_A:R_B=\frac{\ell_A}{S_A}:\frac{\ell_B}{S_B}=\frac{100}{4}:\frac{200}{2}=1:4$

7.(C)。$R=62\times10^4\pm5\%=620k\Omega\pm5\%$，故誤差$\pm31k\Omega$

8.(B)。20W燈泡的電阻為40W燈泡的兩倍，串聯時分壓較大

$$V_{串}\times\frac{R_{20W}}{R_{20W}+R_{40W}}=12V$$

$$V_{串}\times\frac{2R_{40W}}{2R_{40W}+R_{40W}}=12V\Rightarrow V_{串}=18V$$

9.(D)。這五個電阻實際上並聯

$$R_{並}=\frac{10\Omega}{5}=2\Omega\quad I=\frac{4V}{2\Omega}=2A$$

10.(C)。上方水平30Ω電阻的兩端等電位

$$I_1=\frac{12V}{30\Omega}=0.4A$$

$$I=\frac{12V}{40\Omega+40\Omega}+\frac{12V}{30\Omega}+\frac{12V}{20\Omega+20\Omega}=0.15+0.4+0.3=0.85A$$

11.(D)。 $V_1=5V+3k\Omega\times1mA=8V$

12.(C)。 $I_2=3+3+3-3+3=9A$

13.(C)。 把電流工的分支設為負載，求其餘的電效電路

$$V_{th}=24V\times(\frac{4\Omega}{3\Omega+4\Omega}-\frac{4\Omega}{6\Omega+4\Omega})=24V\times\frac{6}{35}=\frac{144}{35}V$$

$$R_{th}=3//4+6//4=\frac{12}{7}+\frac{12}{5}=\frac{144}{35}V$$

$$I=\frac{V_{th}}{R_{th}}=1A$$

14.(C)。 用KCL

$$\frac{V_{6\Omega}-9V}{3\Omega}+\frac{V_{6\Omega}}{6\Omega}=6\Rightarrow V_{6\Omega}=18V$$

15.(B)。 電壓源短路，電流源開路

$R_{ab}=2//0+3+5=8\Omega$

16.(C)。 $\frac{V_{3\Omega}-10V}{2\Omega}+\frac{V_{3\Omega}}{3\Omega}=5\Rightarrow V_{3\Omega}=12V$

$$R_{3\Omega}=\frac{V^2}{R}=\frac{12^2}{R}=48W$$

17.(A)。 電容器的極板用導體，極板間用絕緣體

18.(D)。 電容並聯為相加，故為80μF

19.(D)。 $V_L=L\frac{dI}{dt}=5\times\frac{(5-1)A}{2秒}=10V$

20.(B)。 自感量正比匝數平方

$$L'=40mH\times(\frac{1}{2})^2=10mH$$

21.(A)。 $V_C=15V\times\frac{6\Omega}{3\Omega+6\Omega}=10V$

22.(B)。 接通瞬間，電感視為開路

$$I_{2\Omega}=\frac{10V}{2\Omega+3\Omega}=2A$$

23.(D)。 $e(t)=100\sqrt{2}\sin(\omega t+45°)V=100\sqrt{2}\cos(\omega t-45°)V$

故e與i同相

24.(A)。頻率$f=\frac{\omega}{2\pi}=\frac{377}{2\pi}=60Hz$

半波平均電壓$V_{av}=\frac{2V_m}{\pi}=\frac{2\times100}{\pi}\simeq63.6V$

25.(C)。(A)當$X_L>X_C$時，電路呈電感性，此時電路的電壓超前電流
(B)當$X_C>X_L$時，電路呈電容性，此時電路的電壓落後電流
(C)正確

26.(A)。(A)高頻時，電容短路，訊號無法傳遞至輸出端，為低通濾波器

27.(B)。$Y=\frac{1}{R}+\frac{1}{jX_L}+\frac{1}{-jX_C}=\frac{1}{10}-j\frac{1}{10}+j\frac{1}{40}$

$=\frac{1}{10}-j\frac{3}{40}=\frac{1}{40}(4-j3)=\frac{1}{8}\angle-37°℧$

$Z=\frac{1}{Y}=8\angle37°\Omega$

故$\cos\theta=\cos37°=0.8$

28.(B)。$\bar{E}=30+j40=50\angle53°V$
$\bar{I}=4-j3=5\angle-37°A$
視在功率$S=50\times5=250VA$
有效功率$P=S\times\cos(53°-(-37°))=250\times\cos90°=0W$

29.(C)。(C) $Q=\frac{X_L}{R}=\frac{100}{10}=10$

$BW=\frac{fr}{Q}=\frac{1000Hz}{10}=100Hz$

30.(B)。$fr=f\sqrt{\frac{X_C}{X_L}}=60\sqrt{\frac{40}{1000}}=12Hz$

$Q=\frac{X_L}{R}\times\frac{fr}{f}=\frac{1000\Omega}{5\Omega}\times\frac{120Hz}{60Hz}=40$

31.(B)。相位角$\theta=20°-(-40°)=60°$
$Q=100\times10\times\sin60°=866VAR$

32.(D)。$\omega==\frac{1}{\sqrt{LC}}=\frac{1}{\sqrt{0.1\times10\times10^{-6}}}=1000$ 弳/秒

33.(C)。 △接時，$V_{相}=V_{線}=220V$

$$I_{相}=\frac{220V}{22\angle 30^\circ\Omega}=10\angle -30^\circ A$$

$$I_{線}=\sqrt{3}I_{相}=10\sqrt{3}\simeq 17.32A$$

34.(A)。 (A)△連接時，線電壓=相電壓，線電流=$\sqrt{3}$相電流。

35.(A)。 $Z=6+j8=10\angle 53^\circ\Omega$

$$P_{相}=VI\cos\theta=200V\times\frac{200V}{10\Omega}\times\cos 53^\circ=2400W$$

$$P_{總}=3P_{相}=3\times 2400=7200W$$

二、填空題

1. 4。 $$I_3=\frac{16V+8V}{6\Omega}=4A$$

2. 68。 $$V_b=V_a=120V\times\frac{20\Omega+10\Omega}{30\Omega+20\Omega+10\Omega}=60V$$

$$V_c=V_b+20V\times\frac{4\Omega}{4\Omega+5\Omega+1\Omega}=68V$$

3. −1。 $$V_{ab}=10V\times\frac{6\Omega}{4\Omega+6\Omega+2\Omega}-2\times[6\Omega//(4\Omega+2\Omega)]$$

$$=10\times\frac{6}{12}-2[6//6]$$

$$=-1V$$

4. 1×10^{-3}H。 $$\begin{cases}相助 & L_1+L_2+2M=12\times 10^{-3}\\ 相消 & L_1+L_2-2M=8\times 10^{-3}\end{cases}$$

$$\Rightarrow M=1\times 10^{-3H}$$

5. 7200。 $V_{相}=V_{線}=240V$

$$P_{相}=\frac{V^2}{|\overline{Z}|}\times\cos\theta=\frac{240^2}{12}\times\cos 60^\circ=2400W$$

$$P_{總}=3P_{相}=7200W$$

107 年台灣中油雇用人員

一、選擇題

( ) 1. 魯夫檢查牆上插座是否有電，最適當的方法為？ (A)以電壓表量其開路電壓 (B)以電流表量其短路電流 (C)以歐姆表量其接觸電阻 (D)以瓦特計量所耗之功率。

( ) 2. 下列英文何者代表發光二極體？ (A)CdS (B)LED (C)LCD (D)FET。

( ) 3. 下列何種材料之導電率γ被訂為100%？ (A)純銀 (B)純鋼 (C)標準軟銅 (D)金。

( ) 4. 有一收音機須用5V電源供應，消耗功率為0.2W，則此收音機的等效輸入電阻為？ (A)1Ω (B)25Ω (C)50Ω (D)125Ω。

( ) 5. 有一抽水馬達輸入功率為600W，若其效率為70%，試求其損失為多少瓦特？ (A)100 (B)180 (C)160 (D)280。

( ) 6. 一般交流電壓表所顯示之數值為？ (A)最大值 (B)峰對峰值 (C)平均值 (D)有效值。

( ) 7. 平衡三相交流系統中，各相電壓的相位相差為？ (A)180° (B)120° (C)60° (D)0°。

( ) 8. 某一原子含有13個質子、15個電子，該原子含電量約為？ (A)6.25×10^{18}庫倫 (B)6.25×10^{-18}庫倫 (C)-3.2×10^{-19}庫倫 (D)$+1.6\times10^{-19}$庫倫。

( ) 9. 如下圖所示之電路，試計算轉換後之等效電流源I_T=？ (A)−4A (B)−2A (C)2A (D)4A。

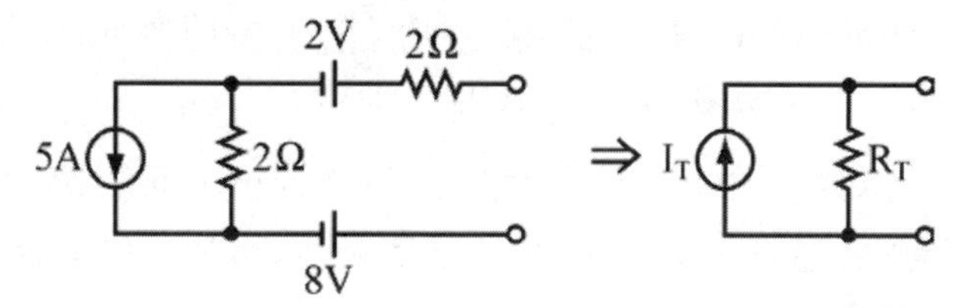

( ) 10. 已知某電容值為50μF，若將其金屬板邊長加倍，距離也加倍，試求其電容量為多少？ (A)12.5μF (B)25μF (C)100μF (D)200μF。

( ) 11. 如圖所示之電路，則流經6Ω之電流為？
(A)10A向右 (B)9A向左
(C)6A向右 (D)6A向左。

( ) 12. 試求圖中A、B兩端點間的等效電阻
(A)10Ω
(B)20Ω
(C)25Ω
(D)36Ω。

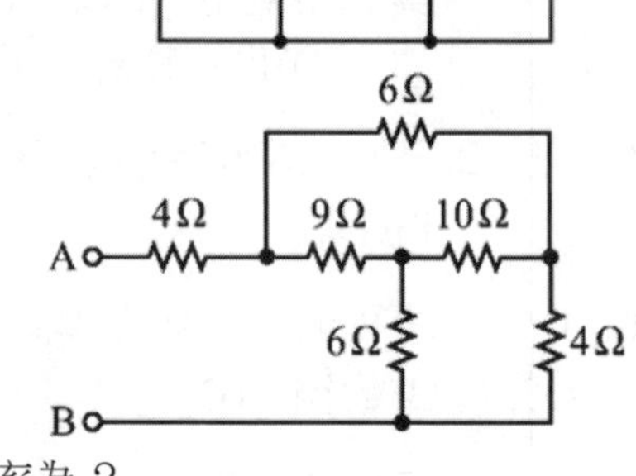

( ) 13. 如下圖所示之電路，8V電池之電功率為？
(A)消耗4W (B)供應4W (C)供應8W (D)消耗8W。

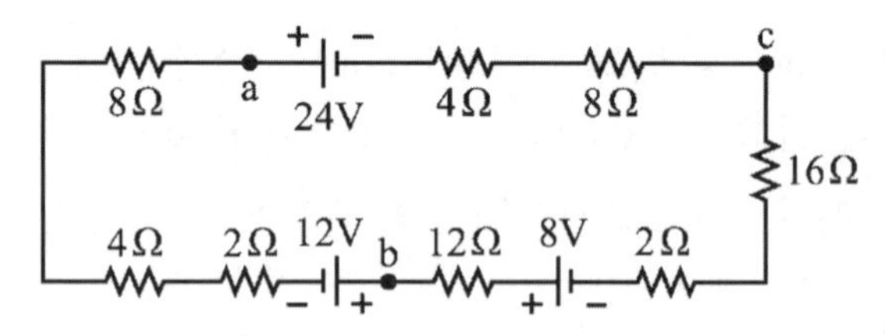

( ) 14. 電壓表可以藉由____電阻來擴大量測範圍，電流表可以藉由____電阻來擴大量測範圍。以上空格應為： (A)串聯、串聯 (B)串聯、並聯 (C)並聯、並聯 (D)並聯、串聯。

( ) 15. 將4個16歐姆電阻並聯接於12V之電壓，下列何者錯誤？ (A)總電阻小於16Ω (B)總消耗功率為36W (C)總阻值為4Ω (D)各分支電流為3A。

( ) 16. 手機在使用4G網路時消耗功率為0.5W，其電池額定5V，1000mAh，在充飽電之情況下手機連接4G網路可連續使用幾小時？ (A)10 (B)6 (C)2 (D)4。

( ) 17. 已知電木的介質強度為130KV/cm，面對高電壓345KV不至於發生絕緣失效的最小距離為多少cm？ (A)3.5 (B)10 (C)11.5 (D)2.65。

(　) 18. 如下圖之電路，若SWON形成充電電路，達穩定狀態後電容兩端電壓為多少伏特？　(A)10　(B)90　(C)40　(D)30。

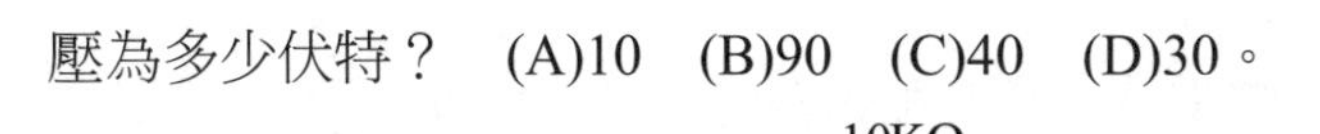

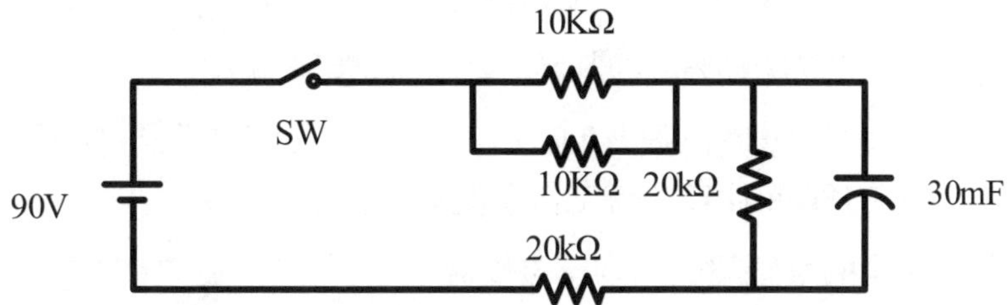

(　) 19. 某單相交流電路，已知負載實功率消耗P＝12KW、虛功率Q＝16KVAR則該電路之功率因數為？　(A)0.6　(B)0.707　(C)1　(D)0.8。

(　) 20. 當RLC串聯電路發生諧振，此時諧振頻率f_0為？

(A)$f_0=\dfrac{1}{2\pi\sqrt{RC}}$　(B)$f_0=\dfrac{1}{2\pi\sqrt{LC}}$　(C)$f_0=\dfrac{\sqrt{RC}}{2\pi}$　(D)$f_0=\dfrac{\sqrt{LC}}{2\pi}$。

(　) 21. 某單相交流電路：V(t)＝120cos(200t－30°)，I(t)＝100sin(200t－30°)相位關係　(A)V超前I 60°　(B)V落後I 90°　(C)V超前I 90°　(D)V落後I 60°。

(　) 22. 如圖之電路，求點Vx電壓？

(A)－14V

(B)14V

(C)28V

(D)－28V。

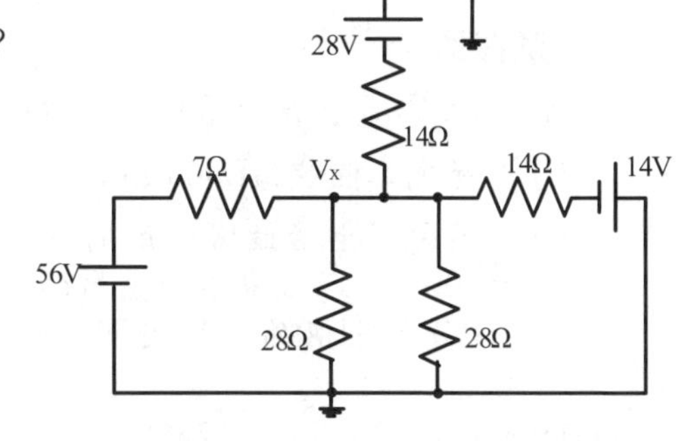

(　) 23. 在一個250匝的線圈上，通以10安培電流產生0.02韋伯之磁通量，則此線圈之電感量為多少亨利？　(A)0.5　(B)5　(C)10　(D)20。

(　) 24. 有一電壓表，內阻為2.5KΩ，滿刻度電流為2mA：欲改接成可測量20V電壓則須多接上電阻多少KΩ　(A)2.5　(B)5　(C)7.5　(D)6。

(　) 25. 皮卡丘在台南遊玩手機沒電需充電時，TPC所供應之電源頻率為？(A)50Hz方波　(B)50Hz三角波　(C)60Hz脈波　(D)60Hz正弦波。

二、填空題

1. 對於一RLC並聯電路，當發生諧振時則電路呈現________性。
2. 一電阻阻值為687±5%，則其5環電阻色碼順序為：________。
3. 銅線在0°C時，溫度係數為0.004，若已知一段銅線電阻0°C時為15Ω，請問電阻變為18Ω時代表此時工作溫度為________°C。
4. 如圖電路中的電感彼此間均無磁耦合，試求其等效電感值為________H。

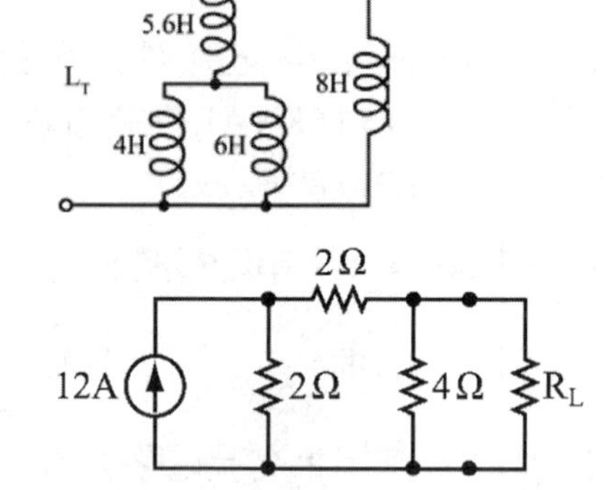

5. 如圖所示，R_L為若干Ω時所得之電功率最大，其最大功率為________W。

2Ω
12A
2Ω
4Ω
R_L

解答及解析

答案標示為 #者，表官方曾公告更正該題答案。

一、選擇題

1.(A)。(A)以電壓表量開路電壓即可判斷插座是否有電，且最安全

2.(B)。發光二極體為Light Emitting Diode，LED

3.(C)。因現實生活最常使用的導電線為軟銅線，故以軟銅訂為導電率100%，題目中不同金屬的導電率為：(A)銀105%，(B)鋼8.4%，(C)軟銅100%，(D)金71.6%

4.(D)。$R=\dfrac{V^2}{P}=\dfrac{5^2}{0.2}=125\Omega$

5.(B)。$P_{損}=P_{入}(1-\eta)=600(1-0.7)=180W$

6.(D)。交流電壓表顯示為有效值

7.(B)。平衡三相的各相電壓相位差固定為120°

8.(C)。質子帶正電，電子帶負電，共帶電−2單位，每單位為1.6×10^{-19}庫倫，故(C)正確

9.(A)。 I_T為負載短路的諾頓電流，利用VI轉換

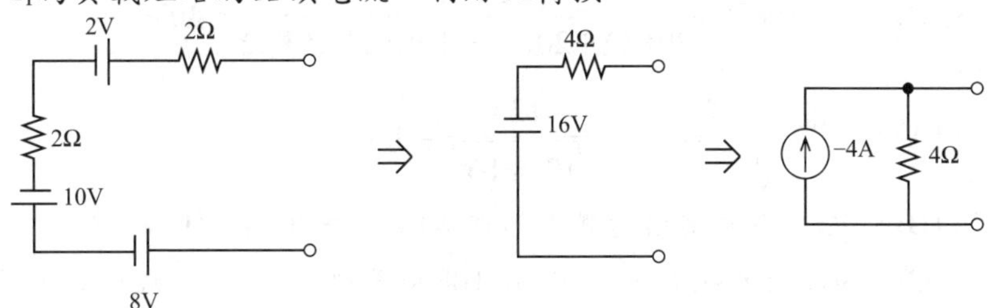

10.(C)。 $C=\in\frac{A}{d}$　$C'=C\times\frac{\frac{A'}{d'}}{\frac{A}{d}}=50\mu F\times\frac{\frac{4A}{2d}}{\frac{A}{d}}=100\mu F$

11.(B)。 用IV轉換

$I_{6\Omega}=\frac{108V-(-54V)}{3\Omega+9\Omega+6\Omega}=\frac{162}{18}=9A$

（由右向左）

12.(A)。 看起來複雜，但9Ω:6Ω=6Ω:4Ω為一平衡電橋，10Ω電阻可忽略

$R_{AB}=4+(6+4)//(9+6)=4+10//15=4+6=10$

13.(A)。 $I=\frac{12V-8V+24V}{(12+2+16+8+4+8+4+2)\Omega}=\frac{28}{56}=0.5A$

電流方向為逆時針，進入8V電池

故$P_{8V}=-0.5A\times 8V=-4W$，消耗4W

14.(B)。 電壓表可藉串聯電阻分壓來擴大量測電壓範圍，電流表可藉並聯電阻分流來擴大量測電流範圍

15.(D)。 並聯後為$R_{總}=4\Omega$

$P_{總}=\frac{V^2}{R_{總}}=\frac{12^2}{4}=36W$　　$I_{分支}=\frac{V}{R}=\frac{12}{16}=0.75A$

16.(A)。 $I=\frac{P}{V}=\frac{0.5W}{5V}=0.1A=100mA$

$T=\frac{1000mAh}{100mA}=10h$

17.(D)。 $d=\frac{345KV}{130^{KV}/_{cm}}=2.65cm$　穩態電容視為開路

18.(C)。 $V_C=90V\times\dfrac{20K\Omega}{20K\Omega+20K\Omega+10K\Omega//10K\Omega}=40V$

19.(A)。 $PF=\dfrac{P}{\sqrt{P^2+Q^2}}=\dfrac{12}{\sqrt{12^2+16^2}}=0.6$

20.(B)。 RLC串聯諧振的諧振頻率與LC諧振相同，(B)正確

21.(C)。 $I(t)=100\sin(200t-30°)=100\cos(200t-120°)$，故V超前I 90°

22.(B)。 用KCL

$$\frac{V_X-56V}{7\Omega}+\frac{V_X}{28\Omega}+\frac{V_X}{28\Omega}+\frac{V_X-(-28)}{14\Omega}+\frac{V_X-(-14V)}{14\Omega}=0$$

$$4V_X-224+V_X+V_X+2V_X+56+2V_X+28=0$$

$$10V_X-140=0\Rightarrow V_X=14V$$

23.(A)。 $L=\dfrac{N\Phi}{I}=\dfrac{250\times0.02}{10}=0.5H$

24.(C)。 $R=\dfrac{20V}{2mA}-2.5K\Omega=7.5K\Omega$

25.(D)。 TPC為Taiwan Power Company，也就是台灣電力公司，不清楚此縮寫仍應知道台電的市電供電為60Hz的正弦波

二、填空題

1.電阻。 諧振時為電阻性

2.藍灰紫黑金。 5環電阻前3環為阻值，第4環次方，最後誤差
$R=687\pm5\%=687\times10^0\pm5\%$
換算得藍灰紫黑金

3.50。 $R'=R(1+\alpha(T_2-T_1))$
$18\Omega=15\Omega[1+0.004(T_2-0°C)]\Rightarrow T_2=50°C$

4.4。 $L=(4//6+5.6)//8=(2.4+5.6)//8=8//8=4H$

5.18。 先求等效電路

$$V_{th}=12A\times\frac{2\Omega}{2\Omega+(2\Omega+4\Omega)}\times4\Omega=12V$$

$$R_{th}=(2+2)//4=4//4=2\Omega$$

$$P_{L,max}=\frac{V_{th}^2}{4R_{th}}=\frac{12^2}{4\times2}=18W$$

107 年台灣菸酒從業評價職位人員

(　) 1. 如圖所示，各電感之間無互感存在，則a、b兩端之總電感值為多少？

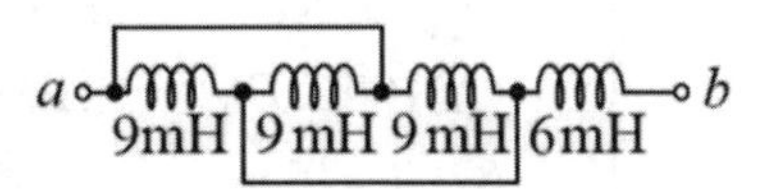

(A)15mH　(B)12mH
(C)9mH　(D)4.5mH。

(　) 2. 如圖所示，若開關S閉合時t=0，則t>0的電流i(t)為何？

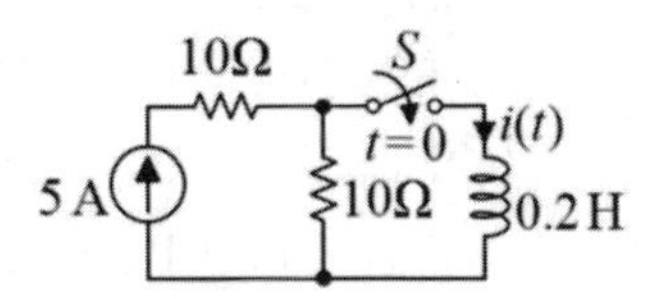

(A)$i(t)=50(1-e^{-50t})A$
(B)$i(t)=5(1-e^{-50t})A$
(C)$i(t)=5e^{-50t}A$
(D)$i(t)=50(1-e^{-t/50})A$。

(　) 3. 霸王級寒流到來，妹妹使用電暖爐，電暖爐之電阻為100Ω，通過電流1A，若使用10分鐘，則該電暖爐產生之熱量為多少卡？
(A)60000卡　(B)14400卡　(C)75000卡　(D)30000卡。

(　) 4. 如圖所示之電路，若$I_2=0A$，則R與I_1分別為何？

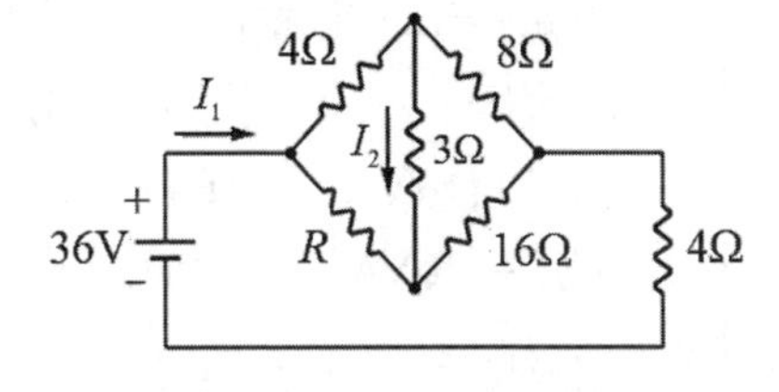

(A)$R=6Ω$，$I_1=5A$
(B)$R=6Ω$，$I_1=3A$
(C)$R=8Ω$，$I_1=3A$
(D)$R=8Ω$，$I_1=5A$。

(　) 5. 如圖所示電路，求電流I為多少安培？

(A)1A
(B)2A
(C)1.5A
(D)3A。

(　) 6. 如圖所示，R_{ab}為多少歐姆？

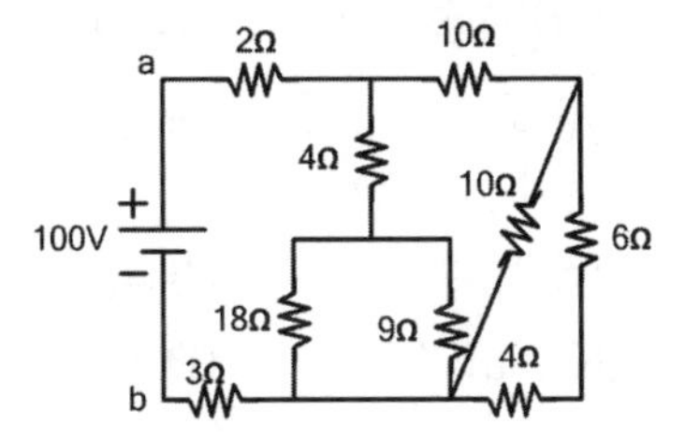

(A)5Ω
(B)11Ω
(C)18Ω
(D)8Ω。

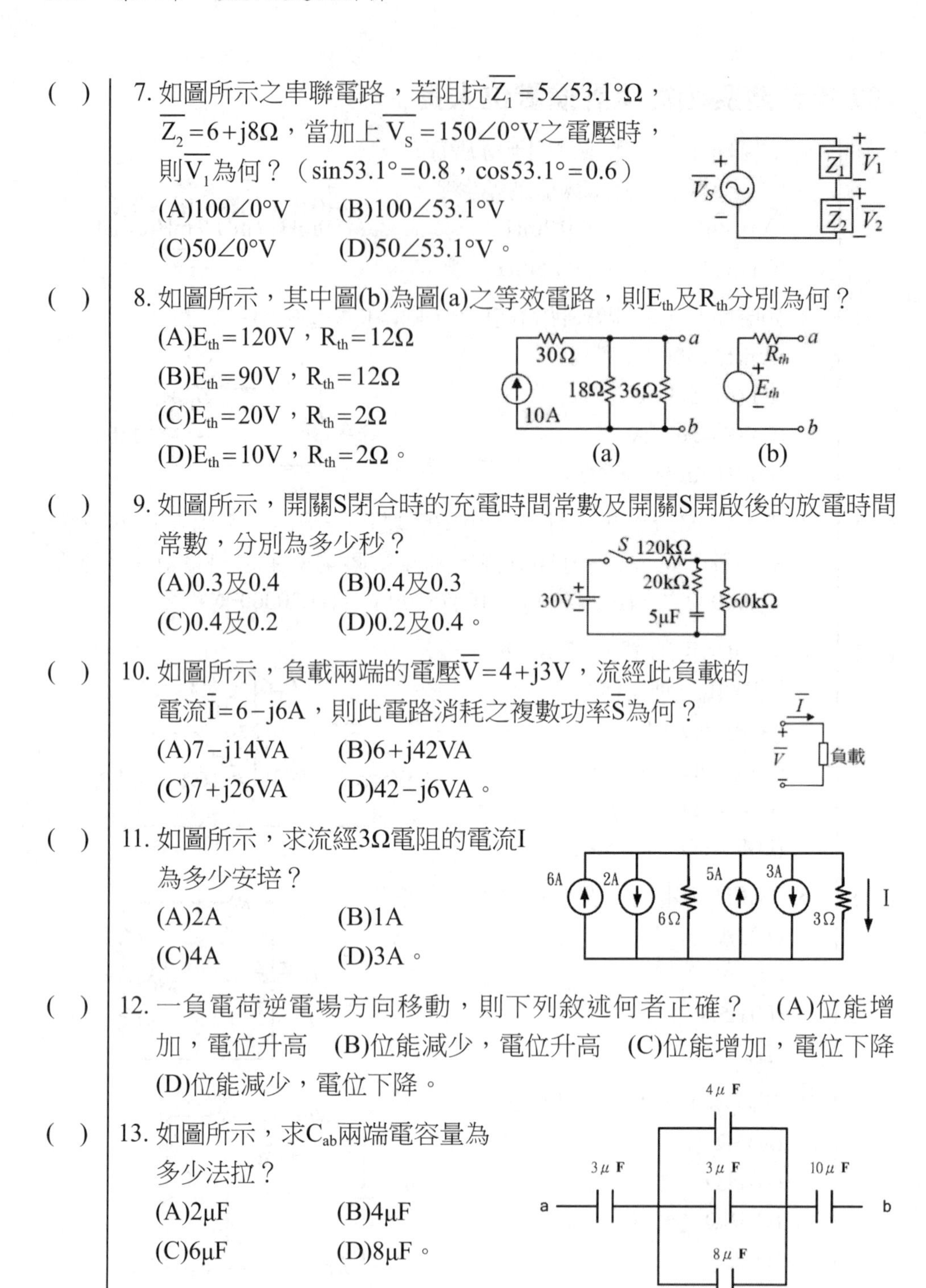

( ) 7. 如圖所示之串聯電路，若阻抗$\overline{Z_1}=5\angle 53.1°\Omega$，$\overline{Z_2}=6+j8\Omega$，當加上$\overline{V_S}=150\angle 0°V$之電壓時，則$\overline{V_1}$為何？（$\sin 53.1°=0.8$，$\cos 53.1°=0.6$）
(A)$100\angle 0°V$ (B)$100\angle 53.1°V$
(C)$50\angle 0°V$ (D)$50\angle 53.1°V$。

( ) 8. 如圖所示，其中圖(b)為圖(a)之等效電路，則E_{th}及R_{th}分別為何？
(A)$E_{th}=120V$，$R_{th}=12\Omega$
(B)$E_{th}=90V$，$R_{th}=12\Omega$
(C)$E_{th}=20V$，$R_{th}=2\Omega$
(D)$E_{th}=10V$，$R_{th}=2\Omega$。

( ) 9. 如圖所示，開關S閉合時的充電時間常數及開關S開啟後的放電時間常數，分別為多少秒？
(A)0.3及0.4 (B)0.4及0.3
(C)0.4及0.2 (D)0.2及0.4。

( ) 10. 如圖所示，負載兩端的電壓$\overline{V}=4+j3V$，流經此負載的電流$\overline{I}=6-j6A$，則此電路消耗之複數功率$\overline{S}$為何？
(A)$7-j14VA$ (B)$6+j42VA$
(C)$7+j26VA$ (D)$42-j6VA$。

( ) 11. 如圖所示，求流經3Ω電阻的電流I為多少安培？
(A)2A (B)1A
(C)4A (D)3A。

( ) 12. 一負電荷逆電場方向移動，則下列敘述何者正確？ (A)位能增加，電位升高 (B)位能減少，電位升高 (C)位能增加，電位下降 (D)位能減少，電位下降。

( ) 13. 如圖所示，求C_{ab}兩端電容量為多少法拉？
(A)2μF (B)4μF
(C)6μF (D)8μF。

( ) 14. 如圖所示電路，在t=0+時，開關S閉合瞬間，此時電流I為多少安培？
(A)5A
(B)10A
(C)15A
(D)20A。

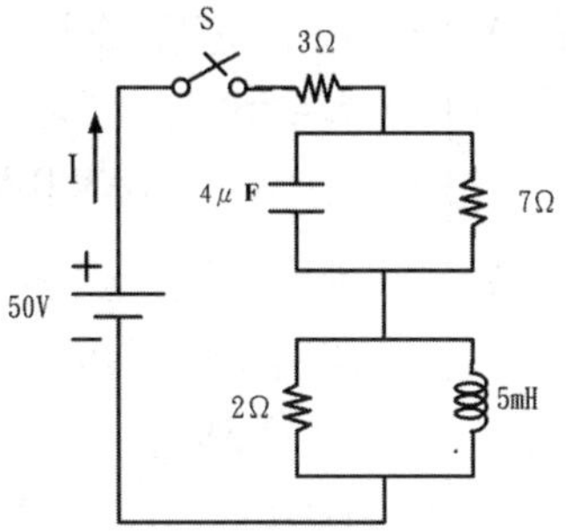

( ) 15. 如圖所示，R_L可得之最大功率為何？
(A)4W
(B)8W
(C)12W
(D)16W。

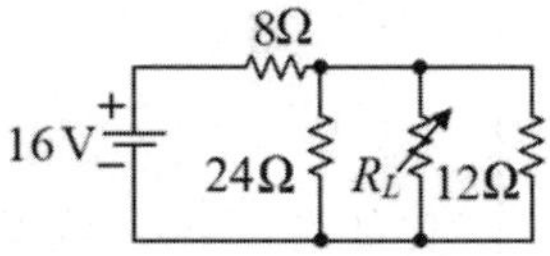

( ) 16. 如圖所示，電路中R_L=3Ω處所消耗之功率為何？
(A)8W
(B)12W
(C)24W
(D)36W。

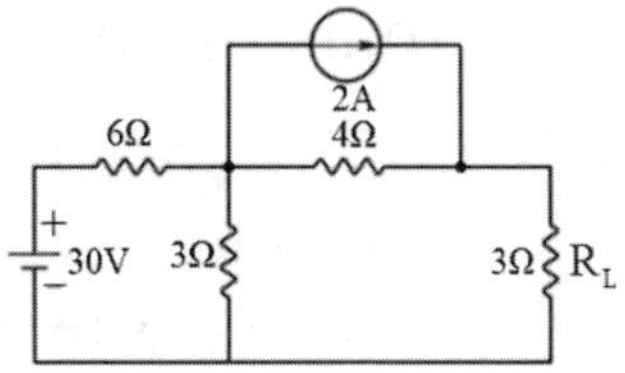

( ) 17. 如圖所示之電路，若V_C=10V，則R_L約為多少？
(A)2Ω
(B)3Ω
(C)4Ω
(D)5Ω。

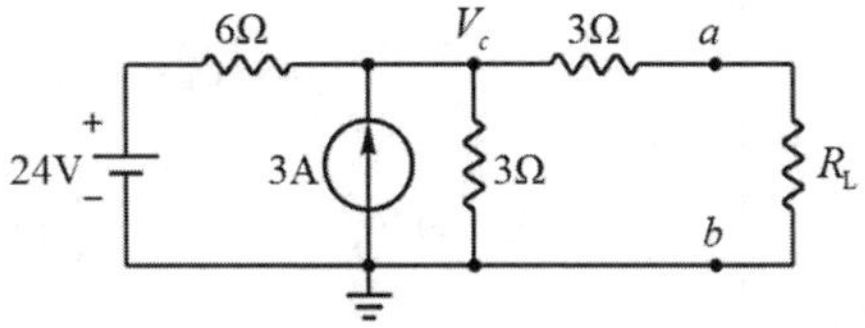

( ) 18. 匝數分別為800匝和1000匝的X線圈與Y線圈，若X線圈通過5A電流時，產生4×10^{-4}Wb磁通量，其中80%交鏈至Y線圈，則X線圈自感L及兩線圈互感M分別為何？　(A)L=72mH，M=64mH　(B)L=64mH，M=64mH　(C)L=40mH，M=70mH　(D)L=40mH，M=72mH。

( ) 19. 外接電流源$\overline{I_S}=5\angle 0°$A的RLC並聯電路中，電阻R＝20Ω，電感L＝5mH，電容C＝10μF。當發生諧振時，該電路平均消耗功率約為多少？ (A)80W (B)100W (C)160W (D)500W。

( ) 20. 如圖所示為電壓v(t)之週期性波形，其平均值為何？

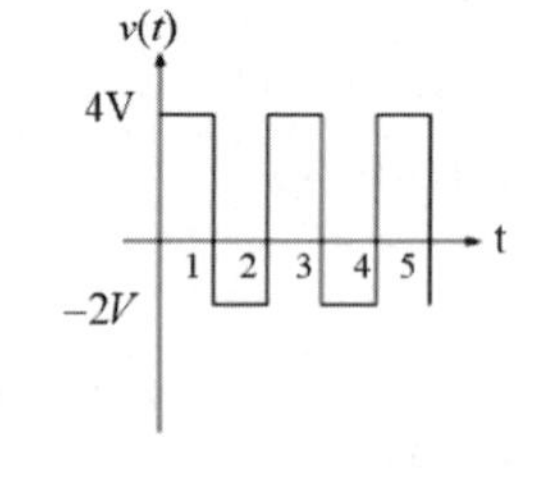

(A)0.5V

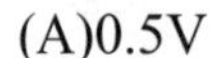

(B)1V

(C)1.5V

(D)2V。

( ) 21. 如圖所示，總阻抗為多少歐姆？

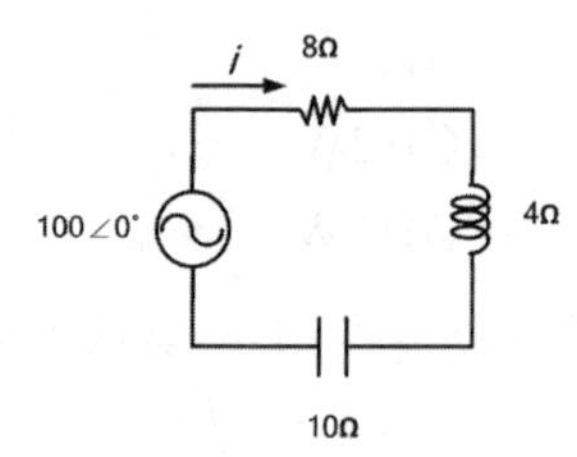

(A)$8\angle 0°$Ω

(B)$10\angle 0°$Ω

(C)$8\angle -37°$Ω

(D)$10\angle -37°$Ω。

( ) 22. 如下圖所示之1ϕ2W與1ϕ3W供電系統，其中每一配電線路的等效電阻為r，單一負載皆為1kW。若1ϕ2W系統供電之配電線路損失為P_{2W}，1ϕ3W系統供電之配電線路損失為P_{3W}，則下列敘述何者正確？ (A)$P_{3W}=0.5P_{2W}$ (B)$P_{3W}=3P_{2W}$ (C)$P_{3W}=4P_{2W}$ (D)$P_{3W}=0.25P_{2W}$。

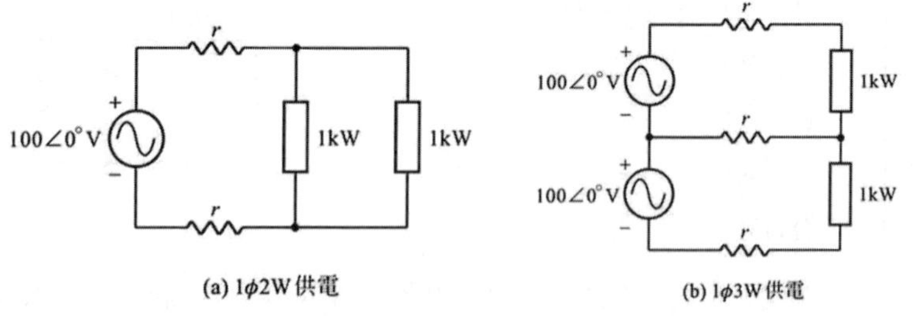

(a) 1ϕ2W供電 (b) 1ϕ3W供電

( ) 23. 三相平衡Y接電源系統，n為中性點，若線電壓分別為$\overline{V}_{ab}=220\sqrt{3}\angle 0°$V、$\overline{V}_{bc}=220\sqrt{3}\angle 12°$V及$\overline{V}_{ca}=220\sqrt{3}\angle -120°$V，下列有關相電壓之敘述，何者正確？

(A)$\overline{V_{an}}=220\angle 0°$V (B)$\overline{V_{cn}}=220\sqrt{3}\angle -150°$V

(C)$\overline{V_{bn}}=220\angle 90°$V (D)$\overline{V_{cn}}=220\angle 90°$V。

( ) 24. 改善功率因數之優點的敘述，下列何者錯誤？ (A)節省電力費用 (B)增加線路電流 (C)減少線路電力負荷 (D)增加系統供應容量。

( ) 25. 若a、b兩點間之電位差為50V，b點對地之電位是80V，則a點對地之電位為多少伏特？ (A)30V (B)40V (C)130V (D)140V。

( ) 26. 有一交流電路，已知$\overline{V}=100\angle 0°$(V)，$\overline{I}=10\angle -60°$(A)，求平均功率(P)為何？ (A)1000W (B)866.7W (C)750W (D)500W。

( ) 27. 如下圖所示，a、b兩端的電壓為$v_{ab}(t)$，則下列敘述何者正確？
(A)$v_{ab}(5)=5$mV (B)$v_{ab}(3)=2.5$mV (C)$v_{ab}(1)=1.25$mV (D)$v_{ab}(9)=-5$mV。

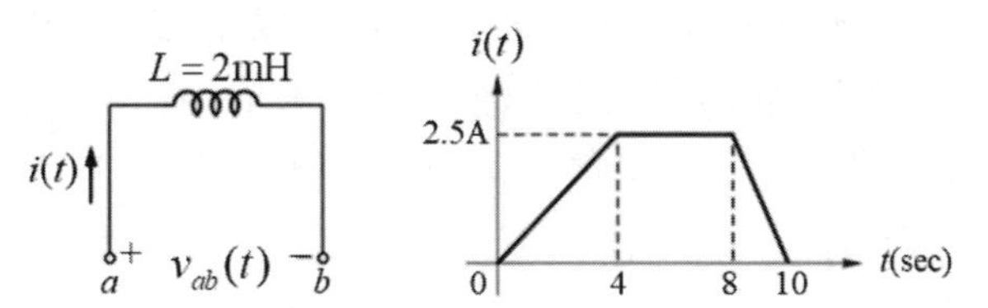

( ) 28. 如圖所示，若電壓源E=96V，$R_1=6\Omega$，$R_2=3\Omega$，L=5mH，開關SW閉合時為t=0，請問t>0之$i_L(t)$為何？
(A)$8(1-e^{-400t})$ (B)$8e^{-400t}$A
(C)$16e^{-400t}$A (D)$16(1-e^{-400t})$A。

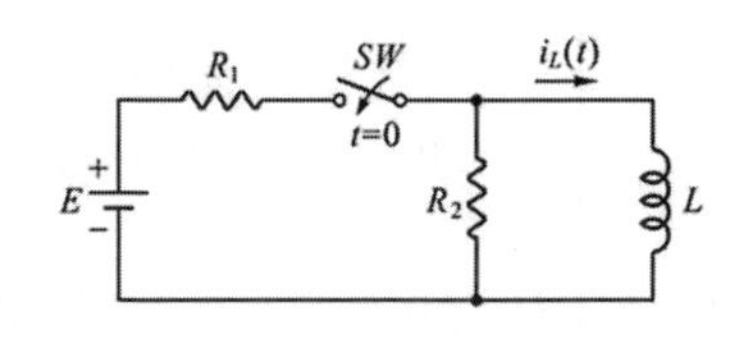

( ) 29. 如圖所示之電路，試求節點電壓V_a為何？
(A)6V (B)3V
(C)2V (D)1V。

( ) 30. 如圖所示之RLC串並聯交流電路，試問下列敘述何者正確？
(A)流經電感器的電流$\overline{I_L}=2\angle 90°$A
(B)a、b兩端電壓$\overline{V}_{ab}=7.2\angle 53.1°$V
(C)電源電流$\overline{I}=2.4\angle -36.9°$A
(D)總阻抗$\overline{Z}=\infty\Omega$。

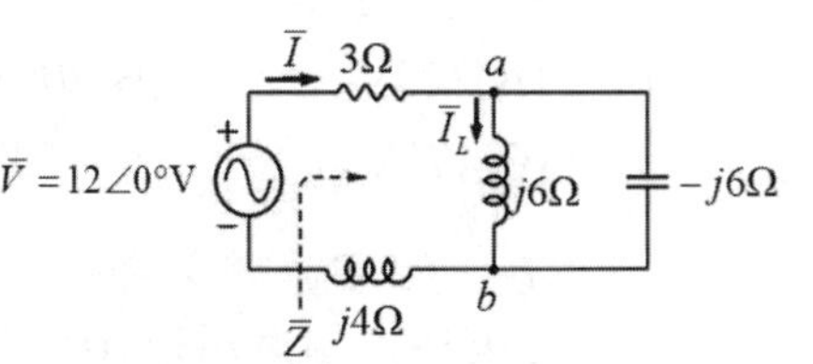

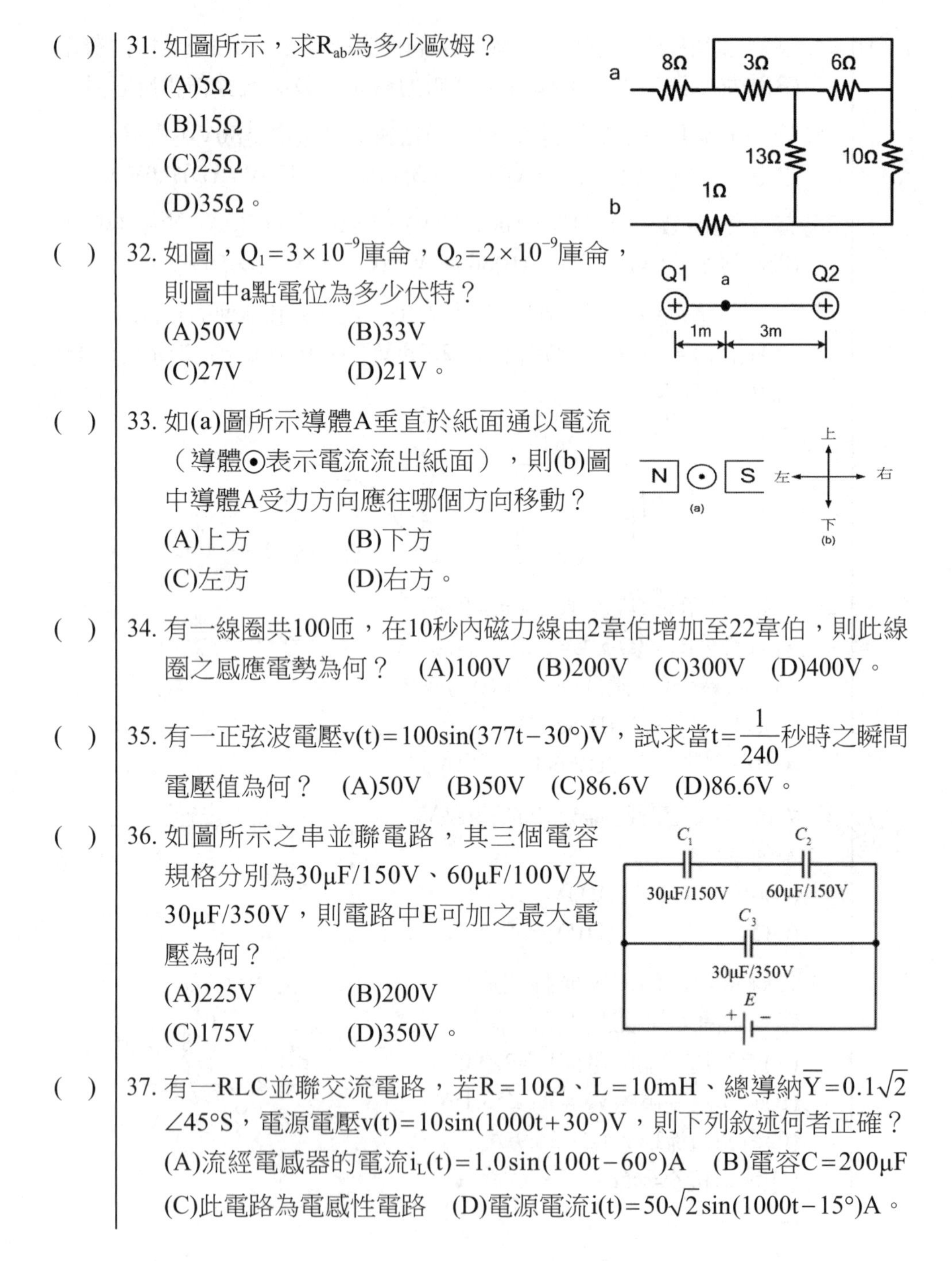

(　) 31. 如圖所示，求R_{ab}為多少歐姆？
(A)5Ω
(B)15Ω
(C)25Ω
(D)35Ω。

(　) 32. 如圖，$Q_1=3\times10^{-9}$庫侖，$Q_2=2\times10^{-9}$庫侖，則圖中a點電位為多少伏特？
(A)50V　(B)33V
(C)27V　(D)21V。

(　) 33. 如(a)圖所示導體A垂直於紙面通以電流（導體⊙表示電流流出紙面），則(b)圖中導體A受力方向應往哪個方向移動？
(A)上方　(B)下方
(C)左方　(D)右方。

(　) 34. 有一線圈共100匝，在10秒內磁力線由2韋伯增加至22韋伯，則此線圈之感應電勢為何？　(A)100V　(B)200V　(C)300V　(D)400V。

(　) 35. 有一正弦波電壓$v(t)=100\sin(377t-30°)$V，試求當$t=\frac{1}{240}$秒時之瞬間電壓值為何？　(A)50V　(B)50V　(C)86.6V　(D)86.6V。

(　) 36. 如圖所示之串並聯電路，其三個電容規格分別為30μF/150V、60μF/100V及30μF/350V，則電路中E可加之最大電壓為何？
(A)225V　(B)200V
(C)175V　(D)350V。

(　) 37. 有一RLC並聯交流電路，若R＝10Ω、L＝10mH、總導納$\overline{Y}=0.1\sqrt{2}\angle45°$S，電源電壓$v(t)=10\sin(1000t+30°)$V，則下列敘述何者正確？
(A)流經電感器的電流$i_L(t)=1.0\sin(100t-60°)$A　(B)電容C＝200μF
(C)此電路為電感性電路　(D)電源電流$i(t)=50\sqrt{2}\sin(1000t-15°)$A。

( ) 38. 某地有一套額定400kW的太陽能發電設備，太陽能設備平均每日以額定容量發電6小時，一部額定600kW的風力發電機，風力發電機平均每日以額定容量運轉8小時。假設1度電的經濟效益為5元，每月平均運轉25天，則每月可獲得的經濟效益為多少元？ (A)450000元　(B)900000元　(C)925000元　(D)960000元。

( ) 39. 如圖所示之電路，試求節點電壓V_a為何？
(A)13V　(B)12V
(C)9V　(D)5V。

( ) 40. 求圖中a、b兩點之電壓為多少伏特？
(A)7V　(B)12V
(C)42V　(D)48V。

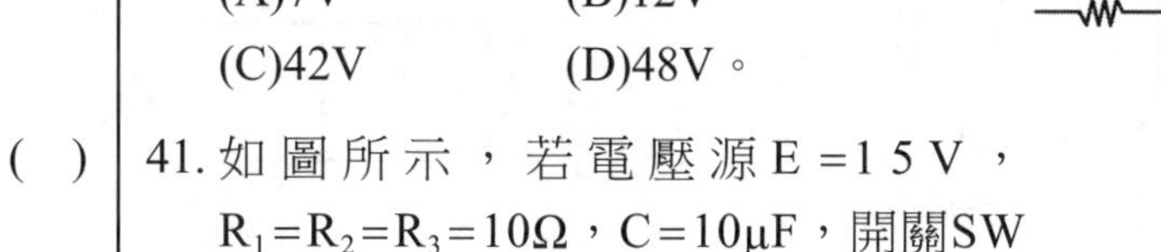

( ) 41. 如圖所示，若電壓源E＝15V，$R_1=R_2=R_3=10\Omega$，C＝10μF，開關SW打開時為t＝0，則下列敘述何者錯誤？

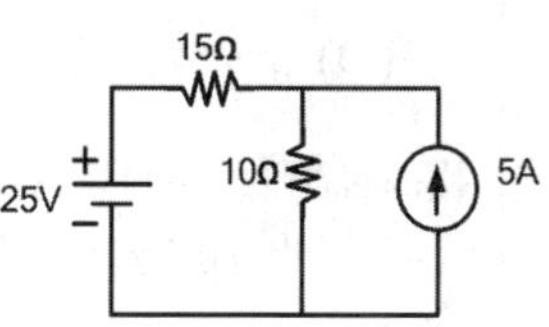

(A)t>0之電路時間常數τ＝0.15ms
(B)t＝0電容器的電壓為零
(C)開關打開後電路達穩態時電容器C電壓大小為7.5V
(D)電路達穩態後，有0.5A電流流過電容器C。

( ) 42. 如圖所示，求流經10Ω電阻兩端的電壓為多少伏特？
(A)10V
(B)20V
(C)30V
(D)40V。

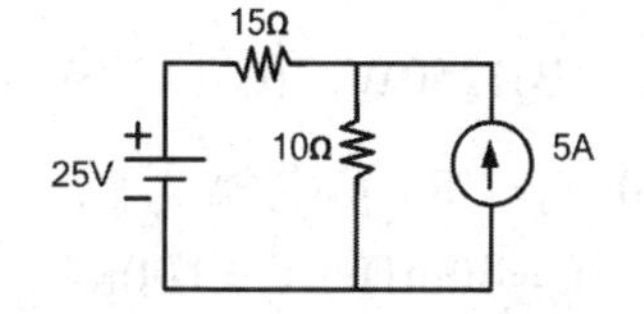

( ) 43. 有關磁力線的敘述，下列何者錯誤？ (A)磁力線為一封閉曲線 (B)磁力線永不相交 (C)磁鐵內部由N→S (D)韋伯是磁力線單位中的一種。

( ) 44. 某三相，220V，60Hz感應電動機，消耗功率為15kW，功率因數為0.6滯後，若要改善功率因數到1.0，則需要並聯多少kVAR的電容器？ (A)20kVAR　(B)10kVAR　(C)15kVAR　(D)5kVAR。

( ) 45. 單相二線制供給兩並聯平衡負載，若其線路損失為P，今若將改為單相三線制供給負載，仍得相同功率時，則單相三線制供電時的線路損失應為多少？ (A)4P (B)2P (C)P/2 (D)P/4。

( ) 46. 如圖所示之三相平衡電路，若電源線對線電壓有效值為$200\sqrt{3}$V，負載阻抗$\overline{Z_L}=6+j8\Omega$，則三相負載的總平均功率為何？

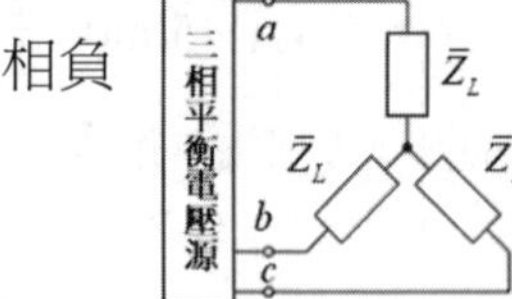

(A)9.6kW (B)7.2kW
(C)6.4kW (D)3.2kW。

( ) 47. 如圖所示之電路，若調整負載電阻R_L以獲得負載最大功率P_{max}，則發生最大功率轉移時的R_L及P_{max}分別為何？

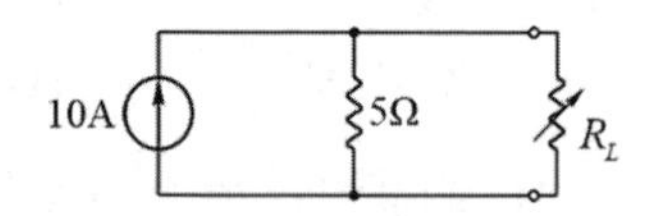

(A)$R_L=2\Omega$，$P_{max}=50W$
(B)$R_L=10\Omega$，$P_{max}=125W$
(C)$R_L=5\Omega$，$P_{max}=50W$
(D)$R_L=5\Omega$，$P_{max}=125W$。

( ) 48. 兩電壓$v_1(t)=100\sqrt{2}\sin(377t+30°)$V及$v_2(t)=10\sqrt{2}\cos(377t-60°)$V，下列有關該兩電壓相位關係的敘述，何者正確？ (A)v_2的相位角與v_1同相 (B)v_2的相位角超前v_1為90° (C)v_2的相位角落後v_1為90° (D)v_2的相位角落後v_1為60°。

( ) 49. 有一額定為220V、6400W之電熱器線，若將這電熱器線的長度剪去$\frac{1}{5}$後，接到110V之電源上，則其消耗功率為何？ (A)800W (B)1250W (C)1600W (D)2000W。

( ) 50. 有一RLC串聯電路，若電源電壓有效值V=110V、R=5Ω、L=40mH、C=100μF，試求電路諧振時，電容器兩端的電壓為多少？ (A)440V (B)220V (C)110V (D)55V。

解答及解析 答案標示為#者，表官方曾公告更正該題答案。

1.(C)。三個9mH電感實際上並聯
$L_{ab}=9//9//9+6=3+6=9mH$

2.(B)。閉合時$i(0)=0A$，穩態時$i(\infty)=5A$
$\tau=\frac{L}{R}=\frac{0.2}{10}=\frac{1}{50}sec$
$I(t)=i(\infty)+[i(0)-i(\infty)]e^{-\frac{t}{\tau}}=5-5e^{-50t}A$

3.(B)。$W=Pt=I^2Rt=1^2\times100\times10分\times60^{秒}/_{分}=60000焦耳=\frac{60000}{4.18}卡$
$\simeq14354卡$，選(B)

4.(C)。$I_2=0A$，表示電橋平衡
$\frac{4}{8}=\frac{R}{16}\Rightarrow R=8\Omega$
$I_1=\frac{36}{(4+8)//(8+16)+4}=\frac{36}{12//24+4}=\frac{36}{8+4}=3A$

5.(A)。平衡電橋，中間2Ω可忽略
$I=\frac{9}{4.5+(3+6)//(3+6)}=\frac{9}{4.5+9//9}=\frac{9}{4.5+4.5}=1A$

6.(B)。$R_{ab}=[(4+6)//10+10]//[(18//9+4]+2+3$
$=[10//10+10]//[6+4]+5$
$=15//10+5=6+5=11\Omega$

7.(C)。$\overline{V_1}=\overline{V_S}\times\frac{\overline{Z_1}}{\overline{Z_1}+\overline{Z_2}}=150\angle0^\circ\times\frac{5\angle53^\circ}{5\angle53^\circ+6+j8}$
$=150\angle0^\circ\frac{3+j4}{3+j4+6+j8}=150\angle0^\circ\frac{3+j4}{9+j12}=50\angle0^\circ V$

8.(A)。$E_{th}=10A\times(18\Omega//36\Omega)=120V$
$R_{th}=18//36=12\Omega$

9.(A)。$\tau_{閉}=(120k//60k+20k)\times5\mu=60\times10^3\times5\times10^{-6}=0.3秒$
$\tau_{開}=(60k+20k)\times5\mu=80\times10^3\times5\times10^{-6}=0.4秒$

10.(B)。$\overline{S}=\overline{V}\,\overline{I}^*=(4+j3)(6+j6)=24-18+j(18+24)=(6+j42)VA$

11.(C)。 $I_{3\Omega}=(6-2+5-3)A\times\dfrac{6\Omega}{6\Omega+3\Omega}=6\times\dfrac{6}{9}=4A$

12.(B)。 逆電場故電位升高，負電荷則位能減少

13.(A)。 $C_{ab}=3//(4+3+8)//10=3//15//10=3//6=2\mu F$

14.(B)。 閉合瞬間，電容視為短路，電感視為開路

$$I=\frac{50V}{3\Omega+(7//0)\Omega+2\Omega}=\frac{50}{3+2}=10A$$

15.(A)。 除R_L，其餘取等效電路

$$V_{th}=\frac{24\Omega//12\Omega}{8\Omega+24\Omega//12\Omega}=8V$$

$R_{th}=8//24//12=4$

$$P_L=\frac{{V_{th}}^2}{4R_{th}}=\frac{8^2}{4\times4}=4W$$

16.(B)。 除R_L外，取等效電路

$$V_{th}=30V\times\frac{3\Omega}{6\Omega+3\Omega}+2A\times4=18V$$

$R_{th}=6//3+4=6\Omega$

$$I_L=\frac{V_{th}}{R_{th}+R_L}=\frac{18V}{6\Omega+3\Omega}=2A$$

$P_L={I_L}^2\times R_L=2^2\times3=12W$

17.(A)。 利用KCL

$$\frac{10V-24V}{6\Omega}-3+\frac{10V}{3\Omega}+\frac{10V}{3\Omega+R_L}=0$$

$$\frac{-7}{3}-3+\frac{10}{3}+\frac{10}{3+R_L}=0$$

$R_L=2\Omega$

18.(B)。 $L=\dfrac{N\Phi}{I}=\dfrac{800\times4\times10^{-4}}{5}=0.064H=64mH$

$$M=\frac{1000\times0.8\times4\times10^{-4}}{5}=64mH$$

19.(D)。 諧振時，$Z=R=20\Omega$，$P=I^2R=5^2\times20=500W$

20.(B)。 $V_{av}=\dfrac{4+(-2)}{2}=1V$

21.(D)。 $Z=8+j4-j10=8-j6=10\angle-37°\Omega$

22.(D)。 在$1\phi2W$系統中，有兩負載，電流設為2I
在$1\phi3W$系統中，負載分由不同線路供電
電流設為I
$P_{2W}=(2I)^2r+(2I)^2r=8I^2r$
$P_{3W}=I^2r+I^2r=2I^2r$（中性線電流為零）
故$P_{3W}=0.25P_{2W}$

23.(C)。 依題意，相位關係如圖
$V_{an}=220\angle30°$
$V_{bn}=220\angle150°$
$V_{cn}=220\angle270°=220\angle-90°$
本題似無選項可對應

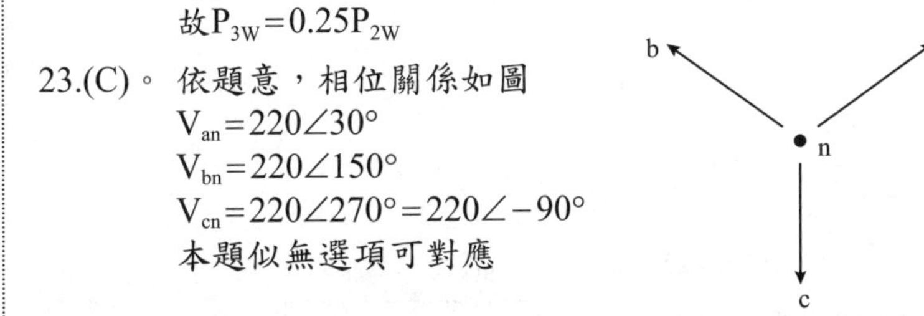

24.(B)。 (B)改善功率因數可減少線路電流，減少損耗，(A)(C)(D)正確

25.(C)。 $V_{a地}=V_{ab}+V_{b地}=50+80=130V$

26.(D)。 $P=IV\cos\theta=10\times100\times\cos(-60°)=500W$

27.(C)。 $V_L=L\dfrac{di}{dt}$

(1)t=0～4秒間　$V_{ab}=2\times10^{-3}\times\dfrac{2.5}{4}=1.25mV$

(2)t=4～8秒間　$V_{ab}=2\times10^{-3}\times\dfrac{2.5-2.5}{8-4}=0$

(3)t=8～10秒間　$V_{ab}=2\times10^{-3}\times\dfrac{0-2.5}{10-8}=-2.5mV$

故(C)$V_{ab}(1)=1.25mV$正確

28.(D)。 $i_L(0)=0A$

$i_L(\infty)=\dfrac{E}{R_1}=\dfrac{96}{6}=16A$

$\tau=\dfrac{L}{R}=\dfrac{L}{R_1//R_2}=\dfrac{5\times10^{-3}}{6//3}=2.5\times10^{-3}S$

$i_L(t)=i_L(\infty)+[i_L(0)-i_L(\infty)]\,e^{-\frac{t}{\tau}}=16+(0-16)e^{-400t}=16(1-e^{-400t})A$

29.(B)。 左側節點設節點電壓V_b

$$\begin{cases}-1+\dfrac{V_b}{2}+\dfrac{V_b-2-V_a}{1}=0\\ \dfrac{V_a+2-V_b}{1}+\dfrac{V_a}{3}=0\end{cases}$$

$$\begin{cases}-2+V_b+2V_b-4-2V_a=0\\ 3V_a+6-3V_b+V_a-6=0\end{cases}$$

$$\begin{cases}2V_a-3V_b=-6\\ 4V_a-3V_b=0\end{cases}$$

$$\Rightarrow\begin{cases}V_a=3V\\ V_b=4V\end{cases}$$

30.(D)。 $\overline{Z}=3+j6//(-j6)+j4=\infty\Omega$

31.(B)。 3Ω和6Ω電阻並聯

$R_{ab}=8+10//(3//6+13)+1$
$=8+10//(2+13)+1$
$=8+6+1$
$=15\Omega$

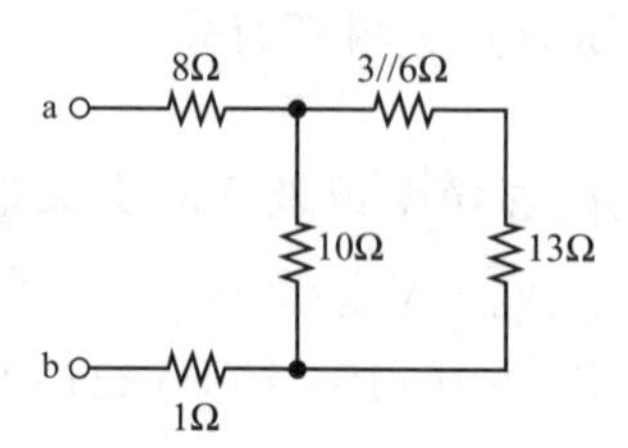

32.(B)。 $V=k\dfrac{Q}{R}=9\times10^9\times\dfrac{3\times10^{-9}}{1}+9\times10^9\times\dfrac{2\times10^{-9}}{3}=27+6=33V$

33.(A)。 由右手開掌法則，大拇指出紙面，四指由N向S，掌心為受力方向，往上

34.(B)。 $V=N\dfrac{d\Phi}{dt}=100\times\dfrac{22-2}{10}=200V$

35.(C)。 $V\left(t=\dfrac{1}{240}\right)=100\sin(377\times\dfrac{1}{240}-30°)$

$$=100\sin(\frac{120\pi}{240}-\frac{\pi}{6})=100\sin(\frac{\pi}{3})=100\times\frac{\sqrt{3}}{2}=86.6V$$

36.(A)。 C_3耐壓比C_1及C_2相加都高，可不考慮

C_1電容量僅C_2的一半，故C_1充滿電時，$V_{C_2}=150\times\dfrac{1}{2}=75V$

最大電壓$E=150+75=225V$

註：題目文字與圖片說明的C_2耐壓不同，但不影響答案

37.(B)。 $\omega=1000\,{}^{rad}/_{s}$

$$\overline{Y}=\frac{1}{R}+\frac{1}{j\omega L}+j\omega C$$

$$=\frac{1}{10}-j\frac{1}{1000\times10\times10^{-3}}+j\omega C$$

$$=0.1+j(\omega C-0.1)$$

由 $\overline{Y}=0.1\sqrt{2}\angle45°=0.1+j0.1$

對照可得　$\omega C-0.1=0.1$（電容性）

$$C=\frac{0.2}{1000}=0.2\times10^{-3}=200\mu F$$

$$i_L=V(t)\cdot\frac{1}{j\omega L}=10\angle30°\times\frac{1}{1000\times10\times10^{-3}\angle90°}=1\angle-60°$$

$$i_L(t)=1\sin(1000t-60°)A$$

$$i(t)=V\cdot\overline{Y}=\sqrt{2}\sin(1000t+75°)A$$

38.(B)。 發電 $(400kW\times6+600kW\times8)\times25=180000kW\cdot$時$=180000$度

效益 $=180000\times5=900000$元

39.(A)。 取3V電壓源兩側節點為超節點

$$\frac{V_a-18}{3}+\frac{V_a}{24}+\frac{V_a}{8}+\frac{V_a-3}{5}+\frac{V_a-3}{20}-3=0$$

$$4V_a-72+2V_a+3V_a-9=36$$

$$9V_a=117\Rightarrow V_a=13V$$

40.(C)。 $V_{6\Omega}=1A\times6=6V$

$$I_{總}=\frac{6V}{6\Omega}+\frac{6V}{3\Omega}+\frac{6V}{2\Omega}=6A$$

$$V_{ab}=6A\times2\Omega+1A\times6\Omega+6A\times4\Omega=42V$$

41.(D)。 (D)穩態時，電容電流為零

42.(D)。 $\frac{V_X-25V}{15\Omega}+\frac{V_X}{10\Omega}-5=0\Rightarrow V_X=40V$

43.(C)。 (C)磁鐵外部由 $N\rightarrow S$，磁鐵內部由 $S\rightarrow N$

44.(A)。 $PF=\cos\theta=0.6\Rightarrow\theta=53°$

$$Q=P\tan53°=15K\times\frac{4}{3}=20K\ VAR$$

45.(D)。 此題類似第22題，選(D)

46.(B)。 $P_{總}=3\cdot\frac{V_{相}{}^2}{|Z|^2}\cdot R=3\times\frac{200^2}{6^2+8^2}\times 6=7200W=7.2kW$

47.(D)。 $R_L=5\Omega$

$$P_{L,max}=\frac{1}{4}I^2R=\frac{1}{4}\times 10^2\times 5=125W$$

48.(A)。 $V_1(t)=100\cos(377t-60°)V$
故V_1與V_2同相

49.(D)。 $R'=\frac{4}{5}R$

由$P=\frac{V^2}{R}$

$$\frac{6400W}{\frac{220^2}{R}}=\frac{P'}{\frac{110^2}{\frac{4}{5}R}}\Rightarrow P'=2000W$$

50.(A)。 $\omega_0=\frac{1}{\sqrt{LC}}=\frac{1}{\sqrt{40\times10^{-3}\times100\times10^{-6}}}=500\,{}^{rad}/_{S}$

$$I=\frac{V}{R}=\frac{110}{5}=22A$$

$$V_C=I\frac{1}{\omega C}=22\times\frac{1}{500\times100\times10^{-6}}=440V$$

107 年桃園捷運新進人員

( ) 1. 若互斥-或（XOR）以⊕來表示，下列敘述何者為真？
(A)$x\oplus 0=x'$ (B)$x\oplus x=1$ (C)$x\oplus x'=1$ (D)$x\oplus 1=x$。

( ) 2. 為了減少量測誤差，下列敘述何者為真？ (A)電壓錶（voltmeters）必須有低的內電阻，電流錶（ammeters）必須有高的內電阻 (B)電壓錶（voltmeters）必須有高的內電阻，電流錶（ammeters）必須有低的內電阻 (C)電壓錶（voltmeters）和電流錶（ammeters）都必須有低的內電阻 (D)電壓錶（voltmeters）和電流錶（ammeters）都必須有高的內電阻。

( ) 3. 若將一導體的截面積加倍 (A)電阻加倍 (B)電阻減半 (C)電阻增加4倍 (D)電阻為原來電阻1/4。

( ) 4. 場效電晶體（FieldEffectTransistor）為： (A)四端元件 (B)三端元件 (C)二端元件 (D)一端元件。

( ) 5. 稽納（Zener）二極體一般作為： (A)升壓元件 (B)降壓元件 (C)穩壓元件 (D)變頻元件。

( ) 6. 在不同數位積體電路商中，CMOS通常使用在： (A)低功率消耗的系統 (B)高速的運算系統 (C)高功率消耗的系統 (D)低速的運算系統。

( ) 7. 用於時脈序向電路的正反器（flip-flop）元件是： (A)電容元件 (B)反向元件 (C)儲存元件 (D)計時器。

( ) 8. 若一系統輸入功率為50瓦（watts），輸出功率為20瓦（watts），則此系統效率為： (A)20% (B)25% (C)40% (D)50%

( ) 9. 如果有一顆電阻的色帶（碼）依序為棕、紅、橘、金則代表下列哪顆電阻？ (A)12kΩ±10% (B)12kΩ±5% (C)1.2kΩ±10% (D)1.2kΩ±5%。

( ) 10. 若具有帶電量0.16庫倫（coulombs）通過一電線64毫秒（ms）的電流為多少安培（ampers）？ (A)2.5安培 (B)5安培 (C)10安培 (D)20安培。

( ) 11. 若有一電路含V_{CC}電壓源、一顆電阻(R)及一顆電容(C)的電容充電電路，則電容充電速度由 (A)電阻(R) (B)電容(C) (C)R+C (D)RC 決定。

( ) 12. 若一度電（kwh）為10元，則5hp（horsepower）的馬達工作2小時的電費為： (A)37.3元 (B)74.6元 (C)373元 (D)746元。

( ) 13. 若十六進位表示法為$(A6.5)_{16}$，則其十進位表示法為： (A)$(83.0125)_{10}$ (B)$(166.3125)_{10}$ (C)$(332.6250)_{10}$ (D)$(664.6250)_{10}$。

( ) 14. 若有1000個10kΩ的電阻並聯所形成的總電阻為： (A)1Ω (B)10Ω (C)10KΩ (D)10MΩ。

( ) 15. 若一電路流經電阻的電壓降增加10倍，則此電阻功率消耗為： (A)增加10倍 (B)減少10倍 (C)增加100倍 (D)減少100倍。

( ) 16. 以下何種發電形式，通常情況下發電成本最低？ (A)煤炭 (B)石油 (C)核能 (D)天然氣。

( ) 17. 按照CNS（中國國家標準），電機絕緣材料種類可分為幾級？ (A)5級 (B)6級 (C)7級 (D)8級。

( ) 18. 四環式電阻標示的電阻值為7.6MΩ±10%，則其電阻色碼由左至右分別為何？ (A)紫綠綠銀 (B)紫綠綠金 (C)紫藍綠銀 (D)紫藍綠金。

( ) 19. 某系統效率為95%，損失功率為200瓦特（W），則系統輸出功率為多少？ (A)4000W (B)3800W (C)3600W (D)3400W。

( ) 20. 以下何者不是變壓器（transformer）的功能？ (A)電路隔離 (B)阻抗匹配 (C)電壓相位轉換 (D)直流電能轉換為交流電能。

( ) 21. 變壓器的開路試驗（Open Circuit Test）無法測出以下何項？ (A)變壓器鐵損 (B)變壓器的無載功率因素 (C)變壓器等效阻抗 (D)變壓器的激磁電流、磁化電流。

( ) 22. 根據以下圖形，2個電感器串聯連接，已知L1，L2自感值分別為3H、12H，線圈耦合係數為0.5，則總電感值為多少？ (A)9H (B)12H (C)18H (D)21H。

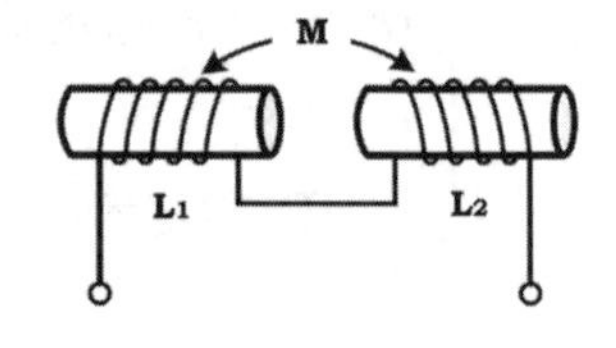

( ) 23. 有一電感性負載其消耗平均功率為600W，虛功率為800VAR，問此負載的功率因素為多少？ (A)0.6滯後 (B)0.8滯後 (C)0.6超前 (D)0.8超前。

( ) 24. 根據右圖電路，直流電壓源為16V，求a、b端點間的解戴維寧等效電路，其戴維寧等效電壓、等效電阻分別為多少？
(A)12V，6Ω (B)11V，6Ω
(C)12V，5Ω (D)11V，5Ω。

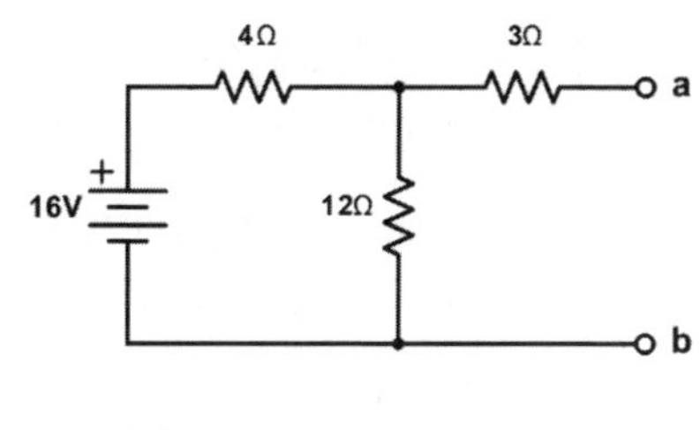

( ) 25. 根據右圖電路，直流電壓源為15V，通過2Ω電阻的電流I為多少安培？
(A)1A
(B)0.5A
(C)−0.5A
(D)0A。

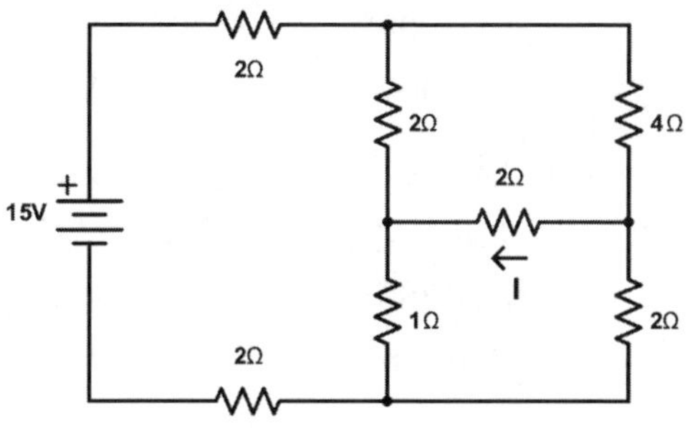

( ) 26. 根據右圖電路，三個並聯電阻其電阻值分別為150Ω、100Ω、50Ω，此三個電阻的消耗功率比值依序為多少？
(A)3：2：1 (B)1：2：3
(C)2：3：6 (D)1：2：4。

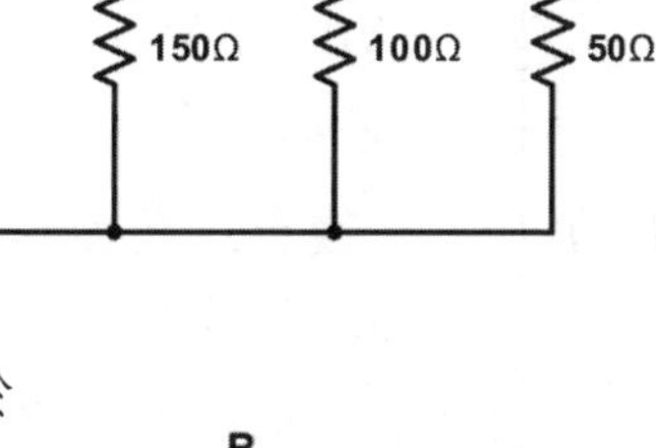

( ) 27. 根據右圖RLC電路，此濾波器電路屬於何種濾波器？
(A)帶通濾波器（Band-Pass Filter）
(B)帶拒濾波器（Band-Stop Filter）
(C)高通濾波器（High-Pass Filter）
(D)低通濾波（Low-Pass Filter）。

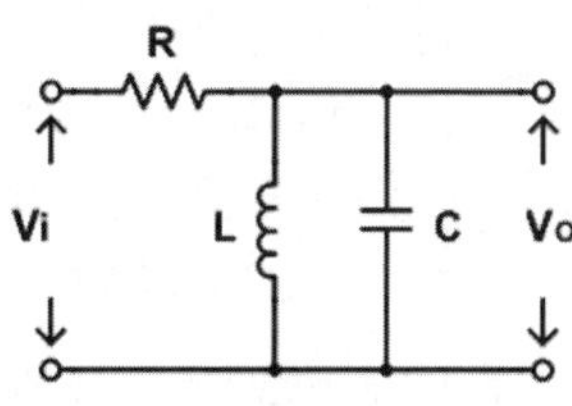

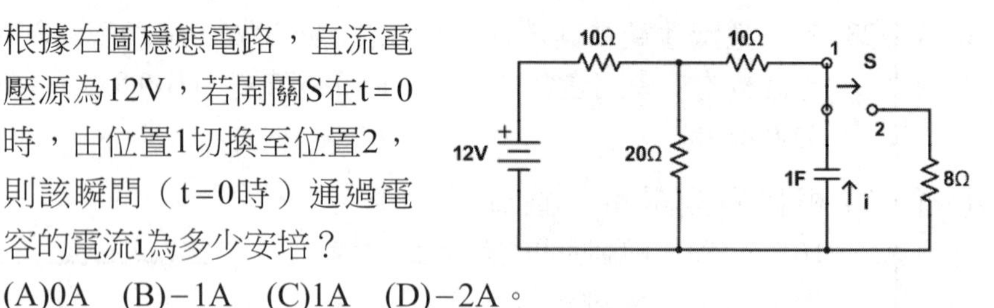

(　) 28. 根據右圖穩態電路，直流電壓源為12V，若開關S在t=0時，由位置1切換至位置2，則該瞬間（t=0時）通過電容的電流i為多少安培？
(A)0A　(B)−1A　(C)1A　(D)−2A。

(　) 29. 根據右圖電路，交流電壓源為$v(t)=141.4\sin(377t)$V，則電源輸出的平均功率為多少？
(A)1000W　(B)500W
(C)300W　(D)100W。

(　) 30. 根據右圖RLC電路，交流電壓源為120V，此電路的平均功率為多少？
(A)1300W　(B)1200W
(C)1100W　(D)900W。

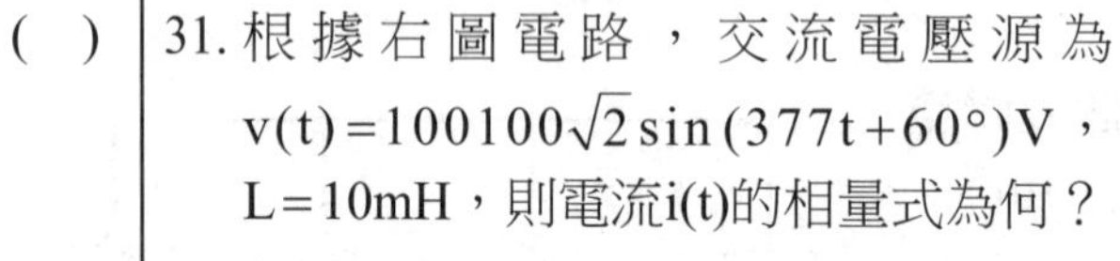

(　) 31. 根據右圖電路，交流電壓源為$v(t)=100100\sqrt{2}\sin(377t+60°)$V，L=10mH，則電流i(t)的相量式為何？
(A)$10\angle 30°$　(B)$10\angle -30°$
(C)$10\angle -60°$　(D)$10\angle 0°$。

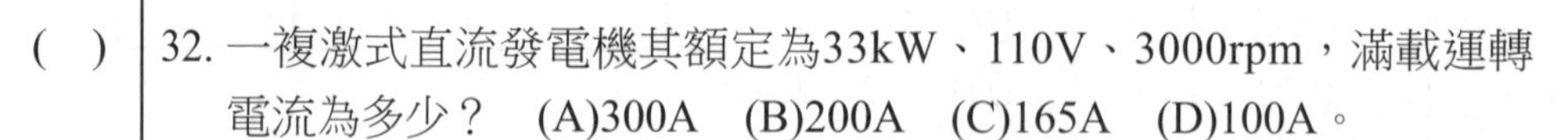

(　) 32. 一複激式直流發電機其額定為33kW、110V、3000rpm，滿載運轉電流為多少？　(A)300A　(B)200A　(C)165A　(D)100A。

(　) 33. 一串激式直流發電機，其無載感應電動機為120V，電樞電阻為0.1Ω，激磁場電阻為0.02Ω，當電樞電流為100A時，若忽略電刷接觸電壓，此發電機的輸出功率為多少？　(A)8000W　(B)8800W　(C)10200W　(D)10800W。

(　) 34. 串激式直流電動機通常不可在無載或輕載情況下啟動運轉，其主要原因為何？　(A)電動機無法啟動運轉　(B)電動機轉速過快至危險程度　(C)電動機轉速太慢　(D)電動機轉矩太小。

(　) 35. 一串激式電動機其額定為5kW、220V，其電樞電阻為0.1Ω，激磁場電阻為0.3Ω，啟動電阻為1.8Ω，在額定電壓啟動時啟動的電流為多少？　(A)110A　(B)100A　(C)85A　(D)74A。

(　) 36. 一分激式直流電動機其額定為1馬力、110V、1000rpm，其電樞電阻為0.08Ω，滿載時電樞電流為5A，此電動機滿載時的反動電勢為多少？　(A)108.6V　(B)109.6V　(C)110V　(D)110.6V。

(　) 37. 1馬力（hp）馬達其額定電壓為110V，滿額運轉時使用9A的電流，此馬達的效率為多少？　(A)68%　(B)71%　(C)75%　(D)81%。

(　) 38. 一個三相六極感應電動機使用變頻電源驅動，當運轉速度為320rpm時，電動機的轉差率為4%，此時電源頻率為多少？　(A)12.1Hz　(B)14.6Hz　(C)16.7Hz　(D)19.2Hz。

(　) 39. 電樞反應（Armature Reaction）是直流電機因電樞電流磁場干擾主磁場，關於電樞反應的影響，以下陳述何者為錯誤？　(A)造成綜合磁通量減少　(B)造成換向不良，換向產生火花　(C)造成磁中性面偏移一角度　(D)消除電樞反應最有效方法不是補償繞組法。

(　) 40. 一個汽車電池其額定值為12V，60AH（安培小時），在理想情況下，此電池充滿電後的儲存能量為多少焦耳（J）？　(A)1.08×10^6　(B)1.30×10^6　(C)2.16×10^6　(D)2.59×10^6。

(　) 41. 瓦小時（watt-hour）為：(A)能量　(B)功率　(C)效率　(D)力的單位。

(　) 42. 在數位IC中，若單一封裝中約有數百萬個邏輯閘稱為：　(A)大型積體電路　(B)中型積體電路　(C)小型積體電路　(D)超大型積體電路。

(　) 43. 焦耳（joule）是量測　(A)質量　(B)力　(C)溫度　(D)能量的單位。

(　) 44. 矽（silicon）和鍺（germanium）為：　(A)導體　(B)絕緣體　(C)半導體　(D)電池電解質。

( ) 45. 能提供一電路輸出電壓或電流不隨時間變動的電源為： (A)交流電源 (B)直流電源 (C)變壓電源 (D)穩壓電源。

( ) 46. 對一封閉電路的電壓降代數和為零是說明 (A)赫希克夫電壓律（Kirchhoff's voltage law） (B)庫倫電壓律（Coulomb's voltage law） (C)法拉第電壓律（Farady's voltage law） (D)歐姆定律（Ohm's law）。

( ) 47. 假設*和‧是集合S中兩個二元運算子，則 X*(Y‧Z)=(X*Y)‧(X*Z)為布林代數運算的 (A)交換律 (B)分配律 (C)結合律 (D)反元素。

( ) 48. 一帶有電流I的半導體材料，置於一Z軸方向的磁場BZ中，則在垂直於電流I及磁場BZ的方向會感應出一電場，此謂之： (A)羅倫茲（Lorentz）效應 (B)霍爾（Hall）效應 (C)稽納（Zener）效應 (D)傅立葉（Fourier）效應。

( ) 49. 在真空燈管中介於燈絲和金屬極板間有電流流通的現象稱為： (A)電壓效應（Voltage effect） (B)愛迪生效應（Edison effect） (C)弗萊明效應（Fleming effect） (D)開燈。

( ) 50. 下列哪一材料具有正溫度係數？ (A)玻璃 (B)橡膠 (C)鍺 (D)銅。

解答及解析 答案標示為#者，表官方曾公告更正該題答案。

1.(C)。 (A)$x\oplus 0=x$ (B)$x\oplus x=0$ (D)$x\oplus 1=x'$

2.(B)。 (B)電壓錶並聯使用，內電阻要高；電流錶串聯使用，內電阻要低

3.(B)。 電阻與截面積成反比，故截面積加倍，電阻減半

4.(B)。 場效電晶體為三端元件，有閘極、源極、汲極

5.(C)。 稽納二極體通常用其逆向崩潰電壓，當作穩壓元件

6.(A)。 在不同的數位積體電路形式中，CMOS的功率消耗最低

7.(C)。 正反器為循序邏輯電路，有記憶功能，為儲存元件

8.(C)。 $\eta=\frac{P_{出}}{P_{入}}=\frac{20}{50}=40\%$

9.(B)。 $R=12\times10^{3}\pm5\%=12k\Omega\pm5\%$

10.(A)。 $I=\frac{Q}{t}=\frac{0.16}{64\times10^{-3}}=2.5A$

11.(D)。 RC電路的充放電時間常數正比RC乘積

12.(B)。 用電$5hp\times746{}^{W}/_{hp}\times2$時$=7460$瓦·時$=7.46$度

電費$7.46\times10=74.6$元

13.(C)。 $(A6.5)_{16}=10\times16^{1}+6\times16^{0}+5\times16^{-1}=(166.3125)_{10}$

PS：答案有誤

14.(B)。 $R_{並}=\frac{10k\Omega}{1000}=10\Omega$

15.(C)。 $P=\frac{V^2}{R}\propto V^2$，故電壓10倍，功率消耗100倍

16.(C)。 單計發電成本，核能的成本最低

17.(C)。 依CNS標準，電機絕緣材料分七級，各對應不同的容許溫度

18.(C)。 $R=7.6M\Omega\pm10\%=76\times10^{5}\Omega\pm10\%$

換算對照得紫藍綠銀

19.(B)。 $P_{出}=\frac{P_{損}}{1-\eta}\times\eta=\frac{200}{1-0.95}\times0.95=3800W$

20.(D)。 (D)變壓器是把交流電能轉換為交流電能

21.(C)。 (C)變壓器的串聯等效阻抗需利用短路試驗測量

22.(A)。 由圖中線圈繞線方向可知為相消互感

$M=k\sqrt{L_1L_2}=0.5\sqrt{3\times12}=3H$

$L_{總}=(L_1-M)+(L_2-M)=3-3+12-3=9H$

23.(A)。 $PF=\frac{P}{\sqrt{P^2+Q^2}}=\frac{600}{\sqrt{600^2+800^2}}=0.6$ 正值為滯後

24.(A)。 $V_{th}=16V\times\frac{12\Omega}{4\Omega+12\Omega}=12V$

$R_{th}=4\Omega//12\Omega+3\Omega=3+3=6\Omega$

25.(D)。 平衡電橋無電流，$I=0A$

26.(C)。 並聯電路的電壓相等，消耗功率與電阻值成反比，故為2:3:6

27.(A)。 此為二階帶通濾波器

28.(C)。 $t=0^{-}$時，$V_C=12V\times\frac{20\Omega}{10\Omega+20\Omega}=8V$

開關切換時$i=\frac{8V}{8\Omega}=1A$

29.(B)。 $P_{av}=\frac{1}{2}\frac{V_m^{\ 2}}{R}=\frac{1}{2}\times\frac{(141.4)^2}{20}=500W$

30.(B)。 RL和RC是並聯電路，

$P_{av}=\frac{V^2}{|Z|^2}\cdot R=\frac{120^2}{12^2+16^2}\times 12+\frac{120^2}{12^2+9^2}\times 12$

$=432+768=1200W$

31.(B)。 題目的瞬時表示式可能因排版亂掉，但從電感器的電流相位落後電壓相位90°，可知(B)正確

32.(A)。 $I=\frac{P}{V}=\frac{33000}{110}=300A$

33.(D)。 $V_{out}=120V-100A\times(0.1\Omega+0.002\Omega)=108V$
$P_{出}=100A\times 108V=10800W$

34.(B)。 無載或輕載情況下啟動運轉時，電動機轉速會過快導致危險

35.(B)。 $I=\frac{220V}{(0.1+0.3+1.8)\Omega}=\frac{220}{2.2}=100A$

36.(B)。 $V_{反}=110V-5A\times 0.08\Omega=109.6V$

37.(C)。 $\eta=\frac{P_{出}}{P_{入}}=\frac{746W}{9A\times 100V}=\frac{746}{990}\simeq 75\%$

38.(C)。 $f=\frac{nP}{120}=\frac{6\times 320}{120}=16Hz$

$f_S=16\times(1+0.04)\simeq 16.7Hz$

39.(D)。 (D)消除電樞反應最有效的方法是補償繞組法

40.(D)。 $W=Pt=IVt=60A\times 12V\times 3600秒=2.592\times 10^6$焦耳

41.(A)。 瓦為功率單位，功率乘時間為能量的單位

42.(D)。 百萬個邏輯閘可稱為超大型積體電路，VLSI

43.(D)。 焦耳是能量的單位

44.(C)。 矽、鍺為半導體

45.(B)。 直流電源可提供極性不隨時間變動的電壓或電流，但其大小值可能會改變
故嚴格說來，此題似無正解，(B)為其中較佳者

46.(A)。 封閉電路的電壓降代數和為零，此即為KVL

47.(B)。 依題目表示為分配律；若反過來則為結合律

48.(B)。 帶動運動載子受磁力影響偏移感應出電場，此為霍爾效應，感應出的電壓為霍爾電壓

49.(B)。 燈絲加熱後產生熱電子在真空中流動的現象稱為愛迪生效應，為著名發明家愛迪生所發現

50.(D)。 金屬的電阻隨溫度上升而增加，具有正溫度係數，故選(D)

108 年台灣菸酒從業評價職位人員

( ) 1. 小強的智慧型手機電池剩下50庫侖的電量，現使用快速充電10分鐘後，電量增至710庫侖，請問其充電電流為多少？ (A)0.5A (B)0.66A (C)1.1A (D)6.6A。

( ) 2. 小智將一個額定值為110V/100W白熾燈泡帶到日本使用在100V的電源上，請問消耗的功率約為多少？ (A)69W (B)83W (C)100W (D)110W。

( ) 3. 某條電阻值為10Ω之銅線，如將其長度與直徑各增加一倍後，則其電阻值變為多少？ (A)2.5Ω (B)5Ω (C)10Ω (D)20Ω。

( ) 4. 如圖所示電路，電流I為何？
(A)30A (B)15A
(C)10A (D)0A。

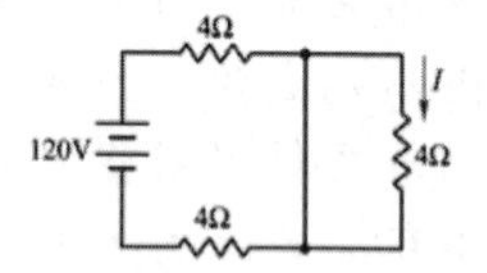

( ) 5. 如圖所示，等效電阻R_1、R_2、R_3分別為何？
(A)$R_1=12\Omega$，$R_2=12\Omega$，$R_3=24\Omega$
(B)$R_1=18\Omega$，$R_2=18\Omega$，$R_3=36\Omega$
(C)$R_1=12\Omega$，$R_2=24\Omega$，$R_3=12\Omega$
(D)$R_1=6\Omega$，$R_2=6\Omega$，$R_3=12\Omega$。

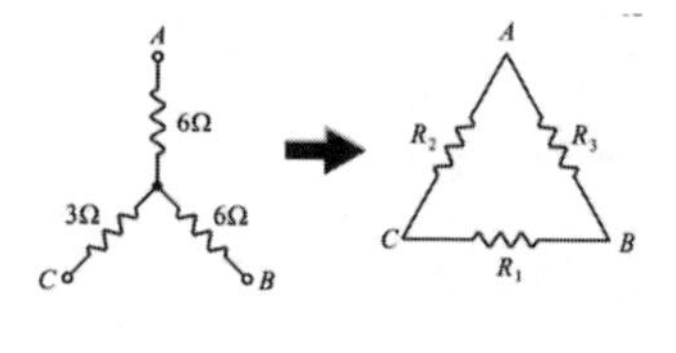

( ) 6. 將三個負載電阻10Ω/10W、20Ω/20W、30Ω/30W串聯在一起，則串聯後所能承受的最大額定功率為何？ (A)10W (B)30W (C)60W (D)90W。

( ) 7. 有四個電阻並聯的電路，其電阻值分別為10Ω、20Ω、30Ω、60Ω，如果流經10Ω電阻的電流為6A，則此電路總電流為多少？ (A)12A (B)24A (C)36A (D)72A。

( ) 8. 應用戴維寧定理求等效電路之等效電阻時，應將： (A)電壓源、電流源皆開路 (B)電壓源、電流源皆短路 (C)電壓源短路，電流源開路 (D)電壓源開路，電流源短路。

( ) 9. 將一RC串聯電路，電容10μF，電阻100KΩ加上100V直流電壓，當 t=2s，$V_C(t)$為何？（$e^1=2.72$，$e^2=7.39$，$e^{-1}=0.368$，$e^{-2}=0.135$） (A)43.25 (B)50 (C)86.5 (D)100。

( ) 10. 三個20μF電容器接成三角形如圖，此三角形任意二頂點間之電容量為何？

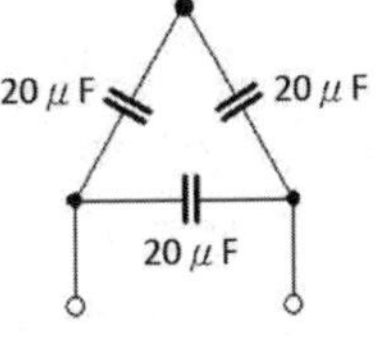

(A)13.33μF
(B)30μF
(C)60μF
(D)不同頂點之電容量不同。

( ) 11. 有兩個線圈的電感自感量分別為2H及8H、互感為0.5H，則耦合係數為何？ (A)0.125 (B)0.25 (C)0.5 (D)0.75。

( ) 12. 如圖所示電路，若電感器在開關S閉合前無任何儲能，則開關S最少要閉合多少時間，電感器電流才能達到1安培？

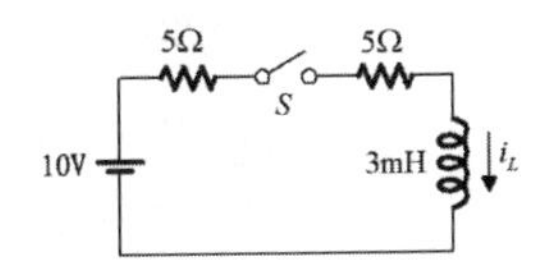

(A)1ms (B)1.5ms
(C)2ms (D)2.5ms。

( ) 13. 小新使用三用電表轉至DCV檔250V位置，測量台灣地區家用插座110V/60Hz，電壓指示為多少伏特？ (A)156V (B)110V (C)99.2V (D)0V。

( ) 14. 某電機技術員維修交流電動機時，因銘牌銹蝕嚴重，只能看到電壓220V/60Hz，極數為4極，則此交流電動機轉速為多少rpm？ (A)條件不足，無法計算 (B)3600rpm (C)1800rpm (D)900rpm。

( ) 15. 低壓配電採單相三線式供電，其主要因素為何？ (A)對地電壓可得220伏特 (B)可使用三相變壓器 (C)可用較粗的中性導線 (D)可以減少電壓降及電力損失。

( ) 16. 有一色碼電阻器之色碼依序為灰、藍、黑、金，有0.5安培電流流過，則該色碼電阻器兩端電壓可能為多少？ (A)430V (B)4.3V (C)86V (D)41V。

( ) 17. 兩電容器之電容量及耐壓分別為30μF/50V與60μF/50V，則兩者串聯後電容值及可耐壓為何？ (A)20μF/75V (B)20μF/100V (C)90μF/75V (D)90μF/100V。

( ) 18. 如圖所示電路，下列何者正確？
(1)VC穩態值為6伏特
(2)WC穩態值為4.5焦耳
(3)I穩態值為3安培
(4)電容穩態後可視為開路
(A)(1)(2)(3)(4) (B)僅(4) (C)僅(2)(4) (D)僅(1)(3)(4)。

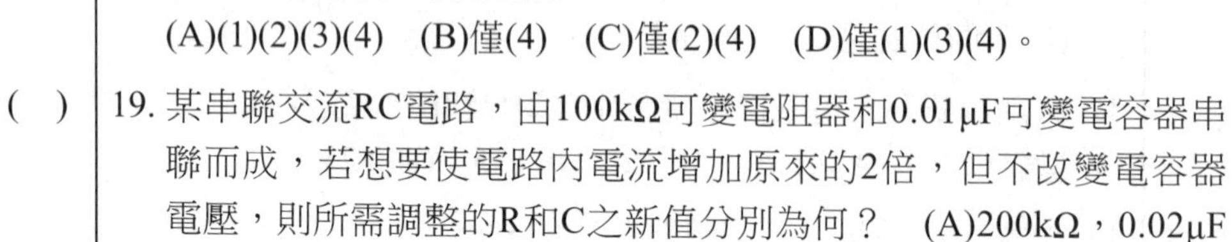

( ) 19. 某串聯交流RC電路，由100kΩ可變電阻器和0.01μF可變電容器串聯而成，若想要使電路內電流增加原來的2倍，但不改變電容器電壓，則所需調整的R和C之新值分別為何？ (A)200kΩ，0.02μF (B)200kΩ，0.01μF (C)50kΩ，0.02μF (D)50kΩ，0.01μF。

( ) 20. 如圖之交流電路，電源供給之平均功率為多少瓦特？
(A)600W (B)1200W
(C)2427.2W (D)3003W。

( ) 21. 有關平衡三相電壓之敘述，下列何者正確？ (1)三相電壓的相位角互為120度 (2)三相電壓的瞬時值總和不可以為零 (3)三相電壓的大小均相同 (4)三相電壓的波形皆相同 (A)僅(1)(2)(3) (B)僅(3)(4) (C)僅(1)(3)(4) (D)(1)(2)(3)(4)。

( ) 22. RL串聯電路接於60V直流電源時，消耗功率為150W，若改接於160V之交流電源，消耗功率為384W，則感抗為何？ (A)40Ω (B)32Ω (C)24Ω (D)16Ω。

( ) 23. 有一負載由一電容及一電阻並聯而成，其兩端加上110V、60Hz之單相電源。假設電源之輸出阻抗不計，若流入此負載5A電流，消耗275W的功率，則負載電阻值及負載電流超前電壓的相角各為多少？ (A)22Ω，30 (B)22Ω，60 (C)44Ω，30 (D)44Ω，60。

( ) 24. 「電子伏特」是下列何者的單位？ (A)能量 (B)熱量 (C)電壓 (D)電流。

( ) 25. 某導體在3秒內通過6×10^{20}個電子，則其電流值應為多少安培？ (A)32A (B)20A (C)18A (D)10A。

( ) 26. 某電阻值為15Ω的加熱器上通有2A電流，則在一分鐘內轉換為熱的能量為多少卡？ (A)30 (B)324 (C)864 (D)1800。

( ) 27. 文哲家的餐廳有五顆60瓦的電燈泡，如果這五顆電燈泡每天點亮10小時，每月點30天，設每度電費為3元，則使用此五顆電燈泡，每月須繳多少電費？ (A)240元 (B)270元 (C)480元 (D)540元。

( ) 28. 有一台$\frac{3}{4}$馬力的電動機，效率為80%，則輸入功率約為多少W？（1馬力=746瓦特） (A)900W (B)700W (C)600W (D)500W。

( ) 29. 電阻值若為4.7kΩ±5%，則其色碼順序為何？ (A)橙綠黃金 (B)黃紫橙銀 (C)黃紫紅金 (D)黃紫橙金。

( ) 30. 「感應電勢之極性恆為抵制線圈原磁通量的變動」係指下列何者？ (A)法拉第電磁感應定律 (B)安培右手定則 (C)佛來明左手定則 (D)楞次定律。

( ) 31. 匝數為200匝的線圈，若通過線圈的磁通在1秒內由0.5韋伯降至0.1韋伯，則此線圈兩端之感應電勢為多少？ (A)80V (B)60V (C)40V (D)30V。

( ) 32. 有關RC暫態電路在放電期間，下列敘述何者錯誤？ (A)於充、放電時電路電流方向相反 (B)穩態時，電阻壓降等於電源電壓 (C)開關閉合瞬間，電容壓降等於電源電壓 (D)電路電流由大至小變化。

( ) 33. 如圖所示電路之電感及電容均無儲能，則在開關S閉合瞬間，電源電流I應為多少？
(A)0A (B)2A
(C)2.667A (D)4A。

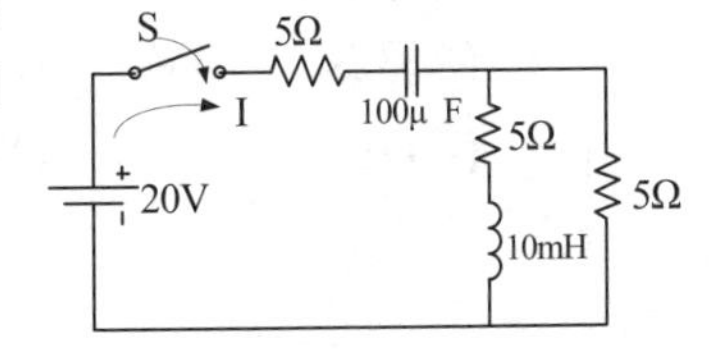

( ) 34. 有關波峰因數值，下列何者正確？ (A)三角波為1.154 (B)正弦波為0.707 (C)三角波為0.5 (D)方波為1。

( ) 35. 在一交流電路中，若其電抗值為X，通過之電流為I，則I^2X表示該電路之什麼功率？ (A)視在功率 (B)平均功率 (C)虛功率 (D)總功率。

( ) 36. 如圖所示，電路中a、b兩端的等效電阻為多少Ω？

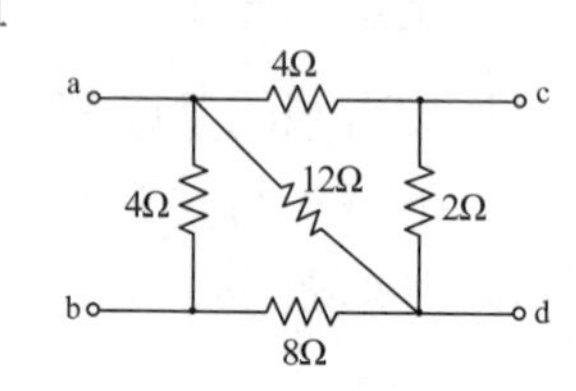

(A)30Ω
(B)24Ω
(C)3Ω
(D)2Ω。

( ) 37. 如圖所示，L_{ab}為多少？

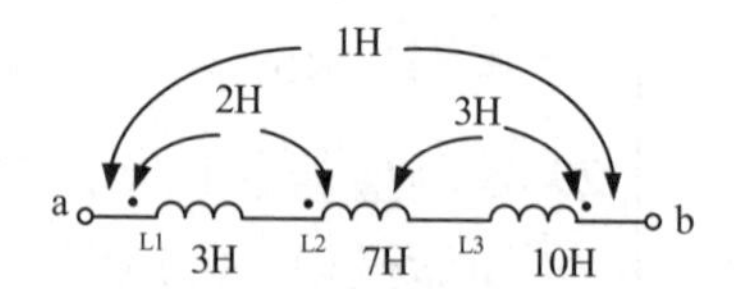

(A)26H (B)24H
(C)16H (D)14H。

( ) 38. 有一RLC交流串聯電路，當發生諧振時，電路呈何狀況？ (A)短路 (B)純電容性 (C)純電感 (D)純電阻。

( ) 39. 一線圈在未通電時其電阻為5Ω，電阻之溫度係數為0.005°C^{-1}若通電後溫度上升40°C，則線圈的電阻變為多少？ (A)12Ω (B)10Ω (C)8Ω (D)6Ω。

( ) 40. 如圖所示電路，電阻R_1：R_2=3：5，且R_1消耗6W電功率，則R_2等於多少Ω？

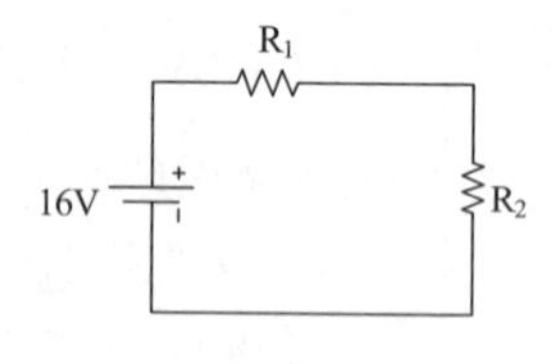

(A)5Ω (B)10Ω
(C)15Ω (D)20Ω。

( ) 41. 如圖所示電路，戴維寧等效電阻及電壓為多少？

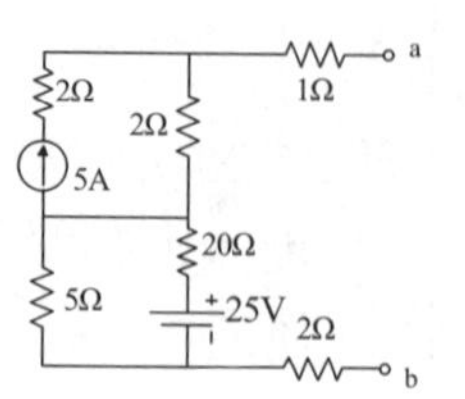

(A)32Ω、15V (B)9Ω、15V
(C)9Ω、25V (D)32Ω、25V。

( ) 42. 如圖所示電路，若C1上之電荷為5000μC，C_2上之電荷為3000μC，$C_1=30\mu F$，$C_2=15\mu F$，$C_4=20\mu F$則C3為多少？
(A)5μF (B)10μF
(C)15μF (D)20μF。

( ) 43. 如圖所示電感器，若其電感量為0.6H，且磁路之總磁阻為1.5×10^5安匝／韋伯，則此電感器之線圈匝數為多少匝？
(A)200匝 (B)300匝
(C)400匝 (D)600匝。

( ) 44. 如圖所示波形，電壓之平均值為多少？
(A)15V (B)9V
(C)$\frac{2}{7}$V (D)$\frac{7}{2}$V。

( ) 45. 如圖所示電路，則電流I為多少？
(A)$2\sqrt{2}\angle82°$A (B)$2\sqrt{2}\angle82°$A
(C)$2\angle82°$A (D)$2\angle82°$A。

( ) 46. 一交流電路上之電壓為$e(t)=220\sin(\omega t+60°)$V，通過$i(t)=10\sin(\omega t+90°)$A之電流，虛功率為多少？
(A)137VAR (B)235VAR (C)75VAR (D)550VAR。

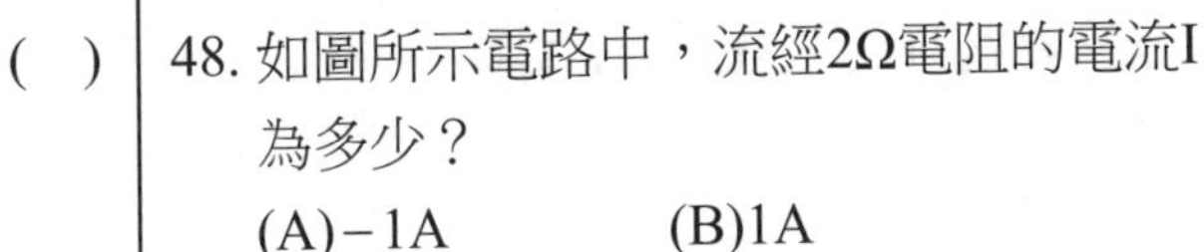

( ) 47. 某單相220V、60Hz的負載消耗16kW，功率因數為0.6落後，如果要改善功率因數為1時，應該要裝多少kVAR的電容器？ (A)12 (B)14 (C)16 (D)18。

④ 18

( ) 48. 如圖所示電路中，流經2Ω電阻的電流I為多少？

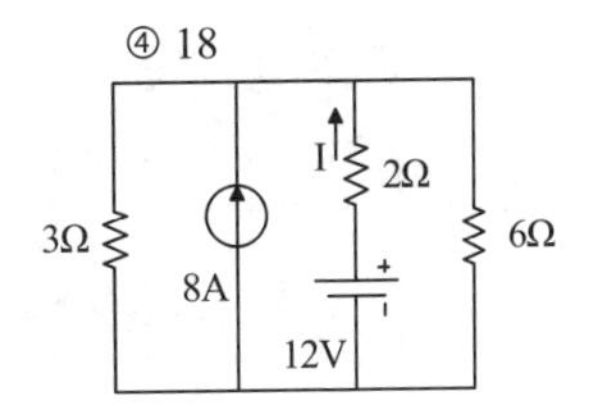

(A)－1A (B)1A
(C)7A (D)－7A。

( ) 49. 如圖所示電路，求電阻R_L可獲得最大功率為多少？
(A)12W (B)24W
(C)36W (D)90W。

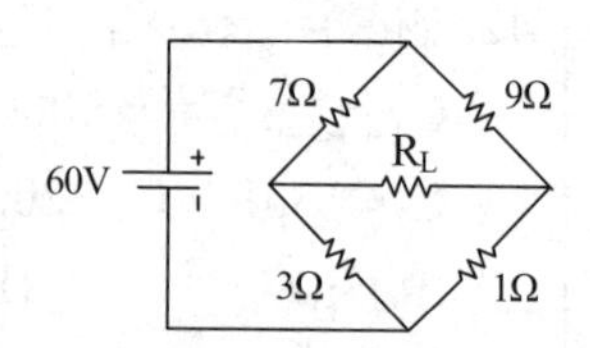

( ) 50. 如圖所示電路，已知電感L＝0.04mH，電源電壓e(t)＝100sin(2500t)V，電流i(t)＝5sin(2500t)A，若當$X_L＝X_C$時，則電阻R及電容C分別為何？
(A)R＝5Ω，C＝200μF
(B)R＝10Ω，C＝2000μF
(C)R＝20Ω，C＝400μF
(D)R＝20Ω，C＝4000μF

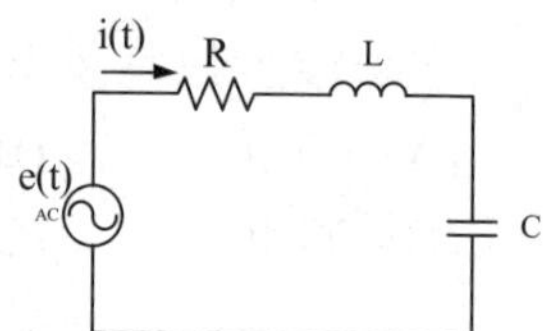

解答及解析

答案標示為#者，表官方曾公告更正該題答案。

1.(C)。 $I=\frac{Q}{t}=\frac{(710-50)庫侖}{10\times60秒}=1.1A$

2.(B)。 $P=\frac{V^2}{R}\propto V^2$

$P'=(\frac{100}{110})^2\times100\simeq83W$

3.(B)。 $R=\rho\frac{\ell}{A}\propto\frac{\ell}{A}$，直徑增加一倍，面積為4倍

$R'=(\frac{2}{4})R=\frac{2}{4}\times10=5\Omega$

4.(D)。 因為電流全流過旁邊短路的分支，故電流I為零

5.(A)。 $R_1=\frac{6\times6+6\times3+6\times3}{6}=12\Omega$

$R_2=\frac{6\times6+6\times3+6\times3}{6}=12\Omega$

$R_3=\frac{6\times6+6\times3+6\times3}{3}=24\Omega$

6.(C)。 串聯時電流相同，每個電阻的最大額定功率

$$I_{10\Omega}=\sqrt{\frac{P}{R}}=\sqrt{\frac{10}{10}}=1A$$

$$I_{20\Omega}=\sqrt{\frac{P}{R}}=\sqrt{\frac{20}{20}}=1A$$

$$I_{30\Omega}=\sqrt{\frac{P}{R}}=\sqrt{\frac{20}{20}}=1A$$

放串聯後，最大電流1A，$P_{總}=1^2(10\Omega+20\Omega+30\Omega)=60W$

7.(A)。 $V_{並}=6A\times10=60V$

$$I_{總}=60V\times(\frac{1}{10\Omega}+\frac{1}{20\Omega}+\frac{1}{30\Omega}+\frac{1}{60\Omega})=12A$$

8.(C)。 求等效電路之等效電阻時，電壓源要短路，電流源要開路

9.(C)。 時間常數$\tau=RC=100\times10^3\times10\times10^{-6}=1S$

$$V_C(t)=100(1-e^{-\frac{t}{1}})$$

$$V_C(t=2)=100(1-e^{-2})=100\times(1-0.135)=86.5V$$

10.(B)。 $C=20+20//20=20+10=30\mu F$

11.(A)。 $M=k\sqrt{L_1L_2}\Rightarrow k=\frac{0.5}{\sqrt{2\times8}}=\frac{0.5}{4}=0.125$

12.(B)。 時間常數$\tau=\frac{L}{R}=\frac{3\times10^{-3}}{5+5}=0.3ms$

$$I_L(\infty)=\frac{10V}{5\Omega+5\Omega}=1A$$

取5倍時間常數達穩態$t=5\tau=1.5ms$

13.(D)。 直流DC檔測得平均值，而交流電的平均值為0V，故指示0V

14.(C)。 $\frac{60Hz\times2}{4極}\times60^{秒}/_{分}=1800rpm$

15.(D)。 單相三線式供電可減少迴路電流，故可減少迴路阻抗所產生的電壓降以及電力損失

16.(D)。 $R=86\times10^{\circ}\pm5\%=86\Omega\pm5\%$
$V_R=IR=0.5\times86=43V\pm5\%$
故41V為可能電壓

17.(A)。$C_{串}=30//60=20\mu F$

最大儲存電荷$Q=30\mu F\times 50V=1.5\times 10^{-3}C$

$V_{60\mu F}=\dfrac{1.5\times 10^{-3}C}{60\mu F}=25V$

$V_{總}=50V+25V=75V$

18.(C)。穩態$V_C=6V\times\dfrac{2\Omega}{20\Omega+20\Omega}=3V$

$W_C=\dfrac{1}{2}CV^2=\dfrac{1}{2}\times 1\times 3^2=4.5$焦耳

$I=\dfrac{6V}{2\Omega+2\Omega}=1.5A$

故(2)(4)正確，選(C)

19.(C)。電流加倍，但電容電壓不變，表示兩者的等效阻抗都減為一半

故$R'=\dfrac{1}{2}R=50k\Omega$，而$X_C=\dfrac{1}{\omega C}$，故$C'=\dfrac{1}{\omega X_C'}=\dfrac{2}{\omega X_C}=2C'=0.02\mu F$

20.(B)。$P_{av}=\dfrac{V^2}{|Z|^2}\cdot R=\dfrac{100^2}{3^2+4^2}\times 3=1200W$

21.(C)。(B)三相電壓的瞬時值總和為零，故僅(A)(C)(D)正確

22.(B)。接直流時，$R=\dfrac{V^2}{P}=\dfrac{60^2}{150}=24$

接交流時，$P=\dfrac{V^2}{R^2+{X_L}^2}\cdot R=\dfrac{160^2}{24^2+{X_L}^2}\times 24=384\Rightarrow X_L=32\Omega$

23.(D)。$PF=\cos\theta=\dfrac{W}{VI}=\dfrac{275}{110\times 5}=0.5\Rightarrow\theta=60°$

並聯電路，消耗功率僅考慮電阻

$R=\dfrac{V^2}{P}=\dfrac{110^2}{275}=44\Omega$

24.(A)。「電子伏特」eV是能量的單位

25.(A)。$I=\dfrac{Q}{t}=\dfrac{6\times 10^{20}\times 1.6\times 10^{-19}}{3}=32A$

26.(C)。$W=Pt=I^2Rt=2^2\times 15\times 60=3600$ Joul$=\dfrac{3600}{4.18}$卡$=861$卡

選(C)

27.(B)。 用電$60\times5\times10\times30=90000=90$瓩·時$=90$度
電費$=90\times3=270$元

28.(B)。 $P_{入}=\dfrac{\frac{3}{4}\times746}{0.8}\simeq700W$

29.(C)。 $R=4.7k\Omega=4.7\times10^2$，色碼為黃紫紅，第四碼5%為金色

30.(D)。 「感應電勢之極性恆為抵制線圈原磁通量的變動」，此敘述僅描敘感應電動勢的極性，並無求出感應電動勢的大小，故為愣次定律

31.(A)。 $V=-N\dfrac{d\Phi}{dt}=200\times\dfrac{0.5-0.1}{1}=80V$

32.(B)。 穩態時，電容壓降等於電源電壓，電阻壓降為零

33.(B)。 閉合瞬間，電容短路，電感開路
$I=\dfrac{20V}{5\Omega+5\Omega}=2A$

34.(D)。 波峰因數為最大值與有效值之比值，正弦波為$\sqrt{2}$，三角波為$\sqrt{3}$，方波為1

35.(C)。 I^2R為實功率，I^2X為虛功率

36.(C)。 $R_{ab}=[(4+2)//12+8]//4=[6//12+8]//4=[4+8]//4=12//4=3\Omega$

37.(C)。 由黑點極性，互感2H為正，3H和1H為負
$L_{ab}=3+7+10+2\times2-2\times3-2\times1=16H$

38.(D)。 諧振電路諧振時，電路為純電阻性

39.(D)。 $R'=5\times(1+0.005\times40)=5\times1.2=6\Omega$

40.(B)。 $V_{R_1}=16V\times\dfrac{3}{3+5}=6V$
$R_1=\dfrac{V^2}{P}=\dfrac{6^2}{6}=6\Omega$，$R_2=\dfrac{5}{3}R_1=\dfrac{5}{3}\times6=10\Omega$

41.(B)。 $R_{TH}=5//20+2+2+1=4+2+2+1=9\Omega$
$V_{TH}=5A\times2+25V\times\dfrac{5\Omega}{5\Omega+20\Omega}=15V$

42.(B)。$Q_{C_3}=Q_{C_1}-Q_{C_2}=5000-3000=2000\mu C$

$$C_3=\frac{Q_{C_3}}{V_{C_3}}=\frac{Q_{C_3}}{V_{C_2}}=\frac{Q_{C_3}}{\frac{Q_{C_2}}{C_2}}=\frac{Q_{C_3}}{Q_{C_2}}\cdot C_2=\frac{2000\mu C}{3000\mu C}\times 15\mu F=10\mu F$$

43.(B) $N=\sqrt{0.6\times 1.5\times 10^5}=\sqrt{90000}=300$匝

44.(D)。$V_{av}=\dfrac{2\times 12-\frac{1}{2}\times 2\times 3}{6}=\dfrac{21}{6}=\dfrac{7}{2}V$

45.(A)。$\bar{I}=\dfrac{100\angle 0°-100\angle -90°}{40-j30}=\dfrac{100+j100}{40-j30}=\dfrac{100\sqrt{2}\angle 45°}{50\angle -37°}=2\sqrt{2}\angle 82°\text{ A}$

46.(D)。相位角$\theta=90°-60°=30°$

$Q=\frac{1}{2}ImVm\sin\theta=\frac{1}{2}\times 10\times 220\times\sin 30°=1100\times 0.5=550VAR$

47.(A)。$PF=\cos\theta=0.6\Rightarrow\theta=53°$

虛功率$Q=P\cdot\tan\theta=16\times\tan 53°=\frac{64}{3}kVAR$

註：題目功率因數改為0.8時，才能求出(A)12kVAR的答案

48.(A)。上方設一節點電壓V_X，利用KCL，$\dfrac{V_X}{3\Omega}-8A+\dfrac{V_X-12V}{2\Omega}+\dfrac{V_X}{6\Omega}=0$

$2V_X-48+3V_X-36+V_X=0$，$V_X=14V$，$I=\dfrac{12V-14V}{2\Omega}=-1A$

49.(A)。$V_{TH}=60V\times(\dfrac{3\Omega}{7\Omega+3\Omega}-\dfrac{1\Omega}{9\Omega+1\Omega})=12V$

$R_{TH}=7//3+9//1=2.1+0.9=3\Omega$，$P_{L,max}=\dfrac{V_{TH}{}^2}{4R_{TH}}=\dfrac{12^2}{4\times 3}=12W$

50.(D)。$\omega=2500^{rad}/_{s}z$

$X_L=\omega L=2500\times 0.04\times 10^{-3}=0.1\Omega$

$C=\dfrac{1}{\omega X_C}=\dfrac{1}{\omega X_L}=\dfrac{1}{2500\times 0.1}=4\times 10^{-3}=4000\mu F$

$R=\dfrac{e}{i}=\dfrac{100}{5}=20\Omega$

108 年台灣中油雇用人員

一、選擇題

( ) 1. 使用指針型三用電表測量電阻時，先作零歐姆歸零調整，其目的是在補償：　(A)測試棒電阻　(B)電池老化　(C)指針靈敏度　(D)接觸電阻。

( ) 2. 金、銀、銅、鋁依導電率由大至小排列為：　(A)金、銀、銅、鋁　(B)銀、金、銅、鋁　(C)銀、銅、金、鋁　(D)銅、銀、金、鋁。

( ) 3. 單位長度的銅線，當銅線的直徑變為原來的兩倍時，電阻值變為原來的：　(A)$\frac{1}{2}$倍　(B) 1倍　(C)2倍　(D)4倍。

( ) 4. 如圖所示電路，R_L兩端的戴維寧等效電路為：
(A)$E_{Th}=12V$，$R_{Th}=6\Omega$
(B)$E_{Th}=6V$，$R_{Th}=2\Omega$
(C)$E_{Th}=4V$，$R_{Th}=4\Omega$
(D)$E_{Th}=12V$，$R_{Th}=4\Omega$。

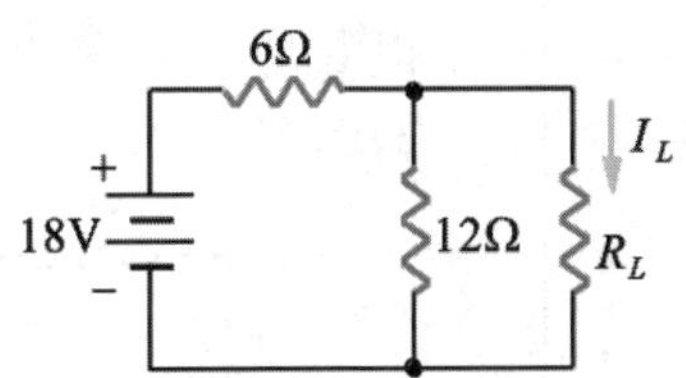

( ) 5. 有一電阻器上的電壓為v(t)＝10sin(100t)，電流為i(t)＝5sin(100t)，則此電阻的平均功率為多少？　(A)25瓦特　(B)50瓦特　(C)250瓦特　(D)500瓦特。

( ) 6. 甲燈泡額定電壓110V、瓦特數10W，乙燈泡額定電壓110V、瓦特數100W，今將二燈泡串聯於110V之電源，兩個燈泡消耗之功率共為：　(A)110W　(B)55W　(C)16.52W　(D)9.09W。

( ) 7. 如圖所示電路，b、c兩端電壓V_{bc}為：
(A)20V
(B)40V
(C)60V
(D)80V。

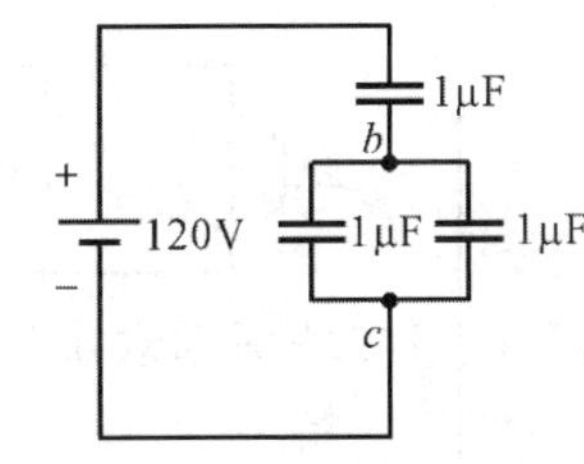

( ) 8. 如圖所示電路，求I之值為多少？
(A)1A　(B)2A
(C)3A　(D)4A。

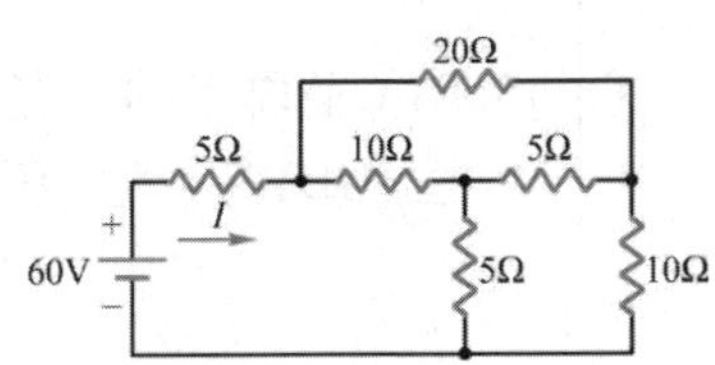

(　) 9. 如圖所示電路，試求電路之電壓調整率為何？
(A)10%
(B)15%
(C)20%
(D)25%。

(　) 10. 如圖所示電路，試求a、b兩點間的電阻為多少？
(A)5Ω
(B)4Ω
(C)3Ω
(D)2Ω。

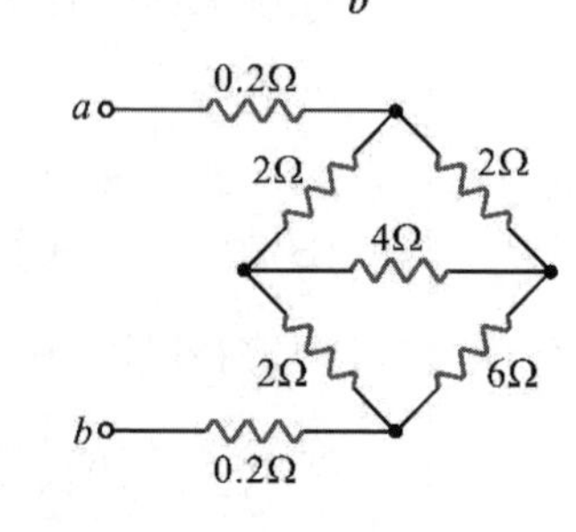

(　) 11. 如圖所示電路，利用戴維寧定理、重疊定理，求流過6Ω的電壓V和電流I各為多少？　(A)44V，11A　(B)33V，11A　(C)12V，2A　(D)55V，11A。

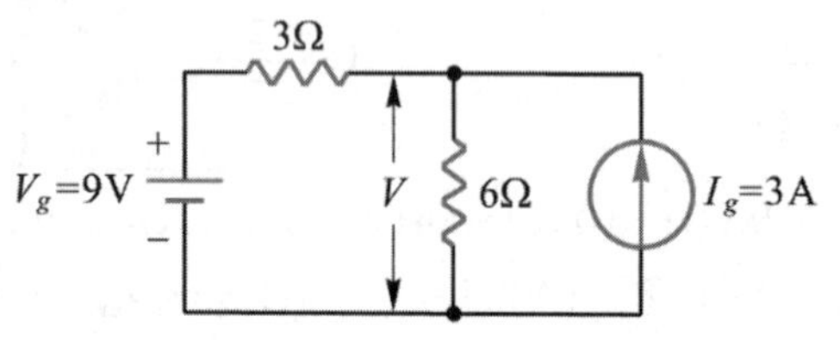

(　) 12. 一個理想的電壓源，其內阻應如何？　(A)零　(B)隨電流改變　(C)隨負載改變　(D)無窮大。

(　) 13. 如圖所示電路，試求V為多少伏特？　(A)7.2　(B)14.4　(C)21.6　(D)28.8。

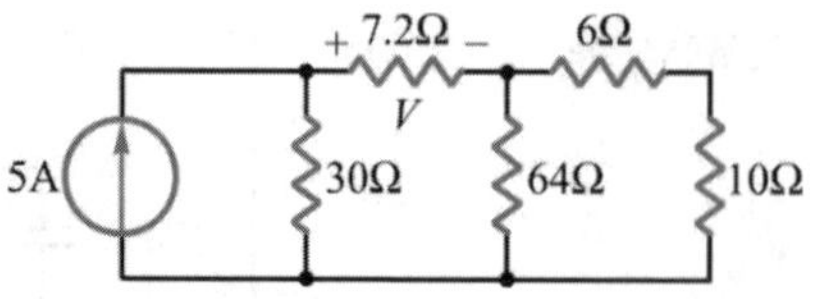

(　) 14. 功率因數單位為何？　(A)沒有單位　(B)安培　(C)瓦特　(D)伏特。

(　) 15. RLC並聯電路，在低於諧振頻率時，電路呈現什麼性？　(A)電容性　(B)電阻性　(C)電感性　(D)電流性。

( ) 16. 兩平行導線，若電流方向相反，則兩導線間會產生何種方向之力？ (A)相斥　(B)相吸　(C)無作用力產生　(D)視電流值而定。

( ) 17. 兩個材質相同的電燈泡100W/100V與10W/100V並聯後，兩端接上100V電源，試問哪個電燈泡會較亮？　(A)10W之電燈泡　(B)100W之電燈泡　(C)兩者亮度相同　(D)兩者規格不同，所以無法比較。

( ) 18. 有一色碼電阻其顏色依序為黃、紫、橙、銀，則其電阻值為何？ (A)47kΩ±10%　(B)47kΩ±5%　(C)37kΩ±10%　(D)37kΩ±5%。

( ) 19. 如圖所示電路，求電流I為多少？
(A)3A
(B)4A
(C)5A
(D)6A。

( ) 20. 如圖所示電路，各電阻均相同，當開關K未按下時，通過電池的電流為0.6安培，當K按下後，則通過電池的電流為多少？　(A)0.2A　(B)0.4A　(C)0.9A　(D)1.2A。

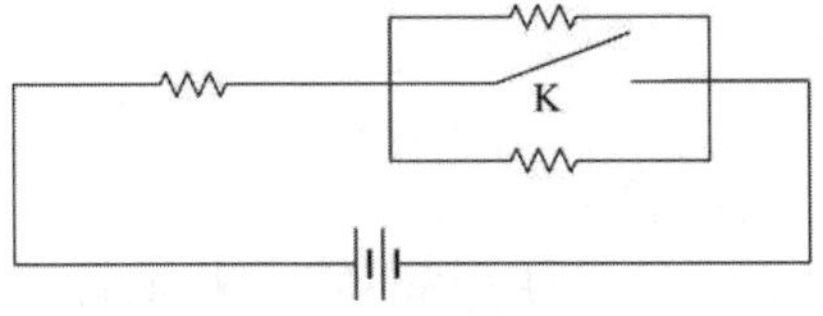

( ) 21. 有一交流電之電壓方程式為v(t)=100sin(200π t+60°)，則此電壓的頻率為多少？　(A)50Hz　(B)100Hz　(C)150Hz　(D)200Hz。

( ) 22. 如圖所示電路，a、b兩端之戴維寧等效電路的R_{Th}為多少？
(A)1Ω
(B)2Ω
(C)4Ω
(D)8Ω。

(　) 23. 如圖所示電路，流經5Ω電阻之電流I為多少？

(A)30A

(B)15A

(C)10A

(D)15A。

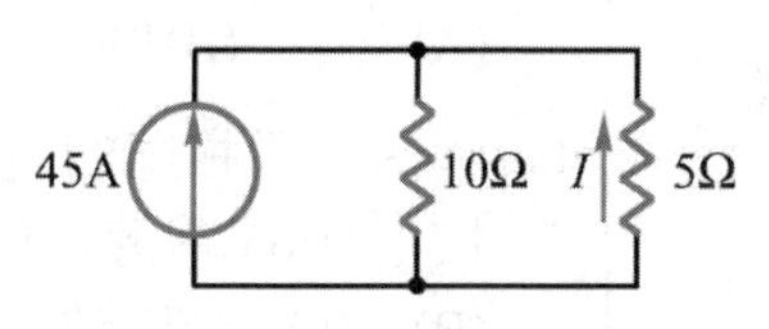

(　) 24. 有一電動勢為20伏特，內阻為10的電源，當外接負載時，欲得最大功率輸出，則負載電阻的最大功率為多少？　(A)5W　(B)10W　(C)40W　(D)80W。

(　) 25. 如圖示電路，開關原在打開狀態，電容上的電壓為0V，電感上的電流為0A，今將開關S閉合，試問開關在閉合瞬間，電源電流之值為多少？　(A)0A　(B)無限大　(C)5A　(D)3.33A。

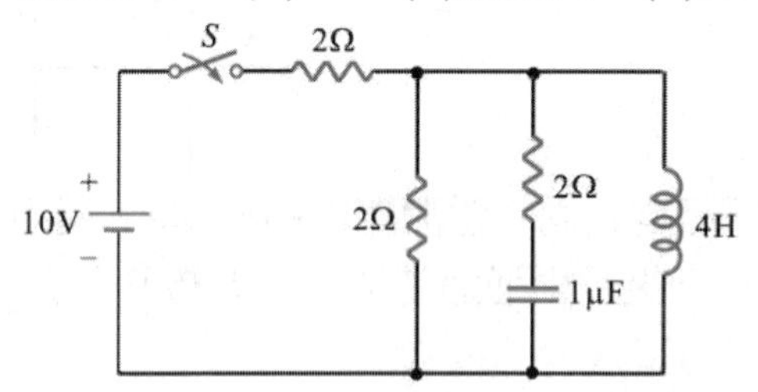

二、填空題

1. 一部電腦消耗的平均功率為500W，連續使用8小時，共消耗________度電。

2. 如圖所示電路，求電壓V_o為________伏特。

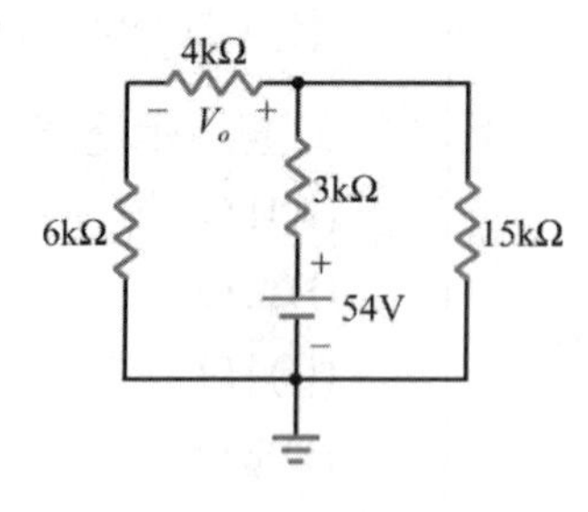

3. 如圖所示電路，求電流I之值等於________安培。

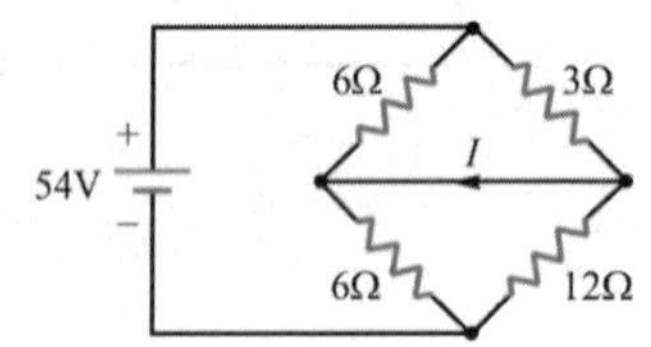

4. 在電阻誤差色帶中，±5%的誤差以________色表示。

5. 如圖所示之電路，則通過3電阻之電流為________安培。

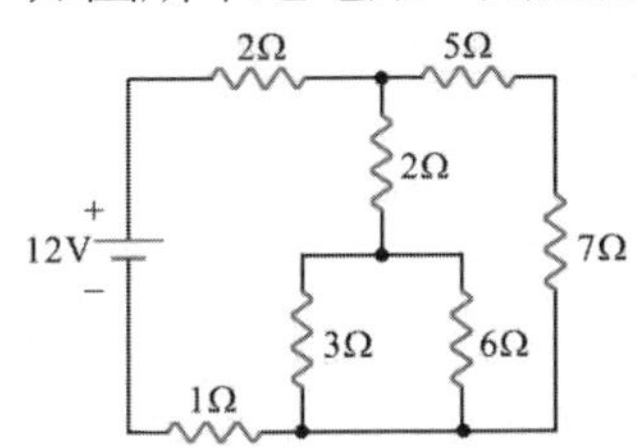

解答及解析 答案標示為 #者，表官方曾公告更正該題答案。

一、選擇題

1.(B)。 指針三用電表利用通過線圈的電流測量電阻，隨著電池老化，電流改變，要做零歐姆歸零調整。

2.(C)。 銀的導電率及導熱率為金屬中最佳者。這四者大小依序為銀、銅、金、鋁。

3.(B)。 $R=\frac{\ell}{S}$，直徑兩倍面積為四倍，故電阻值為$\frac{1}{4}$倍。

4.(D)。 $E_{Th}=18V\times\frac{12\Omega}{6\Omega+12\Omega}=12V$

$R_{Th}=6//12=4\Omega$

5.(A)。 v(t)及i(t)的相位差$\theta=0°$

$P=\frac{1}{2}V_mI_m\cos^{\theta}=\frac{1}{2}\times10\times5\times\cos0°=25W$

6.(D)。 二燈泡串聯後電阻變大，故消耗功率定小於10W，僅(D)可選。

$R_1=\frac{V^2}{P_1}=\frac{110^2}{10}=1210\Omega$

$R_2=\frac{V^2}{P_2}=\frac{110^2}{100}=1210\Omega$

$P_{總}=\frac{V^2}{R_1+R_2}=\frac{110^2}{1210+121}\simeq9.09W$

7.(B)。 由Q=CV，電容與電壓成反比

$$V_{bc}=120V\times\frac{1\mu F}{1\mu F+(1\mu F+1\mu F)}=40V$$

8.(D)。 把的部分取△Y轉換

$$R_1=\frac{5\times 5}{5+5+10}=1.25\Omega$$

$$R_2=\frac{5\times 10}{5+5+10}=2.5\Omega$$

$$R_3=\frac{5\times 10}{5+5+10}=2.5\Omega$$

電路改為

$$I=\frac{60}{5+(10+1.25)//(20+2.5)+2.5}$$

$$=\frac{60}{5+7.5+2.5}=4A$$

9.(D)。 無負載時$V_{NL}=20L$

接8Ω負載時$V_{FL}=2\times 8=16V$

$$VR\%=\frac{V_{NL}-V_{FL}}{V_{FL}}=\frac{20-16}{16}=25\%$$

10.(C)。 利用△Y轉換2Ω、4Ω、6Ω部分

$$R_1=\frac{2\times 4}{2+4+6}=\frac{2}{3}\Omega$$

$$R_2=\frac{2\times 6}{2+4+6}=1\Omega$$

$$R_3=\frac{4\times 6}{2+4+6}=2\Omega$$

電路改為

$$R_{ab}=0.2+(2+\frac{2}{3})//(2+2)+1+0.2$$

$$=0.2+1.6+1+0.2$$

$$=3\Omega$$

11.(C)。 $V=9V\times\frac{6\Omega}{3\Omega+6\Omega}+3A\times(3\Omega//6\Omega)$

$=6+6=12V$

$I=\frac{9V}{3\Omega+6\Omega}+3A\times\frac{3\Omega}{3\Omega+6\Omega}=1+1=2A$

12.(A)。 理想電壓源的內組為零。

13.(C)。 先求流過7.2Ω的分流，再算分壓

$V=5A\times\frac{30}{30+7.2+64//(6+10)}\times7.2$

$=5\times\frac{30}{30+7.2+12.8}\times7.2$

$=5\times0.6\times7.2$

$=21.6V$

14.(A)。 功率因數無單位。

15.(C)。 低於諧振頻率時，電感抗小於電容抗並聯後為電感性。

16.(A)。 平行導線，電流同向時相吸，反向時相斥。

17.(B)。 並聯接同電壓及普通家用電的接法，故100W的較亮。

18.(A)。 黃紫為47，橙為10^3，銀為10%，故選(A)。

19.(B)。 取超節點的KCL，流入為正，流出為負

$I=2-1-2-1+5-2+3=4A$

20.(C)。 開關按下及未按的比值為$\frac{R}{R+R//R}=\frac{2}{3}$

按下後$I'=\frac{I}{\frac{2}{3}}=0.6\times\frac{3}{2}=0.9A$

21.(B)。 $f=\frac{\omega}{2\pi}=\frac{200\pi}{2\pi}=100Hz$

22.(B)。 $R_{Th}=2//2+1=1+1=2\Omega$

23.(A)。 $I=-45\times\frac{10\Omega}{10\Omega+5\Omega}=-30A$（負號代表反向）

24.(B)。 $P_{L,max}=\frac{V^2}{4R}=\frac{20^2}{4\times10}=10W$

25.(D)。 閉合瞬間，電容視為短路，電感視為開路

$$I=\frac{10V}{2\Omega+2\Omega//2\Omega}=\frac{10}{2+1}=\frac{10}{3}A=3.33A$$

二、填充題

1.4。 $500W\times8$時$=4000$瓦·時$=4$度

2.14.4。 分壓兩次

$$V_0=54V\times\frac{15//(4+6)}{3+15//(4+6)}\times\frac{4}{6+4}=54\times\frac{15//10}{3+15//10}\times0.4$$

$$=54\times\frac{6}{3+6}\times0.4=14.4V$$

3.3。 先求除電橋中間以外的戴維寧電路

$$V_{TH}=54V\times(\frac{12\Omega}{12\Omega+3\Omega}-\frac{6\Omega}{6\Omega+6\Omega})=54\times(0.8-0.5)$$

$$=16.2V$$

$$R_{TH}=6//6+3//12=3+2.4=5.4\Omega$$

$$I=\frac{V_{TH}}{R_{TH}}=\frac{16.2}{5.4}=3A$$

4.金。 誤差5%為金色，10%為銀色，若無誤差色帶表示誤差20%。

5.1。 電源電流$=\frac{12V}{2+(2+3//6)//(5+7)+1}$

$$=\frac{12}{2+(2+2)//12+1}$$

$$=\frac{12}{2+3+1}$$

$$=2A$$

3Ω電阻的電流要分流兩次

$$I_{3\Omega}=2A\times\frac{5+7}{(2+3//6)+(5+7)}\times\frac{6}{3+6}$$

$$=2\times\frac{12}{2+2+12}\times\frac{6}{9}$$

$$=1A$$

109 年台灣菸酒從業評價職位人員

(　) 1. 有關常用數值的倍率代號，下列何者錯誤？　(A)2.4GHz＝2.4×10^9Hz　(B)8Mw＝8×10^6w　(C)3奈米(nm)＝3×10^{-12}m　(D)6毫秒(ms)＝6×10^{-3}s。

(　) 2. 某單心線若線徑由1.6mm變為3.2mm，長度不變下，則其電阻值為原來的幾倍？　(A)$\frac{1}{2}$　(B)$\frac{1}{4}$　(C)2　(D)4。

(　) 3. 兩電阻值相同之電阻器，將其串聯後接至一理想電壓源，已知總消耗功率為20W，如將兩電阻改為並聯後再接至同一電源，則消耗功率變為多少W？　(A)20W　(B)40W　(C)60W　(D)80W。

(　) 4. 如圖之(a)、(b)、(c)中，A表示導體截面積，L表示長度，所加之電動勢皆為E，則流經之電流大小應為何？　(A)(a)＞(b)＞(c)　(B)(c)＞(b)＞(a)　(C)(b)＞(a)＞(c)　(D)(c)＞(a)＞(b)。

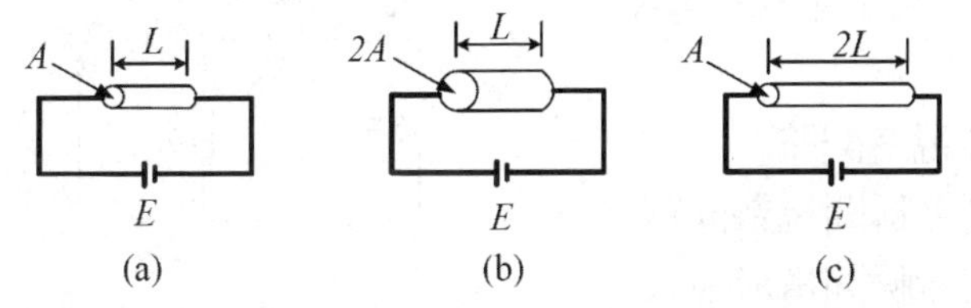

(　) 5. 若要擴大直流電流表的量度範圍，必須使用下列何者？　(A)分流器　(B)比流器　(C)倍增器　(D)比壓器。

(　) 6. 如圖所示電路，Rab之值為何？
(A)4.1Ω
(B)4.5Ω
(C)5Ω
(D)6.2。

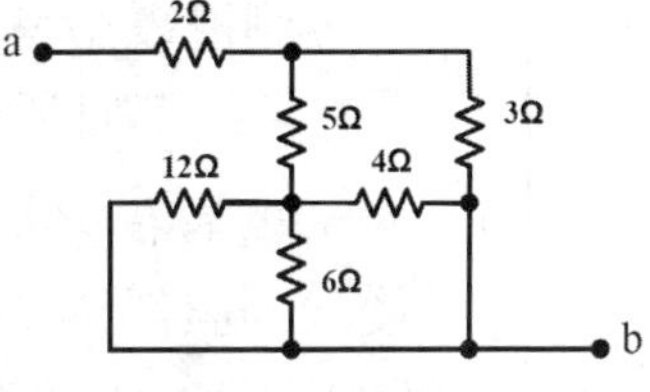

(　) 7. 發電原理採用佛萊明右手定則來討論，在佛萊明右手定則中，下列何者代表導體運動方向？　(A)拇指　(B)食指　(C)中指　(D)無名指。

( ) 8. 若一電容器的標示為「475K」，則其電容值及誤差為何？ (A)4.7μF；誤差5% (B)47μF；誤差5% (C)4.7μF；誤差10% (D)47μF；誤差10%。

( ) 9. 如圖所示，如將開關S投入(ON)，且經過一段很長時間(t>5τ)；則10μF電容器可充電至多少伏特？
(A)20 (B)30
(C)40 (D)60。

( ) 10. 如圖所示，波形的平均值為何？
(A)1.2v
(B)1.6v
(C)1v
(D)2v。

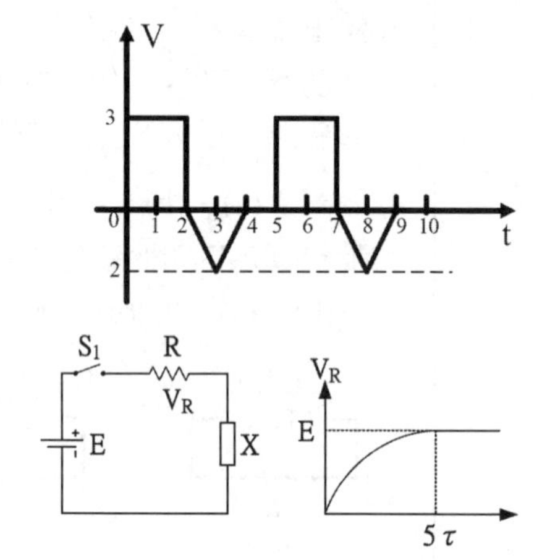

( ) 11. 如圖所示，X元件的充電特性為何？
(A)穩定後視為開路
(B)開關閉合瞬間視為開路
(C)開關閉合瞬間電流最大
(D)開關閉合瞬間電壓最小。

( ) 12. 將電壓有效值為100V，頻率為100Hz之交流電源加入RL串聯電路中，測得電路有效電流為10A且跨於電阻器兩端之電壓為60V，則電感值約為何？ (A)9.55mH (B)12.7mH (C)8mH (D)6mH。

( ) 13. 某電器設備名牌標示其消耗功率為1200W，功率因數為0.8滯後，則該設備的電路屬性及無效功率分別為何？ (A)電容性、900VAR (B)電容性、1600VAR (C)電感性、900VAR (D)電感性、1600VAR。

( ) 14. 已知RLC串聯電路之R=100Ω、L=10mH、C未知，若該電路對一電源V(t)=141.4sin(2000t)v產生諧振，則C值應為多少μF？ (A)12.5 (B)20 (C)25 (D)40。

( ) 15. 某電動機負載之功率因數(P.F)為0.6，現利用電容器將功率因數改善至0.8，此時自電源取入之電流為15安培；則功率因數改善前取入之電流為多少安培？　(A)20　(B)25　(C)30　(D)40。

( ) 16. 如圖所示電路，I之值為何？
(A)0A
(B)2A
(C)−2A
(D)6A。

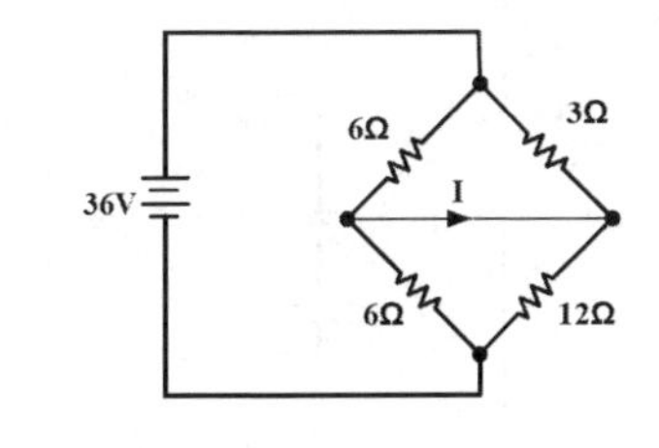

( ) 17. 在空氣中，將一平行板電容器兩極板間加上12KV之電壓時，則當電場強度為0.5(KV/mm)時，每單位面積($1m^2$)之靜電容量約為多少微微法拉(pF)？　(A)369　(B)432　(C)508　(D)620。

( ) 18. 如圖所示，兩電感間的耦合係數為0.25，則兩電感所儲存的能量為多少？　(A)6J　(B)12J　(C)24J　(D)36J。

12H　3H
I = 2A

( ) 19. 如圖所示，整體電路呈現電感性，則下列敘述何者正確？
(A)$\bar{I}$ 超前$\bar{I}_L$
(B)$\bar{I}_C > \bar{I}_L$
(C)$\bar{I}$ 超前$\bar{I}_R$
(D)$\bar{I}_R$ 超前V。

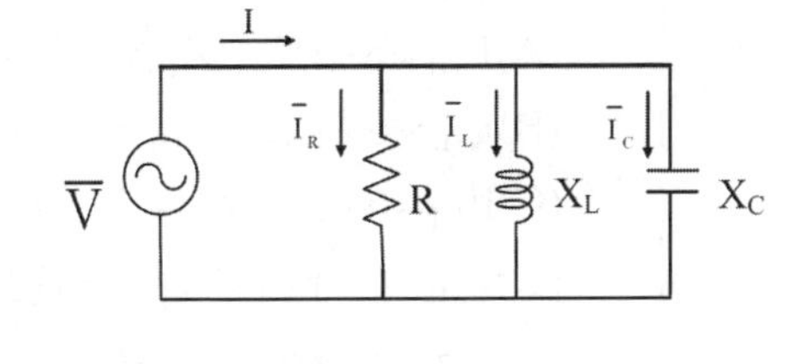

( ) 20. 有一交流電路其瞬時功率方程式為：$P(t)=800-1000\cos(754t+30^\circ)$，則其有效功率P及頻率各為何？　(A)600W，60Hz　(B)800W，60Hz　(C)600W，120Hz　(D)800W，120Hz。

( ) 21. Δ（電源）-Y（負載）三相平衡電路中，下列敘述何者正確？(A)負載的相電壓大小等於電源的相電壓　(B)負載的相電流大小等於電源的相電流　(C)負載的相電流越前電源相電流30°　(D)負載的相電壓落後電源相電壓30°。

(　) 22. 如圖所示，各節點間均有3Ω之電阻器互相連接；當以12V之理想電壓源加於此電阻之任意兩節點上，則電流I之值為何？　(A)3A　(B)4A　(C)8A　(D)12A。

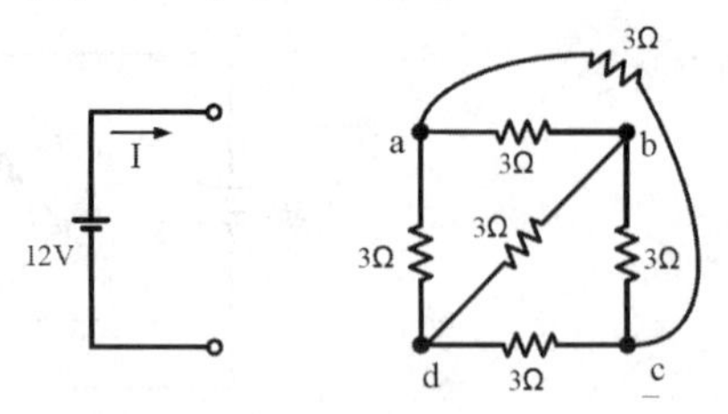

(　) 23. 如圖所示RLC並聯諧振電路，下列敘述何者錯誤？　(A)諧振頻率約1592Hz　(B)諧振時，電路總阻抗為100Ω　(C)品質因數為20　(D)電路的頻寬約為159Hz。

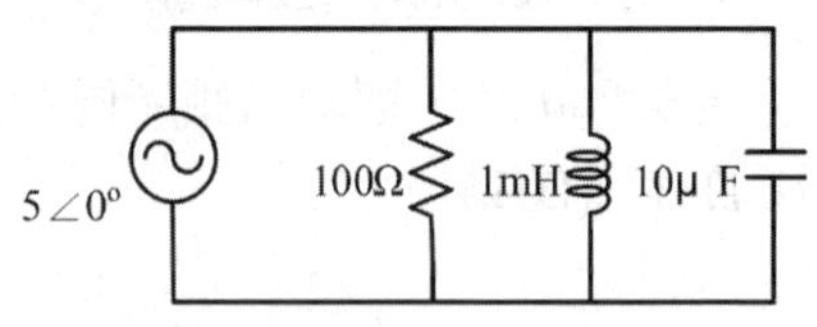

(　) 24. 如圖所示交流網路，其戴維寧等效分別為何？
(A)$E_{TH}=6+j12$；$Z_{TH}=6+j6$
(B)$E_{TH}=6+j12$；$Z_{TH}=6-j6$
(C)$E_{TH}=6+j6$；$Z_{TH}=6-j6$
(D)$E_{TH}=6+j6$；$Z_{TH}=6+j12$。

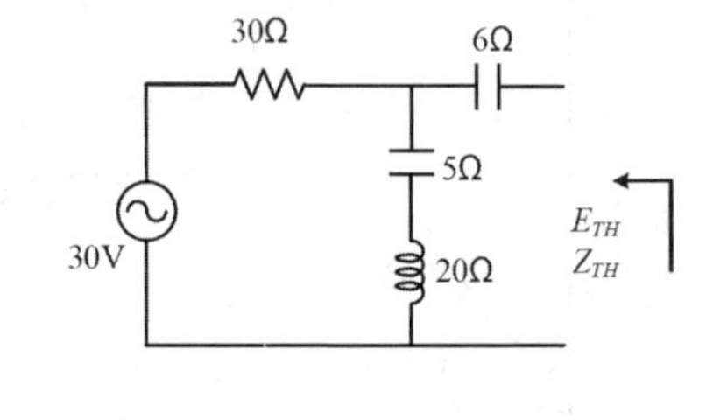

(　) 25. 某電熱器由單相100V之電源供電，若電熱器的電阻為20Ω，則電熱器每小時消耗之能量為多少度電？　(A)0.25　(B)0.5　(C)2.5　(D)5。

(　) 26. 將6Ω、8Ω、12Ω、16Ω、24Ω與48Ω等6個電阻並聯，則並聯後的總電阻為何？　(A)1Ω　(B)2Ω　(C)3Ω　(D)4Ω。

(　) 27. 有關電阻串聯的特性，下列敘述何者正確？　(A)較大的電阻會有較大的端電壓與較大的消耗功率　(B)較大的電阻會有較大的端電壓與較小的消耗功率　(C)較大的電阻會有較大的電流與較大的消耗功率　(D)較大的電阻會有較大的電流與較小的消耗功率。

( ) 28. 如圖所示電路，已知5Ω電阻消耗的功率為125瓦特，3Ω電阻兩端的電壓為多少伏特？ (A)6 (B)12 (C)15 (D)30。

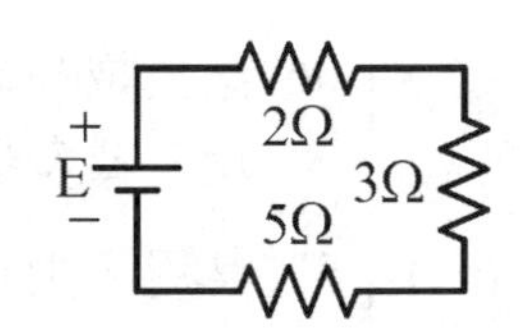

( ) 29. 如圖所示電路，電壓V_1與V_2分別為多少？
(A)$V_1=9V$、$V_2=10V$
(B)$V_1=10V$、$V_2=9V$
(C)$V_1=9V$、$V_2=9V$
(D)$V_1=10V$、$V_2=10V$。

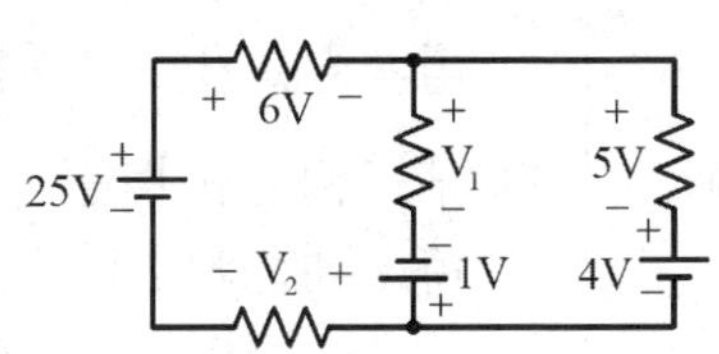

( ) 30. 如圖所示電路，V_{ab}為多少伏特？
(A)3
(B)5
(C)6
(D)10。

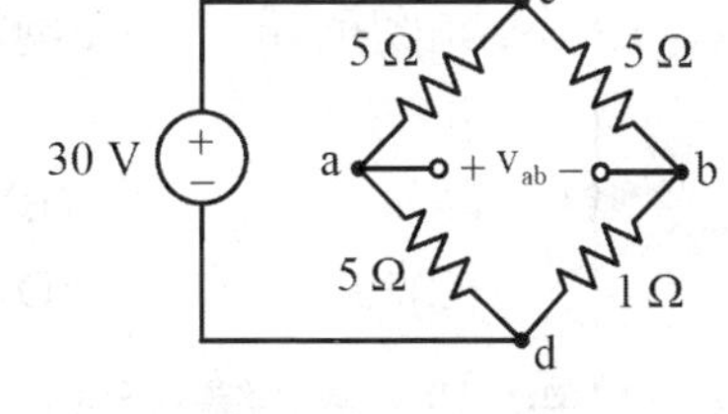

( ) 31. 如圖所示電路，a、b兩端之戴維寧等效電阻為多少歐姆？
(A)2 (B)4
(C)5 (D)8。

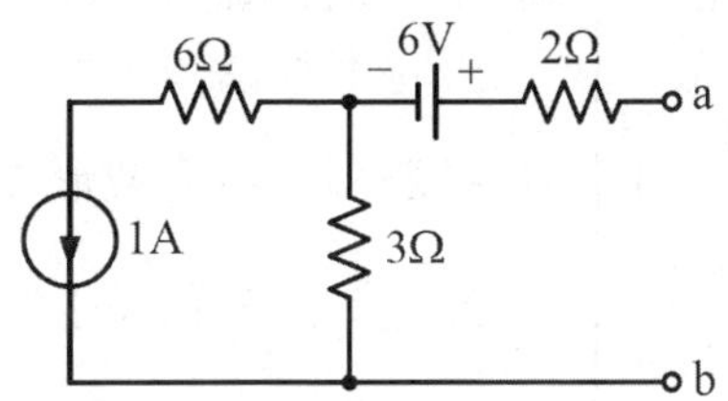

( ) 32. 承第31題，a、b兩端之戴維寧等效電壓為多少伏特？
(A)3 (B)8 (C)9 (D)14。

( ) 33. 欲使6亨利電感器儲存108焦耳的能量，則電感器需通過的電流為多少安培？ (A)3 (B)6 (C)9 (D)18。

( ) 34. 某導體A置於如圖所示的磁場中，⊗代表導體之電流方向為流入紙面，則導體受力方向為何？ (A)向上 (B)向下 (C)向左 (D)向右。

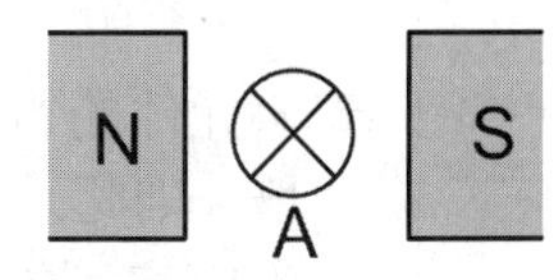

( ) 35. 在RLC串聯電路中，當電源頻率由0逐漸增至無窮大，則電路的電流之變化為何？ (A)先減後增 (B)先增後減 (C)逐漸減小 (D)逐漸增大。

( ) 36. 某負載的端電壓為80+j60伏特，電流為40+j30安培，則負載的平均功率為多少瓦特？ (A)320 (B)500 (C)3200 (D)5000。

( ) 37. 某用戶由110伏特60Hz的電源供電，已知用戶之負載為2kW、功率因數為0.8落後，如欲將用戶之功率因數提高至1，則用戶需並聯之電容約為多少微法拉？ (A)220 (B)330 (C)550 (D)660。

( ) 38. 某三相、正相序、Y接平衡電源，其a相之相電壓 $V_{an}=220\angle 30°$ 伏特，則電源之線電壓V_{ab}為何？ (A)$220\angle 0°$伏特 (B)$220\angle 30°$伏特 (C)$381\angle 30°$伏特 (D)$381\angle 60°$伏特。

( ) 39. 如圖所示，a、b兩端之總電容為多少μF？

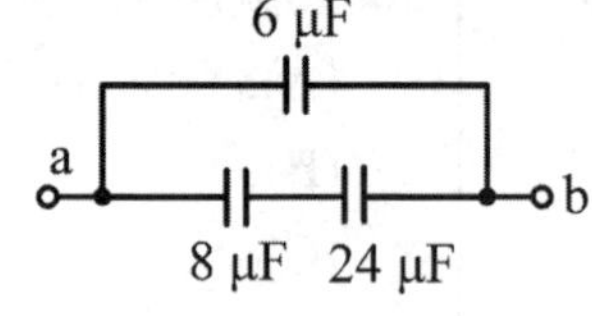

(A)4 (B)12
(C)20 (D)36。

( ) 40. 某一鐵心繞有500匝的線圈時電感為4亨利，則鐵心繞有1000匝的線圈時電感為多少亨利？ (A)1 (B)2 (C)8 (D)16。

( ) 41. 某週期性電流波形如圖所示，已知此電流之最大值為I_m安培，此電流之有效值為多少安培？ (A)$\frac{I_m}{2}$ (B)$\frac{I_m}{\sqrt{2}}$ (C)$\frac{I_m}{3}$ (D)$\frac{I_m}{\sqrt{3}}$。

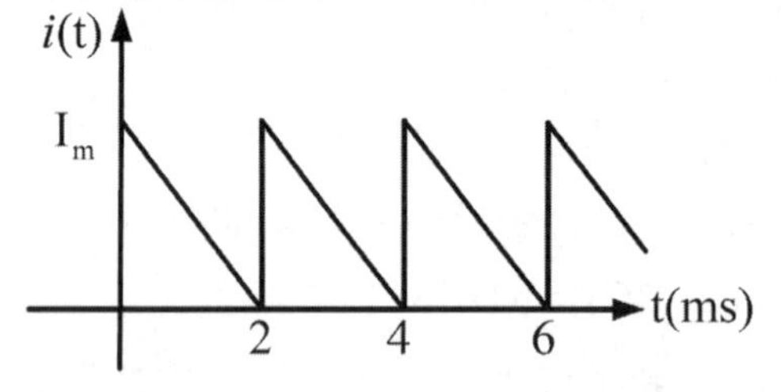

( ) 42. 某元件的電壓為$100\sqrt{2}\sin(500t)$伏特、電流為$5\sqrt{2}\cos(500t)$安培，則此元件為何？ (A)10微法拉的電容 (B)100微法拉的電容 (C)10亨利的電感 (D)100亨利的電感。

( ) 43. 某單相負載由130V、30Hz之弦波電源供電時，負載的阻抗值為24+j5(Ω)。若負載改由130V、60Hz之弦波電源供電，則負載的電流為多少安培？ (A)5 (B)6 (C)8 (D)13。

( ) 44. 承第43題，負載由130V、60Hz之正弦波電源供電時，負載的功率因數為何？ (A)0.6 (B)0.8 (C)0.75 (D)0.92。

( ) 45. 如圖所示電路，若電壓源$V_S=100\angle 0°$伏特，則電流I_1為多少安培？
(A)12+j16
(B)12−j16
(C)16+j12
(D)16−j12。

( ) 46. 如圖所示電路，若電壓源$V_S=100\sin(100t)$，則電感器L為多少亨利可使電路產生串聯諧振？ (A)0.1 (B)0.2 (C)0.01 (D)0.05。

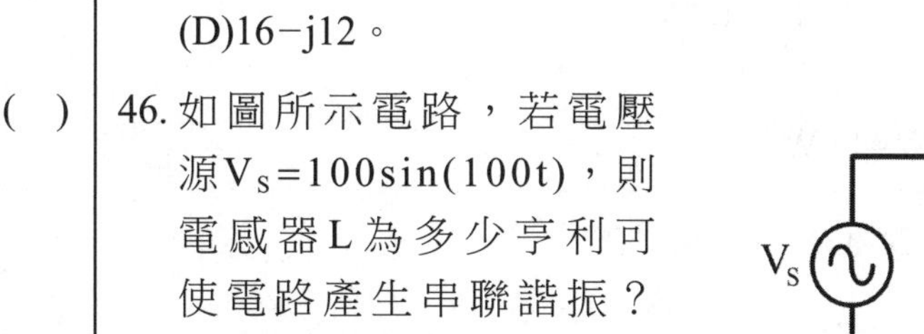

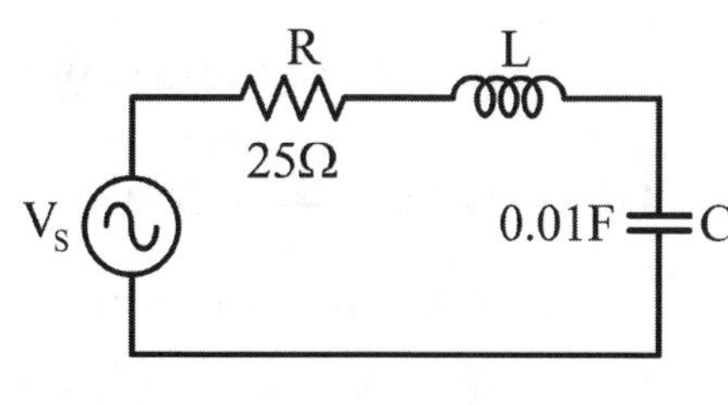

( ) 47. 某平衡Δ接負載由三相平衡電源供電，若負載之線電壓為250V、相電流為20A、功率因數為0.8，則此負載之消耗功率為何？ (A)4kW (B)8kW (C)12kW (D)16kW。

( ) 48. 某平衡Y接負載由380V之三相平衡電源供電，若負載的每相阻抗為$10\angle 30°\Omega$，則負載線電流約為多少安培？ (A)22 (B)38 (C)12.7 (D)65.8。

( ) 49. 如圖所示電路，在開關閉合前電容器之儲能為0，若t=0秒時開關S閉合，則電容器之端電壓v_c為何？ (A)$20(1+e^{-100t})$V (B)$20(1-e^{-100t})$V (C)$10(1+e^{-1000t})$V (D)$10(1-e^{-1000t})$V。

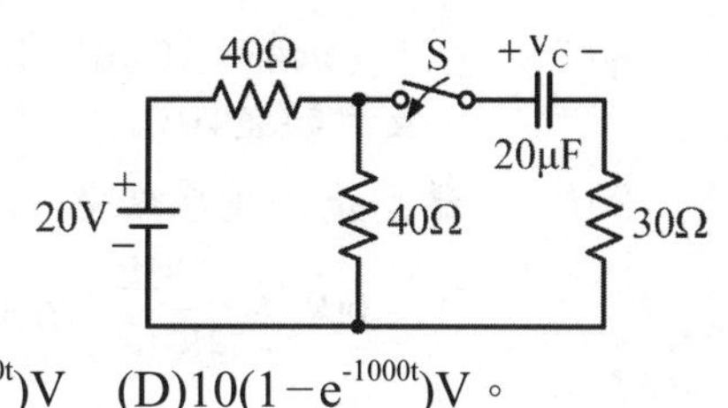

( ) 50. 如圖所示的單相三線式配電線路中，中性線的電流I_N為多少安培？ (A)4 (B)6 (C)10 (D)14。

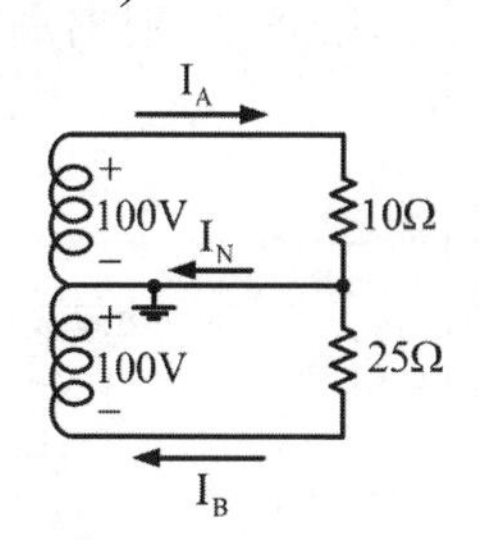

解答及解析 答案標示為 #者，表官方曾公告更正該題答案。

1.(C)。 (C)$3nm=3\times10^{-9}m$

2.(B)。 線徑加倍，截面積4倍，電阻值為$\frac{1}{4}$倍。

3.(D)。 $\frac{P'}{P}=\frac{\frac{V^2}{R_{並}}}{\frac{V^2}{R_{串}}}=\frac{R_{串}}{R_{並}}=\frac{R+R}{R//R}=\frac{2R}{0.5R}=4$

$P'=4P=4\times20W=80W$

4.(C)。 電阻$R=\frac{\rho\ell}{S}$，電阻值(c)＞(a)＞(b)

故電流(b)＞(a)＞(c)

5.(A)。 擴大電流表的量度範圍，可使用分流器減少通過電流表的電流。

6.(A)。 $R_{ab}=2+[5+12//6//4]//3$

$=2+(5+4//4)//3$

$=2+7//3$

$=2+2.1$

$=4.1\Omega$

7.(A)。 右手定則中，拇指為導體運動方向，食指為磁場方向，中指為電流方向。

8.(C)。 475表示$47\times10_5pF=4.7\mu F$

K表示誤差10%

9.(C)。 穩態後，電感短路，電容開路

$V_C=60V\times\frac{8K}{4K+8K}=40V$

10.(B)。 週期為5，通常原點下方代表負值

$V_{av}=\frac{3\times2+\frac{1}{2}\times(-2)\times(4-2)}{5}=\frac{6-2}{5}=0.8V$

但無此選項，若依圖形把下方最大值視為2V

$$則\ V_{av}=\frac{3\times2+\frac{1}{2}\times2\times(4-2)}{5}=\frac{6+2}{5}=1.6V$$

11.(B)。V_R電壓隨時間漸增，即V_X電壓漸減，表示此元件為電感。或把V_R除R可得電流，亦知為電感。故(B)正確。

12.(B)。$V_L=\sqrt{100^2-60^2}=80V$

$$X_L=\frac{80V}{10A}=8$$

$$L=\frac{X_L}{\omega}=\frac{X_L}{2\pi f}=\frac{8}{2\times3.14\times100}\simeq0.0127=12.7\ mH$$

13.(C)。$PF=\cos\theta=0.8\Rightarrow\theta=37°$，滯後為電感性

$$Q=P\tan\theta=1200\times\tan37°=1200\times\frac{3}{4}=900VAR$$

14.(C)。$\omega_0=\frac{1}{\sqrt{LC}}$

$$C=\frac{1}{\omega_0{}^2L}=\frac{1}{2000^2\times10\times10^{-3}}=\frac{1}{40\times10^{-3}}=25\times10^{-6}=25\ \mu F$$

15.(A)。改善前後的實功率不變

$VI\cos\theta_1=VI'\cos\theta_2$

$VI\times0.6=V\times15\times0.8$

$\Rightarrow I=20A$

16.(C)。取戴維寧等效電路

$$V_{TH}=36V\times(\frac{6\Omega}{6\Omega+6\Omega}-\frac{12\Omega}{12\Omega+3\Omega})$$

$=36\times(0.5-0.8)$

$=-10.8V$

$R_{TH}=6//6+3//12=3+2.4=5.4\Omega$

$$I=\frac{V_{TH}}{R_{TH}}=\frac{-10.8}{5.4}=-2A$$

17.(A)。由$E=\frac{V}{d}$得極板間距$d=\frac{V}{E}=\frac{12KV}{0.5^{KV}/_{mm}}=24mm$

電容$C=\in\dfrac{A}{d}=8.85\times10^{-12}\dfrac{1}{24\times10^{-3}}=369\times10^{-12}$

$=369pF$

18.(C)。 由黑點極性法則可知互感為負，

$M=k\sqrt{L_1L_2}=0.25\sqrt{12\times3}=1.5H$

$L_{總}=L_1+L_2-2M=12+3-2\times1.5=12H$

$W=\dfrac{1}{2}LI^2=\dfrac{1}{2}\times12\times2^2=24J$

19.(A)。 並聯後電感性，表示$X_L<X_C$，

(A) $\bar{I}_L$落後$\bar{I}$，正確

(B) $X_L<X_C$，$\bar{I}_L>\bar{I}_C$

(C) 電感性$\bar{I}$落後$\bar{V}$，$\bar{I}_R$與V同相，故$\bar{I}$落後$\bar{I}_R$

(D) $\bar{I}_R$與V同相

20.(B)。 有效功率P=800W

頻率$f=\dfrac{\omega}{2\pi}=\dfrac{754}{2\times3.14}=120Hz$

但瞬時功率的頻率為電壓或電流頻率的兩倍，故原交流訊號的頻率為60Hz。

21.(D)。 (A) 電源相電壓等於線電壓，等於$\sqrt{3}$倍負載相電壓。

(B) 負載相電流等於線電流，等於$\sqrt{3}$倍電源相電流。

(C) Y接負載相電流等於線電流，落後△接的電源相電流30°。

(D) △接的電源相電壓等於線電壓，超前Y接負載相電壓30°，正確。

22.(C)。 因每個節點均互連，任兩點間電阻相同，取相對節點較易計算，例如取ac兩點，則因對稱的關係，bd間電阻可忽略，故$R=(3+3)//(3+3)//3=6//6//3=1.5\Omega$

$I=\dfrac{12V}{1.5\Omega}=8A$

23.(C)。 並聯諧振的品質因數

$Q=R\sqrt{\dfrac{C}{L}}=100\times\sqrt{\dfrac{10\times10^{-6}}{1\times10^{-3}}}=100\sqrt{0.01}=10$

24.(A)。 $E_{TH}=30\times\frac{-j5+j20}{30-j5+j20}=30\times\frac{j15}{30+j15}$

$=30\times\frac{j(2-j)}{(2+j)(2-j)}=30\times\frac{1+j2}{5}=6+j12\Omega$

$Z_{TH}=30//(-j5+j20)-j6=\frac{30\cdot j15}{30+j15}-j6$

$=\frac{j30(2-j)}{(2+j)(2-j)}-j6=\frac{30+j60}{5}-j6$

$=6+j6\Omega$

25.(B)。 $\omega=Pt=\frac{V^2}{R}\cdot t=\frac{100^2}{20}\cdot 1=500$瓦·時$=0.5$度

26.(B)。 $R_{並}=6//8//12//16//24//48$

$=\frac{1}{\frac{1}{6}+\frac{1}{8}+\frac{1}{12}+\frac{1}{16}+\frac{1}{24}+\frac{1}{48}}$

$=\frac{1}{\frac{8+6+4+3+2+1}{48}}$

$=2\Omega$

27.(A)。 串聯時，電流相同，電阻較大的端電壓較大，功率消耗大。

28.(C)。 $I=\sqrt{\frac{P}{R}}=\sqrt{\frac{125W}{5\Omega}}=5A$

$V_{3\Omega}=IR=5\cdot 3=15V$

29.(D)。 左右迴路列出KVL

$\begin{cases}25-6-V_1+1-V_2=0\\-1+V_1-5-4=0\end{cases}\Rightarrow\begin{cases}V_1=10V\\V_2=10V\end{cases}$

30.(D)。 $V_{ab}=30V\times(\frac{5\Omega}{5\Omega+5\Omega}-\frac{1\Omega}{1\Omega+5\Omega})$

$=30\times(\frac{1}{2}-\frac{1}{6})=10V$

31.(C)。 電流源開路，電壓源短路
$R_{ab}=3+2=5\Omega$

32.(A)。 $V_{ab}=-1A\times3\Omega+6V=3V$

33.(B)。 由 $W_L=\frac{1}{2}LI^2\Rightarrow I=\sqrt{\frac{2W_L}{L}}=\sqrt{\frac{2\times108}{6}}=6A$

34.(B)。 用右手開掌定則，拇指表示電流向紙內，四指表示磁場向右，掌心得受力方向向下。

35.(B)。 串聯諧振時阻抗最小，電流最大，故頻率由0增至無窮大，電流先增後減。

36.(D)。 $P=VI^*=(80+j60)(40-j30)=3200+1800=5000W$

37.(B)。 $PF=\cos\theta=0.8\Rightarrow\theta=37°$
虛功$Q=P\tan\theta=2000\times\tan37°=1500$ Var

需電容阻抗$X_C=\frac{V^2}{Q}=\frac{110^2}{1500}=8.07\Omega$

電阻值$C=\frac{1}{\omega X_C}=\frac{1}{2\pi fX_C}=\frac{1}{2\times3.14\times60\times8.07}=330\mu F$

38.(D)。 Y接線電壓V_{ab}超前相電壓$V_{an}30°$，線電壓等於$\sqrt{3}$倍相電壓，故選(D)。

39.(B)。 $C_{ab}=6+8//24=6+6=12\mu F$

40.(D)。 電感值正比匝數平方

故$L'=L(\frac{1000}{500})^2=4\times4=16H$

41.(D)。 三角波的有效值為最大值的$\frac{1}{\sqrt{3}}$倍，為$\frac{I_m}{\sqrt{3}}$。

42.(B)。 $I=5\sqrt{2}\cos(500t)=5\sqrt{2}\sin(500t+90°)$
電流相位超前90°，可知為電容

$X_C=\frac{V_m}{I_m}=\frac{100\sqrt{2}}{5\sqrt{2}}=20\Omega$

$C=\frac{1}{\omega X_C}=\frac{1}{500\times20}=10^{-4}=100\times10^{-6}=100\mu F$

43.(A)。負載為電感性，其電抗部分隨頻率加倍而加倍，
故$Z'=24+j10(\Omega)$

$$|I|=\frac{130V}{|24+j10|\Omega}=\frac{130}{\sqrt{24^2+10^2}}=\frac{130}{26}=5A$$

44.(D)。$pF=\cos\theta=\frac{24}{\sqrt{24^2+10^2}}=\frac{24}{26}\simeq 92$

45.(C)。$I_1=\frac{V_S}{Z}=\frac{100\angle 0^\circ}{4-j3}=\frac{100\angle 0^\circ}{5\angle -37^\circ}$

$=20\angle 37^\circ=20(0.8+j0.6)=16+j12\Omega$

46.(C)。$\omega_0=\frac{1}{\sqrt{LC}}\Rightarrow L=\frac{1}{{\omega_0}^2C}=\frac{1}{100^2\times 0.01}=0.01H$

47.(C)。△接，$V_{相}=V_{線}$
$P=3\ V_{相}I_{相}\cos\theta=3\times 250\times 20\times 0.8=12000W$
$=12kW$

48.(A)。$Y_{接}$，$I_{線}=I_{相}=\frac{V_{相}}{|Z|}=\frac{V_{線}}{\sqrt{3}|Z|}=\frac{380}{10\sqrt{3}}\simeq 22A$

49.(D)。$V_C(0)=0$，$V_C(\infty)=20V\times\frac{40\Omega}{40\Omega+40\Omega}=10V$

時間常數$\tau=RC=(40//40+30)\times 20\times 10^{-6}$
$=1000\times 10^{-6}=10^{-3}S$

$V_C(t)=V_C(\infty)+[V_C(0)-V_C(\infty)]\,e^{-\frac{t}{2}}$

$=10+[0-10]\,e^{-\frac{t}{0.001}}$

$=10(1-e^{-1000t})V$

50.(B)。$I_N=I_A-I_B=\frac{100V}{10\Omega}-\frac{100V}{25\Omega}=10-4=6A$

109 年台灣中油雇用人員

一、選擇題

( ) 1. 材質均勻的導線，在恒溫時，其電導值與導線的：
(A)長度成反比，截面積成正比
(B)長度成正比，截面積成反比
(C)長度成正比，截面積成正比
(D)長度成反比，截面積成反比。

( ) 2. 三個電阻分別為20Ω、80Ω、240Ω，若將三個電阻並聯後接上電壓為60伏特的電源，則線路電流為：
(A)2安培 (B)3安培
(C)4安培 (D)5安培。

( ) 3. 如圖所示，b點之電位為多少V：

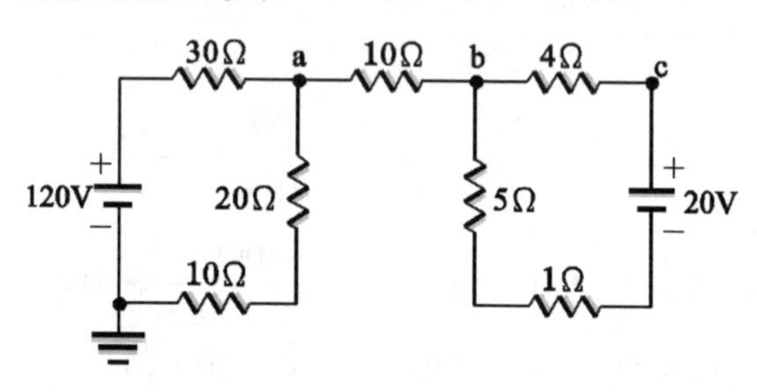

(A)0V (B)12V (C)20V (D)60V。

( ) 4. 三個電阻分別為3Ω、10Ω、2Ω，若將三個電阻串聯後接上電壓為30伏特的電源，則線路電流為：
(A)1安培 (B)2安培
(C)5安培 (D)15安培。

( ) 5. 如圖，求R_{ab}值為多少？
(A)6Ω
(B)8Ω
(C)10Ω
(D)12Ω。

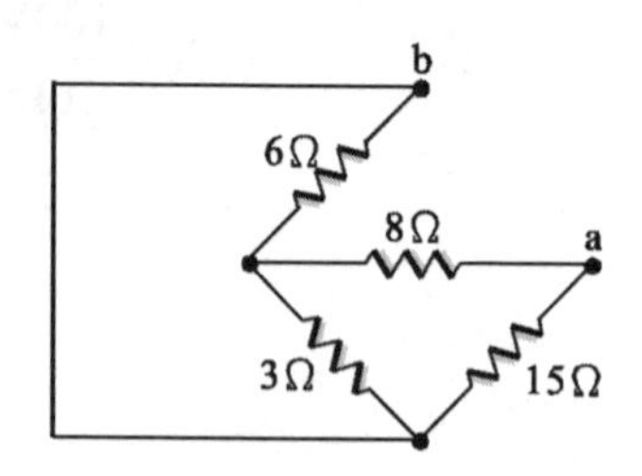

(　) 6. 如圖所示電路，負載電阻R_L為多少時，可獲得最大功率？ 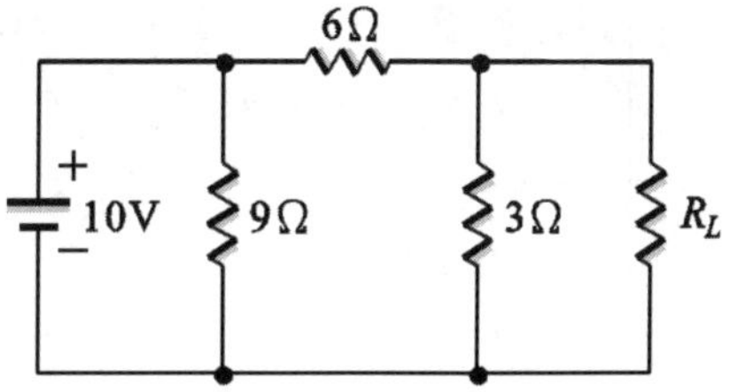
(A)1Ω
(B)2Ω
(C)3Ω
(D)6Ω。

(　) 7. 如圖所示電路中，R_L所能獲取的最大功率為若干？ 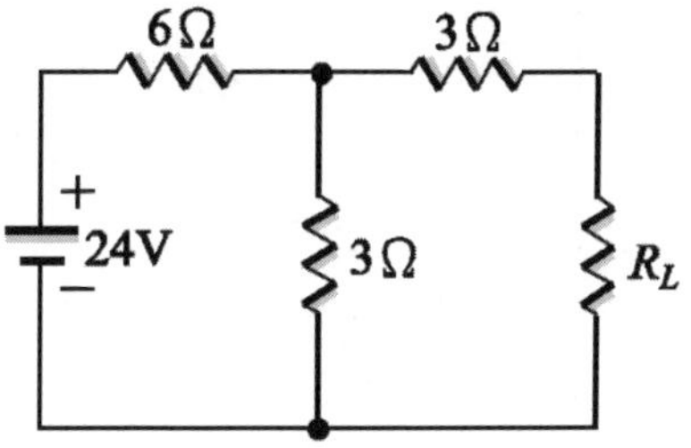
(A)3.2W
(B)3.6W
(C)3.8W
(D)4W。

(　) 8. 如圖所示之電路，電阻R_L可得之最大功率為多少瓦特？ 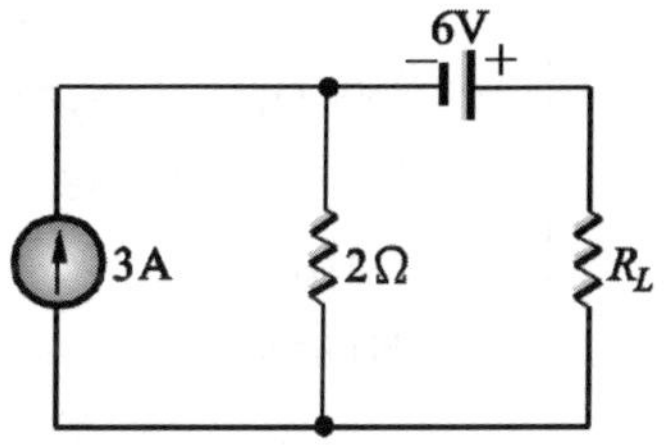
(A)36W
(B)27W
(C)18W
(D)9W。

(　) 9. 如圖所示電路，a、b兩端之戴維寧等效電壓為多少？ 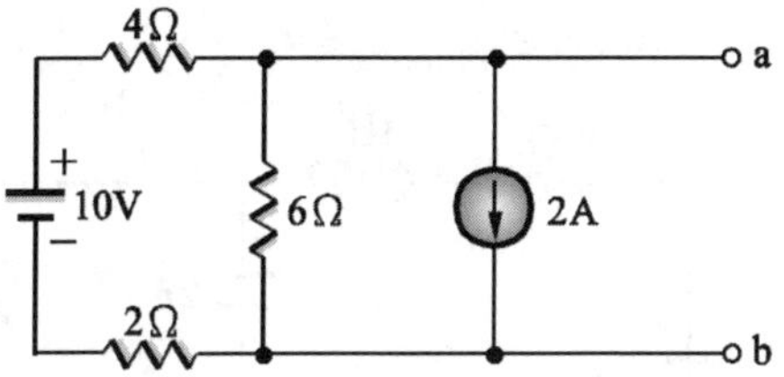
(A)－12V　(B)－1V　(C)5V　(D)12V。

(　) 10. 如圖所示，3μF電容器儲存之能量為： 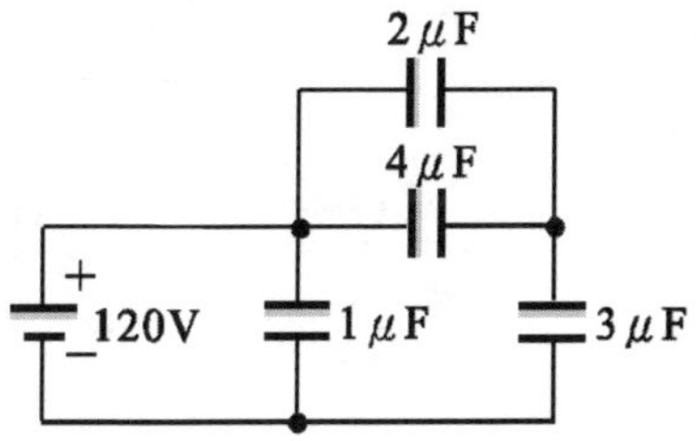
(A)0.6×10^{-3}焦耳
(B)1.2×10^{-3}焦耳
(C)2.4×10^{-3}焦耳
(D)9.6×10^{-3}焦耳。

( ) 11. 如圖所示，⊗代表一導體且其電流流入紙面，則導體受力方向為何？

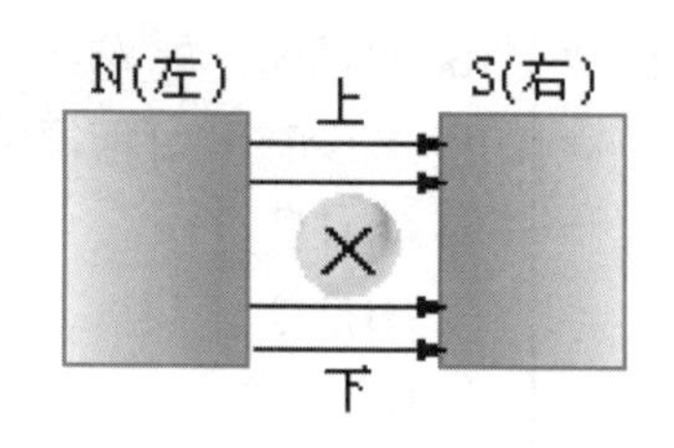

(A)向上
(B)向下
(C)向左
(D)向右。

( ) 12. 如圖所示，電路達穩定狀態，則電流i應接近於多少？

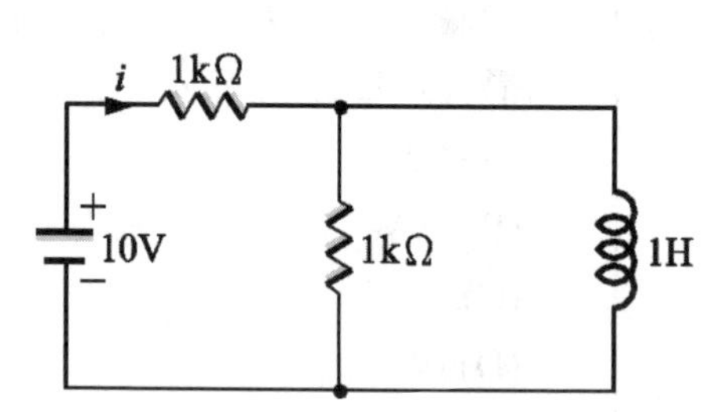

(A)6mA
(B)5mA
(C)10mA
(D)15mA。

( ) 13. 如圖所示，R＝6kΩ，C＝1μF，則時間常數為多少？

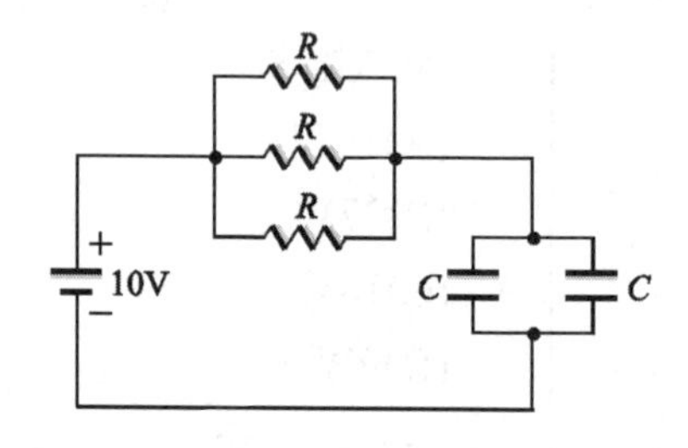

(A)1ms
(B)4ms
(C)9ms
(D)36ms。

( ) 14. 如圖所示，則穩定時i_{out}為多少？

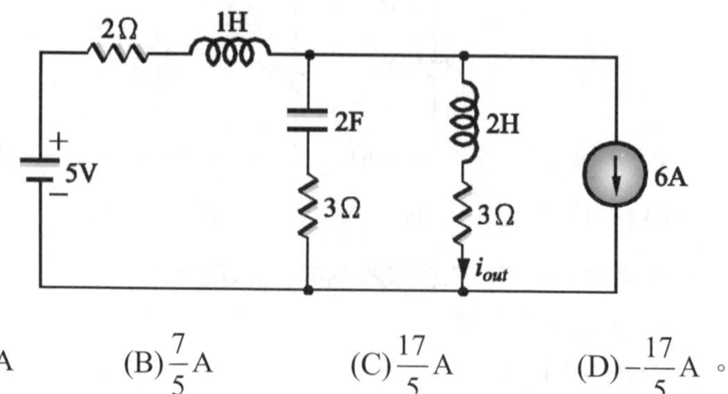

(A)$-\frac{7}{5}$A (B)$\frac{7}{5}$A (C)$\frac{17}{5}$A (D)$-\frac{17}{5}$A 。

( ) 15. 如圖所示，開關S在接通瞬間，流經2Ω的電流為多少？

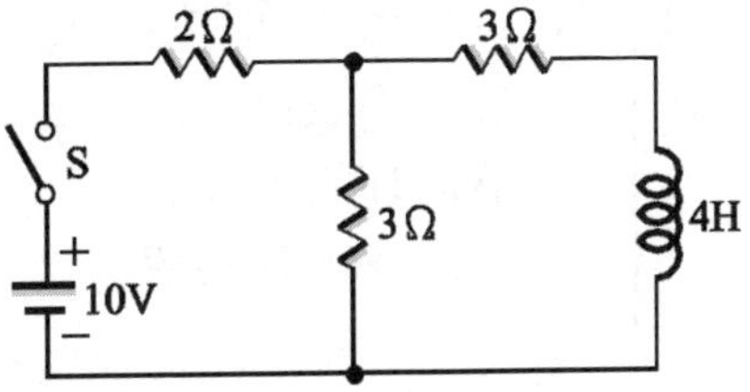

(A)1A
(B)3A
(C)2.5A
(D)2A。

( ) 16. 如圖所示電路，當開關閉合很長時間後，電流I約為多少？

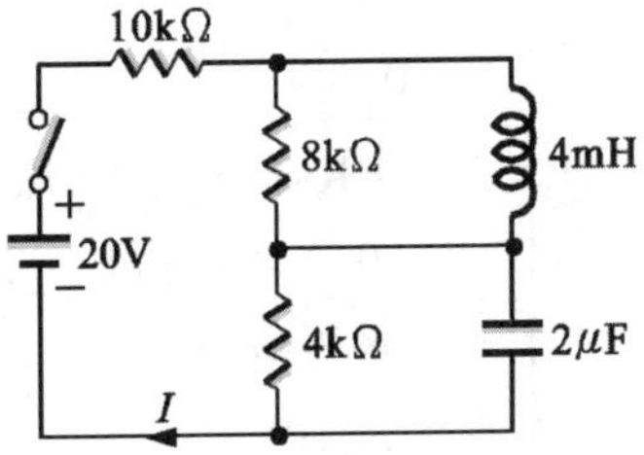

(A)0.01mA
(B)0.1mA
(C)1.43mA
(D)2.58mA。

( ) 17. 下列何種材料在溫度升高時，其電阻值會下降？

(A)矽 (B)鋁
(C)銅鎳合金 (D)金。

( ) 18. 一電源供給R_L負載功率，當R_L等於電源內阻時可得最大功率，此時效率為：

(A)依內阻大小而定 (B)100%
(C)50% (D)0%。

( ) 19. 有一20mH電感兩端電壓為$10\sqrt{2}\sin 100t$伏特，則流經此電感器之電流有效值為多少？

(A)5A (B)10A
(C)$5\sqrt{2}$A (D)$10\sqrt{2}$A。

( ) 20. 有一線圈電感量為0.1亨利，接於100V、50Hz之電源，此線圈之感抗為多少？

(A)3.14歐姆 (B)6.28歐姆
(C)15.7歐姆 (D)31.4歐姆。

( ) 21. 有一元件兩端加上$10\sqrt{2}\sin 100t$伏特的電壓後，流經此元件的電流為$10\sqrt{2}\cos 100t$安培，則此元件為：
(A)0.1F的電容器 (B)0.01F的電容器
(C)0.1H的電感器 (D)0.01H的電感器。

( ) 22. 有一家庭自110V之單相交流電源，取用880W之實功率，已知其功率因數為0.8落後，則電源電流應為多少A？
(A)10 (B)11
(C)20 (D)22。

( ) 23. 在R-L-C串聯電路中，已知v(t)＝100sin1000t伏特，電阻R＝10Ω，電感L＝2mH，當電路發生諧振時，電容器兩端之最大電壓為多少？
(A)10V (B)15V
(C)20V (D)25V。

( ) 24. R-L-C串聯諧振電路，若輸入電源之頻率小於諧振頻率，則電路呈現：
(A)電感性 (B)電阻性
(C)零阻抗 (D)電容性。

( ) 25. 某一110V馬達驅動機械負載，若轉速穩定於2800rpm，輸出功率為1hp，且消耗電流為9A，此時該馬達的效率最接近下列何者？
(A)90% (B)85%
(C)80% (D)75%。

二、填空題

1. 某電阻值為10Ω之負載，通有2安培之電流，則於1分鐘內轉換為熱之能量為________焦耳。

2. A、B兩圓形導體以同材料製成，A導線的長度為B導線一半，A導線的線徑為B導線之兩倍，若A導線電阻R_A＝10Ω，則B導線電阻R_B＝________Ω。

3. 如圖所示電路，已知圖中電流I=5A，試求出電壓源為________V。

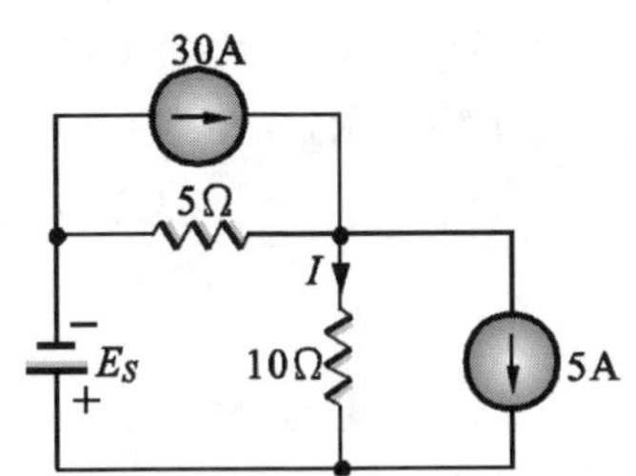

4. 如下圖所示電路，開關S閉合後，到達穩態時，電流i為________A。

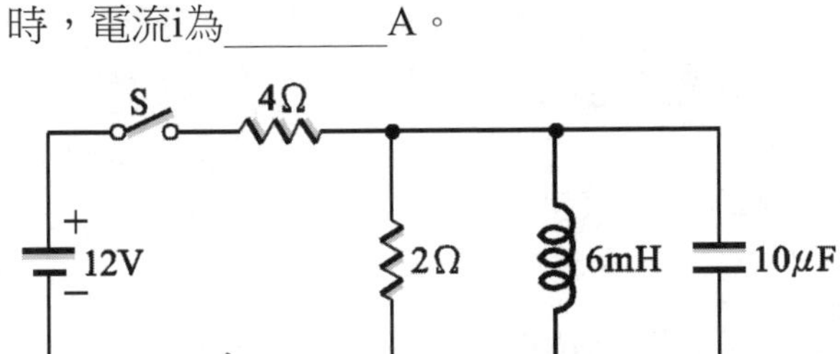

5. 有一RLC串聯電路，已知交流電源為110V、50Hz時，R＝20Ω，XL＝100Ω，XC＝4Ω，求此串聯電路的諧振頻率為________Hz。

解答及解析 答案標示為#者，表官方曾公告更正該題答案。

一、選擇題

1.(A)。注意，此題為電導，和電阻相反，(A)正確

2.(C)。$R_{並}=20//80//240=\dfrac{1}{\dfrac{1}{20}+\dfrac{1}{80}+\dfrac{1}{240}}=\dfrac{1}{\dfrac{16}{240}}=15\Omega$

$I=\dfrac{V}{R_{並}}=\dfrac{60V}{15\Omega}=4A$

3.(D)。$V_b=V_a=120V\times\dfrac{20\Omega+10\Omega}{30\Omega+20\Omega+10\Omega}=60V$

4.(B)。$R_{串}=3+10+2=15\Omega$

$I=\dfrac{V}{R_{串}}=\dfrac{30V}{15\Omega}=2A$

5.(A)。等效電路如下

$R_{ab}=(3//6+8)//15$

$=(2+8)//15$

$=10//15$

$=6\Omega$

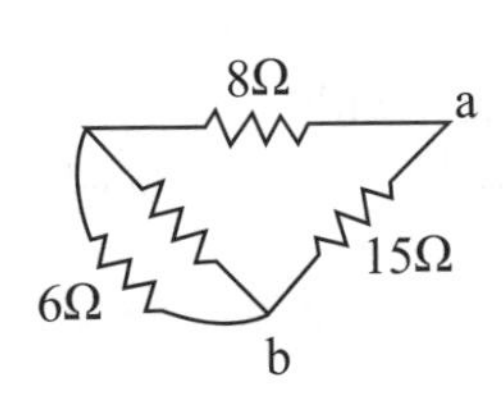

6.(B)。 $R_L = R_{th} = (0//9+6)//3 = 2\Omega$

7.(A)。 $R_{th} = 6//3+3 = 2+3 = 5\Omega$

$$V_{th} = \frac{3\Omega}{6\Omega+3\Omega} \times 24V = 8V$$

$$P_{L,\,max} = \frac{V_{th}^{\ 2}}{4R_{th}} = \frac{8^2}{4\times5} = \frac{64}{20} = 3.2W$$

8.(C)。 $V_{th} = 3A\times2\Omega + 6V = 12V$
$R_{th} = 2\Omega$

$$P_{L,\,max} = \frac{V_{th}^{\ 2}}{4R_{th}} = \frac{12^2}{4\times2} = \frac{144}{8} = 18W$$

9.(B)。 用重疊定理

$$V_{th} = 10V\times\frac{6\Omega}{4\Omega+6\Omega+2\Omega} - 2A\times[(4\Omega+2\Omega)//6\Omega]$$
$= 5-6$
$= -1V$

10.(D)。 $3\mu F$電容的壓降為

$$V_{3\mu F} = 120V\times\frac{\frac{1}{3}}{\frac{1}{2+4}+\frac{1}{3}} = 80V$$

$W = \frac{1}{2}CV^2 = \frac{1}{2}\times3\times10^{-6}\times80^2 = 9.6\times10^{-3}$焦耳

11.(B)。 由右手開掌定則，大姆指電流向紙面，四指磁場向右，受磁力為掌手向下。

12.(C)。 電感短路

$$i = \frac{10V}{1k\Omega} = 10mA$$

13.(B)。 $R_T = R//R//R = \frac{1}{3}R = 2k\Omega$

$C_T = C+C = 2C = 2\mu F$
時間常數$\tau = R_T C_T = 2\times10^3\times2\times10^{-6} = 4\times10^{-3} = 4ms$

14.(A)。令電感短路，電容開路，並用重疊定理

$$i_{out}=\frac{5V}{2\Omega+3\Omega}-6A\times\frac{2\Omega}{2\Omega+3\Omega}=1-\frac{12}{5}=-\frac{7}{5}A$$

15.(D)。瞬間時，令電感開路

$$I_{2\Omega}=\frac{10V}{2\Omega+3\Omega}=2A$$

16.(C)。令電容開路，電感短路

$$I=\frac{20V}{10k\Omega+8k\Omega//0+4k\Omega}=\frac{20V}{14k\Omega}=1.43mA$$

17.(A)。溫度升高時，金屬電阻值上升，半導體電阻值下降，故選(A)。

18.(C)。負載與內阻相同時，兩電阻消耗功率一樣，效率為50%。

19.(A)。有效電壓$V_{av}=\frac{V_m}{\sqrt{2}}=\frac{10\sqrt{2}}{\sqrt{2}}=10V$

$\omega=100rad/s$
$X_L=\omega L=100\times20\times10^{-3}=2\Omega$

$$I_{av}=\frac{V_{av}}{X_L}=\frac{10V}{2\Omega}=5A$$

20.(D)。$\omega=2\pi f=2\times3.14\times50=314rad/s$
$X_L=\omega L=314\times0.1=31.4\Omega$

21.(B)。$i(t)=10\sqrt{2}\cos100t=10\sqrt{2}\sin(100t+90^\circ)A$

$$X=\frac{V}{I}=\frac{10\sqrt{2}\angle0^\circ}{10\sqrt{2}\angle90^\circ}=1\angle-90^\circ=-j\Omega$$

由負號知為電容，且$X=\frac{1}{\omega C}$

$$C=\frac{1}{\omega X}=\frac{1}{100\times1}=0.01F$$

22.(A)。$S=\frac{P}{PF}=\frac{880}{0.8}=1100VA$

$$I=\frac{S}{V}=\frac{1100VA}{110V}=10A$$

23.(C)。 諧振時$X_C = X_L = \omega L = 1000 \times 2 \times 10^{-3} = 2\Omega$

諧振電流$I = \frac{V}{R} = \frac{100V}{10\Omega} = 10A$

故電容兩端電壓$V = IX_C = 10 \times 2 = 20V$

24.(D)。 小於諧振頻率時，$X_L > X_C$，為電容性

25.(D)。 $1hp = 746W$

$$\eta = \frac{746}{110V \times 9A} \simeq 75\%$$

二、填充題

1. 2400。 $W = Pt = I^2Rt = 2^2 \times 10 \times 60 = 2400W$

2. 80。 $$\frac{R_B}{R_A} = \frac{\frac{\ell_B}{S_B}}{\frac{\ell_A}{S_A}} = \frac{\frac{\ell_B}{S_B}}{\frac{0.5\ell_B}{4S_B}} = 8$$

$\Rightarrow R_B = 8R_A = 8 \times 10 = 80\Omega$

3. 50。 由KCL，5Ω電阻的電流為30－5－5＝20A向左

由KVL，取逆時針方向

$E_S + 5A \times 10\Omega - 20A \times 5\Omega = 0$

$\Rightarrow E_S = 50V$

4. 3。 令電容開路，電感短路

$$i = \frac{12V}{4\Omega + 2\Omega // 0} = \frac{12V}{4\Omega} = 3A$$

5. 10。 $$f_o = f\sqrt{\frac{XC}{XL}} = 50\sqrt{\frac{4}{100}} = 10Hz$$

110 年台灣菸酒從業評價職位人員

( ) 1. 下列何者與焦耳同為能量的單位？
(A)瓦特　(B)馬力
(C)電子伏特　(D)庫倫。

( ) 2. 有一電阻加上750V的電壓後，產生3mA的電流，請問此電阻的色碼可能為下列何者？
(A)紅紅棕銀　(B)紅紅黃金
(C)紅綠棕金　(D)紅綠黃銀。

( ) 3. 有一導線長10公分，電阻值為10Ω，若將此導線剪短變為5公分，則此導線電阻值會變為多少歐姆？
(A)2.5Ω　(B)5Ω
(C)7.5Ω　(D)10Ω。

( ) 4. 如圖所示，當I_1電流等於10安培時，I_2電流應為多少安培？
(A)4A
(B)6A
(C)8A
(D)10A。

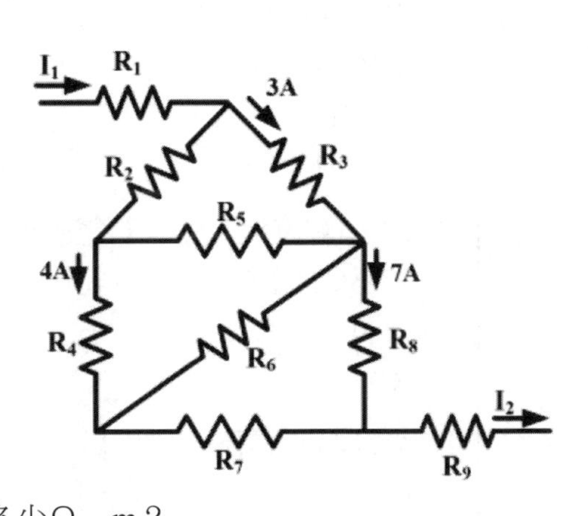

( ) 5. 有一導線長20公尺，截面積為0.02平方公尺，電阻值為5Ω，請問電阻係數為多少Ω－m？
(A)0.005　(B)0.05
(C)200　(D)5000。

( ) 6. 有關最大功率轉移定理之敘述，下列何者錯誤？
(A)負載有最大功率轉移時，其效率也是最大效率
(B)負載有最大功率轉移時，其負載電阻R_L等於戴維寧等效電阻R_{TH}
(C)負載有最大功率轉移時，其負載電阻R_L等於諾頓等效電阻R_N
(D)負載有最大功率轉移時，其最大功率為$P_{L(MAX)}=\frac{E_{TH}^2}{4R_{TH}}$。

( ) 7. 線圈在磁通有變化的情況下，會感應出電勢，要判斷此感應電勢的極性，應依據何種定理來判斷？
(A)佛萊銘左手定則
(B)安培右手定則
(C)法拉第電磁感應定律
(D)楞次定律。

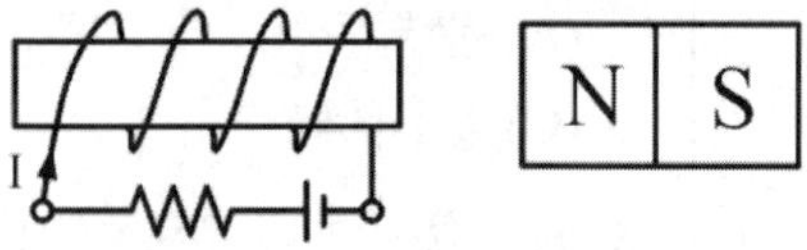

I
N S

( ) 8. 有一線圈如圖所示，通入直流電源後，變為一電磁鐵，則此時線圈左邊產生的極性為何？線圈右方的永久磁鐵會如何移動？
(A)N極、永久磁鐵會被電磁鐵吸引，向左移動
(B)S極、永久磁鐵會被電磁鐵排斥，向右移動
(C)S極、永久磁鐵會被電磁鐵吸引，向左移動
(D)N極、永久磁鐵會被電磁鐵排斥，向右移動。

( ) 9. 有一電感通以2A之電流，共儲存20焦耳的能量，則此電感之電感量應為多少？
(A)5H (B)10H
(C)20H (D)25H。

( ) 10. RC串聯直流電路，若電阻R＝50KΩ，時間常數τ為2.5毫秒，則電容器C之值為何？
(A)0.05μF (B)0.125μF
(C)0.5μF (D)1.25μF。

( ) 11. 如圖所示電路，當開關閉合很長時間後（已到達穩態），電流I之值為何？
(A)2mA
(B)3.2mA
(C)4mA
(D)8mA。

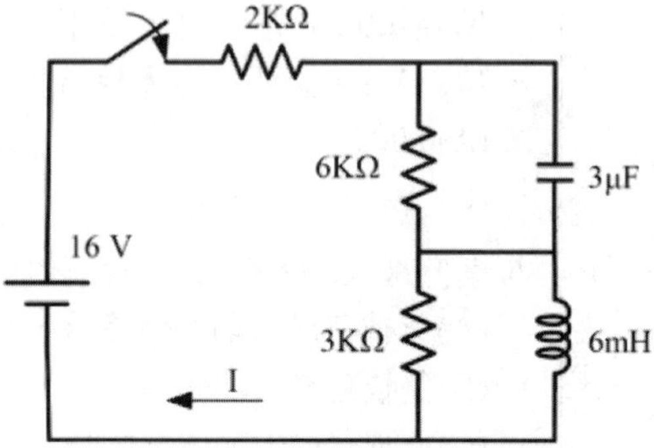

2KΩ
6KΩ
3μF
16 V
3KΩ
6mH
I

( ) 12. 有一交流電機，其轉速為5轉／秒，若欲產生頻率為60赫芝(Hz)之電源，則此電機之極數為何？

(A)4　　(B)8

(C)12　　(D)24。

( ) 13. 有一交流正弦波的平均值為63.6V，則其峰對峰值為何？

(A)70.6V　　(B)100V

(C)200V　　(D)220V。

( ) 14. 有一線圈電感量為0.5亨利，接於100伏特、50Hz之電源，此線圈之電感抗為多少歐姆？

(A)31.4　　(B)62.8

(C)157　　(D)314。

( ) 15. 有一交流電路，$v(t)=100\sin(314t+10^{\circ})$，$i(t)=5\sin(314t-50^{\circ})$，則此電路之平均功率P等於下列何者？

(A)125W　　(B)250W

(C)500W　　(D)1000W。

( ) 16. 如所示電路，請問電流I應為多少安培？

(A)0.5A

(B)1.5A

(C)－0.5A

(D)－1.5A。

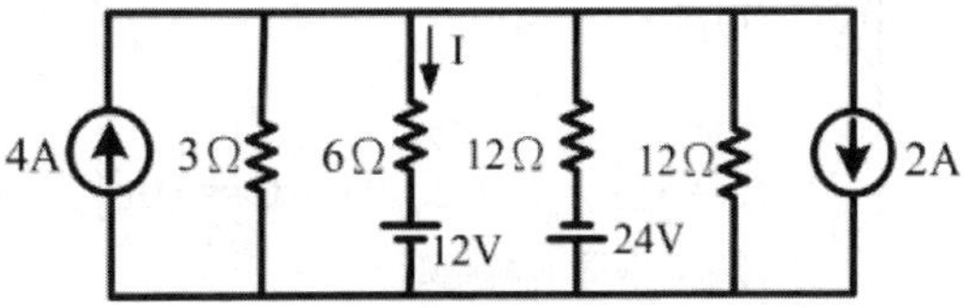

( ) 17. 有關電容的敘述，下列何者錯誤？

(A)電容器是以兩個平行導電極板，中間以不同介質隔開的儲能元件

(B)電容量的定義為：外加電壓所能儲存電荷的能力

(C)電容量與極板的截面積成正比，且與極板間的距離平方成反比

(D)電容的電容量單位以法拉表示。

(　) 18. 如圖所示，請求出C_{AB}值為何？
(A)27μF
(B)$\frac{360}{11}$$\mu$F
(C)60μF
(D)$\frac{600}{23}$$\mu$F。

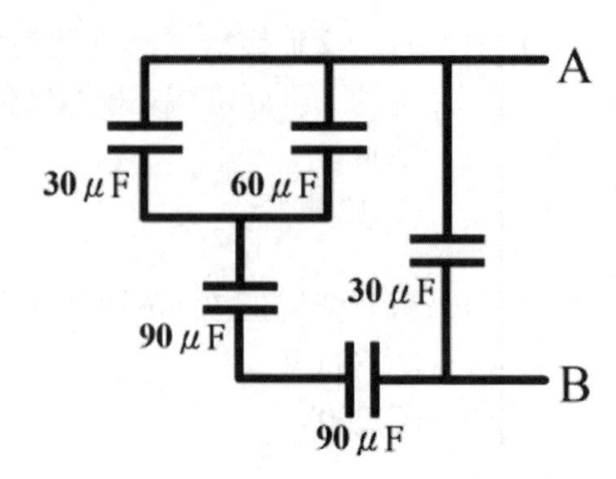

(　) 19. 將兩個電感器L_1、L_2串聯，若為串聯互助時，總電感量L_T為10H，若為串聯互消時，總電感量L_T為4H，請求兩電感之間的互感量為何？
(A)0.5H　(B)1.5H
(C)2.5H　(D)3H。

(　) 20. 如圖所示電路，I_1及I_2的值分別為何？
(A)10A、10A
(B)$10\sqrt{2}$A、10A
(C)$20\sqrt{2}$A、10A
(D)40A、30A。

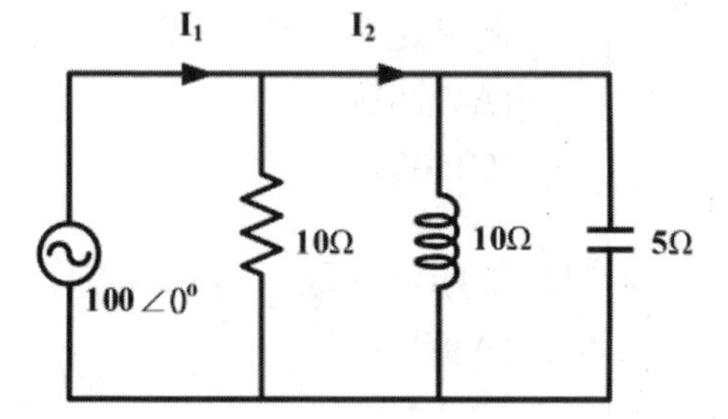

(　) 21. R＝5Ω，L＝2μH，C＝50pF三者串聯接於AC50V電源，則共振時電感器兩端電壓為何？
(A)250V　(B)1000V
(C)2000V　(D)5000V。

(　) 22. 請求圖中的戴維寧等效電壓E_{TH}及戴維寧等效電阻R_{TH}分別為多少？

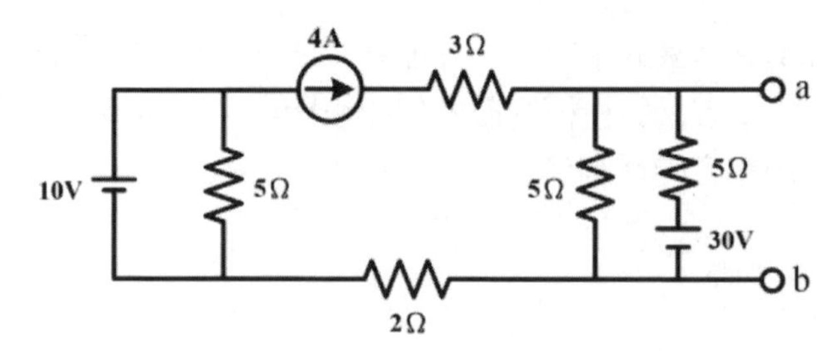

(A)E_{TH}＝15V；R_{TH}＝2.5Ω　　(B)E_{TH}＝25V；R_{TH}＝2.5Ω
(C)E_{TH}＝15V；R_{TH}＝5Ω　　(D)E_{TH}＝25V；R_{TH}＝5Ω。

(　) 23. 如圖所示電路，電阻兩端電壓為120V，電感器電壓為80V，X_C＝24Ω，則下列敘述何者正確？
(A)電路平均功率為2000W
(B)線路功率因數為0.6滯後
(C)電容器兩端電壓V_C＝160V
(D)線路電流為10A。

(　) 24. 以三用電錶ACV檔量測家中插座，若電錶指示電壓值為112V，其值為電壓的：
(A)平均值　　(B)有效值
(C)最大值　　(D)最小值。

(　) 25. 有一電熱器的電阻值為50歐姆，通過2安培的電流，1分鐘產生多少卡的熱量？
(A)24卡　　(B)1440卡
(C)2880卡　　(D)6000卡。

(　) 26. 金屬物質如銅、鋁，其電阻大小隨溫度的增加而：
(A)二者皆增加　　(B)二者皆減少
(C)二者皆不變　　(D)鋁電阻減少、銅電阻增加。

(　) 27. 有戶人家使用一具3KW儲熱式電熱水器，每日平均加熱時間為40分鐘，若每度電費為2.5元，則每月（30天）之熱水器電費為多少元？
(A)300元　　(B)150元
(C)120元　　(D)108元。

(　) 28. 將長度為100公尺且電阻為1Ω的某金屬導體，在維持體積不變情況下，均勻拉長後的長度為200公尺，則電阻變為多少Ω？
(A)2Ω　　(B)4Ω
(C)6Ω　　(D)8Ω。

( ) 29. 如圖所示電路，開關S開啟時，12V所提供的功率，為開關S閉合時的幾倍？ 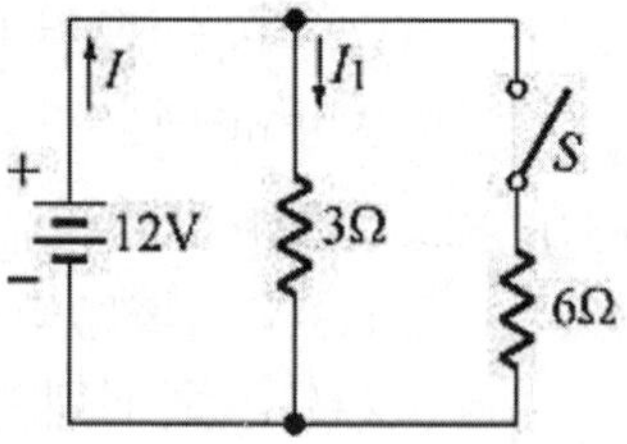
(A)1倍
(B)2倍
(C)2/3倍
(D)3/2倍。

( ) 30. 如圖所示RC電路，當S開關閉合後，其時間常數τ為何？ 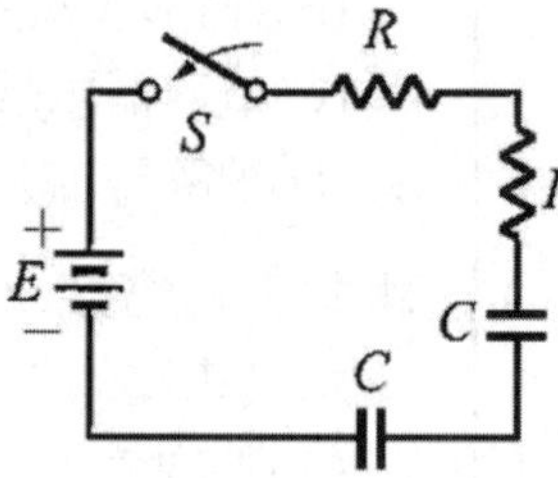
(A)RC/4
(B)RC
(C)2RC
(D)4RC。

( ) 31. 將一個50μF的電容器，跨接於100V的直流電壓，則此電容器儲存的能量有多少？
(A)0.25焦耳 (B)0.25瓦特
(C)0.5焦耳 (D)0.5瓦特。

( ) 32. 欲使八極交流發電機產生60Hz頻率的感應電勢，其轉速應為多少rpm？（rpm：每分鐘轉速）
(A)1800rpm (B)1200rpm
(C)900rpm (D)600rpm。

( ) 33. 有一電阻R＝30Ω與一電容抗X_C＝40Ω之電容器組成的RC並聯交流電路，若外加電源電壓為v(t)＝100sin(100t＋30°)V，則流經電容器電流的最大值為何？
(A)1.25A (B)$\sqrt{2}$A
(C)2A (D)2.5A。

( ) 34. 如圖所示之RC串聯電路，若將電源頻率f調低，則下列敘述何者正確？ 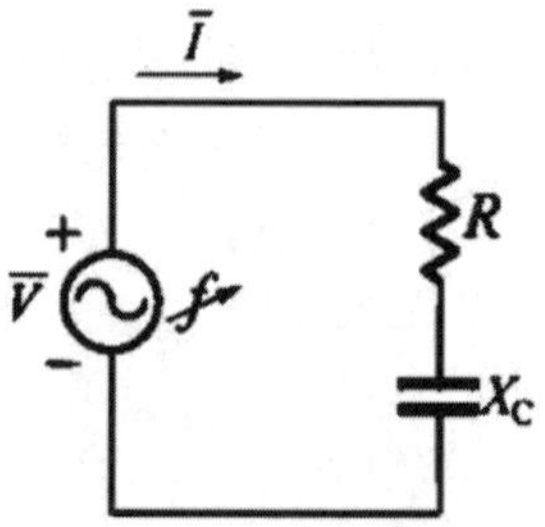
(A)X_C變小
(B)I變大
(C)$\bar{I}$落後$\bar{V}$
(D)$\bar{V}$與$\bar{I}$之相位差θ變大。

(　) 35. 如圖所示電路，請求R_L為多少Ω時可獲得的最大功率為何？
(A)$R_L=3\Omega$
(B)$R_L=6\Omega$
(C)$R_L=9\Omega$
(D)$R_L=13\Omega$。

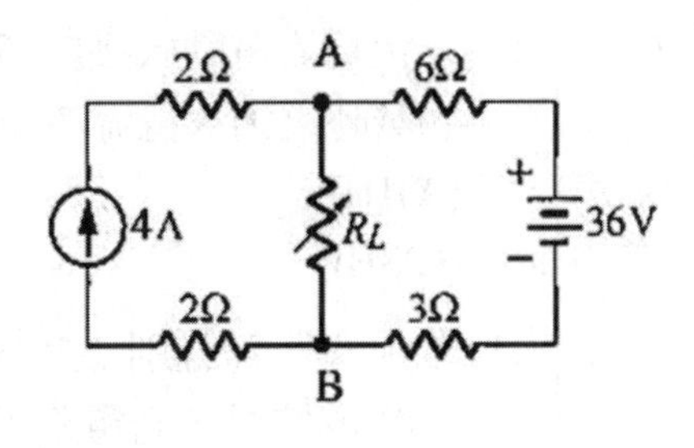

(　) 36. 如圖所示，S接通瞬間，i為多少安培(A)？
(A)2A
(B)2.5A
(C)5A
(D)10A。

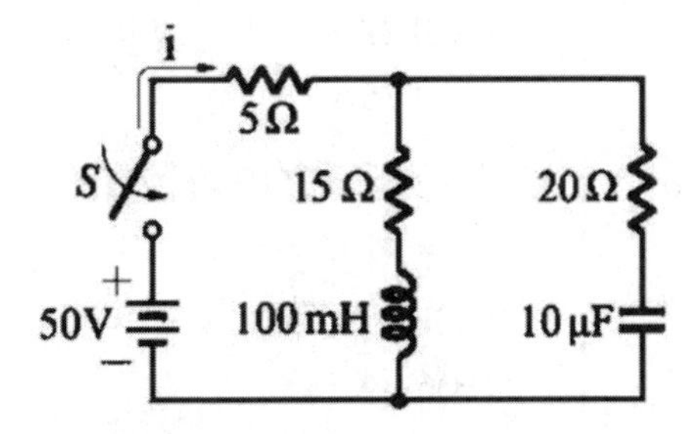

(　) 37. 在RLC串聯電路中，已知交流電源的有效值為100V，$R=20\Omega$，$L=15mH$，$C=10\mu F$，當電路發生諧振時的功率因數為何？
(A)0.8超前　(B)0.8落後
(C)0　(D)1。

(　) 38. 如圖所示，其中$R=1k\Omega$、$C=6\mu F$，則欲等電容C充電至100V，至少需要多少時間？
(A)6ms
(B)12ms
(C)30ms
(D)36ms。

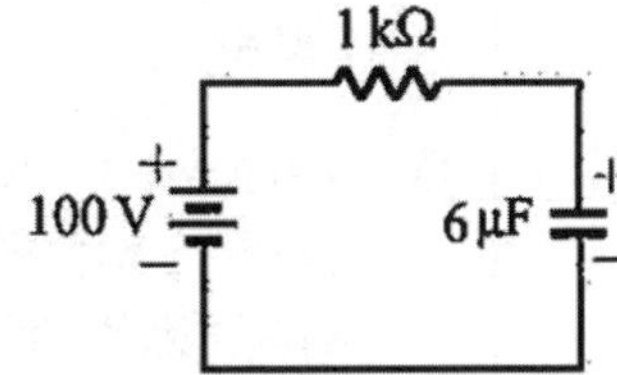

(　) 39. 如圖所示之電感串聯電路，$L_1=15H$，$L_2=10H$，$L_3=5H$，三者之互感均為2H，請求總電感為多少亨利(H)？
(A)28H
(B)26H
(C)24H
(D)22H。

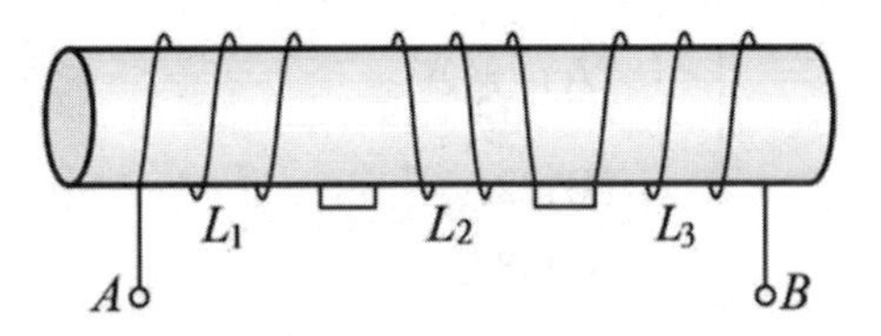

( ) 40. 一台直流電動機接於150V直流電源，若此電動機之效率為74.6%，滿載時之輸入電流為20A，則此台電動機約為多少馬力(HP)？

(A)1HP (B)2HP

(C)3HP (D)4HP。

( ) 41. 有兩個標示分別為50W、100V和100W、100V的燈泡，串聯接於150V的電壓，若電路正常，則流過50W燈泡的電流為多少安培？

(A)0.2A (B)0.5A

(C)0.75A (D)1.5A。

( ) 42. 如圖所示之串並聯電路，請求該電路之總阻抗$\overline{Z}$為多少？

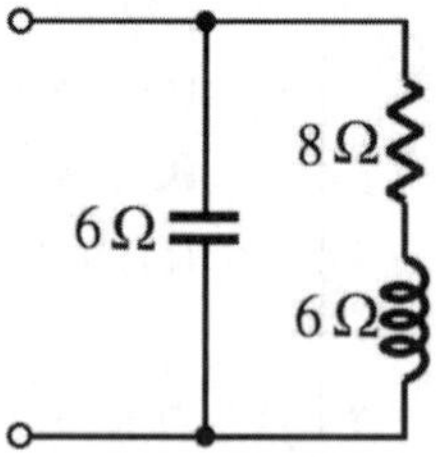

(A)6＋j4.5Ω

(B)6–j4.5Ω

(C)4.5＋j6Ω

(D)4.5–j6Ω。

( ) 43. 在一個5000匝的線圈上，加上10安培電流產生0.2韋伯的磁通，當這個線圈所加電流增加為20安培時，則其產生的磁通量為多少韋伯？

(A)0.1 (B)0.2

(C)0.4 (D)0.8。

( ) 44. 兩電壓$v_1(t)=100\sqrt{2}\sin(377t+30^\circ)$V及$v_2(t)=10\sqrt{2}\cos(377t-30^\circ)$V，兩電壓之相位關係為何？

(A)v_2的相位角與v_1同相 (B)v_2的相位角超前v_1為30°

(C)v_2的相位角落後v_1為60° (D)v_2的相位角落後v_1為90°。

( ) 45. 如圖所示，三相△連接電路，請求線電流I_L約為多少安培？

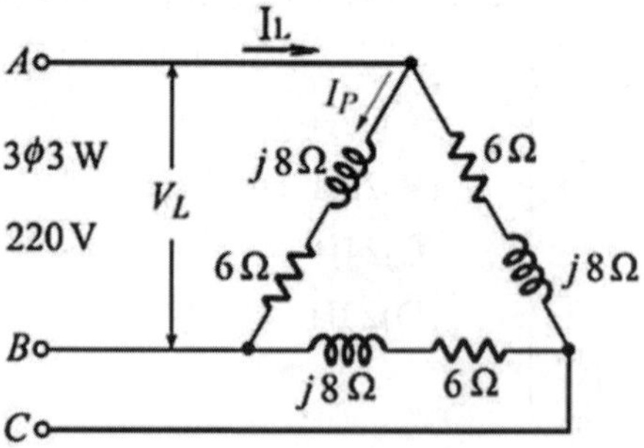

(A)$\frac{22}{\sqrt{3}}$A

(B)22A

(C)38A

(D)$\frac{38}{\sqrt{3}}$A。

( ) 46. 兩電容器電容值與耐壓規格分別為50 μF/50V、100 μF/150V，將其並聯後接於50V電源，則此電路的總電量為何？
(A)7500 μC　(B)5000 μC
(C)2500 μC　(D)1000 μC。

( ) 47. 某一線圈在5ms期間旋轉180°，則其頻率f為多少赫芝(Hz)？(180°＝π)
(A)60Hz　(B)100Hz
(C)150Hz　(D)180Hz。

( ) 48. 如圖所示之電路，E＝100V，R＝10kΩ，L＝50mH。t＝0秒時，開關S閉合，若電感L在開關閉合前無任何儲能，則t＝10 μs時，此電感兩端電壓降vL值為何？（註:e^{-1}＝0.368、e^{-2}＝0.135、e^{-3}＝0.05）
(A)13.5V
(B)36.8V
(C)63.2V
(D)86.5V。

( ) 49. 將兩電阻串聯，其串聯後的等效電阻值為500Ω/20W，則此可能為下列何種電阻之串聯組合？
(A)100Ω/15W、400Ω/5W
(B)200Ω/16W、300Ω/9W
(C)300Ω/9W、200Ω/4W
(D)400Ω/16W、100Ω/9W。

( ) 50. 某電路工作於50赫芝（Hz），該電路上某一點的電壓與電流間的相位差為45°，此相位差表示在時間上的差為何？
(A)0.5毫秒　(B)1毫秒
(C)1.25毫秒　(D)2.5毫秒。

解答及解析　答案標示為 #者，表官方曾公告更正該題答案。

1.(C)。 (C)1ev＝10^{-19}Joul

2.(D)。 $R=\dfrac{V}{I}=\dfrac{750}{3\times10^{-3}}=250\times10^{3}=25\times10^{4}\Omega$

選紅綠黃的250kΩ

3.(B)。 電阻值正比長度，故R＝5Ω

4.(D)。 由KCL，以超節點視之，$I_2=I_1=10A$

5.(A)。 $R=\rho\dfrac{\ell}{S}\Rightarrow\rho=R\dfrac{S}{\ell}=5\times\dfrac{0.02}{20}=0.005\Omega-m$

6.(A)。 (A)最大功率轉移時，效率僅50%；提高負載電阻可提高效率，但電流下降，轉移功率降低。

7.(D)。 (D)楞次定律用來判斷感應電勢的極性。

註：法拉第定律通常用來計算感應電壓的大小，但實際上也包含極性的判斷。

8.(A)。 由安培右手定則，線圈左方為N極，右方S極，故吸引磁鐵向左。

9.(B)。 $W_L=\dfrac{1}{2}LI^2\Rightarrow L=\dfrac{2W_L}{I^2}=\dfrac{2\times20}{2^2}=10H$

10.(A)。 $\tau=RC\Rightarrow C=\dfrac{\tau}{R}=\dfrac{2.5\times10^{-3}}{50\times10^{3}}=0.05\times10^{-6}=0.05\mu F$

11.(A)。 令電容開路電感短路

$$I=\frac{16V}{2k\Omega+6k\Omega+1k\Omega//0}=2mA$$

12.(D)。 60Hz代表每秒正負變化120次

$$故極數=\frac{2\times60Hz}{5轉／秒}=24極$$

13.(C)。 $V_m=\dfrac{\pi}{2}V_{av}=\dfrac{3.14}{2}\times63.6\simeq100V$

峰對峰值為$2V_m=200V$

14.(C)。 $X_L=wH=2\pi fH=2\times3.14\times50\times0.5=157\Omega$

15.(A)。 $P=\dfrac{1}{2}V_mI_m\cos(\theta_1-\theta_2)=\dfrac{1}{2}\times100\times5\times\cos[10^\circ-(-50^\circ)]=125W$

16.(D)。假設上方節點電壓為V_x，且由KCL知流過4個電阻的電流為2A

$$\frac{V_x}{3\Omega}+\frac{V_x-12V}{6\Omega}+\frac{V_x+24V}{12\Omega}+\frac{V_x}{12\Omega}=2A$$

$$4V_x+2V_x-24+V_x+24+V_x=24$$

$$\Rightarrow V_x=3V$$

故$I=\frac{V_x-12V}{6\Omega}=\frac{3-12}{6}=-1.5A$

17.(C)。(C)電容量與極板間的距離成反比。

18.(C)。$C_{AB}=(30+60)//90//90+30$

$=90//90//90+30$

$=30+30$

$=60\mu F$

19.(B)。串聯互助$L_{T串}=L_1+L_2+2M=10H$

串聯互消$L_{T消}=L_1+L_2-2M=4H$

$\Rightarrow M=1.5H$

20.(B)。$I_1=\frac{100}{10}+\frac{100}{10j}+\frac{100}{-5j}=10-j10+j20=10+j10$

$=10\sqrt{2}\angle 45^\circ A$

$I_2=\frac{100}{10j}=\frac{100}{-5j}=-j10+j20=j10A$

21.(C)。諧振頻率$\omega_o=\frac{1}{\sqrt{LC}}=\frac{1}{\sqrt{2\times10^{-6}\times50\times10^{-12}}}$

$=\frac{1}{\sqrt{10^{-16}}}=10^8 rad/s$

電流為$I=\frac{V}{R}=\frac{50}{5}=10A$

故共振時$V_L=IX_L=I\omega L=10\times10^8\times2\times10^{-6}=2000V$

22.(B)。用重疊定理求E_{TH}

$E_{TH}=4A\times(5\Omega//5\Omega)+30V\times\frac{5\Omega}{5\Omega+5\Omega}$

$=4\times2.5+30\times\frac{5}{10}$

$=25V$
$R_{TH}=5//5=2.5\Omega$

23.(D)。$|V_L-V_C|=\sqrt{V_S^2-V_R^2}=\sqrt{200^2-120^2}=160V$
(C)$V_C=240V$
(D)$I=\dfrac{V_C}{X_C}=\dfrac{240V}{24\Omega}=10\Omega$
(B)電容性（$V_C>V_L$），電路因數為領先
(A)$P=IV=10\times120=1200W$

24.(B)。三用電表ACV量得為有效值

25.(C)。$W=Pt=I^2Rt=2^2\times50\times60$（秒）$=12000Joul=\dfrac{12000}{4.18}\simeq2871$卡，選(C)

26.(A)。金屬電阻隨溫度增加而增。

27.(B)。$3kW\times\dfrac{40}{60}$時／天×30天＝60kW・時＝60度
電費＝60度×2.5元／度＝150元

28.(B)。長度拉長為2倍，截面積為$\dfrac{1}{2}$倍，電阻成為$\dfrac{2}{\frac{1}{2}}=4$倍，為4Ω

29.(C)。$R_{開}=3\Omega$，$R_{閉}=3//6=2\Omega$

$$\frac{P_{開}}{P_{閉}}=\frac{\frac{1}{R_{開}}}{\frac{1}{R_{閉}}}=\frac{\frac{1}{3}}{\frac{1}{2}}=\frac{2}{3}$$

30.(B)。$R_T=R+R=2R$
$C_T=C//C=\dfrac{1}{2}C$
$\tau=R_TC_T=2R\cdot\dfrac{1}{2}C=RC$

31.(A)。$w_C=\dfrac{1}{2}CV^2=\dfrac{1}{2}\times50\times10^{-6}\times100^2=0.25Joul$

32.(C)。 轉速$=\frac{2\times 60}{8}\times 60=900$rpm

33.(D)。 注意題目為並聯

$$I_{C,max}=\frac{V}{X_C}=\frac{100}{40}=2.5A$$

34.(D)。 $XC=\frac{1}{\omega C}=\frac{1}{2\pi fc}$，f調低，$X_C$變大

(A)X_C變大

(B)X_C變大，I變小

(C)電容性$\bar{I}$領先$\bar{V}$

(D)X_C變大，相位差變大

35.(C)。 $R_L=R_{TH}=6+3=9\Omega$

因電流源開路，2Ω電阻不考慮

36.(A)。 令電感開路，電容短路

$$i=\frac{50V}{5\Omega+20\Omega}=2A$$

37.(D)。 諧振時功率因數定為1

38.(C)。 取5倍的時間常數

$5\tau=5RC=5\times 1\times 10^3\times 6\times 10^{-6}=30ms$

39.(B)。 L_1與L_2的互感相消，L_2與L_3的互感相消，但L_1與L_3的互感相加

故$L_T=L_1+L_2+L_3-2M-2M+2M$

$=15+10+5-2\times 2-2\times 2+2\times 2$

$=26H$

40.(C)。 $P=\eta IV=74.6\%=150\times 20=2238W=\frac{2238}{746}HP=3HP$

41.(B)。 $R_{50W}=\frac{V^2}{P}=\frac{100^2}{50}=200\Omega$

$$R_{100W}=\frac{V^2}{P}=\frac{100^2}{100}=100\Omega$$

串聯時電流相同

$$I=\frac{V}{R_{50W}+R_{100W}}=\frac{150V}{200\Omega+100\Omega}=0.5A$$

42.(D)。 $Z=(-jX_C)//(R+jX_L)=-j6//(8+j6)$

$$=\frac{-j6(8+j6)}{-j6+8+j6}=\frac{36-j48}{8}=4.5-j6\Omega$$

43.(C)。 磁通正比電流，故電流加倍時，磁通加倍為0.4韋伯

44.(B)。 $V_2(t)=10\sqrt{2}\cos(377t-30^\circ)=10\sqrt{2}\sin(377t+60^\circ)V$

故V_2的相位角60°，超前$V_1 30^\circ$

45.(C)。 $I_L=\sqrt{3}\,I_P=\sqrt{3}\frac{220}{|6+j8|}=\frac{220\sqrt{3}}{\sqrt{6^2+8^2}}=22\sqrt{3}$

$\simeq 38A$

46.(A)。 並聯$C_{並}=50+100=150\mu F$

$Q=CV=150\times10^{-6}\times50=7500\mu C$

47.(B)。 轉一圈耗時$T=\frac{5ms}{\frac{180^\circ}{360^\circ}}=10ms$

$$f=\frac{1}{T}=\frac{1}{10ms}=\frac{1}{0.01s}=100Hz$$

48.(A)。 時間常數$\tau=\frac{L}{R}=\frac{50\times10^{-3}}{10\times10^{3}}=5\times10^{-6}=5\mu s$

$$v_t(t=10\mu s)=V_S e^{-\frac{t}{\tau}}=100e^{-\frac{10\mu s}{5\mu s}}=100e^{-2}$$

$=100\times0.135=13.5V$

49.(D)。 串聯時電流相等，兩電阻分得的瓦數至少為

$W_1>\frac{R_1}{R_1+R_2}\times20W$，$W_2>\frac{R_2}{R_1+R_2}\times20W$

僅(D)合乎要求

50.(D)。 週期$T=\frac{1}{50}=20ms$

$$t=20ms\times\frac{45^\circ}{360^\circ}=2.5ms$$

111 年台灣菸酒從業評價職位人員

( ) 1. 甲生在做電子數量計算時，誤將電子數量的倍數符號M用m來計算，假設其他條件不變的情況，會造成其結果相差幾倍？
(A)10^3倍 (B)10^6倍
(C)10^9倍 (D)10^{18}倍。

( ) 2. 某一手持小風扇其規格為，電壓1.5V、功率4.5W，將其裝上一個充飽電的充電電池規格為，電壓1.5V、容量1500mAh，損失忽略不計，其可使用多少時間？
(A)0.5分鐘 (B)30分鐘
(C)50分鐘 (D)500分鐘。

( ) 3. 甲、乙、丙三個白熾電燈泡之規格為10W/110V、20W/110V、40W/220V，甲、乙、丙三個白熾燈泡電阻（內阻）比為多少？
(A)2：1：2 (B)4：2：1
(C)1：2：4 (D)1：4：16。

( ) 4. 如圖所示電路，E＝8V、R_1＝3Ω、R_2＝6Ω、R_3＝4Ω，I為多少？
(A)因電路短路，故電流無限大
(B)3.3A
(C)4A
(D)6A。

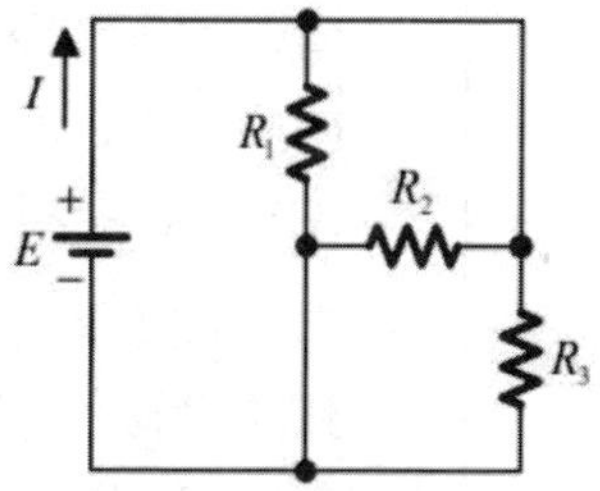

( ) 5. 如圖所示電路，I為多少？
(A)1A
(B)2A
(C)3A
(D)4A。

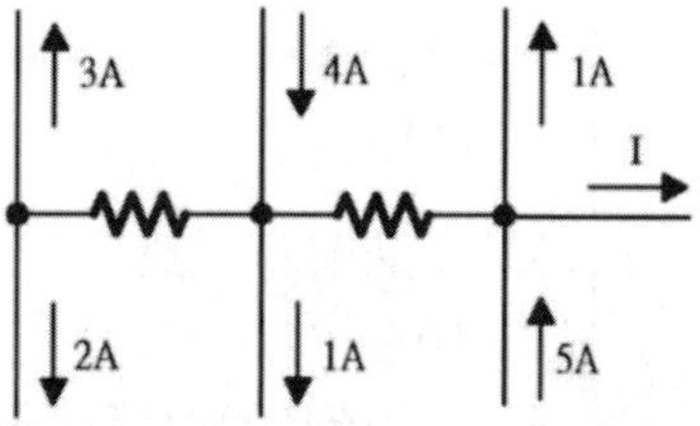

( ) 6. 某老師於電工原理課程時，問學生有關電容器之電容量相關之因素有那些，學生回答如下，回答正確的學生是哪幾位？甲生：與電容器極板表面積成正比乙生：與電容器極板表面積成反比丙生：與電

容器平行極板間的距離成正比丁生：與電容器平行極板間的距離成反比

(A)僅甲生和丙生　(B)僅甲生和丁生
(C)僅乙生和丙生　(D)僅乙生和丁生。

( ) 7. A公司買進一部新設備，甲組長請乙技術員先用三用電表測量電源電壓是否與新設備額定電壓相符，乙技術員所測量到的電壓為電源電壓的：

(A)最小值　(B)峰對峰值
(C)平均值　(D)均方根值。

( ) 8. 如圖所示電路，E＝30V，R＝20Ω，C＝20μF，先將開關S由0切換到1的位置，超過5τ時間後，再將開關S由1切換到2的位置，開關S切換瞬間t＝0時電流IC為多少？

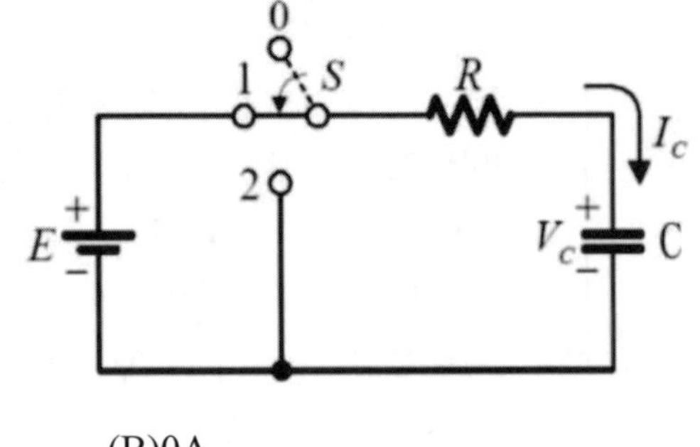

(A)－1.5A　(B)0A
(C)1.5A　(D)2A。

( ) 9. 有一螺旋管匝數為100匝，將其置於空氣中，其自感量為40μH，螺旋管截面積為200cm^2，螺旋管之管長為多少？（導磁係數μ＝$4\pi \times 10^{-7}$WbA·m）

(A)2×10^{-2}公尺　(B)$2\pi\times10^{-2}$公尺
(C)2公尺　(D)2π公尺。

( ) 10. 如圖所示電路，E＝20V、R＝10Ω、L＝5H，先將開關S由0切換到1的位置，超過5τ時間後，再將開關S由1切換到2的位置，開關S切換瞬間t＝0時，電流I_L為多少？

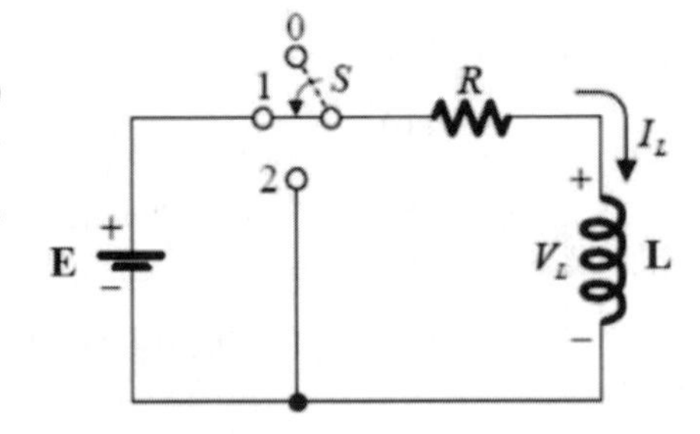

(A)0A　(B)－1A
(C)2A　(D)－2A。

(　) 11. 如圖所示電路，E＝24V、R_1＝2Ω、R_2＝3Ω、R_3＝6Ω、C＝10μF、L＝25mH，當電路達到穩態，試求電容器電壓V_C為多少？ 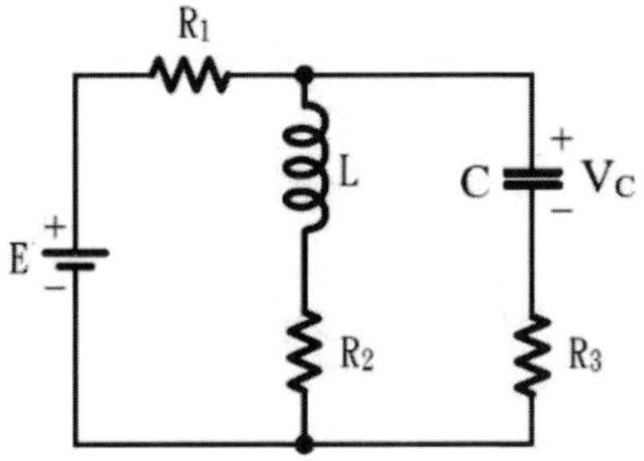
(A)9.6V
(B)12V
(C)14.4V
(D)18V。

(　) 12. 有一正弦波交流電源，其峰對峰值電壓(V_{P-P})＝120V，是求該電壓之波峰因數（CF）為多少？
(A)1　(B)1.111
(C)1.414　(D)1.732。

(　) 13. 某辦公大樓的交流電壓為110V、60Hz，此交流電壓的週期為多少？
(A)1.667ms　(B)16.67ms
(C)166.7ms　(D)1.667s。

(　) 14. 有一RLC串聯交流電路，R＝4Ω、XL＝6Ω、X_C＝3Ω，此電路之總阻抗為多少？
(A)5Ω　(B)7Ω
(C)9Ω　(D)13Ω。

(　) 15. 220V的Y接線三相平衡電源，供給一平衡三相負載的功率為16.5kW，若線電流為75A，則負載功率因數為何？
(A)$\frac{1}{\sqrt{3}}$　(B)$\frac{1}{\sqrt{2}}$
(C)0.8　(D)1。

(　) 16. 某三相電動機額定電壓220V、輸出功率5馬力、功率因數0.8滯後，線電流約為多少安培？
(A)12.24A　(B)16.95A
(C)21.2A　(D)36.7A。

( ) 17. 如圖所示電路E＝20V，當流過8Ω電阻的電流為0A時，則流過電阻R的電流應為多少？

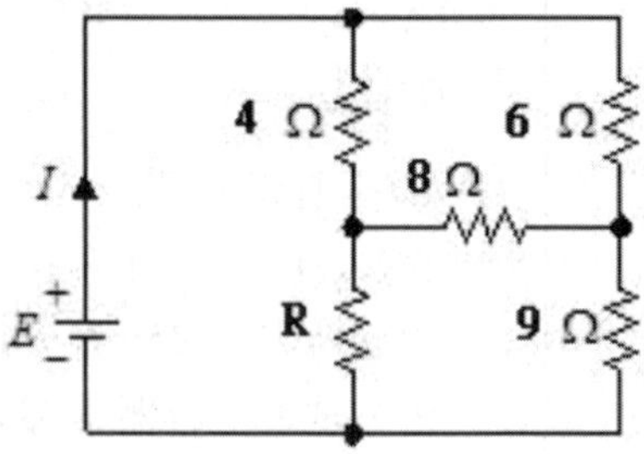

(A)1.33A
(B)2A
(C)3.33A
(D)5A。

( ) 18. 如圖所示電路，E＝18V、R_1＝10KΩ、R_2＝20KΩ、C_1＝C_2＝47μF，當電路達到穩態，有關元件電壓，下列敘述何者正確？甲、V_{R1}＝6V乙、V_{R2}＝0V丙、V_{C1}＝9V丁、V_{C2}＝18V

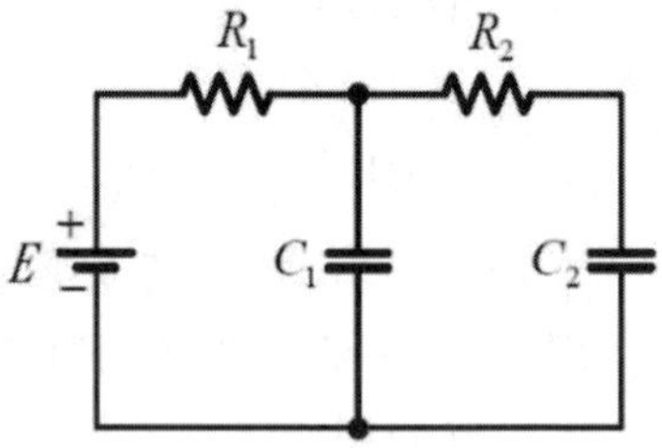

(A)僅甲丙　　(B)僅乙丙
(C)僅甲丁　　(D)僅乙丁。

( ) 19. 將兩個電容器串聯，其規格分別為20μF/220V及30μF/110V，求總耐壓為多少？
(A)110V　　(B)220V
(C)275V　　(D)330V。

( ) 20. 有一RLC串聯交流電路，當X_L＜X_C時，下列敘述何者正確？
甲、電路呈電容性
乙、電路呈電感性
丙、電流相位超前電壓
丁、電壓相位超前電流
(A)僅甲丙　　(B)僅甲丁
(C)僅乙丙　　(D)僅乙丁。

( ) 21. 某工廠平均每小時耗電36KW，功率因數為0.6滯後，欲將功率因數提高至0.8滯後，則應加入並聯電容器之無效功率為多少？
(A)7.2KVAR　　(B)14.4KVAR
(C)21KVAR　　(D)28KVAR。

( ) 22. RLC串聯電路，R＝500Ω、L＝50mH若電壓源為220sin1000tV，電路產生諧振，電容為多少？
(A)10μF (B)20μF
(C)25μF (D)50μF。

( ) 23. 三相平衡電源所需具備之條件為何？
甲、每相電壓大小相同 乙、相位角相同
丙、每相功率相同 丁、頻率相同
(A)僅甲乙丙 (B)僅甲丙丁
(C)僅乙丙丁 (D)甲乙丙丁。

( ) 24. 有一RLC串聯電路，R＝4Ω、XC＝7Ω、XL＝10Ω，將其接於50V交流電源上，下列對該串聯電路之敘述何者正確？
甲、平均功率＝400W
乙、虛功率＝200VAR（電感性電抗功率）
丙、視在功率＝500VA
丁、總阻抗＝5Ω
(A)僅甲乙丙 (B)僅甲丙丁
(C)僅乙丙丁 (D)甲乙丙丁。

( ) 25. 某生在做歐姆定理實習時，得到色碼電阻器之電流及端電壓如表所示，假設色碼電阻的電阻值皆在誤差範圍內，該色碼電阻器之色碼依序為何？
(A)綠黑黑金 (B)綠黑棕金
(C)綠棕棕金 (D)綠黑紅金。

	第一組數據	第二組數據	第三組數據
電壓	10V	25V	50V
電流	2mA	5mA	10mA

( ) 26. 有一導線流有10A電流，則每分鐘通過此導體截面積有多少個電子？
(A)6×10^{23}個電子 (B)3.75×10^{21}個電子
(C)37.5×10^{21}個電子 (D)6.25×10^{18}個電子。

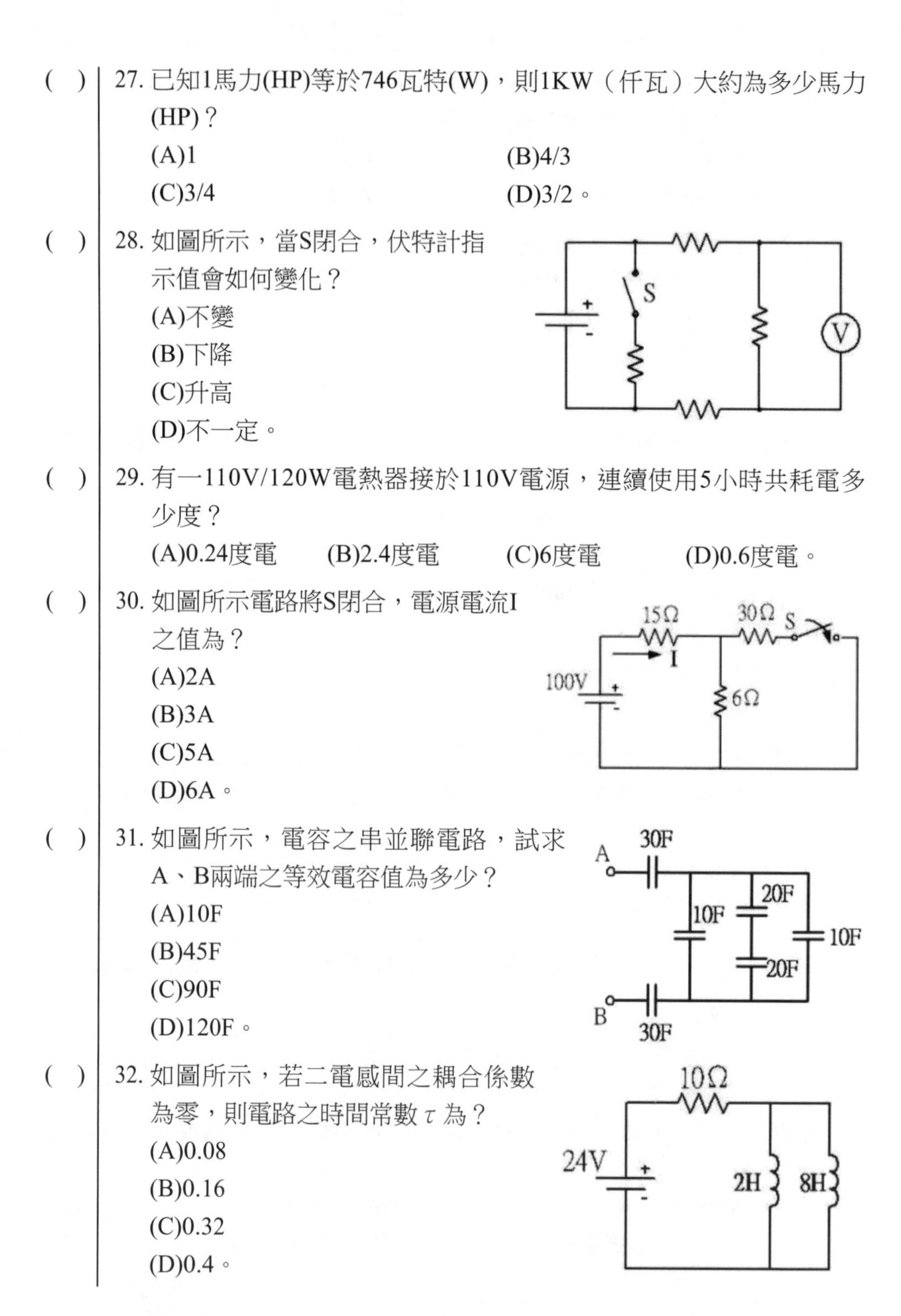

( ) 27. 已知1馬力(HP)等於746瓦特(W)，則1KW（仟瓦）大約為多少馬力(HP)？

(A)1　(B)4/3　(C)3/4　(D)3/2。

( ) 28. 如圖所示，當S閉合，伏特計指示值會如何變化？

(A)不變
(B)下降
(C)升高
(D)不一定。

( ) 29. 有一110V/120W電熱器接於110V電源，連續使用5小時共耗電多少度？

(A)0.24度電　(B)2.4度電　(C)6度電　(D)0.6度電。

( ) 30. 如圖所示電路將S閉合，電源電流I之值為？

(A)2A
(B)3A
(C)5A
(D)6A。

( ) 31. 如圖所示，電容之串並聯電路，試求A、B兩端之等效電容值為多少？

(A)10F
(B)45F
(C)90F
(D)120F。

( ) 32. 如圖所示，若二電感間之耦合係數為零，則電路之時間常數 τ 為？

(A)0.08
(B)0.16
(C)0.32
(D)0.4。

( ) 33. 有兩頻率相同之正弦波相加，其結果為？

(A)為原頻率一半之正弦波

(B)為原頻率兩倍之正弦波

(C)同頻率之正弦波

(D)頻率不定之正弦波。

( ) 34. 如圖所示之電路，I_1與I_2之大小關係為何？

(A)$I_1<I_2$

(B)$I_1=I_2$

(C)$I_1>I_2$

(D)無法比較。

( ) 35. 有一交流發電機，若轉子的轉速為1200r.p.m.，若要得到一個60Hz的正弦波電壓，則應設多少個磁極？

(A)8個　(B)6個

(C)4個　(D)2個。

( ) 36. 已知一交流電$v(t)=110\sqrt{2}\sin(377t+45^\circ)$，拿三用電表分別以ACV檔及DCV檔測量其電壓，則指示值分別各是多少伏特？

(A)110、0　(B)$110\sqrt{2}$、70.7

(C)70.7、63.6　(D)0、110。

( ) 37. 要擴大直流安培計的電流測量範圍應如何？

(A)串聯分流電阻　(B)串聯倍增電阻

(C)並聯分流電阻　(D)並聯倍增電阻。

( ) 38. $V_1(t)=110\cos(314t+25^\circ)$，$V_2(t)=60\sin(314t+25^\circ)$，兩者相位關係為何？

(A)$V_1(t)$與$V_2(t)$無法比較　(B)$V_1(t)$超前$V_2(t)$90°

(C)$V_1(t)$超前$V_2(t)$50°　(D)$V_1(t)$與$V_2(t)$同相位。

( ) 39. 將額定容量120V，內阻40KΩ，與額定300V，內阻90KΩ之伏特計二者串聯後所能加之最高電壓為多少？

(A)350V　(B)375V

(C)390V　(D)420V。

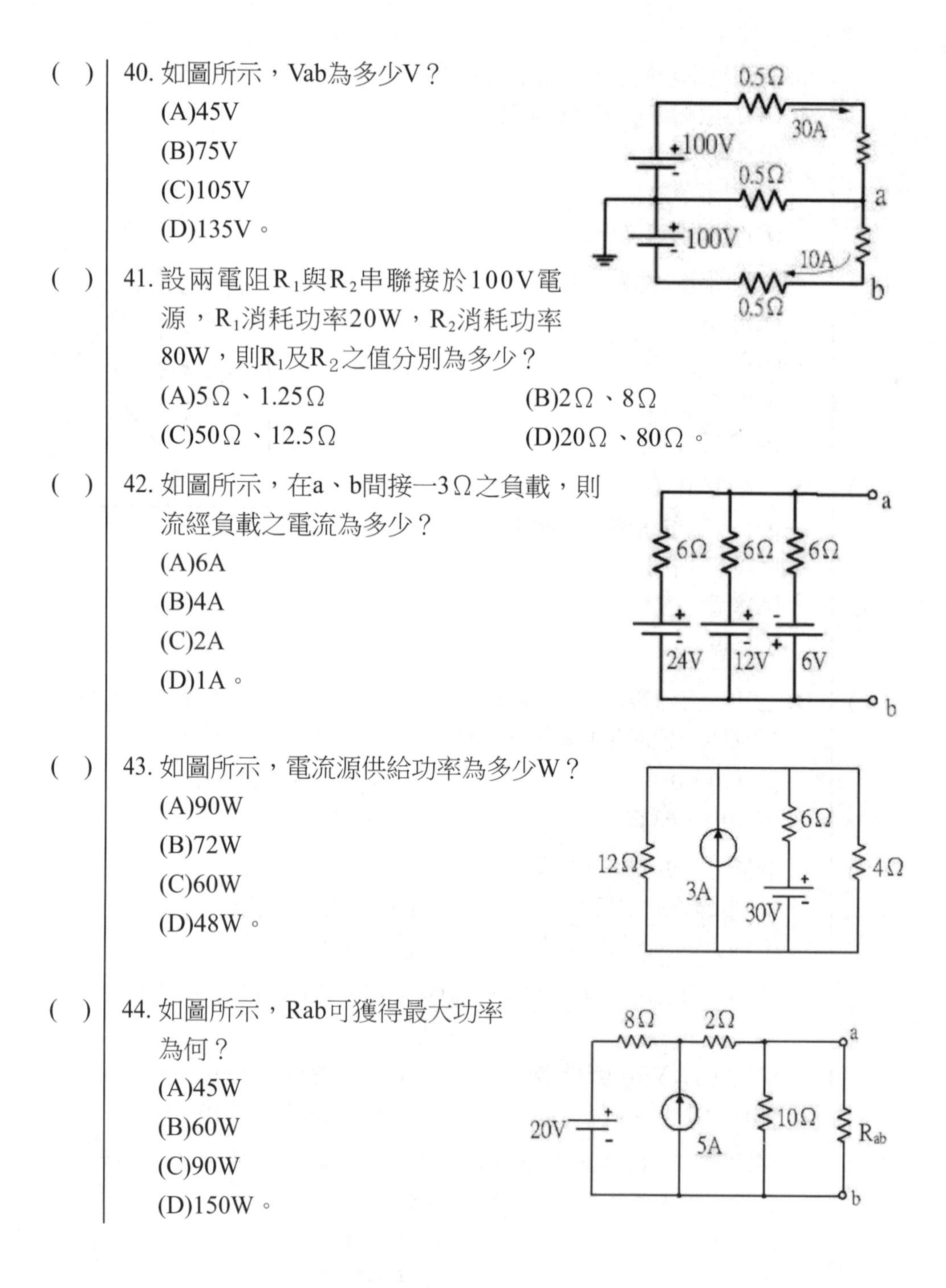

( ) 40. 如圖所示，Vab為多少V？

(A)45V

(B)75V

(C)105V

(D)135V。

( ) 41. 設兩電阻R_1與R_2串聯接於100V電源，R_1消耗功率20W，R_2消耗功率80W，則R_1及R_2之值分別為多少？

(A)5Ω、1.25Ω (B)2Ω、8Ω

(C)50Ω、12.5Ω (D)20Ω、80Ω。

( ) 42. 如圖所示，在a、b間接一3Ω之負載，則流經負載之電流為多少？

(A)6A

(B)4A

(C)2A

(D)1A。

( ) 43. 如圖所示，電流源供給功率為多少W？

(A)90W

(B)72W

(C)60W

(D)48W。

( ) 44. 如圖所示，Rab可獲得最大功率為何？

(A)45W

(B)60W

(C)90W

(D)150W。

( ) 45. R-L串聯電路的時間常數 τ 為5毫秒，電感器之圈數為1000匝，若欲使電路時間常數增為20毫秒，而電阻不變，則電感器之圈數應為多少？
(A)500匝 (B)1000匝
(C)2000匝 (D)4000匝。

( ) 46. 若一電路 $\bar{E}=80-j60$ 伏，$\bar{I}=4-j3$ 安，則下列敘述何者正確？
(A)此電路為電感性電路 (B)此電路之阻抗為12Ω
(C)此電路之有效功率為500瓦特 (D)此電路之總虛功率為480乏。

( ) 47. 交流電路中某元件端電壓 $v(t)=120\sqrt{2}\sin(\omega t+75^\circ)$、電流 $i(t)=5\sqrt{2}\sin(\omega t+15^\circ)$，則此元件的最大瞬間功率為多少瓦特？
(A)1200瓦特 (B)900瓦特
(C)600瓦特 (D)24瓦特。

( ) 48. 如圖所示電路，S閉合後，流經電容之電流之變化方程式i(t)為？

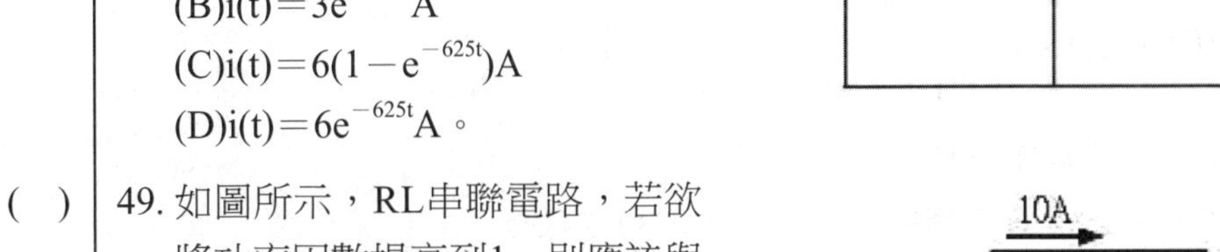

(A) $i(t)=3(1-e^{-625t})A$
(B) $i(t)=3e^{-625t}A$
(C) $i(t)=6(1-e^{-625t})A$
(D) $i(t)=6e^{-625t}A$。

( ) 49. 如圖所示，RL串聯電路，若欲將功率因數提高到1，則應該與電源做何安排？

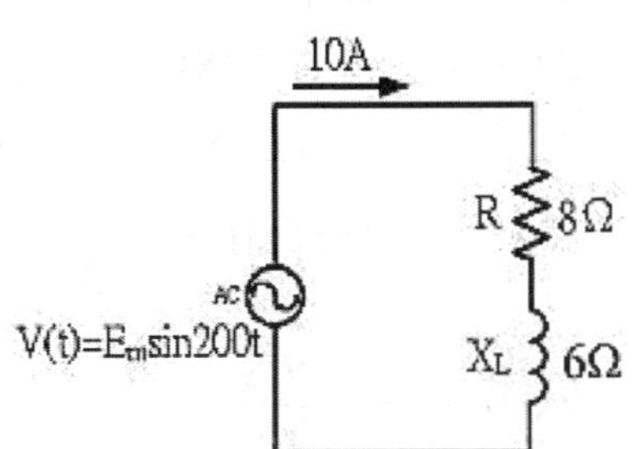

(A)並聯－30 μf的電容
(B)並聯－300 μf的電容
(C)串聯－300mH的電感
(D)並聯－30mH的電感。

( ) 50. 如圖所示，S接通前、後，其功率因數（$\cos\theta$）保持不變均為0.8，則 X_C 應為多少？

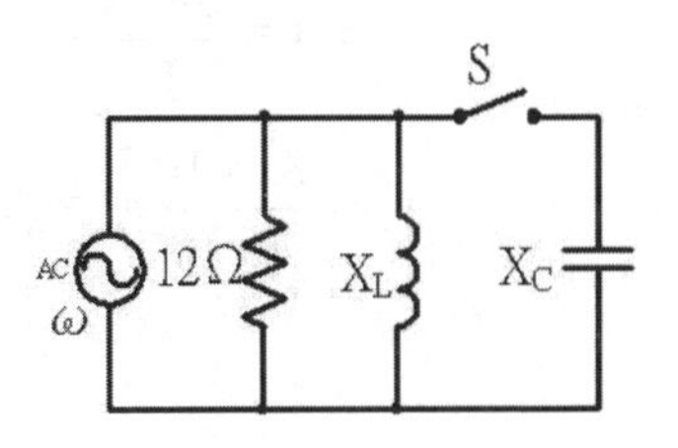

(A)4.5Ω (B)6Ω
(C)7.5Ω (D)8Ω。

解答及解析 答案標示為 #者，表官方曾公告更正該題答案。

1.(C)。 M為10^6，m為10^{-3}，故差10^9

2.(B)。 $I=\frac{P}{V}=\frac{4.5W}{1.5V}=3A$

$T=\frac{Q}{I}=\frac{1500mAh}{3A}=\frac{1.5Ah}{3A}=0.5h$

3.(A)。 $R=\frac{V^2}{P}$

$R_甲：R_乙：R_丙=\frac{110^2}{10}：\frac{110^2}{20}：\frac{220^2}{40}$

$=\frac{1}{1}：\frac{1}{2}：\frac{4}{4}$

$=2：1：2$

4.(D)。 注意，這三個電阻為並聯

$I=\frac{E}{R_1}+\frac{E}{R_2}+\frac{E}{R_3}=\frac{8}{3}+\frac{8}{6}+\frac{8}{4}=6A$

5.(B)。 由KCL

$I=5-1-1+4-2-3=2A$

6.(B)。 甲與丁正確，選(B)

7.(D)。 三用電表測得為有效值，即均方根值

8.(A)。 超過5τ已達穩態$V_C=E=30V$

切換瞬間$I_C=-\frac{V_C}{R}=\frac{30V}{20}=-1.5A$

9.(D)。 $L=\frac{\mu N^2S}{\ell}$

$\Rightarrow l=\frac{\mu N^2S}{L}=\frac{4\pi\times10^{-7}\times100^2\times200\times10^{-4}}{40\times10^{-6}}$

$=\frac{8\pi\times10^{-5}}{4\times10^{-5}}=2\pi$公尺

10.(C)。 5τ後為穩態，$I_L=\frac{E}{R}=\frac{20V}{10\Omega}=2A$

切換瞬間I_L不變，$I_L=2A$

11.(C)。 令電感短路，電容開路

$V_C=V_{R2}=\frac{R_2}{R_1+R_2}\times E=\frac{3}{2+3}\times 24=14.4V$

12.(C)。 弦波的波峰因數為$\sqrt{2}=1.414$

13.(B)。 $T=\frac{1}{f}=\frac{1}{60}=16.67ms$

14.(A)。 $Z=R+jX_L-jX_C=4+j6-j3=4+j3\Omega$

$|Z|=\sqrt{4^2+3^2}=5\Omega$

15.(A)。 $P=\eta\sqrt{3}V_{線}I_{線}$

$16500=\eta\sqrt{3}\times 220\times 75$

$\Rightarrow\eta=\frac{1}{\sqrt{3}}$

16.(A)。 1馬力＝746W

$P_{出}=\sqrt{3}V_{線}I_{線}\times pF$

$5\times 746=\sqrt{3}\times 220\times I_{線}\times 0.8$

$\Rightarrow I_{線}=12.24A$

17.(B)。 此為平衡電橋

$\frac{4\Omega}{R}=\frac{6\Omega}{9\Omega}\Rightarrow R=6\Omega$

$I_R=\frac{E}{4\Omega+R}=\frac{20V}{4\Omega+6\Omega}=2A$

18.(D)。 穩態時，電容開路，$V_{C1}=V_{C2}=18V$，$V_{R1}=V_{R2}=0V$，故乙丁正確

19.(C)。 電容1最多可存$Q_{C1,max}=C_1V_1=20\times 10^{-6}\times 220$
$=4.4\times 10^{-3}C$
電容2最多可存$Q_{C2,max}=C_2V_2=30\times 10^{-6}\times 110$
$=3.3\times 10^{-3}C$
故串聯時僅可存$3.3\times 10^{-3}C$，此時電容1上面壓降

$V_{C1}=\dfrac{3.3\times10^{-3}}{20\times10^{-6}}=165V$

總耐壓165＋110＝275V

20.(A)。 串聯時X_C大，為電容性，電流相位超前，選(A)。

21.(C)。 $PF_1=\cos\theta_1=0.6\Rightarrow\tan\theta_1=\dfrac{4}{3}$

$PF_2=\cos\theta_2=0.8\Rightarrow\tan\theta_2=\dfrac{3}{4}$

需加無效功率$Q=P(\tan\theta_1-\tan\theta_2)$

$=36kW(\dfrac{4}{3}-\dfrac{3}{4})$

$=21kVAR$

22.(B)。 $\omega_o=1000rad/s$

$C=\dfrac{1}{{\omega_o}^2L}=\dfrac{1}{1000^2\times50\times10^{-3}}=20\times10^{-6}=20\mu F$

23.(B)。 相位角差120º，餘正確，選(B)

24.(B)。 $Z=R+jX_L-jX_C=4+j10-j7=4+j3\Omega$

$|Z|=\sqrt{4^2+3^2}=5\Omega$

電流$I=\dfrac{V}{Z}=\dfrac{50V}{5\Omega}=10A$

甲：平均功率　$P=I^2R=10^2\times4=400W$

乙：虛功率　$Q=I^2(X_L-X_C)=10^2\times(10-7)$

丙：視在功率$S=IV=10\times50=500VA$

丁：總阻抗　$Z=5\Omega$

25.(D)。 由三組數據的電壓除電流，可得電阻5K

$R=5K=5000=50\times10^2\Omega$

選綠黑紅的

26.(B)。 $Q=It=10A\times60$秒／分$\times6.25\times10^{18}$

$=3.75\times10^{21}$電子

27.(B)。 $\dfrac{1000}{746}\simeq\dfrac{1000}{750}=\dfrac{4}{3}HP$

28.(A)。 開關S與伏特計的迴路並聯，不影響。

29.(D)。 120W×5時＝600瓦時＝0.6瓩時＝0.6度

30.(C)。 $I=\dfrac{100V}{15\Omega+6\Omega//30\Omega}=\dfrac{100}{15+5}=5A$

31.(A)。 $C_{AB}=30//(10+20//20+10)//30$
$=30//(10+10+10)//30$
$=30//30//30$
$=10F$

32.(B)。 $L_{並}=2//8=1.6H$
時間常數$\tau=\dfrac{L}{R}=\dfrac{1.6}{10}=0.16$秒

33.(C)。 頻率不因加減而變

34.(B)。 因電橋電阻$\dfrac{30\Omega}{3\Omega}=\dfrac{5\Omega}{0.5\Omega}$，中間20Ω電阻無電流，故$I_1=I_2$

35.(B)。 $\dfrac{2\times60Hz\times60秒／分}{1200rpm}=6$極

36.(A)。 AC量有效值得110V，DC量平均值，弦波為0V。

37.(C)。 利用並聯的分流電阻，可減少通過安培計的電流。

38.(B)。 $V_2(t)=60\sin(314t+25^\circ)=60\cos(314t-65^\circ)V$
故$V_1(t)$超前$V_2(t)90^\circ$

39.(C)。 $I_{40K}=\dfrac{120V}{40k\Omega}=3mA$，$I_{90K}=\dfrac{300V}{90k\Omega}=\dfrac{10}{3}mA$
故串聯後電流最大為3mA
$V_{max}=I(R_1+R_2)=3mA(40k\Omega+90k\Omega)=390V$

40.(C)。 由KCL，中間0.5Ω電阻的電流為20A向左
$V_a=20A\times0.5\Omega=10V$
$V_b=-100V+10A\times0.5\Omega=-95V$
$V_{ab}=V_a-V_b=10-(-95)=105V$

41.(D)。 $R_{串}=\dfrac{V^2}{P_1+P_2}=\dfrac{100^2}{20W+80W}=100\Omega$
找兩電阻值加總為100Ω，且電阻值比為1：4的答案。

42.(C)。 以節點電壓法取KCL
$\dfrac{V_{ab}-24V}{6\Omega}+\dfrac{V_{ab}-12V}{6\Omega}+\dfrac{V_{ab}-(-6V)}{6\Omega}+\dfrac{V_{ab}}{3\Omega}=0$
$5V_{ab}=30V$

$\Rightarrow V_{ab}=6V$

故$I_{3\Omega}=\dfrac{6V}{3\Omega}=2A$

43.(D)。以節點電壓法取KCL

$\dfrac{V_x}{12\Omega}-3A+\dfrac{V_x-30V}{6\Omega}+\dfrac{V_x}{4\Omega}=0$

$6V_x=96$

$\Rightarrow V_x=16V$

電流源功率$P=IV_x=3\times16=48W$

44.(A)。用戴維寧電路

$V_{th}=20V\times\dfrac{10\Omega}{8\Omega+2\Omega+10\Omega}+5A\times\dfrac{8\Omega}{8\Omega+(2\Omega+10\Omega)}\times10\Omega$

$=20\times\dfrac{10}{20}+5\times\dfrac{8}{20}\times10$

$=10+20$

$=30V$

$R_{th}=(8\Omega+2\Omega)//10\Omega=10//10=5\Omega$

$P_{R,\max}=\dfrac{V_{th}^{\ 2}}{4R_{th}}=\dfrac{30^2}{4\times5}=45W$

45.(C)。$\tau=\dfrac{L}{R}$，故時間常數增加為4倍，電感需4倍。又電感值正比圈數平方，故圈數應2倍，為2000匝

46.(C)。$Z=\dfrac{\overline{E}}{\overline{I}}=\dfrac{80-j60}{4-j3}=20\Omega$

(A)(B)(D)阻抗為20Ω，電阻性，無虛功率

(C)$P=EI^*=(80-j60)\times(40+j3)$

$=320+180=500W$

47.(B)。$P(t)=V(t)i(t)$

$=120\sqrt{2}\sin(wt+75^\circ)\times5\sqrt{2}\sin(wt+15^\circ)$

$=1200\times\{-\dfrac{1}{2}[\cos(2wt+90^\circ)-\cos60^\circ]\}$

$=-600[\cos(2wt+90^\circ)-\dfrac{1}{2}]$

取$\cos(2wt+90^\circ)=-1$，得$P_{max}=900W$

48.(B)。閉合時，時間常數

$\tau=(12\Omega//24\Omega//8\Omega)\times100\times10^{-6}$

$=16\times10^{-4}s$

初始電流

$$i(0)=\frac{72V}{12\Omega+8\Omega//24\Omega}\times\frac{24\Omega}{24\Omega+8\Omega}=\frac{72}{12+6}=\frac{24}{32}=3A$$

穩態電流$i(\infty)=0A$

故$i(t)=i(\infty)+[i(0)-i(\infty)]e^{-\frac{t}{\tau}}$

$=0+(3-0)e^{-\frac{t}{16\times10^{-4}}}$

$=3e^{-625t}A$

49.(B)。可串聯電容，但無此選項，故用並聯電容調整前，虛功$Q=I^2X_L$

$=10^2\times6=600VAR$

電源電壓$E_{th}=IZ=10\times\sqrt{8^2+6^2}=100V$

需補足虛功率600VAR，需電容阻抗

$$X_C=\frac{{E_{th}}^2}{Q}=\frac{100^2}{600}=\frac{100}{6}=16.6\Omega$$

電容值$C=\frac{1}{\omega X_C}=\frac{1}{200\times16.6}=0.0003=300\mu F$

50.(D)。並聯電路，以導納較易計算

S接通前$Y=\frac{1}{12}+\frac{1}{jX_L}=\frac{1}{12}-j\frac{1}{X_L}$

S接通後$Y'=\frac{1}{12}+\frac{1}{jX_L}+\frac{1}{-jX_C}=\frac{1}{12}+j(\frac{1}{X_C}-\frac{1}{X_L})$

由$PF=\cos\theta=0.8\Rightarrow\tan\theta=\frac{3}{4}$

表示虛部為實部的$\frac{3}{4}$，即$\frac{1}{12}\times\frac{3}{4}=\frac{1}{16}$

故$\frac{1}{X_L}=\frac{1}{16}\Rightarrow X_L=16\Omega$

$\frac{1}{X_C}-\frac{1}{X_L}=\frac{1}{16}\Rightarrow X_C=8\Omega$

112年台灣菸酒從業評價人員

( ) 1. 下列敘述何者正確？
(A)一般所稱的電流方向與電子流方向相同
(B)在有水的地方若要防止觸電，應加裝過載保護器
(C)以汽電共生的發電方式稱為綠色能源
(D)公尺是國際單位制所設定的基本長度單位。

( ) 2. 單位時間內通過的電量，其單位為？
(A)安培(A) (B)伏特(V)
(C)歐姆(Ω) (D)瓦特(W)。

( ) 3. 有一平行板電容器，其介質不變，現將板間之距離減半，若要使電容量變為原來的6倍，則極板之面積要變為多少倍？
(A)3倍 (B)6倍
(C)9倍 (D)12倍。

( ) 4. 如圖所示，當I=1A時，開關S_1及S_2的狀態應為？
(A)S_1打開(OFF)、S_2閉合(ON)
(B)S_1閉合(ON)、S_2閉合(ON)
(C)S_1閉合(ON)、S_2打開(OFF)
(D)S_1打開(OFF)、S_2打開(OFF)。

( ) 5. 電阻與電感串聯電路，電阻為2Ω，電感為50mH，此電路的時間常數為何？
(A)12.5ms (B)25ms
(C)50ms (D)100ms。

( ) 6. 有一個交流電路的輸入電壓$v(t)=V_m\sin(377t+30^\circ)$V，輸入電流$i(t)=I_m\cos(377t-60^\circ)$A，則兩者之相位關係為何？
(A)電壓v(t)相角超前電流i(t)相角90°
(B)電壓v(t)相角落後電流i(t)相角60°
(C)電壓v(t)相角超前電流i(t)相角30°
(D)電壓v(t)相角與電流i(t)相角相同。

( ) 7. 惠斯登電橋等效電路如圖所示，R_X為待測電阻，Ⓖ為檢流計，若電橋平衡，則下列何者正確？ 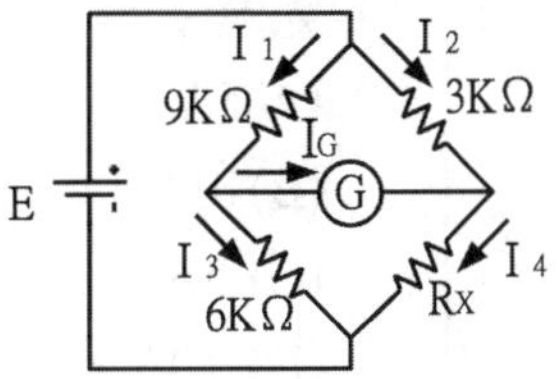
(A)$I_G=0$ (B)$I_1=I_4$
(C)$R_X=12k\Omega$ (D)$R_X=20k\Omega$。

( ) 8. 導線中的銅材其零電阻溫度為234.5℃，若在15.5℃時其電阻為10Ω，則當溫度上升至35.5℃時，則其電阻變為約多少Ω？
(A)10.8Ω (B)12.6Ω
(C)14.2Ω (D)15.6Ω。

( ) 9. 有兩伏特計其額定分別為50V、10KΩ及80V、20KΩ，若兩伏特計串聯，其可測量最大電壓為多少伏特？
(A)150V (B)120V
(C)100V (D)90V。

( ) 10. 有一RL並聯電路接於正弦波電壓源，在電路正常操作情形下，若將電源頻率由大變小但不為零，則下列敘述何者正確？
(A)電源電流變小 (B)通過電阻器的電流變小
(C)電路功率因數變低 (D)通過電感器的電流變小。

( ) 11. 在使用瓦特計測量電功率時，要如何接線？
(A)電流線圈與負載串聯，電壓線圈與負載串聯
(B)電流線圈與負載並聯，電壓線圈與負載並聯
(C)電流線圈與負載並聯，電壓線圈與負載串聯
(D)電流線圈與負載串聯，電壓線圈與負載並聯。

( ) 12. 在平衡三相電路中，各相間的相位互差多少度？
(A)180 (B)120
(C)90 (D)60。

( ) 13. 已知一個RLC串聯電路，其電源電壓為v(t)=141.4sin(100t)V，假設R=40Ω、L=600mH及C=500μF，則該電路總串聯阻抗為何？
(A)$80\angle 45^o\Omega$ (B)$80\angle -45^o\Omega$
(C)$40\sqrt{2}\angle 45^o\Omega$ (D)$40\sqrt{2}\angle -45^o\Omega$。

( ) 14. 如圖所示，求迴路電流I_2為多少？ 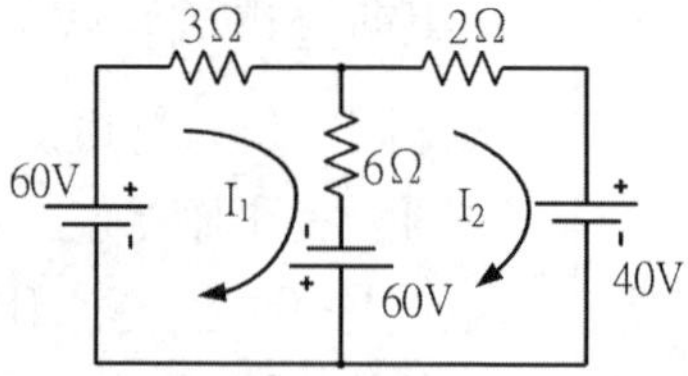
(A)5A
(B)10A
(C)-5A
(D)-10A。

( ) 15. 電容器C_1=12μF耐壓500V，電容器C_2=6μF耐壓300V。若將C_1及C_2串聯，則其總耐壓為何？
(A)350V (B)450V
(C)600V (D)800V。

( ) 16. 如圖所示之電路，S閉合後達穩態，試求電流I＝？ 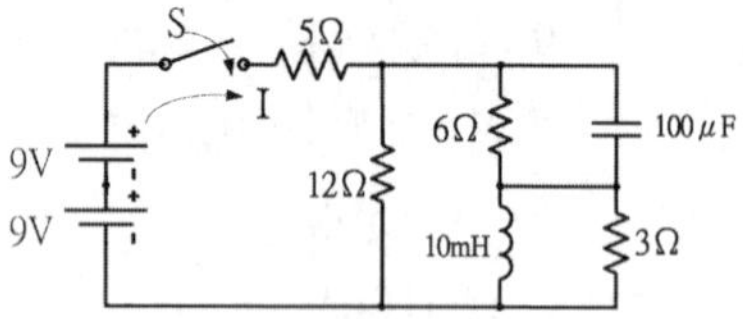
(A)0.5A (B)2A
(C)3.5A (D)4A

( ) 17. 求圖之電流I？ 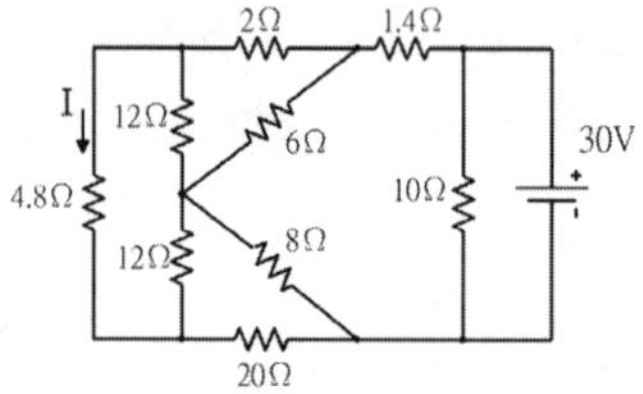
(A)1A
(B)2.5A
(C)4A
(D)7.5A。

( ) 18. 如圖所示一交流並聯電路，阻抗$\overline{Z_1}$＝5∠37°Ω，阻抗$\overline{Z_2}$＝6+j8Ω，若電流$\overline{I_2}$=10∠-53°A，求電流$\bar{I}$＝？(cos37°=0.8，sin37°=0.6，cos53°=0.6，sin53°=0.8) 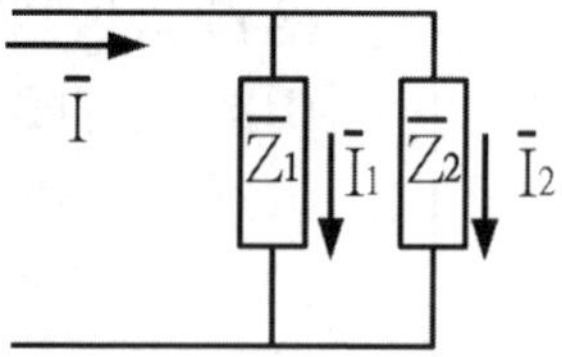
(A)22-j20A (B)22+j20A
(C)20-j22A (D)20+j22A。

( ) 19. 如圖所示，若交流電AC為120V，R=6Ω，L=1mH，C=10μF，則當電路發生諧振時，電流$\bar{I}$為多少？ 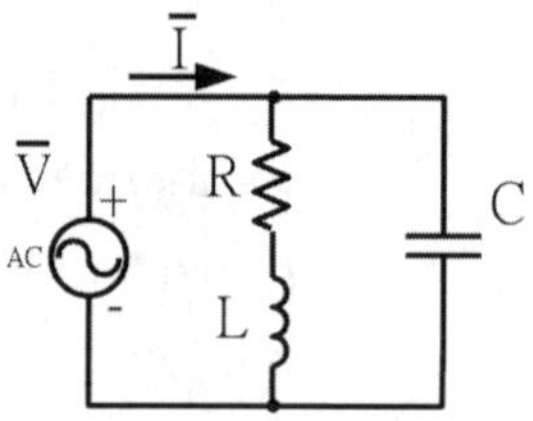
(A)4.5A (B)6A
(C)7.2A (D)12.5A。

(　) 20. 某蓄電池其標示為24V/180AH，當充飽電後，若連續使用3A的負載，請問可使用多久時間？
(A)1小時　(B)2.5小時
(C)10小時　(D)60小時。

(　) 21. 金、銀、銅、鐵、鋁5種導體，其導電率由大至小之排列順序為？
(A)銀銅金鋁鐵　(B)銀金銅鋁鐵
(C)金銀銅鐵鋁　(D)銀銅金鐵鋁。

(　) 22. 有一導線長100m，線徑2mm，已知其電阻值為10Ω，現有同一材料導線長80m，線徑1.6mm，則其電阻值為多少？
(A)5Ω　(B)10Ω
(C)12.5Ω　(D)50Ω。

(　) 23. 某一純電阻電熱水器，其額定電壓為220V，用三用電表測得其電阻為22Ω，試問其電功率為多少？
(A)10W　(B)220W
(C)2200W　(D)4840W。

(　) 24. 如圖所示電路，負載電阻R_L為多少時，可獲得最大功率？
(A)2Ω　(B)3Ω
(C)6Ω　(D)9Ω。

(　) 25. 下列電容器何者在使用時應注意其極性？
(A)雲母電容器　(B)陶瓷電容器
(C)塑膠薄膜電容器　(D)電解質電容器。

(　) 26. 在直流穩態電路中，下列敘述何者為正確？　(1)電容器視為短路　(2)電感器視為短路　(3)電容器視為斷路　(4)電感器視為斷路
(A)僅(1)(2)　(B)僅(1)(4)
(C)僅(2)(3)　(D)僅(3)(4)。

( ) 27. 如圖所示，L_1=6亨利，L_2=3亨利，M=2亨利，則總電感量為？ 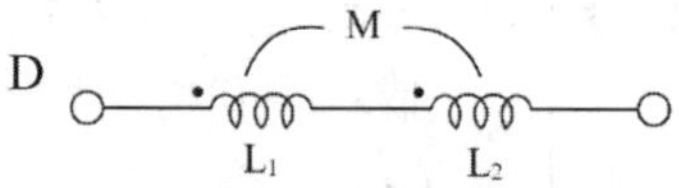
(A)4亨利 (B)6亨利
(C)11亨利 (D)13亨利。

( ) 28. 某技術員於電表箱外之交流電壓表所觀測的電壓值為？
(A)有效值 (B)平均值
(C)最大值 (D)瞬時值。

( ) 29. 某一交流發電機，其轉速為每秒60轉，可產生頻率為60Hz之電源，請問此發電機的極數為多少？
(A)2極 (B)12極
(C)60極 (D)120極。

( ) 30. 有一交流RC並聯電路，I_R=6A，I_C=8A，則輸入電流為多少？
(A)10A (B)14A
(C)$10\sqrt{2}$ A (D)$14\sqrt{2}$ A。

( ) 31. 交流RLC串聯電路，若R=8Ω，X_L=15Ω，X_C=9Ω，線路電流I=5A，功率因數為？
(A)0.25 (B)0.39
(C)0.75 (D)0.8。

( ) 32. 如圖所示電路，若I_R=I_L=10A，則交流安培計A應為幾安培？ 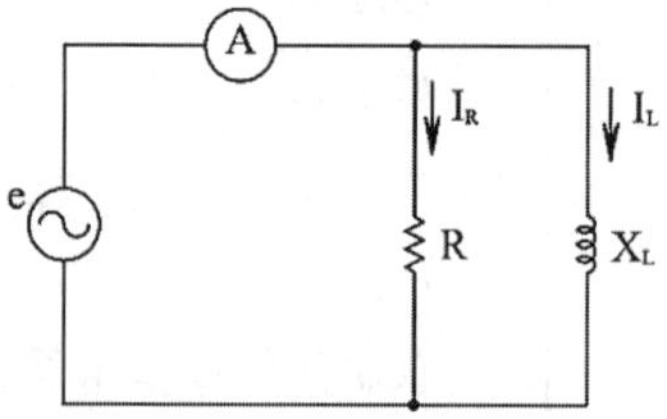
(A)10A (B)$10\sqrt{2}$ A
(C)20A (D)$20\sqrt{2}$ A。

( ) 33. 某工廠之交流負載為500KVA，功率因數為0.6，如想提高功率因數至0.8，則需裝設多少電容？
(A)175KVAR (B)225KVAR
(C)300KVAR (D)400KVAR。

( ) 34. 並聯諧振電路中，若將R×C的乘積值增加一倍，則對其頻帶寬度有何影響？

(A)先減後增　　(B)增加（提高）
(C)減少（降低）　　(D)沒有影響。

( ) 35. 有一RLC串聯電路，若電源電壓V=110V、R=10Ω、L=40mH、C=100μF，試求電路在諧振時之品質因數Q為何？
(A)2　　(B)4
(C)6　　(D)10。

( ) 36. 已知交流三相Y型接線電路，線電流為$5\sqrt{3}$A，每相阻抗為30Ω，試求相電壓為多少？
(A)$\frac{150}{\sqrt{3}}$V　　(B)150V
(C)$150\sqrt{3}$V　　(D)450V。

( ) 37. 某交流三相平衡電路之總實功率P為2200W，線電壓為220V，功率因數為0.8，則三相視在功率為多少？
(A)440VA　　(B)1760VA
(C)2200VA　　(D)2750VA。

( ) 38. 將0.2C的正電荷由60V電位移至A點，需作正功10J，請問A點的電位為何？
(A)62V　　(B)70V
(C)90V　　(D)110V。

( ) 39. 某4環色碼電阻器通過200mA電流時，其電壓降為42V，請問其色碼為？
(A)棕黑黑金　　(B)紅黑黑金
(C)紅棕棕金　　(D)紅棕黑金。

( ) 40. 如圖所示，試求I為多少安培？

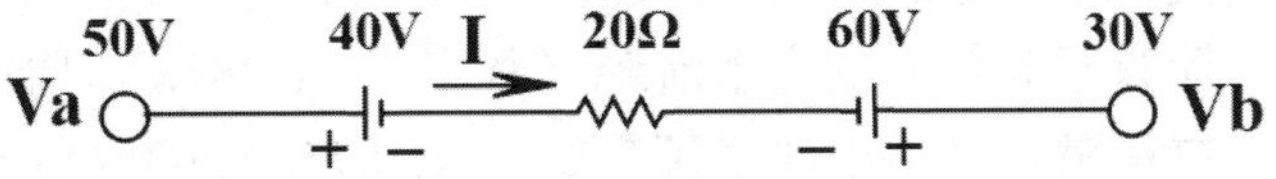

Va　50V　40V　I　20Ω　60V　30V　Vb

(A)-1A　　(B)-2A
(C)1A　　(D)2A。

( ) 41. 如圖所示，試求Ia為多少安培？

(A)-5A

(B)0A

(C)5A

(D)10A。

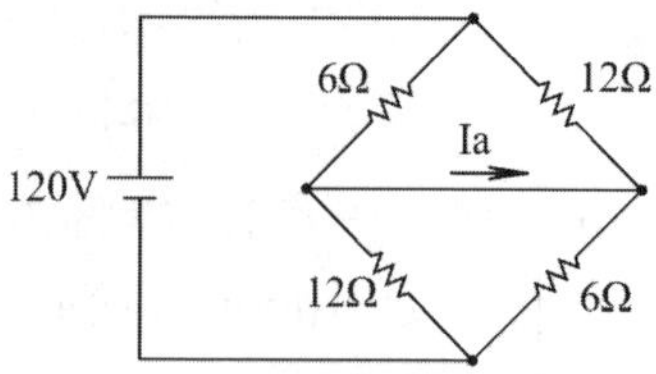

( ) 42. 某工廠之動力設備容量為22KVA，若三相三線方式供電其電壓為220V，試求線電流為多少？

(A)33.33A　(B)50A

(C)57.74A　(D)100A。

( ) 43. 某工廠有一台三相10馬力之交流電動機，功率因數為0.9落後，將其接至線電壓為220V之交流三相電源，試求其線電流為？

(A)21.75A　(B)29.16A

(C)37.68A　(D)50.51A。

( ) 44. 如圖所示之電路，電源電壓e(t)=100sin(377t)V，電流i(t)=20sin(377t)A，當$X_L=X_C$時則電容C為多少？

(A)3.52μF　(B)35.2μF

(C)3.52mF　(D)35.2mF。

( ) 45. 工廠內之交流電動機加裝並聯電容器，其主要目的為何？

(A)減少線路電流　(B)增加電動機轉矩

(C)增加電動機轉速　(D)增加電動機容量。

( ) 46. 有一交流系統電壓V=(80+j60)V，I=(50+j30)A，求其有效功率為？

(A)1600W　(B)2200W

(C)4000W　(D)5800W。

( ) 47. 下列有關於諧振電路之敘述，何者正確？ (1)串聯諧振時輸入阻抗最小，電流最大 (2)RLC並聯諧振時，Q值愈高，並聯分路之電流有可能超過輸入電流源之電流值 (3)RLC串聯諧振時，各個元件之電壓降必定小於電源電壓 (4)品質因數Q愈高，頻帶寬度愈窄

(A)僅(1)(2)(3)　(B)僅(1)(3)(4)

(C)僅(1)(2)(4)　(D)僅(2)(3)(4)。

( ) 48. 如圖所示之電路，求R值為多少歐姆？
(A)2.5Ω
(B)3Ω
(C)5Ω
(D)10Ω。

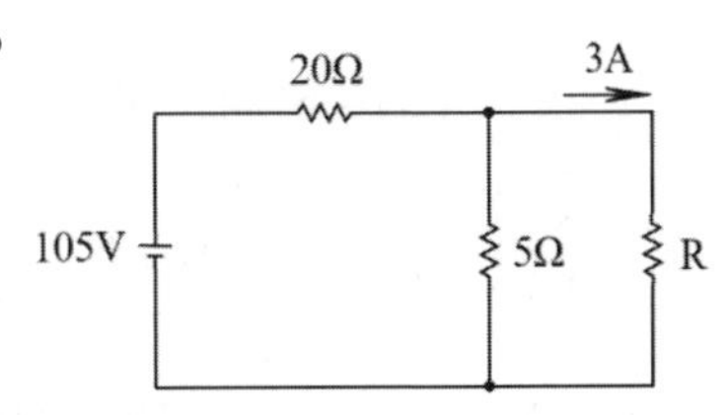

( ) 49. 將A、B兩個電感器，使其串聯後測得總電感量為36mH，若將其中任一電感器的兩線端對調連接後，再測得其總電感量為24mH，則兩電感間互感量為？
(A)2mH (B)3mH
(C)4mH (D)6mH。

( ) 50. 如圖所示，若要使安培表=0A，則VR需要調整至幾歐姆？
(A)2Ω (B)4Ω
(C)8Ω (D)16Ω。

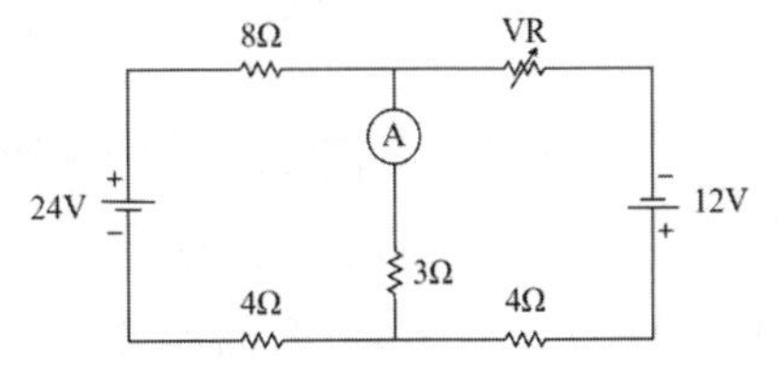

解答及解析 答案標示為 #者，表官方曾公告更正該題答案。

1.(D)。(A)電子流方向與電流相反。
(B)應該加裝漏電斷路器。
(C)汽電共生可提高發電效率，是否視為綠電取決於燃料來源而定。
(D)正確。

2.(A)。此為電流的定義，選安培。

3.(A)。$\in\frac{A}{d}:\in\frac{A'}{d'}=1:6$。

由$d'=\frac{1}{2}d$得$A'=3A$

4.(C)。(A)共S_1閉S_2閉 $I=\frac{24V}{3\Omega+10\Omega}=\frac{24}{13}A$

(B)共S_1閉S_2閉 $I=\frac{24V}{3\Omega+4//10\Omega}\times\frac{4}{4+10}=\frac{48}{41}A$

(C)共S_1閉S_2開 $I=\frac{24V}{3\Omega+4//(10+2)\Omega}\times\frac{4}{4+10+2}=1A$

(D)共S_1開S_2開 $I=\dfrac{24V}{3\Omega+2\Omega+10\Omega}=\dfrac{24}{15}A$

5.(B)。 $\tau=\dfrac{L}{R}=\dfrac{50\times10^{-3}}{2}=25\times10^{-3}s=25ms$

6.(D)。 $i(I)=I_m\cos(377t-60^\circ)=I_m\sin(377t+30^\circ)$，故同相角。

7.(A)。 (A)$I_G=0$正確
(B)$I_1=I_3$，$I_2=I_4$
(C)(D)$\dfrac{9k\Omega}{6k\Omega}=\dfrac{3k\Omega}{R_x}\Rightarrow R_x=2k\Omega$

8.(A)。 $\dfrac{15.5-(-234.5)^\circ C}{10\Omega}=\dfrac{35.5-(-234.5)^\circ C}{R}$ R=10.8Ω。

9.(B)。 $I_{1max}=\dfrac{50V}{10k\Omega}=5mA$，$I_{2max}=\dfrac{80\upsilon}{20k\Omega}=4mA$
取耐流較小的。

10.(C)。 電感抗正比頻率，故電源頻率由大變小時，電感抗也會逐漸變小
(A)(B)(D)因為串聯，電流均變大
(C)正確

11.(D)。 串聯測電流，並聯測電壓，故(D)正確。

12.(B)。 120。

13.(C)。 $Z=R+j\omega L-j\dfrac{1}{\omega C}=40+j100\times600\times10^{-3}-\dfrac{j}{100\times500\times10^{-6}}$
$=40+j60-j20=40+j40=40\sqrt{2}\angle45^\circ\Omega$

14.(C)。 使用KCL
$$\begin{cases}60-3I_1-6(I_1-I_2)+60=0\\-60-6(I_2-I_1)-2I_2-40=0\end{cases}$$
$$\Rightarrow\begin{cases}9I_1-6I_2=120\\6I_1-8I_2=100\end{cases}\Rightarrow\begin{cases}I_1=10A\\I_2=-5A\end{cases}$$

15.(B)。 可儲存的電容量
$Q_1=C_1V_1=12\times10^{-6}\times500=6\times10^{-3}C$
$Q_2=C_2V_2=6\times10^{-6}\times300=1.8\times10^{-3}C$

串聯後，取電容較小的

$$V_{總}=\frac{Q}{C_{總}}=\frac{1.8\times10^{-3}}{(12//6)\times10^{-6}}=\frac{1.8\times10^{-3}}{4\times10^{-6}}=450V$$

16.(B)。 穩態時電容開路電感短路

$$I=\frac{9V+9V}{5\Omega+12\Omega//(6\Omega+0//3\Omega)}=\frac{18}{5+12//6}=\frac{18}{9}=2A$$

17.(A)。 把2Ω、12Ω、6Ω取△Y轉換

$$R_{1a}=\frac{12\times6}{2+12+6}=\frac{72}{20}=3.6\Omega$$

$$R_{2a}=\frac{2\times6}{2+12+6}=\frac{12}{20}=0.6\Omega$$

$$R_{3a}=\frac{2\times12}{2+12+6}=\frac{24}{20}=1.2\Omega$$

把8Ω、12Ω、20Ω取△Y轉換

$$R_{1b}=\frac{12\times20}{8+12+20}=\frac{240}{40}=6\Omega$$

$$R_{2b}=\frac{12\times8}{8+12+20}=\frac{96}{40}=2.4\Omega$$

$$R_{3b}=\frac{8\times20}{8+12+20}=\frac{160}{40}=4\Omega$$

右側10Ω電阻不影響電流I，可忽略

18.(A)。 $\overline{V}=\overline{I_2Z_2}=10\angle-53^\circ\times(6+j8)=(6-j8)\times(6+j8)=36+64=100V$

$$\bar{I}=\frac{\overline{V}}{\overline{Z_1}}+\overline{I_2}=\frac{100}{5\angle37^\circ}+10\angle-53^\circ=20\angle-37^\circ+10\angle-53^\circ$$

$=16-j12+6-j8=22-j20A$

19.(C)。 串並聯電路諧振頻率ω

$$\omega_0=\sqrt{\frac{1}{LC}-\frac{R^2}{L^2}}=\sqrt{\frac{1}{10^{-3}\times10\times10^{-6}}-\frac{6^2}{10^{-6}}}=\sqrt{10^8-6^2\times10^6}=8000rad/s$$

$$阻抗Z=(R+j\omega_0L)//(-j\frac{1}{\omega_0C})$$

$$=(6+j8000\times10^{-3})//(-j\frac{1}{8000\times10^{-5}})$$

$=(6+j8)//(-j12.5)$

$=\dfrac{-j75+100}{6+j8-j12.5}=\dfrac{100-j75}{6-j4.5}=\dfrac{50}{3}\Omega$

$\bar{I}=\dfrac{\bar{V}}{Z}=\dfrac{120V}{\dfrac{50}{3}\Omega}=\dfrac{360}{50}=7.2A$

20.(D)。 $T=\dfrac{180AH}{3A}=60H$

21.(A)。 (A)正確

22.(C)。 R=ρ，材料相同，ρ相同

$R'=\dfrac{\dfrac{80m}{100m}}{(\dfrac{1.6mm}{2mm})^2}\times10\Omega=\times10=12.5\Omega$

23.(C)。 $P=\dfrac{V^2}{R}=\dfrac{220^2}{22}=2200W$

24.(A)。 $R_{TH}=(0//3+3)//6=3//6=2\Omega$

25.(D)。 電解電容器帶有極性，其餘無。

26.(C)。 (C)直流穩態時BC正確，暫態時AD正確。

27.(D)。 由黑點極性法則得知互感為正。
$L_{總}=L_1+M+L_2+M=6+2+3+2=13H$

28.(A)。 交流電壓表呈現的為有效值。

29.(A)。 $f=\dfrac{60N}{2}=60Hz$ N=2極。

30.(A)。 $\bar{I}=\sqrt{{I_R}^2+{I_C}^2}=\sqrt{6^2+8^2}=10A$。

31.(D)。 $Z=R+jX_L-jX_C=8+j15-j9=8+j6\Omega$

$pF=\dfrac{8}{\sqrt{8^2+6^2}}=\dfrac{8}{10}=0.8$。

32.(B)。 $I=\sqrt{{I_R}^2+{I_L}^2}=\sqrt{10^2+10^2}=\sqrt{10}A$ 。

33.(A)。功率補償前後，實功率不變。
$p=500kVA\times\rho F=500\times0.6=300W$

修正前$pF=\cos\theta_1=0.6\Rightarrow\tan\theta=\frac{4}{3}$

修正後$pF'=\cos\theta'=0.8\Rightarrow\tan\theta'=\frac{3}{4}$

虛功率差$\triangle Q=\rho\times(\tan\theta-\tan\theta')=300\times(\frac{4}{3}-\frac{3}{4})=175kVAR$

34.(C)。並聯諧振的品質因素為$Q=\omega RC$，故RC增加時，品質因素增加，頻寬減少。

35.(A)。串聯諧振的品質因素為$Q=\frac{1}{R}\sqrt{\frac{L}{C}}=\frac{1}{10}\sqrt{\frac{40\times10^{-3}}{100\times10^{-6}}}=\frac{1}{10}\sqrt{400}=2$

36.(C)。Y接時，$I_{相}=I_{線}=5\sqrt{3}A$

$V_{相}=I_{相}R=5\sqrt{3}\times30=150\sqrt{3}V$

37.(D)。$S=\frac{p}{pF}=\frac{2200}{0.8}=2750VA$

38.(D)。由$W=QV$

$V_A-60V=\frac{10J}{0.2C}\Rightarrow V_A=110V$

39.(C)。$R=\frac{V}{I}=\frac{42V}{200mA}=\frac{42V}{0.2A}=210\Omega=21\times10^1\Omega$

40.(D)。$I=\frac{(50V-40V)-(30V-60V)}{20\Omega}=\frac{40}{20}=2A$

41.(C)。除去I_a分支，求戴維寧等效電路

$V_{TH}=120V\times(\frac{12}{6+12}-\frac{6}{12+16})=40V$

$R_{TH}=6//12+12//6=4+4=8\Omega$

$I_a=\frac{V_{TH}}{R_{TH}}=\frac{40V}{8\Omega}=5A$

42.(C)。 三相功率$P=\sqrt{3}I_{線}V_{線}$

$$I_{線}=\frac{P}{\sqrt{3}V_{線}}=\frac{22000}{\sqrt{3}\times 220}=\frac{100}{\sqrt{3}}=57.74A$$

43.(A)。 1馬力等於746瓦

$$I_{線}=\frac{10\times 746}{0.9\times\sqrt{3}\times 220V}=21.75A$$

44.(C)。 $X_L=X_C\Rightarrow\omega_0L=\frac{1}{\omega_0C}$

$$\Rightarrow C=\frac{1}{\omega_0^2L}=\frac{1}{377^2\times 2\times 10^{-3}}=3.52\times 10^{-3}=3.52mF$$

45.(A)。 電容器作為功率補償，可減少線路電流損耗。

46.(D)。 $P=R_e\{VI^*\}=R_e\{(80+j60)(50-j30)\}$
$=R_e\{4000+1800+j3000-j1800\}=R_e=\{5800+j1200\}=5800W$

47.(C)。 (3)串聯諧振時，電阻電壓等於電源電壓。電感電壓或電容電壓可大於、等於或小於電源電壓，但相位相反互相抵消，其餘(1)(2)(4)正確。

48.(B)。 先設定各分支電流，再列出KVL

$$105=20(\frac{3}{5}R+3)+3R$$

$105=12R+60+3R$
$\Rightarrow R=3\Omega$

49.(B)。 $\begin{cases}\text{對調前 } L_A+L_B+2M=36mH\\ \text{對調後 } L_A+L_B-2M=24mH\end{cases}$

$\Rightarrow M=3mH$

50.(A)。 安培表0A，代表中間分支電流為零，左右迴路電流相同

$$\frac{24V}{8\Omega+4\Omega}=\frac{12V}{VR+4\Omega}$$

$\Rightarrow VR=2\Omega$

113年台灣菸酒從業評價職位人員

( ) 1. 從自由電子的定義中，下列何者較為正確？
(A)是原子最外層軌道上的電子 (B)是價電子的另一種名稱
(C)已經脫離原子軌道的電子 (D)原子核內部的電子。

( ) 2. 下列何種材料不適合當作半導體材料？
(A)銅 (B)矽
(C)鍺 (D)砷化鎵。

( ) 3. 小新買到一顆標示10^{-10}F的電容器，可簡寫為？
(A)100pF (B)100nF
(C)1mF (D)0.01nF。

( ) 4. 在電學中，電功率的單位為？
(A)庫侖 (B)焦耳
(C)伏特 (D)瓦特。

( ) 5. 如圖所示，試求V_{AB}等於多少伏特？
(A)－3V
(B)3V
(C)－7V
(D)7D。

( ) 6. 有一根導線，5秒流過60庫侖的電量，則其電流為多少安培？
(A)1 (B)12
(C)60 (D)300。

( ) 7. 小王使用燈泡，連續使用小時，若每度電為2.5元，則需要付費多少元？
(A)5 (B)10
(C)15 (D)20。

( ) 8. 老師上電工實習課時每人發一顆色碼電阻，其顏色依序為「藍灰金銀」，則其值應為多少？
(A)0.68Ω±10% (B)6.8Ω±10%
(C)0.79Ω±10% (D)7.9Ω±10%。

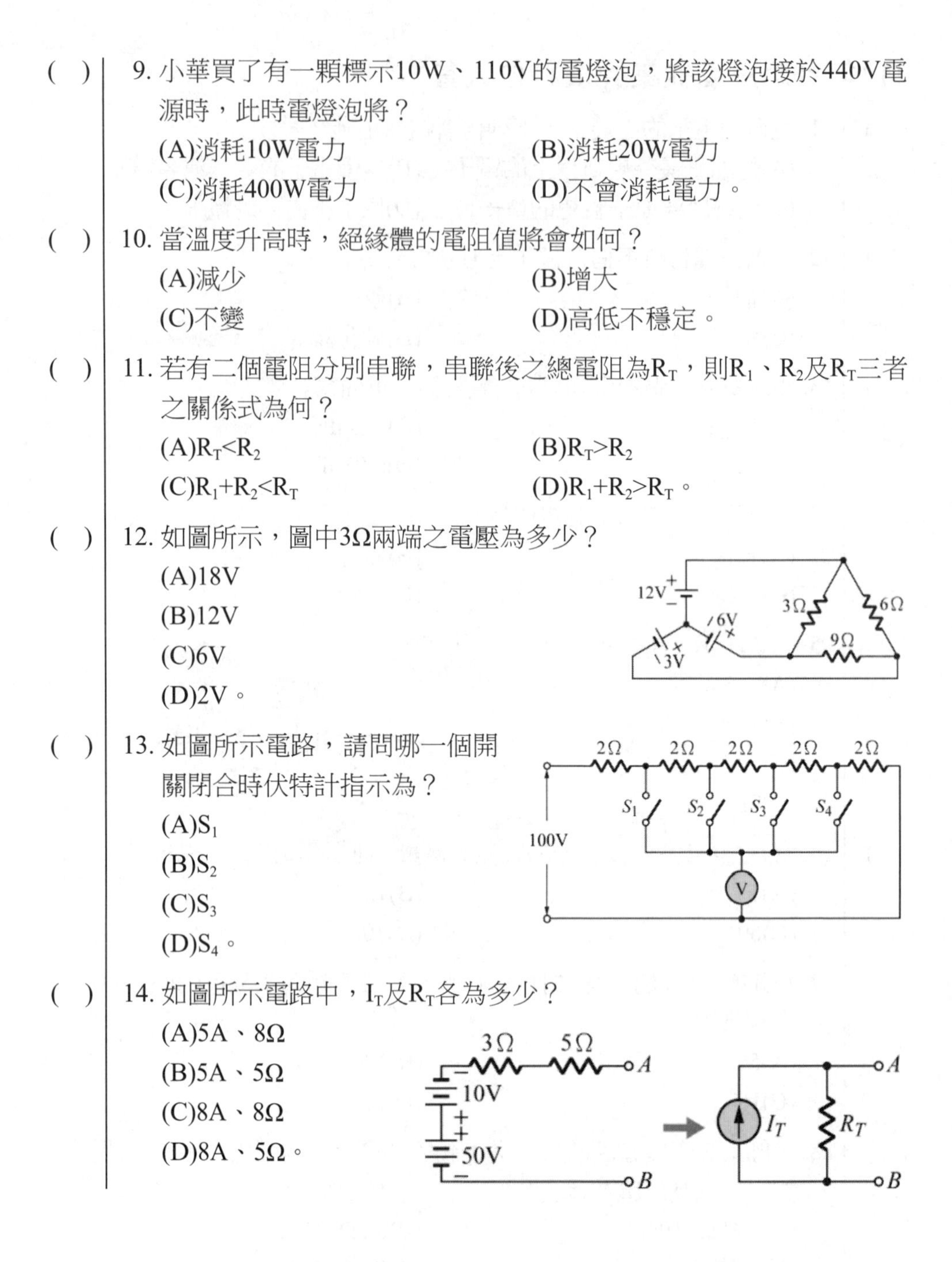

( ) 9. 小華買了有一顆標示10W、110V的電燈泡，將該燈泡接於440V電源時，此時電燈泡將？

(A)消耗10W電力 (B)消耗20W電力

(C)消耗400W電力 (D)不會消耗電力。

( ) 10. 當溫度升高時，絕緣體的電阻值將會如何？

(A)減少 (B)增大

(C)不變 (D)高低不穩定。

( ) 11. 若有二個電阻分別串聯，串聯後之總電阻為R_T，則R_1、R_2及R_T三者之關係式為何？

(A)$R_T<R_2$ (B)$R_T>R_2$

(C)$R_1+R_2<R_T$ (D)$R_1+R_2>R_T$。

( ) 12. 如圖所示，圖中3Ω兩端之電壓為多少？

(A)18V

(B)12V

(C)6V

(D)2V。

( ) 13. 如圖所示電路，請問哪一個開關閉合時伏特計指示為？

(A)S_1

(B)S_2

(C)S_3

(D)S_4。

( ) 14. 如圖所示電路中，I_T及R_T各為多少？

(A)5A、8Ω

(B)5A、5Ω

(C)8A、8Ω

(D)8A、5Ω。

(　) 15. 如圖所示，3Ω電阻的功率為多少瓦特？
(A)240W
(B)48W
(C)12W
(D)4W。

(　) 16. 如圖所示之等效電路中，欲轉換成諾頓等效電路，其中I_N之值為多少？

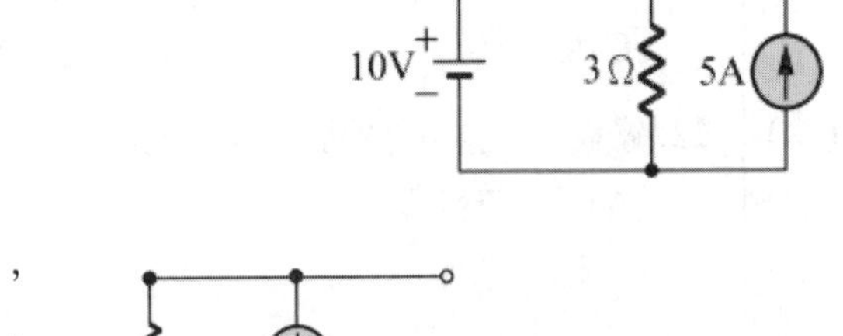

(A)4A
(B)－4A
(C)6A
(D)－6A。

(　) 17. 小新在收音機的電路圖中看見一顆陶瓷電容器，電容器上標示"104"，則其電容量應為多少？
(A)$0.0001\omega f$　(B)$0.001\omega f$
(C)$0.01\omega f$　(D)$0.1\omega f$。

(　) 18. 如圖所示，C_{ab}的值為？

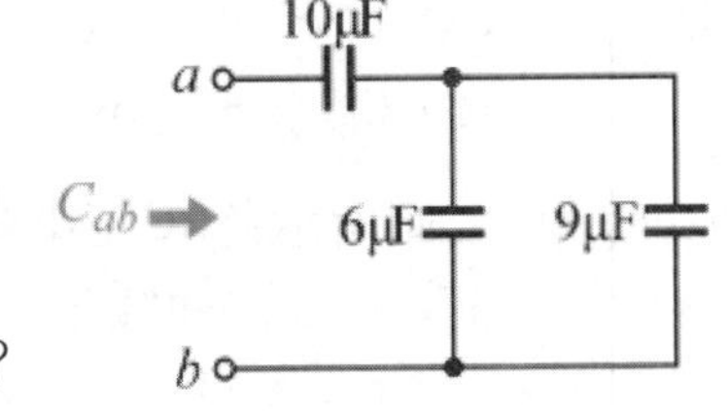

(A)$\frac{20}{3}\mu f$　(B)$2\mu f$
(C)$6\mu f$　(D)$25\mu f$。

(　) 19. 電場強度E與電通密度D之關係為何？
(A)$D=\frac{E}{\varepsilon}$　(B)$D=\varepsilon E$
(C)$D=\frac{E}{4\pi\varepsilon}$　(D)$D=4\pi\varepsilon E$。

(　) 20. 下列有關磁力線之敘述，何者有誤？
(A)磁力線為封閉曲線
(B)磁力線恆不相交
(C)磁鐵內部磁力線係由N極至S極
(D)磁力線本身具有緊縮的特性。

( ) 21. 導磁係數$\mu=\mu_0\times\mu_r$，在MKS制中μ_0等於？
(A)10^{-7} (B)$4\pi\times10^{-7}$
(C)1.6×10^{-9} (D)9×10^{-9}。

( ) 22. 鐵磁性材料的相對導磁係數μ_r
(A)遠大於1 (B)遠小於1
(C)略小於1 (D)等於1。

( ) 23. 有一電阻為1kΩ和兩個電容器串聯，其值分別為10μ*f*、15μ*f*，試求其電路時間常數為多少？
(A)25ms (B)15ms
(C)10ms (D)6ms。

( ) 24. RC充電電路中，時間常數是指在一個RC秒時，電容器兩端電壓升高至電源電壓的多少%？
(A)36.8 (B)63.2
(C)86.5 (D)100。

( ) 25. 若RC串聯充電電路在充電過程中，關於充電電流的敘述下列何者正確？
(A)其值愈來愈小 (B)其值愈來愈大
(C)其值忽大忽小 (D)為一定值。

( ) 26. 如圖所示為RC充電電路，試選出何者為其充電電流的曲線？

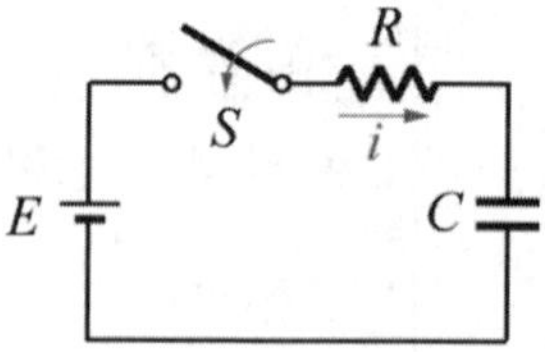

R
S
i
E
C

(A) 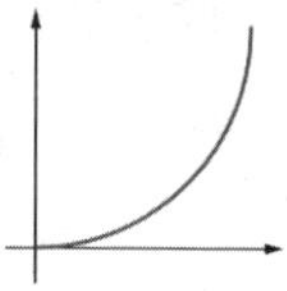 (B)

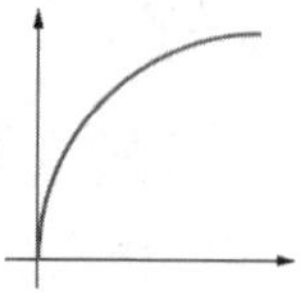

(C) 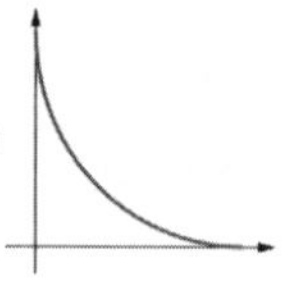 (D)

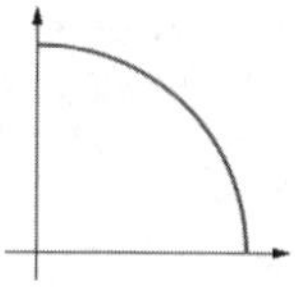

( ) 27. RL串聯充電暫態電路中，充電電流i(t)的暫態值為何？

(A) $i(t)=\frac{E}{R}(1-e^{\frac{R}{L}t})$　　(B) $i(t)=\frac{E}{R}^{\frac{R}{L}t}$

(C) $i(t)=\frac{E}{R}(1-e^{\frac{L}{R}t})$　　(D) $i(t)=\frac{E}{R}^{\frac{L}{R}t}$ 。

( ) 28. 交流電產生過程中，導體運動方向和磁極夾角的變化會決定其電壓值的不同，試問其變化循著哪一個三角函數變化？

(A)sin　　(B)cos

(C)tan　　(D)cot。

( ) 29. 下列何者不是使用高壓輸電的優點？

(A)減少電壓降　　(B)減少供電危險

(C)減少線路損失　　(D)節省施工成本。

( ) 30. 有關直流電的敘述，下列哪一項是正確的？

(A)電壓升降容易　　(B)開關控制設備簡單

(C)常有電感及電容效應　　(D)沒有集膚效應。

( ) 31. 台灣電力公司所供應之110V、家庭用電60HZ，以下何者最可能是其瞬時電壓表示式？

(A) $110\sin(60t)$　　(B) $110\sin(60\pi t)$

(C) $110\sqrt{2}\sin(60\pi t)$　　(D) $110\sqrt{2}\sin(120\pi t)$ 。

( ) 32. 有一交流正弦波，以三用電表量得電壓為110V，則其有效值為 V_{rms}？

(A)110V　　(B) $110\sqrt{2}$V

(C) $\frac{110}{\sqrt{2}}$V　　(D) $\frac{\sqrt{2}}{110}$V 。

( ) 33. 有6極交流發電機，當發電頻率為60Hz，則其轉速為多少？

(A)120　　(B)150

(C)1200　　(D)1800。

( ) 34. 有一電壓方程式：$v_{(t)}$=200sin(314t+60°)，則下列敘述何者錯誤？
(A)最大值V_m=200V (B)相角為60°
(C)角頻率ω=314rad/sec (D)週期T=50Hz。

( ) 35. 假設$v_{(t)}$=100cos(314t－30°)、$i_{(t)}$=5sin(314t+60°)，則電壓v與電流i之相位關係為何？
(A)i落後v30° (B)i超前v30°
(C)i和v同相 (D)無法比較。

( ) 36. 試將極座標6∠－60°轉換為直角座標，其值為？
(A) $3+j3\sqrt{3}$ (B) $3-j3\sqrt{3}$
(C) $-3+j3\sqrt{3}$ (D) $-3-j3\sqrt{3}$ 。

( ) 37. 有一直角坐標其值為6+j8，若將其轉換為極座標則為？
(A)10∠53° (B)10∠－53°
(C)10∠37° (D)10∠－37°。

( ) 38. 有一交流電路，電路中有一6Ω電阻，當流經該電阻的電流為5∠30°A，試求電源電壓為多少？
(A) $30\sqrt{2}\angle 30°$V (B) $\frac{30}{\sqrt{2}}\angle 0°$V
(C)30∠30°V (D)30∠0°V。

( ) 39. 在一純電阻交流電路中，若電源頻率增加時，其阻抗值為？
(A)增加 (B)減少
(C)維持不變 (D)不一定。

( ) 40. 在一純電感交流電路中，若電源頻率增加一倍時，其阻抗值為？
(A)增加一倍 (B)減少一倍
(C)維持不變 (D)增加四倍。

( ) 41. 在一純電容交流電路中，電源電壓$v_{(t)}$和$i_{(t)}$電流的相位關係為？
(A)$i_{(t)}$和$v_{(t)}$同相 (B)$i_{(t)}$超前$v_{(t)}$90°
(C)$i_{(t)}$落後$v_{(t)}$90° (D)$i_{(t)}$落後$v_{(t)}$60°。

( )　42. 有一RL串聯電路，其線路電壓$v_{(t)}$和電流$i_{(t)}$的相位關係為何？
(A)$i_{(t)}$超前$v_{(t)}\theta^{\circ}$　(B)$i_{(t)}$落後$v_{(t)}\theta^{\circ}$
(C)兩者同相　(D)無法判定。

( )　43. 在交流電路中，會消耗實功率之元件為下列何者？
(A)電感　(B)電阻
(C)電容　(D)電感與電容。

( )　44. 若在元件兩端的電壓為10sin10tV，流過該元件的電流為10cos10tA，則關於該元件特性的描述，下列何者正確？
(A)電壓超前電流45°　(B)電壓落後電流45°
(C)平均消耗功率為0W　(D)阻抗與交流頻率成正比0W。

( )　45. 如圖所示一交流電路，則電阻消耗多少虛功率？
$v(t) = 141.1\sin 377t$ V　10Ω
(A)500VAR　(B)100VAR
(C)50VAR　(D)0VAR。

( )　46. 一交流電路電源電壓為100V，當供應20A電流時，則此電源供應之視在功率(S)為多少VA？
(A)2000VA　(B)200VA
(C)20VA　(D)2VA。

( )　47. 某單相交流電路，已知其有效功率為240W，視在功率為400VA，則其無效功率為多少VAR？
(A)160VAR　(B)240VAR
(C)320VAR　(D)640VAR。

( )　48. 某一交流電路，求得實功率為16KW，虛功率為12KVRA，則其功率因數cosθ為多少？
(A)B0.6　(B)0.75
(C)0.8　(D)0.9。

( )　49. 將單相三線式和單相二線式作一比較，下列何者不是使用單相三線式供電的優點？
(A)提供兩種電壓　(B)供電電壓較低
(C)線路電流較小　(D)線路損耗較小。

( ) 50. 在相同的負載功率及距離條件下，單相二線制1 ϕ 2W的線路電壓降為單相三線制1 ϕ 3W的多少倍

(A) $\frac{1}{4}$ 倍 (B) $\frac{1}{2}$ 倍

(C)1倍 (D)2倍。

解答及解析 答案標示為 #者，表官方曾公告更正該題答案。

1.(C)。(C)定義。

2.(A)。(A)銅為金屬。

3.(A)。(A) $10^{-10}F=100\times10^{-12}F=100pF=0.1\times10^{-9}F=0.1nF$。

4.(D)。(A)電量單位。
(B)能量單位。
(C)電壓單位。

5.(B)。$V_{AB}=5+(-2)=3V$。

6.(B)。$I=\frac{Q}{t}=\frac{60庫倫}{5秒}=12安培$。

7.(C)。1000瓦×6時×2.5元/度=6000瓦時×2.5元/度=6度×2.5元/度=15元。

8.(B)。此題考的顏色組合較少見，尤其是第三碼次方為金色 $R=6.8\times10^{-1}\pm10\%=6.8\pm10\%$。

9.(D)。實際電壓為標稱電壓四倍時，瞬間功率為16倍，所以燈泡燒毀，接著不消耗電力。

10.(A)。溫度升高，絕緣體和半導體的電阻值減少，但金屬的電阻值增大。

11.(B)。$R_1+R_2=R_T$，(B)符合。

12.(C)。$V_{3\Omega}=-6+12=6V$。

13.(B)。各開關閉合後得到的電壓如下：

$$V_{S1}=100V\times\frac{2+2+2+2\Omega}{2+2+2+2+2\Omega}=80V$$

$$V_{S2}=100V\times\frac{2+2+2+\Omega}{2+2+2+2+2\Omega}=60V$$

$V_{S3}=100V\times\frac{2+2\Omega}{2+2+2+2+2\Omega}=40V$

$V_{S4}=100V\times\frac{2\Omega}{2+2+2+2+2\Omega}=20V$

14.(A)。 $V_T=50+(-10)=40V$
$R_T=3+5=8\Omega$
$I_T=\frac{V_T}{R_T}=\frac{40}{8}=5A$。

15.(B)。 用重疊定理：
(1) 10V電壓源
$V_1=10V\times\frac{3\Omega}{2\Omega+3\Omega}=6V$
(2) 5A電流源
$I_2=5A\times\frac{2\Omega}{2\Omega+3\Omega}=2A$，$V_2=I_2\times R_{3\Omega}=2A\times3\Omega=6V$
故$V_{3\Omega}=V_1+V_2=6+6=12V$
$P_{3\Omega}=\frac{V^2}{R}=\frac{12^2}{3}=48W$。

16.(B)。 用重疊定理：
(1) 10A電流源
$I_{N1}=-10A\times\frac{3\Omega}{3\Omega+3\Omega}=-5A$因方向相反

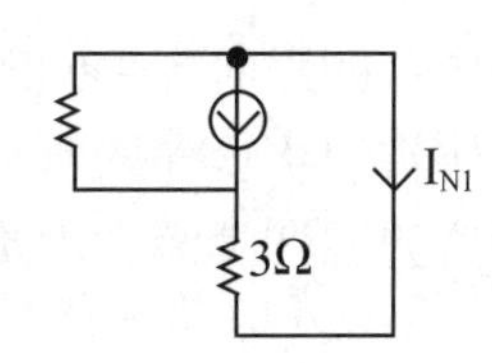

(2) 2A電流源
$I_{N2}=2A\times\frac{3\Omega}{3\Omega+3\Omega}=1A$
$I_N=I_{N1}+I_{N2}=-5+1=-4A$。

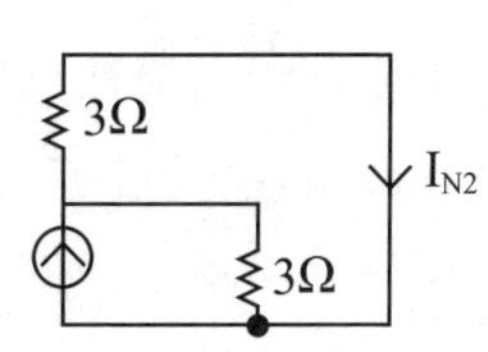

17.(D)。 前兩碼為數值，第三碼為次方，單位為pF
$C=10\times10^4pF=100nF=0.1\mu F$
(此題選項中的ωf應為μf或μF)

18.(C)。 $C_{ab}=10//(6+9)=10//15=\frac{10\times15}{10+15}=\frac{150}{25}=6\mu F$。

19.(B)。 (B)定義。

20.(C)。 (C)磁鐵內部磁力線由S極至N極。

21.(B)。(B)定義。

22.(A)。(A)遠大於1，可從數百至數十萬倍。

23.(D)。$C_{串}=10//15=\frac{10\times15}{10+15}=6\mu F$
$\tau=RC=1\times10^3\times6\times10^{-6}=6\times10^{-3}=6ms$。

24.(B)。充電時$V_C(t)=V(1-e^{-\frac{t}{RC}})$
經一個時間常數$1-e^{-1}=1-0.368=0.632=63.2\%$

25.(A)。充電時因電容電壓愈來愈高，電阻兩端壓差愈來愈小，故充電電流愈來愈小。

26.(C)。充電電流呈指數下降，(C)正確。

27.(A)。RL串聯電路的時間常數$\tau=\frac{L}{R}$。
$i(t)=I_0(1-e^{-\frac{t}{\tau}})=\frac{E}{R}(1-e^{-\frac{t}{\frac{L}{R}}})=\frac{E}{R}(1-e^{-\frac{R}{L}t})$
註：選項中的指數部分缺了負號。

28.(A)。此運算為外積運算，為正弦函數sin。

29.(B)。(B)高壓輸電的危險性較高，其餘優點皆正確。

30.(D)。(D)集膚效應係指頻率越高，電流分佈越靠近導體表面，而直流電的頻率為零。

31.(D)。110V為有效值，峰值為$110\sqrt{2}$。
角頻率$\omega=2\pi f=2\pi\times60=120\pi rad/s$
故(D)正確。

32.(A)。三用電表所量為電壓有效值，故(A)正確。

33.(C)。轉速$n=\frac{120\cdot f}{p}=\frac{120\times60Hz}{6}=1200rpm$。

34.(D)。(D)週期$T=\frac{1}{f}=\frac{2\pi}{\omega}=\frac{2\times3.14}{314}=\frac{1}{50}$秒
頻率$f=50Hz$

35.(C)。均化為sin
$V(t)=100\cos(314t-30^\circ)=100\sin(314t+60^\circ)$
故i與V同相。

36.(B)。$6\cos(-60^\circ)+j6\sin(-60^\circ)=6\times\frac{1}{2}+j6\times(-\frac{\sqrt{3}}{2})=3-j3\sqrt{3}$。

37.(A)。$6+j8=10\times(0.6+j0.8)=10\cos53^\circ+j10\sin53^\circ$
極式為$10\angle53^\circ$。

38.(C)。$V=IR=5\angle30^\circ\times6=30\angle30^\circ V$。

39.(C)。(C)純電阻的阻抗與頻率無關，故不變。

40.(A)。(C)電感的阻抗值與頻率成正比。

41.(B)。(B)電容的電流相位超前電壓相位90度。

42.(B)。(B)電感的電流相位落後電壓相位，在RL電路中，落後0至90度。

43.(B)。(B)電阻為耗能元件，消耗實功率；電感與電容為儲能元件，對應虛功率。

44.(C)。$i(t)=10\cos10t=10(10t+90^\circ)A$
(A)(B)電流超前電壓90°。
(C)正確。
(D)此元件為電容，阻抗與交流頻率成反比。

45.(D)。此題不用計算，因電阻僅消耗實功率，故選(D)。

46.(A)。$S=VI=100V\times20A=2000VA$。

47.(C)。$Q=\sqrt{S^2-P^2}=\sqrt{400^2-240^2}=320VAR$。

48.(C)。$pF=\cos\theta=\frac{P}{\sqrt{P^2+Q^2}}=\frac{16}{\sqrt{16^2+12^2}}=\frac{16}{20}=0.8$。

49.(B)。(B)供電電壓較高。

50.(D)。(D)單相三線制的負載電流為單相二線制的一半，線路電壓降也僅一半；故單相二線制的線路電壓降為單相三線制的2倍。

一試就中，升任各大
國民營企業機構
高分必備，推薦用書

題庫系列

2B021111	論文高分題庫	高朋 尚榜	360元
2B061131	機械力學(含應用力學及材料力學)重點統整＋高分題庫	林柏超	430元
2B091111	台電新進雇員綜合行政類超強5合1題庫	千華 名師群	650元
2B171141	主題式電工原理精選題庫	陸冠奇	560元
2B261121	國文高分題庫	千華	530元
2B271141	英文高分題庫 榮登金石堂暢銷榜	德芬	630元
2B281091	機械設計焦點速成＋高分題庫	司馬易	360元
2B291131	物理高分題庫	千華	590元
2B301141	計算機概論高分題庫 榮登金石堂暢銷榜	千華	550元
2B341091	電工機械(電機機械)歷年試題解析	李俊毅	450元
2B361061	經濟學高分題庫	王志成	350元
2B371101	會計學高分題庫	歐欣亞	390元
2B391131	主題式基本電學高分題庫	陸冠奇	600元
2B511131	主題式電子學(含概要)高分題庫	甄家灝	500元
2B521131	主題式機械製造(含識圖)高分題庫 榮登金石堂暢銷榜	何曜辰	近期出版

2B541131	主題式土木施工學概要高分題庫 榮登金石堂暢銷榜	林志憲	630元
2B551081	主題式結構學(含概要)高分題庫	劉非凡	360元
2B591121	主題式機械原理(含概論、常識)高分題庫 榮登金石堂暢銷榜	何曜辰	590元
2B611131	主題式測量學(含概要)高分題庫 榮登金石堂暢銷榜	林志憲	450元
2B681131	主題式電路學高分題庫	甄家灝	550元
2B731101	工程力學焦點速成＋高分題庫 榮登金石堂暢銷榜	良運	560元
2B791141	主題式電工機械(電機機械)高分題庫	鄭祥瑞	590元
2B801081	主題式行銷學(含行銷管理學)高分題庫	張恆	450元
2B891131	法學緒論(法律常識)高分題庫	羅格思 章庠	570元
2B901131	企業管理頂尖高分題庫(適用管理學、管理概論)	陳金城	410元
2B941131	熱力學重點統整＋高分題庫 榮登金石堂暢銷榜	林柏超	470元
2B951131	企業管理(適用管理概論)滿分必殺絕技	楊均	630元
2B961121	流體力學與流體機械重點統整＋高分題庫	林柏超	470元
2B971141	自動控制重點統整＋高分題庫	翔霖	560元
2B991141	電力系統重點統整＋高分題庫	廖翔霖	650元

以上定價，以正式出版書籍封底之標價為準

國家圖書館出版品預行編目(CIP)資料

主題式電工原理精選題庫/陸冠奇編著. -- 第十一版. -- 新北市：千華數位文化股份有限公司, 2024.12

面； 公分

國民營事業

ISBN 978-626-380-909-3 (平裝)

1.CST: 電學 2.CST: 電路

337 113019423

[國民營事業] **主題式電工原理精選題庫**

編　著　者：陸　冠　奇

發　行　人：廖　雪　鳳
登　記　證：行政院新聞局局版台業字第 3388 號
出　版　者：千華數位文化股份有限公司
地址：新北市中和區中山路三段 136 巷 10 弄 17 號
電話：(02)2228-9070　　傳真：(02)2228-9076
客服信箱：chienhua@chienhua.com.tw

法律顧問：永然聯合法律事務所
編輯經理：甯開遠
主　　編：甯開遠
執行編輯：尤家瑋
校　　對：千華資深編輯群
設計主任：陳春花
編排設計：蕭韻秀

千華官網／購書　　千華蝦皮

出版日期：2024 年 12 月 25 日　　第十一版／第一刷

本書如有勘誤或其他補充資料，
將刊於千華官網，歡迎前往下載。